起重机械安全技术手册

孙桂林　主编

中国劳动社会保障出版社

图书在版编目(CIP)数据

起重机械安全技术手册/孙桂林主编. —北京：中国劳动社会保障出版社，2008
ISBN 978-7-5045-7124-3

Ⅰ.起… Ⅱ.孙… Ⅲ.起重机械-安全技术-技术手册 Ⅳ.TH210.8-62

中国版本图书馆 CIP 数据核字(2008)第 084919 号

中国劳动社会保障出版社出版发行

(北京市惠新东街 1 号 邮政编码：100029)
出 版 人：张梦欣

*

新华书店经销
北京新华印刷厂印刷 北京密云青云装订厂装订
787 毫米×1092 毫米 16 开本 33 印张 737 千字
2008 年 6 月第 1 版 2008 年 6 月第 1 次印刷
定价：88.00 元

读者服务部电话：010-64929211
发行部电话：010-64927085
出版社网址：http://www.class.com.cn

版权专有 侵权必究
举报电话：010-64954652

内容提要

本手册在对起重机械的分类和技术指标、起重机械通用零部件和起重机械安全装置的安全要求进行详细介绍的基础上，对桥式起重机、门式起重机、葫芦式起重机、流动式起重机、塔式起重机、港口起重机、施工升降机、高空作业平台和起重滑车的制造、安装、拆卸的安全技术要求、检验方法、常见故障判断及处理方法、日常维护检修及安全检查要求、安全操作技术分别做了全面、系统的介绍。

本手册是起重机械产品质量监督检验部门、起重机械安全技术管理与检测部门、起重机械安装维修单位、各类起重机械用户的各级管理人员、检测人员、工程技术人员、安装调试人员和操作人员的实用工具书。也可供相关科研院所、大专院校相关专业师生查阅使用。

编写人员名单

主　　编　孙桂林

编写人员

丁建华	万原山	王　涛	王锦为	刘　晓	张　铃
田维风	高　扬	孙凤瑞	孙冰洁	孙　澎	孙　森
孙　洁	李　锋	孙桂林	孙佩韦	孙德林	赵琼芝
甑　浩	林文志	陈桂梅	陈颂棋	张志钢	张　铃
张震伦	张玉琴	陈真敏	胡　林	黄海成	赵文广
赵成功	朱贵元	屈鸿儒	曲万昌	彭　新	李云瑞
李文启	姜小凤	田佳丽	叶子毅	彤天乐	魏旭东
邓　斌	彭雁翔	雷淑一	马梦君	汤玉敏	翁喜元
邹鹏跃	孔宪飞	周　葛	陈　旭	王旭东	赵连举
李　新	高学文	杨向新	张兆瑞	胡建林	白鹤萍
王仟祥	邓　健	郑　伟	冯一川		

前　言

　　起重机械是现代企业实现生产机械化、自动化，减轻体力劳动强度、提高生产效率的重要设备。随着经济建设的迅速发展和生产规模的不断扩大，起重机械的应用越来越广泛。但是，由于起重机械自身结构和使用情况的特殊性，一旦在起重机械安装、拆卸、维修和运行中，稍有不慎，很容易发生各种事故，从而造成严重的人员伤亡和经济损失。所以国务院颁布的《特种设备安全监察条例》，将起重机械列为特种设备，并制定一系列标准规范，对其从设计、制造、安装、检验、维护保养和日常运行进行严格的管理。

　　为了更好地贯彻《特种设备安全监察条例》和国家的相关规定，进一步提高起重机械从设计制造到使用管理各个环节的人员的安全技术素质，减少和预防起重机械伤亡事故的发生，提高安全生产水平，我们组织编写了《起重机械安全技术手册》。

　　我们在编写本手册时，从始至终坚持了以下两个原则。

　　一是坚持选材的准确性和实用性。多年来，起重机械已经形成了较完整的科学的技术管理体系。为使起重机械相关人员能在最短的时间解决实际问题，迅速提高起重机械安装、使用和维修等方面的技术水平，我们从现有的丰富的资料中，加以认真筛选，把读者在实际工作中经常遇到的最需要的内容吸收进来，对那些烦琐的推导等理论内容，由于可以从其他专业书籍中找到，故没有编入。本手册突出了内容的实用性、代表性和可操作性。

　　二是坚持以最新的国家标准、行业标准和国际标准为依据，对起重机械通用零部件及各种安全装置进行了比较系统的安全技术分析，并对常用的起重机械的安装、拆卸的技术要求、检验方法，常见故障判断及处理方法，日常维修及安全检查要求，各零部件的报废标准及安全操作技术都进行了详细的介绍。全书吸收了大量最新的科研成果、起重设备安全管理经验，突出了内容的系统性、科学性和先进性。

　　本手册内容丰富、文字简明，为了方便读者使用，书中配有大量插图。本手册是起重机械产品质量监督检验部门、起重机械安全技术管理与检测部门、起重机械安装维修单位、各类起重机械用户的各级管理人员、检测人员、工程技术人员、安装调试人员和操作人员的实用工具书。也可供相关科研院所的研究人员、大专院校相关专业师生查阅使用。

　　由于作者水平有限，书中恐有不妥和谬误之处，恳求读者不吝指正。

编　者

目 录

第一章 起重机械的分类和技术指标 (1)
第一节 起重机械的分类 (1)
一、轻小型起重设备 (1)
二、起重机 (1)
三、升降机 (5)
四、工作平台和机械式停车设备 (9)
第二节 起重机参数类型 (9)
一、重量和载荷参数 (9)
二、尺寸参数 (10)
三、运动速度 (11)
四、与起重机运行路线有关的参数 (12)
第三节 起重机工作级别和机构工作级别 (13)
一、起重机工作级别 (13)
二、机构工作级别 (15)
第四节 起重机械的可靠性指标 (20)
一、可靠性和可靠度 (20)
二、失效率 (20)
三、可靠寿命 (21)
四、平均寿命 (21)
五、作业率（有效度，可用度） (21)
六、维修率 (21)
七、修复率 (21)

第二章 起重机通用零件和部件的安全技术 (22)
第一节 吊钩的安全技术 (22)
一、吊钩的分类和力学性能 (22)
二、吊钩的起重量和钩号 (23)
三、吊钩安全检查 (24)
第二节 钢丝绳的安全技术 (26)
一、钢丝绳的分类 (26)

二、钢丝绳的性能……………………………………………（27）
　　三、钢丝绳的试验和验收……………………………………（36）
　　四、钢丝绳的选用……………………………………………（36）
　　五、钢丝绳的安装、维护与检验……………………………（37）
　　六、钢丝绳的报废标准………………………………………（39）
　　七、在用钢丝绳的安全技术检验……………………………（45）
　　八、钢丝绳用楔形接头和套环………………………………（48）
　　九、钢丝绳绳夹………………………………………………（53）
　　十、钢丝绳的经验计算法……………………………………（56）
第三节　起重用短环链的安全技术………………………………（59）
　　一、链条的等级………………………………………………（59）
　　二、链条的检验………………………………………………（60）
　　三、链条的报废………………………………………………（64）
　　四、链条的选用………………………………………………（64）
　　五、链条的安全技术…………………………………………（64）
第四节　合成纤维吊装带的安全技术……………………………（69）
　　一、吊装带的分类……………………………………………（69）
　　二、吊装带的安全系数和安全载荷…………………………（70）
　　三、吊装带的技术要求………………………………………（71）
　　四、吊装带的安全技术………………………………………（73）
第五节　滑轮组和卷筒的安全技术………………………………（73）
　　一、滑轮………………………………………………………（73）
　　二、滑轮组……………………………………………………（78）
　　三、卷筒的安全技术…………………………………………（79）
第六节　减速器的安全技术………………………………………（86）
　　一、圆柱齿轮减速器…………………………………………（86）
　　二、蜗杆减速器………………………………………………（99）
　　三、行星齿轮减速器…………………………………………（108）
　　四、摆线针轮减速器…………………………………………（117）
　　五、减速器的安全技术………………………………………（122）
第七节　制动器的安全技术………………………………………（125）
　　一、制动器的分类……………………………………………（125）
　　二、带式制动器………………………………………………（125）
　　三、电磁鼓式（块式）制动器………………………………（127）
　　四、电力液压鼓式制动器……………………………………（133）
　　五、鼓式制动器安全技术检查………………………………（138）
　　六、盘式制动器（电力液压）………………………………（141）

七、锥式制动器……………………………………………………………………(147)
　　八、载重自制式制动器……………………………………………………………(148)
　　九、工程机械蹄式制动器…………………………………………………………(149)
　　十、涡流制动器……………………………………………………………………(150)

第三章　安全装置………………………………………………………………………(154)
第一节　限位器……………………………………………………………………(154)
　　一、上升极限位置限制器和下降极限位置限制器………………………………(154)
　　二、运行极限位置限制器…………………………………………………………(155)
　　三、联锁保护装置…………………………………………………………………(159)
第二节　缓冲器……………………………………………………………………(161)
　　一、缓冲器的分类…………………………………………………………………(161)
　　二、弹簧缓冲器……………………………………………………………………(162)
　　三、橡胶缓冲器……………………………………………………………………(165)
　　四、液压缓冲器……………………………………………………………………(168)
　　五、缓冲器的计算…………………………………………………………………(172)
第三节　防碰撞装置………………………………………………………………(174)
　　一、超声波式防碰撞装置…………………………………………………………(174)
　　二、电磁波式防碰撞装置…………………………………………………………(176)
第四节　防偏斜装置………………………………………………………………(176)
　　一、凸轮式防偏斜装置……………………………………………………………(177)
　　二、钢丝绳—齿条式防偏斜装置…………………………………………………(178)
　　三、链轮式防偏斜装置……………………………………………………………(179)
　　四、电动式防偏斜装置……………………………………………………………(179)
第五节　夹轨器和锚定装置………………………………………………………(181)
　　一、手动夹轨器……………………………………………………………………(181)
　　二、电动弹簧式夹轨器……………………………………………………………(183)
　　三、楔形重锤式夹轨器……………………………………………………………(184)
　　四、自动卡板式夹轨器……………………………………………………………(187)
　　五、铁鞋止轮式防风装置…………………………………………………………(188)
　　六、锚定装置………………………………………………………………………(189)
第六节　超载限制器………………………………………………………………(189)
　　一、机械式超载限制器……………………………………………………………(189)
　　二、电子式超载限制器……………………………………………………………(191)
　　三、压磁式超载限制器……………………………………………………………(192)
　　四、液压超载限制器………………………………………………………………(193)
第七节　起重力矩限制器…………………………………………………………(194)

· Ⅲ ·

一、起重力矩限制器的工作原理……………………………………………………(194)
　　二、起重力矩限制器的安全技术要求………………………………………………(198)
　　三、起重力矩限制器的型式试验……………………………………………………(199)
　第八节　防止起重臂触电和支腿自动调平装置…………………………………………(203)
　　一、防止起重臂触电装置……………………………………………………………(203)
　　二、支腿自动调平装置………………………………………………………………(204)
　第九节　防止起重机吊钩带异常电压的装置……………………………………………(207)
　第十节　起重机危险部位与标志…………………………………………………………(214)
　　一、类别和要求………………………………………………………………………(214)
　　二、危险部位与标志方法……………………………………………………………(214)

第四章　桥式起重机安全技术……………………………………………………………(216)
　第一节　桥式起重机的用途和分类………………………………………………………(216)
　　一、桥式起重机的用途………………………………………………………………(216)
　　二、桥式起重机的分类………………………………………………………………(218)
　　三、桥式起重机的技术参数和工作级别选择………………………………………(219)
　　四、桥式起重机的型号表示方法……………………………………………………(222)
　第二节　桥式起重机起升机构的安全技术………………………………………………(223)
　　一、起升机构…………………………………………………………………………(223)
　　二、起升机构的安全设计……………………………………………………………(223)
　第三节　小车运行机构的安全技术………………………………………………………(228)
　　一、小车构造与工作原理……………………………………………………………(228)
　　二、小车"三条腿"故障……………………………………………………………(228)
　　三、小车"三条腿"的检查…………………………………………………………(228)
　第四节　大车运行机构的安全技术………………………………………………………(229)
　　一、大车运行机构……………………………………………………………………(229)
　　二、车轮与轨道的安全检查…………………………………………………………(231)
　第五节　通用桥式起重机大车"啃道"的安全检查……………………………………(234)
　　一、"啃道"的迹象…………………………………………………………………(234)
　　二、车轮"啃道"的特征及原因分析………………………………………………(235)
　　三、"啃道"的检验…………………………………………………………………(238)
　第六节　运行机构的安全设计……………………………………………………………(239)
　　一、运行阻力计算……………………………………………………………………(239)
　　二、电动机的选择……………………………………………………………………(240)
　　三、减速器的选择……………………………………………………………………(241)
　　四、起动时间的验算…………………………………………………………………(241)
　　五、平均加速度的验算………………………………………………………………(242)

六、制动器的选择……………………………………………………………(242)
　　七、主动车轮打滑的验算……………………………………………………(242)
 第七节　电气设备的安全技术……………………………………………………(243)
　　一、对电气设备的基本要求…………………………………………………(243)
　　二、动力电路…………………………………………………………………(245)
 第八节　桥式起重机金属结构的安全技术………………………………………(246)
　　一、金属结构的形式…………………………………………………………(246)
　　二、金属结构的安全技术要求………………………………………………(248)
 第九节　通用桥式起重机司机室、梯子、栏杆的安全技术……………………(251)
　　一、司机室的安全要求………………………………………………………(251)
　　二、梯子、栏杆、走台的安全要求…………………………………………(255)
 第十节　性能要求和型式试验……………………………………………………(256)
　　一、参数和技术资料的检查…………………………………………………(256)
　　二、安全装置和电气设备的性能要求………………………………………(256)
　　三、型式检验…………………………………………………………………(257)
 第十一节　桥式起重机故障模式与分类…………………………………………(259)
　　一、故障模式分类与判据……………………………………………………(259)
　　二、通用桥式起重机故障模式与分类………………………………………(260)

第五章　门式起重机安全技术……………………………………………………(280)
 第一节　门式起重机的分类和技术参数…………………………………………(280)
　　一、门式起重机的分类………………………………………………………(280)
　　二、门式起重机的参数及工作级别…………………………………………(283)
 第二节　门式起重机安全技术……………………………………………………(286)
　　一、材料要求…………………………………………………………………(286)
　　二、桥架的安全技术…………………………………………………………(287)
　　三、电气设备的安全技术……………………………………………………(289)
　　四、安全装置…………………………………………………………………(289)
　　五、起重机噪声要求…………………………………………………………(290)
　　六、司机室、梯子、走台的安全要求………………………………………(290)
　　七、外观要求…………………………………………………………………(291)
 第三节　门式起重机型式试验……………………………………………………(292)
　　一、试验前的检验……………………………………………………………(292)
　　二、型式试验…………………………………………………………………(292)
 第四节　门式起重机安全检查……………………………………………………(294)

第六章　葫芦式起重机安全技术 (302)
第一节　起重葫芦及葫芦式起重机的分类 (302)
第二节　起重葫芦安全技术 (303)
　　一、手动葫芦安全技术 (303)
　　二、电动葫芦安全技术 (306)
第三节　电动梁式起重机安全技术 (308)
　　一、梁式起重机分类和参数 (308)
　　二、安全技术要求 (311)
　　三、电动梁式起重机试验方法 (314)
　　四、电动梁式起重机型式试验 (316)
第四节　LX/LXC 型电动单梁悬挂起重机安全技术 (316)
　　一、分类及型号表示 (316)
　　二、基本参数 (318)
　　三、外形图和性能表 (318)
第五节　电动葫芦门式起重机安全技术 (320)
　　一、分类与型号表示 (320)
　　二、基本参数 (320)
第六节　葫芦式起重机安全操作与安全检查 (322)
　　一、安全操作 (322)
　　二、安全检查表 (324)

第七章　流动式起重机安全技术 (338)
第一节　流动式起重机分类及参数 (338)
　　一、流动式起重机分类 (338)
　　二、流动式起重机技术参数 (341)
　　三、底盘轮轴布置标记 (343)
　　四、型号标记 (344)
第二节　流动式起重机工作机构 (345)
　　一、汽车起重机工作机构 (345)
　　二、轮胎式起重机工作机构 (350)
　　三、履带式起重机工作机构 (354)
第三节　流动式起重机安全装置 (357)
　　一、力矩限制器 (357)
　　二、上升极限位置限制器 (357)
　　三、幅度指示器 (357)
　　四、水平仪 (358)
　　五、防止吊臂后倾装置 (358)

六、支腿回缩锁定装置……………………………………………………………（358）
七、回转定位装置…………………………………………………………………（358）
八、倒退报警装置…………………………………………………………………（358）
九、暴露的活动零部件的防护罩…………………………………………………（358）
十、电气设备的防雨罩……………………………………………………………（358）
第四节　流动式起重机的稳定性与安全……………………………………………（358）
一、行驶状态的稳定性……………………………………………………………（358）
二、工作状态的稳定性……………………………………………………………（359）
三、汽车起重机和轮胎起重机稳定性校核………………………………………（361）
第五节　履带式起重机安全技术……………………………………………………（362）
一、大型履带式起重机的型式试验………………………………………………（362）
二、150 t 以下履带式起重机的型式试验…………………………………………（364）
第六节　流动式起重机常见事故分析………………………………………………（366）
一、翻车事故分析…………………………………………………………………（366）
二、折臂、损臂事故分析…………………………………………………………（366）
三、触电事故分析…………………………………………………………………（368）
第七节　液压油的管理………………………………………………………………（368）
一、液压油的品质…………………………………………………………………（368）
二、液压油的管理…………………………………………………………………（369）
第八节　流动式起重机故障和对策…………………………………………………（370）
一、液压元件的故障及对策………………………………………………………（371）
二、操作故障和对策………………………………………………………………（372）
第九节　流动式起重机操作安全要求………………………………………………（373）
一、作业前的安全要求……………………………………………………………（373）
二、作业中的安全要求……………………………………………………………（374）
三、移动时的安全要求……………………………………………………………（376）
四、作业完毕的安全要求…………………………………………………………（376）
五、作业前的检修…………………………………………………………………（376）

第八章　塔式起重机安全技术……………………………………………………（388）
第一节　塔式起重机的分类和基本参数……………………………………………（388）
一、塔式起重机的分类……………………………………………………………（388）
二、塔式起重机基本参数和型号标记……………………………………………（389）
第二节　塔式起重机工作机构………………………………………………………（392）
一、QT60/80 型塔式起重机工作机构……………………………………………（392）
二、QT80A/B/C 型塔式起重机工作机构…………………………………………（395）
三、其他类型塔式起重机…………………………………………………………（398）

第三节 塔式起重机安全技术……(401)
一、机构安全技术……(401)
二、金属结构安全技术……(404)
三、梯子、护圈、平台、走台和栏杆的安全要求……(409)
四、安全装置……(410)
五、电气安全技术要求……(411)
六、司机室安全技术要求……(412)
第四节 塔式起重机检验判定规则……(412)
一、检验项目……(412)
二、样机检验判定……(415)
第五节 塔式起重机的型式试验……(415)
一、稳定性校核……(415)
二、性能试验和安全装置检验……(416)
三、连续作业试验……(420)
四、结构试验……(420)
五、可靠性试验……(421)
六、型式试验判定规则……(425)
第六节 塔式起重机安全技术检查表……(425)
第七节 塔式起重机的检测验收……(428)
一、新产品鉴定的检测验收……(428)
二、产品出厂检测验收或用户对产品的检测验收……(429)
三、在用起重机的检测验收……(429)
四、塔式起重机主要性能参数举例……(429)

第九章 港口起重机安全技术……(432)

第一节 门座式起重机分类和技术参数……(432)
一、门座式起重机的分类……(432)
二、港口门座式起重机的基本技术参数系列……(432)
第二节 门座式起重机的工作机构……(436)
一、门座式起重机的特点……(436)
二、门座式起重机的工作机构……(436)
第三节 门座式起重机安全技术……(442)
一、材料的安全要求……(442)
二、零件尺寸公差要求……(443)
三、金属结构件安全技术……(444)
四、机构安全技术……(449)
五、集装箱吊具和减摇装置……(452)

第四节　门座式起重机的型式试验……………………………………（453）
　　　一、试验目的…………………………………………………………（453）
　　　二、试验程序…………………………………………………………（453）
　　第五节　门座式起重机的安全检查……………………………………（459）
　　　一、主要零部件的安全检查…………………………………………（459）
　　　二、钢结构的安全检查………………………………………………（462）
　　　三、液压元件的安全检查……………………………………………（462）
　　　四、电气设备的安全检查……………………………………………（463）

第十章　施工升降机安全技术………………………………………………（472）
　　第一节　施工升降机的种类、型号及规格……………………………（472）
　　　一、施工升降机的种类………………………………………………（472）
　　　二、型号标记…………………………………………………………（473）
　　　三、施工升降机的规格………………………………………………（473）
　　第二节　施工升降机的结构及安全技术………………………………（475）
　　　一、施工升降机的结构………………………………………………（475）
　　　二、安全技术…………………………………………………………（476）
　　第三节　施工升降机的检验……………………………………………（477）
　　　一、出厂检验…………………………………………………………（477）
　　　二、交接检验…………………………………………………………（479）
　　　三、型式试验…………………………………………………………（480）
　　第四节　施工升降机的使用与安全管理………………………………（485）
　　　一、施工升降机的安全使用…………………………………………（485）
　　　二、施工升降机的安全管理…………………………………………（486）
　　　三、常见故障的原因及排除方法……………………………………（487）

第十一章　高空作业平台安全技术…………………………………………（489）
　　第一节　高空作业平台工作机构和参数………………………………（489）
　　第二节　高空作业平台试验和安全规则………………………………（493）
　　　一、检测和试验………………………………………………………（493）
　　　二、安全规则…………………………………………………………（495）
　　　三、安全操作规则……………………………………………………（496）

第十二章　起重滑车安全技术………………………………………………（497）
　　第一节　起重滑车的分类和基本参数…………………………………（497）
　　　一、起重滑车的分类和标记…………………………………………（497）
　　　二、起重滑车系列参数………………………………………………（498）

第二节　起重滑车的安全技术⋯⋯⋯⋯⋯⋯⋯⋯⋯⋯⋯⋯⋯⋯⋯⋯⋯⋯⋯⋯⋯（501）
　一、主要零部件的安全技术⋯⋯⋯⋯⋯⋯⋯⋯⋯⋯⋯⋯⋯⋯⋯⋯⋯⋯⋯⋯（501）
　二、装配安全技术⋯⋯⋯⋯⋯⋯⋯⋯⋯⋯⋯⋯⋯⋯⋯⋯⋯⋯⋯⋯⋯⋯⋯⋯（502）
第三节　起重滑车最大牵引力的计算与起重滑车的选择⋯⋯⋯⋯⋯⋯⋯⋯⋯（502）
　一、钢丝绳牵引端最大牵引力的计算⋯⋯⋯⋯⋯⋯⋯⋯⋯⋯⋯⋯⋯⋯⋯⋯（502）
　二、滑车的选择⋯⋯⋯⋯⋯⋯⋯⋯⋯⋯⋯⋯⋯⋯⋯⋯⋯⋯⋯⋯⋯⋯⋯⋯⋯（503）
第四节　起重滑车的型式试验⋯⋯⋯⋯⋯⋯⋯⋯⋯⋯⋯⋯⋯⋯⋯⋯⋯⋯⋯⋯（506）
　一、无载荷试验⋯⋯⋯⋯⋯⋯⋯⋯⋯⋯⋯⋯⋯⋯⋯⋯⋯⋯⋯⋯⋯⋯⋯⋯⋯（506）
　二、静载荷试验⋯⋯⋯⋯⋯⋯⋯⋯⋯⋯⋯⋯⋯⋯⋯⋯⋯⋯⋯⋯⋯⋯⋯⋯⋯（506）
　三、动载荷试验⋯⋯⋯⋯⋯⋯⋯⋯⋯⋯⋯⋯⋯⋯⋯⋯⋯⋯⋯⋯⋯⋯⋯⋯⋯（506）
第五节　起重滑车的危险分析和安全技术检查⋯⋯⋯⋯⋯⋯⋯⋯⋯⋯⋯⋯⋯（507）
　一、起重滑车的危险分析⋯⋯⋯⋯⋯⋯⋯⋯⋯⋯⋯⋯⋯⋯⋯⋯⋯⋯⋯⋯⋯（507）
　二、起重滑车的安全技术检查⋯⋯⋯⋯⋯⋯⋯⋯⋯⋯⋯⋯⋯⋯⋯⋯⋯⋯⋯（507）

参考文献⋯⋯⋯⋯⋯⋯⋯⋯⋯⋯⋯⋯⋯⋯⋯⋯⋯⋯⋯⋯⋯⋯⋯⋯⋯⋯⋯⋯⋯⋯（509）

第一章 起重机械的分类和技术指标

第一节 起重机械的分类

根据 GB/T 6974.1《起重机械名词术语—起重机械类型》和 GB/T 20776《起重机械分类》，起重机械可分为轻小型起重设备、起重机、升降机等类别。根据起重机械的定义，以间歇、重复工作方式，通过起重吊钩或其他吊具起升、下降与运移重物的机械设备称为起重机械。按其功能和结构特点还应包括工作平台和机械式停车设备等。

图 1—1 是起重机械分类图。

一、轻小型起重设备

轻小型起重设备一般只有一个升降机构，使重物作升降运动。属于这一类型的起重设备有：千斤顶、滑车、起重葫芦、绞车（卷扬机）、悬挂单轨系统五类。

二、起重机

起重机可按构造、取物装置和用途、运移方式、工作机构的驱动方式、回转能力、支承方式和使用场合分类。

1. 起重机按取物装置和用途分类

起重机按取物装置和用途分类见表 1—1。

2. 起重机按运移方式分类

起重机按运移方式分类见表 1—2。

3. 起重机按使用场合分类

起重机按使用场合分类见表 1—3。

4. 起重机按构造分类

（1）桥架型起重机

桥架型起重机包括：梁式起重机、桥式起重机、门式起重机、半门式起重机、装卸桥。

桥架型起重机，一般都有起升机构、小车运行机构、大车运行机构等。可使重物在一个有限的空间内起升和搬运。

桥架型起重机外形见图 1—2。

（2）臂架型起重机

臂架型起重机包括：塔式起重机、门座式起重机、浮式起重机、履带式起重机、汽车式起重机、轮胎式起重机、铁路起重机。

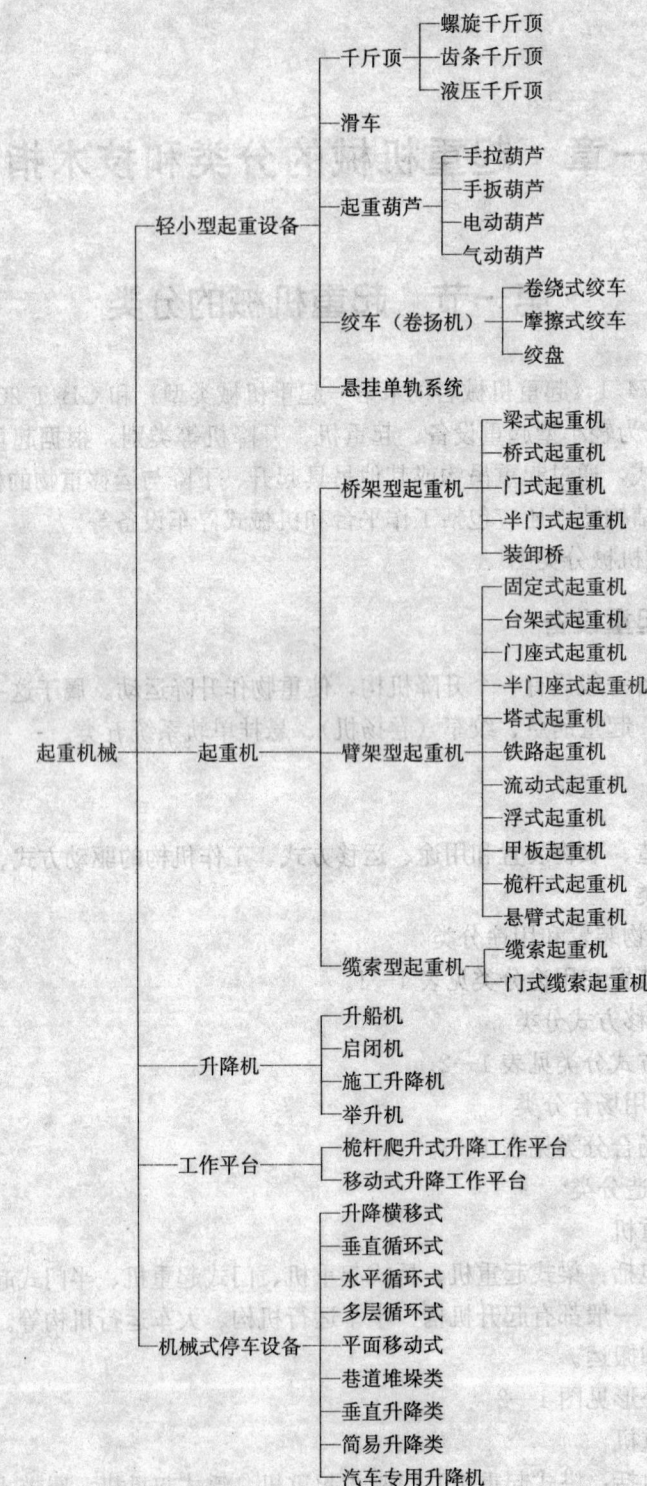

图1—1 起重机械分类图

第一章 起重机械的分类和技术指标

表1—1　　　　　　　　　　　起重机按取物装置和用途分类表

编号	名称	定义（或说明）
1	吊钩起重机	用吊钩作为取物装置的起重机
2	抓斗起重机	用抓斗作为取物装置的起重机
3	电磁起重机	用电磁吸盘作为取物装置的起重机
4	冶金起重机	适应金属冶炼、轧制等热加工特殊要求，直接用于生产工艺流程中的特种起重机
5	堆垛起重机	通常采用货叉作为取物装置，在仓库或车间堆取成件物品的起重机
6	集装箱起重机	在港口码头、车站货场，对集装箱船舶、车辆进行装卸、堆码拆垛和转运集装箱的起重机
7	安装起重机	安放预制件，吊装机器设备等作业用的起重机
8	救援起重机	抢险、清理事故现场用的起重机

表1—2　　　　　　　　　　　起重机按运移方式分类表

编号	名称	定义（或说明）
1	固定式起重机	固定在基础或支承基座上，只能原地工作的起重机
2	运行式起重机	整机可以移动的有轨运行或无轨运行的起重机
2.1	自行式起重机	作业和运输时，可依靠自身运行机构使整机沿有轨或无轨通道运移的运行式起重机
2.2	拖行式起重机	本身不具备运行动力，由牵引车整机拖行的运行式起重机
3	爬升式起重机	装在正在修建的建筑物构件上，能随着建筑物的增高，而依靠自身机构整体向上断续爬升的起重机
4	便携式起重机	安装在底座上，可由人力或借助辅助设备，从一个场地搬移到另一个场地的起重机
5	随车起重机	固定在载货汽车上，通常用于装卸车上货物的起重机
6	辐射式起重机	可以围绕固定垂直中心线，沿弧形轨道运移的起重机

表1—3　　　　　　　　　　　起重机按使用场合分类表

编号	名称	定义（或说明）
1	车间起重机	用于加工车间、修理车间、装配车间内，吊运工件和机器的起重机
2	机器房起重机	在机器房内吊装、维修发电机、水轮机等设备用的起重机
3	仓库起重机	在仓库内和堆场上，吊运、堆垛物品用的起重机
4	储料场起重机	在露天料场上堆垛、转载大宗物料用的起重机
5	建筑起重机	在建筑现场吊运建材、安放预制件、吊装机器设备等使用的起重机
6	工程起重机	土石方工程施工现场用的起重机
7	港口起重机	根据港口装卸作业要求而专门设计制造的起重机
8	船厂起重机	在造船厂建造船舶用的起重机
8.1	船台起重机	在造船台上，吊装船体和船舶装备用的造船起重机
8.2	船坞起重机	船坞（浮船坞）上应用的造船起重机
8.3	舾装起重机	船舶下水后，安装船舶附属设备和配套部件用的造船起重机
9	坝顶起重机	水电站大坝上，启闭闸门，吊运设备等使用的起重机
10	船上起重机	装在船舶甲板上，用来装卸船货的起重机

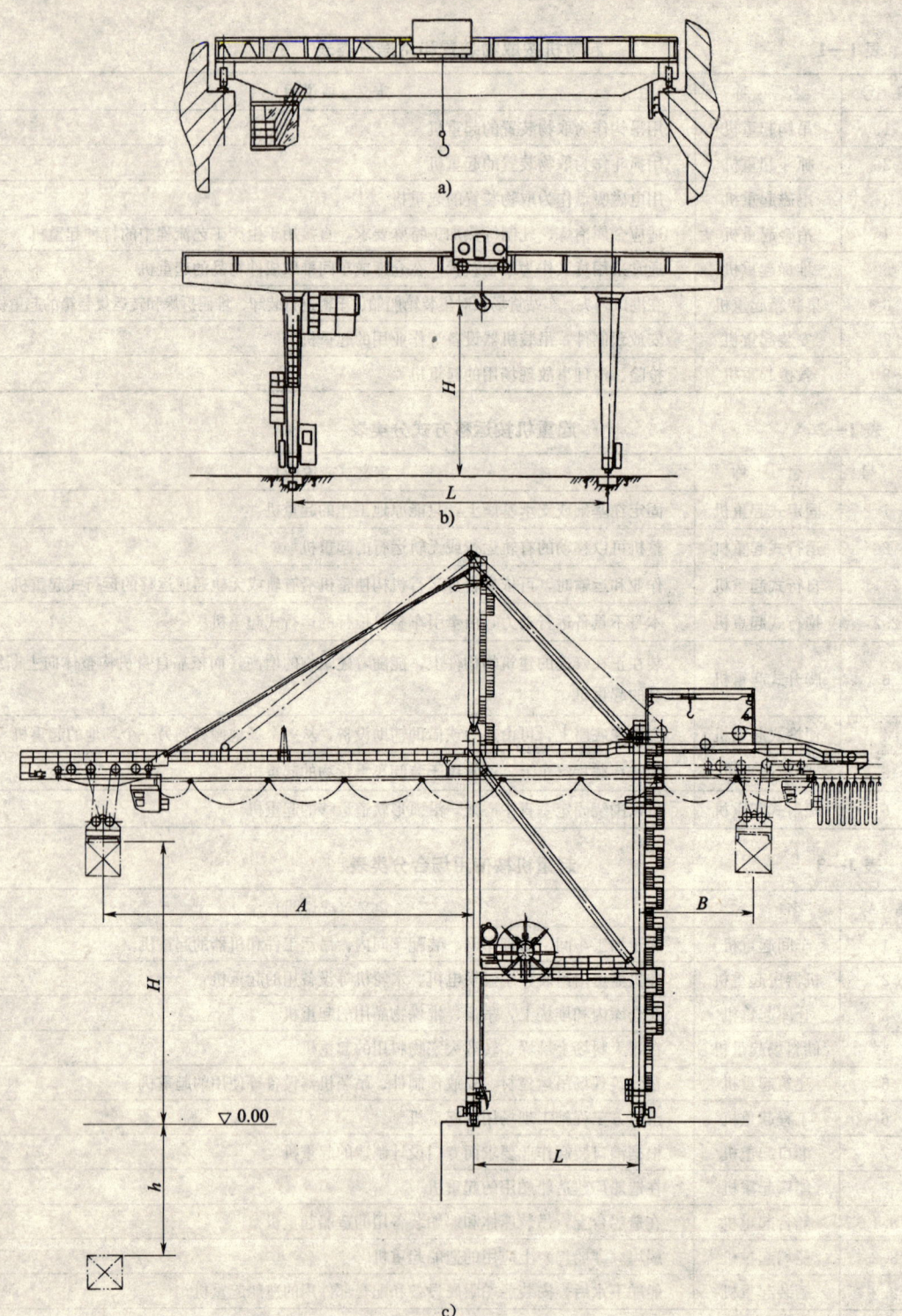

图1—2 桥架型起重机图
a) 桥式起重机 b) 门式起重机 c) 岸边集装箱起重机

第一章 起重机械的分类和技术指标

这些起重机一般都有：起升机构、变幅机构、回转机构、运行机构。对于液压起重机还有伸缩臂机构。臂架型起重机还包括：桅杆式起重机、甲板式起重机、悬臂式起重机、台架式起重机、固定式起重机等。

臂架型起重机的外形见图1—3。

三、升降机

升降机包括：施工升降机、举升机、升船机、启闭机。

1. 升船机

升船机是将船舶运送过坝的一种通航设施。通航升船机可分垂直式和斜面式两大类。具体分类如图1—4所示。

垂直式升船设施包括：承船厢、平衡系统、驱动机构、安全机构、承重塔架结构等部分。

斜面式升船设施由承船厢、平衡系统、驱动机构、斜坡道及其上的轨道和钢丝绳托辊等部分组成。

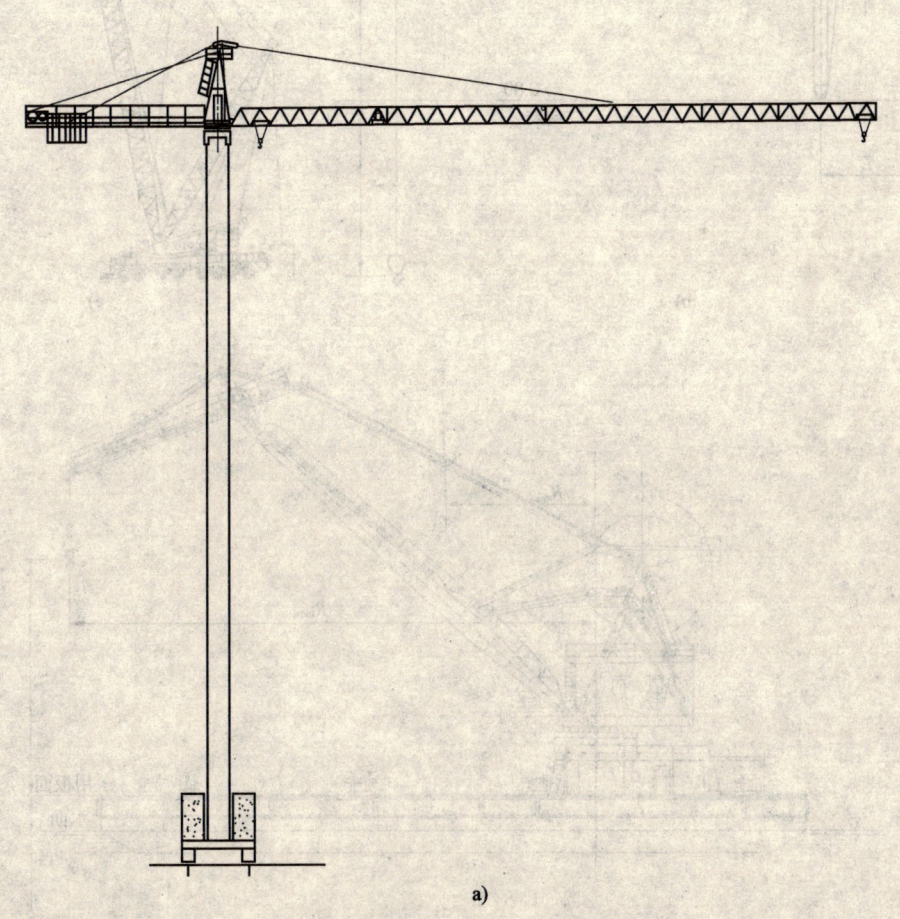

a)

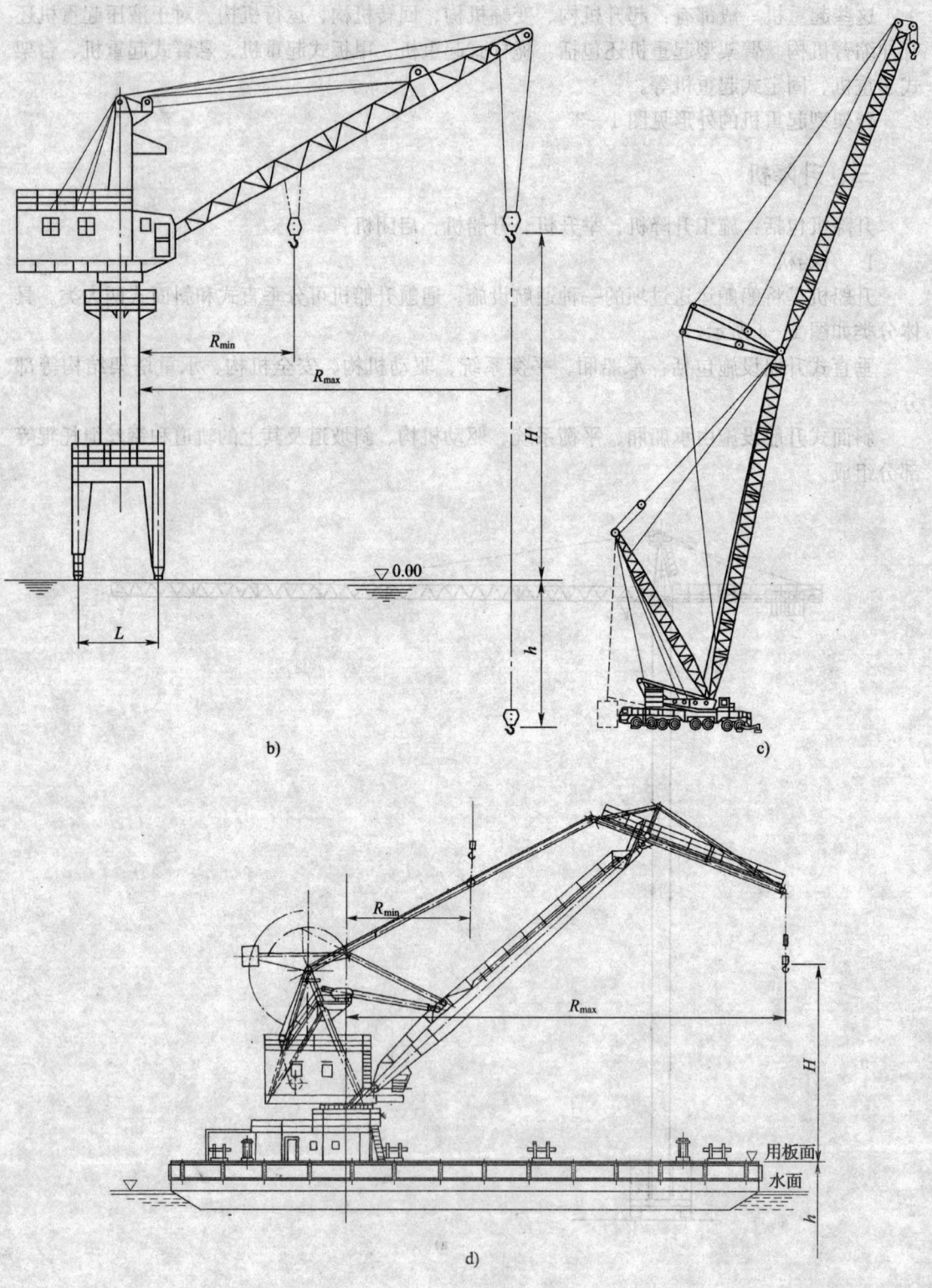

b)

c)

d)

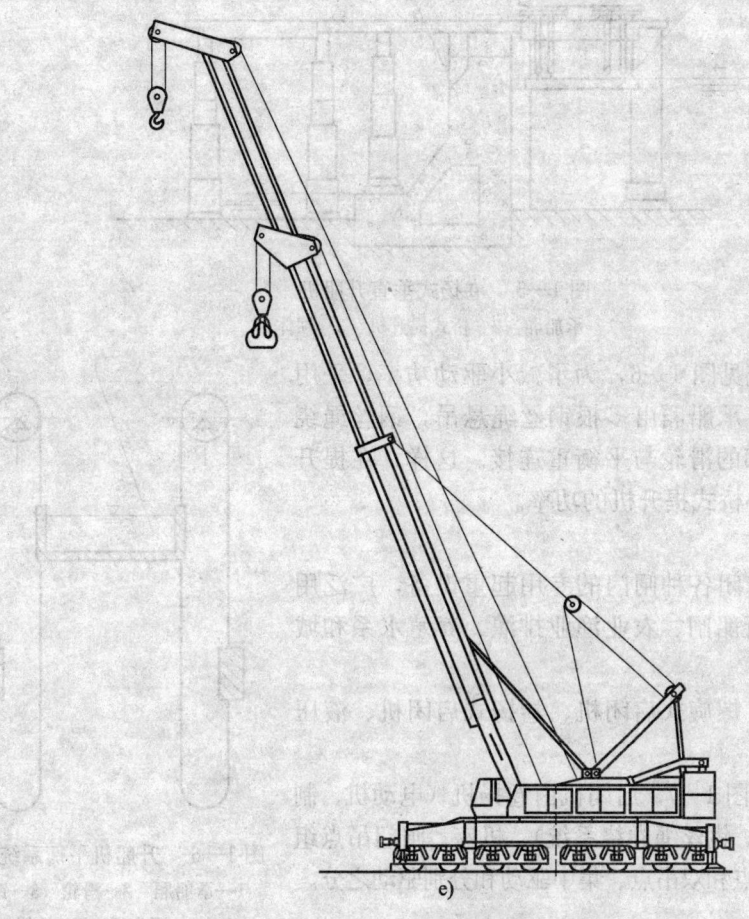

图 1—3　臂架型起重机图
a) 塔式起重机　b) 门座式起重机　c) 汽车式起重机　d) 浮式起重机　e) 铁路起重机

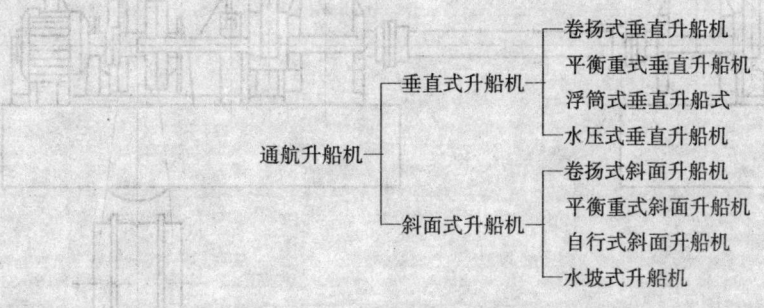

图 1—4　升船机分类图

升船机（见图 1—5）利用多台卷扬机构和运行机构组成桥式提升机，将承船厢（内有船舶）提升过坝。提升机设于承重结构的顶部，使承船厢既可垂式升降，也可以沿轨道水平运移，使船舶安全平稳地越过坝顶进入另一水位航行。

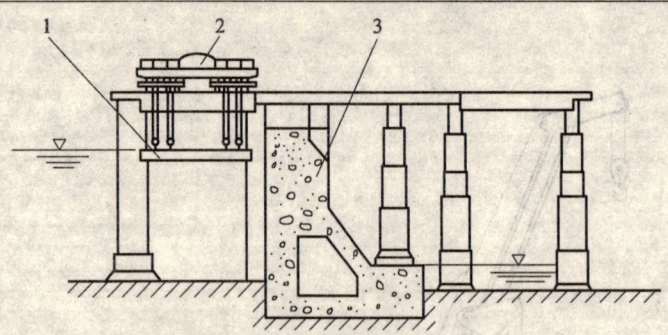

图 1—5 卷扬式垂直升船机
1—承船厢 2—桥式提升机 3—坝体

升船机平衡系统见图 1—6，为了减小驱动功率，采用了钢丝绳平衡系统。承船厢由多根钢丝绳悬吊，钢丝绳绕过置于承重结构顶部的滑轮与平衡重连接。这样，在提升过程中，就可以减小桥式提升机的功率。

2. 启闭机

启闭机是用于启闭各种闸门的专用起重设备，广泛用于电站、水库、航行船闸、农业渔业排灌、养殖水系和城市给排水系统。

启闭机可分为：螺旋式启闭机、卷扬式启闭机、液压式启闭机等。

卷扬式启闭机见图 1—7。启闭机由卷扬机（电动机、制动器、减速器、卷筒、钢丝绳卷绕系统）、机座、闸门吊点组成。启闭机还有单吊点和双吊点、集中驱动和分别驱动之分。

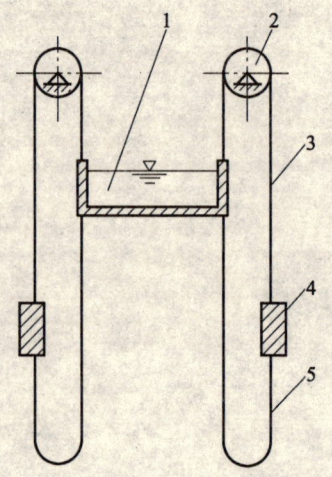

图 1—6 升船机平衡系统原理图
1—承船厢 2—滑轮 3—钢丝绳
4—平衡重 5—补偿链

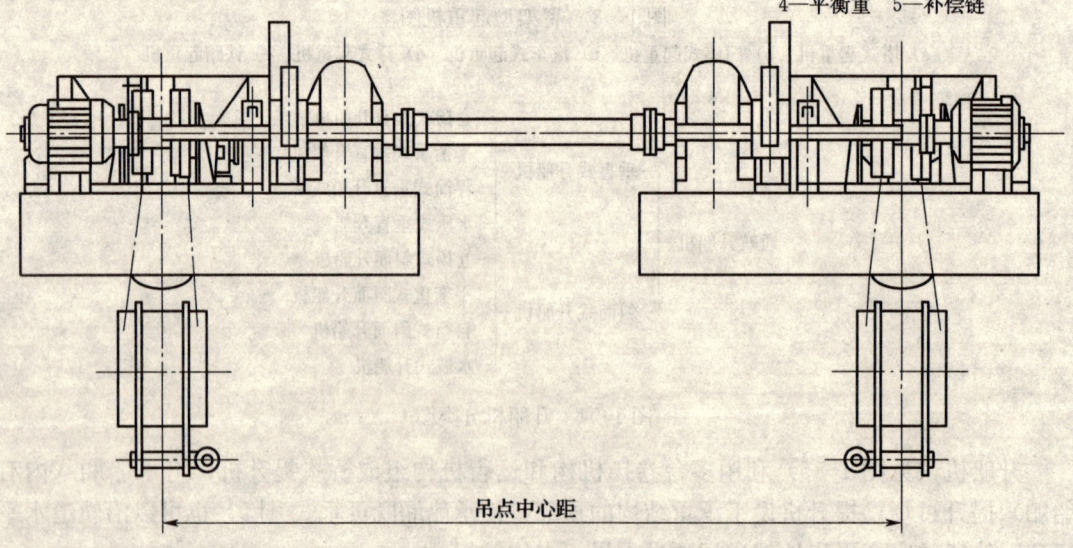

图 1—7 双吊点分别驱动卷扬式平面闸门启闭机

四、工作平台和机械式停车设备

1. 工作平台

工作平台包括桅杆爬升式升降工作平台和移动式升降工作平台。

2. 机械式停车设备

机械式停车设备的分类如图1—1所示。

第二节　起重机参数类型

一、重量和载荷参数

1. 起重量 G

起重量是被起升重物的重量,单位是千克（kg）或吨（t）。

(1) 有效起重量 G_p　起重机能吊起的重物或物料的净重量。对于幅度可变的起重机,根据幅度规定有效起重量,单位是 t。

(2) 额定起重量 G_n　起重机允许吊起的重物和物料,连同可分吊具（或属具）重量的总和（对于流动式起重机,包括固定在起重机上的吊具）。对于幅度可变的起重机,根据幅度规定起重机的额定起重量,单位是 t。

(3) 总起重量 G_t　起重机能吊起的重物或物料,连同可分吊具和长期固定在起重机上的吊具或属具（包括吊钩、滑轮组、起重钢丝绳,以及在臂架或起重小车以下的其他起吊物）的重量总和。对于幅度可变的起重机,根据幅度规定总起重量,单位是 t。

(4) 最大起重量 G_{max}　起重机正常工作条件下,允许吊起的最大额定起重量,单位是 t。

2. 起重力矩 M

幅度 L（起重机置于水平场地时,空载吊具垂直中心线至回转中心线之间的水平距离）和相应起吊物品重量 Q 的乘积,单位是 t·m 或 kN·m。

3. 起重倾覆力矩 M_A

起吊物品重量和从载荷中心线至倾覆线距离的乘积,单位 t·m 或 kN·m。

4. 起重机总重量 G_o

包括压重、平衡重、燃料、油液、润滑剂和水等在内的起重机各部分重量的总和,单位是 kg 或 t。

5. 起重机设计重量 G_k

不包括压重、平衡重、燃料、油液、润滑剂、水等的起重机重量。对于臂架型起重机为主臂架和平衡重组合的情况下,不包括压重、燃料、油液润滑剂、水等的起重机重量,单位是 kg 或 t。

6. 轮压 P

一个车轮传递到轨道或地面上的最大垂直载荷（按工况不同,分为工作轮压和非工作轮压),单位是 N 或 kN。

7. 外伸支腿最大压力

支腿全伸进行起重作业时,一个支腿座承受的最大法向反作用力,单位是 N 或 kN。

二、尺寸参数

1. 幅度 L

起重机置于水平场地时,空载吊具垂直中心线至回转中心线之间的水平距离(非回转浮式起重机为空载吊具垂直中心线至船舷护木的水平距离),单位是 m。

(1) 最大幅度 L_{max}　起重机工作时,臂架倾角最小或小车在臂架最外极限位置时的幅度,单位是 m。

(2) 最小幅度 L_{min}　臂架倾角最大或小车在臂架最内极限位置时的幅度,单位是 m。

2. 离倾覆线伸距 A

起重机置于水平场地时,空载吊具垂直中心线至倾覆线之间的水平距离,单位是 m。

3. 悬臂有效伸距 l

离悬臂最近的起重机轨道中心线到位于悬臂端部吊具中心线之间的距离,单位是 m。

4. 吊具横向极限位置 C

起重机轨道中心线和吊具垂直中心线之间的最小水平距离,单位是 m。

5. 尾部半径 r

与臂架相对的起重机另一侧回转部分的最大半径,单位是 m。

6. 起升高度 H

起重机水平停车面至吊具允许最高位置的垂直距离。

(1) 对吊钩和货叉,算至它们的支承表面。

(2) 对其他吊具,算至它们的最低点(闭合状态)。

对桥式起重机,应是空载置于水平场地上方,从地面开始测定其起升高度,单位是 m。

7. 下降深度 h

吊具最低工作位置与起重机水平支承面之间的垂直距离。

(1) 对吊钩和货叉,从其支承面算起。

(2) 对其他吊具,从其最低点算起(闭合状态)。

桥式起重机从地平面起计算下降深度。应是空载置于水平场地上方,测定其下降深度,单位是 m。

8. 起升范围 D

吊具最高和最低工作位置之间的垂直距离($D=H+h$),单位是 m。

9. 起重臂长度 L_b

起重臂根部销轴至顶端定滑轮轴线(小车变幅塔式起重机计算至臂端),单位是 m。

10. 起重臂倾角

在起升平面内,起重臂纵向中心线与水平线的夹角,单位是度(°)。

11. 整机全长

与起重机运行方向相垂直,并分别贴靠在整机前后最外端突出部位的两垂直面之间的距离。分工作状态全长,非工作状态全长和行驶状态全长,单位是 mm。

12. 整机全宽

与起重机运行方向相平行并分别贴靠在整机左右两侧固定突出部位的两垂直面之间的距离。分工作状态全宽,非工作状态全宽和行驶状态全宽,单位是 mm。

13. 整机全高

自起重机停车面到与整机最高突出部位相贴靠的水平面之间的距离。分工作状态全高,非工作状态全高和行驶状态全高,单位是 mm。

三、运动速度

1. 起升(下降)速度 v_n

稳定运动状态下,额定载荷的垂直位移速度。单位是 m/min 或 m/s。

2. 微速下降速度 v_m

稳定运动状态下,安装或堆垛最大额定载荷时的最小下降速度,单位是 m/min 或 m/s。

3. 回转速度 ω

稳定运动状态下,起重机转动部分的回转角速度。规定为在水平场地上,离地 10 m 高度处,风速小于 3 m/s 时,起重机幅度最大,且带额定载荷时的转速。单位是 r/min 或 rad/s。也可用 r/s 表示。

4. 起重机(大车)运行速度 v_k

稳定运动状态下,起重机运行的速度。规定为在水平路面(或水平轨面)上,离地 10 m 高度处,风速小于 3 m/s 时的起重机带额定载荷时的运行速度,单位是 m/min 或 m/s。

5. 小车运行速度 v_t

稳定运动状态下,小车运行的速度。规定为离地 10 m 高度处,风速小于 3 m/s 时,带额定载荷的小车在水平轨道上运行的速度,单位是 m/min 或 m/s。

6. 变幅速度 v_r

稳定运动状态下,额定载荷在变幅平面内水平位移的平均速度。规定为离地 10 m 高度处,风速小于 3 m/s 时,起重机在水平路面上,幅度从最大值至最小值的平均速度,单位是 m/s。

7. 变幅时间

幅度从最大值改变到最小值时所需的时间。规定为离地 10 m 高度处,风速小于 3 m/s 时,起重机在水平路面上,悬吊对应于最大幅度的起重量,从最大幅度至最小幅度所需的时间,单位是 s。

8. (道路)行驶速度 v_o

在道路行驶状态下,起重机由自身动力驱动的最大运行速度,单位是 km/h。

9. 吊重行走速度

在坚硬地面上,起重机吊起规定的额定载荷平稳运行时的速度,单位是 km/h。

10. 起重臂伸缩速度

起重臂伸出（或缩回）时，其头部沿臂架纵向中心线移动的速度，单位是 m/s。

11. 起重臂伸缩时间

空载状态下，起重臂以最大伸缩速度由全缩（全伸）状态，运动到全伸（全缩）状态所用的时间，单位是 s。

12. 收放腿时间

起重机的外伸支腿由全伸（全收）状态运动到全收（全伸）状态所用的时间，单位是 s。

四、与起重机运行路线有关的参数

1. 起重机轨道标高 H

桥架型起重机轨道顶面和地面之间的垂直距离，单位是 mm 或 m。

2. 起重机停车面

支承起重机运行装置的基础或轨顶水平面。起重机轨道或路面在不同水平面时，最低的支承水平面为起重机的停车面。

3. 跨度 S

桥架型起重机支承中心线之间的水平距离，单位是 m。

4. 轨距或轮距 K

对于除铁路起重机之外的臂架型起重机，为轨道中心线或起重机行走轮踏面（或履带）中心线之间的水平距离；对于铁路起重机为运行线路两钢轨头部顶面下内侧 16 mm 处的水平距离；对于起重小车，为小车轨道中心线之间的距离。起重机两侧为双轨线路时，轨距为双轨几何中心线之间的距离，单位是 mm 或 m。

5. 基距（轴距）B

沿起重机（或小车）纵向运动方向的起重机（或小车）支承中心线之间的距离，单位是 mm。

6. 外伸支腿纵向间距 B

沿起重机纵向运行方向的外伸支腿垂直中心线之间的距离，单位是 mm。

7. 外伸支腿横向间距 K

垂直于起重机纵向运动方向的外伸支腿垂直中心线之间的距离，单位是 mm。

8. 制动距离

工作机构从操作制动开始到机构停住，吊具（或大车、小车）所经过的距离，单位是 mm。

9. 工作坡度 i

起重机允许工作的坡度，由 $i=h/B$ 确定，一般以百分数表示。式中，B 为起重机基距，h 为坡道上基距 B 两起点位置的水平高差。

其高差应在无载时测得。

10. 爬坡能力

无载起重机能以稳定行驶速度爬行的最大坡度，$i=h/B$，一般以百分数表示，或用度（°）表示。

11. 支承轮廓

起重机支承件（车轮、履带或外伸支腿）各支承点连线在水平面上的投影。

12. 线路曲率半径 R_k

起重机运行线路曲线段，内轨中心线的最小曲率半径，单位是 m。

13. 最小转弯半径 R

起重机转向时，其前轮外侧运行轨迹的最小圆弧半径，单位是 m。

第三节 起重机工作级别和机构工作级别

一、起重机工作级别

起重机工作级别根据起重机利用等级和载荷状态分为 8 级 A1～A8。

1. 起重机利用等级

利用等级表征起重机在其有效寿命期间的使用频繁程度，用总的工作循环次数 N 表示。根据总的循环次数 N，把起重机利用等级分为 U_0～U_9 共 10 级。

起重机的利用等级见表 1—4。

表 1—4　　　　　　　　起重机的利用等级

利用等级	总的工作循环次数 N	附　注
U_0	1.6×10^4	
U_1	3.2×10^4	不经常使用
U_2	6.3×1.4^4	
U_3	1.25×10^5	
U_4	2.5×10^5	经常轻闲地使用
U_5	5×10^5	经常中等地使用
U_6	1×10^6	不经常繁忙地使用
U_7	2×10^6	
U_8	4×10^6	繁忙地使用
U_9	$>4\times10^6$	

2. 起重机的载荷状态

起重机的载荷状态与两个因素有关：一个是实际起升载荷与最大载荷的比 $\left(\dfrac{P_i}{P_{\max}}\right)$；另一个是起升载荷作用次数与总的工作循环次数的比 $\left(\dfrac{n_i}{N}\right)$。表示 $\left(\dfrac{P_i}{P_{\max}}\right)$ 和 $\left(\dfrac{n_i}{N}\right)$ 关系的值称载荷谱系数 K_P。其表达式如下：

$$K_p = \sum\left[\frac{n_i}{N}\left(\frac{P_i}{P_{max}}\right)^m\right]$$

式中 P_i——第 i 个起升载荷，$P_i = P_1, P_2, P_3, \cdots, P_n$；

　　n_i——载荷 P_i 的作用次数；

　　N——总的工作循环次数，$N = \sum n_i$；

　　P_{max}——最大起升载荷；

　　m——指数，$m = 3$。

起重机的载荷状态及其名义载荷谱系数 K_p 见表 1—5。

表 1—5　　　　　　　　起重机的载荷状态及其名义载荷谱系数 K_P

载荷状态	名义载荷谱系数 K_P	说　　明
Q1—轻	0.125	很少起升额定载荷，一般起升轻微载荷
Q2—中	0.25	有时起升额定载荷，一般起升中等载荷
Q3—重	0.5	经常起升额定载荷，一般起升较重的载荷
Q4—特重	1.0	频繁地起升额定载荷

3. 起重机工作级别

根据利用等级和载荷状态把起重机分为 A1～A8 共 8 种工作级别。

起重机工作级别的划分见表 1—6。

表 1—6　　　　　　　　　　起重机工作级别的划分

载荷状态	名义载荷谱系数 K_P	利用等级									
		U_0	U_1	U_2	U_3	U_4	U_5	U_6	U_7	U_8	U_9
Q1—轻	0.125			A1	A2	A3	A4	A5	A6	A7	A8
Q2—中	0.25		A1	A2	A3	A4	A5	A6	A7	A8	
Q3—重	0.5	A1	A2	A3	A4	A5	A6	A7	A8		
Q4—特重	1.0	A2	A3	A4	A5	A6	A7	A8			

从上述分类中可知，起重机工作级别是以金属结构受力状态为根据的，它与起重机工作类型的分类根据是不同的。尽管如此，还是可以找出两者的相当关系。即：A1～A4 相当于轻型；A5～A6 相当于中型；A7 相当于重型；A8 相当于特重型。

起重机工作级别举例见表 1—7。

表 1—7　　　　　　　　　起重机工作级别举例表

起重机型式			工作级别
桥式起重机	吊钩式	电站安装及检修用	A1～A3
		车间及仓库用	A3～A5
		繁重工作车间及仓库用	A6～A7
	抓斗式	间断装卸用	A6～A7
		连续装卸用	A8

续表

起重机型式			工作级别
桥式起重机	冶金专用	吊料箱用	A7~A8
		加料用	A8
		铸造用	A6~A8
		锻造用	A7~A8
		淬火用	A8
		夹钳、脱锭用	A8
		揭盖用	A7~A8
		料耙式	A8
		电磁铁式	A7~A8
门式起重机		一般用途吊钩式	A5~A6
		装卸用抓斗式	A7~A8
		电站用吊钩式	A2~A3
		造船安装用吊钩式	A4~A5
		装卸集装箱用	A6~A8
装卸桥		料场装卸用抓斗式	A7~A8
		港口装卸用抓斗式	A8
		港口装卸集装箱用	A6~A8
门座起重机		安装用吊钩式	A3~A5
		装卸用吊钩式	A6~A7
		装卸用抓斗式	A7~A8
塔式起重机		一般建筑安装用	A1~A2
		用吊罐装卸混凝土	A4~A6
汽车、轮胎、履带、铁路起重机		安装及装卸用吊钩式	A1~A4
		装卸用抓斗式	A4~A6
甲板起重机		吊钩式	A4~A6
		抓斗式	A6~A7
浮式起重机		装卸用吊钩式	A5~A6
		装卸用抓斗式	A6~A7
		造船安装用	A4~A6
缆索起重机		安装用吊钩式	A3~A5
		装卸或施工用吊钩式	A6~A7
		装卸或施工用抓斗式	A7~A8

二、机构工作级别

起重机机构工作级别是根据机构利用等级和载荷状态分级的。

1. 机构利用等级

机构利用等级按机构使用寿命分为 T_0~T_9，共 10 级，见表 1—8。总的使用寿命规定为机构在设计的使用年数内处于运转的总小时数，它仅作为机构的设计基础，而不能视为保用期。

表 1—8　　　　　　　　　　　　　　机构利用等级

机构利用等级	总使用寿命（h）	附注
T_0	200	不经常使用
T_1	400	
T_2	800	
T_3	1 600	
T_4	3 200	经常轻闲地使用
T_5	6 300	经常中等地使用
T_6	12 500	不经常繁忙地使用
T_7	25 000	繁忙地使用
T_8	50 000	
T_9	100 000	

2. 机构载荷状态

机构的载荷状态表明机构受载的轻重程度，它用载荷谱系数 K_m 表征，K_m 用以下公式计算。

$$K_m = \Sigma \left[\frac{t_i}{t_T} \left(\frac{P_i}{P_{max}} \right)^m \right]$$

式中　P_i——该机构在工作时间内所承受的各个不同的载荷（$P_i = P_1, P_2, P_3, \cdots, P_n$）；

　　　P_{max}——P_i 中的最大值；

　　　t_i——该机构在承受 P_i 载荷的持续时间（$t_i = t_1, t_2, t_3, \cdots, t_n$）；

　　　t_T——所有不同载荷作用时的持续时间总和 $t_T = \Sigma t_i$；

　　　m——指数，$m = 3$。

机构载荷状态及其名义载荷谱系数 K_m 见表 1—9。

表 1—9　　　　　　　　机构载荷状态及其名义载荷谱系数 K_m

载荷状态	名义载荷谱系数 K_m	附注
L1—轻	0.125	机构经常承受轻的载荷，偶尔承受最大的载荷
L2—中	0.25	机构经常承受中等的载荷，偶尔承受最大的载荷
L3—重	0.50	机构经常承受较重的载荷，也常受最大的载荷
L4—特重	1.00	机构经常承受最大的载荷

3. 机构工作级别

机构工作级别按机构的利用等级和载荷状态分为 8 级，即 M1～M8，见表 1—10。

表 1—10　　　　　　　　　　　　　机构工作级别

载荷状态	名义载荷谱系数 K_m	机构利用等级									
		T_0	T_1	T_2	T_3	T_4	T_5	T_6	T_7	T_8	T_9
L1—轻	0.125			M1	M2	M3	M4	M5	M6	M7	M8
L2—中	0.25		M1	M2	M3	M4	M5	M6	M7	M8	
L3—重	0.50	M1	M2	M3	M4	M5	M6	M7	M8		
L4—较重	1.00	M2	M3	M4	M5	M6	M7	M8			

机构工作级别举例见表 1—11。

表 1—11 机构工作级别举例表

起重机型式		用途	主起升机构			副起升机构			小车运行机构			大车运行机构			回转机构			变幅机构		
			利用等级	载荷情况	工作级别	利用等级	载荷情况	工作级别	利用等级	载荷情况	工作级别	利用等级	载荷情况	工作级别	利用等级	载荷情况	工作级别	利用等级	载荷情况	工作级别
桥式起重机	一般用途（吊钩式）	电站安装及检修用	T_2	L1, L2	M1, M2	T_3	L1	M2	T_2	L1, L2	M1, M2	T_2	L1	M1						
		车间及仓库修用	T_3, T_4	L1, L2	M2~M4	T_4, T_5	L1, L2	M3~M5	T_4, T_5	L1, L2	M3~M5	T_4, T_5	L1, L2	M3, M5						
		繁重工作车间及仓库用	T_5, T_6	L2, L3	M5~M7	T_5	L3	M6	T_4, T_5	L3	M5, M6	T_5, T_6	L2, L3	M5						
		间断装卸用	T_5, T_6	L3	M6~M7				T_5	L3	M6~M8	T_5, T_6	L3	M6, M7						
		连续装卸用	T_6, T_7	L3	M7, M8				T_5, T_6	L3	M6, M7	T_5, T_6	L3	M6, M7						
	抓斗式	吊料箱用	T_6, T_7	L3	M7, M8	T_7, T_8	L3	M8	T_5, T_6	L3, L4	M6, M7	T_6	L3	M7						
		加料用	T_7, T_8	L3, L4	M8	T_6, T_7	L3, L4	M7, M8	T_5, T_6	L3	M7, M8	T_7, T_8	L3	M8	T_7	L3	M7			
	冶金专用	铸造用	T_6, T_7	L3	M7, M8	T_6, T_7	L3	M7	T_5, T_6	L3	M6, M7	T_6, T_7	L3	M7, M8						
		锻造用	T_6, T_7	L3	M7, M8	T_6, T_7	L3	M7, M8	T_5, T_6	L3	M6, M7	T_6, T_7	L3	M7, M8						
		淬火用	T_5, T_6	L3	M6, M7	T_5, T_6	L2, L3	M5, M6	T_5, T_6	L3	M6, M7	T_6, T_7	L3	M7, M8						
		夹钳、脱锭用	T_7, T_8	L3, L4	M8				T_6, T_7	L4	M8	T_6, T_7	L4	M8	T_6, T_7	L3	M7, M8			
		揭盖用	T_6, T_7	L3	M7, M8							T_6, T_7	L3	M7, M8						
		料耙式	T_7	L4	M8				T_6, T_7	L4	M8	T_6, T_7	L4	M8	T_6, T_7	L3	M7, M8			
		电磁铁式	T_6, T_7	L3	M7, M8				T_5, T_6	L3	M6, M7	T_5	L3	M6						

续表

起重机型式		主起升机构			副起升机构			小车运行机构			大车运行机构			回转机构			变幅机构		
		利用等级	载荷情况	工作级别	利用等级	载荷情况	工作级别	利用等级	载荷情况	工作级别	利用等级	载荷情况	工作级别	利用等级	载荷情况	工作级别	利用等级	载荷情况	工作级别
门式起重机	一般用途吊钩式	T_5	L2, L3	M5, M6	T_5	L2, L3	M5, M6	T_5	L3	M5	T_5	L3	M5						
	装卸用抓斗式	T_6, T_7	L3, L4	M7, M8				T_6, T_7	L3, L4	M7, M8	T_6	L2, L3	M6, M7						
	电站用吊钩式	T_3	L1, L2	M2, M3				T_3	L2	M3	T_3	L2	M3						
	造船安装用吊钩式	T_4	L2, L3	M4, M5	T_3	L2, L3	M3	T_5	L2, L3	M5, M6	T_5	L2, L3	M5, M6						
	装卸集装箱用	T_6, T_7	L2, L3	M6~M8	T_4	L2, L3	M4, M5	T_6, T_7	L2, L3	M6~M7	T_5~T_7	L2, L3	M5~M8						
装卸桥	料场装卸用抓斗式	T_6, T_7	L3, L4	M7, M8				T_6, T_7	L3, L4	M7, M8	T_5	L2, L3	M5, M6						
	港口装卸用吊钩式	T_6, T_7	L3, L4	M7, M8				T_6, T_7	L3, L4	M7, M8	T_6	L2, L3	M6, M7						
	港口装卸集装箱用	T_5, T_6	L2, L3	M5~M7	T_5	L1, L2	M4, M5	T_5, T_6	L2, L3	M5~M7	T_5, T_6	L2, L3	M5~M7						
门座起重机	安装用吊钩式	T_5	L2, L3	M4, M5							T_3, T_4	L2, L3	M3, M4	T_4	L3	M5	T_4	L3	M5
	装卸用吊钩式	T_5	L2, L3	M5							T_3	L2	M3	T_4	L3	M5	T_5	L3	M5
	装卸用抓斗式	T_6, T_7	L3	M7, M8							T_4	L2	M4	T_5, T_6	L3	M6, M7	T_4	L3	M6

续表

起重机型式		主起升机构			副起升机构			小车运行机构			大车运行机构			回转机构			变幅机构		
		利用等级	载荷情况	工作级别	利用等级	载荷情况	工作级别	利用等级	载荷情况	工作级别	利用等级	载荷情况	工作级别	利用等级	载荷情况	工作级别	利用等级	载荷情况	工作级别
塔式起重机	建筑、施工安装用 $H<60\ \mathrm{m}$	$T_2\sim T_4$	L2	M2~M4				T_3	L1, L2	M3	T_2	L3	M3	$T_2\sim T_4$	L3	M3~M5	T_2, T_3	L3	M2, M3
	建筑、施工安装用 $H>60\ \mathrm{m}$	T_4, T_5	L2	M4, M5				$T_3\sim T_5$	L2	M3	T_3	L2	M3	$T_2\sim T_4$	L3	M3~M5	T_2, T_3	L3	M2, M3
	输送混凝土用 $H<60\ \mathrm{m}$	T_3, T_4	L2, L3	M4, M5				T_5	L3	M5, M6	$T_2\sim T_5$	L2	M3~M6	T_3, T_4	L3	M5, M6	T_3, T_4	L3	M4, M5
	输送混凝土用 $H>60\ \mathrm{m}$	T_4, T_5	L2, L3	M4~M6				T_5	L3	M6	T_3	L3	M3	T_4, T_5	L3	M5, M6	T_3, T_4	L3	M4, M5
汽车、轮胎、履带、铁路起重机	安装及装卸用吊钩式	T_4, T_5	L1, L2	M3, M4							T_3, T_4	L1, L2	M2~M4	T_4	L2	M4	T_4	L2	M4
	装卸用抓斗式	T_5, T_6	L2, L3	M5~M7							T_4, T_5	L2	M4, M5	T_4, T_5	L2, L3	M5, M6	T_4, T_5	L2, L3	M4, M5
甲板起重机	重件装卸用	T_3, T_4	L2	M3, M4	T_4, T_5	L2, L3	M4~M6							T_4	L2	M4	T_4	L1, L2	M3, M4
	一般装卸用	T_4, T_5	L2	M4, M5										T_5, T_6	L2	M5, M6	T_4	L2	M4
浮式起重机	装卸用吊钩式	T_5, T_6	L2	M5, M6										T_5, T_6	L2, L3	M5~M7	T_5, T_6	L2	M5, M6
	装卸用抓斗式	T_6, T_7	L2, L3	M6, M7										T_6	L3	M7	T_7	L3	M6~M8
	造船安装用	T_4, T_5	L2, L3	M4~M6										T_4	L2	M5	T_4	L2, L3	M4, M5
缆索起重机	安装用吊钩式	$T_3\sim T_5$	L2	M3~M5				T_3, T_4	L2	M3, M4	T_3, T_4	L2	M3, M4						
	装卸用吊钩式	T_5, T_6	L2, L3	M6, M7				T_5, T_6	L2, L3	M5, M6	T_4, T_5	L2	M4, M5						
	装卸用抓斗式或输送混凝土用	T_6, T_7	L3, L4	M7, M8				T_6	L3	M7	T_4, T_5	L2	M4, M5						

注：未列入举例表中的起重机机构工作级别可参照接近的起重机机构工作级别选择。

第四节 起重机械的可靠性指标

一、可靠性和可靠度

1. 可靠性

(1) 可靠性是指产品在规定的条件下和规定的时间内完成规定功能的能力。产品是指作为单独研究和分别试验对象的任何元件、零件、起重机或系统。"规定的条件"包括使用时的应力条件，环境条件和储存条件。"规定的时间"是指经过一段时间的稳定使用或储存一定时间以后，产品的可靠性水平便随时间的延长而降低。而在规定时间内产品的可靠性是可接受的。

产品的可靠性与"规定功能"密切相关，这里指的"规定功能"就是产品应具备的技术指标。

(2) 产品的可靠性又包括固有可靠性与使用可靠性。固有可靠性是指产品在设计、制造时所赋予的内在可靠性，它与材料的选择、零部件、设计、制造等都有关系。

使用可靠性是指产品使用过程中，考虑环境、操作状况、维修（维修方式、维修技术）等因素对可靠性的影响，甚至包括人为因素的影响后，产品所具有的可靠性。

2. 可靠度

可靠度是指产品在规定的条件下和规定的时间内，完成规定功能的概率。

根据定义，可靠度可写成下式：

$$R(t) = [N_o - r(t)]/N_o = N_s(t)/N_o$$

式中 $R(t)$——可靠度；

N_o——参加试验的元件、零部件或起重机的总数；

$N_s(t)$——到时刻 t，尚能完成规定功能的元件、零部件或起重机数量。

二、失效率

失效是指产品丧失了规定的功能。"失效"用于不可修复的产品。"故障"则用于可修复的产品。"失效"和"故障"均指产品丧失了规定的功能，有时二者通用。

失效率，是指工作到某时刻尚未失效的元件、零部件、起重机，在该时刻后单位时间内发生失效的概率。

根据定义，失效率可写成下式：

$$\lambda(t) = \frac{\mathrm{d}r(t)}{N_s(t)\mathrm{d}t}$$

式中 $r(t)$——到时刻 t 为止，元件、零部件、起重机累积失效数；

$N_s(t)$——到时刻 t 为止，残存元件、零部件、起重机数。

失效率单位是"1/h"。对于电子产品失效率采用"菲特"，1 菲特（Fit）= 10^{-9}/h =

$10^{-6}/10^3$ h。也可以表示为 1/km；"1/次"等。

三、可靠寿命

可靠寿命就是预先给定可靠度 $R=R_0$，再根据 R_0 求出对应的工作时间 t_r，这个工作时间称为可靠寿命 $t(R)$。

可靠寿命在可靠性设计中很重要，只要产品的使用时间 $t<t_r$，则产品的可靠度就不会低于给定的可靠度 R_0。

更换寿命（使用寿命）就是产品在规定的使用条件下，具有可接受的失效率的工作时间，或者说预先给定失效率 λ_0，再根据 λ_0 求出产品的工作时间 t_λ 就是更换寿命或使用寿命。更换寿命为更换元器件、零部件提供可靠的数据。

例如，臂架型起重机力矩限制器可靠寿命规定为 $R=0.9$ 时，使用寿命应为 7 500 h。

四、平均寿命

平均寿命是指元器件、零部件、起重机工作寿命的均值。

对不可修复的元器件是指失效前工作时间的均值，通常用 MTTF 表示。对可修复的零部件、起重机或系统是指无故障工作时间的均值，通常用 MTBF 表示。

$$\text{MTBF} = \frac{\sum t_i}{N}$$

式中　$\sum t_i$——在试验或使用期间内零部件、起重机或系统的工作时间总和；

N——在试验或使用期间内零部件、起重机或系统的故障次数。

五、作业率（有效度，可用度）

作业率（有效度、可用度）是指元器件、零部件、起重机在试验周期内实际累积作业时间与该时间和总的修理和维护保养时间之和的比。

$$\text{作业率} A = T_0/(T_0+T_1+T_2)$$

式中　T_0——实际累积作业时间；

T_1——总的修理时间；

T_2——总的维护保养时间。

六、维修率

维修率是指可修复产品在规定条件下使用，在规定时间内，按规定的程序和方法进行维修时，保持和恢复到能完成规定功能状态的概率，一般用 $M(\tau)$ 表示。

七、修复率

修复率是指修复时间达到某个时刻 τ 尚未修复的产品，在该时刻后的单位时间内完成修复的概率，一般用 $\mu(\tau)$ 表示。

第二章 起重机通用零件和部件的安全技术

第一节 吊钩的安全技术

一、吊钩的分类和力学性能

1. 吊钩的种类

根据GB/T 4307《起重吊钩术语》的规定:吊钩按连接方式可分为直柄吊钩、环眼吊钩、U形夹吊钩和旋转环眼吊钩。

吊钩分类如图2—1所示。

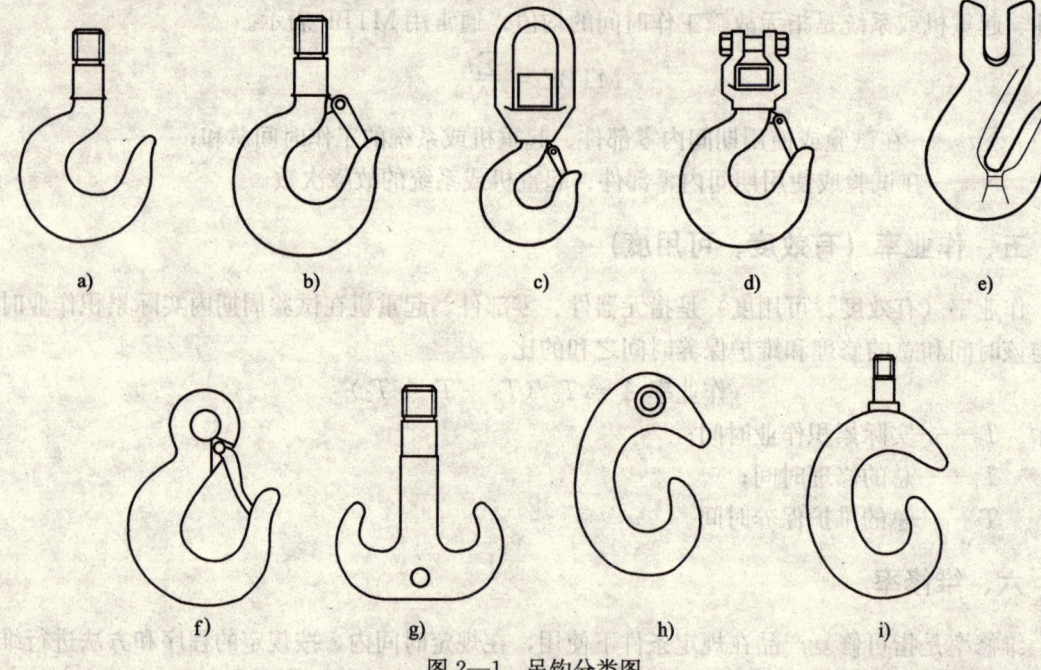

图2—1 吊钩分类图

a)直柄单钩 b)带闭锁装置的直柄单钩 c)带闭锁装置的旋转环眼吊钩 d)带闭锁装置的旋转U形夹钩
e)带链槽的U形夹卡板钩 f)带闭锁装置的环眼吊钩 g)直柄双钩 h)环眼C形钩 i)直柄C形钩

吊钩按制造方法可分为锻造吊钩和片式吊钩。锻造吊钩又可分为单钩和双钩。单钩一般用于小起重量,双钩多用于较大的起重量。锻造吊钩材料必须采用平炉电炉或氧气顶吹转炉冶炼。常用钢材牌号:DG20、DG20Mn、DG34CrMo、DG34CrNi2Mo、DG34Cr2NiMo。

吊钩按钩身（弯曲部分）的断面形状可分为：矩形、梯形和丁字形断面吊钩。

2. 吊钩的力学性能

吊钩按其力学性能分为 5 个强度等级，见表 2—1。

表 2—1　　　　　　　　　　吊钩强度等级表（GB 10051）

强 度 等 级	M	P	(S)	T	(V)
屈服点 σ_s 或屈服强度 $\sigma_{0.2}$ （MPa）	235	315	390	490	620
冲击功 A_k（应变时效试样）（J）	48	41	41	34	34

注：①强度等级是以吊钩材料的屈服点或屈服强度作为分级的依据。
②表中所列力学性能为最小值。
③优先采用 M、P 级，对括号内的强度等级尽量避免采用。

二、吊钩的起重量和钩号

1. 吊钩的起重量

吊钩的起重量是由强度等级和机构工作级别来确定的，吊钩的起重量见表 2—2。表中未列入小于 0.1 t 和大于 500 t 的起重量，如需要可按 R10 优先数系延伸。

2. 吊钩的钩号

吊钩的钩号根据起重量分为 006～250 共 30 个号码。

表 2—2　　　　　　　　　　吊钩的起重量表（GB 10051）

强度等级	机构工作级别（按 GB 3811）									强度等级
M	—	—	—	M3	M4	M5	M6	M7	M8	M
P	—	—	M3	M4	M5	M6	M7	M8	—	P
(S)	—	M3	M4	M5	M6	M7	M8	—	—	(S)
T	M3	M4	M5	M6	M7	—	—	—	—	T
(V)	M3	M4	M5	M6	M7	—	—	—	—	(V)
钩号	起重量（t）									钩号
006	0.32	0.25	0.2	0.16	0.125	0.1	—	—	—	006
010	0.5	0.4	0.32	0.25	0.2	0.16	0.125	0.1	—	010
012	0.63	0.5	0.4	0.32	0.25	0.2	0.16	0.125	0.1	012
020	1	0.8	0.63	0.5	0.4	0.32	0.25	0.2	0.16	0.125	0.20
025	1.25	1	0.8	0.63	0.5	0.4	0.32	0.25	0.2	0.16	0.25
04	2	1.6	1.25	1	0.63	0.5	0.4	0.32	0.25	04
05	2.5	2	1.6	1.25	1	0.8	0.63	0.5	0.4	0.32	0.5
08	4	3.2	2.5	2	1.6	1.25	1	0.8	0.63	0.5	08
1	5	4	3.2	2.5	2	1.6	1.25	1	0.8	0.63	1
1.6	8	6.3	5	4	3.2	2.5	2	1.6	1.25	1	1.6

续表

强度等级	机构工作级别（按 GB 3811）										强度等级
2.5	12.5	10	8	6.3	5	4	3.2	2.5	2	1.6	2.5
4	20	16	12.5	10	8	6.3	5	4	3.2	2.5	4
5	25	20	16	12.5	10	8	6.3	5	4	3.2	5
6	32	25	20	16	12.5	10	8	6.3	5	4	6
8	40	32	25	20	16	12.5	10	8	6.3	5	8
10	50	40	32	25	20	16	12.5	10	8	6.3	10
12	63	50	40	32	25	20	16	12.5	10	8	12
16	80	63	50	40	32	25	20	16	12.5	10	16
20	100	80	63	50	40	32	25	20	16	12.5	20
25	125	100	80	63	50	40	32	25	20	16	25
32	160	125	100	80	63	50	40	32	25	20	32
40	200	160	125	100	80	63	50	40	32	25	40
50	250	200	160	125	100	80	63	50	40	32	50
63	320	250	200	160	125	100	80	63	50	40	63
80	400	320	250	200	160	125	100	80	63	50	40
100	500	400	320	250	200	160	125	100	80	63	100
125	—	500	400	320	250	200	160	125	100	80	125
160	—	—	500	400	320	250	200	160	125	100	160
200	—	—	—	500	400	320	250	200	160	125	200
250	—	—	—	—	500	400	320	250	200	160	250

注：机构工作级别低于 M3 的按 M3 考虑。

三、吊钩安全检查

1. 吊钩的检查

（1）吊钩的表面和内部检查

1）吊钩表面应光洁，不得有裂纹、折叠、过烧等缺陷。

2）吊钩内部不得有裂纹、白点和影响其作业安全的其他缺陷。

3）吊钩上的缺陷不准焊补。

（2）吊钩的检验方法

1）吊钩的表面裂纹检验采用磁粉探伤（EJ 187《磁粉探伤标准》）进行，不能用磁粉探伤的部位，可采用渗透法检验。

2）对自由锻造吊钩的坯料应采用超声波探伤法进行检验。

（3）吊钩试验

吊钩试验包括：钢材的化学成分（熔炼成分）分析和力学性能试验。力学性能试验又包括拉力试验和冲击试验，测定抗拉强度、屈服点、伸长率和冲击功等。

2. 在用吊钩的安全检查

(1) 使用前检查

1) 吊钩应有制造厂的合格证等技术文件。

2) 检查吊钩的标志，直柄单钩（以下简称单钩）应包括：

①制造厂名或厂标；

②钩号；

③强度等级。

3) 钩号为 006～5 的吊钩应复核开口度 a_2，其余钩号的吊钩应复核测量长度 y（如图 2—2 所示），应符合 GB 10051.4《起重吊钩直柄单钩毛坯件》表 2 或 GB 10051.5《起重吊钩直柄单钩》表 1 的规定。表 2—3 是 GB 10051.4 和 GB 10051.5 的简化表。

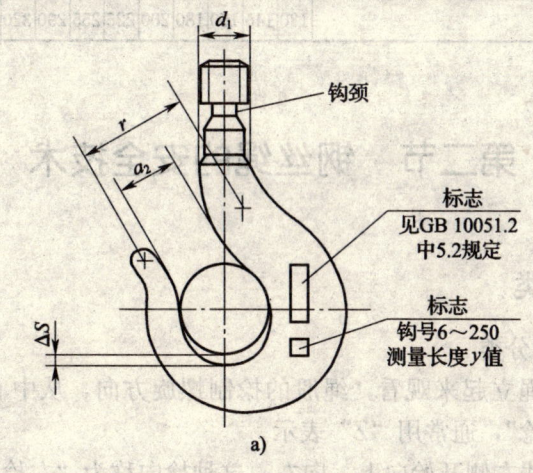

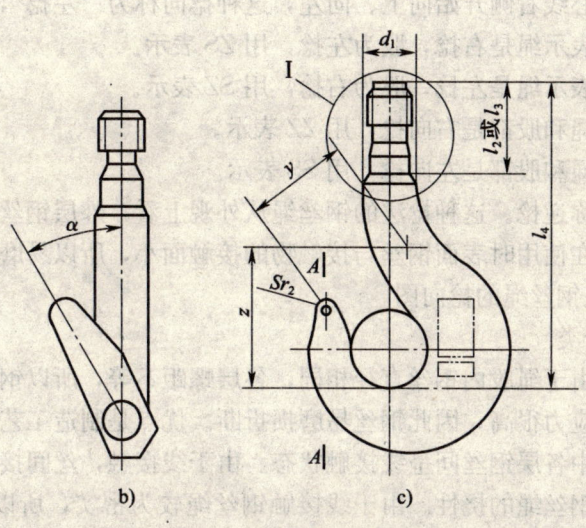

图 2—2 单钩检验图

(2) 使用检查

1) 表面缺陷　检查吊钩的表面缺陷，表面不得有裂纹，如有裂纹，则应报废。

2) 变形

①钩号为 006~5 的吊钩应检查开口度 a_2，其余钩号的吊钩应检查测量长度 y 超过使用前实际尺寸 10% 时，吊钩应报废。

②检查吊钩的扭转变形，当钩身的扭转角 α 超过 10° 时，吊钩应报废。

③吊钩的钩柄不得有塑性变形，否则应报废。

表 2—3　　　　　　　　吊钩开口度 a_2 和复核测量长度 y 值表

吊钩号	006	010	012	020	025	04	05	08	1	1.6	2.5	4	5	6	8	10	12	16	20	25	32	40	50	63	80	100	125	160	200	250
a_2	20	22	24	27	28	32	34	38	40	45	50	56	63	71	80	90	100	112	125	140	160	180								
y														130	145	160	180	200	225	255	290	320	355	400	450	505	570	640	720	810

第二节　钢丝绳的安全技术

一、钢丝绳的分类

1. 按钢丝绳的捻向分类

(1) 右捻　把钢丝绳立起来观看，绳股的捻制螺旋方向，从中心线左侧开始向上、向右，这种捻向称为"右捻"，通常用"Z"表示。

(2) 左捻　从中心线右侧开始向上、向左，这种捻向称为"左捻"，通常用"S"表示。

(3) 右交互捻　表示绳是右捻，股为左捻，用 ZS 表示。

(4) 左交互捻　表示绳是左捻，股为右捻，用 SZ 表示。

(5) 右同向捻　绳和股都是右向捻，用 ZZ 表示。

(6) 左同向捻　绳和股都是左向捻，用 SS 表示。

(7) 交互捻　也称逆捻。这种捻法的钢丝绳从外观上看，外层钢丝的方向几乎与钢丝绳的纵向轴线相平行。在使用时表面钢丝与接触物的接触面小，所以易磨损，挠性较差。但不松散旋转。图 2—3 是钢丝绳的捻向图。

2. 按绳股结构分类

(1) 点接触绳　由于绳股内钢丝直径相同，各层螺距不等，所以钢丝互相交叉，形成点接触，在工作中接触应力很高，因此钢丝易磨损折断。优点是制造工艺简单。

(2) 线接触　股中各层钢丝间呈线接触状态。由于线接触，丝间接触应力较小，钢丝绳寿命延长，同时增加钢丝绳的挠性。由于线接触钢丝绳较为密实，所以相同直径的钢丝绳，线接触绳破断拉力大些。

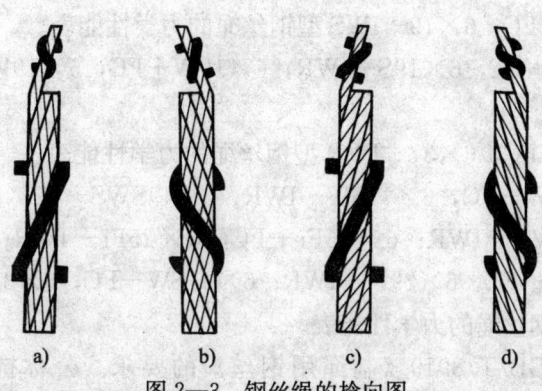

图 2—3　钢丝绳的捻向图

a) 右交互捻（ZS）　b) 左交互捻（SZ）　c) 右同向捻（ZZ）　d) 左同向捻（SS）

线接触钢丝绳有瓦林吞（W）型和西尔（S）型以及填充（Fi）型。

（3）面接触钢丝绳　面接触钢丝绳是由特殊轧制的异型钢丝捻制而成。由于钢丝之间形成面接触，钢丝绳的接触应力降低，所以使用寿命就长；填充系数大，破断拉力也就大。缺点是挠性差，钢丝绳比较硬。

（4）密封型钢丝绳　采用异型钢丝（如 S 型或梯型钢丝），使钢丝绳表面形成密封型。如外层采用 S 型钢丝，内层采用梯型钢丝，中心采用圆型钢丝捻制而成。

3．按绳芯分类

（1）纤维芯　采用剑麻、棉纱、合成纤维和其他纤维制成。纤维芯用 FC 表示；天然纤维芯用 NF 表示；合成纤维芯用 SF 表示。

尼龙芯有尼龙丝芯，尼龙棒芯等。

（2）钢芯　钢芯分为独立的钢丝绳芯（IWR）和钢丝股芯（IWS）。

二、钢丝绳的性能

起重机常用钢丝绳结构形式见表 2—4。

表 2—4　　　　　　　　起重机常用钢丝绳结构形式

设备名称	钢丝绳名称	钢丝绳结构形式
普通起重机用	点接触型	6×19+NF，6×37+NF
	线接触型	6×19S，6×19W，6×25Fi，6×29Fi，6×31SW，6×36SW，6×37SW，6×41SW，6×49SWS，6×55SWS 8×19S，8×19W，8×25Fi，8×26SW，8×31SW，8×36SW，8×41SW，8×49WS，8×55SWS
	四股扇形钢丝绳	4V×39S，4V×48S
大型铸造起重机用	三角股钢丝绳	6V×37S，6V×36，6V×43，6×19S+IWR，6×19W+IWR，6×36SW+IWR，6×41SW+IWR，6×25Fi+IWR
港口装卸和建筑塔式起重机用	四股扇形股钢丝绳	4V×39S，4V×48S
	多层股钢丝绳	18×19，18×19S，18×19W，34×7，36×7

表2—5是6×19+FC，6×19+IWS型钢丝绳的力学性能表。

表2—6是6×19S+FC，6×19S+IWR，6×19W+FC，6×19W+IWR型钢丝绳的力学性能表。

表2—7是6×37+FC，6×37+IWR型钢丝绳的力学性能表。

表2—8是6×41SW+FC，6×41SW+IWR；6×49SWS+FC，6×49SWS+IWR；6×55SWS+FC，6×55SWS+IWR；6×25Fi+FC，6×25Fi+IWR；6×26SW+FC，6×26SW+IWR；6×29Fi+FC，6×29Fi+IWR；6×31SW+FC，6×31SW+IWR；6×37S+FC，6×37S+IWR型钢丝绳的力学性能表。

制绳钢丝应符合GB/T 8919《制绳用钢丝》的要求。公称抗拉强度应在1 370～1 870 MPa范围之内。

表2—5　　钢丝绳结构：6×19+FC，6×19+IWS型钢丝绳的力学性能

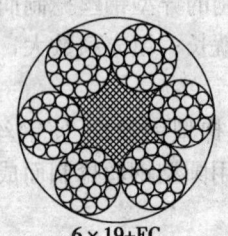
6×19+FC

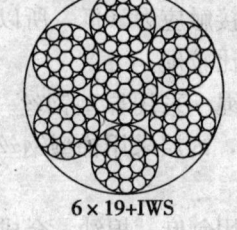
6×19+IWS

直径 3~46 mm

钢丝绳公称直径		钢丝绳近似重量		钢丝绳公称抗拉强度（MPa）									
				1 470		1 570		1 670		1 770		1 870	
				钢丝绳最小破断拉力									
d	允许偏差	天然纤维芯钢丝绳	合成纤维芯钢丝绳	钢芯钢丝绳	纤维芯钢丝绳	钢芯钢丝绳	纤维芯钢丝绳	钢芯钢丝绳	纤维芯钢丝绳	钢芯钢丝绳	纤维芯钢丝绳	钢芯钢丝绳	纤维芯钢丝绳	钢芯钢丝绳
mm	%	kg/100 m		kN									
3	+8	3.11	3.03	3.43	4.06	4.39	4.33	4.69	4.61	4.981	4.89	5.28	5.16	5.58
4	+7 0	5.54	5.39	6.10	7.22	7.80	7.71	8.33	8.20	8.87	8.69	9.40	9.18	9.93
5		8.65	8.42	9.52	11.20	12.20	12.00	13.00	12.80	13.80	13.50	14.60	14.30	15.50
6		12.50	12.10	13.70	16.20	17.50	17.30	18.70	18.40	19.90	19.50	21.10	20.60	22.30
7		17.00	16.50	18.70	22.10	23.90	23.60	25.50	25.10	27.10	26.60	28.70	28.10	30.40
8	+6 0	22.10	21.60	24.40	28.80	31.20	30.80	33.30	32.80	35.40	34.70	37.50	36.70	39.70
9		28.00	27.30	30.90	36.50	39.50	39.00	42.20	41.50	44.90	44.00	47.50	46.50	50.20
10		34.60	33.70	38.10	45.10	48.80	48.10	52.10	51.20	55.40	54.30	58.70	57.40	62.00
11		41.90	40.80	46.10	54.60	59.00	58.30	63.00	62.00	67.00	65.70	71.10	69.40	75.10
12		49.80	48.50	54.90	64.90	70.20	69.30	75.00	73.80	79.80	78.20	84.60	82.60	89.40

第二章 起重机通用零件和部件的安全技术

续表

钢丝绳公称直径		钢丝绳近似重量			钢丝绳公称抗拉强度（MPa）								
					1 470		1 570		1 670		1 770		1 870	
					钢丝绳最小破断拉力									
d	允许偏差	天然纤维芯钢丝绳	合成纤维芯钢丝绳	钢芯钢丝绳	纤维芯钢丝绳	钢芯钢丝绳	纤维芯钢丝绳	钢芯钢丝绳	纤维芯钢丝绳	钢芯钢丝绳	纤维芯钢丝绳	钢芯钢丝绳	纤维芯钢丝绳	钢芯钢丝绳
mm	%	kg/100m			kN									
13		58.50	57.00	64.40	76.20	82.40	81.40	88.00	86.60	93.70	91.80	99.30	97.00	104.00
14		67.80	66.10	74.70	88.40	95.60	94.40	102.00	100.00	108.00	106.00	115.00	112.00	121.00
16		88.60	86.30	97.50	115.00	124.00	123.00	133.00	131.00	141.00	139.00	1050.00	146.00	158.00
18		112.00	109.00	123.00	146.00	158.00	156.00	168.00	166.00	179.00	176.00	190.00	186.00	201.00
20		133.00	135.00	152.00	180.00	195.00	192.00	208.00	205.00	221.00	217.00	235.00	229.00	248.00
22	+6	167.00	163.00	184.00	218.00	236.00	233.00	252.00	248.00	268.00	263.00	284.00	277.00	300.00
24	0	199.00	194.00	219.00	259.00	281.00	277.00	300.00	295.00	319.00	312.00	338.00	330.00	357.00
26		234.00	228.00	258.00	305.00	329.00	325.00	352.00	346.00	374.00	367.00	397.00	388.00	419.00
28		271.00	264.00	299.00	353.00	382.00	377.00	408.000	401.00	434.00	426.00	460.00	450.00	486.00
(30)		311.00	303.00	343.00	406.00	439.00	433.00	469.00	461.00	498.00	489.00	528.00	516.00	558.00
32		354.00	345.00	390.00	462.00	499.000	493.00	533.00	524.00	567.00	556.00	601.00	587.00	635.00
(34)		400.00	390.00	440.00	521.00	564.00	557.00	602.00	592.00	640.00	628.00	679.00	663.00	717.00
36		448.00	437.00	494.00	584.00	632.00	524.00	675.00	664.00	718.00	704.00	761.00	744.00	804.00
(38)		500.00	487.00	550.00	651.00	704.00	695.00	752.0	740.00	800.00	784.00	848.00	828.00	896.00
40		554.00	539.00	610.00	722.00	780.00	771.00	833.00	820.00	887.00	869.00	940.00	918.00	993.00
(42)		610.00	594.00	672.00	796.00	860.00	850.00	919.00	904.00	978.00	958.00	1 030.00	1 010.00	1 090.00
44		670.00	652.00	738.00	873.00	944.00	933.00	1 000.00	992.00	1 070.00	1 050.00	1 130.00	1 110.00	1 200.00
(46)		732.00	713.00	806.00	954.00	1 030.00	1 010.00	1 100.00	1 080.00	1 170.00	1 140.00	1 240.00	1 210.00	1 310.00

注：1. 最小钢丝破断拉力总和＝钢丝绳最小破断拉力×1.197（纤维芯）或 1.287（钢芯）。
2. 新设计设备不得选用括号内的钢丝绳直径。

表 2—6　钢丝绳结构：6×19S+FC，6×19S+IWR，6×19W+FC，6×19W+IWR 型钢丝绳的力学性能

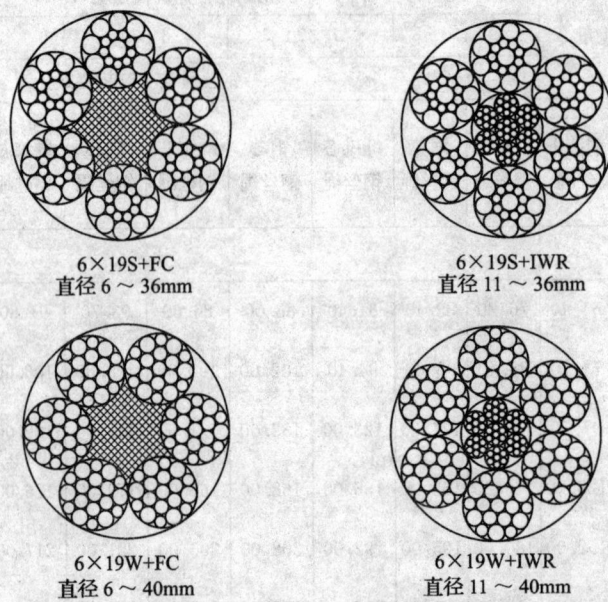

6×19S+FC 直径 6～36mm
6×19S+IWR 直径 11～36mm
6×19W+FC 直径 6～40mm
6×19W+IWR 直径 11～40mm

钢丝绳公称直径		钢丝绳近似重量			钢丝绳公称抗拉强度（MPa）									
					1 470		1 570		1 670		1 770		1 870	
					钢丝绳最小破断拉力									
d	允许偏差	天然纤维芯钢丝绳	合成纤维芯钢丝绳	钢芯钢丝绳	纤维芯钢丝绳	钢芯钢丝绳	纤维芯钢丝绳	钢芯钢丝绳	纤维芯钢丝绳	钢芯钢丝绳	纤维芯钢丝绳	钢芯钢丝绳	纤维芯钢丝绳	钢芯钢丝绳
mm	%	kg/100 m			kN									
6		13.30	13.00	14.60	17.40	18.80	18.60	20.10	19.80	21.40	21.00	22.60	22.20	23.90
7		18.10	17.60	19.90	23.70	25.60	25.30	27.30	27.00	29.10	28.60	30.80	30.20	32.60
8		23.60	23.00	25.90	31.00	33.30	33.00	35.70	35.20	38.00	37.30	40.30	39.40	42.60
9		29.90	29.10	32.80	39.20	42.30	41.90	45.20	44.60	48.10	47.30	51.00	49.90	53.90
10		36.90	36.00	40.50	48.50	52.30	51.80	55.80	55.10	59.40	58.40	63.00	61.70	66.50
11		44.60	43.50	49.10	58.60	63.30	62.60	67.60	66.60	71.90	70.60	76.20	74.60	80.50
12		53.10	51.80	58.40	69.80	75.30	74.60	80.40	79.30	85.60	84.10	90.70	88.80	95.80
13		62.30	60.80	68.50	81.90	88.40	87.50	94.40	93.10	100.00	98.70	106.00	104.00	112.00
14		72.20	70.50	79.50	95.00	102.00	101.00	109.00	108.00	116.00	114.00	123.00	120.00	130.00
16		94.40	92.10	104.00	124.00	133.00	132.00	143.00	141.00	152.00	149.00	161.00	157.00	170.00
18		119.00	117.00	131.00	157.00	169.00	167.00	181.00	178.00	192.00	189.00	204.00	199.00	215.00
20		147.00	144.00	162.00	194.00	209.00	207.00	223.00	220.00	237.00	233.00	252.00	246.00	266.00
22	+6	178.00	174.00	196.00	234.00	253.00	250.00	270.00	266.00	287.00	282.00	304.00	298.00	322.00
24	0	212.00	207.00	234.00	279.00	301.00	298.00	321.00	317.00	342.00	336.00	362.00	355.00	383.00

续表

钢丝绳公称直径	允许偏差	钢丝绳近似重量			钢丝绳公称抗拉强度（MPa）									
					1 470		1 570		1 670		1 770		1 870	
					钢丝绳最小破断拉力									
d		天然纤维芯钢丝绳	合成纤维芯钢丝绳	钢芯钢丝绳	纤维芯钢丝绳	钢芯钢丝绳	纤维芯钢丝绳	钢芯钢丝绳	纤维芯钢丝绳	钢芯钢丝绳	纤维芯钢丝绳	钢芯钢丝绳	纤维芯钢丝绳	钢芯钢丝绳
mm	%	kg/100 m			kN									
26		249.00	243.00	274.00	327.00	353.00	350.00	377.00	372.00	401.00	394.00	425.00	417.00	450.00
28		289.00	282.00	318.00	380.00	410.00	406.00	438.00	432.00	466.00	457.00	494.00	483.00	521.00
(30)		332.00	324.00	365.00	436.00	470.00	466.00	503.00	495.00	535.00	525.00	567.00	555.00	599.00
32	+6	377.00	369.00	415.00	496.00	535.00	530.00	572.00	564.00	608.00	598.00	645.00	631.00	681.00
(34)	0	426.00	416.00	469.00	560.00	604.00	598.00	646.00	637.00	687.00	675.00	728.00	713.00	769.00
36		478.00	466.00	525.00	628.00	678.00	671.00	724.00	714.00	770.00	756.00	816.00	799.00	862.00
(38)		532.00	520.00	585.00	700.00	755.00	748.00	807.00	795.00	858.00	843.00	909.00	891.00	961.00
40		590.00	576.00	649.00	776.00	837.00	828.00	894.00	881.00	951.00	934.00	1000.00	987.00	1060.00

注：1. 最小钢丝破断拉力总和＝钢丝绳最小破断拉力×1.214（纤维芯）或 1.308（钢芯）。
    2. 新设计设备不得选用括号内的钢丝绳直径。

表 2—7   钢丝绳结构：6×37＋FC，6×37＋IWR 型钢丝绳的力学性能

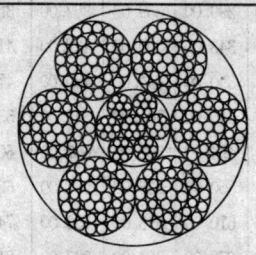

6×37+FC 直径为 5~66 mm   6×37+IWR 直径为 5~66 mm

钢丝绳公称直径	允许偏差	钢丝绳近似重量			钢丝绳公称抗拉强度（MPa）									
					1 470		1 570		1 670		1 770		1 870	
					钢丝绳最小破断拉力									
d		天然纤维芯钢丝绳	合成纤维芯钢丝绳	钢芯钢丝绳	纤维芯钢丝绳	钢芯钢丝绳	纤维芯钢丝绳	钢芯钢丝绳	纤维芯钢丝绳	钢芯钢丝绳	纤维芯钢丝绳	钢芯钢丝绳	纤维芯钢丝绳	钢芯钢丝绳
mm	%	kg/100 m			kN									
5	+7	8.65	8.42	9.52	10.80	11.70	11.50	12.50	12.30	13.30	13.00	14.10	13.70	14.90
6	0	12.50	12.10	13.70	15.60	16.80	16.60	18.00	17.70	19.10	18.70	20.30	19.80	21.40
7		17.00	16.50	18.70	21.20	22.90	22.50	24.50	24.10	26.10	25.50	27.60	27.00	29.20
8		22.10	21.60	24.40	27.70	30.00	29.60	32.00	31.50	34.00	33.40	36.10	35.30	33.10

续表

钢丝绳公称直径		钢丝绳近似重量			钢丝绳公称抗拉强度（MPa）									
					1 470		1 570		1 670		1 770		1 870	
					钢丝绳最小破断拉力									
d	允许偏差	天然纤维芯钢丝绳	合成纤维芯钢丝绳	钢芯钢丝绳	纤维芯钢丝绳	钢芯钢丝绳	纤维芯钢丝绳	钢芯钢丝绳	纤维芯钢丝绳	钢芯钢丝绳	纤维芯钢丝绳	钢芯钢丝绳	纤维芯钢丝绳	钢芯钢丝绳
mm	%	kg/100m			kN									
9		28.00	27.30	30.90	35.10	37.90	37.50	40.50	39.90	43.10	42.20	45.70	44.60	48.30
10		34.60	33.70	38.10	43.30	46.80	46.80	50.00	49.20	53.20	52.20	56.40	55.10	59.60
11		41.90	40.80	46.10	52.40	56.70	56.70	60.60	59.60	64.40	63.10	68.30	66.70	72.10
12		49.80	48.50	54.90	62.40	67.50	66.50	72.10	70.90	76.40	75.10	81.30	79.40	85.90
13		58.50	57.00	64.40	73.20	79.20	79.20	84.60	83.20	90.20	88.20	95.40	93.40	100.00
14		67.80	66.10	74.70	84.90	91.90	90.70	98.10	96.50	104.0	102.00	110.00	108.00	116.00
16		88.60	86.30	97.50	111.00	120.00	118.00	128.0	126.00	136.00	133.00	144.00	141.00	152.00
18		112.00	109.00	123.00	140.00	151.00	150.00	162.00	159.00	172.00	169.00	182.00	178.00	193.00
20		138.00	135.00	152.00	173.00	187.00	184.00	200.00	197.00	213.00	208.00	225.00	220.00	233.00
22		167.00	163.00	184.00	209.00	226.00	224.00	242.00	238.00	257.00	252.00	273.00	266.00	288.00
24	+6	199.00	194.00	219.00	249.00	270.00	266.00	288.00	283.00	306.00	300.00	325.00	317.00	343.00
26	0	234.00	228.00	258.00	293.00	316.00	313.00	338.00	333.00	360.00	352.00	381.00	372.00	403.00
28		271.00	264.00	299.00	339.00	367.00	363.00	392.00	386.00	417.00	409.00	442.00	432.00	467.00
(30)		311.00	303.00	343.00	390.00	422.00	416.00	450.00	443.00	479.00	469.00	508.00	496.00	536.00
32		354.00	345.00	390.00	444.00	480.00	474.00	512.00	504.00	545.00	534.00	578.00	564.00	610.00
(34)		400.00	390.00	440.00	501.00	542.00	535.00	578.00	569.00	615.00	603.00	652.00	637.00	689.00
36		448.00	437.00	494.00	562.00	607.00	600.00	649.00	638.00	690.00	676.00	731.00	714.00	773.00
(38)		500.00	487.00	550.00	626.00	677.00	668.00	723.00	711.00	769.00	753.00	815.00	796.00	861.00
40		554.00	539.00	610.00	693.00	750.00	741.00	801.00	788.00	852.00	835.00	903.00	882.00	954.00
(42)		610.00	594.00	672.00	764.00	827.00	816.00	883.00	869.00	939.00	921.00	996.00	973.00	1 050.00
44		670.00	652.00	738.00	839.00	907.00	896.00	969.00	953.00	1 030.00	1 010.00	1 090.00	1 060.00	1 150.00
(46)		732.00	713.00	806.00	917.00	992.00	980.00	150.00	1 040.00	1 120.00	1 100.00	1 190.00	1 160.00	1 260.00
48		797.00	776.00	878.00	999.00	1 080.00	1 060.00	1 150.00	1 130.00	1 220.00	1 200.00	1 300.00	1 270.00	1 370.00
(50)		865.00	842.00	952.00	1 080.00	1 170.00	1 150.00	1 250.00	1 230.00	1 330.00	1 300.00	1 410.00	1 370.00	1 490.00
52		936.00	911.00	1 030.00	1 170.00	1 260.00	1 250.00	1 350.00	1 330.00	1 440.00	1 410.00	1 520.00	1 490.00	1 610.00
(54)		1 010.00	983.00	1 110.00	1 260.00	1 360.00	1 350.00	1 460.00	1 430.00	1 550.000	1 520.00	1 640.00	1 600.00	1 730.00
56		1 090.00	1 060.00	1 190.00	1 350.00	1 470.00	1 450.00	1 570.00	1 540.00	1 670.00	1 630.00	1 720.00	1 720.00	1 370.00
58		1 180.00	1 150.00	1 280.00	1 450.00	1 570.00	1 550.00	1 670.00	1 650.00	1 790.00	1 750.00	1 890.00	1 850.00	2 000.00
60		1 250.00	1 210.00	1 370.00	1 560.00	1 680.00	1 660.00	1 800.00	1 770.00	1 910.00	1 870.00	2 030.00	1 980.00	2 140.00
(62)		1 330.00	1 300.00	1 460.00	1 660.00	1 800.00	1 780.00	1 920.00	1 890.00	2 040.00	2 000.00	2 170.00	2 120.00	2 290.00
64		1 420.00	1 830.00	1 560.00	1 770.00	1 920.00	1 890.00	2 050.00	2 010.00	2 180.00	2 130.00	2 310.00	2 250.00	2 440.00
66		1 510.00	1 470.00	1 660.00	1 880.00	2 040.00	2 010.00	2 180.00	2 140.00	2 320.00	2 270.00	2 450.00	2 400.00	2 590.00

注：1. 最小钢丝破断拉力总和＝钢丝绳最小破断拉力×1.249（纤维芯）或 1.336（钢芯）。

2. 新设计设备不得选用括号内的钢丝绳直径。

表 2—8　钢丝绳结构：6×41SW+FC，6×41SW+IWR；6×49SWS+FC；6×49SWS+IWR；6×55SWS+FC，6×55SWS+IWR；6×25Fi+FC，6×25Fi+IWR；6×26SW+FC，6×26SW+IWR；6×29Fi+FC，6×29Fi+IWR；6×31SW+FC，6×31SW+IWR；6×37S+FC，6×37S+IWR 型钢丝绳的力学性能

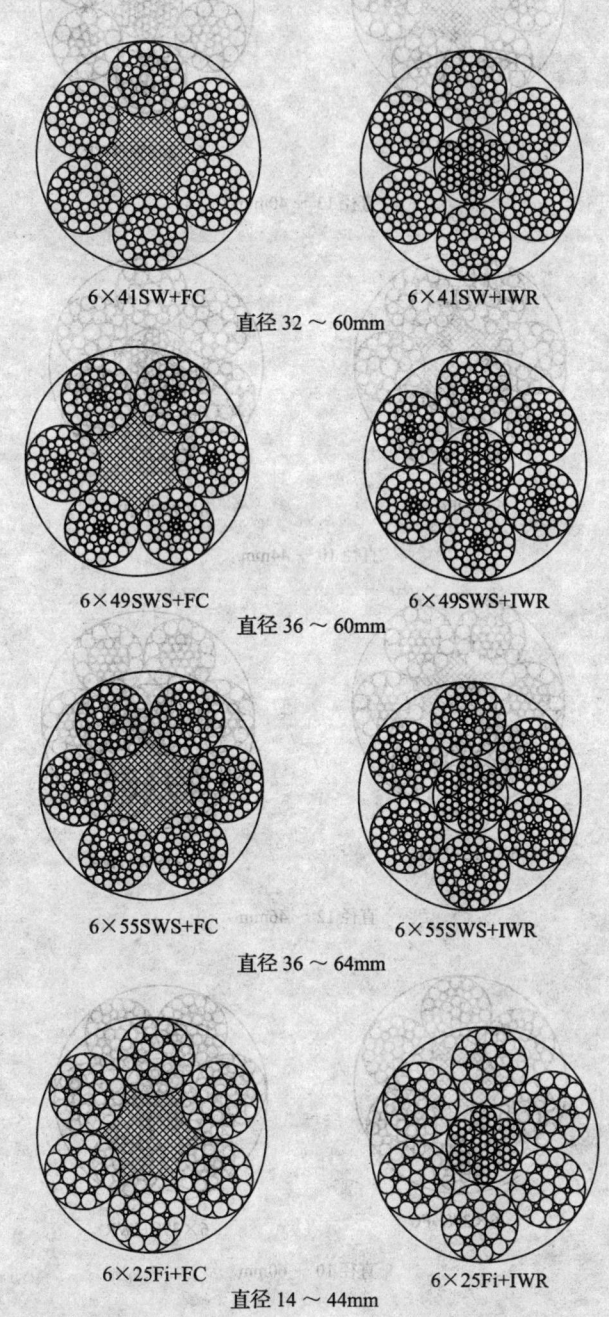

6×41SW+FC　　　　6×41SW+IWR
直径 32～60mm

6×49SWS+FC　　　　6×49SWS+IWR
直径 36～60mm

6×55SWS+FC　　　　6×55SWS+IWR
直径 36～64mm

6×25Fi+FC　　　　6×25Fi+IWR
直径 14～44mm

续表

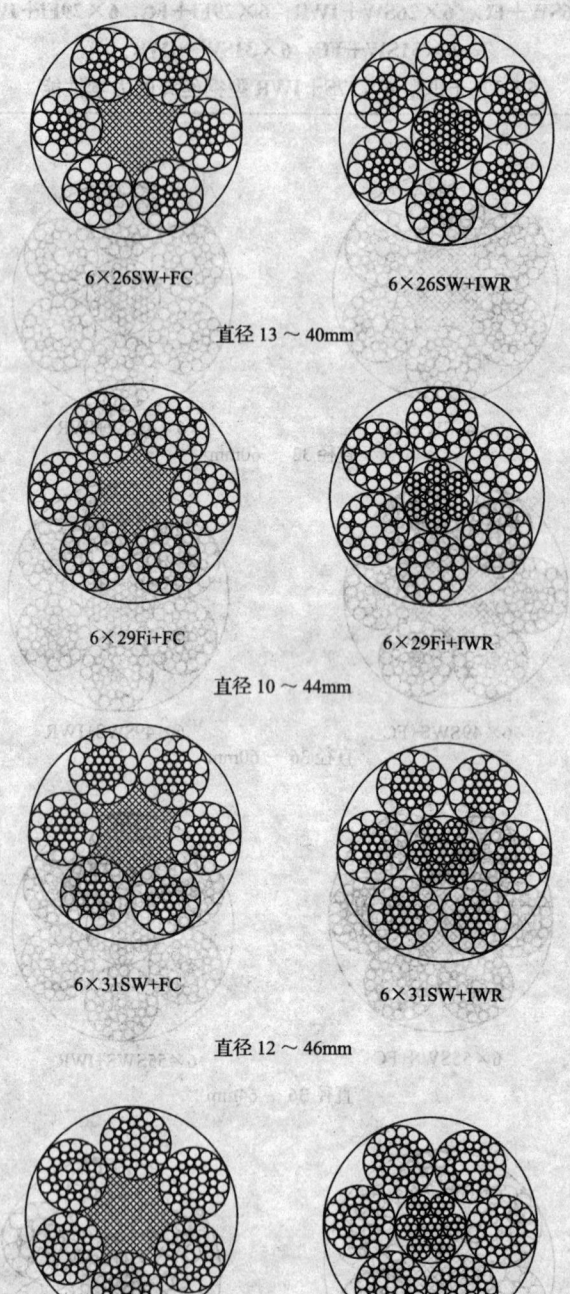

6×26SW+FC　　　6×26SW+IWR
直径 13～40mm

6×29Fi+FC　　　6×29Fi+IWR
直径 10～44mm

6×31SW+FC　　　6×31SW+IWR
直径 12～46mm

6×37S+FC　　　6×37S+IWR
直径 10～60mm

续表

钢丝绳公称直径		钢丝绳近似重量			钢丝绳公称抗拉强度（MPa）									
					1 470		1 570		1 670		1 770		1 870	
					钢丝绳最小破断拉力									
d	允许偏差	天然纤维芯钢丝绳	合成纤维芯钢丝绳	钢芯钢丝绳	纤维芯钢丝绳	钢芯钢丝绳	纤维芯钢丝绳	钢芯钢丝绳	纤维芯钢丝绳	钢芯钢丝绳	纤维芯钢丝绳	钢芯钢丝绳	纤维芯钢丝绳	钢芯钢丝绳
mm	%	kg/100 m			kN									
12		54.70	53.40	60.20	69.80	75.30	74.60	80.40	79.30	85.60	84.10	90.70	88.80	95.80
13		64.20	62.70	70.60	81.90	88.40	87.50	94.40	93.10	100.00	98.70	106.00	104.00	112.00
14		74.50	72.70	81.90	95.00	102.00	101.00	109.00	108.00	116.00	114.00	123.00	120.00	130.00
16		97.30	95.00	107.00	124.00	133.00	132.00	143.00	141.00	152.00	149.00	161.00	157.00	170.00
18		123.00	120.00	135.00	157.00	169.00	167.00	181.00	178.00	192.00	189.00	204.00	199.00	215.00
20		152.00	148.00	167.00	194.00	209.00	207.00	223.00	220.00	237.00	233.00	252.00	246.00	266.00
22		184.00	180.00	202.00	234.00	253.00	250.00	270.00	266.00	287.00	282.00	304.00	298.00	322.00
24		219.00	214.00	241.00	279.00	301.00	298.00	321.00	317.00	342.00	336.00	362.00	355.00	383.00
26		257.00	251.00	283.00	327.00	353.00	350.00	377.00	372.00	401.00	394.00	425.00	417.00	450.00
28		298.00	291.00	328.00	380.00	410.00	406.00	438.00	432.00	466.00	457.00	494.00	483.00	521.00
(30)		342.00	334.00	376.00	436.00	470.00	466.00	503.00	495.00	535.00	525.00	567.00	555.00	599.00
32		389.00	380.00	428.00	496.00	535.00	530.00	572.30	564.00	608.00	598.00	645.00	631.00	681.00
(34)		439.00	429.00	483.00	560.00	604.00	598.00	646.00	637.00	687.00	675.00	728.00	713.00	769.00
36	+6	492.00	481.00	542.00	628.00	678.00	671.00	724.00	714.00	770.00	756.00	816.00	799.00	862.00
(38)	0	549.00	536.00	604.00	700.00	755.00	748.00	807.00	795.00	858.00	843.00	909.00	891.00	961.00
40		608.00	594.00	669.00	776.00	837.00	828.00	894.00	881.00	951.00	934.00	1 000.00	987.00	1 060.00
(42)		670.00	654.00	737.00	855.00	923.00	913.00	985.00	972.00	1 040.00	1 030.00	1 110.00	1 080.00	1 170.00
44		736.00	718.00	809.00	939.00	1 010.00	1 000.00	1 080.00	1 060.00	1 150.00	1 130.00	1 210.00	1 190.00	1 280.00
(46)		804.00	785.00	884.00	1 020.00	1 100.00	1 090.00	1 180.00	1 160.00	1 250.00	1 230.00	1 330.00	1 300.00	1 400.00
48		876.00	855.00	963.00	1 110.00	1 200.00	1 190.00	1 280.00	1 260.00	1 360.00	1 340.00	1 450.00	1 420.00	1 530.00
(50)		950.00	928.00	1 040.00	1 210.00	1 300.00	1 290.00	1 390.00	1 370.00	1 480.00	1 460.00	1 570.00	1 540.00	1 660.00
52		1 030.00	1 000.00	1 130.00	1 310.00	1 410.00	1 400.00	1 510.00	1 490.00	1 600.00	1 570.00	1 700.00	1 660.00	1 800.00
(54)		1 110.00	1 080.00	1 220.00	1 410.00	1 520.00	1 510.00	1 620.00	1 600.00	1 730.00	1 700.00	1 830.00	1 790.00	1 940.00
56		1 190.00	1 160.00	1 310.00	1 520.00	1 640.00	1 620.00	1 750.00	1 720.00	1 860.00	1 830.00	1 970.00	1 930.00	2 080.00
(58)		1 280.00	1 250.00	1 410.00	1 630.00	1 760.00	1 740.00	1 880.00	1 850.00	1 990.00	1 960.00	2 110.00	2 070.00	2 230.00
60		1 370.00	1 340.00	1 500.00	1 740.00	1 880.00	1 860.00	2 010.00	1 980.00	2 140.00	2 100.00	2 260.00	2 220.00	2 390.00
(62)		1 460.00	1 430.00	1 610.00	1 860.00	2 010.00	1 990.00	2 140.03	2 110.00	2 280.00	2 240.00	2 420.00	2 370.00	2 550.00
64		1 560.00	1 520.00	1 710.00	1 980.00	2 140.00	2 120.00	2 280.00	2 250.00	2 430.00	2 390.00	2 580.00	2 520.00	2 720.00

注：1. 最小钢丝破断拉力总和＝钢丝绳最小破断拉力×1.226（纤维芯）或 1.321（钢芯），其中 6×37S 纤维芯为：1.191，钢芯为：1.283。
2. 新设计设备不得选用括号内的钢丝直径。

钢丝表面状态与公称抗拉强度见表2—9。1 370 MPa 仅适用制造扁钢丝绳。

表 2—9　　　　钢丝表面状态与公称抗拉强度（GB/T 8918）

表面状态	公称抗拉强度（MPa）					
光面和 B 类镀锌		1 470	1 570	1 670	1 770	1 870
AB 类镀锌		1 470	1 570	1 670	1 770	—
A 类镀锌	1 370	1 470	1 570	1 670	1 770	—

三、钢丝绳的试验和验收

1. 钢丝绳直径和不圆度的测量

（1）钢丝绳直径的测量　用带有宽钳口的游标卡尺测量。钳口宽度要能跨越两个相邻股（图2—4）。测量部位应取钢丝绳（无张力）端头15 m外的直线部位，在相距至少1 m的两截面上，并在同一截面两个不同方向各测量一个直径，取其平均值，作为实测直径。GB/T 8918规定，当直径大于或等于8 mm时，圆股钢丝绳的允许偏差为（0.06～0.07）d（d为钢丝绳直径）。

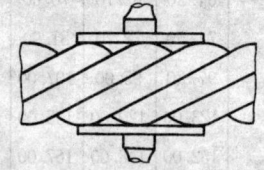

图 2—4　钢丝绳直径测量方法

（2）不圆度的测量　同一截面不同方向测量差与实测直径之比为不圆度。其允许偏差为（0.04～0.06）d（d为钢丝绳直径）。

2. 不松散检查

将钢丝绳一端解开位置相对的两个股，长度约为两个捻距，然后将其恢复原状，不应自行松散。

3. 钢丝绳破断拉力试验

按规定进行整条钢丝绳破断拉力测定或测定钢丝破断拉力总和，测定结果不得低于性能表中规定值。

4. 拆出钢丝试验

将钢丝从绳中拆出进行直径测量；抗拉强度、打结拉伸、扭转、反复弯曲等试验按 GB/T 8919 进行。

5. 验收

验收可分为：按组批抽样验收和逐条验收（GB/T 8918）。并按 GB 2104 要求出具质量证明书。

四、钢丝绳的选用

钢丝绳的选用是根据钢丝绳工作中的最大拉力和机构工作级别或工作状况来决定的。已知载荷或钢丝绳工作中的最大拉力，选择钢丝绳：

$$F \geqslant Sn$$

式中　F——钢丝绳最小破断拉力，kN；

S——钢丝绳工作中的最大拉力，kN；

n——根据机构工作级别或工作状况来决定的安全系数，机构工作级别与安全系数见表 2—10，钢丝绳的用途与安全系数见表 2—11。

表 2—10　　　　　　　机构工作级别与安全系数表（GB 3811）

机构工作级别	M1	M2	M3	M4	M5	M6	M7	M8
安全系数 n		4		4.5	5	6	7	9

表 2—11　　　　　　　钢丝绳的用途与安全系数（GB 6067）

用　　　途	安全系数 n
支承动臂用钢丝绳	4
起重机自身安装用钢丝绳	2.5
缆风绳	3.5
吊挂和捆绑用钢丝绳	6

根据计算得出的钢丝绳最小破断拉力，从钢丝绳力学性能表选择适当的结构、抗拉强度和绳径。

五、钢丝绳的安装、维护与检验

1. 安装与维护保养

（1）安装要求

①从钢丝绳滚筒上抽出钢丝绳时，应采取措施防止钢丝绳打环、扭结、弯折或粘上杂物。

②安装后若空载钢丝绳与机械的某个部位发生摩擦时，应对所接触到的部位加以防护。

③在钢丝绳投入使用之前，用户应确保与钢丝绳有关的各种装置安装就绪并运转正常。

④为使钢丝绳稳定就位，应使用大约 10% 的额定载荷对起重机进行若干次运转操作。

（2）维护保养

①钢丝绳的维护保养应根据起重机的用途、工作环境和钢丝绳的种类而定。在可能的情况下，应对钢丝绳进行适时清洗并涂以润滑油或润滑脂。

②涂刷的润滑油、润滑脂品种应与钢丝绳厂使用的品种一致。

③缺乏维护将导致钢丝绳寿命缩短，当起重机在腐蚀性环境中或在某些不能进行维护的特定场合下工作时，更应加强维护保养。

2. 检验

（1）周期

1）日常观察　每个工作日都应尽可能对钢丝绳所有可见部位进行观察以便发现损坏与变形的情况，应特别注意钢丝绳在设备上的固定部位，发现任何明显变化时，均应进行检验。

2）由主管人员作定期检验　检验周期可由下列因素确定：

①起重机的法规和标准。

②起重机的类型及工作环境。

③起重机的工作级别。

④前几次检验的结果。
⑤钢丝绳使用的时间。
3) 专项检验
①在钢丝绳或其固定端的损坏引发事故的情况下或钢丝绳经拆卸又重新安装投入使用前,均应对钢丝绳进行专项检查。
②起升装置停止工作3个月以上,在重新使用之前,应进行专项检验。
(2) 检验部位
1) 一般部位 虽然对钢丝绳应作全长检验,但应特别注意下列部位:
①在运动绳和固定绳的始末端;
②通过滑轮组或绕过滑轮的绳段;在机构进行重复作业的情况下,应特别注意机构吊载期间绕过滑轮的任何部位,见图2—5。

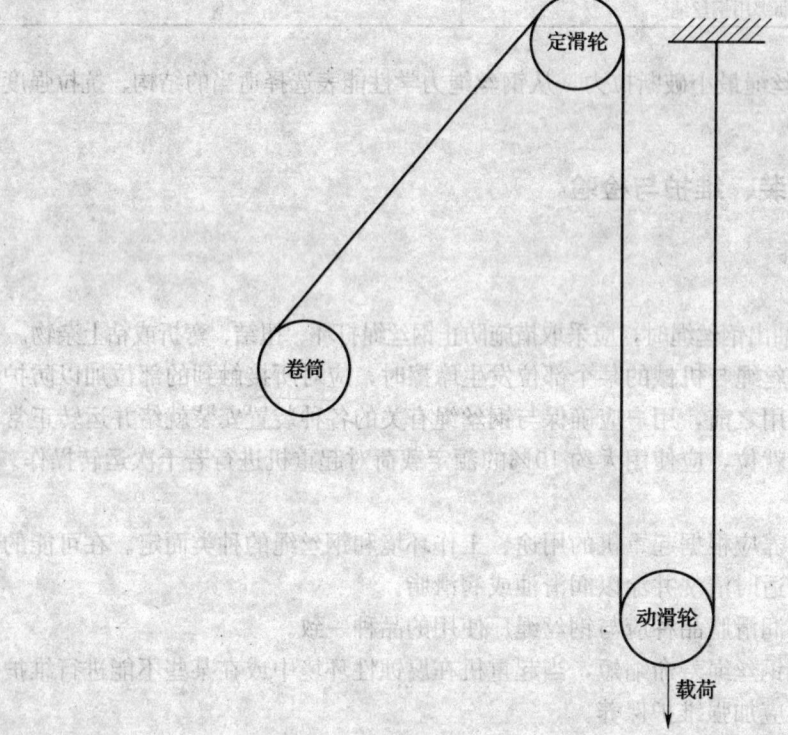

图2—5 钢丝绳绕过滑轮可能出现缺陷的部位

2) 卷筒部位
①检查钢丝绳在卷筒上的终端部位。
②检查因卷绕不当引起的钢丝绳变形(压扁)及磨损,在钢丝绳跳槽和交叠处可能更严重。
③检查断丝。
④检查腐蚀情况。
⑤查看由突然加载所引起的变形情况。

3）定滑轮及固定点部位
①检查绕过定滑轮或靠近定滑轮绳段的断丝与磨损情况。
②检查固定点处钢丝绳的断丝与腐蚀情况。
③查看变形情况。

六、钢丝绳的报废标准

1. 钢丝绳使用的安全程度由下列项目判定
（1）钢丝的性质和数量。
（2）绳端断丝。
（3）断丝的局部聚集。
（4）断丝的增加率。
（5）绳股断裂。
（6）绳径减小，包括绳芯损坏所致的情况。
（7）弹性降低。
（8）外部磨损。
（9）外部及内部腐蚀。
（10）变形。
（11）由于受热或电弧的作用而引起的损坏。
（12）永久伸长的增加率。

2. 钢丝绳的报废
（1）断丝的性质和数量　对于6股和8股的钢丝绳，断丝主要发生在外层。而对于多层股的钢丝绳（典型的多股结构）断丝大多发生在内部。
表2—12和表2—13是对各种情况进行综合考虑后的断丝控制标准，它适用于各种结构的钢丝绳。

表2—12　钢制滑轮上工作的圆股钢丝绳中断丝根数的控制标准（GB/T 5972）

外层绳股承载钢丝数[1] n	钢丝绳典型结构示例[2]（GB 8918—2006 GB/T 20118—2006）[5]	起重机用钢丝绳必须报废时与疲劳有关的可见断丝数[3]							
		机构工作级别							
		M1、M2、M3、M4				M5、M6、M7、M8			
		交互捻		同向捻		交互捻		同向捻	
		长度范围[4]							
		$\leq 6d$	$\leq 30d$	$\leq 6d$	$\leq 30d$	$\leq 6d$	$\leq 30d$	$\leq 6d$	$\leq 30d$
≤ 50	6×7	2	4	1	2	4	8	2	4
$51 \leq n \leq 75$	6×19S*	3	6	2	3	6	12	3	6
$76 \leq n \leq 100$		4	8	2	4	8	16	4	8
$101 \leq n \leq 120$	8×19S* 6×25Fi*	5	10	2	5	10	19	5	10
$121 \leq n \leq 140$		6	11	3	6	11	22	6	11

续表

外层绳股承载钢丝数[1] n	钢丝绳典型结构示例[2] (GB 8918—2006 GB/T 20118—2006)[5]	起重机用钢丝绳必须报废时与疲劳有关的可见断丝数[3]							
		机构工作级别							
		M1、M2、M3、M4				M5、M6、M7、M8			
		交互捻		同向捻		交互捻		同向捻	
		长度范围[4]							
		≤6d	≤30d	≤6d	≤30d	≤6d	≤30d	≤6d	≤30d
141≤n≤160	8×25Fi	6	13	3	6	13	26	6	13
161≤n≤180	6×36WS*	7	14	4	7	14	29	7	14
181≤n≤200		8	16	4	8	16	32	8	16
201≤n≤220	6×41WS*	9	18	4	9	18	38	9	18
221≤n≤240	6×37	10	19	5	10	19	38	10	19
241≤n≤260		10	21	5	10	21	42	10	21
261≤n≤280		11	22	6	11	22	45	11	22
281≤n≤300		12	24	6	12	24	48	12	24
300<n[b]		0.04n	0.08n	0.02n	0.04n	0.08n	0.16n	0.04n	0.08n

注：1. 填充钢丝不是承载钢丝，因此检验中要予以扣除。多层绳股钢丝绳仅考虑可见的外层，带钢芯的钢丝绳，其绳芯作为内部绳股对待，不予考虑。
2. 统计绳中的可见断丝数时，圆整至整数值。对外层绳股的钢丝直径大于标准直径的特定结构的钢丝绳，在表中做降低等级处理，并以 * 号表示。
3. 一根断丝可能有两处可见端。
4. d 为钢丝绳公称直径。
5. 钢丝绳典型结构与国际标准的钢丝绳典型结构是一致的。

表2—13　钢制滑轮上工作的抗扭钢丝绳中断丝根数的控制标准（GB/T 5972）

达到报废标准的起重机用钢丝绳与疲劳有关的可见断丝数[1]			
机构工作级别 M1、M2、M3、M4		机构工作级别 M5、M6、M7、M8	
长度范围[2]			
≤6d	≤30d	≤6d	≤30d
2	4	4	8

注：1. 一根断丝可能有两处可见端。
2. d 为钢丝绳公称直径。

（2）绳端断丝　当绳端或其附近出现断丝时，即使数量很少也表明该部位应力很大，可能是由于绳端安装不正确造成的，应查明损坏原因。如果绳长允许，应将断丝的部位切去重新安装。

（3）断丝的局部聚集　如果断丝紧靠一起形成局部聚集，则钢丝绳应报废。如这种断丝聚集在小于 $6d$ 的绳长范围内，或者集中在任一支绳股里，那么，即使断丝数比表2—12或表2—13列的数值小，钢丝绳也应予以报废。

（4）断丝的增加率　在某些使用场合，疲劳是引起钢丝绳损坏的主要原因，断丝则是在使用一个时期以后才开始出现。当断丝数逐渐增加，其时间间隔越来越短时，为了判定断丝的增加率，应仔细检验并记录断丝增加情况。

这个规律可用来确定钢丝绳报废的日期。

（5）绳股断裂　如果出现整根绳股的断裂，钢丝绳应予以报废。

（6）由于绳芯损坏而引起的绳径减小　绳芯损坏导致绳径减小可由下列原因引起：

1）内部磨损和挤压的结果。

2）由钢丝绳中各绳股之间和钢丝之间的摩擦引起的内部磨损，尤其当钢丝绳经受弯曲时更是如此。

3）纤维绳芯的损坏。

4）钢丝芯的断裂。

5）多层股结构中内部股的断裂。

如果这些因素引起钢丝绳实测直径（互相垂直的两个直径测量的平均值）相对公称直径减小 3%（对于抗扭钢丝绳而言）或减小 10%（对于其他钢丝绳而言），即使未发现断丝，该钢丝绳也应予以报废。

当所有各绳股中应力处于良好平衡状态时，也可能产生一些微小损坏，用通常的检验方法可能是不明显的。然而这种情况会引起钢丝绳的强度大大降低。所以，在发现任何内部细微损坏的迹象时，均应对钢丝绳内部进行严格检验。一经证实损坏，则该钢丝绳就应报废。

（7）外部磨损　钢丝绳外层绳股的钢丝表面的磨损，是由于它在压力作用下与滑轮或卷筒的绳槽接触摩擦造成的。这种现象在吊载加速或减速运动时，在钢丝绳与滑轮接触的部位特别明显，并表现为外部钢丝磨成平面状。

润滑不足或不正确的润滑以及存在灰尘和砂粒都会加剧磨损。

磨损使钢丝绳的断面积减小而强度降低。当钢丝绳直径相对于公称直径减小 7% 或更多时，即使未发现断丝，该钢丝绳也应报废。

（8）弹性降低　在某些情况下（通常与工作环境有关），钢丝绳的弹性会显著降低，继续使用是不安全的。

弹性降低通常伴随下述现象：

1）绳径减小。

2）钢丝绳捻距增大。

3）由于各部分相互压紧，钢丝之间和绳股之间缺少空隙。

4）绳股凹处出现细微的褐色粉末。

5）虽未发现断丝，但钢丝绳明显的不易弯曲和直径减小比起单纯是由于钢丝磨损而引起的减小要严重得多。这种情况会导致在动载作用下钢丝绳突然断裂，故应立即报废。

（9）外部及内部腐蚀　在海上作业或工业污染的大气中作业的钢丝绳特别容易发生腐蚀。它不仅使钢丝绳的金属断面减小导致破断强度降低，还将引起表面粗糙、产生裂纹从而加速疲劳。严重的腐蚀还会降低钢丝绳弹性。

1) 外部腐蚀　外部钢丝的腐蚀可用肉眼观察。

2) 内部腐蚀　内部腐蚀比经常伴随它出现的外部腐蚀较难发现。但下列现象可供参考：

①钢丝绳直径的变化。钢丝绳在绕过滑轮的弯曲部位直径通常变小。但对于静止段的钢丝绳，则常由于外层绳股出现锈蚀而引起钢丝绳直径的增加。

②钢丝绳外层绳股间的空隙减小，还经常伴随出现外层绳股之间断丝。

如果有任何内部腐蚀的迹象，则应对钢丝绳进行内部检验。若确认有严重的内部腐蚀，则钢丝绳应立即报废。

(10) 变形　钢丝绳失去正常形状产生可见的畸形称为"变形"，这种变形会导致钢丝绳内部应力分布不均匀。

钢丝绳变形有下列形式：

1) 波浪形　钢丝绳的纵向轴线呈螺旋线形状，从而引起磨损和断丝。这种变形严重时会产生跳动造成不规则的传动。

出现波浪形时（见图2—6a），若 $d_1 \geqslant \frac{4}{3}d$（$d$ 为钢丝绳的公称直径），则钢丝绳应报废。

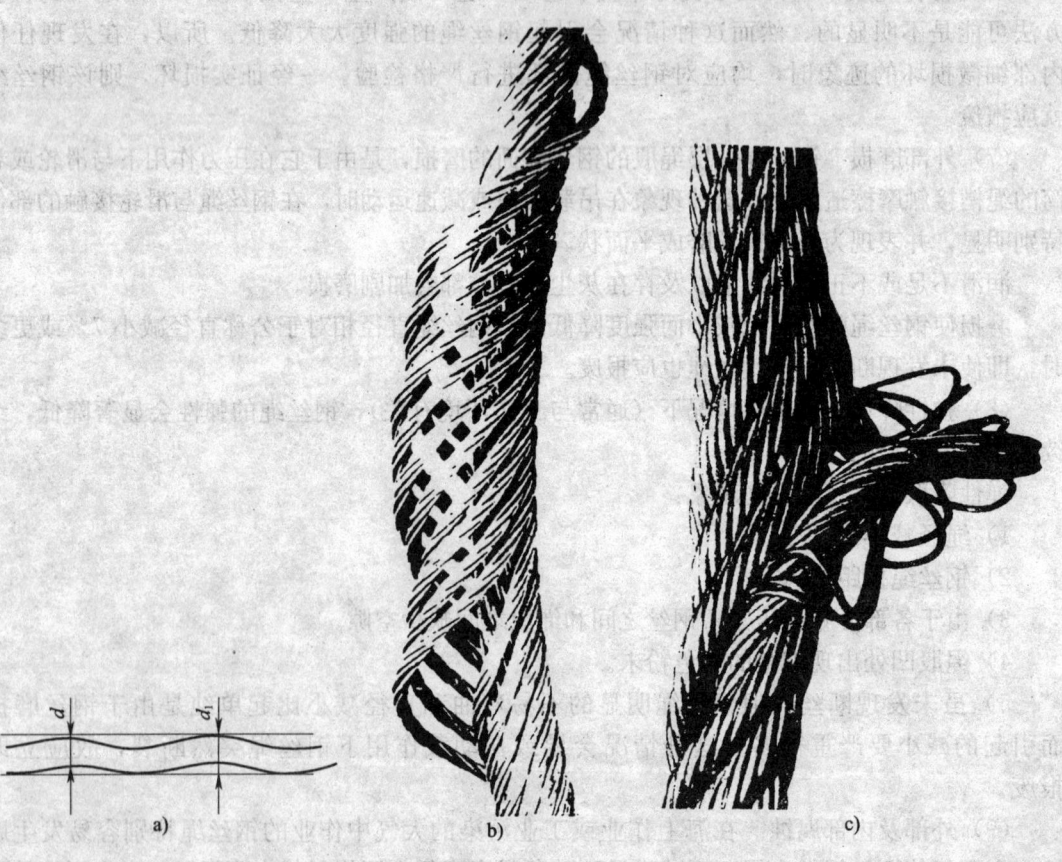

d)

e)

f)

g)

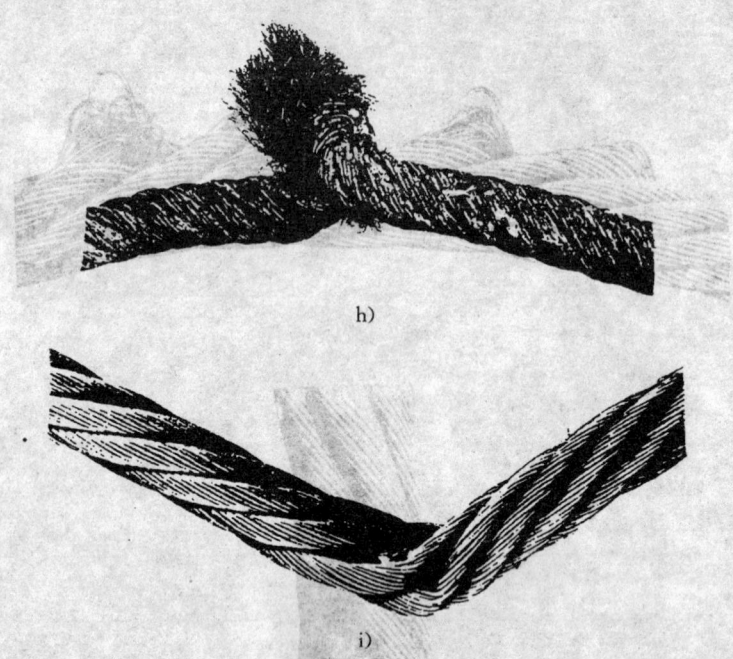

图 2—6 钢丝绳典型损害图例
a) 钢丝绳波浪变形 b) 多股绳的笼状畸变 c) 绳股挤出，通常伴随着附近位置的笼状畸变
d) 钢丝挤出 e) 绳径局部增大 f) 绳径局部减小 g) 钢丝绳部分被压扁 h) 扭结 i) 弯折

2) 笼状畸变（图 2—6b） 这种变形主要出现在具有钢芯的钢丝绳上。当外层绳股发生脱节或者变得比内部绳股长的时候，处于松弛状态的钢丝绳突然受载时就会产生这种变形。发生笼状畸变的钢丝绳应立即报废。

3) 绳股挤出（图 2—6c） 这种状况通常伴随笼状畸变一起产生。绳股挤出使钢丝绳处于失衡状态。绳股挤出的钢丝绳应立即报废。

4) 钢丝挤出（图 2—6d） 这种变形是一部分钢丝或钢丝束在钢丝绳背对着滑轮槽的一侧拱起形成环状。这种变形常由冲击载荷引起。若此种变形严重，则钢丝绳应立即报废。

5) 绳径局部增大（图 2—6e） 钢丝绳直径有可能发生局部增大，并能波及相当长的一段钢丝绳。绳径增大通常与绳芯畸变有关（如在特殊环境中，纤维芯因受潮而膨胀），其结果是外层绳股受力不均匀，而造成绳股错位。

绳径局部严重增大的钢丝绳应报废。

6) 绳径局部减小（图 2—6f） 钢丝绳直径的局部减小常常与绳芯的断裂有关。应特别仔细检查靠绳端部位有无此种变形。绳径局部严重减小的钢丝绳应报废。

7) 部分被压扁（图 2—6g） 钢丝绳部分被压扁是由于机械事故造成的。严重时钢丝绳应报废。

8) 扭结（图 2—6h） 扭结是由于钢丝绳成环状在不可能绕其轴线转动的情况下被拉紧而造成的一种变形。其结果是出现捻距不均而引起过度磨损，严重时钢丝绳将产生扭曲。

严重扭结的钢丝绳应立即报废。

9) 弯折（图 2—6i） 弯折是钢丝绳由外界因素引起的角度变形。
这种变形的钢丝绳应立即报废。

（11）由于受热或电弧的作用而引起的损坏 钢丝绳经受特殊热力作用其外表出现颜色变化时应报废。

七、在用钢丝绳的安全技术检验

1. 钢丝绳的质量检验

钢丝绳直径的检测 钢丝绳直径应用宽钳口游标卡尺测量，钳口的宽度要足以跨越两个相邻股。

检测位置应选在钢丝绳端头外的直线部位上进行，在相距至少 1 m 的两个截面上，并在同一截面不同方向（180°）各测量一个直径。四个测量值的平均值视为钢丝绳的实测直径。实测直径的允许偏差和不圆度应满足标准要求。圆股钢丝绳公称直径等于或大于 8 mm，纤维芯钢丝绳，直径的允许偏差为±7%；不圆度不大于 6%；金属芯钢丝绳直径的允许偏差为±6%，不圆度不大于 4%。异型股钢丝绳，直径的允许偏差为 7%，不圆度不大于 6%。

2. 在用钢丝绳的安全检查

钢丝绳在卷筒上应能按顺序整齐排列，起升机构和变幅机构不得使用编结接长的钢丝绳。吊运炽热金属或熔化金属用的钢丝绳，应采用石棉芯等耐高温的钢丝绳。

（1）检验周期 钢丝绳的检验可分为日常检验、定期检验和特殊检验。表 2—14 是钢丝绳检验项目表。

表 2—14 钢丝绳检验项目表

项 目	日常检验	定期和特殊检验	项 目	日常检验	定期和特殊检验
断丝	√	√	电弧及火烤	√	√
磨损	√	√	涂油状态	√	√
腐蚀		√	末端固定状态	√	√
变形	√	√	卷筒与滑轮处	√	√

1) 日常检验 每个工作日都尽可能地对钢丝绳所有可见部分进行观察，如断丝、磨损、腐蚀、变形、润滑状态、绳端固定状态等。

2) 定期检验 对吊运炽热金属、酸碱溶液、易燃易爆以及有毒有害物品的起重机所用钢丝绳，每周应保证检验两次；对一般用途的起重机钢丝绳，每周应保证检验一次；预期使用寿命比较长的起重机钢丝绳，每月应保证检验一次。

这些检验除了日常检验的内容之外，还应包括钢丝绳绳股内外的断丝、磨损、腐蚀情况；钢丝绳直径减小情况；由于电弧或火烤造成的损伤情况；绕过滑轮、平衡轮的绳段和在卷筒的固定绳段的损坏情况。

3) 特殊检验　当起重机发生事故时，参数发生变化时，遇有台风和地震等灾害时应进行特殊检验，并对钢丝绳全长仔细进行检验。

(2) 检验内容和方法

1) 断丝　对于单层股钢丝绳，断丝主要发生在钢丝绳的外表。而对于多层股的钢丝绳的断丝多发生在钢丝绳的内部。在检查钢丝绳断丝时，要考虑断丝的部位，断丝的聚集情况和断丝的发展速率。当断丝发生在绳端时，表明断丝处应力很高。如果长度允许，可将该部位切除，重新安装。当断丝聚集在小于 $6d$（d 为绳径）的范围内或聚集在一个绳股内，要考虑提前报废。由于疲劳引起的断丝，往往断丝发展速率比较快，这种情况应引起注意。导致断丝的原因也各有不同，图 2—7 为钢丝断丝分析图。

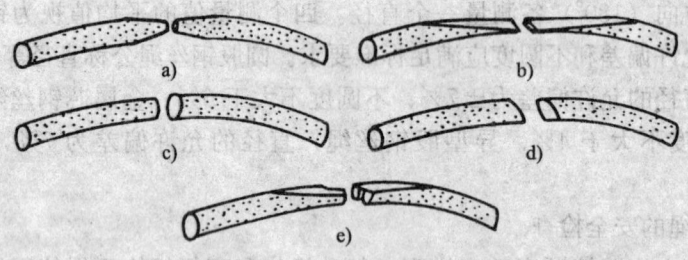

图 2—7　钢丝断丝形态分析图
a) 拉力断丝　b) 磨损断丝　c) 疲劳断丝　d) 扭转断丝　e) 综合因素引起断丝

2) 磨损　检验主要考虑磨损状态和直径的测量。磨损有外部磨损和内部磨损之分。外部磨损是由于钢丝绳与滑轮、卷筒之间的摩擦所致；而内部磨损则是由于钢丝绳的股间或丝间的摩擦所造成的。从磨损后钢丝的形态看，有偏心磨损和同心磨损之分。偏心磨损多是发生在钢丝绳拉力大、运动量不是很大的场合，偏心磨损发展较快。磨损又可分为单纯磨损和黏性磨损。黏性磨损是由于接触应力比较大，钢丝产生塑性变形所造成的。图 2—8 为钢丝绳磨损分类图。当钢丝绳磨损量达原直径的 40% 时，则钢丝绳应报废。

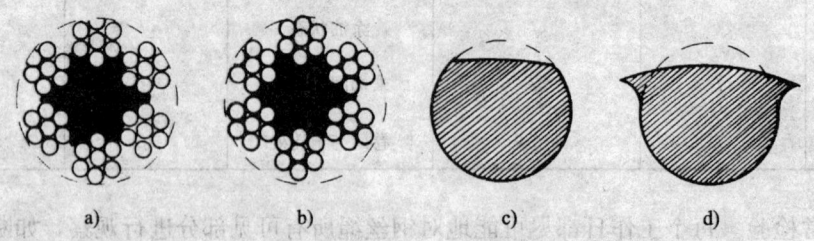

图 2—8　钢丝绳磨损分类图
a) 同心磨损　b) 偏心磨损　c) 单纯磨损　d) 黏性磨损

3) 腐蚀　检查时要注意钢丝绳是否有生锈、点蚀和钢丝疏散等缺陷。对于直径比较大的钢丝绳，要对钢丝绳进行内部检查，可用图 2—9a 所示的方法，即用两夹钳相距一定的距离夹紧钢丝绳，并朝向钢丝绳捻向相反的方向用力，钢丝绳外层绳股就会松散。这样就可以观察内部的润滑情况、腐蚀的程度、钢丝压痕、有无断丝。查后恢复原状并进行润滑维护。

检查钢丝绳固定端附近绳段的方法如图 2—9b 所示，用一把夹钳和一把探针进行检查。

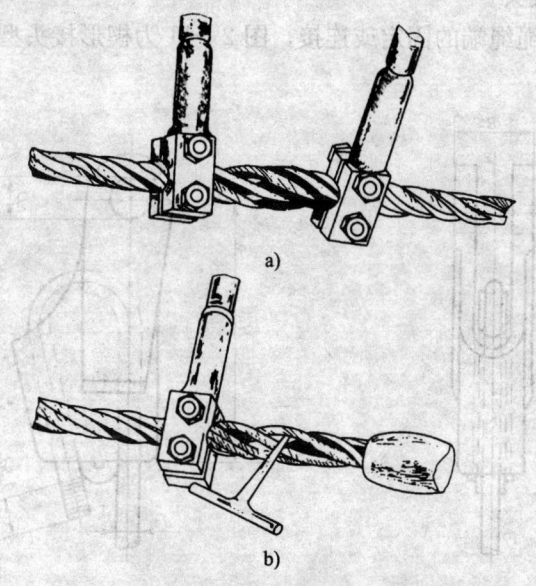

图 2—9 检查钢丝绳内部方法

4) 钢丝绳的润滑　润滑良好的钢丝绳，可以减少钢丝的磨损和提高抗弯曲的能力。一种是手工涂刷，另一种是通过简单机构使钢丝绳通过润滑油脂池来实现润滑（图 2—10）。

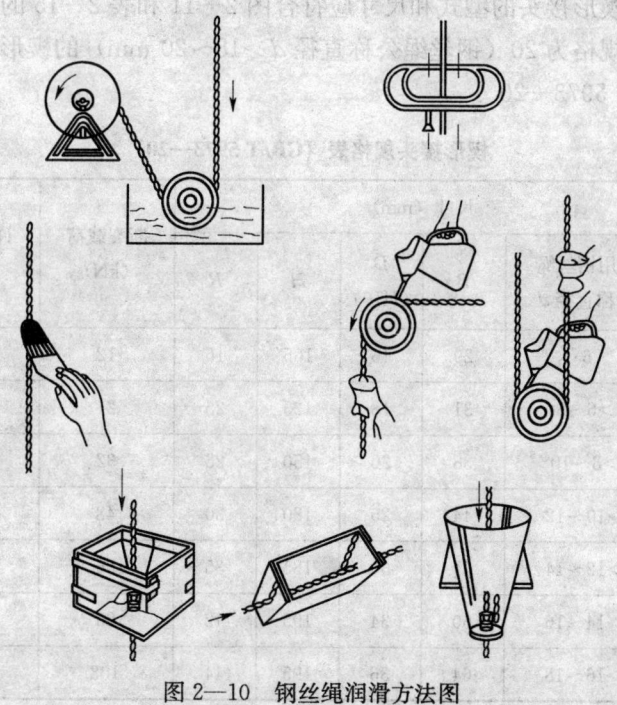

图 2—10 钢丝绳润滑方法图

八、钢丝绳用楔形接头和套环

1. 钢丝绳用楔形接头

楔形接头用于钢丝绳绳端的固定或连接,图2—11为楔形接头型式图。

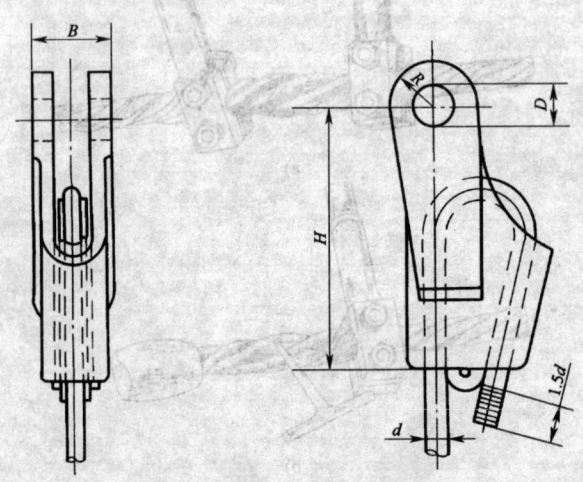

图2—11 楔形接头型式图

(1)型式和尺寸

1)楔形接头 楔形接头的型式和尺寸应符合图2—11和表2—15的规定。

2)标记示例 规格为20(钢丝绳公称直径d>18~20 mm)的楔形接头,标记为:楔形接头 GB/T 5973—20

表2—15　　　　　　　楔形接头规格表(GB/T 5973—20)

楔形接头规格 (钢丝绳公称 直径)d(mm)	尺寸(mm)					断裂载荷 (kN)	许用载荷 (kN)	单组重量 (kg)
	适用钢丝绳 公称直径d	B	D (H10)	H	R			
6	6	29	16	105	16	12	4	0.59
8	>6~8	31	18	125	25	21	7	0.80
10	>8~10	38	20	150	25	32	11	1.04
12	>10~12	44	25	180	30	48	16	1.73
14	>12~14	51	30	185	35	66	22	2.34
16	>14~16	60	34	195	42	85	28	3.27
18	>16~18	64	36	195	44	108	36	4.00

续表

楔形接头规格（钢丝绳公称直径）d（mm）	尺寸（mm）					断裂载荷（kN）	许用载荷（kN）	单组重量（kg）
	适用钢丝绳公称直径 d	B	D（H10）	H	R			
20	>18～20	72	38	220	50	135	45	5.45
22	>20～22	76	40	240	52	168	56	6.37
24	>22～24	83	50	260	60	190	63	8.32
26	>24～26	92	55	280	65	215	75	10.16
28	>26～28	94	55	320	70	270	90	13.97
32	>28～32	110	65	360	77	336	112	17.94
36	>32～36	122	70	390	85	450	150	23.03
40	>36～40	145	75	470	90	540	180	32.35

注：表中许用载荷和断裂载荷是根据楔套材料采用 GB/T 11352 中规定的 ZG 270-500 铸钢件，楔的材料采用 GB/T 9439 中规定的 HT 200 灰铸铁件确定的。

(2) 楔套

1) 楔套的型式和尺寸应符合图 2—12 和表 2—16 的规定。

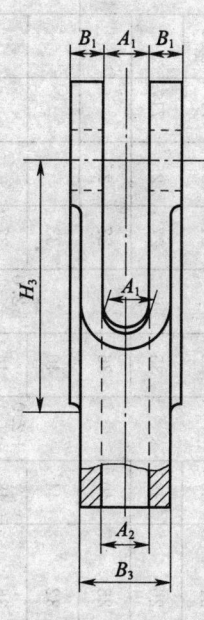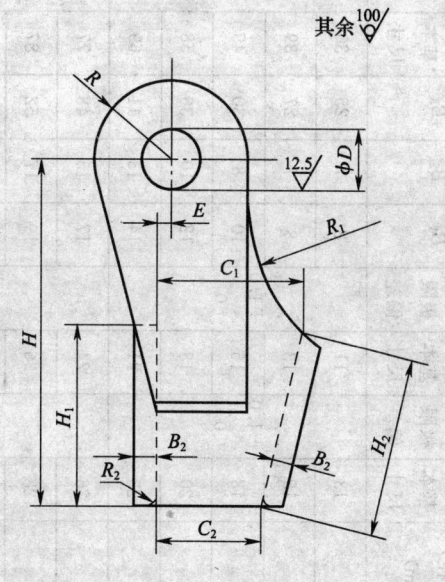

图 2—12 楔套图

表 2—16 楔套规格表

尺寸 (mm)

楔套规格（钢丝绳）公称直径 d (mm)	A_1 基本尺寸	A_1 极限偏差	A_2 基本尺寸	B_1	B_2	B_3	C_1 基本尺寸	C_1 极限偏差	C_2 基本尺寸	C_2 极限偏差	D	E	H	H_1	H_2	H_3	R	R_1	R_2	单件重量 (kg)
6	13	+1.0 0	11	8	7	25	30	+1.0 0	20.5	+1.0 0	16	3.0	105	45	43.0	60	16	40	2	0.452
8	15		13	8	7	27	39		27.0		18	3.5	125	55	51.0	80	25	50	2	0.623
10	18		16	10	8	30	49		32.5		20	4.5	150	75	71.0	100	25	60	3	0.802
12	20		18	12	10	36	58		40.5		25	5.5	180	80	75.0	110	30	70	3	1.309
14	23		21	14	13	41	69		50.5		30	6.5	185	85	79.0	140	35	80	3	1.708
16	26	+1.5 0	24	17	15	48	77	+1.5 0	56.5	+1.5 0	34	7.5	195	95	88.0	140	42	90	4	2.379
18	28		26	19	17	52	87		65.5		36	8.5	195	100	92.0	150	44	100	4	2.948
20	30		28	21	18	55	93		68.0		38	9.5	220	115	107.0	160	50	110	4	3.939
22	32		29	22	22	64	104		80.0		40	10.5	240	115	107.0	180	52	120	5	4.571
24	35		32	24	24	71	112		86.5		50	11.5	260	120	105.0	200	60	130	5	5.928
26	38		35	27	25	71			92.5			12.5	280	130	118.0	210	65	140	6	7.153
28	40		36	27	25				93.5				320	165	154.0	230	70	155	6	9.906
32	44	+2.0 0	40	33				+2.0 0	120.5	+2.0 0			360	190	180.0	270	77	175	7	12.948
36	48		44	37					125.5				390	210	195.0	280	85	195	7	16.848
40	55		51	45									470	260	246.0	340	90	210	8	23.665

· 50 ·

2) 标记示例 规格为 20（钢丝绳公称直径 $d>18\sim20$ mm）的楔套，标记为：
楔套 GB/T 5973—20

（3）楔

1) 楔的型式和尺寸应符合图 2—13 和表 2—17 的规定。

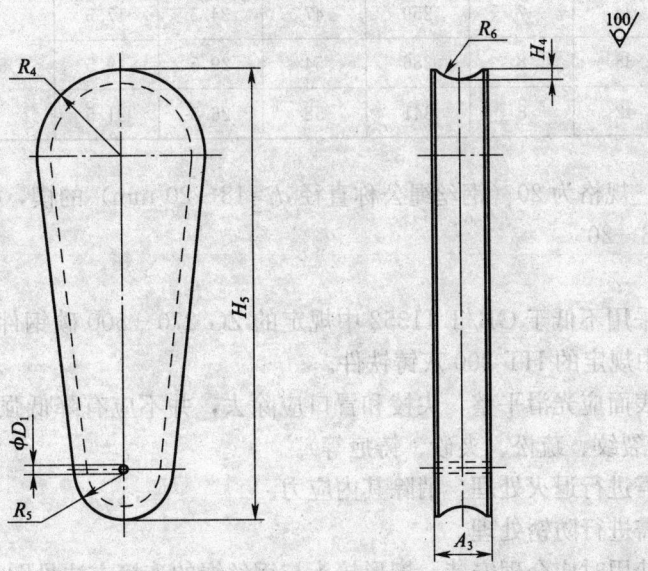

图 2—13 楔图

表 2—17 楔的规格表

楔的规格（钢丝绳公称直径）d (mm)	尺寸 (mm)							单件重量 (kg)
	A_3	H_4	H_5	R_4	R_5	R_6	D_1	
6	9	2	65	12	6.5	3.5	2	0.133
8	11	2	79	15	8.0	4.5		0.179
10	12	3	98	18	9.5	5.5		0.242
12	14	3	111	21	11.5	6.5		0.421
14	15	4	120	24	14.0	7.5	3.2	0.632
16	17	4	136	26	14.5	9.0		0.889
18	19	5	142	30	18.5	10.0		1.045
20	21	5	161	31	17.0	11.0		1.513
22	23	5	166	35	22.0	12.0		1.794
24	25	6	180	37	22.0	13.0	4	2.387
26	28	6	192	39	23.0	14.0		3.011
28	30	7	229	42	21.5	15.0		4.064

续表

楔的规格（钢丝绳公称直径）d (mm)	尺寸 (mm)							单件重量 (kg)
	A_3	H_4	H_5	R_4	R_5	R_6	D_1	
32	34	7	259	47	24.5	17.5		4.992
36	38	8	286	54	29.5	19.5	5	6.178
40	42	8	341	58	26.5	21.5		8.689

2）标记示例 规格为20（钢丝绳公称直径 d>18~20 mm）的楔，标记为：
楔 GB/T 5973—20

（4）技术检查

1）楔套材料采用不低于 GB/T 11352 中规定的 ZG 270-500 碳钢件。楔的材料采用不低于 GB/T 9439 中规定的 HT 200 灰铸铁件。

2）楔套和楔表面应光滑平整，尖棱和冒口应除去，并不应有降低强度和明显有损外观的缺陷（如气孔、裂纹、疏松、夹砂、铸疤等）。

3）楔套和楔需进行退火处理，消除其内应力。

4）楔套和楔需进行防锈处理。

5）楔形接头使用时应合理安装，楔形接头与钢丝绳的连接方法见图 2—14。

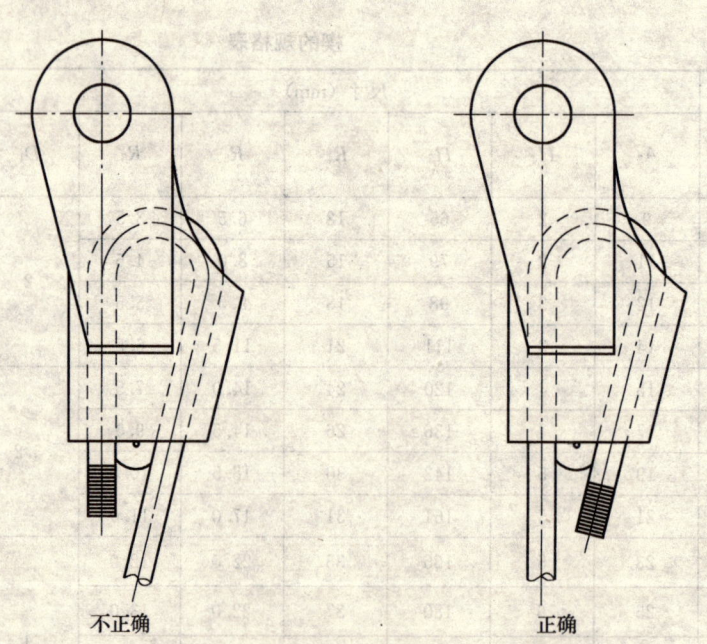

不正确　　　　　　　　正确

图 2—14 楔形接头与钢丝绳连接图
a）不正确连接 b）正确连接

2. 钢丝绳用套环（GB/T 5974）

（1）普通套环

1）套环的公称尺寸（钢丝绳公称直径 d）范围为 6～60 mm。

2）套环的材料应采用 GB/T 699 中规定的 15、35 钢材，或 GB/T 700 中规定的 Q 235-B，抗拉强度：375～530 MPa；伸长率：不小于20%。

3）套环表面应光滑平整，并进行热浸镀锌，镀锌层的重量不低于 120 g/m²。不得有漏镀、锌粒、气泡、裂纹等缺陷。

4）套环最大承载能力应不低于公称抗拉强度为 1 770 MPa 的圆股钢丝绳最小破断拉力的 32%。

5）套环销轴直径不得小于钢丝绳直径的 2 倍。

图 2—15 为普通套环示意图。

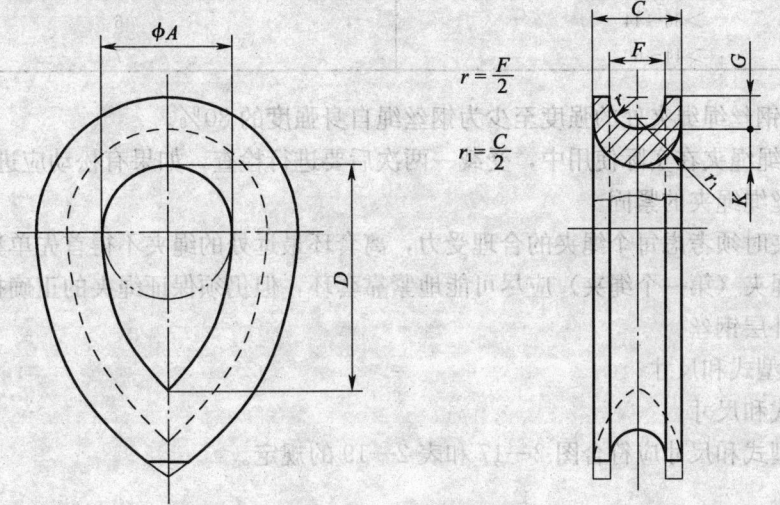

图 2—15　普通套环图

（2）重型套环

1）套环的公称尺寸（钢丝绳公称直径 d）范围为 8～60 mm。

2）套环的材料应根据公称尺寸采用可锻铸铁 KTH370-12、球墨铸铁 QT450-10、铸钢 ZG270-500 等不同的材料制造。

3）套环表面应光滑平整，并不得有气孔、裂纹、疏松、夹砂、铸疤等影响强度和有损外观的缺陷。

4）套环最大承载能力应不低于公称抗拉强度 1 870 MPa 圆股钢丝绳最小破断拉力。

5）每个套环的醒目位置上应铸出其公称尺寸和制造厂商商标的标志。

九、钢丝绳绳夹

1. 绳夹安装

（1）钢丝绳绳夹的布置

1）钢丝绳绳夹应按图 2—16 所示的方法布置。

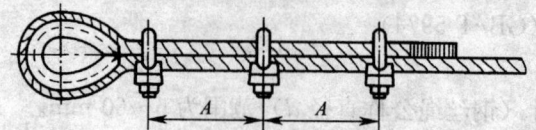

图 2—16　钢丝绳绳夹的正确布置方法

2) 把表 2—18 所推荐数量的钢丝绳绳夹支座按 6～7 倍钢丝绳直径的间距扣在钢丝绳的工作端（长边），再把对应的 U 形螺栓扣在钢丝绳的尾端（短边）上，然后将其紧固。

表 2—18

绳夹规格（钢丝绳公称直径）d_r（mm）	钢丝绳绳夹的最少数量（组）
≤18	3
>18～26	4
>26～36	5
>36～44	6
>44～60	7

3) 要求钢丝绳绳夹处的强度至少为钢丝绳自身强度的 80%。
4) 钢丝绳绳夹在实际使用中，受载一两次后要进行检查，如果有松动应进一步拧紧。

(2) 钢丝绳绳夹的紧固

紧固绳夹时须考虑每个绳夹的合理受力，离套环最远处的绳夹不得首先单独紧固。离套环最近处的绳夹（第一个绳夹）应尽可能地紧靠套环，但仍须保证绳夹的正确拧紧，不得损坏钢丝绳的外层钢丝。

2. 绳夹型式和尺寸

(1) 型式和尺寸

绳夹的型式和尺寸应符合图 2—17 和表 2—19 的规定。

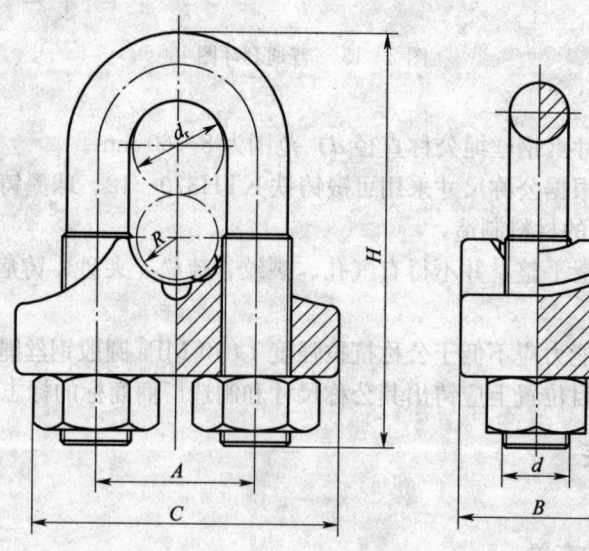

图 2—17　绳夹图

表 2—19　　　　　　　　　绳夹规格表（GB/T 5976）

绳夹规格（钢丝绳公称直径）d_r (mm)	适用钢丝绳公称直径 d_r	尺寸（mm）					螺母 GB/T 41 d	单组重量（kg）
		A	B	C	R	H		
6	6	13.0	14	27	3.5	31	M6	0.034
8	>6~8	17.0	19	36	4.5	41	M8	0.073
10	>8~10	21.0	23	44	5.5	51	M10	0.140
12	>10~12	25.0	28	53	6.5	62	M12	0.243
14	>12~14	29.0	32	61	7.5	72	M14	0.372
16	>14~16	31.0	32	63	8.5	77	M14	0.402
18	>16~18	35.0	37	72	9.5	87	M16	0.601
20	>18~20	37.0	37	74	10.5	92	M16	0.624
22	>20~22	43.0	46	89	12.0	108	M20	1.122
24	>22~24	45.5	46	91	13.0	113	M20	1.205
26	>24~26	47.5	46	93	14.0	117	M20	1.244
28	>26~28	51.5	51	102	15.0	127	M22	1.605
32	>28~32	55.5	51	106	17.0	136	M22	1.727
36	>32~36	61.5	55	116	19.5	151	M24	2.286
40	>36~40	69.0	62	131	21.5	168	M27	3.133
44	>40~44	73.0	62	135	23.5	178	M27	3.470
48	>44~48	80.0	69	149	25.5	196	M30	4.701
52	>48~52	84.5	69	153	28.0	205	M30	4.897
56	>52~56	88.5	69	157	30.0	214	M30	5.075
60	>56~60	98.5	83	181	32.0	237	M36	7.921

(2) 标记示例

钢丝绳为右捻 6 股，规格为 20（钢丝绳公称直径 d_r>18~20 mm），夹座材料为 KTH 350—10 的钢丝绳绳夹，标记为：

绳夹　GB/T 5976—20 右 KTH

钢丝绳为左捻 6 股时：

绳夹　GB/T 5976—20 左 KTH

3. 钢丝绳绳夹的安全要求

(1) 材料　夹座和 U 形螺栓采用材料应符表 2—20 的规定。

表 2—20　　　　　　　　　夹座和 U 形螺栓材料表

零件名称		材　料[2]
夹座[1]	锻造	GB/T 700 规定的 Q235—B
		GB/T 1348 规定的 QT450—10
	铸造	GB/T 9440 规定的 KTH350—10
		GB/T 11352 规定的 ZG270—500
U 形螺栓		GB/T 700 规定的 Q235—B

注：1. 允许采用性能不低于表中的材料代用。

　　2. 当绳夹用于起重机上时，夹座材料推荐采用 Q235—B 钢或 ZG270~500 制造。

(2) 安全技术要求

1) 夹座表面应光滑平整，不得有气孔、裂纹、疏松、夹砂、铸疤、起磷、错箱等影响强度和有损外观的缺陷。

2) 如果夹座是采用锻造方法制造，应进行正火处理，加热温度为860~890℃，然后在空气中冷却。

3) 夹座的绳槽表面应与钢丝绳表面和捻向（通常右旋6股圆股钢丝绳居多）吻合。

4) U形螺栓采用精制螺栓，杆部表面不应有过烧裂纹、凹痕、斑疤、条痕、氧化皮和浮锈；螺纹部分表面不应有毛刺、双牙尖、裂纹、划痕、碰伤和螺纹不完整等缺陷。

5) U形螺栓可用热弯或冷弯，冷弯时应进行正火处理。

6) 夹座U形螺栓和六角螺母应进行热浸镀锌，镀锌后的零件表面应光滑平整，不得有漏镀、锌粒、气泡、裂纹、脱皮等缺陷。

7) 钢丝绳绳夹包装的外表应有公称尺寸、数量、制造日期和制造厂商商标的标志等内容。

十、钢丝绳的经验计算法

两根钢丝绳起吊一物品，一根钢丝绳 S_1 与铅垂线成 $\alpha=45°$ 角，另一根钢丝绳 S_2 与铅垂线成 $\beta=60°$ 角。物品重量为2 t，求载重绳的拉力 S_1 和辅助绳 S_2 的拉力。

解：根据平衡条件：

$\Sigma x=0$；$S_1\sin45°=S_2\sin60°$

$\Sigma y=0$；$S_1\cos45°+S_2\cos60°=20$ kN

$$S_1 = S_2\frac{\sin60°}{\sin45°}$$

经整理得：
$$S_2 = \frac{20}{\frac{\sin60°}{\sin45°}\cos45°+\cos60°} = 14.6 \text{ kN}$$

$$S_1 = 14.6\frac{\sin60°}{\sin45°} = 17.9 \approx 18 \text{ kN}$$

从上述情况可以看出，钢丝绳内的拉力随角度的变化而变化。图2—18是反映角度与钢丝绳内拉力的变化曲线图。

当两条绳夹角为60°时，起吊1 000 kg货物时，每根绳内拉力为5.77 kN；当同样重的货物，两绳成90°（即绳与水平线成45°），每根绳内拉力为7.07 kN；当两绳夹角为120°时（即绳与水平线成30°），则每根绳内拉力为10 kN。总之，两条绳间夹角越大绳内拉力也越大，或者说，同样的绳子在大角度下允许起吊的重量要小。

可理解为用手臂提水桶，同样两桶水，当伸展胳膊时，就会感到很费力（当然这里还有力矩的问题，所以更感到肩部劳累）。在很难确定角度（钢丝绳夹角）时，也可以根据尺寸来计算允许载荷。如图2—19所示，用两条钢丝绳起吊一根管子。其尺寸如图2—19所标。那么允许起吊的重量为：

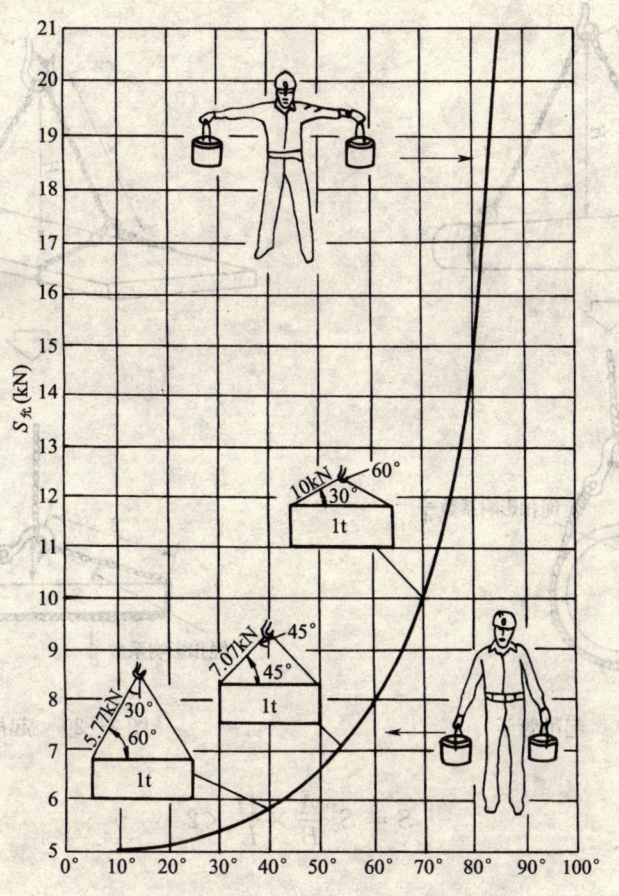

图 2—18 角度与绳内拉力的变化曲线

$$S_允 = S_0 \times \frac{H}{L} \times 2$$

式中 S_0——钢丝绳垂直状态允许安全起吊的重量。

如果有绳扣时,还要考虑绳扣的影响,如图 2—19 那样起吊物品。

其中起吊管子的情况,允许安全起吊的重量为:

$$S = S_0 \times \frac{3}{4} \times \frac{H}{L} \times 2$$

式中 S_0——每根绳垂直起吊的安全载荷;

$\frac{3}{4}$——考虑绳扣角度为 45°,近似取 $\frac{3}{4}$;

$\frac{H}{L}$——考虑捆绑绳本身的角度影响。

对于起吊板材(图 2—20)的情况,允许安全起吊的重量为:

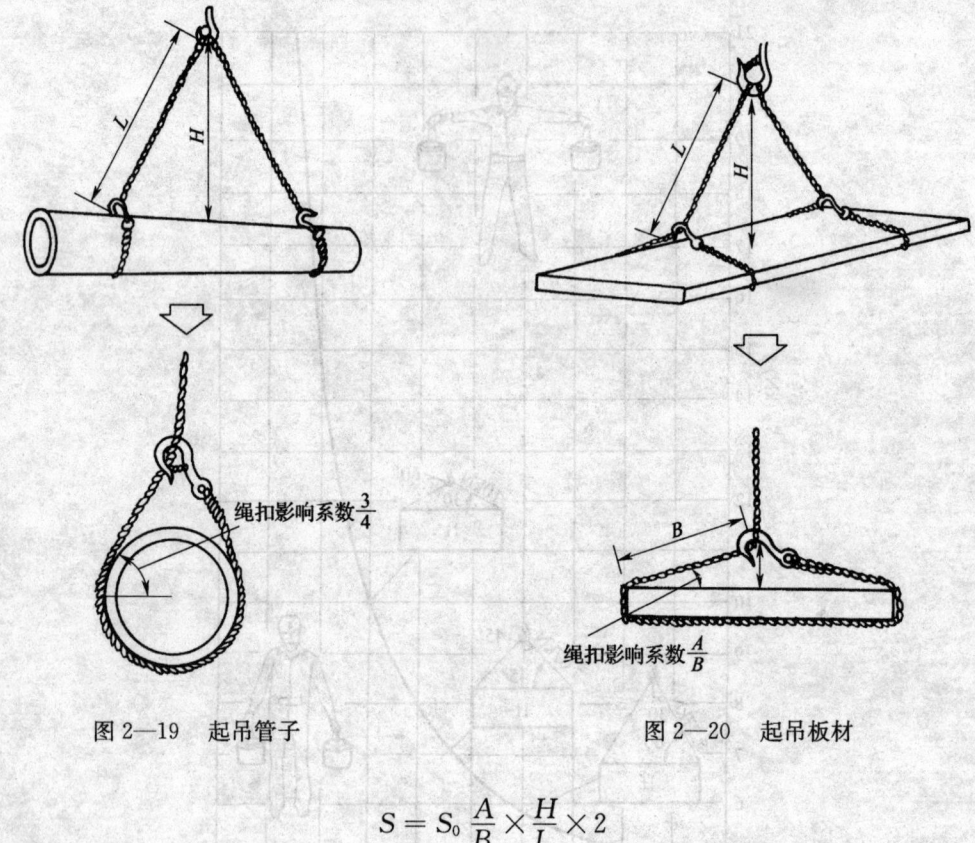

图 2—19 起吊管子　　　　图 2—20 起吊板材

$$S = S_0 \frac{A}{B} \times \frac{H}{L} \times 2$$

式中　$\frac{A}{B}$——考虑绳角度影响；

其余符号同上式。

钢丝绳的拉力与它的粗细有关，可以近似地看成与钢丝绳的直径平方成比例。对于绳 6×19，绳 6×37，公称抗拉强度为 $1\,470 \sim 1\,570$ MPa 的钢丝绳，可用下式计算：

钢丝绳的破断拉力：$S_{破} = 0.5\,d^2$ kN

钢丝绳的许用拉力：$S_{许} = 0.1\,d^2$ kN

式中　d——钢丝绳直径，mm。

在一些地区，常用"吩"表示钢丝绳的直径，如果用"吩"表示钢丝绳的直径时，钢丝绳的许用拉力可用下式计算：

$$S_{许} = 0.1 d^2$$

式中　绳径 d 以"吩"代入，1 吩 $= 3.175$ mm；

$S_{许}$ 的单位是 t。

表 2—21 为钢丝绳计算比较表。

表 2—21　　　　　　　　　　　　　　钢丝绳计算比较表　　　　　　　　　　　　　　　　kN

绳径（mm）	破断拉力 $S_破$		许用拉力 $S_许$	
	查表 $S_破$	估算 $S_破$	查表计算 $S_许$	估算 $S_许$
9.3	45.10	43.25	9.02	8.65
11	61.30	60.50	12.16	12.10
12.5	80.10	78.00	16.02	15.60
15.5	125.00	120.00	25.00	24.00
17	151.50	144.50	30.30	28.90
18.5	180.00	171.00	36.00	34.20
20	211.50	200.00	42.10	40.00

表 2—22 是以"吩"为单位的钢丝绳计算比较表。

表 2—22　　　　　　　　　　　　　　钢丝绳计算比较表　　　　　　　　　　　　　　　　kN

绳径（吩）	近似计算许用拉力 $S_许$	查表计算许用拉力 $S_许$
3（≈9.3 mm）	9	9
4（≈12.5 mm）	16	16
5（≈15.5 mm）	25	25
6（≈18.5 mm）	36	36
7（≈21.5 mm）	49	49.1

从表 2—22 中的结果可以看出近似计算方法是很准确的。

当用 4 根绳成角度地起吊重物时，可用下式计算：

$$Q = 4 \times 10 \times d_{绳}^2 C_{降}$$

式中　$d_{绳}$——钢丝绳的直径，mm；

　　　Q——允许起吊重量，kg；

　　　$C_{降}$——角度影响系数，可从表 2—23 中查得。

表 2—23　　　　　　　　　　　　　　$C_降$ 系数表

角度 α	0°	30°	45°	60°
$C_降$（$\cos\alpha$）	1	0.866	0.707	0.5000

表 2—23 中 α 角是指钢丝绳与铅垂线之间的夹角。

第三节　起重用短环链的安全技术

一、链条的等级

链条根据成品的力学性能分为五个等级。每一等级按 L（3），M（4），P（5），S（6），

T（8）的顺序用一个字母或数字表示。这些字母代表在规定最小破断力作用下的平均应力。表2—24是链条等级表。

表2—24　　　　　　　　链条等级表（GB/T 8108.1～8108.2）

等　级	在规定最小破断力作用下的平均应力（MPa）
L（3）	315
M（4）	400
P（5）	500
S（6）	630
T（8）	800

（1）L（3）级链条　在规定最小破断力作用下的平均应力315 MPa，这一级别的链条一般采用低碳钢制造，是一种延伸性比较好的链条，在国际标准中它不是主要等级。

（2）M（4）级链条　是在规定最小破断力作用下的平均应力400 MPa的链条，这一级别的链条一般采用中碳钢制造，通常可用于起重和悬吊。

（3）S（6）级链条　在规定最小破断力作用下的平均应力为630 MPa。这一级别的链条一般采用合金钢制造。具有较好耐磨性。

（4）P（5）级链条　在规定最小破断力作用下的平均应力500 MPa，该级别链条在国际标准中不是主要等级。

（5）T（8）级链条　在规定最小破断力作用下的平均应力800 MPa，一般采用合金钢制造。强度高耐磨损，用做起重葫芦的起重链。

二、链条的检验

1. 链条的质量检查

（1）尺寸检查

1）名义直径（d_n）用于制造链条的圆钢和钢丝的名义直径。应符合JB/T 8108.2—1999表2中的规定。

2）实际直径（d）测量所得的链环材料的直径，当实际直径小于18 mm时，成品链环除焊缝处外任何截面直径的公差应不超过名义直径的－6%～2%。

当实际直径大于或等于18 mm时，成品链环除焊缝处外任何截面直径的公差应不超过名义直径的±5%。图2—21为链环型式图。

3）焊缝处的公差　焊缝处的实际直径d_w在任何截面内应不小于焊缝处邻近的实际直径d，且焊缝处的公差应不大于下列数值：Ⅰ型：任何方向上为名义直径的8%；Ⅱ型：与链环平面垂直的方向上为名义直径的8%，其他平面为17%。

4）焊缝影响长度　在链环中心的任何方向一侧应不超过名义直径的0.6倍。

5）长度和宽度　节距为链条名义直径d_n的3倍；外宽为链条名义直径d_n的3.25倍。图2—22是链条长度宽度图。表2—25是链条长度公差表。

第二章 起重机通用零件和部件的安全技术

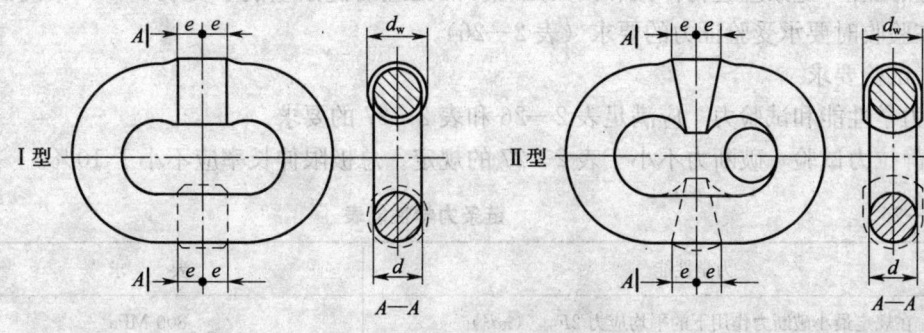

图 2—21 链环型式

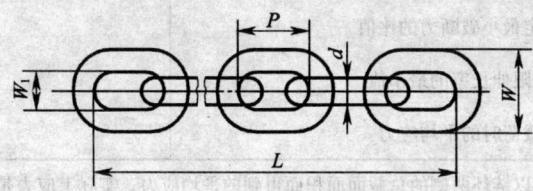

图 2—22 链条长度宽度图

表 2—25 链条长度公差表（JB/T 8108.2）

名义直径 d_n (mm)	链环数 N	公差 (%)	(mm)
6.3	1	1.93	0.37
	5	0.65	0.61
	21	0.406	1.61
10	1	1.93	0.58
	5	0.65	0.975
	21	0.406	2.56
20	1	1.93	1.16
	5	0.65	1.95
	21	0.406	5.12

（2）材料和制造

1) 材质 钢材必须由平炉钢，电炉钢或氧气顶吹转炉冶炼而成。钢材必须是镇静钢，可焊性好，冷弯性好，并含有足够量的合金元素，以确保热处理后的力学性能。链条应采用力学性能不低于 YB/T 5211 中的 20 Mn2 钢制造。

2) 热处理 链条应进行淬火和回火处理。热处理的链条应能承受表 2—26 中的试验力要求。在验收时要承受验证力的要求（表 2—26）。

(3) 试验要求

1) 力学性能和试验力 应满足表 2—26 和表 2—27 的要求。

2) 静拉力试验 破断力不小于表 2—27 的规定。总极限伸长率应不小于 10%。

表 2—26 链条力学性能表

力学性能	要求
在规定最小破断力作用下的平均应力 $2F_{min}/(\pi d_n^2)$	800 MPa
验证力作用下的平均应力 $2F_a/(\pi d_n^2)$	400 MPa
验证力与规定最小破断力的比值	50%
规定的总极限伸长率的最小值	10%
极限工作载荷时的平均应力	200 MPa

注：1. 表中的应力是由力除以链环两侧的总截面面积而得到的平均应力。实际上应力是非均匀分布的，特别是链环外弧面处的最大内应力比平均应力要大得多。
2. 选取的工作载荷，在任何情况下应不超过标准所规定的极限工作载荷。

表 2—27 T (8) 校准链试验要求表

1	2	3	4	5
名义直径 d_n (mm)	验收时的验证力 F_n (kN)	最小破断力 F_{min} (kN)	极限工作载荷 C_p (t)	制造过程中的试验力 (kN)
4	10.1	20.2	0.5	12
5	15.8	31.6	0.8	19
5.6	19.8	39.6	1.0	24
6.3	25	50	1.25	30
7.1	31.7	63.1	1.6	38
8	40.3	80.6	2.0	48
9	51	102	2.5	61
10	63	126	3.2	76
11.2	79	158	4.0	94
12.5	99	198	5.0	119
14	124	248	6.3	149

续表

1	2	3	4	5
名义直径 d_n (mm)	验收时的验证力 F_n (kN)	最小破断力 F_{min} (kN)	极限工作载荷 C_p (t)	制造过程中的试验力 (kN)
16	161	322	8.0	193
18	204	408	10.0	245
20	252	504	12.5	302

(4) 检验证书应包括下列内容：

1) 制造厂商和供货者。
2) 链条进行验证试验的部门。
3) 识别标记或符号（GB/T 20652）。
4) 吊链型式。
5) 链条的尺寸和等级。
6) 名义长度。
7) 验证力或外加的试验力。
8) 极限工作载荷。
9) 特定条件下使用的工作载荷。
10) 主管人员检验过的合格证书。

2. 在用手动和电动葫芦链条的安全检查

(1) 使用分类　根据链条的使用级别确定链条的工作级别和检查周期。

1) 轻级使用　链条极少承受最大载荷，通常承受轻载荷。
2) 中级使用　链条经常承受最大载荷，通常承受中载荷。
3) 重级使用　链条经常承受最大载荷，通常承受重载荷。
4) 特重级使用　链条经常性地承受最大载荷。

(2) 经常性检查　由操作人员进行的不需要记录的外观检查。检查内容：是否有磨损、变形或者外观损伤；检查链条与链轮的啮合情况。

1) 轻级使用　每月检查。
2) 中级使用　每两周检查。
3) 重级使用　每周检查。
4) 特重级使用　每日检查。

(3) 定期检查　由指定人员进行的全面检查。逐个链环检查是否有裂纹，划痕，变形，腐蚀和内环磨损等情况。检查链条拉长的百分比。

1) 轻级使用　每年检查。
2) 中级使用　每半年检查。
3) 重级使用　每季度检查。
4) 特重级使用　每 6 周检查。

三、链条的报废

发现下列情况之一，链条应报废：
(1) 裂纹。
(2) 严重的划痕和裂口。
(3) 明显的变形。
(4) 严重的腐蚀。
(5) 有不能除去的附着物。
(6) 链条的延伸率超过标准。

四、链条的选用

焊接链的选择可根据下式计算：

$$S_{max} \cdot K \leqslant S_b$$

式中　S_{max}——最大工作拉力；
　　　K——安全系数，焊接环形链条的安全系数见表2—28；
　　　S_b——链条拉断力。

表2—28　　　　焊接环形链条的安全系数（GB 6067）

使用情况	光卷筒或滑轮		链轮		捆绑物体用	吊挂用（带小钩）
	手动	机动	手动	机动		
安全系数	3	6	4	8	6	5

链条承载能力的近似计算法

$$S_b = 40d^2$$

$$S_{max} = \frac{40d^2}{K}$$

式中　d——链径，mm。
　　　其他符号同前。

五、链条的安全技术

链条在使用中，要注意温度的影响。表2—29是单肢链条在高（低）温度环境中极限载荷的百分比。

表2—29　　　　单肢链条在高（低）温度环境中极限载荷的百分比表

温度 t（℃） 极限载荷 百分比（%）	$-30℃<t<200℃$	$200℃<t<300℃$	$300℃<t<350℃$	$350℃<t<400℃$	$400℃<t<475℃$	$t>475℃$
M（4）	100%	100%	85%	75%	50%	不允许使用
S（6）	100%	90%	75%	75%	不允许使用	
T（8）	100%	90%	75%	75%	不允许使用	

表 2—30 是链肢间角度为 0°～90°主环在吊钩上的吊链极限工作载荷表。

表 2—31 是链肢角度为 90°，主环装在吊钩上，由暂用附加尺寸链条制成的吊链（ISO1835，3075，3076）的极限工作载荷表。

表 2—30　链肢间角度为 0°～90°主环在吊钩上的吊链极限工作载荷（GB/T 20652）

1	2	3	4	5	6	7
各级链条尺寸			极限工作载荷			配M级起重机吊钩(t)
M(4)(mm)	S(6)(mm)	T(8)(mm)	单肢(t)	双肢(t)	三支和四肢(t)	
						1
						1.25
						1.6
6.3			0.63	0.8	1.3	2.0
7.1		5.0	0.8	1.1	1.6	2.5
8.0	6.3		1.0	1.4	2.1	3.2
9.0	7.1	6.3	1.25	1.7	2.6	4.0
10.0	8.0	7.1	1.6	2.2	3.3	5.0
11.2	9.0	8.0	2.0	2.8	4.2	6.3
12.5	10.0	9.0	2.5	3.5	5.2	8.0
14.0	11.2	10.0	3.2	4.4	6.7	10.0
16.0	12.5	11.2	4.0	5.6	8.4	12.5
18.0	14.0	12.5	5.0	7.0	10.5	16.0
20.0	16.0	14.0	6.3	8.8	13.2	20.0
22.4	18.0	16.0	8.0	11.2	16.8	25.0
25.0	20.0	18.0	10.0	14.0	21.0	32.0
28.0	22.4	20.0	12.5	17.5	26.2	40.0
32.0	25.0	22.4	16.0	22.4	33.6	50.0
36.0	28.0	25.0	20.0	28.0	42.0	63.0

注：1. 这些值根据均匀载荷法求得。

2. 第1、2和3栏给出了各级链条的尺寸；4、5、6栏表示链肢间角度为 0°～90°（对铅垂线成 0°～45°）的单肢、双肢、三肢和四肢吊链。单肢吊链用 R10 优先系数，而双肢、三肢和四肢吊链的额定值是单肢分别乘以 1.4 和 2.1 导出的。这些系数不是按 R10 数系，所以双肢、三肢和四肢仅接近于此数系。

3. 虚线连接吊链的额定值要求吊链的主环配 M 级起重机吊钩。

例如，一 5.6 t 的双肢吊链（第 5 栏），在同一线上向左读 T（8）级时，链条的尺寸为 11.2 mm；S（6）级时链条的尺寸为 12.5 mm；M（4）级时链条的尺寸为 16 mm；随着虚线向右读，要求主环装在 8 t 的 M 级起重机吊钩上。

表2—31 链肢间角度为90°（对铅垂线成45°），主环装在吊钩上，由暂用附加尺寸链条
制成的吊链（ISO1835，3075，3076）的极限工作载荷（GB/T 20652）

1	2	3	4	5	6	7	8	9	10
	M（4）级（ISO1835）			S（6）级（ISO3075）			T（8）级（ISO3076）		
	单肢	双肢		三肢和四肢		单肢	双肢		三肢和四肢
链条尺寸(mm)	极限工作载荷	配M级起重机吊钩	90°时的极限工作载荷	配M级起重机吊钩	90°时有极限工作载荷	配M级起重机吊钩	极限工作载荷	配M级起重机吊钩	90°时的极限工作载荷	配M级起重机吊钩
6.0	0.57	1.0	0.8	1.25	1.2	2.0	0.9	1.6	1.2	2.0
7.0	0.78	1.25	1.1	2.0	1.2	2.5	1.2	2.0	1.6	2.5
8.7	1.2	2.0	1.6	2.5	2.5	4.0	1.9	4.0	2.6	4.0
9.5	1.4	2.5	1.9	8.2	2.9	5.0	2.2	4.0	3.1	5.0
10.3	1.7	3.2	2.4	4.0	3.6	6.3	2.6	5.0	3.6	6.3
11.0	1.9	3.2	2.6	5.0	4.0	6.3	3.0	5.0	4.2	8.0
12.0	2.3	4.0	3.2	5.0	4.8	8.0	3.6	6.3	5.0	8.0
13.0	2.7	5.0	3.8	6.3	5.7	10.0	4.2	8.0	5.9	10.0
13.5	2.9	5.0	4.1	8.0	6.1	10.0	4.5	8.0	6.3	10.0
16.7	4.4	8.0	6.2	10.0	9.3	16.0	7.0	12.5	9.8	16.0
19.0	5.7	10.0	8.0	12.5	12.0	20.0	9.0	16.0	12.5	25.0
20.6	6.9	12.5	9.6	16.0	14.4	25.0	10.7	20.0	15.1	25.0
25.4	10.3	20.0	14.5	25.0	21.8	40.0	16.2	32.0	22.9	40.0
30.0	14.4	25.0	20.2	40.0	30.5	50.0	—	—	—	—

（续表：S级续 + T级）

链条尺寸(mm)	7列：90°时极限	配M级吊钩	T单肢极限	配M级吊钩	T双肢90°极限	配M级吊钩	T三肢和四肢90°极限	配M级吊钩
6.0	1.9	3.2	1.1	2.0	1.5	2.5	2.3	4.0
7.0	1.6	4.6	1.5	2.5	2.1	4.0	3.1	5.0
8.7	4.0	6.3	2.4	4.0	3.3	6.3	5.0	8.0
9.5	4.6	8.0	2.8	5.0	3.9	6.3	5.9	10.0
10.3	5.5	10.0	3.3	6.3	4.6	8.0	7.0	12.5
11.0	6.3	10.0	3.8	6.3	5.3	10.0	8.0	12.5
12.0	7.6	12.5	4.6	8.0	6.5	12.5	9.7	16.0
13.0	8.9	16.0	5.4	10.0	7.6	12.5	11.4	20.0
13.5	9.5	16.0	5.8	10.0	8.2	16.0	12.3	20.0
16.7	14.8	25.0	8.9	16.0	12.5	20.0	18.8	32.0
19.0	19.3	32.0	11.5	20.0	16.2	32.0	24.3	40.0
20.6	22.6	40.0	13.5	25.0	19.0	32.0	28.6	50.0
25.4	34.3	63.0	*15.5	*25.0	*21.9	*40.0	*32.8	*63.0
30.0	—	—	—	—	—	—	—	—

注：1. 这些值根据三角法计算求得。
  2. *T（8）级中的链条尺寸为22.0 mm。

双肢吊链型式图见图2—23，四肢吊链型式图见图2—24。

链肢倾斜角图：链肢倾斜角图可以帮助吊链的内力计算，进一步确定吊链的极限工作载荷，见图2—25。

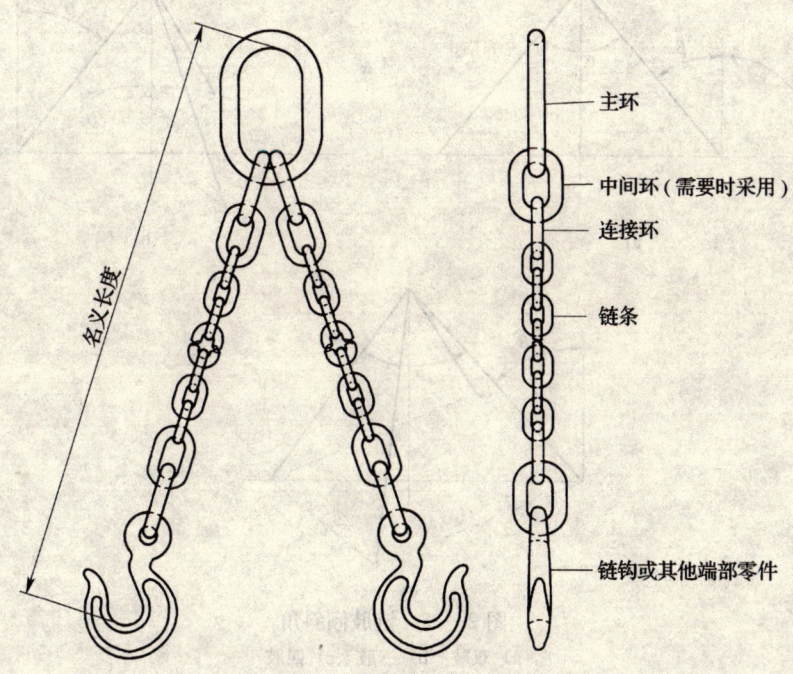

图 2—23 双肢吊链型式图

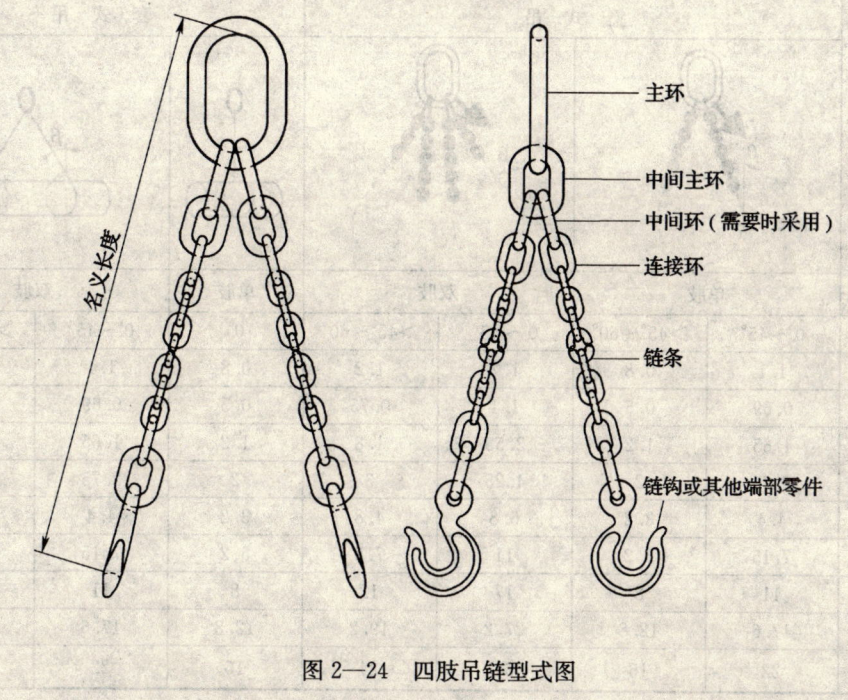

图 2—24 四肢吊链型式图

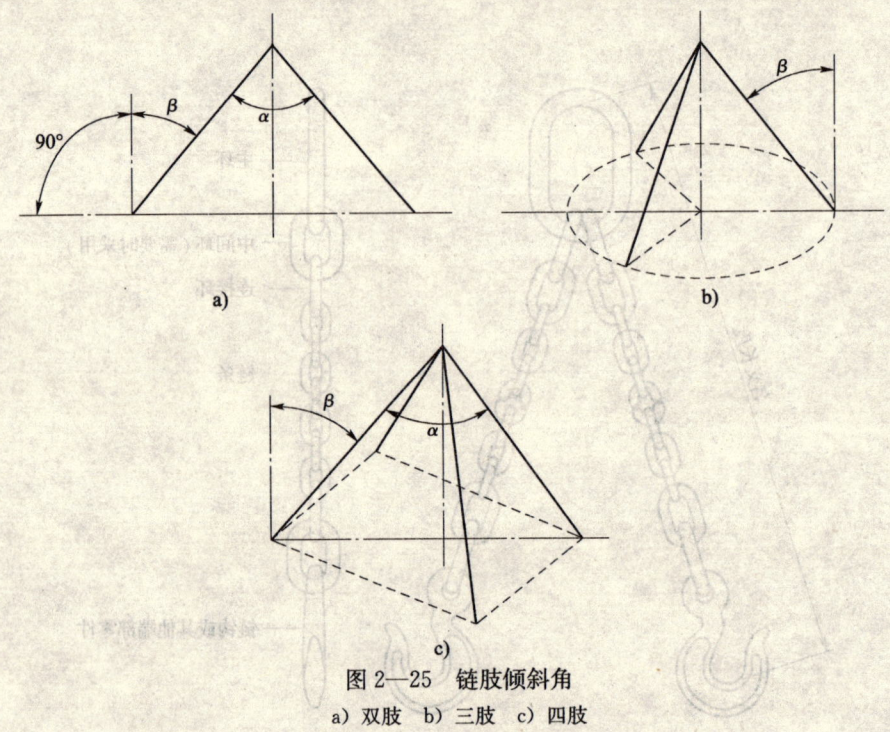

图 2—25 链肢倾斜角
a) 双肢 b) 三肢 c) 四肢

表 2—32 是吊链篮式吊、套式吊载荷表（包括温度影响减载系数）。

表 2—32 篮式吊和套式吊载荷表

起吊方式 载荷	篮式吊				套式吊		
	单肢		双肢		单肢	双肢	
倾角 β	0°～45°	>45°～60°	0°～45°	>45°～60°	0°	0°～45°	>45°～60°
载荷系数	1.1	0.8	1.7	1.2	0.8	1.1	0.8
φ4 mm	0.69	0.5	1.1	0.75	0.5	0.69	0.5
φ6 mm	1.65	1.2	2.55	1.8	1.2	1.65	1.2
φ8 mm	2.75	2	4.25	3	2	2.75	2
φ10 mm	4.4	3.2	6.8	4.8	3.2	4.4	3.2
φ13 mm	7.15	5.2	11	7.8	5.2	7.15	5.2
φ16 mm	11	8	17	12	8	11	8
φ20 mm	17.6	12.8	27.2	19.2	12.8	17.6	12.8
φ22 mm	22	16	34	24	16	22	16

表 2—33 是分肢吊链和套式吊的载荷表。

表 2—33　　　　　　　　　　分肢吊链和套式吊载荷图

起吊方式\载荷	单肢	双肢		3～4 肢		套式吊
倾角 β	0°	0°～45°	>45°～60°	0°～45°	>45°～60°	—
载荷系数	1	1.4	1	2.1	1.5	1.6
ϕ4 mm	0.63	0.88	0.63	1.32	0.95	1
ϕ6 mm	1.5	2.1	1.5	3.15	2.25	2.4
ϕ8 mm	2.5	3.5	2.5	5.25	3.75	4
ϕ10 mm	4.0	5.6	4.0	8.4	6.0	6.4
ϕ13 mm	6.5	9.1	6.5	13.6	9.75	10.4
ϕ16 mm	10	14	10	21	15	16
ϕ20 mm	16	22.4	16	33.6	24	25.6
ϕ22 mm	20	28	20	42	30	32

第四节　合成纤维吊装带的安全技术

吊装带（简称吊带）是一种用于装卸与起升货物时连接起升工具和货物的柔性元件。多用于吊装精密仪器、表面光洁的物件。采用高强度聚酯工业长丝为原料织成吊装带。

图 2—26 为吊带类型图。

一、吊装带的分类

根据 JB/T 8521，吊装带分类如下。
（1）带软环的单吊带（图 2—26a）。
（2）带末端件的单吊带（图 2—26b）。
（3）复式吊带（图 2—26c）。
（4）多层吊带（图 2—26d）。
（5）环形吊带（图 2—26e）。

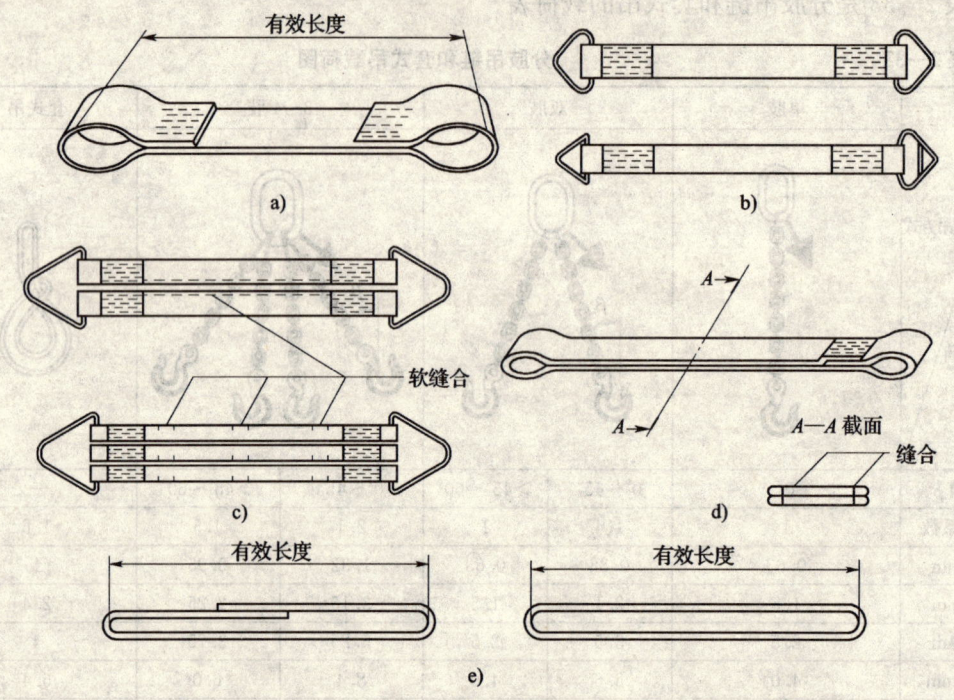

图 2—26 吊装带类型图
a) 带软环的单吊带 b) 带末端件的单吊带 c) 复式吊带 d) 多层吊带 e) 环形吊带

二、吊装带的安全系数和安全载荷

1. 吊装带的安全系数

吊装带的安全系数,对于吊装带的缝合带子或封装带子最小安全系数为 6,带子末端金属件最小安全系数为 4。

2. 安全载荷

(1) 吊带破断力 吊带在破坏实验中,能承受试验载荷的最大载荷,以 10 N 为单位。

(2) 最大有效力（MFU） 基本型吊带允许承受的最大作用力,以 10 N 为单位。

最大有效力＝吊带破断力/吊带安全系数

(3) 极限工作载荷（WLL） 基本型吊带在垂直状态下所能承受的最大重量,以 kg 或 t 为单位。

(4) 最大安全工作载荷（SWLmax） 在正常使用条件下,吊带所能承受的重量,以 kg 或 t 为单位。

$$SWL_{max} = WLL \times M$$

式中 SWL_{max}——最大安全工作载荷,以 kg 或 t 为单位;

WLL——极限工作载荷,以 kg 或 t 为单位;

M——吊装方式系数,查表 2—34。

表 2—34　　　　　　　　　吊装方式系数（GB/T 8521）

吊装方式	吊装系数 M
垂直起吊	1
结套起吊	0.8
平行起吊	2
吊带两分肢间夹角成 45°角起吊	1.8
吊带两分肢间夹角成 90°角起吊	1.4
吊带两分肢间夹角成 120°角起吊	1
2 肢带起吊（与铅垂线成 45°）	1.4
4 肢带起吊（与铅垂线成 60°）	2

图 2—27 是吊带的典型吊装方式图。

表 2—35 是基本型吊带极限工作载荷和最大安全工作载荷表。

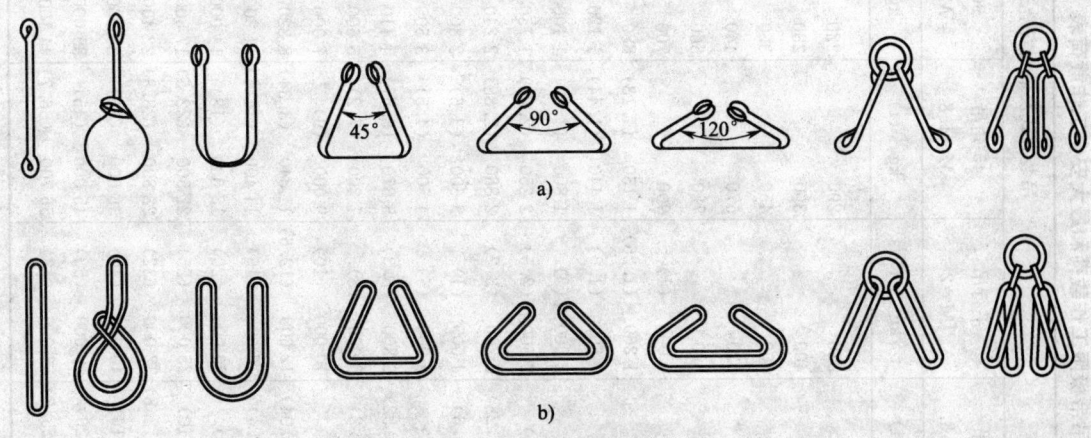

图 2—27　吊带的典型吊装方式图
a）单吊带　b）环形吊带

三、吊装带的技术要求

1. 带子

（1）材料　带子可由下列材料的连续纤维丝编织而成。聚酰胺（尼龙）（通常用绿色表示）；聚酯（通常用蓝色表示）；聚丙烯（通常用棕色表示）。这些材料都能制造出高韧性的连续纤维丝。

（2）编织的质量要求　带子应由无任何明显缺陷织物编织，在编织过程中所有的线应由同一材料制成。标准宽度有：25，35，50，75，100，150，200，300 mm。带宽允许偏差：当带宽≤100 mm 时，允许偏差为±10%；当带宽大于 100 mm 时，允许偏差为±8%。带厚应均匀，当吊带由多条带子构成时，每条带子厚度应相同。吊带的着色剂、涂料、覆盖物均应无毒、无害。

表 2—35　基本型吊带极限工作载荷和最大安全工作载荷表（JB/T 8521）

基本型吊带的极限工作载荷 WLL		相应的带子的最小破断力	吊装方式及最大安全工作载荷														
			垂直吊 M=1		结套吊 M=0.8		平行吊 M=2		45°角吊 M=1.8		90°角吊 M=1.4		120°角吊 M=1		2肢带子吊 M=1.4		4肢带子吊 M=2
kg	(t)	10N	kg	(t)	kg	(t)	kg	(t)	kg	(t)	kg	(t)	kg	(t)	kg	(t)	kg	(t)
160		940	160		130		320		290		220		160		220		320	
200		1 180	200		160		400		360		280		200		280		400	
250		1 470	250		200		500		450		350		250		350		500	
315		1 850	315		250		630		570		440		315		440		630	
400		2 350	400		320		800		720		560		400		560		800	
500		2 940	500		400		1 000	(1)	900		700		500		700		1 000	(1)
630		3 700	630		500		1 260	(1.26)	1 130	(1.13)	880		630		880		1 260	(1.26)
800		4 700	800		640		1 600	(1.6)	1 440	(1.44)	1 120	(1.12)	800		1 120	(1.12)	1 600	(1.6)
1 000	(1)	5 880	1 000	(1)	800		2 000	(2)	1 800	(1.8)	1 100	(1.4)	1 000	(1)	1 400	(1.4)	2 000	(2)
1 250	(1.25)	7 350	1 250	(1.25)	1 000	(1)	2 500	(2.5)	2 250	(2.25)	1 750	(1.75)	1 250	(1.25)	1 750	(1.75)	2 500	(2.5)
1 600	(1.6)	9 410	1 600	(1.6)	1 280	(1.28)	3 200	(3.2)	2 880	(2.88)	2 240	(2.24)	1 600	(1.6)	2 240	(2.24)	3 200	(3.2)
2 000	(2)	11 760	2 000	(2)	1 600	(1.6)	4 000	(4)	3 600	(3.6)	2 800	(2.8)	2 000	(2)	2 800	(2.8)	4 000	(4)
2 500	(2.5)	14 700	2 500	(2.5)	2 000	(2)	5 000	(5)	4 500	(4.5)	3 500	(3.5)	2 500	(2.5)	3 500	(3.5)	5 000	(5)
3 150	(3.15)	18 500	3 150	(3.15)	2 520	(2.52)	6 300	(6.3)	5 670	(5.67)	4 410	(4.41)	3 150	(3.15)	4 410	(4.4)	6 300	(6.3)
4 000	(4)	23 500	4 000	(4)	3 200	(3.2)	8 000	(8)	7 200	(7.2)	5 600	(5.6)	4 000	(4)	5 600	(5.6)	8 000	(8)
5 000	(5)	29 400	5 000	(5)	4 000	(4)	10 000	(10)	9 000	(9)	7 000	(7)	5 000	(5)	7 000	(7)	10 000	(10)
6 300	(6.3)	37 000	6 300	(6.3)	5 040	(5.04)	12 600	(12.6)	11 340	(3.34)	8 820	(8.82)	6 300	(6.3)	8 820	(8.82)	12 600	(12.6)
8 000	(8)	47 000	8 000	(8)	6 400	(6.4)	16 000	(16)	14 400	(14.4)	11 200	(11.2)	8 000	(8)	11 200	(11.2)	16 000	(16)
10 000	(10)	58 800	10 000	(10)	8 000	(8)	20 000	(20)	18 000	(18)	14 000	(14)	10 000	(10)	14 000	(14)	20 000	(20)
12 500	(12.5)	73 500	12 500	(12.5)	10 000	(10)	25 000	(25)	22 500	(22.5)	17 500	(17.5)	12 500	(12.5)	17 500	(17.5)	25 000	(25)
16 000	(16)	94 100	16 000	(16)	12 800	(12.8)	32 000	(32)	28 800	(28.8)	22 400	(22.4)	16 000	(16)	22 400	(22.4)	32 000	(32)
20 000	(20)	117 600	20 000	(20)	16 000	(16)	40 000	(40)	36 000	(36)	28 000	(28)	20 000	(20)	28 000	(28)	40 000	(40)
25 000	(25)	147 000	25 000	(25)	20 000	(20)	50 000	(50)	45 000	(45)	35 000	(35)	25 000	(25)	35 000	(35)	50 000	(50)
31 500	(31.5)	185 000	31 500	(31.5)	25 200	(25.2)	63 000	(63)	56 700	(56.7)	44 100	(44.1)	31 500	(31.5)	44 100	(44.1)	63 000	(63)

(3) 吊带的缝制　接缝的缝制应采用与带子材料相同的优质线进行缝制，缝合处应平整。缝合时缝线对带子宽度边缘应留有距离，厚度不超过 10 mm 的带子，留 2～4 mm 不缝合；厚度大于 10 mm 的带子，留 4～8 mm 不缝合。缝合线在首、尾处应有"回缝"处理，"回缝"长度不应小于 25 mm。

2. 软环

软环不应降低带子的承载能力。软环的长度应满足下列要求：

①当带子宽度为 25～35 mm 时，软环长度应为 100 mm。

②当带子宽度为 50～150 mm 时，软环长度应为带子宽度的 3 倍。

③当带子宽度大于 150 mm 时，软环长度应为带子宽度的 2.5 倍。

3. 末端件

是装在吊带软环的金属件，要求与之配套的吊带软环内径不应小于末端件直径的 2.5 倍。末端件金属材料的破断强度不应低于吊带极限工作载荷的 4 倍。末端件不准用铸造件。

四、吊装带的安全技术

1. 安全检查

(1) 对吊带进行全长表面检查，吊带表面不应有横向、纵向擦破或割断，边缘、软环及末端件的损坏等。

(2) 吊带不应有腐蚀、表面纤维脱落或擦伤等缺陷。

(3) 吊带边缘不应有割断缺陷，如发现此类缺陷应立即停止使用。

(4) 缝合处应平整，缝线不应凸出于吊带表面。

2. 安全使用和维护

(1) 吊带在作业时，不准拖拉，以防损伤。

(2) 吊带不准打结使用，承载时不准转动货物使吊带打拧。

(3) 不要使用没有护套的吊带吊装有尖角、棱边的货物。

(4) 吊装时软环的张开角度不要超过 20°。

(5) 不允许长时间悬吊货物。

(6) 不要把吊带存放在有明火或其他热源附近，也应注意避光保存。

(7) 要定期清洗吊带，以保持吊带清洁。

第五节　滑轮组和卷筒的安全技术

一、滑轮

1. 滑轮的分类

滑轮可分铸造滑轮、焊接滑轮、尼龙滑轮等。铸造滑轮又有铸铁滑轮和铸钢滑轮。起重机用铸造滑轮可以分为 A，B，C，D，E，F 型。

(1) A 型滑轮　用于起重机动滑轮组范围内，要求密封严密的带滚动轴承有内轴套的钢丝绳铸造滑轮。

(2) B 型滑轮　用于起重机动滑轮组范围内，要求密封严密的带滚动轴承无内轴套的钢丝绳铸造滑轮。

(3) C 型滑轮　用于起重机动滑轮组范围内，要求密封较严的带滚动轴承有内轴套的钢丝绳铸造滑轮。

(4) D 型滑轮　用于起重机动滑轮组范围内，要求密封较严的带滚动轴承无内轴套的钢丝绳铸造滑轮。

(5) E 型滑轮　用于起重机动滑轮组范围内，要求一般密封的带滚动轴承无内轴套的钢丝绳铸造滑轮。

(6) F 型滑轮　用于起重机动滑轮组范围内，带滑动轴承的钢丝绳铸造滑轮。

2. 滑轮的结构

图 2—28 是起重机用铸造滑轮钢丝绳槽断面图。图 2—29 是 A 型滑轮的轮毂和轴承尺寸图。其他型式滑轮的轮毂和轴承尺寸图可以查阅 JB/T 9005。

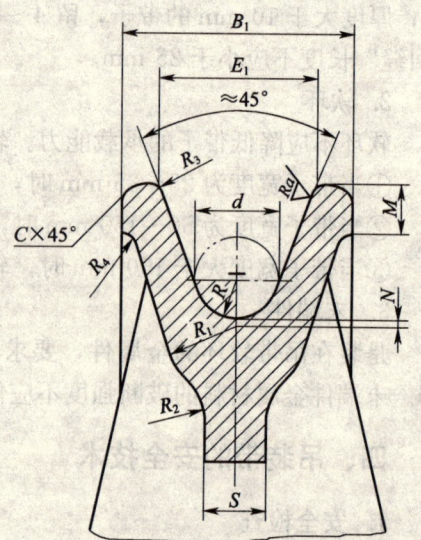

图 2—28　起重机用铸造滑轮钢丝绳槽断面图

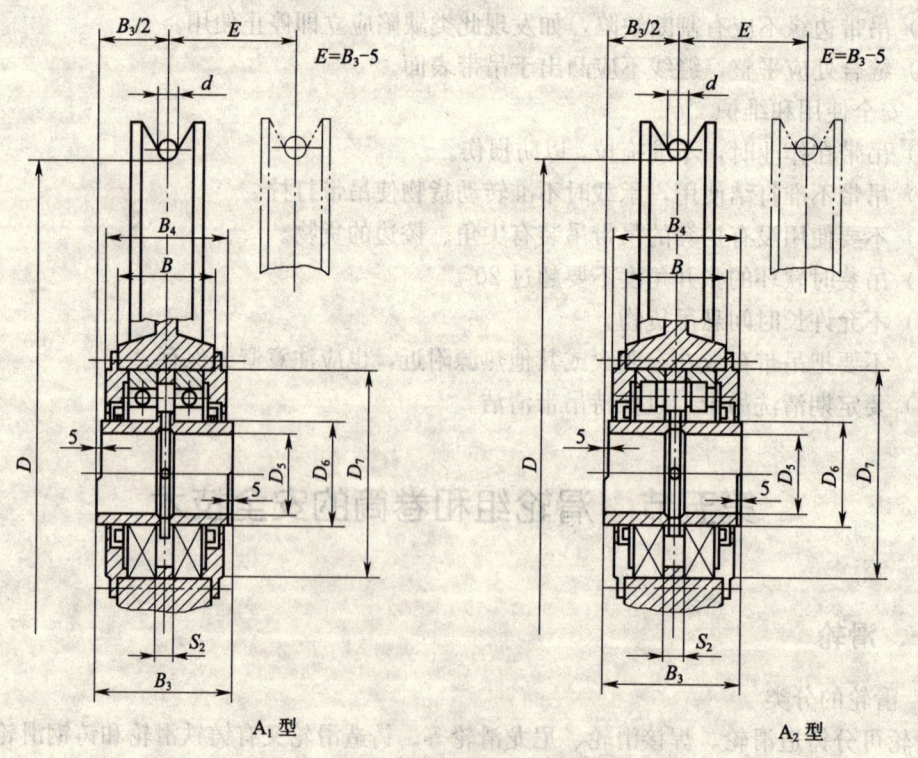

图 2—29　A 型滑轮的轮毂和轴承尺寸图

3. 滑轮标记

(1) 滑轮标记的表示方法

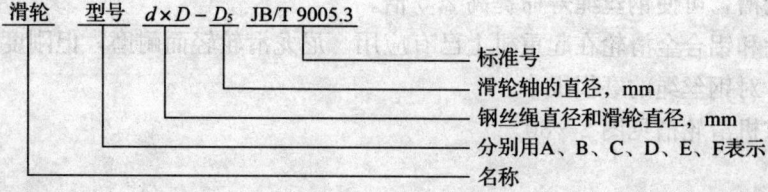

(2) 标记示例

钢丝绳直径 $d=25$ mm，滑轮直径 $D=630$ mm 和滑轮轴的直径 $D_5=90$ mm 的 A 型滑轮，标记为：

滑轮 A25×630−90　JB/T 9005.3

4. 滑轮的技术要求

(1) 铸铁滑轮　有灰铸铁（HT200）滑轮、球墨铸铁（QT 400−18）滑轮。灰铸铁滑轮工艺性能良好，对钢丝绳磨损较小。但由于铸铁脆，滑轮易碎。球墨铸铁滑轮的强度和冲击韧性高，也用于更高级别的机构中。

(2) 铸钢滑轮　一般用 ZG270−500 铸钢制造，有较高的强度和冲击韧性，但工艺性差，由于表面较硬，对钢丝绳磨损严重。多用于 M7、M8 工作级别的机构中。表 2—36 为铸造滑轮材料表。

表 2—36　　　　　　　铸造滑轮材料表（JB/T 9005.10）

零件名称	材　料
滑轮	铸钢应不低于 GB/T 11352 中的 ZG270−500 铸钢
	铸铁应不低于 GB/T 9439 中的 HT 200 灰铸铁
	球墨铸铁应不低于 GB/T 1348 中的 QT 400−18 球铁
内轴套	结构钢应不低于 GB/T 699 中的 45 钢
隔环	结构钢应不低于 GB/T 700 中的 Q235A 钢
	铸铁应不低于 GB/T 9439 中的 HT 250 灰铸铁
挡盖	铸铁应不低于 GB/T 9439 中的 HT 150 灰铸铁
	结构钢应不低于 GB/T 700 中的 Q215A 钢
隔套	结构钢应不低于 GB/T 700 中的 Q235B 钢；铸铁应不低于 GB/T 9439 中的 HT 150 灰铸铁
涨圈	结构钢应不低于 GB/T 699 中的 45 钢
衬套	铜合金应不低于 GB/T 1176 中的 ZCuAl10Fe3 铝青铜

注：对于工作级别较高的起重机（如冶金起重机），不许用铸铁滑轮。

（3）焊接滑轮　对于直径 $D>800\ mm$ 的滑轮多采用焊接滑轮，通常采用 Q235A 材料焊接。这种滑轮与铸钢滑轮相似，但重量轻，仅为铸钢滑轮重量的 1/4 左右。采用新型弹性聚合物作滑轮槽，可使钢丝绳寿命提高 2.5 倍。

尼龙滑轮和铝合金滑轮在起重机上已有应用。尼龙滑轮轻而耐磨，但刚度较低。铝合金滑轮硬度低，对钢丝绳的磨损很小。

汽车起重机滑轮槽见图 2—30。

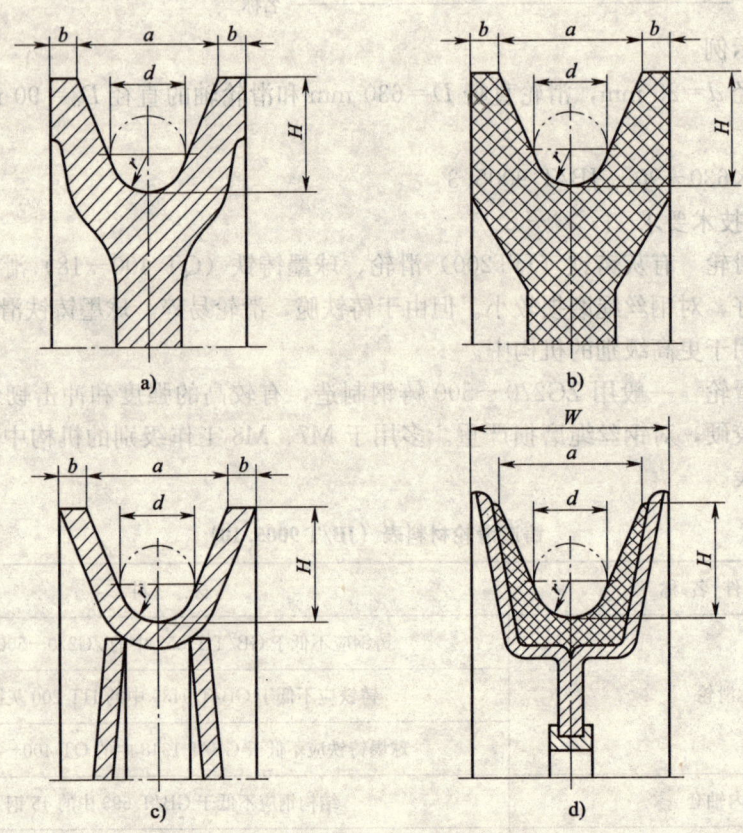

图 2—30　汽车起重机滑轮槽图
a) 铸造滑轮槽　b) MC 尼龙滑轮槽　c) 焊接滑轮槽　d) 双轴板压制滑轮槽

滑轮的直径对钢丝绳的使用寿命有直接的影响，滑轮直径越小，钢丝绳弯曲越严重，钢丝绳损坏也就越快。为了使钢丝绳有一定的使用寿命，就要求滑轮直径与钢丝绳直径有一定的合理的比例，即 $D/d \geqslant h_2$。h_2 值是根据起重机的机构工作级别而定的，见表 2—37。

对于流动臂架式起重机，起升机构 $h_2=18$，变幅和伸缩机构 $h_2=16$。

表 2—38 是滑轮直径的选用系列与相匹配的钢丝绳直径表。

5. 金属铸造滑轮

出现下述情况之一时，应报废：

（1）裂纹；

表 2—37　　　　　　　　　　滑轮和卷筒的 h 值

机构工作级别	滑轮 h_2	卷筒 h_1
M1～M3	16	14
M4	18	16
M5	20	18
M6	22.4	20
M7	25	22.4
M8	28	25

表 2—38　　　　　　铸造滑轮直径与绳径匹配表（JB/T 9005.2）　　　　　　mm

[表格：滑轮直径 D（225、260、280、315、355、400、450、500、560、630、710、800、900、1 000、1 120、1 250、1 400、1 600、1 800、2 000）与钢丝绳直径 d（7~8、>8~9、>9~10、>10~11、>11~12、>12~13、>13~14、>14~15、>15~16、>16~17、>17~18、>18~19、>19~20、>20~21、>21~22、>22~24、>24~25、>25~26、>26~27、>27~28、>28~30、>30~31、>31~32、>32~33、>33~34、>34~35、>35~36、>36~37、>37~39、>39~40、>40~41、>41~43、>43~44、>44~46、>46~48、>48~50、>50~54、>54~56、>56~60）匹配图]

注：在滑轮轴上并列安装2个滑轮时，推荐按阴影区 ▨ 选用；当并列安装4个和4个以上滑轮，以及用于冶金起重机的滑轮时，推荐按阴影区 ▦ 选用。

（2）轮槽不均匀磨损达 3 mm；

（3）轮槽壁厚磨损达原壁厚的 20%；

（4）因磨损使轮槽底部直径减小量达钢丝绳直径的 50%；

（5）其他损害钢丝绳的缺陷。

6. 滑轮直径 D

按钢丝绳中心计算的滑轮最小直径为：

$$D_{min} = h_2 d$$

式中　D_{min}——按钢丝绳中心计算的滑轮直径；

　　　h_2——与机构工作级别有关的系数；

d——钢丝绳直径。

计算后进行圆整取小系列标准值见表2—38。

平衡轮直径,对桥式类型起重机与一般滑轮直径一样,也就是取 $h_平=h_2$;对其他起重机取 $h_平 \geqslant 0.6h_2$;对轻小型起重设备 h_2 值可取 10,但最低不得小于 8。

滑轮绳槽尺寸必须保证钢丝绳顺利通过并不跳槽。绳槽半径 $R \approx (0.53 \sim 0.6)d_绳$。绳槽夹角 $\beta = 35° \sim 40°$ 为宜。

二、滑轮组

由若干个动滑轮和定滑轮组成滑轮组,在起重机上,滑轮组属于省力滑轮组。

图2—31是单联滑轮组,多用于臂架类型起重机。图中滑轮组是省力滑轮组。省力的倍数称为倍率,用 m 表示。

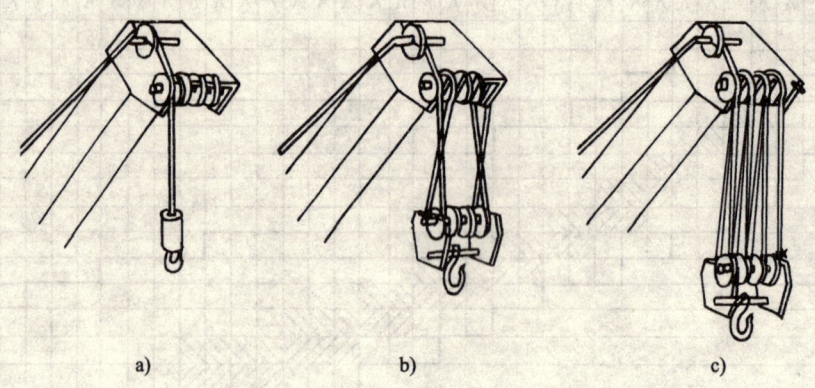

图2—31 单联滑轮组(滑车)示意图
a) $m=1$ b) $m=4$ c) $m=7$

从图2—31中可知倍率数就是支承绳数。

桥式起重机上多用双联滑轮组,双联滑轮组的特点是承载绳分支数为双数,通向卷筒上的钢丝绳为两根(见图2—32)。双联滑轮组有动滑轮、定滑轮和平衡轮。平衡轮只起调整平衡的作用,在平衡轮附近的钢丝绳基本不动。

双联滑轮组的省力倍数,也称为倍率,用 m 表示。

$$m = \frac{Z}{2}$$

式中 Z——支承绳分支总数。

滑轮组的倍率也可以用数动滑轮个数的方法来确定。图2—32中所示的滑轮组倍率为 $m=1,2,3,4,5,6$,也就是卷筒支撑货物的重量为全部,1/2,1/3,1/4,1/5,1/6。省力的倍数就是倍率。

桥式起重机滑轮组的倍率是根据起重量选择的。表2—39是起重量与滑轮组的倍率表。

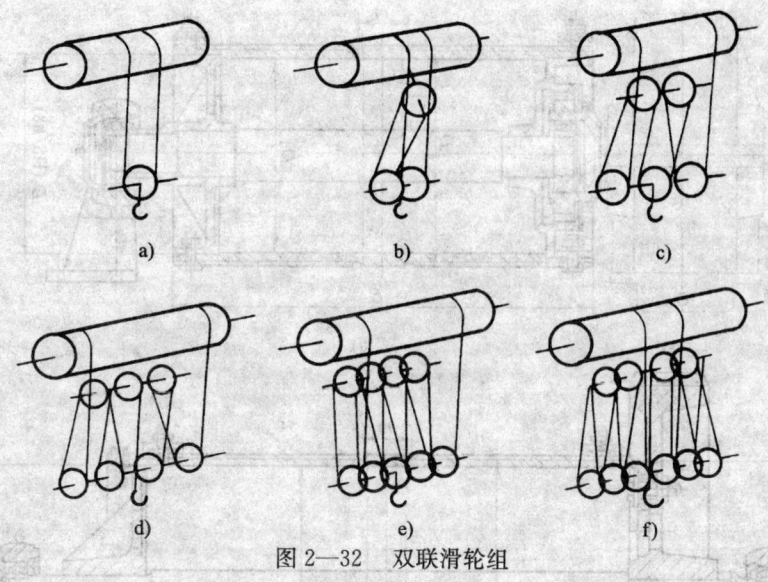

图 2—32 双联滑轮组
a) $m=1$ b) $m=2$ c) $m=3$ d) $m=4$ e) $m=5$ f) $m=6$

表 2—39　　　　　　　　起重量与滑轮组倍率表

起重量（t）	5~10	15~25	30~40
双联滑轮组倍率 m	2	2~3	3~4

由于滑轮转动，要克服一定的摩擦阻力，还有钢丝绳的阻力。所以钢丝绳在穿绕滑轮组时要损耗一部分能量，这部分损耗用滑轮组的效率表示。滑轮组的效率与轴承的种类和滑轮组的倍率有关，表 2—40 是滑轮组的效率表。效率通常用字母 η 表示。

表 2—40　　　　　　　　滑轮组的效率

滑轮组轴承种类	滑轮组倍率 η						
	2	3	4	5	6	8	10
滑动轴承	0.89	0.95	0.93	0.90	0.88	0.84	0.8
滚动轴承	0.99	0.985	0.98	0.97	0.96	0.95	0.92

三、卷筒的安全技术

1. 卷筒的构造与尺寸

（1）卷筒的构造

1) 卷筒可分为铸造卷筒和焊接卷筒。铸造卷筒应采用不低于 HZ200 或 ZG 270—500 的材料制造，并经过时效处理以消除内应力。焊接卷筒应采用不低于 Q235 材料制造，焊接后进行回火热处理以消除内应力。焊接卷筒多用于单件生产的情况。

卷筒组件由卷筒体、连接盘、轴以及轴承支架等构成。

2) 卷筒有长轴卷筒和短轴卷筒。长轴卷筒以有齿轮连接盘结构形式应用较多。

图 2—33 是起重机用铸造卷筒组装结构图。

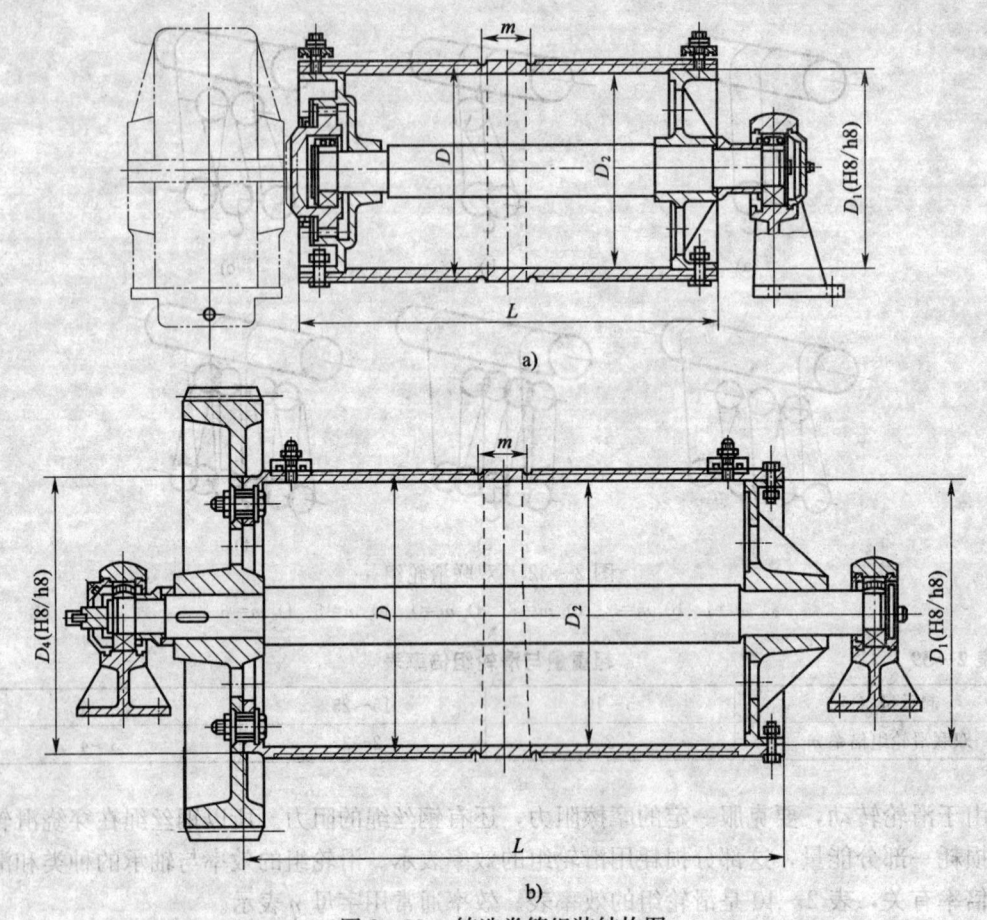

图 2—33 铸造卷筒组装结构图
a) 连接盘式卷筒 b) 周边大齿轮式卷筒

短轴卷筒与减速器输出轴用法兰盘刚性连接。减速器底座通过钢球或圆柱销与小车架连接。这种结构简单，便于调整，安装方便。

此外，还有将行星减速器放在卷筒体内的结构形式。

(2) 卷筒的尺寸

1) 卷筒直径由钢丝绳直径和绕绳量来决定，卷筒的最小直径应满足下式：

$$D_{min} \geqslant h_1 d_{绳}$$

式中 h_1——系数，见表 2—37；
　　　$d_{绳}$——钢丝绳直径。

然后再根据绕绳量，尽可能不使卷筒直径与长度比（D_0/L）小于 1/3，也就是不要使卷筒变得细长。

卷筒绳槽半径 $R = (0.54 \sim 0.6) d_{绳}$

2) 绳槽分为标准槽和深槽两种，其尺寸如图 2—34 所示。

标准槽 $c_1 = (0.25 \sim 0.4) d_{绳}$（mm）

深槽 $c_2 = (0.6 \sim 0.9) d_{绳}$（mm）

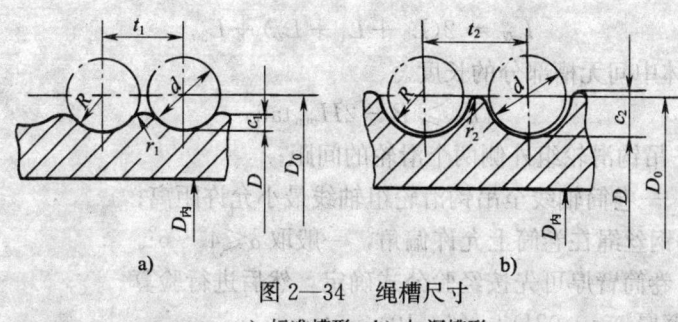

图 2—34 绳槽尺寸
a) 标准槽形 b) 加深槽形

绳槽节距,标准槽节距 $t_1 = d_绳 + (2\sim4)$ mm,深槽节距 $t_2 = d_绳 + (8\sim9)$ mm。

3) 卷筒长度

①单联卷筒长度如图 2—35 所示。

$$L_单 = L_0 + L_1 + 2L_2$$

式中　L_0——有绳槽部分的长度。

$$L_0 = \left(\frac{mH}{\pi D_0} + n_安\right)t$$

式中　H——起升高度;

　　　m——滑轮组倍率;

　　　$n_安$——安全圈数,一般取 $n_安 = 2\sim3$;

　　　L_1——固定绳尾部所需要的长度,一般取

$$L_1 = (2\sim3)t$$

式中　t——绳槽节距。

　　　L_2——两端空余部分。

②双联卷筒长度如图 2—36 所示。

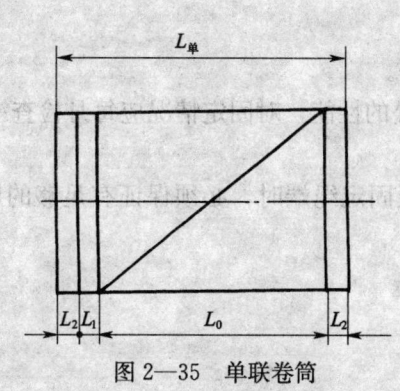

图 2—35 单联卷筒

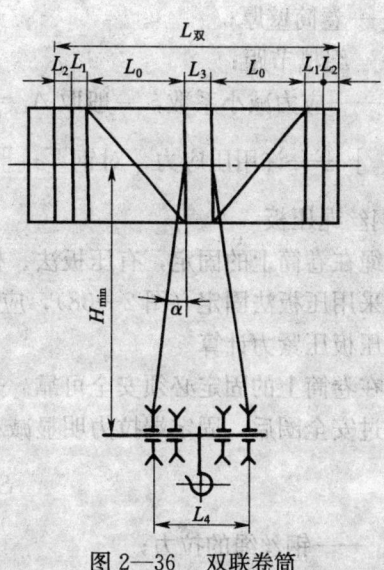

图 2—36 双联卷筒

$$L_{双} = 2(L_0 + L_1 + L_2) + L_3$$

式中 L_3——卷筒体中间无槽部分的长度。

$$L_3 \geqslant B - 2H_{\min}\tan\alpha$$

式中 B——吊钩滑轮组外侧两个滑轮的间距;

$H_{\min}$——卷筒轴线至吊钩滑轮组轴线最小允许距离;

α——钢丝绳在卷筒上允许偏角,一般取 $\alpha \leqslant 4° \sim 6°$。

4) 卷筒臂厚 卷筒臂厚可先按经验公式确定,然后进行验算。

对于铸铁卷筒臂厚 $\delta = 0.02D + (6 \sim 10)$ mm。

对于铸钢卷筒臂厚 $\delta = d_{绳}$。

由于铸造工艺的要求,铸铁卷筒臂厚不宜小于12 mm,铸钢卷筒不宜小于15 mm。

卷筒在钢丝绳的作用下,承受压缩、弯曲和扭转作用。当卷筒长度与直径比小于3时,即 $L \leqslant 3D_0$ 时,弯曲和扭转产生的合成应力不超过压应力的 10%～15%。所以这种情况只需验算压应力。

从卷筒上截取一个绳槽节距的圆环,然后取半环为分离体进行分析。卷筒受力分析图如图 2—37 所示。

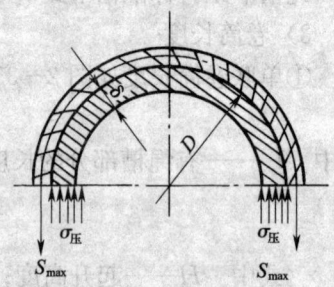

图 2—37 卷筒受力分析图

根据平衡条件:

$$\sigma_{压} \delta t = S_{\max}$$

卷筒压应力为:

$$\sigma_{压} = A_1 \frac{S_{\max}}{\delta t} \leqslant [\sigma_{压}]$$

式中 $S_{\max}$——钢丝绳最大拉力;

δ——卷筒壁厚;

t——绳槽节距;

A_1——应力减小系数,一般取 $A_1 = 0.75$;

$[\sigma_{压}]$——许用压应力,对钢 $[\sigma_{压}] = \dfrac{\sigma_s}{1.55}$;对铸铁 $[\sigma_{压}] = \dfrac{\sigma_b}{4.25}$。

2. 钢丝绳压板

钢丝绳在卷筒上的固定,有压板法、楔块法等。

通常采用压板法固定(图 2—38),应具有防松的性能,对固定情况应每月检查一次。

(1) 压板压紧力计算

绳端在卷筒上的固定必须安全可靠。采用压板固定绳端时,必须保证有足够的压紧力。钢丝绳经过安全圈后,固定端拉力明显减小。

$$S_{固} = \frac{S_{\max}}{e^{\mu\alpha}}$$

式中 $S_{\max}$——钢丝绳的拉力;

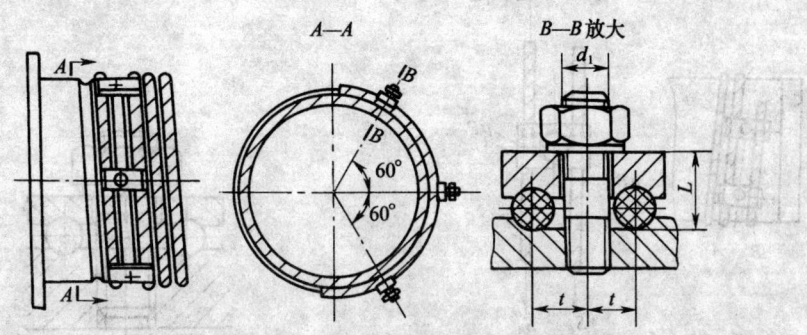

图 2—38　卷筒压板组装图

α——安全圈钢丝绳与卷筒的包角，$\alpha=4\pi$；

μ——钢丝绳与卷筒之间的摩擦系数，$\mu=0.16$；

e——自然对数的底数，e=2.718。

经过计算　$S_{固}=0.134S_{max}$

为把钢丝绳牢固地压在卷筒上，压板螺栓必须有足够的压紧力：

设螺栓的压紧力为 P，$S_{固}$（A 点）经过压板后，绳子的拉力为 $(S_{固}-\mu P)$，图 2—39 所示为压板压紧力的计算图。

经缠绕到 B 点，则有：

$$S_B = (S_{固} - \mu P)\frac{1}{e^{\mu\alpha}}$$

经过两个压板，绳尾拉力应为零：

$$S_B - \mu P = 0$$

$$(S_{固} - \mu P)\frac{1}{e^{\mu\alpha}} - \mu P = 0$$

$$\frac{S_{固}}{e^{\mu\alpha}} - P\left(\frac{\mu}{e^{\mu\alpha}} + \mu\right) = 0$$

则

$$P = \frac{S_{固}}{\mu(e^{\mu\alpha}+1)}$$

若 $\mu=0.16$，$\alpha=2\pi$，则得：$P=1.675S_{固}$。

上式说明采用两个压板时，为保证绳端不松脱，螺栓压力应为 $P=1.675S_{固}=1.675\times 0.134S_{max}=0.224S_{max}$。

（2）螺栓强度验算　螺栓除受拉力外，还受由于上方摩擦力所产生弯矩的作用，其值为 μPl。图 2—40 所示为压板压紧力示意图。

螺栓中的最大应力为：

$$\sigma = \frac{P}{\frac{\pi}{4}d_1^2} + \frac{\mu Pl}{\frac{\pi}{32}d_1^3} \leqslant [\sigma]$$

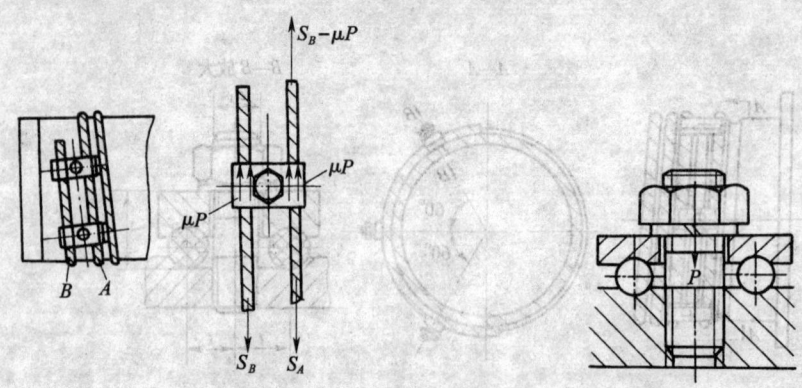

图2—39 压板压紧力计算图　　图2—40 压板压紧力示意图

式中　d_1——螺栓内径；

　　　$[\sigma]$——许用应力，$[\sigma]=\dfrac{\sigma_S}{n}$，安全系数 $n=1.2\sim2.5$；

　　　l——力臂，在此式中 $l=d_{绳}$。

图2—41是起重机卷筒用钢丝绳压板图。

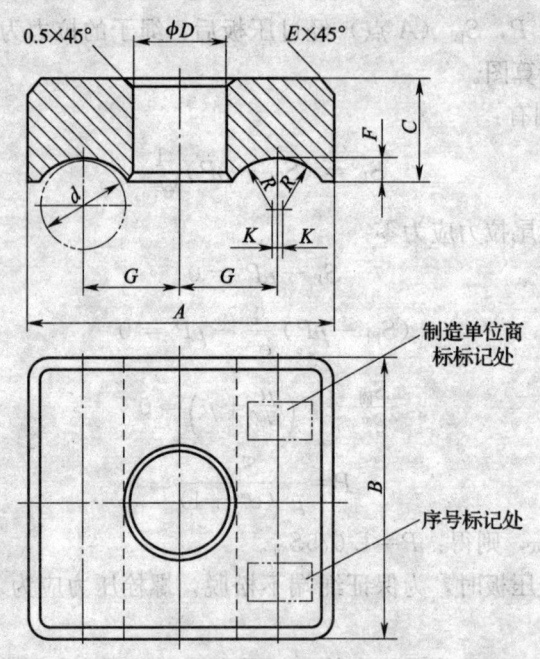

图2—41 起重机卷筒用钢丝绳压板图

表2—41是钢丝绳压板尺寸表。

钢丝绳压板材料应采用不低于 GB/T 700 规定的 Q235-B 钢。压板表面应光滑平整、无毛刺、瑕疵、锐角和表面粗糙不平等缺陷。在压板上应有永久性的字迹清晰的压板序号和供应商名称。

表 2—41　　　　　　　　　钢丝绳压板尺寸表（GB/T 5975）

压板序号	适用钢丝绳公称直径 d(mm)	尺寸（mm）												压板螺栓直径	单件重量（kg）	
		A		B	C	D	E	F	G		K	R			标准槽	深槽
		标准槽	深槽						标准槽	深槽		基本尺寸	极限偏差			
1	6~8	25	29	25	8	9	1	2.0	8.0	10.0	1.0	4.0		M8	0.03	0.04
2	>8~11	35	39	35	12	11	1	3.0	11.5	13.5	1.5	5.5	+0.10	M10	0.10	0.12
3	>11~14	45	51	45	16	15	2	3.5	14.5	17.5	1.5	7.0		M14	0.22	0.25
4	>14~17	55	66	50	18	18	2	4.0	17.5	21.5	1.5	8.5		M16	0.32	0.37
5	>17~20	65	73	60	20	22	3	5.0	21.0	25.0	1.0	10.0	+0.20	M20	0.48	0.55
6	>20~23	75	85	60	20	22	4	6.0	24.5	29.5	1.5	11.5		M20	0.55	0.65
7	>23~26	85	95	70	25	26	4	6.5	28.0	33.0	1.0	13.0		M24	0.91	1.05
8	>26~29	95	105	70	25	30	4	7.0	31.5	36.5	1.0	14.5		M27	0.99	1.12
9	>29~32	105	117	80	30	33	5	8.0	34.5	40.5	1.0	16.0		M30	1.52	1.75
10	>32~35	115	129	90	35	36	6	9.0	38.0	45.0	1.0	17.5		M30	2.23	2.58
11	>35~38	125	141	90	35	40	6	10.0	40.5	48.5	1.5	19.0		M36	2.29	2.69
12	>38~41	135	153	100	40	45	8	11.0	44.0	53.0	1.0	20.5	+0.30	M42	3.17	3.74
13	>41~44	145	163	110	45	45	8	12.0	47.5	56.5	1.5	22.0		M42	3.82	4.44
14	>44~47	155	175	110	50	45	8	13.0	51.5	61.5	1.5	23.5		M42	5.25	6.12
15	>47~52	170	189	125	50	52	10	13.0	56.0	65.0	1.0	26.0		M48	6.69	7.57
16	>52~56	180	—	135	50	52	10	14.0	60.0	—	2.0	28.0		M48	8.10	—
17	>56~60	190	—	145	55	52	10	15.0	64.0	—	2.0	30.0		M48	9.20	—

3. 卷筒的安全检查

（1）卷筒不仅受钢丝绳绳圈的挤压作用，还受钢丝绳引起的弯曲和扭曲作用，而挤压起主要作用。曾发生过由于卷筒产生裂纹，钢丝绳把卷筒压塌陷的事故，所以要检查卷筒不得有裂纹。如有裂纹则应报废。

（2）卷筒轴受弯曲和剪切应力的作用，如发生裂纹要及时报废。否则就有可能发生断轴事故。

（3）卷筒绳槽磨损深度不应超过 2 mm，当超过 2 mm 时，可重新车槽，但卷筒壁厚不应小于原厚度的 80%。

（4）检查轮毂以及其上的连接螺钉，轮毂上不得有裂纹，螺钉要紧固。

（5）钢丝绳在卷筒上不应脱槽跑偏，当钢丝绳相对绳槽偏角过大时，钢丝绳就会与槽边产生摩擦，甚至跳槽，钢丝绳被切断。对于有槽卷筒，钢丝绳相对绳槽的允许偏角为 $\alpha \leqslant 4°\sim 5°$，当 $\alpha > 6°$ 时，钢丝绳就可能跳槽。一般常见的原因是吊钩滑轮组离卷筒的距离过小，这时可作适当的调整。也可能是由于吊钩滑轮组与卷筒安装位置偏斜，或者是由于斜吊货物造成偏斜而使钢丝绳跳槽。

第六节　减速器的安全技术

起重机用减速装置可分为开式齿轮传动方式和减速器方式。开式齿轮传动减速方式大多在低速传动系统中采用，或在减速机之后加一级开式齿轮传动的方式。大多数起重机采用减速器作为减速装置。

减速器按传动类型可分为：圆柱齿轮减速器；蜗杆减速器；行星减速器（摆线针轮减速器）。

一、圆柱齿轮减速器

1. 三支点减速器（JB/T 8905.1）

所谓三支点减速器就是有三个支点 X，Y，Z，优点是可以在一定的偏转角范围内，调整安装位置。安装型式有卧式（字母 W 表示）和立式（字母 L 表示）之分。减速器型号为：QJR，QJS，QJRS，其中 R 型为二级齿轮传动；S 型为三级齿轮传动；RS 型为二、三级结合型齿轮传动。轴端有三种型式，P 型为圆柱形轴伸，平键连接；H 型为圆柱形轴伸，渐开线花键连接；C 型为齿轮轴伸，渐开线花键连接。

（1）型号表示方法

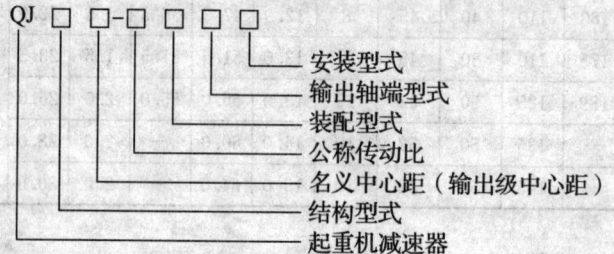

（2）标记示例

起重机减速器三级传动，名义中心距 $a_1=560$ mm，公称传动比为 50，装配型式第Ⅲ种，输出轴端为齿轮轴端，卧式安装，标记为：

减速器 QJS 560-50Ⅲ CW JB/T 8905.1

图 2—42 为减速器结构型式图。图 2—43 为减速器九种装配型式图。QJR 型减速器的公称传动比为 10～31.5；QJS、QJRS 型减速器的公称传动比为 40～200。

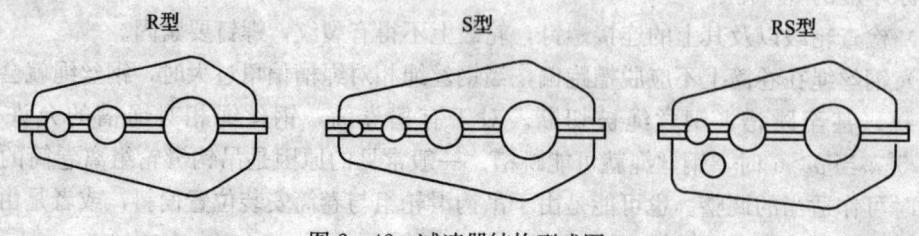

图 2—42　减速器结构型式图

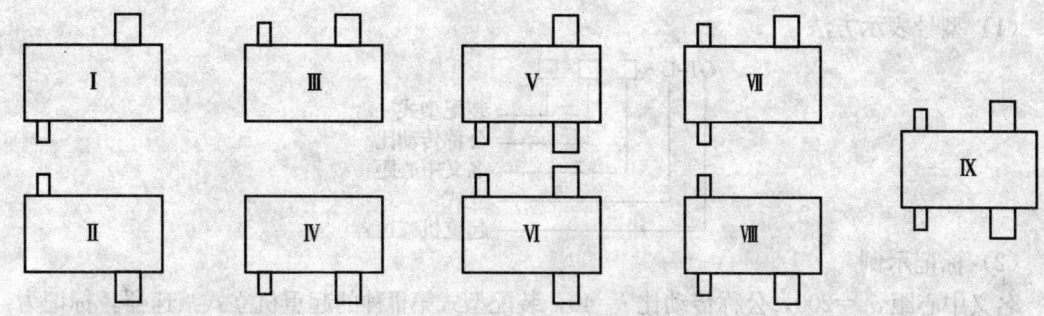

图 2—43 减速器九种装配型式图

QJR、QJS 和 QJRS 三个系列的减速器为斜齿圆柱齿轮减速器,可用于起重机各机构。齿轮圆周速度不大于 16 m/s;高速轴转速不大于 1 000 r/min;可正反两向转动;工作环境温度为 —40~45℃。

2. 起重机用底座式斜圆柱齿轮减速器(JB/T 8905.2)

这种减速器型号为 QJR—D,QJS—D,QJRS—D。共有九种装配型式,三种轴端型式。QJR—D 型减速器(见图 2—44)的公称传动比为 10~31.5;QJS—D,QJRS—D 型减速器的公称传动比为 40~200。这类减速器的齿轮参数和三支点减速器相同。但减速器的箱体带有底座,用底座固定减速器,具有刚性好的优点,适用于原来使用 ZQ 型减速器的起重机。

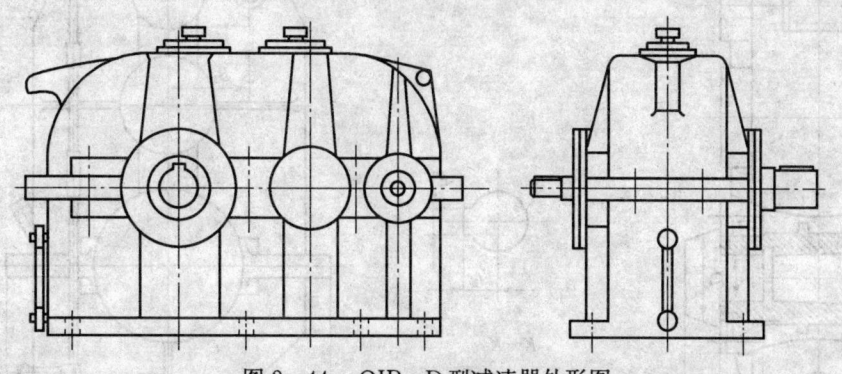

图 2—44 QJR—D 型减速器外形图

3. 起重机用立式斜圆柱齿轮减速器(JB/T 8905.3)

立式减速器的型号为 QJ—L。QJ—L 型立式减速器为三级传动,有六种装配型式。公称传动比为 16~100。图 2—45 为 QJ—L 型立式减速器装配型式图。轴端型式:高速轴和低速轴均采用圆柱形轴伸,平键连接。

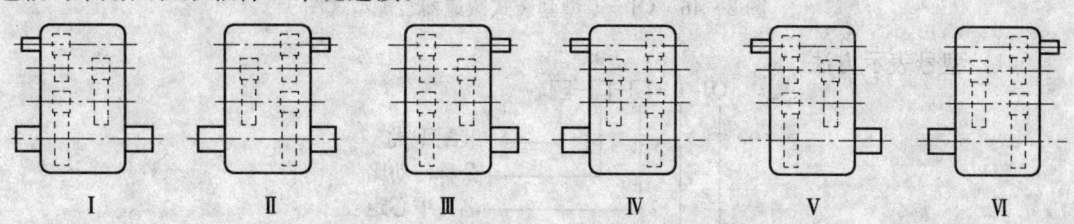

图 2—45 QJ—L 型立式减速器装配型式图

(1) 型号表示方法

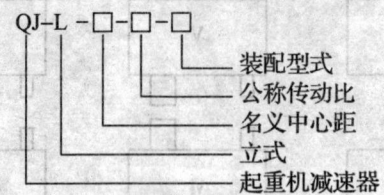

(2) 标记示例

名义中心距 $a_1=200$，公称传动比 $i=40$，装配型式第Ⅲ种的起重机立式减速器，标记为：
减速器 QJ－L200－40Ⅲ JB/T 8905.3

4. 起重机用套装式斜圆柱齿轮减速器（JB 8905.4）

这种减速器型号为 QJ－T。QJ－T 型套装式减速器（图 2—46）为三级传动，有四种装配型式。公称传动比为 16～100。

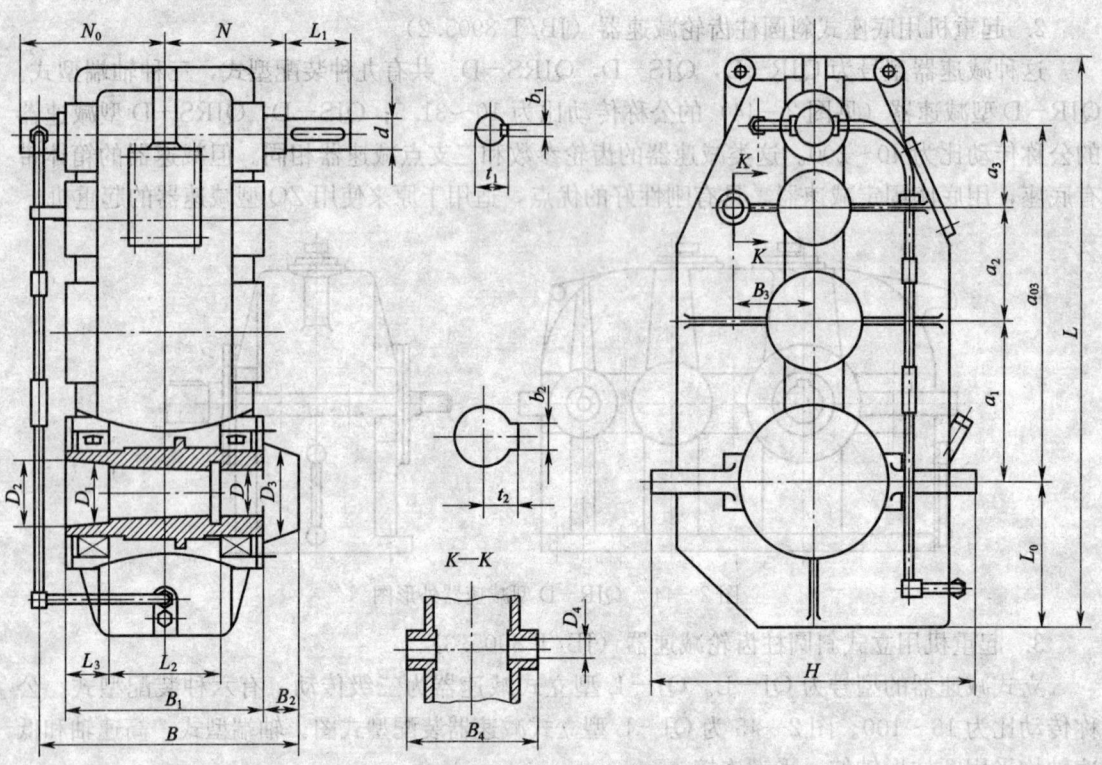

图 2—46 QJ－T 型套装式减速器装配型式图

(1) 型号表示方法

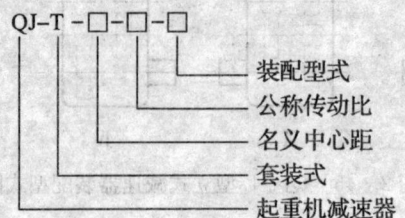

(2) 标记示例

名义中心距 $a_1=200$，公称传动比 $i=40$，装配型式第Ⅲ种的起重机套装式减速器，标记为：减速器 QJ－T200－40Ⅲ JB/T 8905.4

5. 起重机用三合一减速器（JB/T 9003）

QS型三合一减速器采用三级渐开线圆柱齿轮传动、圆弧齿轮和圆锥齿轮传动，配用带制动器的绕线式电动机或带制动器的笼型电动机驱动。其结构型式根据电动机轴线与减速器输出轴线的相对位置，可分为平行轴式和垂直轴式两种。图2—47所示为平行轴式和垂直轴式减速器。

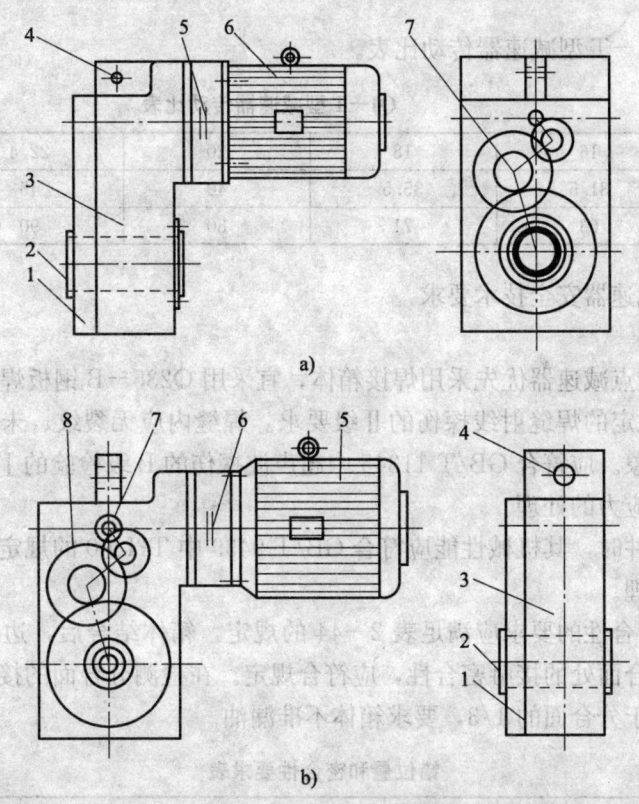

图2—47 QS型减速器

1—箱盖 2—内花键轴 3—箱体 4—力矩支承孔 5—联轴器 6—电动机 7—齿轮（轴）

a) 平行轴式减速器

1—箱盖 2—内花键轴 3—箱体 4—力矩支承孔 5—电动机 6—联轴器 7—圆锥齿轮（轴） 8—齿轮（轴）

b) 垂直轴式减速器

(1) 型号表示方法

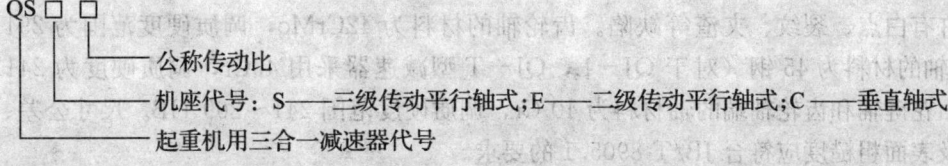

(2) 标记示例

减速器的机座代号为 10（中心距 200 mm），传动比为 25 的标记为：

减速器 QSS10－25 JB/T 9003

表 2—42 是 QJ－T 型减速器机座代号和中心距表。

表 2—42　　　　　　　　QJ－T 型减速器机座代号和中心距表

机座代号	06	08	10	12	16
中心距（mm）	125	160	200	250	315

表 2—43 是 QJ－T 型减速器传动比表。

表 2—43　　　　　　　　QJ－T 型减速器传动比表

14	16	18	20	22.4	25
28	31.5	35.5	40	45	50
56	63	71	80	90	100

6. 圆柱齿轮减速器安全技术要求

(1) 箱体

1) 材料　三支点减速器优先采用焊接箱体，宜采用 Q235－B 钢板焊接。主要焊缝应符合 GB/T 3323 中规定的焊缝射线探伤的Ⅱ级要求。焊缝内应无裂纹、未熔合和未焊透。减速器不许有漏油现象。应符合 GB/T 11345 中超声波探伤的 B 级检验的Ⅰ级的质量要求。焊接后应进行消除内应力的处理。

箱体采用铸铁件时，其机械性能应符合 GB/T 9439 中 TH200 的规定。箱体、箱盖要进行消除内应力的处理。

2) 错位量和密合性的要求应满足表 2—44 的规定，箱体结合后，边缘应平齐，错位量应在允许值内；分合面处的接触密合性，应符合规定。在检测分合面的接触密合性时，塞尺的塞入深度不得大于分合面的 1/3，要求箱体不准漏油。

表 2—44　　　　　　　　错位量和密合性要求表　　　　　　　　mm

箱体总长度	≤600	>600～1 200	>1 200
上箱体与下箱体允许每边错位量	≤3	≤4	≤5
上箱体与下箱体自由结合后的密合性	≤0.05	≤0.1	≤0.15

(2) 齿轮、齿轮轴和轴　不准用铸造齿轮、齿轮轴和轴，应采用锻件。齿轮，齿圈应采用不低于 42CrMo 机械性能的材料，调质硬度范围为 255～291 HB。轮齿部分要进行探伤，不允许有白点、裂纹、夹渣等缺陷。齿轮轴的材料为 42CrMo，调质硬度范围为 291～323 HB。轴的材料为 45 钢（对于 QJ－L，QJ－T 型减速器采用 40Cr，调质硬度为 241～286 HB）。花键轴和齿轮轴端的轴材料为 40 Cr，调质硬度范围 241～269 HB。尺寸公差、位置公差及表面粗糙度应符合 JB/T 8905.1 的要求。

(3) 装配要求　按技术要求涂漆，所有的静结合面均应涂密封胶，装配好的减速器不准渗油。减速器分合面螺栓应不低于 8.8 级，并按要求力矩拧紧，拧紧力矩应符合表 2—45 的规定。齿轮副的接触斑点要求：沿齿高方向不得小于 40%，沿齿长方向不得小于 80%。允许在满载下测量。减速器清洁度不得低于 JB/T 7929 中 K 级规定。

表 2—45　　　　　　　　　　　　　　拧紧力矩表

螺栓直径（mm）	M10	M12	M16	M20	M24	M30	M36
拧紧力矩（N.m）	43.1	74	181	352	618	1 200	2 050

(4) 减速器的润滑　卧式减速器采用油池飞溅润滑，立式减速器采用循环喷油润滑。当环境温度低于 0℃时，应采用加热装置。减速器在空载试验时油温温升不得超过 25℃。负载时，减速器油温温升不得超过 60℃，油池最高油温不得超过 80℃。

(5) 减速器噪声　减速器噪声应符合表 2—46 的规定。中心距大于 500 mm 的减速器的噪声限值可由 JB/T 8905.1 的图 A1 读取。对于三合一减速器（QS 型）的噪声应符合表 2—47 的规定。

表 2—46　　　　　　　　减速器噪声标准表（JB/T 8905.1）

名义中心矩（mm）	≤280	>280~500	>500
噪声 [dB（A）]	80	85	根据传递功率查 JB/T 8905.1 的图 A1 曲线

表 2—47　　　　　　三合一减速器（QS 型）的噪声标准表（JB/T 9003）

机座代号	06	08	10	12	16	20	25
噪声 [dB（A）]	≤80					≤85	

7. 齿轮减速器的安全检验

(1) 出厂检验　每台减速器必须经检验部门检验合格，并附有质量合格证方可出厂。出厂检验包括下列内容：

1) 检验其型式、外形尺寸、油漆及外观质量。

2) 空载试验：在额定转速下，正反方向各运转不少于 1 h。

①检查联结件、紧固件不得松动。

②减速器的清洁度和密封性能应符合标准要求。

③油温温升不得超标。

④接触斑点符合标准要求。

⑤噪声符合标准要求。

(2) 型式试验

1) 负载性能试验。
2) 超载试验。
3) 疲劳寿命试验。
4) 检验项目除空载接触斑点和噪声检验外，包括出厂检验的全部内容。此外还包括下列项目：

①转矩或功率测定。
②效率测定。
③转速与运转时间。
④温升（润滑油与轴承）测量。
⑤噪声与振动测定。
⑥接触斑点。
⑦检验齿轮及其他机件的损坏情况。

减速器应在醒目的位置固定产品标牌，标牌内容包括：

产品名称和型号；额定输出转矩；产品重量；制造厂名称；制造日期；出厂编号。

8. 减速器的高速轴许用功率和输出轴扭矩

选择减速器时要根据机构工件级别、减速器的高速轴许用输入功率、输出轴扭矩、公称传动比和输入轴转速等因素进行选型。

表2—48是QJR型和QJR—D型减速器承载能力（工作级别M5）表。

表2—49是QJS型和QJRS型减速器承载能力（工作级别M5）表。

表2—50是QJ—L型减速器承载能力（工作级别M5）表。

表2—51是QS型减速器承载能力（工作级别M6）表。

表2—52是QS连续工作型减速器承载能力表。

表2—48　QJR型和QJR—D型减速器承载能力（工作级别M5）表

输入轴转速 (r/min)	名义中心距 a_1 (mm)	输出转矩 (N·m)	公称传动比					
			10	12.5	16	20	25	31.5
			高速轴许用功率 (kW)					
600	140	820	5.3	4.3	3.4	2.7	2.1	1.6
	170	1 360	9.0	7.2	5.7	4.5	3.5	2.8
	200	2 650	15.5	12.4	9.7	7.8	6.2	4.9
	236	4 500	26.0	21.0	16.5	13.2	10.5	8.4
	280	7 500	44.0	35	27.0	22.0	17.6	13.9
	335	12 500	73.0	59.0	46.0	37.0	29.0	23.0
	400	21 200	124.0	99.0	78.0	62.0	50.0	39.0

第二章 起重机通用零件和部件的安全技术

续表

输入轴转速 (r/min)	名义中心距 a_1 (mm)	输出转矩 (N·m)	公 称 传 动 比					
			10	12.5	16	20	25	31.5
			高速轴许用功率 (kW)					
600	450	30 000	176.0	141.0	110.0	88.0	70.0	56.0
	500	4 250	249.0	199.0	155.0	124.0	100.0	79.0
	560	60 000	351.0	281.0	220.0	176.0	141.0	112.0
	630	85 000	497.0	398.0	311.0	249.0	199.0	158.0
	710	118 000	691.0	552.0	432.0	345.0	276.0	219.0
	800	170 000	995.0	796.0	622.0	497.0	398.0	316.0
	900	236 000	1 381.0	1 105.0	863.0	691.0	552.0	438.0
	1 000	335 000	1 961.0	1 568.0	1 225.0	980.0	784.0	622.0
750	140	820	6.4	5.2	4.1	3.3	2.6	2.0
	170	1 360	10.7	8.8	7.0	5.7	4.5	3.4
	200	2 650	19.3	15.5	12.1	9.7	7.7	6.1
	226	4 500	33.0	26.0	21.0	16.4	13.1	10.4
	280	7 500	35.0	44.0	34.0	27.0	22.0	17.4
	335	12 500	91.0	73.0	57.0	46.0	36.0	29.0
	400	21 200	155.0	124.0	97.0	77.0	62.0	49.0
	450	30 000	219.0	175.0	137.0	109.0	88.0	69.0
	500	42 500	310.0	248.0	194.0	155.0	124.0	98.0
	560	60 000	437.0	350.0	273.0	219.0	175.0	139.0
	630	85 000	620.0	496.0	387.0	310.0	248.0	197.0
	710	118 000	860.0	688.0	538.0	430.0	344.0	273.0
	800	170 000	1 239.0	991.0	775.0	620.0	496.0	393.0
	900	236 000	1 720.0	1 376.0	1 075.0	860.0	688.0	546.0
	1 000	335 000	2 442.0	1 954.0	1 526.0	1 221.0	977.0	775.0
1 000	140	820	7.9	6.5	5.2	4.2	3.3	2.6
	170	1 360	13.2	10.9	8.7	7.1	5.7	4.4

续表

输入轴转速 (r/min)	名义中心距 a_1 (mm)	输出转矩 (N·m)	公称传动比					
			10	12.5	16	20	25	31.5
			高速轴许用功率 (kW)					
1 000	200	2 650	26.0	21.0	16.2	12.9	10.3	8.2
	236	4 500	44.0	35.0	27.0	22.0	17.6	13.9
	280	7 500	73.0	59.0	46.0	37.0	29.0	23.0
	335	12 500	122.0	98.0	76.0	61.0	49.0	39.0
	400	21 200	207.0	165.0	129.0	103.0	83.0	66.0
	450	30 000	293.0	234.0	183.0	146.0	117.0	93.0
	500	42 500	415.0	332.0	259.0	207.0	166.0	132.0
	560	60 000	585.0	468.0	366.0	293.0	234.0	186.0
	630	85 000	829.0	663.0	518.0	415.0	332.0	263.0
	710	118 000	1 151.0	921.0	719.0	576.0	460.0	365.0
	800	170 000	1 658.0	1 327.0	1 036.0	829.0	663.0	526.0
	900	236 000	2 302.0	1 842.0	1 439.0	1 151.0	921.0	731.0
	1 000	335 000	3 268.0	2 614.0	2 042.0	1 634.0	1 307.0	1 037.0

表 2—49　QJS 型和 QJRS 型减速器承载能力（工作级别 M5）表

输入轴转速 (r/min)	名义中心距 a_1 (mm)	输出转矩 (N·m)	公称传动比							
			40	50	63	80	100	125	160	200
			高速轴许用功率 (kW)							
600	140	820	1.5	1.4	1.0	0.8	0.6	0.5	0.4	0.3
	170	1 360	2.5	2.1	1.6	1.3	1.0	0.8	0.6	0.5
	200	2 650	3.9	3.1	2.5	1.9	1.6	1.2	1.0	0.8
	236	4 500	6.6	5.3	4.2	3.3	2.6	2.1	1.7	1.3
	280	7 500	11.0	8.8	7.0	5.5	4.4	3.5	2.7	2.2
	335	12 500	18.3	14.6	11.6	9.1	7.3	5.9	4.6	3.7
	400	21 200	31.0	25.0	19.7	15.5	12.4	9.9	7.8	6.2
	450	30 000	44.0	35.0	28.0	22.0	17.6	14.1	11.0	8.8
	500	42 500	62.0	50.0	40.0	31.0	25.0	19.9	15.6	12.4
	560	60 000	88.0	70.0	56.0	44.0	35.0	28.0	22.0	17.6
	630	85 000	124.0	100.0	79.0	62.0	50.0	40.0	31.0	25.0
	710	118 000	173.0	138.0	110.0	86.0	69.0	55.0	43.0	35.0
	800	170 000	249.0	199.0	158.0	124.0	100.0	80.0	62.0	50.0

第二章 起重机通用零件和部件的安全技术

续表

输入轴转速 (r/min)	名义中心距 a_1 (mm)	输出转矩 (N·m)	公称传动比							
			40	50	63	80	100	125	160	200
			高速轴许用功率 (kW)							
600	900	236 000	345.0	276.0	219.0	173.0	138.0	111.0	86.0	69.0
	1 000	335 000	490.0	392.0	311.0	245.0	196.0	157.0	123.0	98.0
750	140	820	1.8	1.5	1.2	1.0	0.8	0.6	0.5	0.4
	170	1 360	3.1	2.6	2.0	1.6	1.3	1.0	0.8	0.6
	200	2 650	4.8	3.9	3.1	2.4	1.9	1.6	1.2	1.0
	236	4 500	8.2	6.6	5.2	4.1	3.3	2.6	2.1	1.6
	280	7 500	13.7	10.9	8.7	6.8	5.5	4.4	3.4	2.7
	335	12 500	23.0	18.2	14.5	11.4	9.1	7.3	5.7	4.6
	400	21 200	39.0	31.0	25.0	19.3	15.5	12.4	9.7	7.7
	450	30 000	55.0	44.0	35.0	27.0	22.0	17.5	13.7	10.9
	500	42 500	78.0	62.0	49.0	39.0	31.0	25.0	19.4	15.5
	560	60 000	109.0	88.0	69.0	55.0	44.0	35.0	27.0	22.0
	630	85 000	155.0	124.0	98.0	78.0	62.0	50.0	39.0	21.0
	710	118 000	215.0	172.0	137.0	108.0	86.0	69.0	54.0	43.0
	800	170 000	310.0	248.0	197.0	155.0	124.0	99.0	78.0	62.0
	900	236 000	430.0	344.0	273.0	215.0	172.0	138.0	108.0	86.0
	1 000	335 000	611.0	488.0	388.0	305.0	244.0	195.0	153.0	122.0
1 000	140	820	2.3	1.9	1.5	1.2	1.0	0.8	0.6	0.5
	170	1 360	3.9	3.2	2.6	2.1	1.7	1.3	1.0	0.8
	200	2 650	6.5	5.2	4.1	3.2	2.6	2.1	1.6	1.3
	236	4 500	11.0	8.8	7.0	5.5	4.4	3.5	2.7	2.2
	280	7 500	18.3	14.6	11.6	9.1	7.3	5.9	4.6	3.7
	335	12 500	31.0	24.0	19.4	15.2	12.2	9.8	7.6	6.1
	400	21 200	52.0	41.0	33.0	26.0	21.0	16.5	12.9	10.3
	450	30 000	73.0	59.0	47.0	37.0	29.0	23.0	18.3	14.6
	500	42 500	104.0	83.0	66.0	52.0	42.0	33.0	26.0	21.0
	560	60 000	146.0	117.0	93.0	73.0	59.0	47.0	37.0	29.0
	630	85 000	207.0	166.0	132.0	104.0	83.0	66.0	52.0	42.0
	710	118 000	288.0	230.0	183.0	144.0	115.0	92.0	72.0	58.0
	800	170 000	415.0	332.0	263.0	207.0	166.0	133.0	104.0	83.0
	900	236 000	576.0	460.0	365.0	288.0	230.0	184.0	144.0	115.0
	1 000	335 000	817.0	654.0	519.0	408.0	327.0	261.0	204.0	163.0

表 2—50　QJ—L型减速器承载能力（工作级别 M5）表

输入轴转速 (r/min)	名义中心距 a_1 (mm)	输出转矩 (N·m)	公称传动比																	
			16.0	18.0	20.0	22.4	25.0	28.0	31.5	35.5	40.0	45.0	50.0	56.0	63.0	71.0	80.0	90.0	100.0
			高速轴许用功率 (kW)																	
600	140	820	3.1	2.7	2.5	2.2	2.0	1.8	1.6	1.4	1.1	1.1	0.98	0.87	0.78	0.69	0.61	0.54	0.52
	170	1 360	5.1	4.5	4.1	3.6	3.3	2.9	2.6	2.3	1.8	1.8	1.6	1.5	1.3	1.1	1.0	0.90	0.81
	200	2 650	9.9	8.8	7.9	7.1	6.3	5.7	5.0	4.5	4.0	3.5	3.2	2.8	2.5	2.2	2.0	1.8	1.6
	236	4 500	16.7	14.9	13.4	11.9	10.7	9.5	8.5	7.5	6.7	5.9	5.3	4.8	4.2	3.7	3.3	2.9	2.6
	280	7 500	27.9	24.8	22.3	19.9	17.9	15.9	14.2	12.6	11.1	9.9	8.9	7.9	7.1	6.3	5.6	4.9	4.4
	335	12 500	46.6	41.4	37.3	33.3	29.8	26.6	23.6	21.0	18.6	16.5	14.9	13.3	11.8	10.5	9.3	8.2	7.4
	400	21 200	79.0	70.3	63.2	56.4	50.6	45.2	40.1	35.6	31.6	28.1	25.3	22.6	20.0	17.8	15.8	14.0	12.6
750	140	820	3.8	3.4	3.1	2.7	2.4	2.2	1.9	1.7	1.5	1.4	1.2	1.1	0.97	0.86	0.76	0.68	0.61
	170	1 360	6.3	5.6	5.1	4.5	4.0	3.6	3.2	2.9	2.5	2.3	2.0	1.8	1.6	1.4	1.3	1.1	1.0
	200	2 650	12.3	11.0	9.9	8.8	7.9	7.0	6.3	5.6	4.9	4.1	3.9	3.5	3.1	2.8	2.5	2.2	2.0
	236	4 500	20.9	18.5	16.7	14.9	13.3	11.9	10.6	9.4	8.3	7.4	6.6	5.9	5.3	4.7	4.1	3.7	3.3
	280	7 500	34.8	30.9	27.8	24.9	22.3	19.9	17.7	15.7	13.9	12.3	11.1	9.9	8.8	7.8	6.9	6.2	5.5
	335	12 500	58.0	51.6	46.4	41.4	37.1	33.1	29.5	26.1	23.2	20.6	18.5	16.6	14.7	13.0	11.6	10.3	9.2
	400	21 200	98.5	87.5	78.8	70.3	63.0	56.3	50.0	44.4	39.4	35.0	31.5	28.1	25.0	22.2	19.7	17.5	15.7
1 000	140	820	5.1	4.5	4.1	3.6	3.3	2.9	2.6	2.3	2.0	1.8	1.6	1.5	1.3	1.2	1.0	0.91	0.82
	170	1 360	8.5	7.5	6.8	6.0	5.4	4.8	4.3	3.8	3.4	3.0	2.7	2.4	2.2	1.9	1.7	1.5	1.4
	200	2 650	16.5	14.7	13.2	11.8	10.6	9.4	8.4	7.4	6.6	5.9	5.3	4.7	4.2	3.7	3.3	2.9	2.6
	236	4 500	28.0	24.8	22.3	19.9	17.9	15.9	14.2	12.6	11.1	9.9	8.9	7.9	7.1	6.3	5.6	4.9	4.4
	280	7 500	46.6	41.4	37.3	33.3	29.8	26.6	23.6	21.0	18.6	16.5	14.9	13.3	11.8	10.5	9.3	8.2	7.4
	335	12 500	77.7	69.0	62.1	55.5	49.7	44.4	39.4	35.0	31.0	27.4	24.8	22.2	19.7	17.5	15.5	13.8	12.4
	400	21 200	131.8	117.1	105.4	94.1	84.3	75.3	66.9	59.4	52.7	46.8	42.1	37.6	33.4	29.7	26.3	23.4	21.0
1 500	140	820	7.5	6.7	6.0	5.4	4.8	4.3	3.8	3.4	3.0	2.7	2.4	2.3	2.1	1.8	1.6	1.4	1.2
	170	1 360	12.5	11.1	10.0	8.9	8.0	7.1	6.3	5.6	5.0	4.4	4.0	3.8	3.4	3.0	2.6	2.4	2.1
	200	2 650	24.3	21.6	19.4	17.3	15.5	13.9	12.3	10.9	9.7	8.6	7.8	7.0	6.6	5.8	5.2	4.6	4.2
	236	4 500	41.2	36.6	32.9	29.4	26.3	23.5	20.9	18.5	16.4	14.6	13.2	11.7	10.4	9.2	8.2	7.3	6.6
	280	7 500	68.7	61.0	54.9	49.0	43.9	39.2	34.9	30.9	27.4	24.4	21.9	19.6	17.4	15.4	13.7	12.2	11.0
	335	12 500	114.5	101.8	91.6	81.8	73.3	65.4	58.1	51.6	45.8	40.7	36.6	32.7	29.0	25.8	22.9	20.3	18.3
	400	21 200	194.2	172.6	155.4	138.7	124.3	111.0	98.6	87.5	77.7	69.0	62.1	55.5	49.3	43.7	38.8	34.5	31.0

表 2—51 QS 型减速器承载能力（工作级别 M6）表

机座代号	中心距 (mm)	公称传动比 功率、扭矩	14	16	18	20	22.4	25	28	31.5	35.5	40	45	50	56	63	71	80	90	100
06	125	输入轴许用功率 (kW)	4.473	3.967	3.586	3.330	3.061	2.708	2.422	2.134	1.831	1.694	1.516	1.304	1.264	1.080	0.970	0.766	0.690	0.647
		输出扭矩 (N·m)	418	438	444	442	454	455	462	458	447	452	459	437	470	457	470	426	429	436
08	160	输入轴许用功率 (kW)	6.220	5.793	5.575	5.132	4.906	4.448	4.215	3.981	3.744	3.211	3.046	2.568	2.274	2.017	1.897	1.551	1.450	1.248
		输出扭矩 (N·m)	609	655	699	708	753	756	801	844	892	860	918	879	887	891	899	848	908	842
10	200	输入轴许用功率 (kW)	12.141	11.322	10.480	10.051	9.176	8.731	7.825	7.825	6.902	6.211	5.353	5.065	4.316	3.923	3.641	3.036	2.827	2.500
		输出扭矩 (N·m)	1145	1225	1307	1383	1391	1468	1461	1624	1687	1702	1650	1776	1695	1650	1722	1644	1749	1653
12	250	输入轴许用功率 (kW)	31.937	29.857	28.313	25.387	22.821	21.582	19.250	17.905	15.292	13.477	12.050	10.847	9.435	8.421	7.948	6.721	5.621	5.19
		输出扭矩 (N·m)	2980	3295	3482	3514	3573	3602	3598	3803	3707	3775	3645	3703	3647	3667	3696	3548	3386	3507
16	315	输入轴许用功率 (kW)	54.710	48.439	45.267	42.088	38.914	34.975	30.314	27.475	25.824	22.953	19.854	19.558	16.301	15.133	12.965	10.989	9.215	8.603
		输出扭矩 (N·m)	5288	5254	5503	5751	5973	6062	5955	6112	6165	6269	6117	6174	6275	6340	6168	5967	5742	5795

注：输入轴转速为 1 400 r/min，工作级别为 M6。

表 2—52　QS 连续工作型减速器承载能力表

机座代号	中心距 (mm)	功率、扭矩 \ 公称传动比	14	16	18	20	22.4	25	28	31.5	35.5	40	45	50	56	63	71	80	90	100
06	125	输入轴许用功率 (kW)	3.17	2.78	2.49	2.29	2.08	1.82	1.62	1.41	1.19	1.10	0.97	0.83	0.80	0.67	0.60	0.47	0.42	0.39
		输出扭矩 (N·m)	296	307	308	305	309	306	309	302	291	294	293	277	296	283	289	260	259	262
08	160	输入轴许用功率 (kW)	4.39	4.06	3.85	3.50	3.32	2.99	2.81	2.60	2.45	2.07	1.94	1.63	1.43	1.26	1.18	0.95	0.88	0.75
		输出扭矩 (N·m)	430	459	482	483	510	509	533	552	583	555	586	556	558	557	557	522	550	506
10	200	输入轴许用功率 (kW)	8.63	7.91	7.29	6.96	6.28	5.89	5.26	5.19	4.55	4.04	3.44	3.21	2.71	2.43	2.24	1.85	1.70	1.49
		输出扭矩 (N·m)	814	856	910	967	951	991	982	1 077	1 112	1 106	1 059	1 124	1 064	1 023	1 059	1 004	1 053	985
12	250	输入轴许用功率 (kW)	23.28	21.50	20.07	17.82	15.84	15.18	13.05	11.53	10.18	8.88	7.83	7.00	6.01	5.32	4.95	4.13	3.89	3.13
		输出扭矩 (N·m)	2 172	2 372	2 469	2 467	2 480	2 471	2 439	2 548	2 469	2 488	2 369	2 388	2 323	2 318	2 303	2 178	2 065	2 118
16	315	输入轴许用功率 (kW)	33.90	34.05	31.46	28.91	23.68	23.57	20.31	18.16	16.99	15.10	12.91	12.06	10.43	9.56	8.08	6.85	5.74	5.24
		输出扭矩 (N·m)	3 760	3 694	3 825	3 951	4 050	4 086	3 990	4 040	4 057	4 125	3 976	4 013	4 016	4 007	3 843	3 717	3 577	3 529

注：输入轴转速为 1 400 r/min，连续工作型。

二、蜗杆减速器

1. 蜗杆减速器的特点和分类

蜗杆减速器的特点是单级传动，可以获得比较大的传动比；传动平稳，噪声小；结构紧凑，传动可以自锁。少头数的蜗杆传动效率比较低；常常需要用具有减摩性能的金属制造。

蜗杆传动按蜗杆的形状可分为：圆柱蜗杆传动、环面蜗杆传动。圆柱蜗杆传动包括圆弧圆柱蜗杆传动和普通圆柱蜗杆传动。

(1) 圆柱蜗杆传动

1) 渐开线圆柱蜗杆传动（ZI 型）。
2) 法向直廓圆柱蜗杆传动（延伸渐开线蜗杆）（ZN 型）。
3) 锥面包络圆柱蜗杆传动（ZK）型。
4) 阿基米得圆柱蜗杆传动（ZA 型）。
5) 双圆弧圆柱蜗杆传动（SH）型。

(2) 环面蜗杆传动

1) 平面一次包络环面蜗杆传动（TVP 型）。
2) 平面二次包络环面蜗杆传动（TOP 型）。
3) 直廓环面蜗杆传动（TSC 型）。

蜗杆减速器有单级传动、两级传动，根据蜗杆位置可分为上置式、下置式和侧置式减速器，见表 2—53。

表 2—53　　　　　　　　　　　　　按蜗杆的位置的分类表

级　　数	传动简图	推荐传动比范围	特点及应用
单级	蜗杆下置式	$i=8\sim80$；传递功率较大时，$i\leqslant30$	蜗杆在蜗轮下边，啮合处冷却和润滑都较好，蜗杆轴承润滑也方便；但当蜗杆圆周速度太大时，搅油损耗较大。一般用于蜗杆圆周速度 $v<5$ m/s
	蜗杆上置式		蜗杆在蜗轮上边，装卸方便，蜗杆圆周速度可高些，而且金属屑等杂物掉入啮合处机会少。当蜗杆圆周速度 $v>4\sim5$ m/s 时，最好采用此型式
	蜗杆侧置式		蜗杆在旁边，且蜗轮轴是垂直的，一般用于水平旋转机构的传动（如回转起重机）

2. 圆弧圆柱蜗杆减速器

(1) 圆弧圆柱蜗杆减速器的特点

1) 圆弧圆柱蜗杆减速器与普通圆柱蜗杆减速器相比较，具有结构紧凑、体积小、重量轻的优点。蜗杆齿廓为 ZC_1 的蜗杆减速器有圆弧圆柱蜗杆减速器、轴装式圆弧圆柱蜗杆减速器、立式圆弧圆柱蜗杆减速器、ZC_1 型双级蜗杆及齿轮—蜗杆减速器。

2）CW 型圆弧圆柱蜗杆减速器 (JB/T 7935) 采用渗碳、淬火及磨削的 ZC_1 蜗杆传动，承载能力大、传动效率较高、寿命长。适用于矿山、起重、运输、化工、建筑、建材、能源、轻工等行业，是应用范围广泛的通用减速器。

(2) 工作条件　蜗杆转速不超过 1 500 r/min；工作环境温度为 $-40\sim40$℃。当工作环境温度低于 0℃时，启动前润滑油必须加热到 0℃以上，或者采用低凝固点润滑油；当工作温度高于 40℃时，必须采取冷却措施；减速器可正、反向运转。

(3) 型号与标记

1）型号

CW 型—蜗杆齿廓为 ZC_1 的圆弧圆柱蜗杆减速器。

2）标记

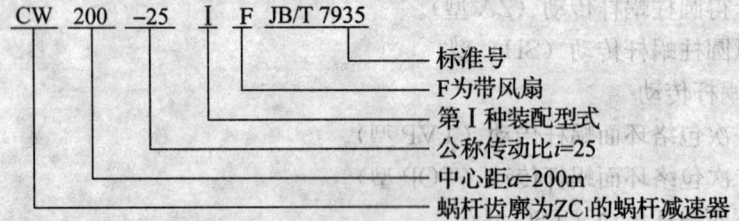

标记示例：CW 200－25－IF JB/T 7935

说明：蜗杆齿廓为 ZC_1 的蜗杆减速器，中心距 $a=200$ mm，公称传动比 $i=25$，第 I 种装配型式，带风扇 (F) 的圆弧圆柱蜗杆减速器。

圆弧圆柱蜗杆减速器有 10 种装配型式 (图 2—48) 和 12 种传动比：5，6.3，8，10，12.5，16，20，25，31.5，40，50，63。

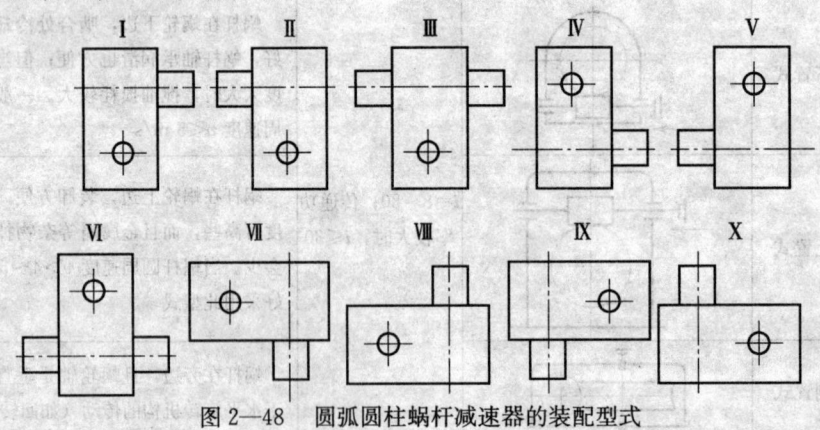

图 2—48　圆弧圆柱蜗杆减速器的装配型式

中心距：63，80，100，125，140，160，180，200，225，250，280，315，355，400 mm 14 个等级。

(4) 技术要求

1）机体和端盖　机体采用铸铁件，材料力学性能不低于 GB/T 9439 中的 HT200，并应进行时效（或退火）处理。轴承孔的圆柱度，同轴度，轴承孔端面与轴线的垂直度，轴承孔轴线的垂直度均应符合技术条件的要求。中心距极限偏差应在允许范围。机体不得渗漏油液。

2）蜗杆、蜗轮和蜗轮轴　蜗杆采用 S16MnCr 锻件，蜗轮轮缘材料采用锡青铜 ZQSn12-2，蜗轮轴采用 45 钢，调质硬度 217～255 HB。

3）装配要求　蜗杆副最小法向偏差、输入轴与输出轴（蜗杆轴和蜗轮轴）的轴向间隙应满足标准要求。空载试验后，检验蜗轮齿的接触斑点，要求沿齿长应不小于 50%，沿齿高应不小于 55%。机体和端盖未加工面和蜗轮轮毂的未加工面涂漆。减速器的腔内的清洁度应符合要求。减速器不应渗漏。减速器的噪声应控制在 70～75 dB（A）范围内，根据中心距的大小有所不同。中心距大者，允许值高些。$a \geqslant 63～100$ mm 时，≤70 dB（A）；$a \geqslant 125～180$ mm 时，≤73 dB（A）；$a \geqslant 200～400$ mm 时，≤75 dB（A）。

4）润滑　蜗杆蜗轮啮合副应采用专用润滑油，轴承采用飞溅润滑。减速器油池温升不应超过 80℃，油池温度不得超过 100℃。

(5) 圆弧圆柱蜗杆减速器的检验规则　圆弧圆柱蜗杆减速器的检验包括出厂检验和型式检验。表 2—54 是检验项目表。

表 2—54　　　　　　　　　　圆弧圆柱蜗杆减速器的检验

检 验 项 目	检 验 类 别	
	出 厂 检 验	型 式 检 验
基本参数	—	+
结构尺寸	+	+
主要零部件精度	+	+
装配精度	+	+
主要零件材料	+	+
空载、跑合试验	+	+
性能试验	—	+
疲劳性能试验	—	+

注："+"为必检项目，"—"为免检项目。

表 2—55 是圆弧圆柱蜗杆减速器的额定输入功率 P_1 及额定输出转矩 T_2 表。

3. 锥面包络圆柱蜗杆减速器（JB/T 5559）

(1) 锥面包络圆柱蜗杆减速器特点　这类减速器主要用于冶金、矿山、起重机、运输机、化工、建筑等机械。

1）减速器的代号和标记方法

①减速器的代号包括：型号、中心距、公称传动比、装配型式。

减速器的型号有三种：

KWU：蜗杆在蜗轮之下的锥面包络圆柱蜗杆减速器；

KWS：蜗杆在蜗轮之侧的锥面包络圆柱蜗杆减速器；

KWO：蜗杆在蜗轮之上的锥面包络圆柱蜗杆减速器。

符号含义：

K——表示蜗杆齿廓为 K 型的蜗杆减速器；

W——表示蜗杆减速器；

U、S、O——分别表示蜗杆在蜗轮子之下、之侧、之上。

②标记方法

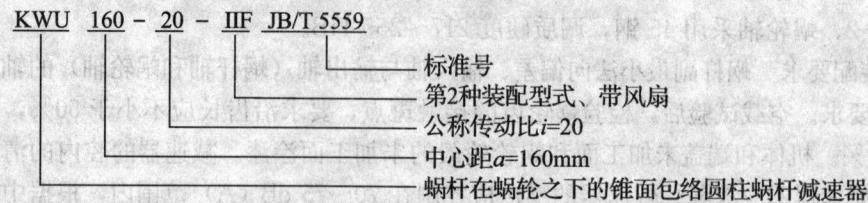

型号示例：KWU 160—20—IIF JB/T 5559

说明：KWU——表示蜗杆齿廓为 K 型，蜗杆在蜗轮之下的蜗杆减速器；中心距 $a=160\,mm$，公称传动比 $i=20$，第 2 种装配型式，带风扇（F）。

2) 锥面包络圆柱蜗杆减速器装配型式　KWU 型有 5 种装配型式（图 2—49），其中 3 种为带风扇（F）的；KWS 型有 8 种装配型式（图 2—50），其中 4 种为带风扇（F）的；KWO 型有 5 种装配型式（图 2—51），其中 3 种为带风扇（F）的。10 种传动比分别为：7.5，10，12.5，15，20，25，30，40，50，60。

有 12 种规格中心距：32，40，50，63，80，100，125，160，180，200，225，250 mm。

KWU型锥面包络圆柱蜗杆减速器实体模型

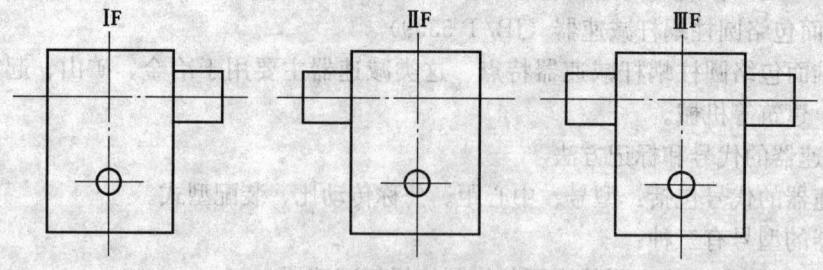

图 2—49　KWU 蜗杆减速器的装配型式图

(2) 技术要求

1) 机体和端盖　机体采用铸铁件，材料的力学性能不低于 GB/T 9439 中的 HT200，并应进行时效（或退火）处理。机体和端盖不得有夹渣、缩孔、疏松、裂纹等铸造缺陷。轴承孔的圆柱度、同轴度、轴承孔端面与轴线的垂直度、轴承孔轴线的垂直度均应符合技术条件的要求。中心距极限偏差应在允许范围。机体不得渗漏油液。

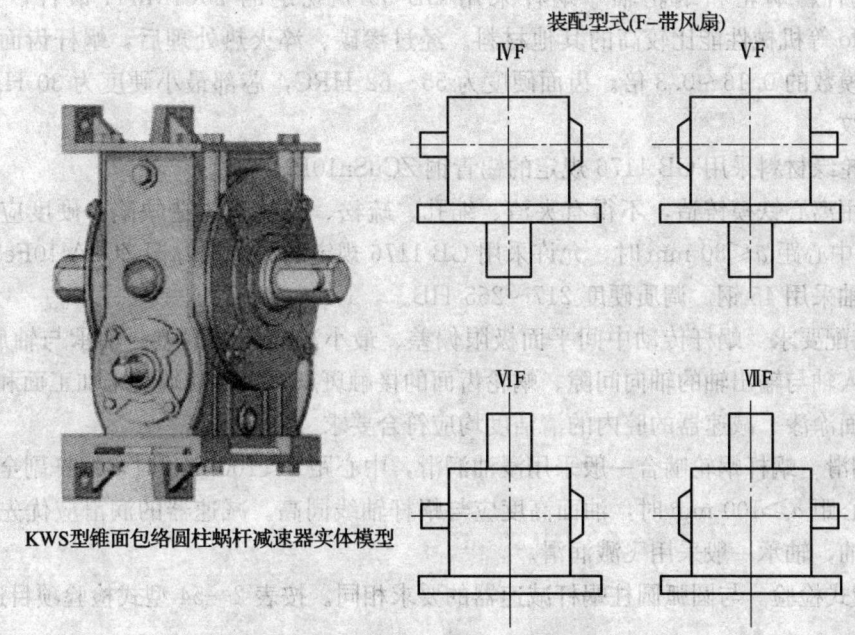

图 2—50　KWS 蜗杆减速器的装配型式图

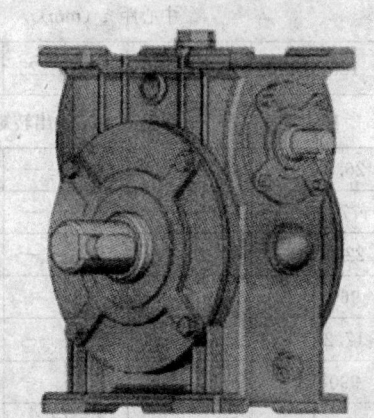

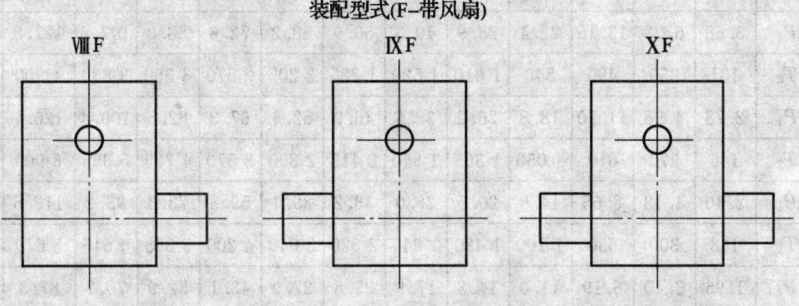

图 2—51　KWO 蜗杆减速器的装配型式图

2) 蜗杆、蜗轮和蜗轮轴　蜗杆采用 GB 3077 规定的 20CrMnTi 锻件，也可采用 20CrMnMo 等机械性能比较高的其他材料。经过渗碳、淬火热处理后，蜗杆齿面的有效硬度层应为模数的 0.16～0.3 倍。齿面硬度为 55～62 HRC，芯部最小硬度为 30 HRC。并且不得有裂纹。

蜗轮轮缘材料采用 GB 1176 规定的锡青铜 ZCuSn10P1。

铸件用离心铁模铸造，不得有夹渣、缩孔、疏松、裂纹等铸造缺陷。硬度应大于等于 90 HB。当中心距 $a \leq 80$ mm 时，允许采用 GB 1176 规定的铸造铝青铜 ZCuAl10Fe3。

蜗轮轴采用 45 钢。调质硬度 217～255 HB。

3) 装配要求　蜗杆传动中间平面极限偏差、最小法向侧隙偏差、轴承与轴肩的间隙、减速器输入轴与输出轴的轴向间隙、蜗轮齿面的接触斑点、机体和端盖未加工面和蜗轮轮毂的未加工面涂漆、减速器的腔内的清洁度均应符合要求。

4) 润滑　蜗杆蜗轮啮合一般采用浸油润滑，中心距 $a < 100$ mm 时，蜗杆副全部浸入油中；当中心距 $a \geq 100$ mm 时，油面高度应与蜗杆轴线同高。减速器的润滑应优先采用蜗轮蜗杆润滑油，轴承一般采用飞溅润滑。

5) 型式检验　与圆弧圆柱蜗杆减速器的要求相同。按表 2—54 型式检验项目进行。

表 2—55　圆弧圆柱蜗杆减速器的额定输入功率 P_1 及额定输出转矩 T_2

公称传动比 i	输入转速 n_1 (r/min)	功率转矩代号	中心距 a (mm)												
			63	80	100	125	140	160	180	200	225	250	280	315	355	400
			额定输入功率 P_1 (kW)　额定输出转矩 T_2 (N·m)													
5	1 500	P_1	4.03	7.35	15.75	26.5	—	46.9	—	68.1	—	103.4	—	149.0	—	197.0
		T_2	123	207	450	770	—	1 365	—	1 995	—	3 050	—	4 410	—	6 300
	1 000	P_1	3.44	5.60	12.60	22.4	—	37.4	—	56.4	—	96.4	—	142.5	—	203.3
		T_2	141	235	540	965	—	1 630	—	2 470	—	4 250	—	6 300	—	9 030
	750	P_1	2.96	4.83	9.88	17.2	—	29.1	—	45.2	—	82.5	—	132.7	—	195.2
		T_2	162	270	560	990	—	1 680	—	2 625	—	4 830	—	7 770	—	11 550
	500	P_1	2.44	3.88	7.14	12.2	—	20.8	—	32.8	—	59.0	—	109.4	—	177.9
		T_2	198	322	600	1 040	—	1 785	—	2 835	—	5 145	—	9 600	—	15 750
6.3	1 500	P_1	3.68	6.33	13.15	22.4	28.9	40.3	50.9	58.2	72.6	88.0	107.6	127.8	158.0	193.6
		T_2	131	230	490	840	1 010	1 520	1 785	2 205	2 570	3 360	3 830	4 900	5 640	7 875
	1 000	P_1	2.78	4.98	11.10	18.8	26.2	32.6	46.0	52.4	67.3	82.5	100.4	120.1	152.5	181.1
		T_2	146	270	610	1 050	1 365	1 840	2 415	2 890	3 570	4 725	5 355	6 909	8 160	11 025
	750	P_1	2.40	4.13	8.65	14.9	20.5	26.0	36.2	39.1	59.8	73.3	93.2	112.6	141.5	174.8
		T_2	168	300	630	1 100	1 420	1 945	2 520	2 940	4 200	5 565	6 615	8 610	10 070	14 175
	500	P_1	1.96	3.40	6.19	11.0	14.3	17.9	25.8	27.9	43.1	52.9	70.7	87.5	118.1	155.5
		T_2	202	362	670	1 210	1 470	1 995	2 680	3 150	4 515	5 985	7 455	10 000	12 590	18 900

续表

公称传动比 i	输入转速 n_1 (r/min)	功率转矩代号	中心距 a (mm)													
			63	80	100	125	140	160	180	200	225	250	280	315	355	400
			额定输入功率 P_1 (kW) 额定输出转矩 T_2 (N·m)														
8	1 500	P_1	3.37	5.60	9.45	17.9	25.5	29.9	45.7	50.7	64.4	77.5	96.3	119.3	142.8	174.3
		T_2	146	270	455	870	1 100	1 520	1 995	2 500	2 835	3 880	4 250	6 000	6 340	8 820
	1 000	P_1	2.59	4.49	8.36	14.2	22.8	26.2	41.1	45.8	58.9	71.2	88.7	110.0	133.0	166.1
		T_2	168	316	600	1 000	1 470	1 995	2 600	3 400	3 885	5 350	5 880	8 300	8 860	12 600
	750	P_1	2.26	3.83	7.38	13.6	17.5	22.4	32.2	36.8	52.9	65.4	81.3	99.9	119.7	156.3
		T_2	193	356	700	1 300	1 520	2 250	2 780	3 620	4 620	6 510	7 140	10 000	10 570	15 750
	500	P_1	1.89	3.12	5.58	9.8	12.9	16.2	23.0	26.6	37.7	46.9	64.4	84.0	106.8	136.1
		T_2	240	431	780	1 400	1 620	2 415	2 940	3 885	4 880	6 930	8 400	12 500	14 000	20 475
10	1 500	P_1	2.69	4.69	8.43	14.9	18.2	25.7	33.7	44.2	53.3	62.1	77.4	99.3	147.2	153.5
		T_2	152	270	500	890	1 100	1 575	1 940	2 730	3 400	3 990	4 980	6 200	7 850	9660
	1 000	P_1	2.07	3.69	7.45	13.4	16.9	23.1	30.1	38.0	46.1	53.7	67.6	92.1	118.0	145.0
		T_2	172	316	660	1 200	1 520	2 100	2 570	3 570	4 400	5 140	6 500	8 600	11 000	13 650
	750	P_1	1.83	3.14	6.24	11.1	13.6	18.3	24.9	30.3	36.9	48.7	60.8	84.8	105.2	138.6
		T_2	195	356	730	1 310	1 620	2 200	2 835	3 675	4 670	6 190	7 700	10 500	13 000	17 300
	500	P_1	1.46	2.53	4.56	8.1	9.8	13.5	17.8	21.9	27.7	37.4	47.8	67.8	86.9	124.0
		T_2	240	425	790	1 410	1 730	2 415	2 990	3 935	5 190	7 000	9 000	12 500	16 100	23 100
12.5	1 500	P_1	2.34	4.06	6.81	11.8	15.5	20.3	26.6	34.3	44.7	54.8	75.5	83.9	110.40	136.9
		T_2	158	276	475	840	1 050	1 470	1 890	2 570	3 200	4 040	5 460	6 400	8 450	10 500
	1 000	P_1	1.83	3.27	5.78	10.4	14.0	18.5	24.4	30.5	40.4	49.6	70.2	77.6	101.5	133.5
		T_2	182	328	600	1 100	1 400	1 995	2 570	3 410	4 300	5 460	7 560	8 700	11 580	15 220
	750	P_1	1.58	2.80	5.19	9.4	12.5	16.1	22.1	26.2	37.0	46.6	65.3	72.7	95.9	124.2
		T_2	209	374	710	1 300	1 680	2 310	3 090	3 885	5 250	6 825	9 345	11 000	14 595	18 900
	500	P_1	1.29	2.26	4.08	7.1	9.6	11.7	16.8	18.5	29.1	34.6	47.3	58.2	80.2	106.4
		T_2	256	448	830	1 470	1 890	2 460	3 465	4 000	6 000	7 450	9 975	13 000	18 000	24 150

续表

公称传动比 i	输入转速 n_1 (r/min)	功率转矩代号	中心距 a (mm)												
			63	80	100	125	140	160	180	200	225	250	280	315	355	400
			额定输入功率 P_1 (kW) 额定输出转矩 T_2 (N·m)													
16	1 500	P_1	1.98	3.47	6.68	11.6	14.3	20.6	24.3	34.9	41.5	49.0	60.1	81.6	99.2	130.4
		T_2	158	287	570	1 000	1 260	1 830	2 310	3 150	3 885	4 460	5 670	7 500	9 360	12 000
	1 000	P_1	1.56	2.73	5.74	10.1	12.9	17.1	20.8	27.1	32.4	44.1	53.7	76.6	91.2	121.2
		T_2	182	333	730	1 310	1 680	2 250	2 940	3 600	4 500	5 980	7 560	10 500	12 580	16 800
	750	P_1	1.35	2.33	4.61	8.3	10.4	13.6	16.4	21.7	27.9	39.1	47.3	68.9	88.1	111.7
		T_2	209	374	770	1 410	1 785	2 360	3 000	3 830	5 145	7 000	8 800	12 510	16 100	20 400
	500	P_1	1.11	1.91	3.37	5.9	7.3	9.6	11.9	15.6	19.6	28.5	34.7	50.1	65.0	90.4
		T_2	256	460	830	1 470	1 830	2 460	3 300	4 095	5 350	7 560	9 550	13 520	17 600	24 600
20	1 500	P_1	1.93	3.08	5.0	9.0	11.6	15.9	20.4	26.2	33.5	44.0	54.3	65.5	84.9	103.6
		T_2	188	328	550	1 010	1 260	1 830	2 250	3 050	3 780	5 250	6 195	7 900	9 700	12 600
	1 000	P_1	1.53	2.41	4.30	8.2	9.8	13.7	17.5	23.1	28.4	39.5	49.2	61.2	78.9	95.5
		T_2	219	380	700	1 310	1 575	2 360	2 880	4 000	4 750	7 030	8 400	11000	13 590	17 320
	750	P_1	1.32	2.10	3.75	7.3	9.1	12.0	15.5	19.0	25.6	36.6	45.2	54.6	72.8	87.2
		T_2	252	437	810	1 575	1 940	2 730	3 360	4 400	5 670	8 600	10 185	13 000	16 600	21 000
	500	P_1	1.00	1.69	2.71	5.5	6.8	9.0	11.4	13.8	18.9	26.7	33.2	42.7	57.0	76.6
		T_2	282	518	850	1 730	2 100	2 940	3 620	4 700	6 195	9 240	11 000	15 000	19 100	27 300
25	1 500	P_1	1.38	2.47	3.94	6.9	8.7	12.4	14.9	19.3	23.4	32.3	39.9	54.0	71.1	87.8
		T_2	162	316	500	930	1 200	1 680	2 150	2 780	3 465	4 725	5 880	7 700	10 570	13 100
	1 000	P_1	1.16	2.04	3.41	5.6	7.1	10.9	12.7	17.3	20.8	28.9	36.8	47.1	63.6	77.8
		T_2	205	391	640	1 150	1 470	2 200	2 730	3 675	4 560	6 300	8 000	10 000	14 000	17 300
	750	P_1	0.95	1.74	2.82	5.1	6.4	9.9	11.5	15.5	18.3	26.3	33.3	44.6	60.0	72.9
		T_2	220	437	700	1 365	1 730	2 620	3 300	4 350	5 460	7 560	9 600	12 500	17 600	21 500
	500	P_1	0.69	1.34	1.99	3.7	4.6	7.2	8.5	12.2	14.8	21.1	27.1	37.6	49.1	63.8
		T_2	235	500	730	1 470	1 830	2 780	3 500	5 040	6 300	8 925	11 500	15 500	21 100	27 800

第二章 起重机通用零件和部件的安全技术

续表

公称传动比 i	输入转速 n_1 (r/min)	功率转矩代号	中心距 a (mm)												
			63	80	100	125	140	160	180	200	225	250	280	315	355	400
			额定输入功率 P_1 (kW) 额定输出转矩 T_2 (N·m)													
31.5	1 500	P_1	1.21	2.08	4.27	7.6	8.8	12.7	15.2	22.6	25.9	30.2	36.8	52.9	68.9	—
		T_2	168	299	650	1 150	1 400	2 100	2 670	3 780	4 500	5 145	6 510	9 200	12 000	—
	1 000	P_1	0.95	1.66	2.39	6.0	7.1	9.8	11.7	17.3	19.4	26.9	32.3	48.6	61.9	78.2
		T_2	193	350	770	1 365	1 680	2 360	3 045	3 885	5 040	6 825	8 500	12 500	16 100	20 470
	750	P_1	0.79	1.41	2.67	4.8	8.2	7.8	9.3	12.5	15.7	22.3	26.6	38.3	51.3	71.4
		T_2	215	391	790	1 400	1 785	2 460	3 150	4 040	5 250	7 350	9 240	13 000	17 600	24 670
	500	P_1	0.67	1.17	1.98	3.5	5.8	5.6	6.9	9.1	11.5	16.1	19.4	28.1	35.8	51.3
		T_2	262	472	840	1 470	1 830	2 570	3 400	4 300	5 670	7 770	9 765	14 000	18 100	26 250
40	1 500	P_1	1.17	1.88	3.22	5.7	7.3	9.9	12.4	16.7	21.1	28.3	35.0	42.6	58.2	70.9
		T_2	198	345	620	1 150	1 410	2 100	2 570	3 620	4 500	6 300	7 450	9 600	12 580	16 275
	1 000	P_1	0.90	1.47	2.19	4.9	6.2	8.8	10.9	13.9	18.0	24.1	31.4	39.1	51.9	66.3
		T_2	225	397	790	1 470	1 785	2 730	3 300	4 410	5 670	8 190	9 870	13 000	16 600	22 575
	750	P_1	0.81	1.26	2.35	4.4	5.5	7.0	8.7	11.2	14.8	20.2	25.4	34.0	42.8	60.7
		T_2	262	449	870	1 680	2 040	2 835	3 465	4 670	6 090	8 925	10 500	15 000	18 100	27 300
	500	P_1	0.64	1.02	1.68	3.2	3.9	5.2	6.5	8.0	11.0	15.2	19.3	25.0	31.6	46.8
		T_2	298	523	920	1 785	2 150	3 045	3 720	4 880	6 600	9 450	11 550	16 000	19 600	30 975
50	1 500	P_1	0.91	1.64	2.55	4.4	5.6	7.6	9.3	12.7	15.2	21.3	26.7	33.7	45.3	56.3
		T_2	183	357	570	1 040	1 365	1 890	2 415	3 255	4 095	5 565	7 245	9 000	12 580	15 750
	1 000	P_1	0.74	1.32	2.18	3.8	4.7	6.7	8.2	11.0	14.0	19.0	23.5	31.3	41.6	52.1
		T_2	220	414	720	1 315	1 680	2 465	3 150	4 200	5 565	7 350	9 450	12 510	17 110	21 525
	750	P_1	0.60	1.11	1.77	3.4	4.0	6.1	7.3	9.5	11.9	16.9	21.8	28.6	38.1	48.2
		T_2	236	466	760	1 520	1 890	2 885	3 675	4 670	6 195	8 610	11 550	15 000	20 640	26 250
	500	P_1	0.45	0.84	1.25	2.4	2.9	4.5	5.4	7.1	8.6	13.2	16.6	22.5	30.2	40.0
		T_2	256	523	790	1 575	1 995	3 095	3 885	5 090	6 510	9 660	12 600	17 000	23 650	32 000

三、行星齿轮减速器

1. 行星齿轮减速器的分类

行星齿轮传动（行星轮系和差动轮系），可根据基本构件分类，也可按齿轮啮合方式分类。行星齿轮传动的基本构件有中心轮（太阳轮），用 K 表示；行星轮，用 C 表示；转臂，用 H 表示；输出轴，用 V 表示。可分为：2K—H 机构；3K 机构；K—H—V 机构等。按齿轮啮合方式分类，有内啮合，用 N 表示；外啮合，用 W 表示。可分为：N 型、NN 型、NGW 型、WW 型、NGWN 型等。其中 G 表示公用行星轮。

图 2—52 是常用行星齿轮传动的类型图。

1	2K—H 型（NGW 型）负号机构（$i^H<0$）	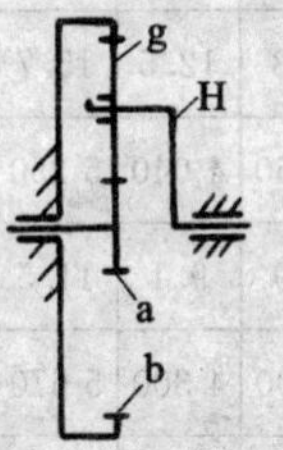	4	2K—H 型（NNW 型）负号机构（$i^H<0$）
2	2K—H 型（NW 型）负号机构（$i^H<0$）	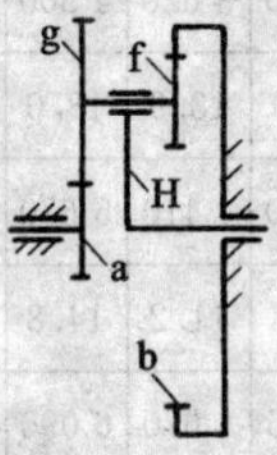	5	3K 型（NGWN 型） 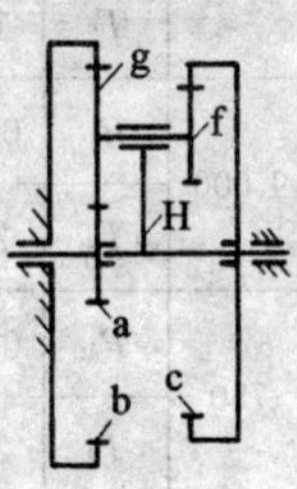
3	2K—H 型（WW 型）负号机构（$i^H>0$）	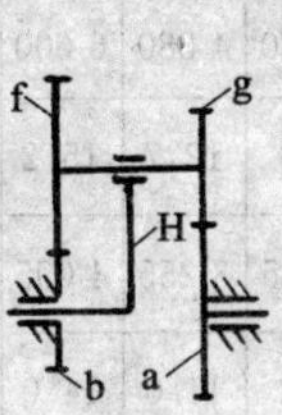	6	K—H—V 型（N 型） 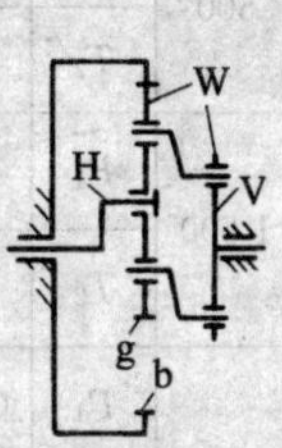

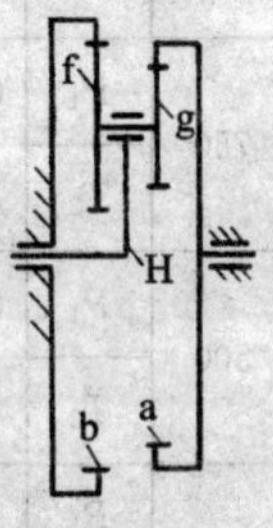

图 2—52 常用行星齿轮传动的类型图

2. 行星齿轮减速器性能

（1）2K—H（NGW）型负号机构　传动比为：1.13～13.7，传递功率不限，可用于各种机械传动中；效率高，结构简单，轴向尺寸小，所以体积小，重量轻。但单级传动比范围比较小。

(2) 2K－H（NW）型负号机构 传动比为：1～50，传递功率不限，可用于各种机械传动中；效率高，外形尺寸比 NGW 型小；但因有双联齿轮，所以制造和安装都比较复杂。

(3) 2K－H（WW）型正号机构 传动比为：1.2～数千，最大功率 20 kW，当传动比大，而效率要求不高时采用，较少用于动力传动；随传动比的增加，效率会降低；外形尺寸及重量比较大。当行星架从动时，传动比超过某一数值时，传动会自锁。

(4) 2K－H（NNW）型正号机构 传动比≤1 700，最大功率 40 kW，可用于短期工作的传动机构；随传动比的增加，效率会降低；当行星架从动时，传动比超过某一数值时，传动会自锁。

(5) 3K（NGWN）型机构 传动比为≤500，最大功率 100 kW，可用于中小功率或短期工作的传动机构；随传动比的增加，效率会降低；结构紧凑，体积小。

(6) K－H－V（N）型机构 传动比 7～100，最大功率 75 kW，适宜小功率或短期工作的传动机构；结构紧凑，体积小；传动效率比 NGW 型机构低，轴承受径向载荷比较大。

3. NGW 型行星齿轮减速器（JB/T 6502）

(1) NGW 型行星齿轮减速器规格参数 NGW 型减速器包括一级、二级和三级传动，12 个系列和 8 个派生系列的渐开线圆柱齿轮行星减速器。主要用于冶金、矿山、起重运输等。NGW 型行星齿轮减速器包括：NAD、NAZD、NBD、NBZD、NCD、NCZD、NAF、NBF、NCF、NAZF、NBZF、NCZF 系列。其中标记符号：

N——内啮合

G——公用齿轮

W——外啮合

A——一级行星齿轮减速器

B——二级行星齿轮减速器

C——三级行星齿轮减速器

D——底座联结

F——法兰联结

Z——定轴圆柱齿轮

S——螺旋锥齿轮

L——立式行星减速器

标记示例：

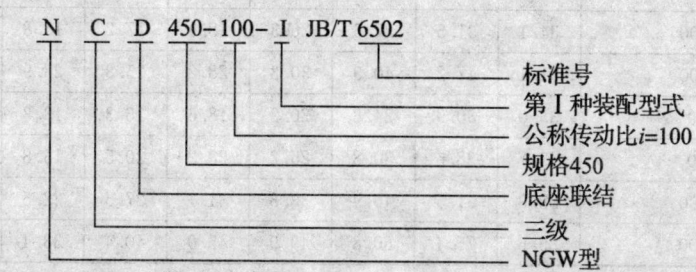

说明：NGW 型行星齿轮减速器，三级（C），底座联结（D）；规格450；公称传动比：$i=112$；第一种装配型式（Ⅰ）；后面是标准号（JB/T）。

NGW 型行星齿轮减速器有 21 个规格：200，224，250，280，315，355，400，450，500，560，630，710，800，900，1 000，1 120，1 250，1 400，1 600，1 800，2 000。

NGW 型行星齿轮减速器的传动比范围：4～1250，有 51 个传动比。表 2—56 是 NGW 型行星齿轮减速器公称传动比表。表 2—57 是 NGW 型行星齿轮减速器内齿圈分度圆公称直径 d 表。表 2—58 是 NGW 型行星齿轮减速器公称中心距 a 表。

表 2—56　　　　　　　　　NGW 型行星齿轮减速器公称传动比表

4	4.5	5	5.6	6.3	7.1	8	9	10	11.2	12.5	14	16	18
20	22.4	25	28	31.5	35.5	40	45	50	56	63	71	80	90
100	112	125	140	160	180	200	224	250	280	315	355	400	450
500	560	630	710	800	900	1 000	1 120	1 250					

表 2—57　　　　　　NGW 型行星齿轮减速器内齿圈分度圆公称直径 d 表　　　　　　mm

200	224	250	280	315	355	400	450	500	560	630
710	800	900	1 000	1 120	1 250	1 400	1 600	1 800	2 000	

表 2—58　　　　　　　NGW 型行星齿轮减速器公称中心距 a 表　　　　　　　　mm

80	90	100	112	125	140	160	180	200
224	250	265	280	300	315	335	355	375
400	425	450	475	500	530	560	600	630

表 2—59 是 NBD、NBF 型减速器高速轴公称输入功率表。

表 2—59　　　　　　　NBD、NBF 型减速器高速轴公称输入功率表

规格	转速 n_1 (r/min)	公称传动比 功率	20	22.4	25	28	31.5	35.5	40	45	50
			公称输入功率 P_1 (kW)								
250	600		20.5	18.9	16.6	12.2	11.4	10.2	9.3	7.6	7.6
	750		25.6	23.7	20.7	15.2	14.2	12.8	11.8	9.6	9.4
	1 000		34.1	31.5	27.6	20.3	18.9	17.2	15.8	12.9	12.2
	1 500		51.1	47.2	40.9	30.4	28.2	25.3	23.9	19.5	17.6
280	600		35.0	30.9	24.8	20.2	18.6	16.3	13.3	12.1	11.5
	750		43.7	38.6	30.8	25.2	23.2	20.3	16.8	15.3	14.1
	1 000		58.3	51.5	40.9	33.8	31.1	27.5	22.5	20.4	18.2
	1 500		85.6	75.4	60.8	49.9	45.9	40.4	33.4	30.3	26.2

续表

规格	转速 n_1 (r/min)	公称传动比 功率	20	22.4	25	28	31.5	35.5	40	45	50
			\multicolumn{9}{c}{公称输入功率 P_1 (kW)}
315	600		45.7	38.9	34.4	25.4	23.2	20.9	18.4	15.6	15.6
	750		57.1	48.5	42.9	31.6	28.9	26.2	23.2	19.6	19.5
	1 000		76.0	64.3	56.8	42.0	38.4	35.2	31.2	26.3	25.3
	1 500		113.8	95.5	84.2	62.3	56.9	51.7	45.6	38.5	35.1
355	600		68.3	60.5	52.3	41.7	34.5	30.5	25.2	22.6	22.6
	750		85.3	76.0	65.5	52.1	43.1	38.2	31.5	28.3	28.3
	1 000		113.6	98.8	86.5	68.3	56.5	51.4	42.4	38.1	38.1
	1 500		170.0	150.0	128.3	102.8	85.0	75.4	62.4	56.0	53.2
400	600		84.3	77.8	68.0	52.4	43.8	41.3	33.4	28.2	28.2
	750		105.3	97.2	84.5	65.3	54.6	51.5	41.8	35.4	35.4
	1 000		140.2	129.4	111.9	86.5	72.4	68.4	56.3	47.6	47.6
	1 500		209.6	193.6	165.6	128.3	107.3	101.4	82.6	69.8	65.8
450	600		137.1	124.1	114.6	84.2	69.8	63.1	55.6	46.9	41.8
	750		171.1	156.0	139.7	104.8	86.9	79.3	62.6	52.8	47.1
	1 000		228.4	208.6	184.9	139.0	115.2	103.1	90.8	76.6	68.3
	1 500		341.7	304.9	273.0	205.8	170.6	156.4	137.8	116.3	102.5
500	600		163.1	150.5	135.7	109.6	91.0	85.5	74.8	64.5	62.5
	750		203.5	187.9	168.8	136.4	113.0	105.0	94.0	81.0	78.2
	1 000		270.8	250.0	223.1	180.5	149.8	141.0	142.5	105.4	98.6
	1 500		404.2	373.5	328.8	266.9	221.5	208.5	185.5	159.8	142.3
560	600		265.4	234.3	206.2	177.4	149.3	137.9	113.0	102.5	94.4
	750		331.3	292.5	356.4	220.6	185.7	167.8	137.4	124.6	115.4
	1 000		440.6	389.3	338.6	291.6	245.5	225.5	184.7	167.5	143.7
	1 500		657.7	581.4	497.6	430.3	362.2	341.1	280.2	251.9	207.4
630	600		330.4	305.0	272.9	235.8	235.8	193.7	172.3	150.5	129.1
	750		412.4	380.7	340.6	294.5	294.5	241.9	215.3	185.8	153.8

NAD 200—560 型行星齿轮减速器有 3 种装配型式，公称传动比 10～18（见图 2—53）。

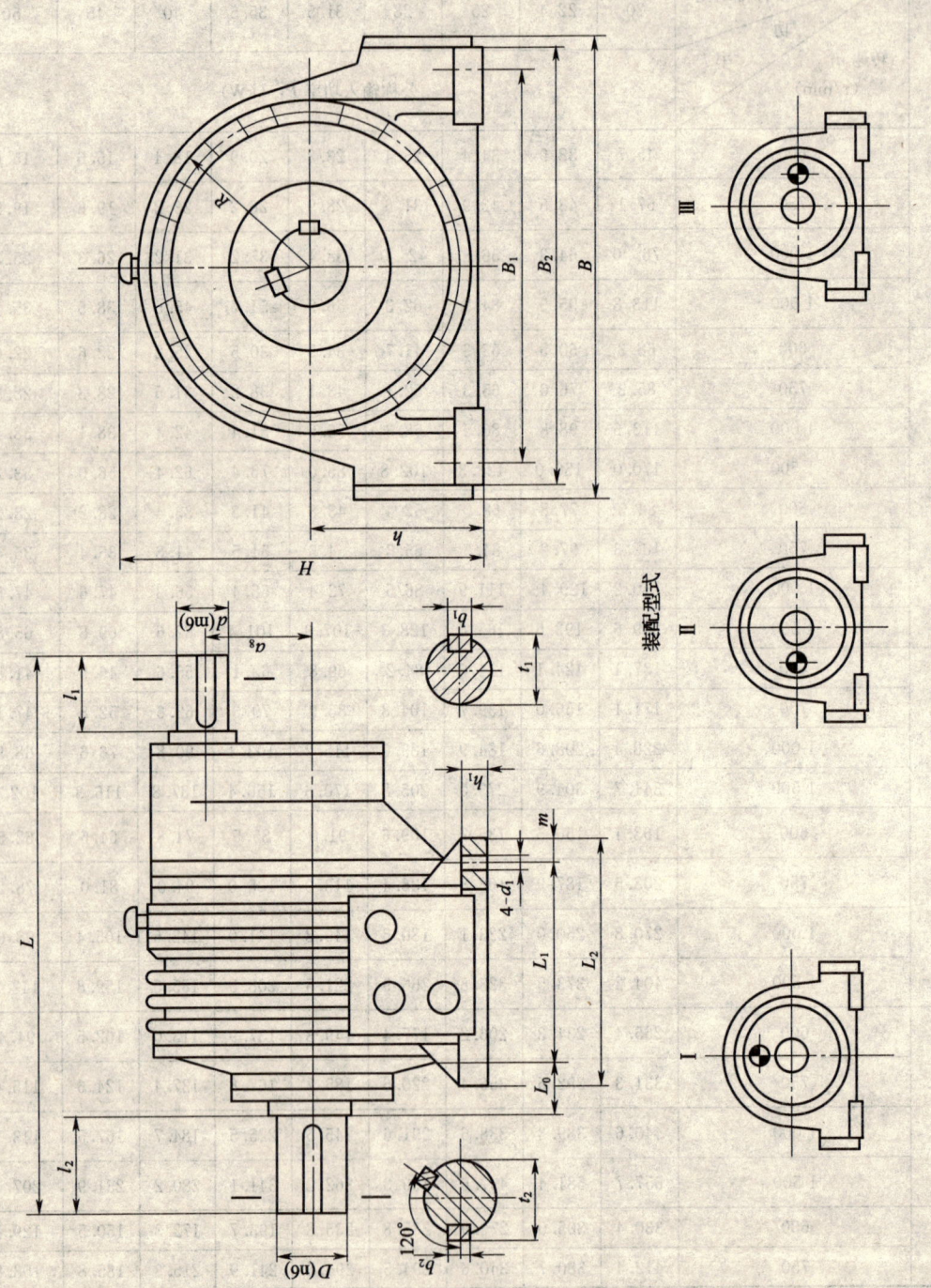

图 2—53　NAD 型行星齿轮减速器外形图

NBD 250—560 型行星齿轮减速器有 3 种装配型式，公称传动比 20～50。

NBZD 560—1 600 型行星齿轮减速器有 3 种装配型式，公称传动比 56～125。

（2）技术要求

1）材料要求　太阳轮、行星轮、齿轮及齿轮轴采用 18 Cr2Ni4W，齿轮渗碳淬火，齿面硬度为 58～62 HRC，齿芯硬度为 32～40 HRC。齿面精加工后不得有裂纹。内齿圈和内齿盘、浮动齿套分别采用 40 CrNiMo 和 42 CrMo。齿轮、齿轮轴、单臂行星架均采用锻件材料。单臂行星架采用 42 CrMo。机体、机壳、机座采用 HT300；机盖采用 HT250。

2）检验机体、机壳、机座、机盖配合尺寸误差、各配合面及端面的形位误差、表面粗糙度。检验行星架各配合尺寸误差及端面形位公差、表面粗糙度。太阳轮、行星轮、圆柱齿轮的齿轮精度为 6 级，内齿轮的精度为 7 级。

3）装配要求　齿轮有效工作面接触斑点，沿齿长应不小于 90%，沿齿高应不小于 70%。检查齿轮传动的最小间隙；高速轴、低速轴、行星架的支承轴承的轴向间隙；检验不加工表面的涂漆情况；检验减速器腔内的清洁度，应不低于 GB 11358《齿轮传动装置清洁度》中规定的通用减速器评价参数的 D 级。

4）减速器的润滑　通常采用喷油循环润滑，也可采用油池润滑。轴承采用飞溅润滑。

（3）出厂检验和型式检验

1）出厂检验　减速器装配后，进行空运转。首批生产的减速器，运转时间正反向各 2 h，重复生产的，运转时间正反向各 0.5 h。要求运转平稳，不应有冲击、振动及漏油现象，各连接处不应松动。

2）型式检验　检验项目：齿轮精度、齿轮齿面接触率、齿侧间隙、齿轮齿面硬度和有效硬化层深度、成品浮动件之间的轴向间隙、清洁度。检验方法和标准按 ZBJ 19005《圆柱齿轮减速器加载试验方法》进行。

4. PF 型行星齿轮减速器

（1）PF 型行星齿轮减速器规格参数　PF 型行星齿轮减速器包括：PBF 型可分为两级行星传动和两级行星传动加一级普通平行轴传动；PCF 型可分为三级行星传动和三级行星传动加一级普通平行轴传动（见图 2—54）。PBF 型两级行星传动减速器的传动比为 10～80；PCF 型三级行星传动减速器传动比为 90～630。PBF56～PBF125 型减速器有 6 种装配型式；PBF160～PBF200 型减速器有 5 种装配型式；PCF63 型三级行星传动减速器有 6 种装配型式。工作条件：高速轴转速不超过 1 506 r/min；环境温度为 −40～45℃。

型号示例：PBF 100—Ⅰ—20　说明：两级行星传动（B），低速级内齿轮公称分度圆直径 100 mm，第Ⅰ种装配型式，两级减速公称传动比 $i=20$ 的行星齿轮减速器。

型号示例：PCF 63—Ⅲ—630　说明：三级行星传动（C），低速级内齿轮公称分度圆直径 63 mm，第Ⅲ种装配型式，公称传动比 $i=630$ 的行星齿轮减速器。

图 2—54　PCF 型减速器外形图

型号标记：两级，三级行星齿轮减速器

PBF□-□-□
- 公称传动比
- 装配型式
- 低速级内齿轮公称分度圆直径，mm
- 两级行星齿轮传动

PCF□-□-□
- 公称传动比
- 装配型式
- 低速级内齿轮公称分度圆直径，mm
- 三级行星齿轮传动

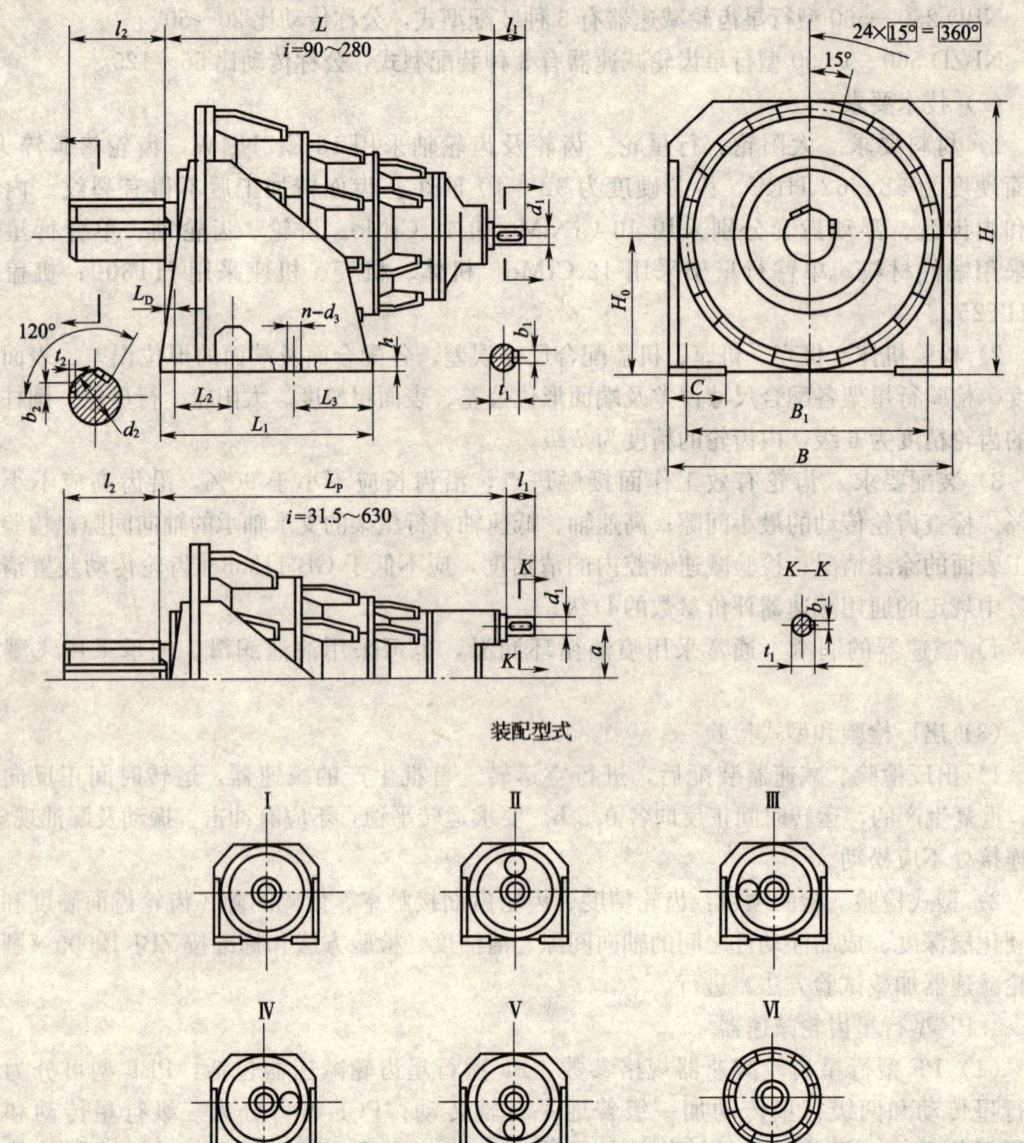

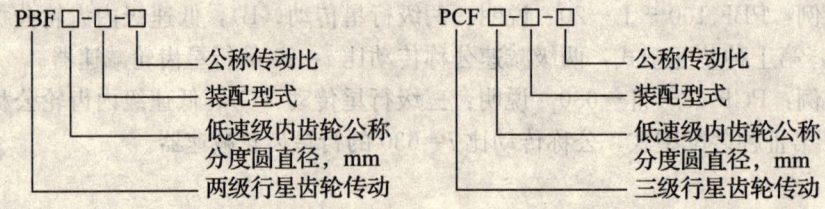

PBF 型行星齿轮减速器中心距见表 2—60。PCF 型行星齿轮减速器中心距见表 2—61。PCF 型行星齿轮减速器许用输入功率见表 2—62。PBF 型、PCF 型行星齿轮减速器传动比见表 2—63。

表 2—60　　　　　　　　　　PBF 型行星齿轮减速器中心距　　　　　　　　　　mm

级　别	中　心　距					
	PBF 56	PBF 80	PBF 100	PBF 125	PBF 160	PBF 200
低速行星级	184.0~206.0	163.0~295.2	334.0~370.0	422.0~463.4	541.3~589.2	680.6~736.0
高速行星级	132.0~169.0	185.6~231.9	235.5~292.2	291.0~370.0	371.7~463.4	472.2~589.2
平行轴级	180	250	320	400	450	560

表 2—61　　　　　　　　　　PCF 型行星齿轮减速器中心距　　　　　　　　　　mm

型号 PCF 63	中心距			
	低速级	中间级	高速级	平行轴级
	211.1	147.6~170.2	114.1~134.17	100

表 2—62　　　　　　　　　　PCF 型行星齿轮减速器许用输入功率

公称传动比 i_N	输入转速 (r·min^{-1})	PCF63 型许用输入功率 (kW)	公称传动比 i_N	输入转速 (r·min^{-1})	PCF63 型许用输入功率 (kW)	公称传动比 i_N	输入转速 (r·min^{-1})	PCF63 型许用输入功率 (kW)
90	1 500	181	180	1 500	91	335	1 500	46
	1 000	121		1 000	60		1 000	31
	750	90		750	45		750	23
	600	73		600	36		600	18
100	1 500	163	200	1 500	82	400	1 500	41
	1 000	109		1 000	54		1 000	27
	750	82		750	41		750	20
	600	65		600	33		600	16
112	1 500	146	224	1 500	73	450	1 500	36
	1 000	97		1 000	48		1 000	24
	750	73		750	36		750	18
	600	58		600	29		600	15
125	1 500	131	250	1 500	65	500	1 500	33
	1 000	87		1 000	44		1 000	22
	750	65		750	33		750	16
	600	52		600	26		600	13

续表

公称传动比 i_N	输入转速 (r·min⁻¹)	PCF63型许用输入功率 (kW)	公称传动比 i_N	输入转速 (r·min⁻¹)	PCF63型许用输入功率 (kW)	公称传动比 i_N	输入转速 (r·min⁻¹)	PCF63型许用输入功率 (kW)
140	1 500	117	280	1 500	58	560	1 500	29
	1 000	78		1 000	39		1 000	19
	750	58		750	29		750	15
	600	47		600	23		600	12
160	1 500	102	315	1 500	52	630	1 500	26
	1 000	68		1 000	35		1 000	17
	750	51		750	26		750	13
	600	41		600	21		600	10

表 2—63   PBF、PCF 型行星齿轮减速器传动比

型号	公称传动比								
PBF	10.0	11.2	12.5	14.0	16.0	18.0	20.0	22.4	25.0	28.0
PCF	90.0	100.0	112.0	125.0	140.0	160.0	180.0	200.0	224.0	250.0
PBF	31.5	35.5	40.0	45.0	50.0	56.0	63.0	71.0	80.0	
PCF	280.0	315.0	355.0	400.0	450.0	500.0	560.0	630.0		

注：减速器实际传动比与公称传动比的相对误差应不大于 3%～5%。

PBF、PCF 型行星齿轮减速器许用输出转矩见表 2—64。

表 2—64   PBF、PCF 型行星齿轮减速器许用输出转矩

型 号	公称传动比 i_N	输入转速 (r·min⁻¹)	许用输出转矩 T_P (N·m)
PBF 56	10～80	1 500～600	83 400
PBF 80	10～80	1 500～600	208 000
PBF 100	10～80	1 000～600	417 000
PBF 125	10～80	1 000～600	83 380
PBF 160	10～80	1 000～600	12 850
PBF 200	10～80	1 000～600	2 511 000
PCF 63	90～630	1 500～600	104 000

(2) 技术要求

1) 材料要求　太阳轮、行星轮、齿轮及齿轮轴采用 S17Cr2Ni2Mo、20CrNi2MoA 锻件，齿轮渗碳、淬火、回火处理，齿面硬度为 57～61HRC，齿芯硬度为 35～40HRC，齿面精加工后不得有裂纹。内齿轮采用 30Cr2Ni2Mo；行星架采用 ZG35CrMo，ZG40Cr；机体、机壳、机座采用 HT300；机盖采用 HT250。

2) 检验机体、机盖各孔的同轴度、圆跳动精度。检验太阳轮、行星轮、内齿轮及其他齿轮的基准面圆跳动和端面跳动。外齿轮精度为 655；内齿轮的精度为 766（GB 10095《渐开线圆柱齿轮精度》）。

3) 装配要求　检验齿轮有效工作面接触斑点。检验各浮动轴件的轴向间隙。检验减速器腔内的清洁度。

4) 减速器的润滑　通常采用喷油循环润滑，也可采用油池润滑。

(3) 出厂检验和型式检验

1) 出厂检验　减速器装配后，进行空运转。在额定转速和空负荷下正反向各运转 2 h。要求运转平稳，不应有冲击和异常噪声；不得有漏油现象；各连接处不应松动；接触斑点符合标准要求，侧隙符合标准要求；清洁度达到要求；油温温升不超过 25℃。

2) 型式检验　在额定转速和额定负荷下进行试验，要求高速轴小齿轮啮合次数达到 5×10^7 次。检验要求：减速器不得漏油；齿轮齿面接触斑点、侧隙符合要求；油温温升不超过 25℃；减速器的噪声应不超过 85 dB（A），单向振幅不大于 0.02 mm；清洁度达到标准要求。

四、摆线针轮减速器

1. 摆线针轮减速器的特点、型号标记和规格参数

(1) 摆线针轮减速器特点

这种减速器具有传动比大，一级传动比可达 6～87，二级传动比可达 99～5 133，三级传动比可达 658 503；传动效率高，平均效率可达 90% 以上；体积小，重量轻；运转平稳，噪声低等优点。

行星摆线针轮减速器的结构见图 2—55。

(2) 摆线针轮减速器型号标记

1) 型式代号见表 2—65。

表 2—65　　　　摆线针轮减速器型式代号（JB/T 2982）

安装型式	转动级数		
	一级	二级	三级
双轴型卧式	W	WE	WS
直联型卧式	WD	WED	WSD
双轴型立式	L	LE	LS
直联型立式	LD	LED	LSD

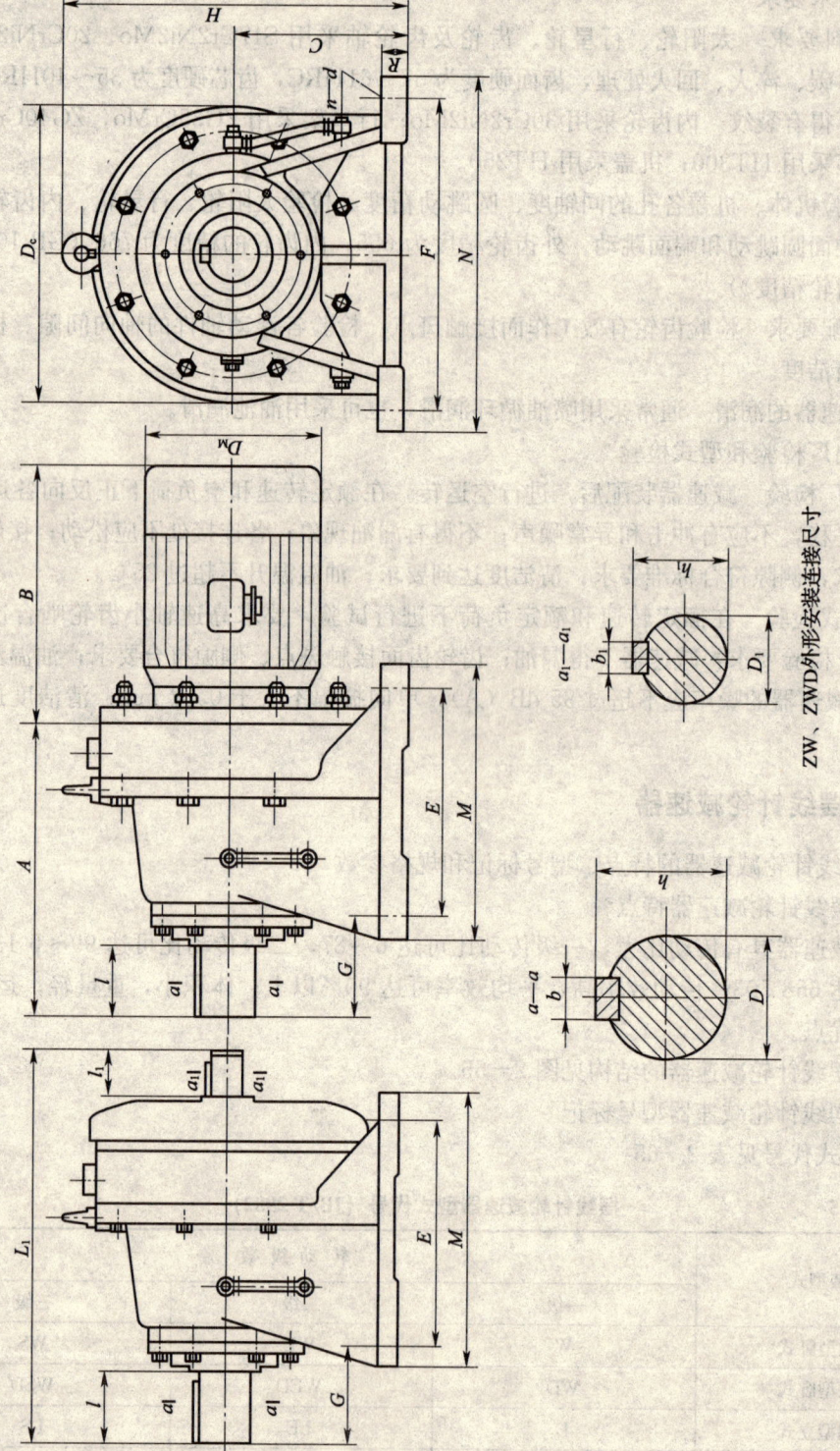

图 2—55 Z 系列行星摆线针轮减速器 ZW、ZWD 外形安装连接尺寸

2) 型号标记

①型号含义

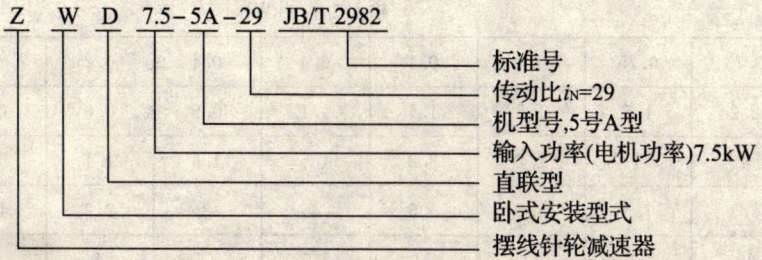

②标记示例

a. 一级：ZWD7.5—5 A—29

直联型卧式安装一级减速器，输入功率7.5 kW，5号A型，传动比29。

b. 二级：ZLED 1.1—63 B—289

直联型立式安装二级减速器，输入功率1.1 kW，63号B型（低速级为6号B型，高速级为3号B型），传动比289。

c. 三级：ZWS 0.37—953 A—9 251

双轴型卧式安装三级减速器，输入功率0.37 kW，953号A型（低速级为9号A型，中速级为5号A型，高速级为3号A型），传动比9 251。

(3) 摆线针轮减速器规格参数

一级减速器的针齿中心圆直径应符合表2—66的规定。

双轴型一级减速器的传动比和输入功率见表2—67。

直联型一级减速器的传动比和输入功率见表2—68。

单级减速器输出轴许用转矩见表2—69。

表 2—66　　　　　一级减速器的针齿中心圆直径　　　　　mm

机型号	0	1	2	3	4	5	6	7	8	9	10	11	12
d_p	75~94	95~105	106~120	140~155	165~185	210~230	250~275	280~300	315~334	380~400	440~460	535~555	645~690

注：1. 二级减速器的针齿中心圆直径由两个一级减速器的针齿中心圆直径确定。
　　2. 三级减速器的针齿中心圆直径由三个一级减速器的针齿中心圆直径确定。

表 2—67　　　　　双轴型一级减速器的传动比和输入功率

传动比	11	17	23	29	35	43	59	71	87
机型号	输入功率（kW）								
0	0.1	0.09	—	0.09	—	0.09	—	—	—
1	0.4	0.4	0.2	0.2	0.2	0.2	—	—	—

续表

传动比	11	17	23	29	35	43	59	71	87
机型号	输入功率（kW）								
2	0.75	0.75	0.4	0.4	0.4	0.4	0.2	—	—
3	2.2	1.5	1.5	1.1	1.1	0.6	0.6	0.4	—
4	4	4	2.2	2.2	1.5	1.5	1.1	0.8	0.55
5	7.5	7.5	5.5	5.5	4	3	2.2	1.5	1.5
6	11	11	11	11	7.5	5.5	4	3	2.2
7	15	15	11	11	11	7.5	5.5	4	4
8	18.5	18.5	18.5	15	15	11	7.5	5.5	5.5
9	22	22	18.5	18.5	18.5	15	11	11	11
10	45	45	40	30	22	22	18.5	18.5	15
11	—	55	55	55	40	40	30	22	22
12	—	75	75	75	75	55	45	30	30

注：表中 15 kW 以下为输入转速 1 500 r/min 所对应的输入功率。表中 18.5 kW 以上为输入转速 1 000 r/min 所对应的输入功率。

表 2—68　直联型一级减速器的传动比和输入功率

传动比	11	17	23	29	35	43	59	71	87
机型号	输入功率（kW）								
0	0.09	0.09	—	0.09	—	0.09	—	—	—
1	0.37 0.25	0.37 0.25	0.25	0.25	0.25	0.25	—	—	—
2	0.75 0.55	0.75 0.55	0.55	0.37	0.37	0.37	—	—	—
3	2.2 1.5	1.5 1.1	1.5 1.1	1.1 0.75	1.1 0.75	0.55	0.55	0.55	—
4	4 3	4 3	2.2 1.5	2.2 1.5	1.5 1.1	1.5 1.1	1.1 0.75	0.75	0.55
5	7.5 5.5	7.5 5.5	5.5 4	5.5 4	4 3	3 2.2	2.2 1.5	1.5	1.5
6	11 7.5	11 7.5	11 7.5	11 7.5	7.5 5.5	5.5 4	4 3	3 2.2	2.2

续表

传动比	11	17	23	29	35	43	59	71	87
机型号	输入功率（kW）								
7	15 11	15 11	11 7.5	11 7.5	11 7.5	7.5 5.5	5.5 4	4	4
8	18.5 15	18.5 15	18.5 15	15 11	15 11	11 7.5	7.5 5.5	5.5	5.5
9	22 18.5	22 18.5	18.5 15	18.5 15	18.5 15	15 11	11	11	11
10	45[1] 37	45[1] 37	37 30	30 22	22 18.5	22 18.5	18.5 15	18.5 15	15
11	— 37	55[1] 37	55[1] 37	55[1] 30	37 30	37 22	30	22	22
12	—	—	—	—	—	55[1]	45[1]	30	30

注：1. 表中每一机型、每一传动比对应的输入功率中数值较大者为设计时输入功率；数值较小者为可以配备的电动机功率。

* 表中 15 kW 以下为输入转速 1 500 r/min 所对应的输入功率。表中 18.5 kW 以上为输入转速 1 000 r/min 所对应的输入功率。

表 2—69　　　　　　　　　　单级减速器输出轴许用转矩

传动比	11	17	23	29	35	43	59	71	87
规格	输出轴许用转矩（N·m）								
0	6.4	9.0	—	15.3	—	22.7	—	—	
1	25.8	39.8	26.9	34.0	41.0	50.3	—	—	
2	48.3	74.6	53.9	67.9	82.0	100.7	69.7	—	
3	141.7	149.3	202.3	186.7	225.4	151.0	207.2	166.3	
4	257.6	398.1	296.2	373.5	307.4	377.6	380.0	332.5	280.1
5	483.0	746.4	740.5	933.7	819.6	755.2	759.9	623.5	764.0
6	708.3	1 094.7	1 481.2	1 867.4	1 536.7	1 384.5	1 381.5	1 246.9	1 120.5
7	965.9	1 492.8	1 481.1	1 867.4	2 253.8	1 887.9	1 899.6	1 662.5	2 037.2
8	1 787.0	2 761.8	3 736.5	2 546.5	3 073.4	2 768.9	2 590.4	2 286.0	2 801.2
9	2 125.1	3 284.3	3 736.5	4 711.3	5 686.0	3 775.8	3 799.3	4 572.0	7 639.5
10	4 346.8	6 717.9	8 079.0	7 639.9	6 761.8	8 307.3	9 585.0	11534.5	7 640.0
11	—	8 210.7	11 108.7	14 006.5	12 294.1	15 104.2	15 543.3	13 716.7	16 807.8
12	—	1 196.4	15 148.1	19 099.8	23 051.4	20 768.3	23 314.9	18 704.6	22 919.8

2. 安全与卫生技术要求

(1) 性能要求

1) 要求减速器的传动效率达到规定的要求，一级减速器的传动效率在 70%～80%之间，根据传动比和机型有不同的规定。

2) 噪声指标，对于双轴型一级减速器的噪声控制在 66～83 dB（A）之间，根据机型而定，例如，0～2 号机型噪声应不超过 66 dB（A）；2～10 号机型噪声应不超过 83 dB（A）。

3) 温升的要求，要求不超过 60℃。

4) 减速器内腔清洁度的要求，对于双轴型一级减速器的清洁度，根据机型号，杂质控制在 JB/T 2982《摆线针轮减速机》规定的范围内。

(2) 装配要求　铸件非加工表面应涂耐油油漆，所有非加工表面应涂底漆和油漆；各结合面不得渗漏油液；连接件和紧固件不得松动；机器运行平稳，不得有冲击振动和异常声响，油泵工作正常。

(3) 驱动电动机的要求　要求电动机功率与减速器允许输入功率相匹配，轴端的密封可靠；电动机轴伸在转动中的径向圆跳动和端面圆跳动符合标准 JB/T 2982《摆线针轮减速机》的要求。

(4) 外观要求　减速器的外观应均匀涂漆，表面光洁。

3. 型式试验

(1) 空载试验　在额定转速下进行单向空载试验，试验时间不少于 20 min。要求各结合面不得渗漏油液，连接件和紧固件不得松动，机器运行平稳，不得有冲击振动和异常声响，油泵工作正常。

(2) 负载试验　空载试验合格后，进行负载试验，测定承载能力及传动效率，应达到 JB/T 5288.3《摆线针轮减速机承载能力及传动效率测定方法》的规定。

(3) 过载试验　负载试验合格后，进行过载试验，应达到 JB/T 5288.3 的规定。

(4) 清洁度的测定　应达到 JB/T 5288.2《温升测定方法》的规定。

(5) 噪声测定　减速器应在空载并转速不小于 1 000 r/min 时测定。

测量点为四个；距针齿壳外圆表面上方 1 m 处；距针齿壳外圆表面两侧 1 m 处；距机座小端面各 1 m，高度为 0.5 m 处。

仪器和背景噪声修正值均应符合 GB 6404《齿轮装置噪声声功率级的测定方法》的规定。

五、减速器的安全技术

1. 减速器验收试验

空载以 1 000 r/min 的转速拖动减速器运转，正反向转动时间各不得少于 10 min。要求运转正常，平稳，无异常声响。负荷试验检查齿轮接触面积，沿齿高不小于 40%，沿齿长不小于 75%，同时要求满足下列要求：

(1) 开动电动机时，减速器运转平稳，不应有跳动、撞击和剧烈摩擦声，噪声不应超过 85 dB（A）。

(2) 观察减速器壳体接合面、轴承盖、观察孔等处,不得漏油。

(3) 紧固处和连接处不得松动。

(4) 减速器内润滑油温度不应高于环境温度 70℃,并且绝对值不应大于 80℃。

2. 齿轮出现下列情况之一,应报废

(1) 裂纹。

(2) 断齿。

(3) 齿面点蚀达到啮合面的 30%,并且深度达到齿厚的 10%。

(4) 齿厚的磨损量达到表 2—70 规定的数值,则应报废。

(5) 对于吊运炽热金属和易燃易爆等危险物品的起升机构和变幅机构,其传动齿轮的磨损量要求更加严格。磨损量达到表 2—70 规定数值的 50%时即要报废。

跑合试验后,把减速器打开,放出润滑油,然后把每个零件都放进煤油中清洗,仔细检查每个零件,要求不得有超过标准的缺陷。满足以上要求,则认为减速器合格。

表 2—70 齿轮齿厚的允许磨损量

比较基准 传动 磨损量 级		齿轮磨损达原齿厚的%	
		第一级啮合	其他级啮合
闭式	起升机械和非平衡变幅机构	10	20
	其他机构	15	25
开式齿轮传动		30	

3. 齿轮失效形式分析

(1) 疲劳点蚀 在减速器齿轮传动中,齿轮最常见的失效形式是疲劳点蚀。所谓点蚀就是靠近节圆(偏下)的齿面出现"麻坑"。图 2—56 是齿轮的点蚀示意图,点蚀是由于轮齿面的接触应力达到一定极限,表面就会产生一些疲劳裂纹,裂纹扩展就会出现小块金属剥落,形成小"麻坑"。

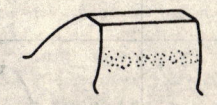

图 2—56 轮齿的点蚀

如果齿面硬度不适或接触应力过大,"麻坑"继续扩展就会造成齿面凸凹不平,从而会引起振动和噪声,点蚀也因之加剧,最后使齿轮丧失传动能力。点蚀损坏达啮合面的 30%或深度达原齿厚的 10%时应报废。

(2) 磨损 起重机上的传动齿轮另一种失效形式是磨损。磨损后轮齿变薄。如果因润滑油内有杂质而形成的磨损,一般称为研磨性磨损。这种磨损常常在齿顶和齿根出现很深的刮道,刮道垂直于节线并且互相平行。刮道出现以后,减速器的油温上升,齿轮传动发生尖细噪声,这时必须更换润滑油。

由于齿形偏差、安装中心距偏差过大,都可能造成齿轮副齿顶边缘和齿根过渡曲线部分过度挤压,使齿根圆角部分产生剧烈的磨损。由于过载,往往使主动轮的齿根或被动轮的齿顶(有时也可能沿整个齿面)被磨掉很薄一层。

对于起升机械减速器齿轮磨损,第一级啮合齿轮磨损达原齿厚 10%,其他啮合级达原齿厚 20% 应报废,其他机构第一级啮合齿轮磨损达原齿厚 15%,其他啮合级齿厚磨损达原齿厚的 25% 应报废。开式齿轮传动齿厚磨损达原齿厚的 30% 应报废。

(3) 胶合　胶合就是在齿面沿滑动方向形成伤痕。这是由于重载高速、润滑不当或散热不良造成的。这时齿轮啮合面间的油膜被破坏,温度升高。由于齿面金属直接接触,一个齿面的金属焊接在与其相啮合的另一齿面上。又由于齿面间作相对滑动,结果就在齿面上形成一些垂直于节圆的划痕,这就是胶合。齿面胶合严重,就会使齿轮丧失传动能力。为防止胶合,在低速重载的齿轮传动中,应用高黏度润滑油,或适当提高齿面的硬度和表面粗糙度。

(4) 塑性变形　对于较软的齿面,由于过载或摩擦系数过大,可使齿面产生塑性变形。塑性变形使主动齿轮在节线附近产生凹沟,被动齿轮节线附近产生凸台。渗碳钢齿轮由于摩擦较大,也会使啮合轮齿产生塑性变形,这种变形呈皱纹状,也称为塑皱。

(5) 折断齿　当齿轮工作时,由于危险断面应力超过极限应力,轮齿就可能部分或整齿折断。冲击载荷也可能引起断齿。断齿齿轮不能继续使用。

齿面接触状况与噪声特征见表 2—71。

表 2—71　　　　　　　　　　　齿面接触状况与噪声特征

序号	齿面接触状况	噪声特征
1		沙沙声或轻微的声响
2		空载时有沙沙声,负载时有喔喔声响
3		空载时有沙沙声,加载时,喔喔声加清脆的混合声响
4		空载时有清脆的混杂声响,负载时,喔喔声响
5		空载时有频繁的混杂声响,负载时,喔喔声响
6		轻微混杂声响
7		音调均匀的轻响声和较小的混杂声响
8		频繁的混合声响

第七节　制动器的安全技术

一、制动器的分类

1. 制动器按构造分类

可分为鼓式（块式）制动器、带式制动器、盘式制动器和蹄式制动器。

2. 制动器按工作状态分类

可分为常开式和常闭式。常开式制动器，经常处于松闸状态，当需要制动时，通过上闸装置（液压、气动等实现上闸）使制动器处于抱闸状态；常闭式制动器，经常处于上闸状态，当需要机构运行时，通过松闸装置（电磁铁、电力液压推动器等）使制动器处于松闸状态。起升机构、变幅机构的制动器，必须是常闭式制动器。

3. 制动器按动作方式分类

可分为自动作用式、操纵式和综合式。自动作用式制动器当机构断电或切断油路时制动器自动上闸，当机构通电时制动器自动松闸。桥式门式起重机起升机构使用自动作用式常闭式制动器。操纵式制动器是通过人操纵手把或踏板实现制动器的控制。臂架型起重机的起升机构和变幅机构的制动器是自动作用式或操纵式常闭式制动器。运行可采用自动作用式或操纵式制动器，回转机构可采用操纵式制动器。

二、带式制动器

带式制动器可分为简单式、差动式和综合式。带式制动器工作原理见图 2—57。

1. 简单式

简单式带式制动器的特点是正反转制动力矩不同，制动轮顺时针转动时，制动力矩比较大（见图 2—57a）。常用于起升机构。

2. 差动式

差动式带式制动器与简单式带式制动器基本相同，上闸力小一些（见图 2—57b）。用于起升和变幅机构。

3. 综合式

综合式带式制动器，正反转产生的制动力矩相同。多用于运转机构或回转机构。钢质制动带紧包在制动轮的表面上。综合式带式制动器上闸是依靠重锤，松闸是依靠电磁铁来实现的（见图 2—57c）。

制动轮直径 $D=200 \sim 760$ mm，对于 $D \leqslant 300$ mm 的制动轮，采用 45 号钢制造，对于 $D > 300$ mm 的制动轮，采用 ZG45 制造。制动带采用 45 号钢制造。

带式制动器的制动力矩：

$$M_{制} = (S_{max} - S_{min})D/2$$

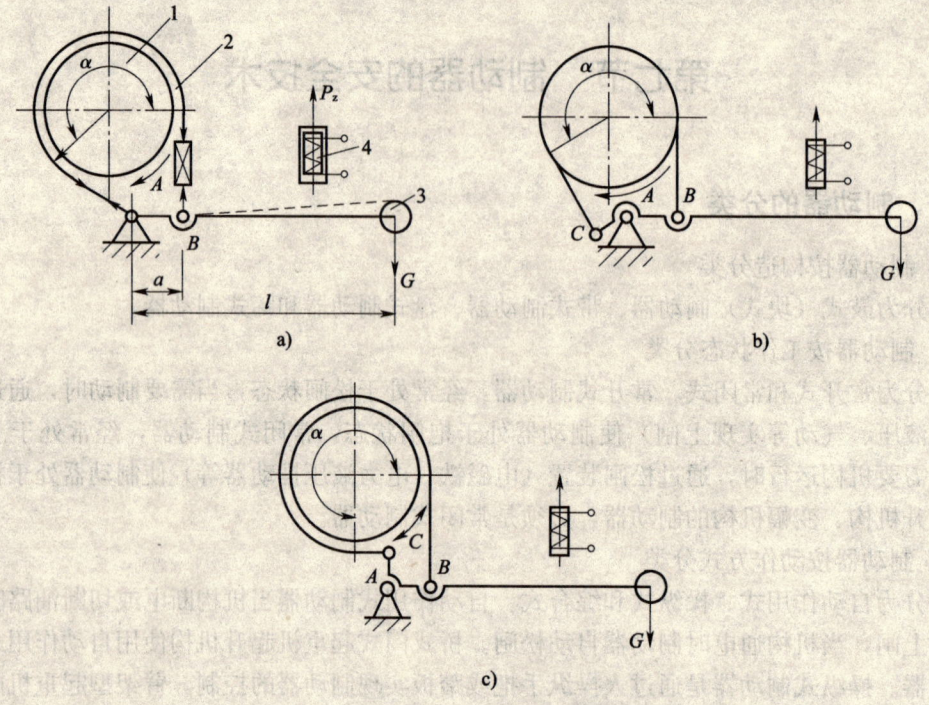

图 2—57 带式制动器工作原理图
1—制动轮 2—制动带 3—重锤 4—电磁铁

$$M_{制} = S_{min}(e^{\mu\alpha} - 1)D/2$$

又因

$$S_{min} = \frac{Gl}{a} \cdot \eta$$

则

$$M_{制} = \frac{GD}{2} \cdot \frac{l}{a}(e^{\mu\alpha} - 1) \cdot \eta$$

式中 G——坠重重量；

D——制动轮直径；

l, a——杠杆尺寸；

μ——制动带与制动轮间摩擦系数，金属对石棉带 $\mu = 0.35 \sim 0.37$；

α——包角，一般情况 $\alpha = \frac{3}{2}\pi$；

e——自然对数的底，$e = 2.71828$；

η——杠杆效率。

带式制动器由于结构简单、紧凑，并能随包角的增加而产生较大的制动力矩，在制动过程中冲击小，所以在某些起重机械中还被采用。

其缺点是：制动轴受弯曲力的作用；摩擦垫片磨损不均匀；某些带式制动器不适用于逆转机构。

三、电磁鼓式(块式)制动器

这类制动器也称为鼓式制动器、块式制动器。

电磁鼓式(块式)制动器结构简单,工作可靠。有两个对称的瓦块,制动轴不受弯曲,摩擦衬垫磨损均匀,但尺寸比较大。

1. 短行程电磁鼓式(块式)制动器

(1) 工作原理 这种制动器结构如图2—58所示,制动器上闸是靠主弹簧2,框形拉杆1使左右制动臂7、11上的瓦块9、10压向制动轮。副弹簧13的作用是使右制动臂11向外推便于松闸,螺母12的作用是调节衔铁冲程,锁紧螺母4(3个)的作用是锁紧主弹簧或调整制动力矩。调节螺钉8可以使两块闸瓦退程相等。

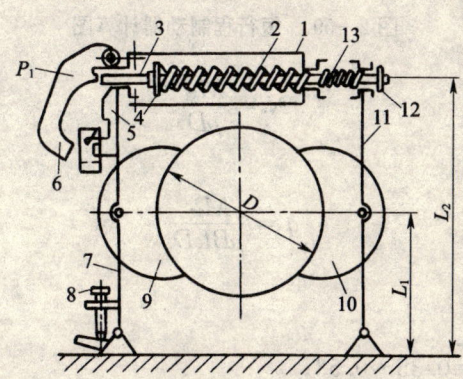

图2—58 短行程电磁鼓式(块式)制动器示意图
1—框形拉杆 2—主弹簧 3—推杆 4—锁紧螺母 5—电磁铁铁芯 6—衔铁 7—左制动臂
8—调节螺钉 9—左制动瓦块 10—右制动瓦块 11—右制动臂 12—螺母 13—副弹簧

当接通电流时,电磁铁的衔铁6吸向铁芯5,压住推杆3,进一步压缩主弹簧2,左制动臂7在电磁铁重量产生偏心压力作用下向外摆动,使左瓦块9离开制动轮,一直到调整螺母12阻挡为止,同时副弹簧13使右制动臂11及其上的瓦块10离开制动轮,以实现松闸。

(2) 短行程电磁鼓式(块式)制动器的特点

1) 松闸、上闸动作迅速。

2) 制动器的重量轻,外形尺寸小。

3) 由于铰链少(较长行程),所以松闸器的死行程小。

4) 由于制动瓦块与制动臂之间是铰链连接,所以瓦块与制动轮的接触均匀,磨损均匀,也便于调整。

但由于电磁铁吸力的限制,这类制动器的制动力矩有限(≤5 000 N·m)。

(3) 短行程制动器的计算

1) 制动覆面比压的验算(图2—59)

作用在覆面(衬垫)上的正压力为

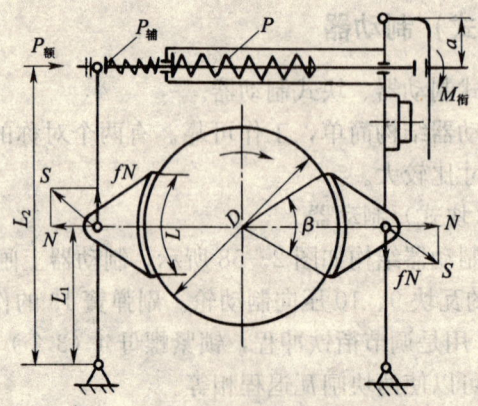

图 2—59 短行程制动器计算图

$$N = \frac{M_制}{\mu D}$$

制动覆面的比压为：

$$q = \frac{M_制}{\mu BLD}$$

式中　$M_制$——制动力矩；
　　　D——制动轮直径；
　　　μ——摩擦系数，$\mu=0.35\sim0.53$；
　　　B——瓦块宽度，$B=(0.4\sim0.6)D$；
　　　L——瓦块弧长，$L=\dfrac{\beta}{360}\pi D$；
　　　$[q]$——允许比压，石棉制动带对钢 $[q]=30\sim60\text{ N/cm}^2$。

2) 上闸力 P

为使制动器产生一定的制动力矩，必须有足够的上闸力 $P_额$。

$$P_额 = \frac{M_制 L_1}{\mu D L_2 \eta}$$

$$P_额 = \frac{M_制}{\mu D i \eta}$$

式中　i——杠杆比，$i=L_2/L_1$；
　　　η——杠杆的系统效率，$\eta=0.9\sim0.95$。

3) 主弹簧压力

上闸时：

$$P_主 = P_额 + P_辅 + M_衔/a$$

松闸时：

$$P_{主\max} = P_主 + 2\varepsilon i C$$

式中　$P_辅$——辅助弹簧的压力，$P_辅=20\sim80$ N；

$M_{衔}$——衔铁的重力矩；

a——衔铁对转轴的力臂；

ε——制动间隙；

C——弹簧刚度。

4) 打开制动器所需电磁铁转矩

$$M_{铁} = \frac{a}{\eta}(P_{额} + 2\varepsilon iC)$$

(4) 块式制动器的标记

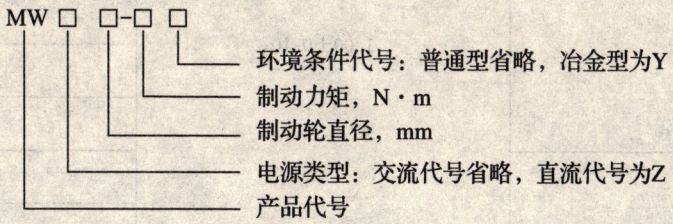

标记示例

①制动轮直径为 400 mm，额定制动力矩为 1 250 N·m，供电电源为交流的普通型制动器应标记为：制动器 MW400－1 250 JB/T 7685.1；

②制动轮直径为 400 mm，额定制动力矩为 1 250 N·m，电源为直流的冶金型制动器应标记为：制动器 MWZ 400－1 250Y JB/T 7685.1。

2. 制动器的型式

根据 JB/T 7685《电磁鼓式制动器》（原 JB/T 7685《块式制动器》）的规定，制动器的型式如下：

(1) 制动器根据供电电源类型可分为交流型和直流型。

(2) 制动器根据电磁铁主电路与被制动机构驱动电动机主电路连接方式可分为并励式和串励式。

(3) 制动器根据其适用的环境可分为普通型和防腐型。

3. 基本参数和连接尺寸

交流型制动器基本参数见表 2—72 的规定，直流型制动器基本参数见表 2—73 的规定。

4. 技术安全要求

(1) 电源及工作制　交流型制动器电源为单相交流，额定电压为 380 V、额定频率为 50 Hz；直流型制动器电源为直流，额定电压为 110 V、220 V；电压波动应不超过额定值的±10%。

(2) 环境条件

1) 使用地点海拔不超过 2 000 m。

2) 环境空气温度为－5℃～+40℃，超出此范围时由供需双方协商确定。

3) 大气条件

表 2—72　　　　　　　　交流型制动器基本参数表（JB/T 7685）

制动轮直径（mm）	基本参数	
	每侧制动瓦退距（mm）	额定制动力矩（N·m）
160	1.00±0.10	40
160	1.00±0.10	63
160	1.00±0.10	80
200	1.00±0.10	125
200	1.00±0.10	200
250	1.00±0.10	160
250	1.00±0.10	250
250	1.00±0.10	400
315	1.25±0.30	315
315	1.25±0.30	500
315	1.25±0.30	800
400	1.25±0.30	630
400	1.25±0.30	1 000
400	1.25±0.30	1 600
500	1.25±0.30	1 250
500	1.25±0.30	2 000
500	1.25±0.30	3 150
630	1.25±0.30	2 500
630	1.25±0.30	4 000
630	1.25±0.30	6 300
710	1.60±0.40	4 500
710	1.60±0.40	7 100
710	1.60±0.40	9 000
800	1.60±0.40	5 000
800	1.60±0.40	8 000
800	1.60±0.40	10 000

表 2—73　　　　　直流型制动器基本参数表（JB/T 7685）

制动轮直径（mm）	每侧制动瓦退距（mm）	基本参数			
		额定制动力矩（N·m）			
		并励		串励	
		1 h 额定	连续额定	30 min 定额	1 h 定额
200	0.80±0.10	160	125	160	100
250		355	250	355	225
315	1.00±0.20	1 060	800	1 060	630
400		1 600	1 250	1 600	1 000
500	1.25±0.30	3 550	2 500	3 550	2 000
630		6 700	5 000	6 700	4 000
710	1.60±0.40	8 500	6 300	8 500	5 400
800		12 500	9 500	12 500	8 000

①环境空气的年平均相对湿度不超过75%，最湿月的日平均相对湿度最大不超过90%，同时该月月平均最低温度不高于25℃，超过此条件时应采用防腐型产品。

②户内使用并且在周围大气环境中不应有 GB/T 15957《大气环境腐蚀性分类》中规定的 B 类及 B 类以上的腐蚀性气体和腐蚀性介质，户外使用或在周围大气环境中有 GB/T 15957 中规定的 B 类及 B 类以上的腐蚀性气体和腐蚀性介质时应采用防腐型产品。

③环境中不应有易燃、易爆性气体和介质。

5. 性能要求

（1）制动器动作性能

1）交流型和直流型并励式制动器动作性能应符合如下要求：

①在额定制动弹簧工作力、最大制动瓦退距和85%额定电源电压下操作时，制动器的释放应灵活、无卡滞现象。

②在50%额定制动弹簧工作力、110%额定电源电压下操作时，制动器的闭合动作应灵活、无卡滞现象。

2）直流型串励式制动器动作性能应符合如下要求：

①在额定制动弹簧工作力、最大制动瓦退距和40%额定电流下操作时，制动器的释放应灵活、无卡滞现象。

②制动器在通电释放状态时，电流下降至额定电流10%运行时，制动器应可靠地维持

在正常释放状态。

③在 50％额定制动弹簧工作力、110％额定电流下操作时，制动器的闭合动作应灵活、无卡滞现象。

（2）制动性能

1）制动器在额定制动弹簧工作力状态下的静态制动力矩应不小于规定的额定值。

2）制动器在额定制动弹簧工作力下和规定的制动初转速（表 2—74）及规定的许用单次制动功条件下进行制动时，每次制动过程中平均动态制动力矩值应不小于 90％的额定制动力矩值。

表 2—74　　　　　　　　制动器初转速表（JB/T 7685）

制动器轮径规格（mm）	160	200	250	315	400	500	630	710	800
制动初转速 n_1（r/min）	1 000					750			

制动器许用单次制动功按下式计算：

$$W = \frac{\pi n_1 M_d}{60}$$

式中　W——许用单次制动功，J；

　　　n_1——制动初转速，r/min；

　　　M_d——额定制动力矩，N·m。

6. 检验规则

（1）出厂检验

1）出厂检验为常规检验，每台制动器均应进行出厂检验并出具检验合格证。

2）出厂检验项目：

①目测检查。

②连接尺寸和形位误差。

③交流型和直流型并励式制动器在 85％额定电压下的动作性能，直流型串励式在 40％额定电流下的动作性能。

④电磁铁线圈冷态时的绝缘电阻。

⑤电磁铁线圈的工频耐压。

（2）型式试验

1）有下列情况之一时，应进行型式试验：

①新产品或老产品转厂生产的试制定型鉴定时。

②系列制动器正式生产后，如结构、材料、工艺有较大改变，可能影响产品性能时。

③出厂检验结果与上次型式试验有较大差异时。

④国家质量监督机构提出进行型式试验要求时。

⑤停产两年以上恢复生产时。

2）型式试验采用抽样试验，每个系列抽取至少两个规格，每种规格抽取两台产品。

3) 型式试验项目除出厂检验规定的项目外，还应进行如下项目试验：

①制动瓦随位和制动瓦退距均等功能。

②磨损自动补偿功能。

③交流型和直流型并励式制动器在 50% 额定制动弹簧工作力、110% 额定电压下操作时，制动器闭合动作灵活，无卡滞现象。直流型串励式制动器在 10% 额定电流时释放维持正常释放状态。在 50% 额定制动弹簧工作力、110% 额定电流下制动器的闭合动作应灵活、无卡滞现象。

④制动性能。

⑤电磁铁接线端子结构和接线盒外壳防护。

⑥电磁铁绕组线圈及接线端子温升。

⑦湿热试验。

⑧漆膜厚度。

⑨漆膜附着力。

⑩表面防腐。

4) 抽取的每种规格的受检制动器，受检项目应全部合格。

7. 标志

(1) 制动器应在明显位置设置标牌并应符合 GB/T 13306《标牌》的规定，标牌一般应标明以下内容：

①制动器名称和制动器型号。

②额定制动力矩。

③整机重量、制造日期或出厂编号和制造商名称。

(2) 电磁铁应设置独立的标牌并应符合 GB/T 13306《标牌》的规定，标牌一般应标明以下内容：

①产品名称和产品型号。

②工作制。

③励磁方式和额定电压或额定电流。

④整机重量、制造日期或出厂编号和制造商名称。

四、电力液压鼓式制动器

1. 电力液压鼓式制动器的结构和型号表示

(1) 结构　电力液压鼓式制动器的松闸器是电力液压推动器，在弹簧的作用下，制动器处于常闭状态。制动器的结构型式，可根据制动弹簧的布置特征分为 A、B 两型。A 型电力液压鼓式制动器的制动弹簧在制动臂侧面垂直布置，特征代号省略。B 型制动器的制动弹簧在制动轮的上方呈水平位置，特征代号为 P。电力液压鼓式制动器的基本结构及尺寸见表 2—75。

(2) 型号表示方法

表 2-75 电力液压鼓式制动器的基本结构和尺寸表（JB/T 6406.1）

制动规格	第一瓦块额定退距[2] (mm)	额定制动力矩 M (N·m)			基本尺寸[1] (mm)													
		1[3]	2[3]	3[3]	D	h_1	k	d	$n\geq$	e_1	e_2	b	F	G	$B\leq$	$E\leq$	$H\leq$	$A\leq$	$L\leq$
160—220	1.0	63	80	100	160	132	130	14	6	115	88	65	90	150	125	135	400	410	120
200—220		90	112	140															
200—300		140	180	224	200	160	145	14	8	140	108	70	90	165	125	165	490	450	120
250—220		125	160	200															
250—300		160	200	250	250	190	180	18	10	170	133	90	100	200	150	200	570	500	120
250—500		280	355	450															
315—300		200	250	315															
315—500	1.25	355	450	516	315	225	220	18	10	212	168	110	115	245	190	245	600	550	120
315—800		560	710	900															157

续表

制动规格	第一瓦块额定退距[2] (mm)	额定制动力矩 M (N·m)			基本尺寸[1] (mm)														
		1^3	2^3	3^3	D	h_1	k	i	d	$n\geq$	e_1	e_2	b	F	G	$B\leq$	$E\leq$	$H\leq$	$A\leq$	$L\leq$
400—500	1.25	450	560	710	400	280	270	100	22	12	250	210	140	140	300	220	300	790	680	157
400—800		710	900	1 120																148
400—1 250		1 120	1 400	1 800																
500—800		900	1 120	1 400	500	335	325	130	22	16	320	262	180	180	365	270	365	845	760	157
500—1 250		1 400	1 800	2 240																148
500—2 000		2 240	2 800	3 550																
630—1 250	1.6	1 800	2 240	2 800	630	420	400	170	27	20	390	327	225	220	450	320	450	1 020	860	148
630—2 000		2 800	3 550	4 500																
630—3 000		4 000	5 000	6 300																
710—2 000		3 150	4 000	5 000	710	470	450	190	27	20	440	370	255	240	500	355	510	1 100	930	148
710—3 000		4 500	5 600	7 100																
800—3 000		5 000	6 300	8 000	800	530	520	210	27	22	510	422	280	280	570	410	580	1 200	985	148

注：1. 制动器结构可不与图示相符，只要求符合给定的尺寸。
2. 额定退距一般为最大退距，允许的最小退距由产品生产厂自行确定，但应有明确的规定。
3. 1、2、3 为制动力矩代号。
4. 基本尺寸中 h_1、k、i 等重要尺寸的公差应不大于 IT12 级。

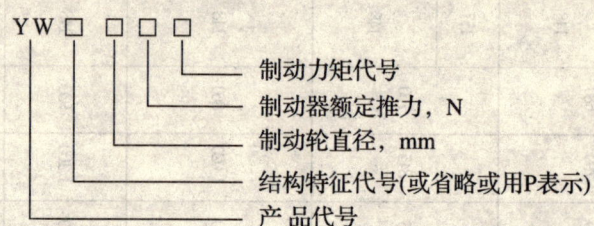

标记举例:YWP400—1250—1 JB/T 6406.1 表示:制动弹簧呈水平布置的电力液压鼓式制动器,制动轮直径为 400 mm,推动器额定推力为 1 250 N,制动力矩代号为1。

2. 电力液压鼓式制动器工作原理

这种制动器的工作原理是上闸靠制动弹簧,松闸靠电力液压推动器(JB/T 10603),制动弹簧应符合 GB 1239.4《热卷圆柱螺旋弹簧技术条件》的要求。

3. 基本参数

制动器基本参数见表 2—76 的规定。

表 2—76   制动器基本参数表(JB/T 6406)

规格		额定制动力矩(N·m)	每侧制动瓦额定退距(mm)
制动轮直径(mm)	推动器额定推力(N)		
160	220	100	1.00±0.10
200	220	140	
	300	224	
250	220	200	
	300	280	
	500	450	
315	300	335	
	500	560	
	800	900	
400	500	710	1.25±0.15
	800	1 120	
	1 250	1 800	
500	800	1 600	
	1 250	2 500	
	2 000	4 000	
630	1 250	2 800	1.60±0.20
	2 000	4 500	
	3 000	6 300	
710	2 000	5 300	
	3 000	8 000	
800	3 000	9 000	

4. 安全技术要求

工作及环境要求同电磁鼓式制动器

(1) 动作性能

1) 常闭式制动器在额定制动弹簧工作力、85%额定电压下操作时,制动器的释放应灵活、无卡滞现象；在30％额定制动弹簧工作力、额定电压下操作时，制动器的闭合应灵活、无卡滞现象。

2) 常开式制动器在85％额定电压下操作时，制动器的闭合应灵活、无卡滞现象；推动器断电失去驱动后，制动器的释放应灵活、无卡滞现象。

(2) 制动性能

1) 制动器在额定制动弹簧工作力下的静态制动力矩应不小于规定的额定值。

2) 制动器在额定制动弹簧工作力下和表2—74规定的制动器初转速及许用单次制动功条件下进行制动时，每次制动过程中平均动态制动力矩值应不小于额定制动力矩值的90％。

(3) 重要零部件

1) 材料要求　制动弹簧：圆柱螺旋弹簧应采用性能不低于60Si2Mn的材料制造；制动弹簧设计时许用切应力取值应不大于GB/T 1239.6《圆柱螺旋弹簧设计》中规定的Ⅱ类负荷规定的许用切应力，弹簧的设计循环寿命不小于500万次。

制动弹簧为压缩式、两端圈并紧磨平型式。

采用冷卷弹簧时，精度等级不低于2级，技术条件应符合GB/T 1239.2《冷卷圆柱螺旋弹簧技术条件》的规定；采用热卷弹簧时，技术条件应符合GB/T 1239.4《热卷弹簧技术条件》的规定。制动器各铰轴应采用性能不低于45钢的材料制造，热处理硬度为33～38 HRC。制动器各结构件应采用性能不低于Q235-B的材料制造。制动块应采用性能不低于HT200的材料制造。

2) 装配精度要求　制动器在闭合时，每个制动衬垫与制动轮的贴合面积，对于硬质和半硬质制动块制动衬垫应不小于设计面积的50％；对于软质制动衬垫应不小于设计面积的70％；制动块衬垫的装配应牢固可靠，任何情况下不得松动。制动衬垫与制动瓦的间隙，在任何处均不应大于0.5 mm。

3) 性能要求

①制动器的动作性能

a. 在85％的额定电压状况下、承受额定制动力矩时，制动器应能灵活释放。

b. 在50％额定负荷和额定电压状况下，按推动器额定操作频率操作时，制动器应能灵活闭合。

②制动力矩性能　出厂时一种规格制动器只提供一个额定制动力矩值（基本参数表内有三种数值）；在承受额定负荷时，制动器的制动力矩不应小于制动器性能表中规定额定值；制动器应允许在（0.7～1）额定值范围内调整使用。

③制动衬垫的摩擦性能　在25～200℃时，摩擦系数不小于0.35。

4) 制动器应设有如下装置：退程和力矩调整装置；制动衬垫磨损自动补偿装置；退程均等装置。

5) 制动器的电器部分（电动机和接线盒）外壳防护等级不低于IP44级。

(4) 表面涂装及防腐要求

1) 表面涂装

①除加工的配合面、工作面、摩擦面、经表面处理的零件表面和紧固件表面等不能进行

涂装外，所有其他零件和结构件表面均应进行涂装。涂装前应进行表面预处理。

②涂层应符合如下要求：

a）普通型产品可采用涂料（油漆）涂层或喷塑涂层，采用涂料涂层时的涂层结构、涂料品种和涂层厚度应符合 JB/T 5000.12《重型机械通用技术条件涂装》中规定的 A 类要求，采用喷塑涂层时的涂层干膜总厚度应不小于 $50\mu m$。

b）防腐型产品应采用涂料（油漆）涂层，涂料品种和涂层厚度应符合 JB/T 5000.12 中规定的 B 类要求。

③涂层的表面附着力和表面质量应符合如下要求：

a）涂层对金属底材的附着力应不低于 GB/T 9286《色漆和清漆漆膜的划格试验》中规定的 2 级。

b）涂装后的表面应均匀、细致、光亮和色泽一致，不得有漏涂、皱纹、针孔及严重流挂现象。

2）表面防腐

①除制动衬垫的摩擦表面外，所有不能涂装的零件加工表面的保护和耐蚀性能应符合如下要求：

a）普通型产品所有不能涂装的零件加工表面应有镀锌或氧化等临时性保护覆盖层。

b）防腐型产品所有不能涂装的零件加工表面应有合适的耐蚀性能，经 72 h 中性盐雾试验后的表面保护等级应不低于 GB/T 6461《金属基体上金属和其他无机覆盖层经腐蚀试验后的试样和试件的评级》中规定的 3 级。

②防腐型产品的紧固件表面应有合适的耐蚀性能，经 72 h 中性盐雾试验后的表面保护等级应不低于 GB/T 6461 中规定的 3 级。

5. 型式试验

（1）出厂检验的全部内容

1）目测检验。

2）连接尺寸和形位误差。

3）动作性能。

（2）制动瓦随位和制动瓦退距等功能检验。

（3）额定制动瓦退距下的推动器工作行程检验。

（4）磨损自动补偿功能检验。

（5）制动性能检验。

（6）漆膜厚度检验及其附着力检验。

（7）表面防腐检验。

五、鼓式制动器安全技术检查

1. 安全技术检查

制动器要经常检查（每班一次）：制动器运转是否正常，有无卡塞现象，闸块是否贴在制动轮上，制动轮表面是否良好，调整螺帽是否紧固。

每次起吊时要首先将重物吊起离地面 150~200 mm，检验制动器是否可靠，确认灵活可靠后方可起吊。

安全检查要求：

(1) 闸瓦摩擦衬垫厚度磨损达原厚度的 50% 应报废。

(2) 制动轮表面硬度 HB=400~450，淬火层深度达 2 mm。规范规定制动轮表面磨损量达 1.5 mm 时必须重新车制并表面淬火。制动轮经多次车制后的壁厚，对于起升机构壁厚磨损量不应超过 40%，其他机构不应超过 50%，超过规定值应报废。

制动衬垫与制动轮的实际接触面积不应小于理论面积的 70%。

(3) 通过电磁铁的杠杆系统的"空行程"，不应超过电磁铁冲程的 10%。

(4) 小轴及心轴要表面淬火。磨损量超过原直径 5% 和椭圆度超过 0.5 mm 应更新；杠杆发现裂纹则要更换；弹簧发现裂纹、塑性变形要及时更换。

(5) 制动轮与摩擦衬垫之间隙要均匀一致。闸瓦开度不应超过 1 mm，闸带开度不应超过 1.5 mm。

(6) 电磁铁铁芯的起始行程不要超过额定行程之半，以备由于磨损而调整之用。

制动器必须每班严格检验，确保起重机安全运行。由于制动器故障而引发的事故是较多的，主要原因是检验不够。在起吊过程中偶然发现制动器失灵，切不可惊慌。在条件允许的情况下，可稍稍起落吊钩，然后慢慢地把重物放在安全的地方。

制动器的安全系数见表 2—77。

表 2—77　　　　　　　　　　制动器的安全系数

机　构	使　用　情　况	安 全 系 数
起升机构	一般的	1.5
	重要的	1.75
	具有液压制动作用的液压传动	1.25
吊运炽热金属或危险品的起升机构	装有两套支持制动器时，对每一套制动器	1.25
	对于两套彼此有刚性连接的驱动装置，每套装置有两套支持制动器时，对每一套制动器	1.1
非平衡变幅机构		1.75
平衡变幅机构	在工作状态时	1.25
	在非工作状态时	1.15

对于制动器，人的控制力和行程见表 2—78。

表 2—78　　　　　　　　　　人的控制力与行程

操作方法	施加的力（N）	行程（cm）
手控	100~200	40~60
脚踏	120~300	25~30

2. 制动器的调整

(1) 短行程制动器的调整

1) 主弹簧工作长度调整:为使制动器产生相应的制动力矩,需调整主弹簧。调整方法是用一扳手把住螺杆方头,用另一扳手转动主弹簧固定螺母(见图2—60),以调整主弹簧长度,把另两个螺母拧紧(背紧),以防主弹簧紧固螺母松动。

2) 调整电磁铁冲程:方法是用一扳手把住锁紧螺母,用另一扳手转动制动器弹簧螺杆方头。电磁铁允许冲程见表2—79。

表2—79 电磁铁允许冲程

电磁铁型号	$MZD_1—100$	$MZD_1—200$	$MZD_1—300$
冲程(mm)	3	3.8	4.4

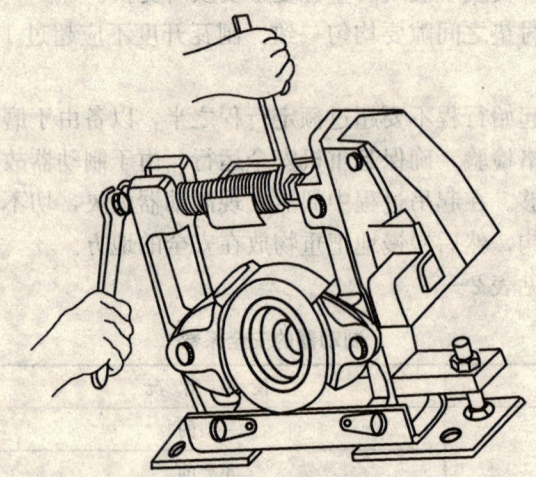

图2—60 调整主弹簧的示意图

3) 调整制动瓦块与制动轮的间隙:按规定的数值,把衔铁推在铁芯上,制动瓦块即松开,然后调整螺栓来调整制动瓦块与制动轮的间隙(见图2—61)。

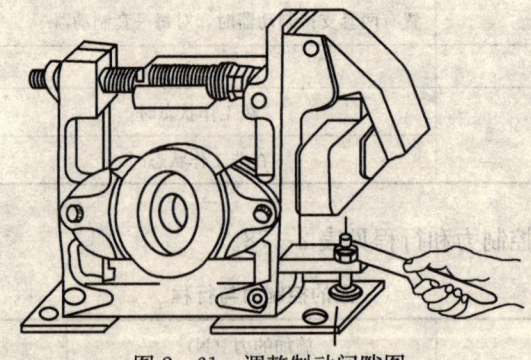

图2—61 调整制动间隙图

表2—80是短行程制动器制动瓦块与制动轮间允许间隙(单侧)。其他型式制动器瓦块额定退程,可从制动器基本参数和尺寸表中查得。

表 2—80　短行程制动器制动瓦块与制动轮间允许间隙（单侧）

制动轮直径（mm）	100	200/100	200	300/200	300
允许间隙（mm）	0.6	0.6	0.8	1	1

（2）长行程制动器的调整（图 2—62）

1）调整主弹簧长度：用调整锁紧螺母 9 来调整主弹簧长度，然后用两个螺母锁紧。

2）调整电磁铁冲程：调整方法是：拧开螺母 4 和 5，转动螺杆 2 和 6。制动瓦块在磨损前，衔铁应有 25～30 mm 的冲程。

3）调整制动瓦块与制动轮之间的间隙：抬起螺杆，制动瓦块自动松开，调整螺杆和螺栓，使制动瓦块与制动轮之间的间隙在表 2—80 规定的范围内，且两侧间隙应均匀。

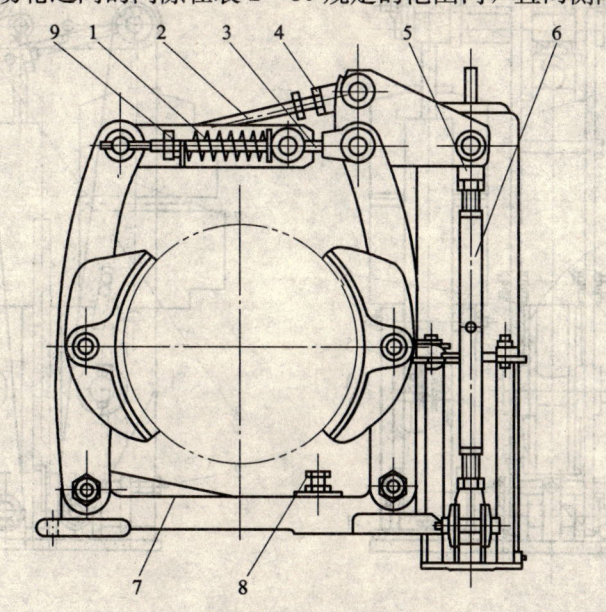

图 2—62　长行程制动器调整图
1—弹簧　2—螺杆　3—拉杆　4、5—螺母　6—螺杆　7—底架　8—调整螺栓　9—锁紧螺母

六、盘式制动器（电力液压）

1. 多盘式制动器

盘式制动器由固定盘、转动盘、弹簧及电磁铁组成。上闸时，由于弹簧力的作用，固定盘和转动盘压紧而产生制动力矩。松闸时，电磁吸力克服弹簧压力而使固定盘与转动盘分开，制动轮转动。多盘式制动器见图 2—63。

多盘式制动器的制动力矩为：

$$M_{制} = ZP\mu R$$

式中　Z——摩擦面对数；

μ——摩擦系数；

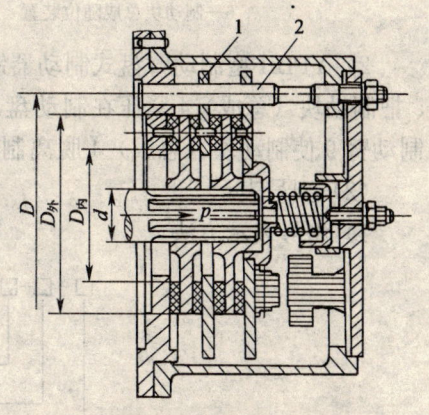

图 2—63　多盘式制动器
1—圆盘　2—导杆

P——轴向上闸力；
R——等效摩擦半径。

2. 电力液压盘式制动器

(1) 制动器工作原理

1) YPBI 型制动臂盘式制动器制动架采用拉杆式释放结构（图 2—64），依靠制动弹簧装置 5 把制动块（总成）4 紧压在制动盘 10 上，实现上闸；松闸时，推动器 9 通过拉杆机构 8、制动臂 7 使制动块（总成）脱离制动盘 10，实现松闸。

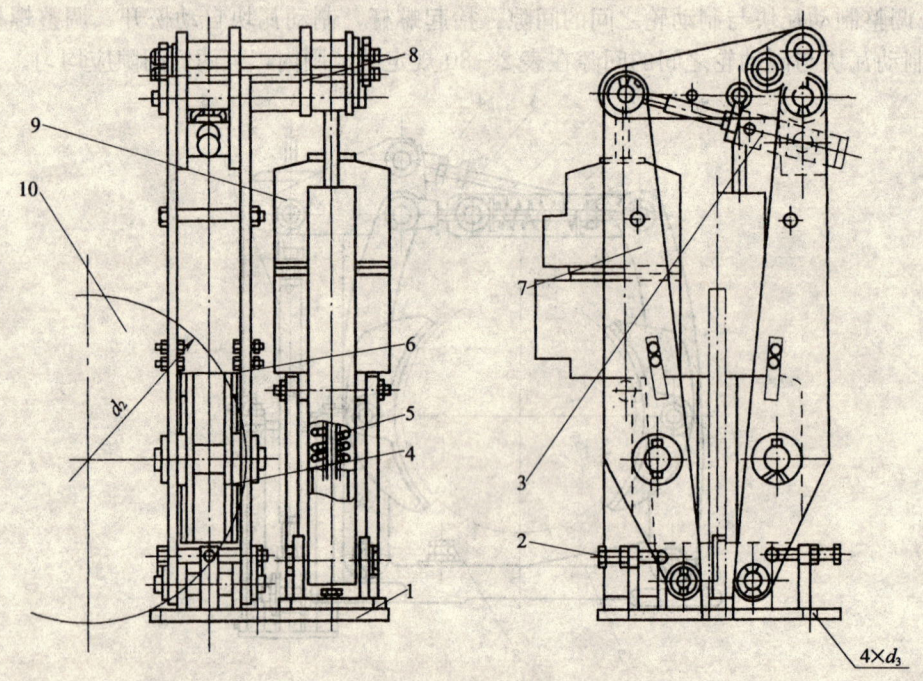

图 2—64　YPBI 型制动臂盘式制动器
1—底座　2—退距均等装置　3—磨损自动补偿装置　4—制动块（总成）　5—制动弹簧装置
6—制动块总成随位装置　7—制动臂　8—拉杆机构　9—推动器　10—制动盘

2) YPBII 型制动臂盘式制动器制动架采用楔块式释放结构（图 2—65），制动弹簧装置 5 把制动块（总成）4 紧压在制动盘 10 上，实现上闸；松闸时，推动器 7 通过楔块机构 8、制动臂 9 使制动块（总成）4 脱离制动盘 10，实现松闸。

(2) 型号表示

1) 型号表示方法

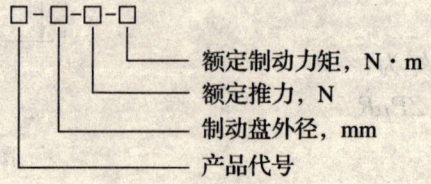

额定制动力矩，N·m
额定推力，N
制动盘外径，mm
产品代号

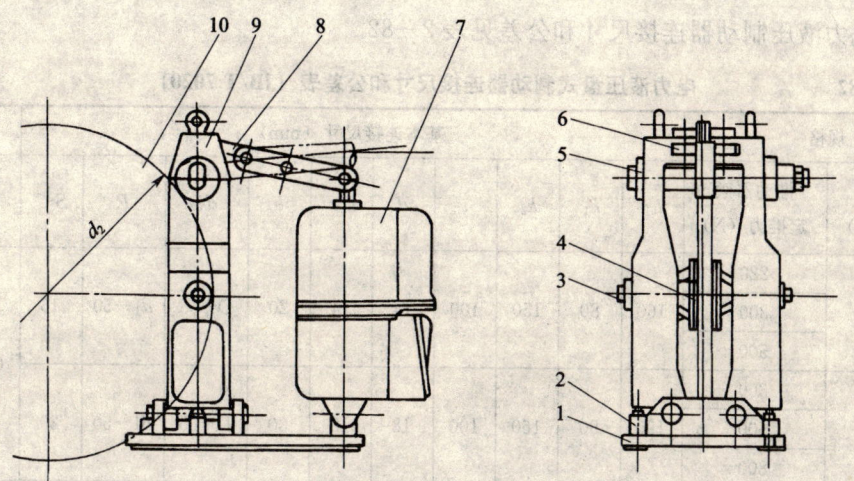

图 2—65 YPB Ⅱ型制动臂盘式制动器
1—底座 2—退距均等装置 3—磨损自动补偿装置 4—制动块（总成） 5—制动弹簧装置
6—滚轮 7—推动器 8—楔块机构 9—制动臂 10—制动盘

2）标记示例

制动架采用拉杆式释放结构的制动器（Ⅰ），制动盘外径为 400 mm，推动器额定推力为 800 N，额定制动力矩为 1 600 N·m，标记为：制动器 YPBⅠ—400—800—1600 JB/T1020.1

制动架采用楔块式释放结构的制动器（Ⅱ），制动盘外径 400 mm，推动器额定推动力 800 N，额定制动力矩 1 000 N·m，标记为：制动器 YPBⅡ—400—800—1000 JB/T7020.1

（3）基本参数

1）电力液压制动器基本参数见表 2—81。

表 2—81　　　　　　　　电力液压盘式制动器基本参数表（JB/T 7020）

规格		额定制动力矩（N·m）								每侧制动瓦退距（mm）
制动器中心高（mm）	推动器额定推力（N）	制动盘直径 D（mm）								
		250	315	400	500	630	710	800	900	
160	220	200	250	315	400	—	—	—	—	0.8±0.1
	300	280	355	450	560	—	—	—	—	
	500	450	560	710	900	—	—	—	—	
190	300	—	355	450	560	710	—	—	—	
	500	—	560	710	900	1 120	—	—	—	
	800	—	900	1 120	1 400	1 800	—	—	—	
230	500	—	—	710	900	1 120	1 260	—	—	0.9±0.2
	800	—	—	1 120	1 400	1 800	2 000	—	—	
	1 250	—	—	1 800	2 240	2 800	3 150	—	—	
280	800	—	—	1 400	1 800	2 000	2 240	—	—	
	1 250	—	—	2 240	2 800	3 150	3 550	—	—	
	2 000	—	—	3 550	4 500	5 000	5 600	—	—	
370	1 250	—	—	—	3 550	4 000	4 500	5 000	—	1.0±0.3
	2 000	—	—	—	5 600	6 300	7 100	8 000	—	
	3 000	—	—	—	8 500	9 500	10 600	12 000	—	

2) 电力液压制动器连接尺寸和公差见表2—82。

表2—82　　　　电力液压盘式制动器连接尺寸和公差表（JB/T 7020）

规格		基本连接尺寸（mm）										形位公差	
制动器中心高（mm）	推动器额定推力（N）	h_1	k_1	k_2	i	d	$n\geq$	b	d_1	P	$S\leq$	x	y
160	220	160	80	150	100	14	14	20	D−55	d_1−50	16	0.15	0.15
	300												
	500												
190	300	190	90	160	100	18	18	30	D−65	d_1−50	20		
	500												
	800												
230	500	230	145	145	130	18	22	30	D−80	d_1−65	20	0.20	0.20
	800												
	1 250												
280	800	280	180	180	160	27	24	30	D−100	d_1−80	30		
	1 250												
	2 000												
370	1 250	370	180	180	160	27	30	30	D−130	d_1−80	30	0.25	0.25
	2 000												
	3 000												

图2—66是电力液压制动器尺寸图。

(4) 安全技术要求

结构及功能要求

①制动器应具有制动瓦随位功能。

②制动器应具有制动瓦退距均等功能，保证制动器在正常释放状态下两侧制动瓦退距一致，制动瓦制动覆面任何部位不应浮贴在制动轮上。

③制动器应具有制动力矩和制动瓦退距调整功能，并有可靠的防松措施。

④制动器在额定制动瓦退距下工作时，推动器的工作行程应符合如下规定：

a) 具有自动补偿功能的制动器，推动器的工作行程应不大于推动器额定行程的85%。

b) 不具有自动补偿功能的制动器，推动器的工作行程应不大于推动器额定行程的75%。

⑤制动器设有自动补偿装置时，应保证制动器在使用过程中因制动衬垫磨损导致制动瓦退距增大和制动弹簧工作力减小时，能够及时地、自动地进行补偿并保持制动弹簧工作力和制动瓦退距（推动器工作行程）的基本恒定。

⑥制动器设有手动释放装置时，应符合如下要求：

a) 手动释放时的操作力≤250 N。

b) 手动释放装置在最大开启位置时，制动器对制动轮的制动力矩应完全消除。

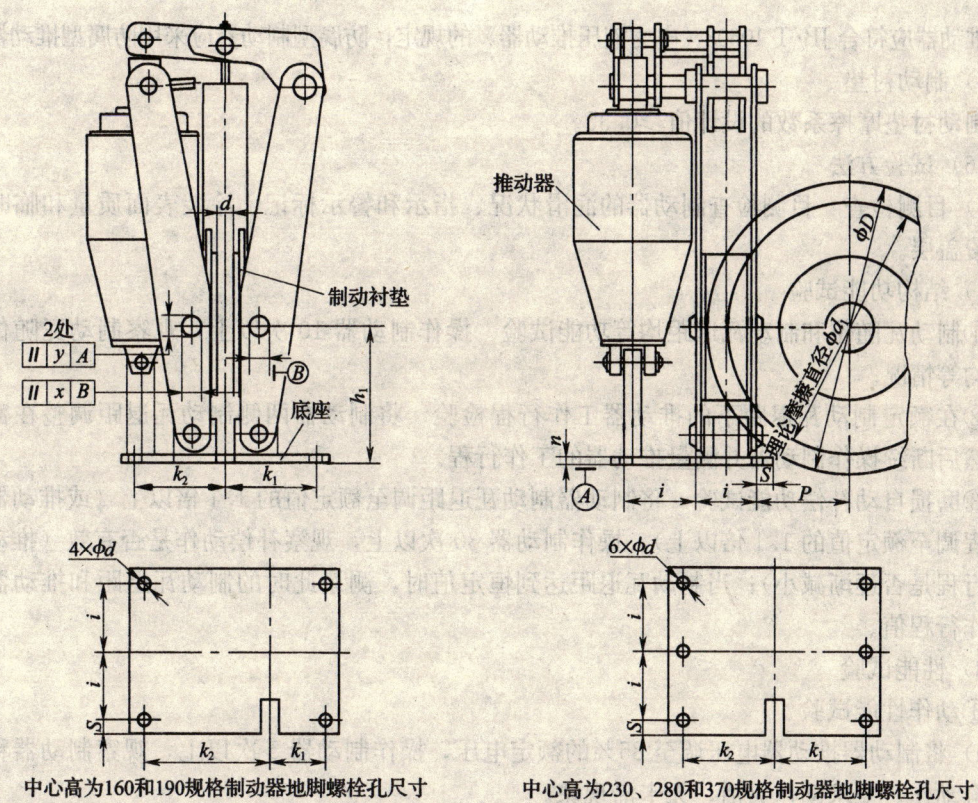

中心高为160和190规格制动器地脚螺栓孔尺寸   中心高为230、280和370规格制动器地脚螺栓孔尺寸

图 2—66 电力液压制动器尺寸图

c) 手动释放装置在最大开启位置和非工作位置应有可靠的锁定装置。

⑦制动器设有各种限位开关装置时，开关的动作和信号应准确、可靠。

⑧制动器所有摆动铰点应有润滑功能或设置自润滑轴承。

⑨制动器应在如下部位设置指示或警示标记：

a) 常闭式制动器在制动弹簧处设置清晰、准确的力矩标尺。

b) 设有手动释放装置时，在手动释放装置的合适位置应设置释放和闭合位置或方向的指示标记。

(5) 重要零部件

1) 制动弹簧

①制动弹簧设计时，许用切应力取值应不大于 GB/T 1239.6《圆柱螺旋弹簧设计计算》中规定的Ⅱ类负荷的许用切应力，弹簧的设计循环寿命不小于 500 万次。

②制动弹簧为压缩式、两端圈并紧磨平型式。

③采用冷卷弹簧时，精度等级不低于 2 级，技术条件应符合 GB/T 1239.2《冷卷圆柱螺旋压缩弹簧技术条件》的规定；采用热卷弹簧时，技术条件应符合 GB/T 1239.4《热卷圆柱螺旋弹簧技术条件》的规定。

2) 推动器

推动器应符合 JB/T 10603《电力液压推动器》的规定，防腐型制动器应采用防腐型推动器。

3）制动衬垫

制动衬垫摩擦系数的设计值≥0.35。

（6）试验方法

1）目测检查　目测检查制动器的润滑状况、指示和警示标记、涂装表面质量和临时性保护覆盖层。

2）结构功能试验

①制动瓦随位和制动瓦退距均等功能试验　操作制动器 10 次以上，观察制动瓦随位和退距均等情况。

②在额定制动瓦退距下的推动器工作行程检验　将制动器两侧制动瓦退距调整在额定值，然后断续操作制动器并测量推动器的工作行程。

③磨损自动补偿功能试验　将制动器制动瓦退距调至额定值的 1.1 倍以上（或推动器工作行程调至额定值的 1.1 倍以上），操作制动器 30 次以上，观察补偿动作是否有效（推动器工作行程是否逐渐减小）；当制动瓦退距达到恒定值时，测量此时的制动瓦退距和推动器实际工作行程值。

3）性能试验

①动作性能试验

a）将制动器推动器电压调至 85% 的额定电压，操作制动器 5 次以上，观察制动器释放和闭合动作。要求动作灵活，无卡滞现象。

b）将制动器推动器电压调至额定值，制动弹簧工作力调整至 30% 的额定值，操作制动器 5 次以上（常开式制动器不进行此项试验），观察制动器闭合动作。要求闭合可靠，无卡滞现象。

②静态制动力矩试验

静态制动力矩试验宜采用砝码法，试验方法如下：

a）根据被试制动器额定制动力矩值，准备三种以上不同质量等级的砝码，其中最小一级的砝码重量不得超过所需砝码总重量的 2%；

b）试验装置见图 2—67，试验时逐渐将砝码施加于砝码钩上，最后施加的为最小一级的砝码，直至制动盘产生转动时停止施加砝码；

c）取下最后施加的一个砝码，余下的砝码为试验砝码重量，按下式计算静态制动力矩：

$$M_j = 9.8[(G+G_1)L + G_2 a]$$

式中　M_j——静态制动力矩，N·m；

　　　G——砝码重量，kg；

　　　G_1——砝码钩重量，kg；

　　　G_2——杠杆重量，kg；

　　　L——砝码重心至制动盘中心的距离，m；

　　　a——杠杆重心至制动盘中心的距离，m。

试验应在相同条件下进行 3 次，取平均值作为试验结果。

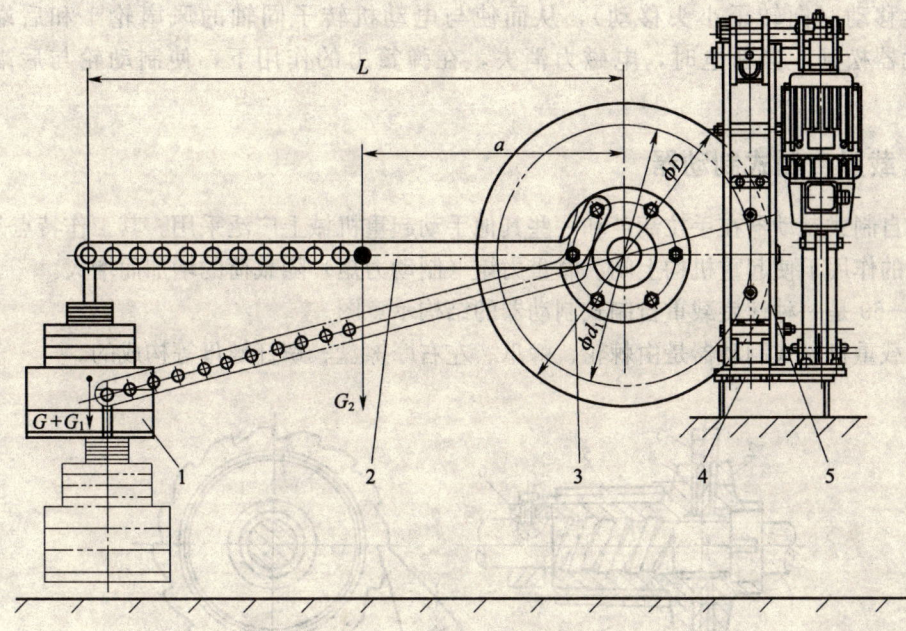

图 2—67 静态制动力矩试验图
1—砝码和砝码钩 2—杠杆 3—制动盘 4—安装底座 5—被试制动盘

七、锥式制动器

1. 结构

锥式制动器就是用锥形盘代替圆盘的一种制动器。在 CD 型电动葫芦中就采用锥式制动器。锥式制动器结构见图 2—68。

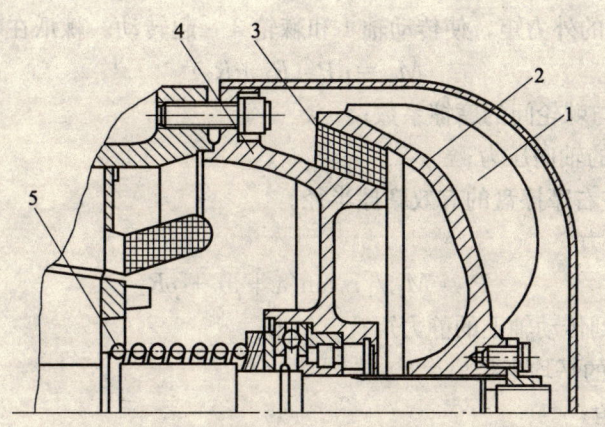

图 2—68 锥式制动器
1—风扇轮 2—锥形制动盘 3—制动环 4—制动轮 5—弹簧

2. 工作原理

电动葫芦采用锥形转子电动机,当电动机通电时,由于转子产生电磁力并且使其在轴向产生移动（向转子小头移动），从而使与电动机转子同轴的风扇轮1和后端盖脱开，制动器松闸。当断电时，电磁力消失，在弹簧力的作用下，使制动轮与后端盖靠紧上闸。

八、载重自制式制动器

载重自制式制动器在手拉葫芦和一些其他手动起重机械上广泛采用。其工作特点是，在载重力矩的作用下使起重机构上闸。载重力矩（制动力矩）随载荷的增加而增大。

图2—69是一种螺旋载重自制式制动器的结构示意图。

螺旋载重自制式制动器是由棘轮、棘爪、左右摩擦盘、螺杆螺母等构成的。

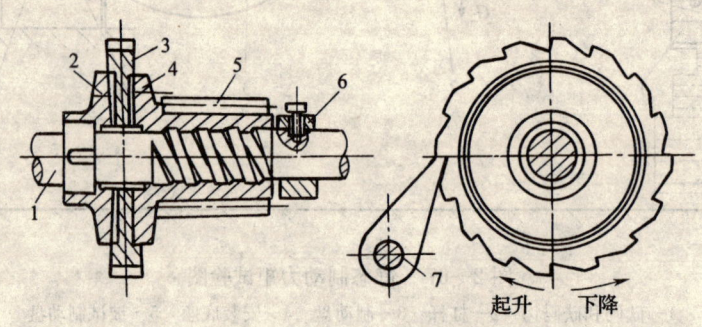

图2—69 螺旋载重自制式制动器
1—传动轴 2—左摩擦盘 3—棘轮 4—右摩擦盘 5—螺母 6—挡块 7—棘爪

左摩擦盘2通过键固定在传动轴上，由于载重的作用使螺母5和右摩擦盘4向左移动。左右摩擦盘通过摩擦片压在棘轮3上，产生制动力矩（摩擦力矩），使其构成一体。在棘爪的支持下，使吊物保持悬空，起制动作用。

当起升时，施加的外力矩，使传动轴1和棘轮3一起转动。棘爪在棘轮上滑过。

制动力矩为：
$$M_{制} = \mu P (R_1 + R_2)$$

式中　μ——摩擦盘与棘轮间的摩擦系数；
　　　P——摩擦盘的轴向压力；
　　　R_1、R_2——左右摩擦盘的有效摩擦半径。

摩擦盘的轴向压力：
$$P = M_{静} / [r_0 \tan(\alpha + \rho) + \mu R_2]$$

式中　$M_{静}$——换算到传动轴上的静力矩；
　　　r_0——螺杆的平均半径；
　　　α——螺纹升角；
　　　ρ——螺纹摩擦角。

为了可靠地支持住吊重，必须满足：
$$M_{制} > M_{静}$$
$$\mu P(R_1 + R_2) > P[r_0 \tan(\alpha + \rho) + \mu R_2]$$

$$\mu R_1 > r_0 \tan(\alpha+\rho)$$

由此可见，制动器的工作可靠性与 μ、r_0、a、ρ 和左摩擦盘有效半径 R_1 有关。螺纹升角一般取 $\alpha=20°$，不小于 $15°$。螺纹头数取 $2\sim4$。

手拉葫芦中的载重制动器的结构，也属于这种结构。

拉动手链条，手链轮转动，将摩擦片、棘轮、制动器座压成一体，同时旋转，通过传动齿轮、链轮使重物起升。棘爪在棘轮上滑过。当起升终止时，在重物的作用下，棘轮有反转的趋势，棘爪顶住棘轮，起制动作用。

当需下降时，手链轮反转，退出制动器座，同时放松棘轮，棘爪不起作用，重物即可缓缓下降。

九、工程机械蹄式制动器

1. 蹄式制动器的分类

蹄式制动器可分为简单非平衡式蹄式制动器和自动增力式蹄式制动器。自动增力式蹄式制动器左右蹄均为紧蹄，制动力矩大。用于流动式起重机。

2. 蹄式制动器安全技术要求

（1）材料要求　制造制动器所用的材料（包括配套件）均应具有合格证明，并且应抽样检查，确认合格后方可使用。铸件、锻件、机械加工件、热处理件、焊接件等均应符合图样的技术要求，并应符合相应的工程机械标准。

（2）主要零件的主要部位的技术要求见表 2—83。

表 2—83　　　蹄式制动器主要零件的主要部位的技术要求（JB/T 5949）

零件名称	项　目	要　求
制动支架	1. 安装螺孔对支架内圆止口中心位置度 2. 销轴孔轴线对支架定位端面的垂直度 3. 凸轮轴孔轴线对支架定位端面的垂直度 4. 蹄片销轴孔尺寸精度	符合图样 不大于 $0.05\mu m$ 不大于 $100:0.03\mu m$ IT7
凸轮轴	1. 凸轮轴渐开线的对称度 2. 凸轮轴颈同轴度	不小于 $0.4\mu m$ 不小于 $\phi 0.025\mu m$
制动鼓	1. 定位直径的尺寸精度 2. 定位直径的表面粗糙度 Ra 值 3. 制动摩擦面的尺寸精度 4. 制动摩擦面的表面粗糙度 Ra 值 5. 制动摩擦面与定位直径的同轴度	IT9 $3.2\mu m$ 符合图样 $3.2\mu m$ 不大于 $\phi 0.1\mu m$

（3）性能要求

1）制动器第一、二、三次效能试验的制动初速度为 20 km/h，制动管路压力为制造厂规定的最大值时，制动器输出的制动力矩应不小于额定值。

2）制动器第一、二、三次效能试验时，制动初速度为 40 km/h，制动器输出的制动力矩与制动初速度为 20 km/h 时制动器输出的制动力矩的差值，应不大于 10%。

3) 可靠性要求 平均无故障工作时间（MTBF）为 400 h。

4) 外观要求 铸、锻件非加工表面应光洁、无飞边毛刺；焊接件焊缝应平整，无焊渣等缺陷；冲压件表面应光洁，无飞边毛刺；涂漆表面，漆面应均匀，不得有流挂和皱皮等缺陷。

3. 型式试验

(1) 制动器性能试验；

(2) 可靠性试验；

(3) 出厂检验的全部项目：装配质量、外观质量、密封性、包装质量；

(4) 主要零件的检查。

十、涡流制动器

1. 涡流制动器的工作原理和参数

(1) 涡流制动器的工作原理 涡流制动器在起重机和冶金机械中应用比较广泛。涡流制动器由两部分构成，一是电枢，电枢随电动机同轴转动；二是感应器，感应器与电动机外壳或底座安装在一起。感应器由磁极和线圈构成。感应器磁极的结构型式有三种：感应式，鸟啄式和凸极式。

涡流制动器的工作，首先给涡流制动器通激磁电流，磁极便会产生磁通。这时如果电动机带动电枢旋转，则在电枢的表面会产生涡流，该涡流与磁极的磁通相互作用而产生转矩，转矩的方向始终与电动机的旋转方向相反，从而起到制动作用。图 2—70 是涡流制动器测试原理图。

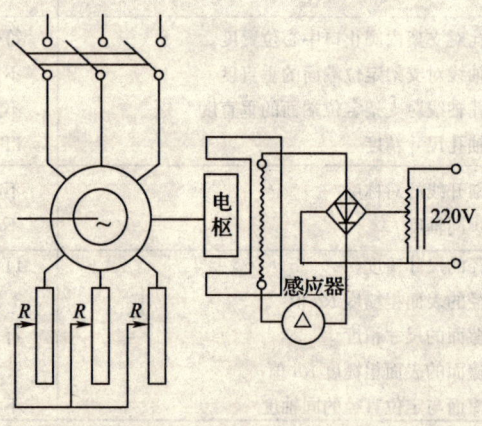

图 2—70 涡流制动器测试原理图

(2) 涡流制动器的参数

1) 额定制动力矩 涡流制动器在 100 r/min 涡流制动器励磁绕组热稳定时的制动力矩。

2) 限定制动力矩 涡流制动器在 950～1 000 r/min 时励磁绕组热稳定时的制动

力矩。

3) 额定励磁电流 能满足额定制动力矩的励磁电流。

4) 额定励磁电压，转动惯量，工作制度，防护等级等。

WZ 系列起重及冶金用涡流制动器外壳防护等级为 IP23，接线盒为 IP44；涡流制动器基准工作制为 S3，基准负载持续率为 15%。额定制动力矩按下列数值制造：64，118，170，245，390，620，980，1 180，1 700，1 860，2 250。单位为 N·m。

涡流制动器额定制动力矩、限定制动力矩、转动惯量及与绕线转子电动机的匹配关系见表 2—84。

WZ 系列起重用涡流制动器的安装尺寸公差及外形尺寸见表 2—85。

表 2—84 涡流制动器额定制动力矩、限定制动力矩、转动惯量及与绕线转子电动机的匹配关系表 (JB/T 7561)

机座号	额定制动力矩 (N·m)	限定制动力矩 (N·m)	允许最大转速 (r/min)	转动惯量 $J(kg·m^2)$	匹配绕线转子电动机 (kW)			
					机座号	S3 40%		
						1 000 r/min	750 r/min	600 r/min
160	64	196	3 000	0.13	160M1	5.5	—	
180	118	245		0.18	180L	15	11	
200	170	390		0.25	200L	22	15	
225	245	540		0.38	225M	30	22	
250	390	785		0.42	250M	37/45	30/37	—
280	620	1 180	2 250	1.3	280	55/75	45/55	37/45
315	980	1 860		2.7	315	—	75/90	55/75
355	1 180	2 060	1 800	4.75	355M	—	—	90
	1 700	3 040		5	355L	—	—	110/132
400	1 860	3 720		6.5	400L1	—	—	160
	2 250	4 410		6.75	400L2	—	—	200

5) 涡流制动器励磁绕组的电源为直流，在额定励磁电流时，励磁电压为 80 V±15 V，根据需要也可以制成 160 V±30 V。

6) 涡流制动器结构及安装型式为 IM 1001，安装尺寸及其公差应符合表 2—85 的规定，外形尺寸不大于表 2—85 的规定。

2. 涡流制动器安全技术要求

(1) 一般要求 海拔不超过 1 000 m，如果超过 1 000 m 使用时，应按标准 GB 755《旋转电机基本技术要求》规定处理；环境温度，一般不超过 40℃，冶金环境不超过 60℃，如果超过上述温度范围使用，则应按标准 GB 755 规定处理。

(2) 绝缘等级 涡流制动器的绝缘等级分为 F 级和 H 级两种，F 级绝缘等级适用的环境温度见表 2—86。当环境温度和海拔符合上述规定时，涡流制动器各发热部位的温升值不应超过表 2—86 的规定值。

表 2-85　WZ系列起重用涡流制动器的安装尺寸公差及外形尺寸表（JB 7561）

机座号	图形	A 基本尺寸	A/2* 基本尺寸	A/2* 极限偏差	B 基本尺寸	C 基本尺寸	C 极限偏差	D 基本尺寸	D 极限偏差	E 基本尺寸	E 极限偏差	F 基本尺寸	F 极限偏差	G 基本尺寸	G 极限偏差	H 基本尺寸	H 极限偏差	K 基本尺寸	K 极限偏差	位置度公差	螺栓直径	AB	AC	BB	HA	HD	L
160	A	254	127	±0.75	178	28	±1.0	42	+0.018 +0.002	82	±0.43	12	0 −0.043	37	0 −0.2	160	0 −0.5	15	+0.43 0	φ1.5	M12	300	317	234	13	420	419
180		279	139.5		210	30		48				14		42.5		180		15				355	355	250	13	460	434
200		318	159		254	28		55	+0.030 +0.011	105		16		49		200		19	+0.52 0	φ2.0	M16	400	395	300	16	510	452
225		356	178		254	43		55				16		49		225		19				450	445	300	16	540	492
250		406	203	±1.0	279	56	±1.5	60				18		53		260		24			M20	500	495	335	25	590	585
280	B	457	228.5		305	56		70		130	±0.50	20		62.5		280		24				560	555	365	25	660	693
315		508	254		311	115	±2.0	85	+0.035 +0.013	165		22	0 −0.052	76	0 −0.10	315		28	+0.62 0	φ2.5	M24	610	625	385	25	725	735
355		610	305		349	121		100				28		90		355		28				700	705	420	35	805	920
400		686	343	±1.25	457	102		110				28		100		400		35			M30	800	790	550	35	895	1075

注：* 如 K 孔的位置度合格，则 A/2 可不做考核。

第二章 起重机通用零件和部件的安全技术

表 2—86 涡流制动器各发热部位温升值

涡流制动器发热部位	F 级绝缘（环境空气温度 40℃）	H 级绝缘（环境空气温度 60℃）
励磁绕组温升（电阻法）	100 K	100 K
轴承允许温度（温度计法）	95℃	115℃
电枢表面温度（点温计法）	150℃	150℃

注：轴承允许温度指在 40~60℃ 的环境空气温度下的数值，当在低于规定的环境空气温度下测量时，轴承温度应为实测温度加规定的环境空气温度与实际环境温度之差。

（3）涡流制动器在无励磁电流的情况下应能承受表 2—84 规定的最大转速，要求电枢不发生任何有害变形。

（4）涡流制动器励磁绕组的绝缘电阻在热态或温升试验后不应小于 1 MΩ。

（5）涡流制动器励磁绕组应能承受时间为 1 min 的绝缘耐电压试验而不发生击穿。电压频率 50 Hz，并且尽可能为正弦波形，试验电压的有效值为 1 500 V 加上 2 倍的额定励磁电压。

（6）制动器机座上应有接地装置。

（7）制动器紧固件应有防松措施。

3. 型式试验

（1）检查试验（出厂检查）

1）机械检查：包括外观检查、转动检查、尺寸检查、底脚检查，见表 2—87。

要求制动器装配完整正确；表面油漆完好无损；制动器转动时，应平稳轻快，声音均匀无杂音，不应有停滞现象。

2）励磁绕组对机壳及磁极铁芯绝缘电阻的测定。在热态或温升试验后，应不小于 1 MΩ。

3）励磁绕组在实际冷却状态下直流电阻的测定。

4）励磁绕组匝间绝缘强度试验。

5）在 100 r/min 额定励磁电流条件下的制动力矩的测定。

表 2—87 底脚检查表 mm

底脚外边缘距离的最大尺寸（AB 或 BB）	平面度公差
250~400	0.20
>400~630	0.25
>630~1 000	0.30

（2）温升试验。

（3）机械特性曲线的测定。

（4）气隙不均匀度的测定。

（5）转动惯量的测定。

（6）超速试验。

（7）额定励磁电压的测定。

（8）限定制动力矩及励磁电流的测定（测定时间不得超过 15 s）。

第三章 安全装置

第一节 限位器

一、上升极限位置限制器和下降极限位置限制器

上升极限位置限制器俗称过卷扬限制器。结构形式有重锤式、螺杆式和凸轮式。

1. 重锤式上升位置限制器

上升极限位置限制器的功能是防止吊钩上升时超过极限位置,造成过卷扬事故,拉断钢丝绳,吊重坠落。

重锤式上升极限位置限制器工作原理见图 3—1。

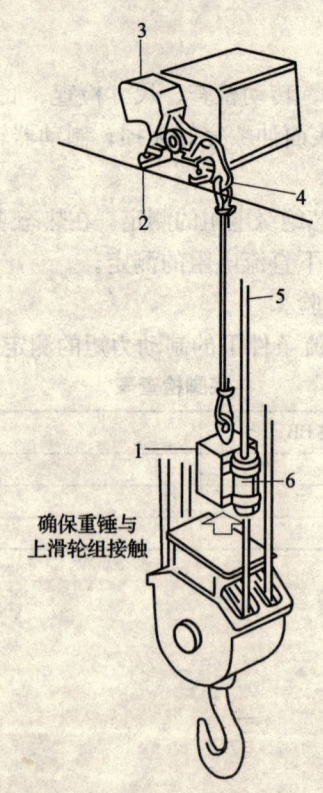

图 3—1 重锤式上升极限位置限制器
1—重锤 2—小车平台 3—限位器重锤 4—杠杆 5—钢丝绳 6—套筒

起升时，吊钩滑轮组上升到极限位置托起重锤1，使限位器重锤3动作，限位开关切断电源，起保护作用。

2. 螺杆式上升位置限制器

螺杆式上升极限位置限制器结构见图3—2。

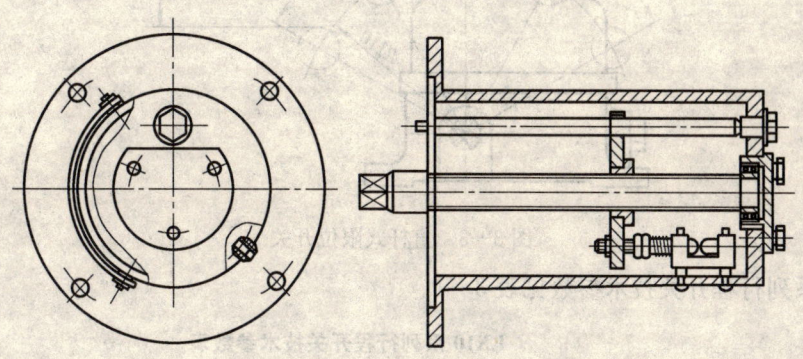

图3—2 螺杆式上升极限位置限制器

组装时，限制器左边与起重小车卷筒底座通盖相连，筒轴带动螺杆。这时移动螺母则沿螺杆移动，当移动到极限位置，则撞开限位开关，以限制起重机过卷扬。如需要调整起升限位时，可打开有机玻璃的弧形盖，按下列方式进行调整：

（1）拧开螺塞，抽出固定导杆，转动移动螺母，使其移动到所需要的位置。这是粗调。

（2）松开撞头螺母，旋转螺栓改变螺栓头的轴向位置即为细调。

调整完毕将有机玻璃盖安好。

在检修时，要注意各螺栓、螺母不得有松动，限位开关的触头要完好。各活动部位要经常润滑，防止磨损。

螺杆式限制器可以单向限位，也可以双向限位。这样不仅可以限制过卷扬，还可以限制钩头落地再放绳而使钢丝绞乱。

3. 凸轮式上升极限位置限位器

凸轮式上升极限位置限位器的工作原理是通过一套齿轮传动机构，把卷筒的转动变成凸轮盘的转动。在与凸轮盘相对应的位置上安装限位开关。齿轮传动机构是一个减速装置，在整个起升高度内，凸轮只转270°，而误差在±5°的范围内，精度较高。在限位器内装有数个限位元件，每个开关元件都对应安装有凸轮盘，凸轮盘可以沿轴向移动。这种限位器不仅可以起终端限位作用，也可以起卷扬过程中的高度显示作用。

二、运行极限位置限制器

运行极限位置限制器的功能是限制大车或小车的移动范围，也可以限制臂式起重机的变幅机构和回转机构的运动范围。由撞杆和开关箱构成。当起重机或小车运动到极限位置时，起重机上的撞杆（安全尺）撞开限制器内的触头，切断控制电路，防止起重机（或小车）越位。

直杆式限位开关结构见图3—3。

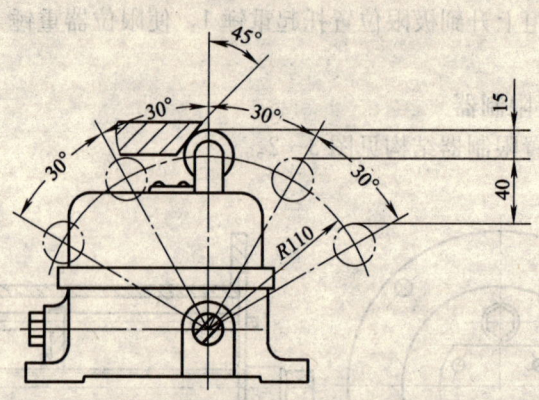

图 3—3 直杆式限位开关

LX10 系列行程开关技术参数见表 3—1。

表 3—1　　　　　　　　　　LX10 系列行程开关技术参数表

外壳形式	保护式		防溅式		防水式		额定电流 (380 V)	备 注
控制回路数	单	双	单	双	单	双		
型号	LX10—11	LX10—12	LX10—11J	LX10—12J	LX10—11S	LX10—12S	10A	自复位,用于平移机构
	LX10—21	LX10—12	LX10—21J	LX10—22J	LX10—21S	LX10—22S	10A	非自复位,用于平移机构
	LX10—31	LX10—32	LX10—31J	LX10—32J	LX10—31S	LX10—32S	10A	垂锤式,用于起升机构

行程开关极限速度见表 3—2。

表 3—2　　　　　　　　　　行程开关极限速度表

行程开关形式 极限速度	杆形操动臂 自动复位式	叉形操动臂 非自动复位式	重锤式	旋转式
最高速度（m/min）	200	100	80	不限
最低速度（m/min）	5	3	1	交流 4 r/min，直流 8 r/min

　　LX10 系列行程开关，要求电压为 380 V，额定电流为 10 A，额定操作次数可达 300 次/h。
　　LX33 系列行程开关，有杆形操动臂自动复位式、叉形操动臂自动复位式、重锤式、旋转式等。图 3—4 是 LX33 系列限位开关的外形尺寸图。LX33 系列限位开关的电压，交流为 380 V，直流为 220 V；电流为 10 A，额定操作频率为 300 次/h。

第三章 安全装置

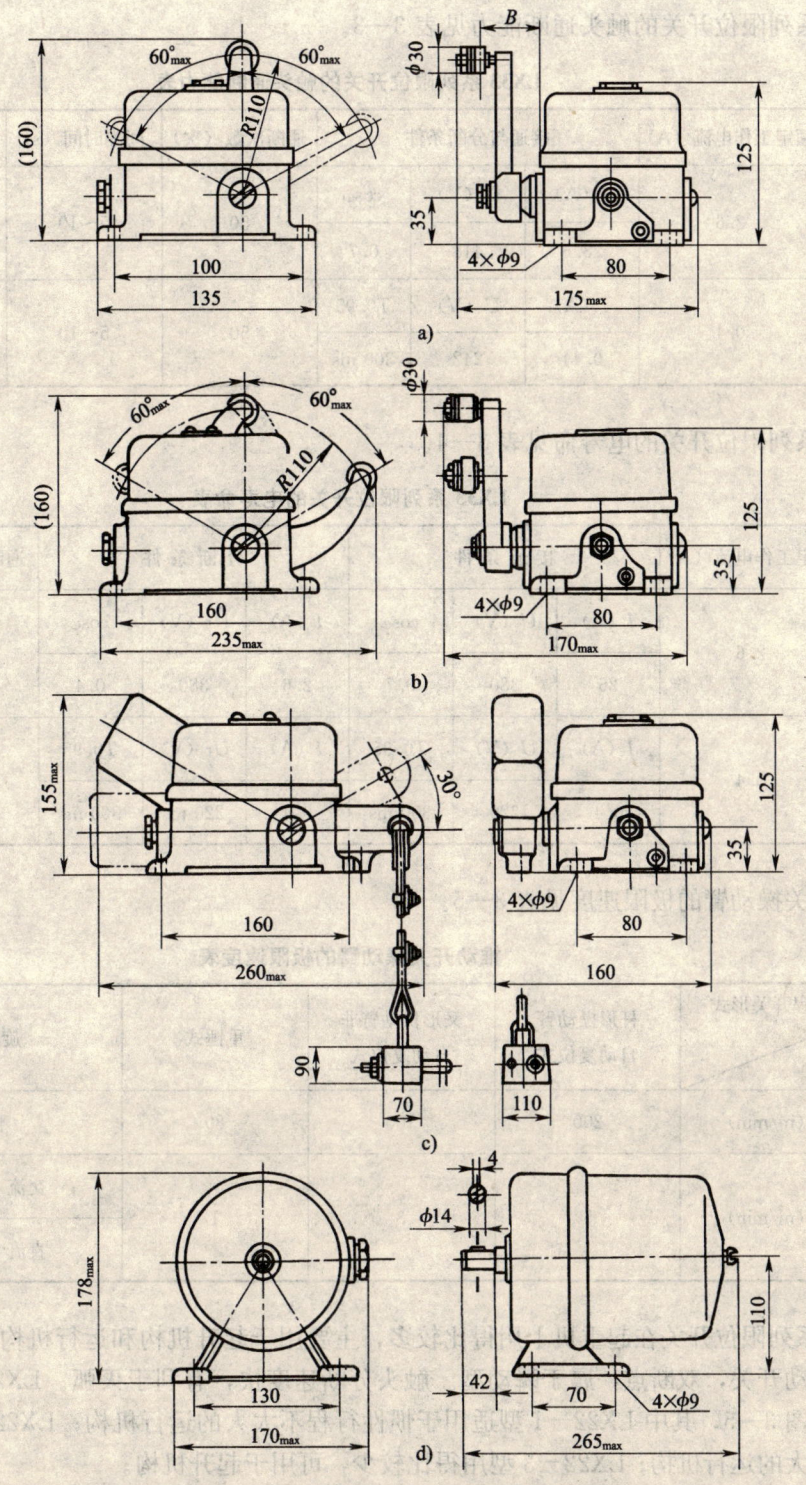

图 3—4 LX33 系列限位开关的外形尺寸
a) 杆形　b) 叉形　c) 重锤式　d) 旋转式

LX33 系列限位开关的触头通断能力见表 3—3。

表 3—3　　　　　　　　　　LX33 系列限位开关的触头通断能力表

使用类别	额定工作电流（A）	接通与分断条件			通断次数（次）	间隔时间（s）	通断时间（s）
AC—11	2.6	I（A）	U（V）	$\cos\varphi$	50	5~10	≥0.5
		28.6	418	0.7			
DC—11	0.4	I（A）	U（V）	T0.95	50	5~10	≥0.5
		0.44	242	300 ms			

LX33 系列限位开关的电寿命见表 3—4。

表 3—4　　　　　　　　　　LX33 系列限位开关的电寿命表

使用类别	额定工作电流（A）	接通条件			分断条件			通断次数（万次）
AC—11	2.6	I（A）	U（V）	$\cos\varphi$	I（A）	U_r（V）	$\cos\varphi$	20
		26	380	0.7	2.6	380	0.4	
DC—11	0.4	I（A）	U（V）	T0.95	I（A）	U_r（V）	T0.95	20
		0.4	220	300 ms	0.4	220 ms	300 ms	

推动开关操动臂的极限速度见表 3—5。

表 3—5　　　　　　　　　　推动开关操动臂的极限速度表

行程开关形式 极限速度	杆形操动臂 自动复位式	叉形操动臂非 自动复位式	重锤式	旋转式
最高速度（m/min）	200	100	80	不限
最低速度（m/min）	5	3	1	交流 4 r/min 直流 8 r/min

LX22 系列限位开关在起重机上用得比较多，主要用于起升机构和运行机构。其结构特点是采用微动开关，双断点，属于瞬动型。触头分断速度快，有利于灭弧。LX22 系列限位开关外形见图 3—5，其中 LX22—1 型适用于惯性行程不太大的运行机构；LX22—2 型适用于惯性行程大的运行机构；LX22—3 型用得比较少，可用于起升机构。

要求电压为 380 V，电流为 20 A，最大操作次数为 200 次/h。

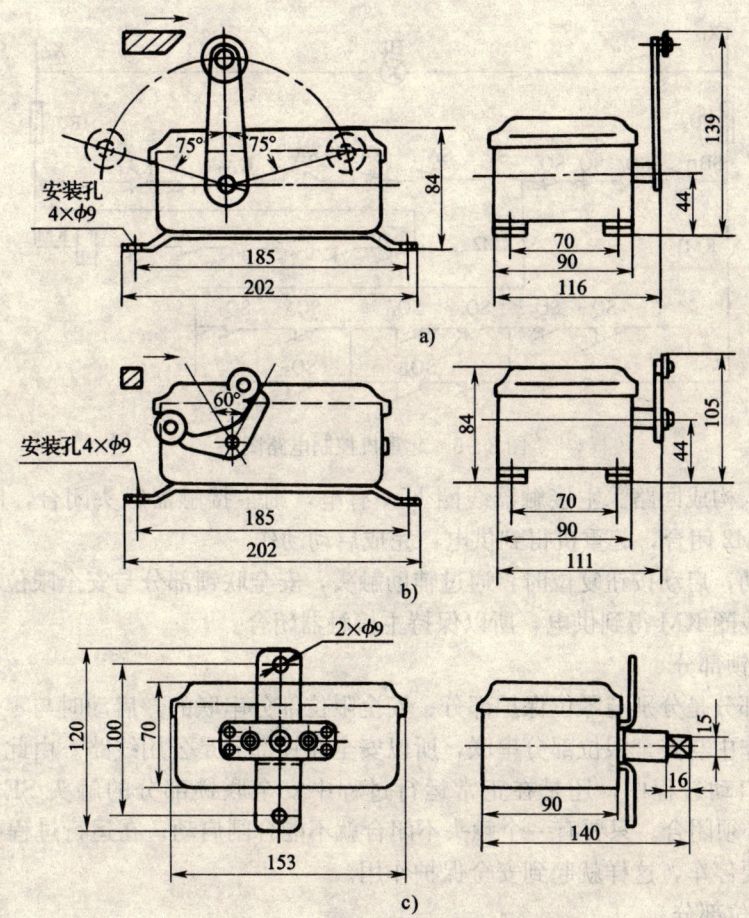

图 3—5　LX22 系列限位开关外形及安装尺寸图
a) LX22—1　b) LX22—2　c) LX22—3

三、联锁保护装置

联锁保护装置包括由建筑物登上起重机的门开关、由司机室登上桥架的舱口门开关、栏杆开关等。其功能是防止起重机在运动过程中人员出入而造成伤害。

零位保护、联锁保护装置、限位保护等工作原理可通过控制电路图加以说明。图 3—6 是起重机控制电路图。它由零位保护、安全联锁、安全限位等部分构成。

1. 零位保护部分

零位保护部分包括各控制器的零位触点 SQ_s、SQ_x、SQ_d 和启动按钮。其功能是，起重机在启动前，必须把各控制器扳回零位，才能合闸启动。防止某机构在非零位（挡）合闸后产生突然运动，伤害人员或造成其他事故。

当紧急开关（SE）、门开关（SA_1、SA_2、SA_3）、过电流继电器（KA_0）全部闭合时，把起升控制器、小车控制器、大车控制器手柄扳回零位，则 SQ_s、SQ_x、SQ_d 触头闭合。这时按下启动按钮 SB，则从 $X_{12} \to FU_2 \to SB \to SQ_s$、$SQ_x$、$SQ_d \to SE \to SA_1 \to SA_2 \to SA_3 \to KA_0 \to KA_1 \to$

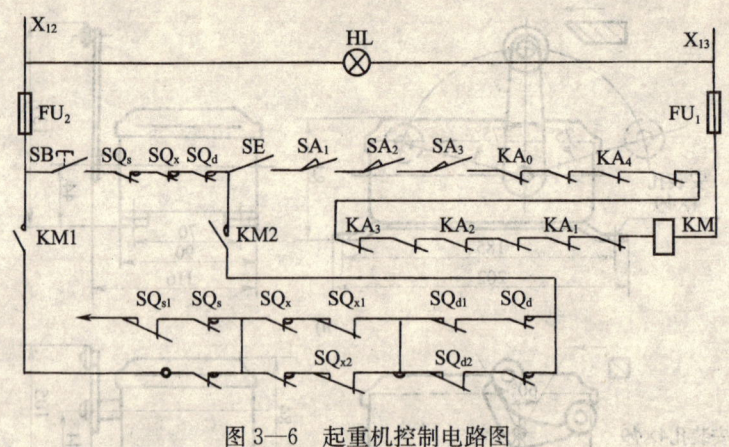

图 3—6 起重机控制电路图

KM→FU1→X_{13} 构成回路。主接触器线圈 KM 有电，则主接触器触头闭合，同时两个辅助触头 KM1、KM2 闭合，起重机得到供电，完成启动动作。

当完成启动，启动按钮复位时，通过辅助触头，安全联锁部分与安全限位部分串联，继续使主接触器线圈 KM 得到供电，所以保持主接触器闭合。

2. 安全联锁部分

安全联锁部分是分别与零位保护部分、安全限位部分串联的。启动时与零位保护部分串联，在正常工作中与安全限位部分串联，所以安全联锁部分是公用线路。由此可以看出，不管是起重机在启动过程中，还是在正常运行过程中安全联锁部分的触头 SE、SA_1、SA_2、SA_3、KA。都必须闭合。只要有一个触头不闭合就不能合闸启动；在运行过程中其中任何一个触头打开都要停车，这样就起到安全保护作用。

3. 安全限位部分

安全限位部分，是用来限制机械（大、小车运行机构）越位，以免发生事故。例如，大车运行机构运行到端点或两车相近时，通过安全尺使大车极限位置限制器的开关动作，线路主接触器的线圈失掉电源，衔铁复位，从而衔铁带动的主触点断开，大车运行电动机得不到供电而停止运转。

安全限位部分主要包括：大车控制器的限位触点 SQ_d 及相对应的限位开关 SQ_{d1}（正向）和 SQ_{d2}（反向）；小车控制器的限位触点 SQ_x 及相应的限位开关 SQ_{x1}、SQ_{x2}；起升控制器的限位触点 SQ_s 及相对应的限位开关 SQ_{s1}；起升限位用的滑触线、线路主接触器的两对辅助触点 KM1、KM2。

当控制器手柄在零位时，所有的控制器的限位触点均处于闭合状态。大车限位系统的向左和向右、小车限位系统的向前和向后、起升限位系统的向上和向下均为闭合回路。每组（向左与向右、向前与向后、向上与向下）又分为并联的两条支路，而大车、小车、起升的电路又先后串联，组成安全限位部分。

当转动大车或小车控制器手柄时，电动机开始运转，同时，该控制器的限位触点向运转方向继续闭合；而相反方向的限位触点同时断开（因控制器内部机械联锁作用）。

控制器的两个方向的限位开关均串联在安全限位部分内并构成并联小回路。当转动控制器手柄时，只有运转方向的一组成为闭合回路，而相反方向的一组则断开。

当电动机带动机械运转到端点或该方向两车相靠近时，该方向的限位开关在安全尺的作用下断开。因相反方向的一条支路，在控制器内的限位触点处已成断路，所以，使两条并联的小回路全部成了断路，使整个安全限位线路断开。这时线路主接触器的线圈断电停止工作，相应电动机停止运转，起到保护作用。只有把手柄向反方向转动，才能恢复工作。

起升机构的限位开关作用原理也一样，只是卷扬仅设起升限位开关 SQ_{s1}，一般不设下降限位开关。起升限位是通过装在小车上的限位开关来实现的。

当下降时，控制器内控制起升方向的限位触点断开，电源通过控制器内控制下降方向的限位触点闭合构成闭合回路。

当控制器手柄向起升方向转动时，控制下降方向的限位触点断开，控制起升方向的控制器限位触点闭合。这时，熔断器 FU1 通过安全联锁部分、安全限位部分的大车限位触点与相对应的限位开关、小车限位触点与相对应的限位开关、起升方向的限位触点（向起升方向转动控制器时，起升方向的限位触点一直是闭合的）与起升限位开关构成闭合回路，使线路主接触器的吸引线圈得到电源而工作。即 $X_{12} \rightarrow FU1 \rightarrow KM \rightarrow KA \rightarrow SA \rightarrow SE \rightarrow KM2 \rightarrow SQ_d \rightarrow SQ_{d1}(SQ_{d2}) \rightarrow SQ_{x1}(SQ_{x2}) \rightarrow SQ_x \rightarrow SQ_s \rightarrow SQ_{s1} \rightarrow FU2 \rightarrow X_{12}$。

当吊钩起升到极限位置时，通过机械动作使起升限位开关（又称过卷扬限制器）断开，使线路主接触器的线圈失掉电源，起升电动机而停止运转，吊钩停止运动，保证安全。

不管是运行机构还是起升机构的限位开关动作，都可切断电源，停止相应电动机的运转。需要重新送电时，必须将控制器手柄回到零位，只有控制器手柄在零位时，零位触点闭合后才能启动送电。重新启动送电以后，控制器手柄只能向原来运行方向的反方向转动，如果继续向原来运转方向转动控制器手柄，线路主接触器还将因限位开关断路而不能工作。

第二节 缓 冲 器

一、缓冲器的分类

1. 弹簧缓冲器

弹簧缓冲器结构简单，维修方便。环境温度对于缓冲器的工作无影响，所以得到广泛的应用。当起重机与终端止挡相撞时，起重机的运动动能绝大部分转换成缓冲器弹簧的变形位能，只有少量的能量变成热能。

2. 橡胶缓冲器

这种缓冲器也是结构简单、制造方便，但吸收能量有限，要求环境温度在 $-30℃ \sim +55℃$ 范围内使用。

3. 液压和气压缓冲器

无反弹作用，在撞击过程中缓冲力为恒定，这样可以使起重机或小车实现匀减速运动。液压缓冲器具有吸收能量大、缓冲行程短、尺寸小等优点，但是，制造复杂、维修比较困难。

二、弹簧缓冲器

1. 弹簧缓冲器的基本参数和主要尺寸

HT1 型壳体焊接式弹簧缓冲器见图 3—7，HT1 型壳体焊接式弹簧缓冲器的基本参数和主要尺寸见表 3—6。

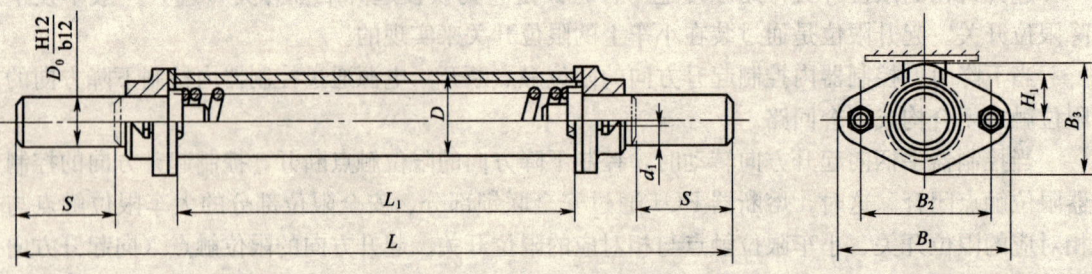

图 3—7　HT1 型壳体焊接式弹簧缓冲器图

表 3—6　　　　HT1 型壳体焊接式弹簧缓冲器的基本参数和主要尺寸表（JB/T 8110.1）

型号	缓冲容量 W (kN·m)	缓冲行程 S (mm)	缓冲力 P_j (kN)	主要尺寸 (mm)									重量 (kg)
				L	L_1	B_1	B_2	B_3	H_1	D_0	D	$d_1 \times l$	
HT1—16	0.16	80	5	435	220	160	120	85	35	40	70	M20×50	≈12.6
HT1—40	0.40	95	8	720	370	170	130	90	38	45	76	M20×50	≈17
HT1—63	0.63	115	11	850	420	190	145	100	45	45	89	M20×60	≈26
HT1—100	1.00	115	18	880	450	220	170	125	57	55	114	M24×60	≈34

HT2 型底座焊接式弹簧缓冲器见图 3—8，HT2 型底座焊接式弹簧缓冲器的基本参数和主要尺寸见表 3—7。

图 3—8　HT2 型底座焊接式弹簧缓冲器图

表 3—7　　HT2 型底座焊接式弹簧缓冲器的基本参数和主要尺寸表（JB/T 8110.1）

型号	缓冲容量 W (kN·m)	缓冲行程 S (mm)	缓冲力 P_j (kN)	主要尺寸 (mm)										重量 (kg)
				L	L_1	B_1	B_2	B_3	B_4	D_0	D	D_1	H_1	$d_1×l$	
HT2—100	1.00	135	15	630	400	165	265	215	200	70	146	100	90	M20×60	≈31.5
HT2—160	1.60	145	20	750	520	160	265	215	200	70	140	100	90	M20×60	≈41.3
HT2—250	2.50	125	37	800	575	165	265	215	200	80	146	110	90	M20×60	≈53.1
HT2—315	3.15	150	45	820	575	215	320	265	230	80	194	110	115	M20×60	≈78.6
HT2—400	4.00	135	57	710	475	265	375	320	280	100	245	110	140	M24×70	≈92.2
HT2—500	5.00	145	66	860	610	245	345	290	255	100	219	130	135	M24×70	≈97.7
HT2—630	6.30	150	88	870	610	270	375	320	280	100	245	130	140	M24×70	≈122.7

HT3 型端部安装式弹簧缓冲器见图 3—9，HT3 型端部安装式弹簧缓冲器的基本参数和主要尺寸见表 3—8。

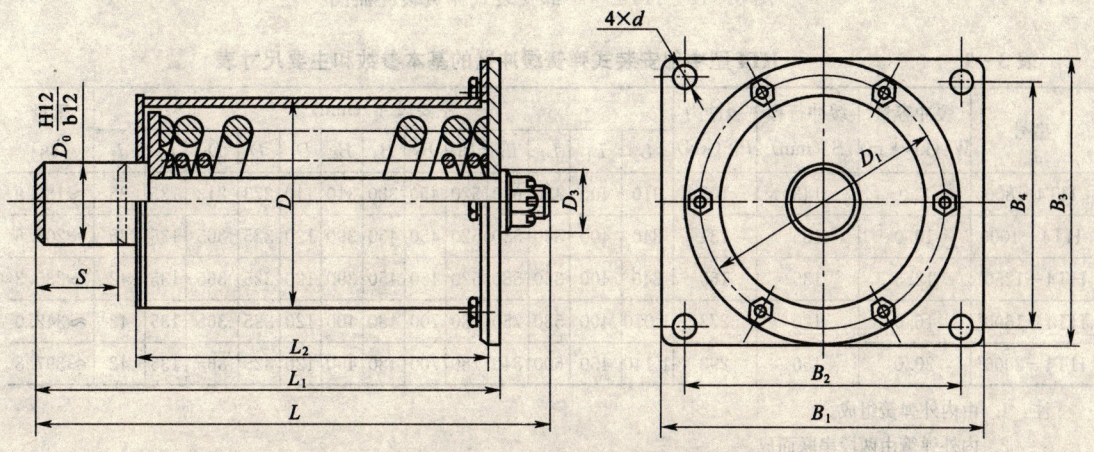

图 3—9　HT3 型端部安装式弹簧缓冲器图

表 3—8　　HT3 型端部安装式弹簧缓冲器的基本参数和主要尺寸表

型号	缓冲容量 W (kN·m)	缓冲行程 S (mm)	缓冲力 P_j (kN)	主要尺寸 (mm)											重量 (kg)
				L	L_1	L_2	B_1	B_2	B_3	B_4	D_0	D	D_1	D_3	d	
HT3—630	6.3	150	88	885	810	615	420	350	375	305	90	245	305	105	35	≈145.8
HT3—800	8.0	143	108	900	820	620	520	450	380	310	110	273	345	135	35	≈176.9
HT3—1000	10.0	135	131	830	750	560	520	450	450	390	120	325	395	135	35	≈204.6
HT3—1250[1]	12.5	135	165	830	750	560	520	450	450	390	120	325	395	135	42	≈231.3
HT3—1600[2]	16.0	120	273	980	900	730	780	700	480	400	120	325	395	135	42	≈338.0
HT3—2000[2]	20.0	150	293	1 140	1 050	820	780	700	480	400	120	325	395	135	42	≈393.8

注：1. 由内外弹簧组成。

2. 内外弹簧由两段串联而成。

HT4 型中部安装式弹簧缓冲器见图 3—10，HT4 型中部安装式弹簧缓冲器的基本参数和主要尺寸见表 3—9。

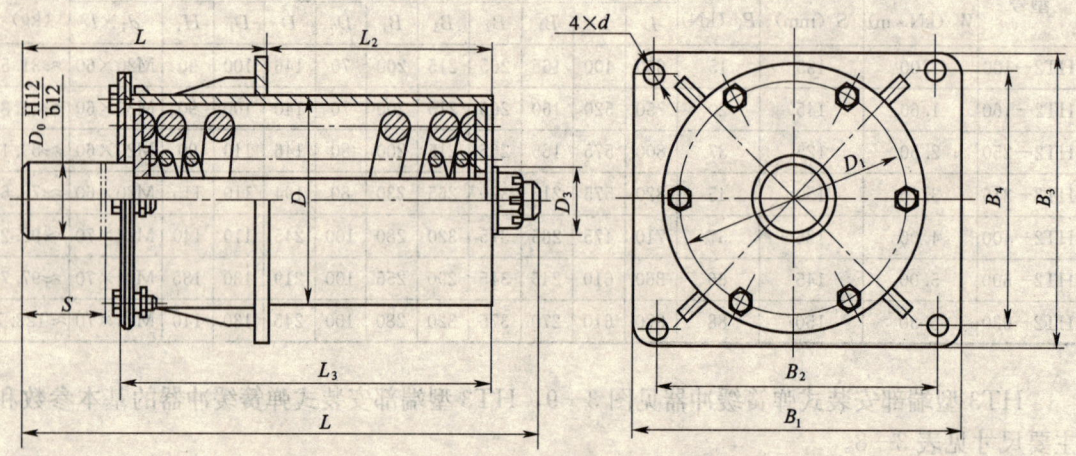

图 3—10 HT4 型中部安装式弹簧缓冲器图

表 3—9　　　　　　　　HT4 型中部安装式弹簧缓冲器的基本参数和主要尺寸表

型号	缓冲容量 W (kN·m)	缓冲行程 S (mm)	缓冲力 P_j (kN)	主要尺寸 (mm)												重量 (kg)
				L	L_1	L_2	L_3	B_1	B_2	B_3	B_4	D_0	D	D_1	D_3	d_1	
HT4—800	8.0	143	108	910	400	430	640	520	450	380	310	110	273	313	135	35	≈180.9
HT4—1000	10.0	135	131	840	400	360	580	520	450	450	390	120	325	365	135	35	≈208.6
HT4—1250[1]	12.5	135	165	840	400	360	580	520	450	450	390	120	325	365	135	42	≈235.3
HT4—1600[2]	16.0	120	273	1 010	400	530	750	780	700	480	400	120	325	365	135	42	≈342.0
HT4—2000[2]	20.0	150	293	1 140	450	600	840	780	700	480	400	120	325	365	135	42	≈397.8

注：1. 由内外弹簧组成。
　　2. 内外弹簧由两段串联而成。

型号及标记示例
型号表示方法

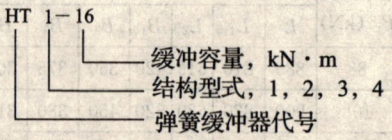

标记示例
缓冲容量 $W=0.40$ KN·m，结构型式为 1 型的弹簧缓冲器，标记为：
　　　　缓冲器 HT1—40　JB/T 8110.1

2. 技术安全要求
（1）材料要求

1) 弹簧的材料要求　弹簧材料应不低于60Si2Mn（GB/T 1222《弹簧钢》）。

2) 壳体材料应优先采用热轧无缝钢管，也可以采用钢板卷制成形后焊接制造。材料应不低于 Q235-A（GB/T 700《碳素结构钢》），采用铸钢应不低于 ZG230-450（GB/T 11352《一般工程用铸造碳钢件》）。

3) 撞头和撞杆的材料要求不低于45钢（GB/T 699《优质碳素结构钢》）。

(2) 加工精度要求

1) 弹簧应满足GB 1239.2《冷卷圆柱螺旋压缩弹簧技术条件》中规定的3级精度。其中包括：弹簧负荷P的极限偏差；弹簧刚度极限偏差；弹簧直径极限偏差；弹簧自由高度极限偏差等。

2) 撞杆螺纹的基本尺寸应符合GB/T 196《普通螺纹基本尺寸》的规定。其公差配合应符合GB/T 197《普通螺纹公差与配合》中公差带的规定。

3) 弹簧缓冲器应涂底漆一层，面漆两层，每层漆膜厚度不低于10~25μm。面漆均匀，光泽协调一致。

4) 装配完好的缓冲器，撞头的压缩和复位应灵活、平稳。

3. 合格检验

(1) 按GB 1239.2《冷卷圆柱螺旋压缩弹簧技术条件》检验弹簧。

(2) 检验缓冲器外观质量、外形尺寸、焊接质量、涂漆质量等。

(3) 检查缓冲器的产品合格证。

三、橡胶缓冲器

1. 橡胶缓冲器的基本参数和主要尺寸

橡胶缓冲器的外形尺寸见图3—11，橡胶缓冲器基本参数和主要尺寸见表3—10。

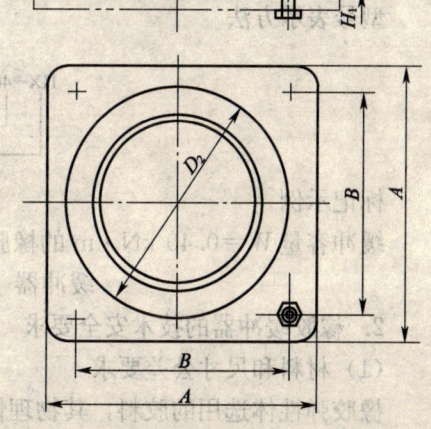

图3—11　橡胶缓冲器的外形尺寸图

表3—10　　橡胶缓冲器基本参数和主要尺寸表（JB/T 8110.2）

型号	缓冲容量 W (kN·m)	缓冲行程 S (mm)	缓冲力 P (kN)	主要尺寸 (mm)								螺栓规格 $d \times l$	重量 (kg)
				D	D_1	D_2	H	H_1	H_2	A	B		
HX-10	0.10	22	16	50	56	71	50	5	8	80	63	M6×20	≈0.36
HX-16	0.16	25	19	56	62	80	56	5	10	90	71	M6×20	≈0.48
HX-25	0.25	28	28	67	73	90	67	6	12	100	80	M6×20	≈0.70
HX-40	0.40	32	40	80	87	112	80	6	14	125	100	M10×30	≈1.34
HX-63	0.63	40	50	90	99	125	90	6	16	140	112	M10×30	≈2.13

续表

型号	缓冲容量 W (kN·m)	缓冲行程 S (mm)	缓冲力 P (kN)	主要尺寸 (mm)								螺栓规格 d×l	重量 (kg)
				D	D_1	D_2	H	H_1	H_2	A	B		
HX—80	0.80	45	63	100	109	140	100	8	18	160	125	M12×35	≈2.70
HX—100	1.00	50	75	112	122	160	112	8	20	180	140	M12×35	≈3.68
HX—160	1.60	56	95	125	136	180	125	8	22	200	160	M16×40	≈5.00
HX—250	2.50	63	118	140	153	200	140	8	25	224	180	M16×40	≈6.50
HX—315	3.15	71	160	160	174	224	160	10	28	250	200	M16×45	≈9.18
HX—400	4.00	80	200	180	194	250	180	10	32	280	224	M16×45	≈12.00
HX—630	6.30	90	250	200	215	280	200	10	36	315	250	M20×50	≈16.18
HX—1000	10.00	100	300	224	242	315	224	12	40	355	280	M20×50	≈25.00
HX—1600	16.00	112	425	250	269	355	250	12	45	400	315	M20×50	≈34.00
HX—2000	20.00	125	500	280	300	400	280	12	50	450	355	M20×50	≈48.20
HX—2500	25.00	140	630	315	335	450	315	12	56	500	400	M20×50	≈64.80

型号及标记示例

型号表示方法

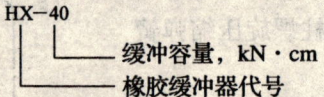

标记示例

缓冲容量 $W=0.40$ kN·m 的橡胶缓冲器，标记为：

    缓冲器　HX—40　JB/T 8110.2

2. 橡胶缓冲器的技术安全要求

（1）材料和尺寸公差要求

橡胶弹性体选用的胶料，其物理性能和力学性能应满足表 3—11 的要求；表 3—12 是橡胶缓冲器型号和橡胶弹性体的型式及尺寸参数；橡胶弹性体的尺寸偏差应满足表 3—13 的要求。橡胶弹性体的结构型式和尺寸见图 3—12。

表 3—11　　　　　　　　　　　胶料物理性能和力学性能表

序 号	试 验 项 目	指 标
1	断裂强度	≥18 MPa
2	扯断伸长率	≥450%
3	邵尔 A 硬度	67 度±3 度
4	热空气老化系数（70℃×72 h）	≥0.80
5	扯断永久变形	≤20%

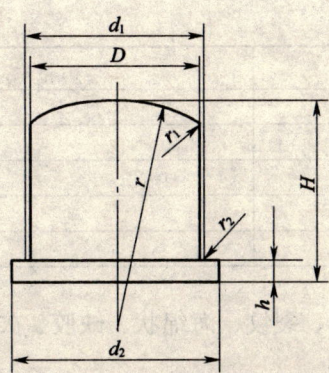

图 3—12　橡胶弹性体的结构型式和尺寸图

表 3—12　　　　　　　　橡胶弹性体的结构型式及尺寸表（JB/T 8110.2）

型号	尺寸（mm）								重量（kg）
	D	d_1	d_2	H	h	r	r_1	r_2	
HX—10	50	52	63	50	5	63	3	2	≈0.14
HX—16	56	58	71	56	6	71	4	2	≈0.20
HX—25	67	69	80	67	7	80	5	2	≈0.33
HX—40	80	83	100	80	8	100	6	2	≈0.56
HX—63	90	93	112	90	10	112	7	3	≈0.80
HX—80	100	103	125	100	12	125	8	3	≈1.12
HX—100	112	116	140	112	14	140	9	3	≈1.59
HX—160	125	130	160	125	16	160	10	3	≈2.23
HX—250	140	145	180	140	18	180	12	4	≈3.20
HX—315	160	166	200	160	20	200	14	4	≈4.60
HX—400	180	186	224	180	22	224	16	4	≈6.56
HX—630	200	207	250	200	25	250	18	4	≈7.74
HX—1000	224	232	280	224	28	280	20	5	≈12.19
HX—1600	250	259	315	250	32	315	22	5	≈17.72
HX—2000	280	290	355	280	36	355	25	5	≈24.70
HX—2500	315	325	400	315	40	400	28	5	≈34.96

表 3—13　　　　　　　　橡胶弹性体的尺寸偏差表　　　　　　　　　　mm

尺　寸	允许偏差
≤10	±0.50
>10～20	±0.60
>20～30	±0.80
>30～50	±1.00

续表

尺　寸	允许偏差
>50～80	±1.20
>80～120	±1.40
>120～180	±1.80
>180～250	±2.40
>250	尺寸的±1%

(2) 橡胶弹性体不得有离层、裂纹、海绵状、缺胶、欠硫等缺陷，其表面不应有气泡、明显划痕、凹痕等缺陷。

(3) 橡胶缓冲器的使用环境温度应在-30～+55℃范围内；并且不应与油、酸、碱及其他的有害物质相接触。

3. 合格检验

(1) 橡胶弹性体的物理、力学性能要求

1) 断裂强度、扯断伸长率、扯断永久变形按 GB/T 528《硫化橡胶和热塑性橡胶拉伸性能的测定》的规定检验。

2) 橡胶弹性体的硬度按 GB/T 531《硫化橡胶邵尔 A 硬度试验方法》测定。

3) 老化系数按 GB/T 3512《橡胶热空气老化试验方法》检测。

(2) 橡胶弹性体胶料的物理、力学性能　每批检验一次，有一项不合格，则应双倍检验，复查后若有一项不合格，视为该批胶料不合格。

(3) 橡胶弹性体，要求不应有外观和内部缺陷。

(4) 橡胶缓冲器的尺寸，应符合表 3—10 橡胶缓冲器基本参数和主要尺寸表和表 3—12 橡胶弹性体的型式及尺寸参数表的规定。

四、液压缓冲器

1. 液压缓冲器的工作原理

液压缓冲器的工作原理见图 3—13。当端盖 1 与终端止挡相撞时，通过活塞杆 2 使活塞

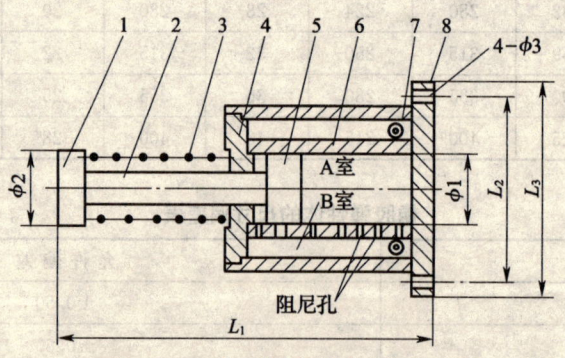

图 3—13　液压缓冲器的工作原理图
1—端盖　2—活塞杆　3—弹簧　4—缸盖　5—活塞
6—缸套　7—回流管　8—缸体

5 向 A 室运动，A 室内的油液经过特殊排列的阻尼孔向 B 室流动，由于阻尼孔流量的限制，从而达到缓冲作用。当外力撤去后，在弹簧 3 的作用下，活塞恢复到原始位置。

2. 型式和基本参数

（1）高频度单向型液压缓冲器代号为 HYGD，碰撞频度每分钟不超过 1 次，其型式和基本参数应符合表 3—14 的规定。

表 3—14　　　　　　　HYGD 高频度单向型液压缓冲器基本参数表

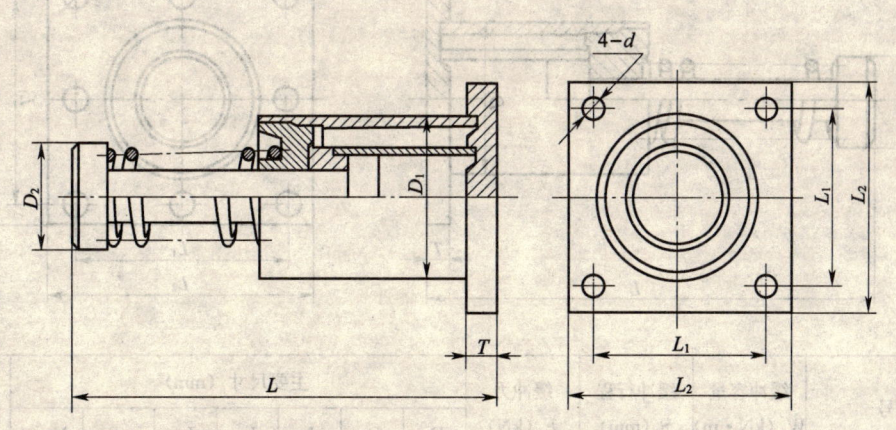

型号	缓冲容量 W (kN·m)	缓冲行程 S (mm)	缓冲力 F (kN)	主要尺寸（mm）						重量（kg）
				D_1	D_2	L	L_1	L_2	T	d	
HYGD 2—60	2.5	60	45	127	62	280	125	160	16	13	12
HYGD 4—90	4.0	90	45	127	62	355	125	160	16	13	13
HYGD 6—80	5.6	80	70	159	80	360	155	200	20	17	22
HYGD 8—110	8.0	110	75	159	80	440	155	200	20	17	25
HYGD 12—90	12.5	90	140	203	100	430	195	250	25	21	46
HYGD 18—120	18	120	150	203	100	520	195	250	25	21	50
HYGD 25—130	25	130	200	245	125	580	230	285	30	26	80
HYGD 40—180	40	180	230	245	125	720	230	285	30	26	88
HYGD 56—200	56	200	280	299	170	760	280	360	35	32	146
HYGD 80—270	80	270	300	299	170	945	280	360	35	32	162
HYGD 125—220	125	220	570	351	205	880	350	430	40	38	245
HYGD 180—320	180	320	570	351	205	1 140	350	430	40	38	270
HYGD 250—270	250	270	950	485	248	1 080	450	560	55	38	520
HYGD 355—350	355	350	1 020	485	248	1 345	450	560	55	38	592

（2）低频度单向型液压缓冲器代号为 HYDD，碰撞频度每日不超过 10 次，其型式和基本参数应符合表 3—15 的规定。

表 3—15　　　　　　　HYDD 低频度单向型液压缓冲器基本参数表

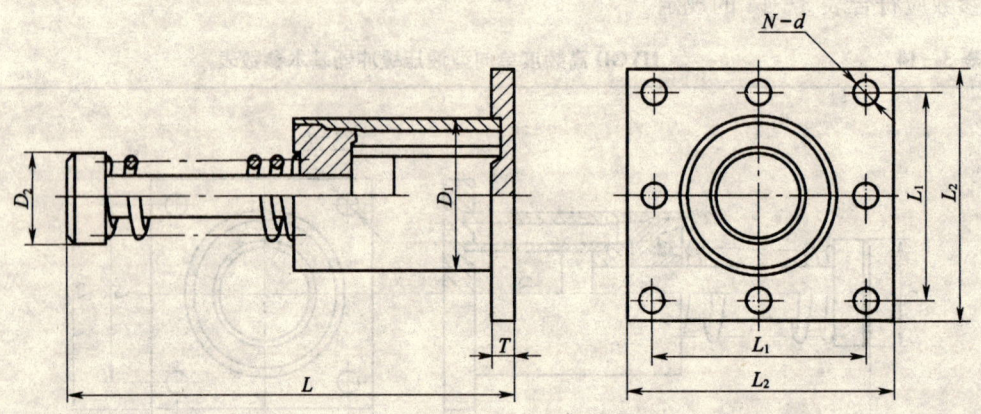

型号	缓冲容量 W (kN·m)	缓冲行程 S (mm)	缓冲力 F (kN)	主要尺寸 (mm)							重量 (kg)
				D_1	D_2	L	L_1	L_2	T	$N-d$	
HYDD 4—50	4.0	50	80	92	60	240	100	130	16	4—14	6
HYDD 7—100	7.1	100	75	92	90	360	100	130	16	4—14	11
HYDD 10—70	10	70	150	130	80	295	130	170	20	4—22	15
HYDD 16—150	16	150	110	130	100	430	130	170	28	4—22	18
HYDD 25—80	25	80	315	170	100	360	170	220	22	4—28	37
HYDD 31.0—150	31.5	150	210	170	100	550	170	220	22	4—28	45
HYDD 40—100	40	100	400	191	120	440	190	250	25	4—34	47
HYDD 50—150	50	150	355	191	120	610	190	250	25	4—34	60
HYDD 63—100	63	100	630	258	140	505	350	410	36	8—28	130
HYDD 100—200	100	200	500	258	160	750	350	410	36	8—28	160
HYDD 140—150	140	150	935	300	180	650	400	460	40	8—28	190
HYDD 200—250	200	250	800	300	230	920	400	460	40	8—28	250
HYDD 250—250	250	250	1 000	356	230	1 020	480	580	60	8—40	430
HYDD 315—400	315	400	800	356	280	1 432	480	580	60	8—40	500

（3）低频度双向型液压缓冲器代号为 HYDS，碰撞频度每日不超过 10 次，其型式和基本参数应符合表 3—16 的规定。

表 3—16　　HYDS 低频度双向型液压缓冲器基本参数表

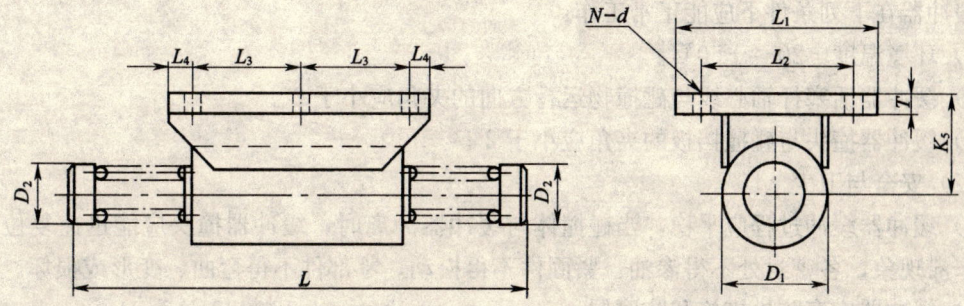

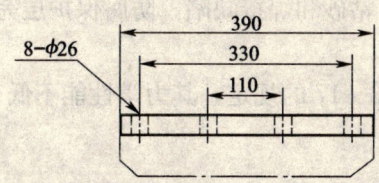

HYDS25-80安装尺寸

型号	缓冲容量 W (kN·m)	缓冲行程 S (mm)	缓冲力 F (kN)	主要尺寸（mm）									重量 (kg)
				D_1	D_2	L	L_1	L_2	L_3	L_4	K_5	T	$N-d$	
HYDS 4—50	4.0	50	80	92	55	400	180	140	100	20	80	15	6—16	15
HYDS 10—70	10	70	150	130	80	400	230	180	110	25	120	20	6—24	30
HYDS 25—80	25	80	315	170	100	640	320	260	—	—	150	30	8—26	70

3. 型号表示方法和标记示例

（1）型号表示方法

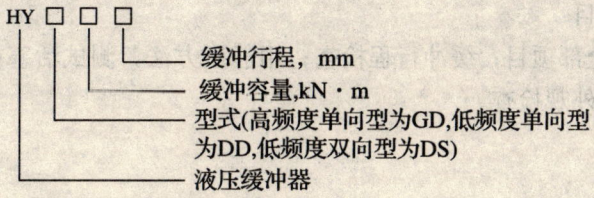

（2）标记示例

高频度单向型缓冲器，缓冲容量为 8.0 kN·m，缓冲行程为 110 mm，标记为：

HYGD 8—110

低频度单向型缓冲器，缓冲容量为 4.0 kN·m，缓冲行程为 50 mm，标记为：

HYDD 4—50

低频度双向型缓冲器，缓冲容量为 4.0 kN·m，缓冲行程为 50 mm，标记为：

HYDS 4—50

4. 安全技术要求

(1) 环境条件

缓冲器在下列条件下应能正常工作：

1) 环境温度 $-20\sim+50℃$。

2) 缓冲器活塞杆轴心线与碰撞物运行方向的夹角应小于 $2°$。

3) 缓冲器撞头与碰撞挡板的夹角应小于 $2°$。

(2) 安全与卫生

1) 缓冲器缓冲过程应平稳，当碰撞体与缓冲器分离时，缓冲器撞头应能迅速复位，不得有卡滞现象，各密封处不得渗油，紧固件不得松动，零部件不得弯曲、变形或损坏。

2) 缓冲器应有防松措施和防腐层。

3) 缓冲器应有安装方向标记。

4) 外部表面应无明显毛刺、粘砂和焊接缺陷，防腐保护层完好。

(3) 材料要求

主要零件材料要求应符合表 3—17 的规定，其力学性能不低于相应标准的规定，允许采用性能相当或较高的材料。

表 3—17　　　　　　　　　　液压缓冲器材料表

零件名称		材料牌号	标　准
壳体	铸钢件	ZG 230—450	GB 11352
	焊接件	Q235—A	GB 700
缸套			
撞头		45	GB 699
撞杆			
弹簧		60Si2Mn	GB 1222

(4) 型式检验项目

1) 出厂检验的全部项目；缓冲行程检查；用静压方法，测试活塞杆位移 3 次均应符合基本参数表的规定，外观检查。

2) 缓冲容量。

3) 过载试验。

4) 密封性能试验。

5) 色漆和清漆漆膜的划格试验。

五、缓冲器的计算

1. 橡胶缓冲器的计算

起重机的撞击动能除运行阻力和制动力而消耗的摩擦功之外，其余应由缓冲器吸收。所以缓冲器的容量应满足下式：

$$A_{缓} = \frac{1}{2}PS \geqslant \frac{Gv_0^2}{2n} - \frac{\sum WS}{n}$$

式中　P——缓冲力；

　　　S——缓冲行程；

　　　G——撞击质量；

　　　v_0——撞击瞬时速度，对于驱动轮数为总轮数的 1/2 时，取 $v_0 = (0.3\sim0.6)v_{额}$，匀减速度 $a<5.6 \text{ m/s}^2$；对于全部为驱动轮的起重机或高速运行小车，取 $v_0 = v_{额}$，匀减速度 $a=5\sim10 \text{ m/s}^2$；

　　　$\sum W$——摩擦阻力与制动力之和，$\sum W = W_{摩min} + W_{制}$；

　　　n——缓冲器数量。

以上是根据运行阻力和制动力对缓冲容量的要求进行计算的。

每个缓冲器也可根据其尺寸参数计算其缓冲容量。

$$A_{缓} = \frac{1}{2}PS$$

式中　P——缓冲力，$P=F[\sigma]$，橡胶缓冲器圆头面积 $F=\frac{\pi}{4}D^2$，许用应力 $[\sigma]=300 \text{ N/cm}^2$；

　　　S——缓冲距离，根据虎克定律，$S=\frac{[\sigma]}{E}l$，橡胶弹性模量 $E=500 \text{ N/cm}^2$，l 为冲头长度。将上述数据代入上式则得：

$$A_{缓} \approx 70D^2 l$$

2. 弹簧缓冲器的计算

弹簧缓冲的能量方程式：

$$\frac{1}{2}P_{靠}S = \frac{Gv_0^2}{2n} - \frac{\sum WS}{n}$$

式中　S——最大缓冲距离，即弹簧最大压缩量，对大车缓冲器，推荐 $S=0.09\sim0.15 \text{ m}$，对小车缓冲器，推荐 $S=0.08\sim0.1 \text{ m}$；

　　　$P_{靠}$——弹簧靠紧（压缩）时的最大作用力。

其他符号同前。

作用在圆柱形螺旋弹簧上的最大作用力为：

$$P_{最} = P_{预} + P_{靠}$$

式中　$P_{预}$——弹簧预紧力，可取 $P_{预}=0.1P_{靠}$。

根据弹簧的计算公式：

$$P_{最} = \frac{\pi d^3 [\tau]}{8DK}$$

式中　d——弹簧钢丝直径；

　　　D——弹簧平均直径；

　　　K——弹簧曲率影响系数；一般取 $K=1.4\sim1.7$；

　　　$[\tau]$——许用扭应力。

弹簧钢丝直径：

$$d = \sqrt[3]{\frac{8DKP_{最}}{\pi[\tau]}}$$

弹簧圈数：

$$m = \frac{G_0 S d^4}{8D^3 P_{最}}$$

式中　G_0——弹簧材料切变模量。

其他符号同前。

3. 液压缓冲器的设计

(1) 缓冲距离

$$S = \frac{v_0^2}{2[a]}$$

式中　v_0——碰撞瞬时的运行速度，m/s；

　　　$[a]$——容许的缓冲减速度，m/s，一般取 $[a]=10\sim20$ m/s²。

(2) 缓冲过程中的活塞速度

根据液压缓冲器速度曲线变化规律，在缓冲过程中任一瞬时，活塞的运动速度 $v(t)$ 为：

$$v(t) = v_0 \left(\frac{t_0 - t}{t_0} \right)$$

$$v(t) = \delta v_0$$

式中　$\delta = 1 - \frac{t}{t_0}$，当时间从 $0 \to t_0$ 的过程中，δ 值在 $1 \to 0$ 的范围内变化，而活塞的速度在 $v_0 \to 0$ 范围内变化。

第三节　防碰撞装置

由于现代桥式、门式起重机的运行速度不断提高，并且常常有几台起重机同时在同一轨道上运行。为了防止起重机之间相互碰撞，起重机上应安装防止碰撞装置。

防止碰撞装置包括根据超声波、电磁波、光波以及激光等原理制成的防止碰撞装置。当起重机运行到危险距离内，防碰撞装置便发出警报并切断电路，使起重机停止运行，避免了相互冲撞的事故。

一、超声波式防碰撞装置

超声波式防碰撞装置是利用回波测距原理，测出起重机之间或起重机与墙壁之间的距离，当起重机进入规定范围时，发出报警信号，继而切断起重机运行机构电源，防止碰撞发生。

整套装置由防撞检测器、控制盒及反射板等组成。检测器一般安装在走台上，反射板安装在另一台起重机（或墙壁）的相对位置上。控制盒安装在司机室内。检测器、反射板的安装位置见图3—14。

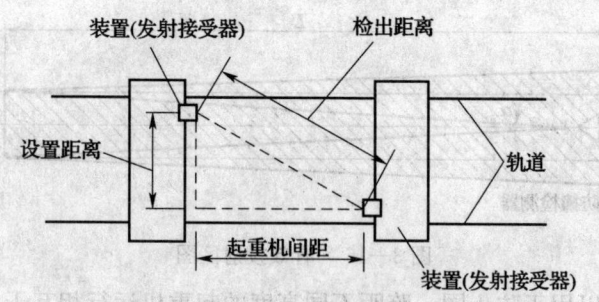

图 3—14　检测器安装位置图

检测器装在一个机壳里，内装两个圆筒形陶瓷换能器，其中一个用来发射超声波脉冲；另一个用来接收反射回来的超声波脉冲。检测器原理见图 3—15。

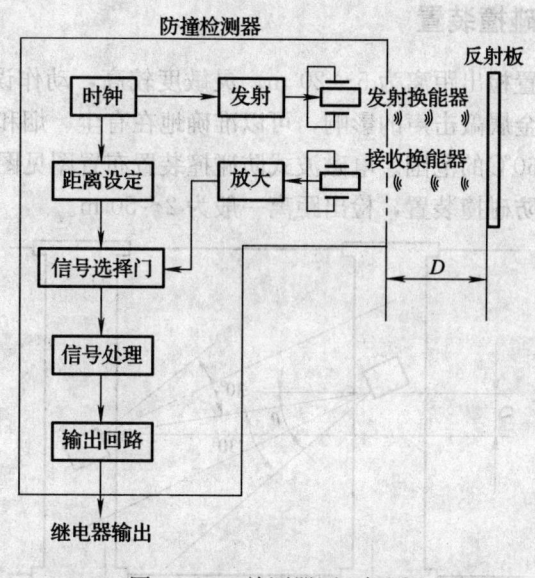

图 3—15　检测器原理框图

设定距离根据起重机运行速度而定：

运行速度 60～90 m/min，设定距离为 4～7 m。

运行速度 90～120 m/min，设定距离为 8～12 m。

超声波脉冲在空气中的传播速度为 $v=340$ m/s，从发射到收到反射波的时间为 t，离反射体的距离为 L，则 $L=\dfrac{vt}{2}$（m）或 $t=\dfrac{2L}{v}$（s）。当反射体进入离超声波换能器 L 以内时，就能检测出该物体。

超声波防撞控制器在发射时：可以有一定的辐射角 α，根据图 3—16 可以推出有效投射区的直径 $D_1=2L\tan\dfrac{\alpha}{2}$，$D_2=D_1+2L\tan\dfrac{\alpha}{2}$。

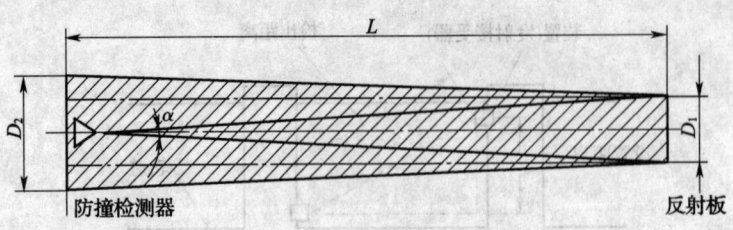

图 3—16　有效投射区图

这种装置同样可以用于防止同一跨距不同高度的起重机运行相互干涉。不同高度的起重机并不是在所有的情况下都需防撞,只有当起重机进入危险区时,才需要防相互干涉。每台起重机需备两套装置:超声波发射器和反射接收器。为避免超声波发射器接受到自己发射信号的反射波,因此发射和反射采用不同的频率。报警检测距离为 8~12 m,制动距离为 6~8 m。

二、电磁波式防碰撞装置

电磁波式防碰撞装置检出距离为 5~20 m,灵敏度较高,动作误差时间为 1 s。它不受太阳光、灯光、风声、金属敲击声的影响,可以准确地在有尘、烟和蒸汽的环境中工作。要求环境温度在 -10~+60℃ 的范围。电磁波式防碰撞装置布置图见图 3—17。

此外,还有激光式防碰撞装置,检出距离一般为 2~50 m。

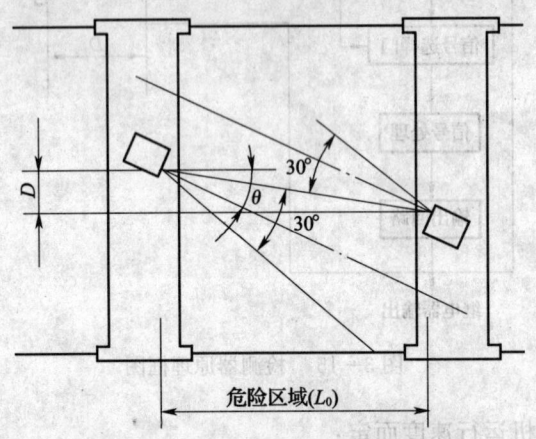

图 3—17　电磁波式防碰撞装置布置图

第四节　防偏斜装置

对于大跨度的门式起重机和桥式起重机,由于车轮制造、安装的偏差,传动机构的偏差,以及运行阻力不同,常常使起重机偏斜运行,即门式起重机一个支腿超前,另一支腿滞后。偏斜运行的门式起重机,其运行阻力常常是正常运行阻力的数倍。运行阻力的增加可使起重机运行时发生"啃道"。严重时,可能使起重机金属结构和运行机构受到损坏。

门式起重机运行的偏斜量一般控制在跨度的 5‰以内。对于跨度为 $L_K=40\sim70$ m 的门式起重机，其允许偏斜量 $\Delta=200\sim300$ mm；对于跨度为 $L_K=100\sim120$ m 的门式起重机和装卸桥，其允许偏斜量为 $\Delta=500\sim600$ mm。起重机运行偏斜量允许值，则应由防偏斜装置进行调整。

一、凸轮式防偏斜装置

凸轮式防偏斜装置的工作原理见图 3—18。防偏斜装置安装在靠近柔性支腿处，在柔性支腿上固定一个转动臂。当起重机运行偏斜时，柔性支腿与桥架发生相对转动。此时固定在柔性支腿上的转动臂，通过叉子带动凸轮转动。在凸轮的周围安置四个开关：K、$K_{顺}$、$K_{反}$ 与 $K_{极}$（见图 3—19）。

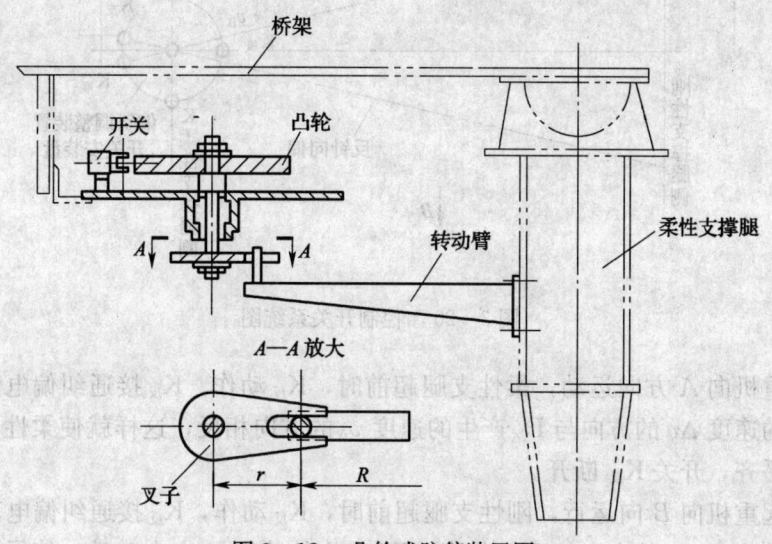

图 3—18 凸轮式防偏装置图

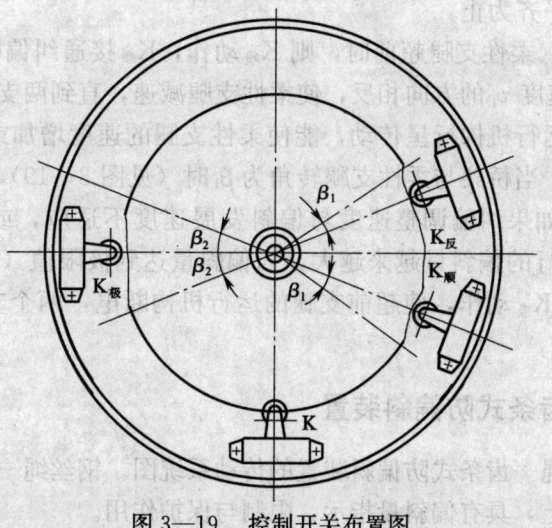

图 3—19 控制开关布置图

当起重机发生偏斜时,开关 K 便动作,发出信号,提醒司机注意,同时接通装在柔性支腿上的驱动装置中的纠偏电动机 $D_{纠}$,为纠偏动作做准备。

当起重机向 A 方向运行(见图 3—20),刚性支腿超前于柔性支腿一定量时,开关 $K_{顺}$ 动作,接通并使纠偏电动机动作,通过运行机构中行星齿轮的差动运动,使纠偏电动机产生速度 Δv,其方向与运动电动机 $D_{运}$ 产生的速度 v_A 方向一致,这样就使柔性支腿增速,直到两个支腿平齐,开关 $K_{顺}$ 断开。

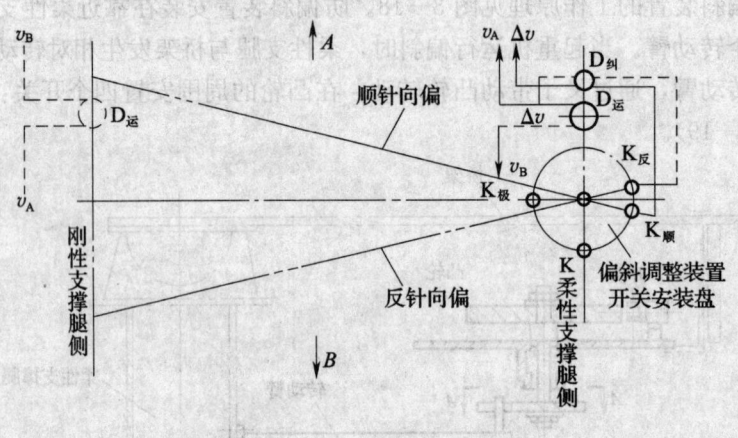

图 3—20 控制开关系统图

如果起重机向 A 方向运动,柔性支腿超前时,$K_{反}$ 动作。$K_{反}$ 接通纠偏电动机,使纠偏电动机产生的速度 Δv 的方向与 $D_{运}$ 产生的速度 v_A 的方向相反,这样就使柔性支腿减速,直到两个支腿平齐,开关 $K_{反}$ 断开。

当门式起重机向 B 向运行,刚性支腿超前时,$K_{反}$ 动作,$K_{反}$ 接通纠偏电动机,使纠偏电动机产生的速度 Δv 的方向与运行电动机 $D_{运}$ 产生的速度 v_B 方向一致,使柔性支腿便增递运动,直到两个支腿平齐为止。

当向 B 方向运行,柔性支腿超前时,则 $K_{顺}$ 动作,$K_{顺}$ 接通纠偏电动机,使其产生的速度 Δv_A 与 $D_{运}$ 产生的速度 v_B 的方向相反,使柔性支腿减速,直到两支腿平齐为止。

纠偏电动机通过运行机构行星传动,能使柔性支腿的速度增加或减小 10% 左右,调整速度的能力是有限的。当桥架与柔性支腿转角为 β_1 时(见图 3—19),纠偏电动机是可以在运行中自动调整的。如果纠偏调整速度与偏斜发展速度不适应,或控制纠偏电动机的开关失灵,使起重机运行的偏斜量越来越大,当偏斜量达到极限值(跨度的 7%)时,即转角到 β_2 时,极限开关 $K_{极}$ 动作,使超前支腿的运行机构断电,两个支腿对齐后才能重新接通。

二、钢丝绳—齿条式防偏斜装置

图 3—21 是钢丝绳—齿条式防偏斜装置的传动系统图。钢丝绳—齿条式防偏斜装置安装在柔性支腿底部横梁上,具有偏斜量指示、限制与保护作用。

第三章 安全装置

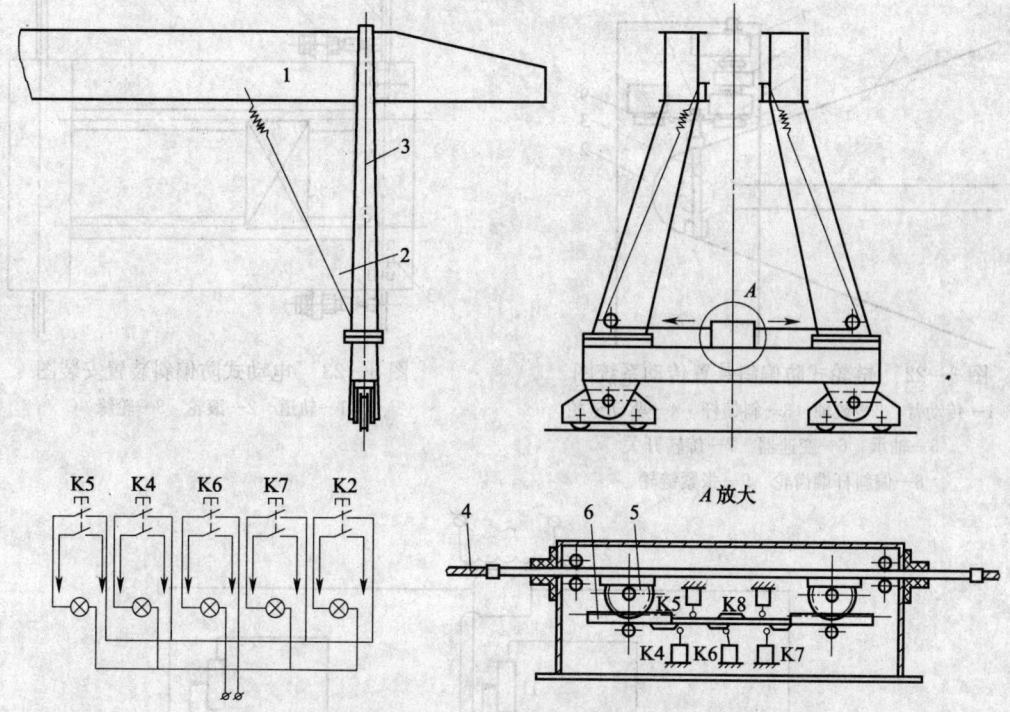

图 3—21 钢丝绳—齿条式防偏斜装置传动系统图
1—桥架 2—钢丝绳 3—柔性支腿 4—传动杆 5—导轮 6—齿条

当门式起重机运行发生偏斜时,桥架与柔性支腿间的相对扭转,通过钢丝绳 2 使传动杆 4 发生动作,从而带动齿条 6。齿条 6 上有数个凸块,当它们与相对应的开关相碰时,接通显示屏上的指示灯,指示偏斜量。起重机运行时,司机可根据各指示灯表示的偏斜量进行控制操作,调整两支腿的运行,纠正起重机运行中出现的偏斜。

三、链轮式防偏斜装置

链轮式防偏斜装置的传动系统见图 3—22。

当门式起重机运行发生偏斜时,转动臂发生转动。在转动臂上的偏斜杆或顺时针或反时针偏斜,偏斜杆端的齿轮 8,通过链条使驱动链轮 4 转动,再经变速器 6 放大,使旋转开关 7 动作。

根据偏斜量的不同,旋转开关发出不同的信号,以显示偏斜量,再通过机械系统纠偏以达到防偏的目的。

四、电动式防偏斜装置

电动式防偏斜装置安装见图 3—23,偏斜指示器的滚轮直接顶在轨道侧面。正常运行的起重机车轮轮缘与轨道单侧间隙为 δ,$\delta = 20 \sim 30$ mm。

防偏斜装置的工作原理见图 3—24。它主要由线圈 6、铁芯 5、电桥 12 和变压器 10 等组成。

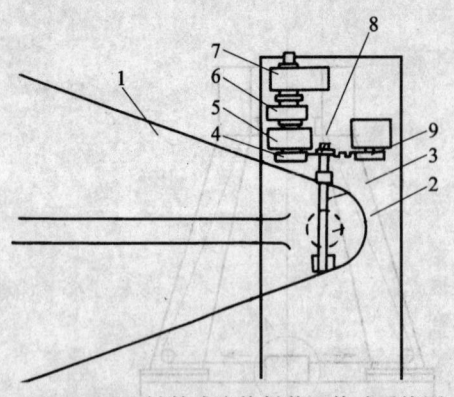

图3—22 链轮式防偏斜装置传动系统图
1—传动臂 2—铰轴 3—斜偏杆 4—驱动链轮
5—轴承 6—变速器 7—旋转开关
8—偏斜杆端齿轮 9—张紧链轮

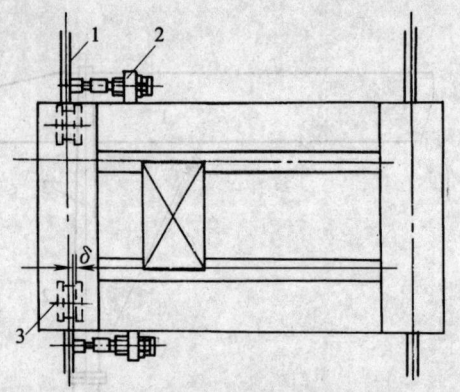

图3—23 电动式防偏斜装置安装图
1—轨道 2—滚轮 3—轮缘

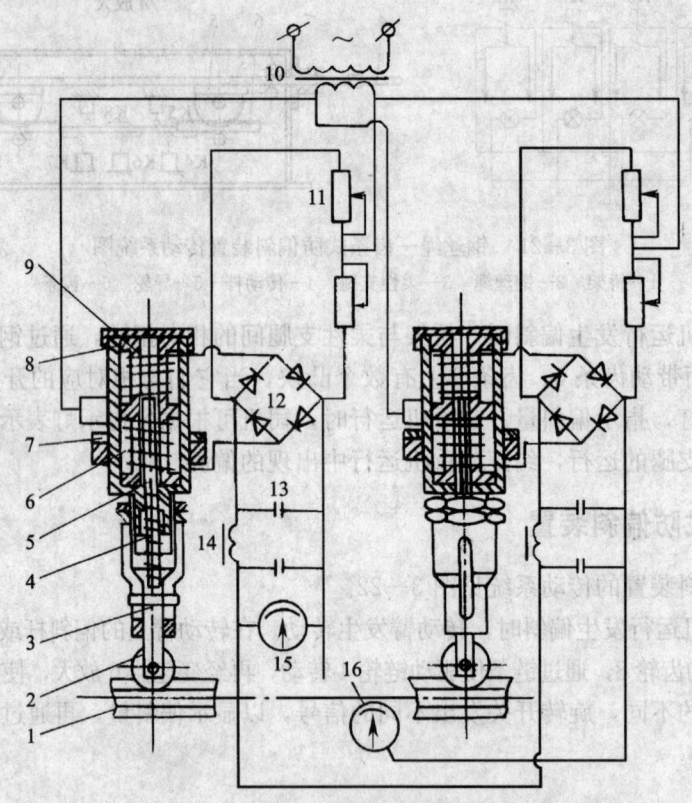

图3—24 电动式防偏斜装置原理图
1—轨道 2—滚轮 3—顶杆 4—弹簧 5—铁芯 6—线圈 7—固定螺母
8—线圈轴 9—外壳 10—变压器 11—电阻 12—电桥 13—电容
14—电抗 15、16—毫安表

当起重机正常运行时,两个装置的顶杆3和铁芯5有相同的位移量,毫安表16指示在零位。当起重机运行发生偏斜时,两个装置铁芯的位移量不同,从而破坏了电桥的平衡,毫安表指针移动,有电信号发出,并同纠偏机构联锁。

第五节 夹轨器和锚定装置

露天作业的门式起重机、塔式起重机以及门座起重机,必须安装可靠的防风夹轨器和锚定装置,以防起重机被大风吹走、吹倒,造成严重事故。在国内外,每年都有起重机被风吹倒的事故发生,这不仅造成较大的经济损失,而且造成重大的人身伤亡事故。

因此,规定凡在露天作业的轨道式起重机都必须安装防风夹轨器。

一、手动夹轨器

1. 夹轨器的设计计算原则

(1)夹轨器的防爬作用一般应由其本身构件(如重锤等)的重力、自锁条件或弹簧的作用来实现,而不应只靠驱动装置的作用。因为在电力供应中断时,驱动装置将无能为力。

(2)起重机运行机构制动器的作用应比夹轨器动作时间略为提前,这样就能消除起重机可能产生的剧烈颤动。

(3)计算夹轨器时,应保证起重机在非工作状态风力作用下,不被大风吹跑。在确定夹轨器的防滑力时,应忽略制动器和车轮轮缘对钢轨侧面附加阻力的影响。

2. 夹轨器的计算

手动螺杆式夹轨器的计算简图见图 3—25。

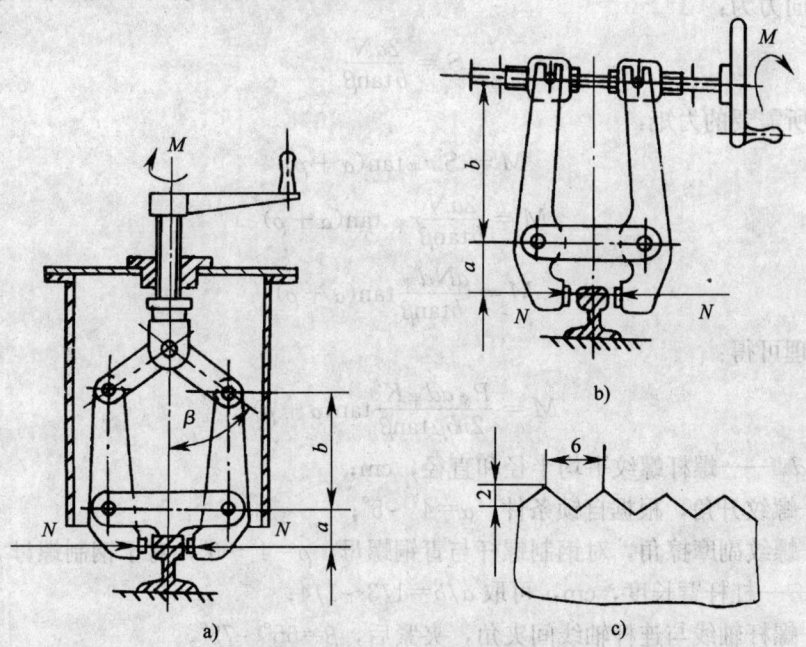

图 3—25 手动螺杆式夹轨器计算简图

夹轨器所产生的防滑力应大于起重机在非工作状态的最大滑行力,即:

$$P_{防} \geqslant P_{滑} = P_{风Ⅲ} + P_{坡} - P_{摩min}$$

式中　$P_{风Ⅲ}$——空载的起重机迎风面积上承受最大风压所产生的风载荷;
　　　$P_{坡}$——空载的起重机在坡道上的下滑力,$P_{坡} = KG$,对于门式起重机 $K = 0.003 \sim 0.002$,G 为起重机自重;
　　　$P_{滑}$——起重机在非工作状态的最大滑行力;
　　　$P_{摩min}$——空载的起重机最小摩擦阻力,$P_{摩min} = (Q+G)\dfrac{2K+\mu d}{D_{轮}}$。

钳口的夹紧力为:

$$N = \dfrac{P_{滑}}{2n\mu}K'$$

式中　n——夹轨器数目;
　　　μ——钳口与钢轨的摩擦系数,对于无齿纹未经热处理的 45、50 号钢的钳口:$\mu = 0.12 \sim 0.15$,对于有齿纹淬硬(HRC≥55)的 65Mn、60Si2Mn 钢的钳口:$\mu = 0.3 \sim 0.35$;齿锋变钝后(齿锋宽度达 0.15 mm)μ 值可下降到 0.18~0.2;
　　　K'——安全系数,$K' = 1.2$。

钳口面积:

$$F = N/[\sigma_{挤}]$$

式中　$[\sigma_{挤}]$——许用挤压应力,表面硬度 HB=350~450 的 65Mn 或 60Si2Mn 钢:$[\sigma_{挤}] = 20\,000 \sim 25\,000$ N/cm²;未经淬火的 45、50 号钢:$[\sigma_{挤}] = 8\,000$ N/cm²。

螺杆轴向力为:

$$S = \dfrac{2aN}{b\tan\beta}$$

手轮上所需要的力矩:

$$M = Sr_{平}\tan(\alpha+\rho)$$

$$M = \dfrac{2aN}{b\tan\beta}r_{平}\tan(\alpha+\rho)$$

$$M = \dfrac{aNd_{平}}{b\tan\beta}\tan(\alpha+\rho)$$

经过整理可得:

$$M = \dfrac{P_{滑}ad_{平}K'}{2nb\mu\tan\beta}\tan(\alpha+\rho)$$

式中　$r_{平}$、$d_{平}$——螺杆螺纹平均半径和直径,cm;
　　　α——螺纹升角,根据自锁条件,$\alpha = 4° \sim 5°$;
　　　ρ——螺纹副摩擦角,对钢制螺杆与青铜螺母,$\rho = 4° \sim 6°$,对于钢制螺母 $\rho = 8° \sim 9°$;
　　　a、b——杠杆臂长度,cm,可取 $a/b = 1/3 \sim 1/4$;
　　　β——螺杆轴线与连杆轴线间夹角,夹紧后,$\beta = 65° \sim 75°$。

螺杆直径可按压缩和扭转的合成作用计算。

二、电动弹簧式夹轨器

电动弹簧式夹轨器的计算简图见图 3—26。

夹轨器依靠压缩弹簧产生压紧力。当起重机开始运行时,开动电动卷扬装置,通过钢丝绳、滑轮组进一步压缩弹簧,使夹轨器与钢轨脱开。

1. 弹簧力计算

根据杠杆原理,可求出产生一定夹紧力所需要的弹簧力;

$$G = \frac{2aN\tan\beta}{b\eta}$$

式中 β——连杆与水平线的夹角,一般取 $\beta=10°\sim15°$;
η——铰链效率,$\eta=0.94\sim0.95$;
a、b——杠杆尺寸,$a/b=1/10$。

2. 钢丝绳拉力计算

钢丝绳的拉力(见图 3—26)可用下式计算:

$$G_{max} = 2v\tan\beta$$

又 $\qquad\qquad\qquad S=v/m\eta$

则 $\qquad\qquad\qquad S=G_{max}/(2m\eta\tan\beta)$

式中 m——滑轮组倍率,图 3—26 中,$m=3$;
η——滑轮组效率,可根据倍率和轴承种类查出效率值。

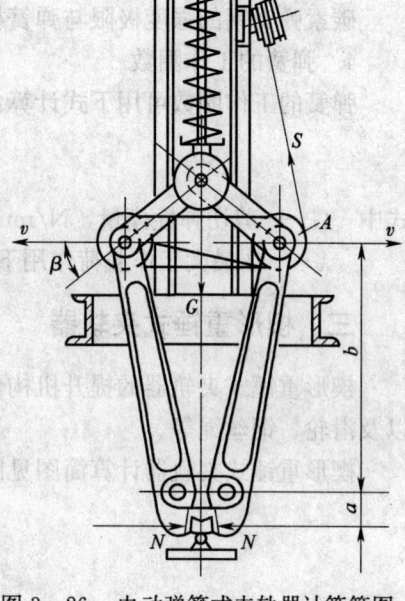

图 3—26 电动弹簧式夹轨器计算简图

计算出钢丝绳的拉力,则可根据结构上的要求,选择适中的工作速度,这样就可以选择电动机、减速器、卷筒、制动器等。夹轨器卷扬机构工作制度一般为轻型。

3. 弹簧簧杆直径计算

弹簧式夹轨器弹簧簧杆直径可根据下式计算:

$$d = 1.6\sqrt{\frac{P_2 KC}{[\tau]}}$$

式中 P_2——弹簧的最大工作载荷,N;
K——曲度系数。用来考虑弹簧杆曲率对扭转应力 τ 的影响;

$$K = \frac{4C-1}{4C-4} + \frac{0.615}{C}$$

C——弹簧指数(旋绕比),$C=D/d$,初步计算时,可取 $C=5\sim8$;
D——弹簧平均直径;

K 值也可以根据弹簧指数 C 查表 3—18;

表 3—18 圆柱弹簧杆的系数 K 值

弹簧指数 C	4	5	6	7	8	9	10	12	14
曲度系数 K	1.40	1.31	1.25	1.21	1.18	1.16	1.14	1.12	1.10

$[\tau]$——许用扭转应力,N/mm^2,对于碳素弹簧钢,可取$[\tau]=0.36\sigma_b$。

碳素弹簧钢的强度极限与弹簧杆直径有关,在计算中可用试算法求出弹簧杆的直径。

4. 弹簧的工作圈数

弹簧的工作圈数可用下式计算:

$$n = \frac{G\lambda d^4}{8P_2 D^3} = \frac{G\lambda d}{8P_2 C^3}$$

式中 G——剪切弹性模量,N/mm^2,碳素弹簧钢$G=80\,000\ N/mm^2$;

  λ——在最大工作载荷作用下,弹簧的轴向变形量可由结构决定。

三、楔形重锤式夹轨器

楔形重锤式夹轨器的提升机构包括电动机、减速器、卷筒、常开式制动器、安全制动器以及滑轮、钢丝绳等。

楔形重锤式夹轨器计算简图见图3—27。

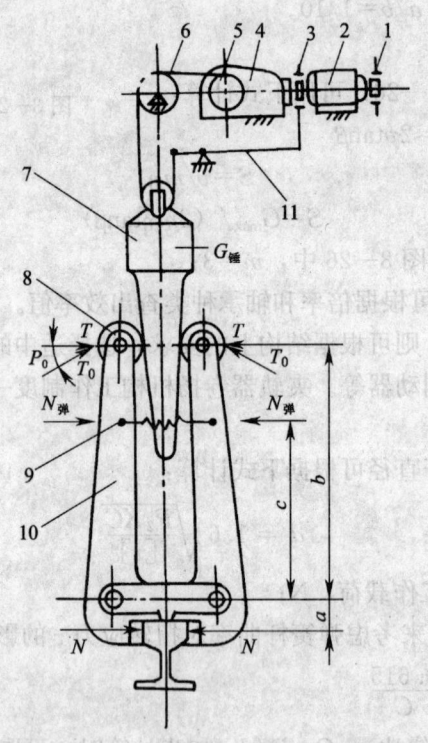

图3—27 楔形重锤式夹轨器计算简图

1—常开式制动器 2—电动机 3—安全制动器 4—减速器 5—卷筒
6—钢丝绳 7—楔形重锤 8—滚轮 9—弹簧 10—钳臂 11—杠杆系统

当需要夹紧时,楔形重锤在无动力驱动下靠自重下降,而且带动电动机空转。

当垂锤降至下面极限位置时,电动机在惯性的作用下仍然要转动,这样钢丝绳就会继续从卷筒上放出来。这种处于松弛状态的钢丝绳有时会绞在一起,在重新提升时就可能打不开夹轨器或者在提升过程中重锤再次突然降落，这种突然降落对机构产生冲击，甚至有可能绷断钢丝绳。为了避免这类故障的发生，在提升机构中需安设一个安全制动器（图3—28）。

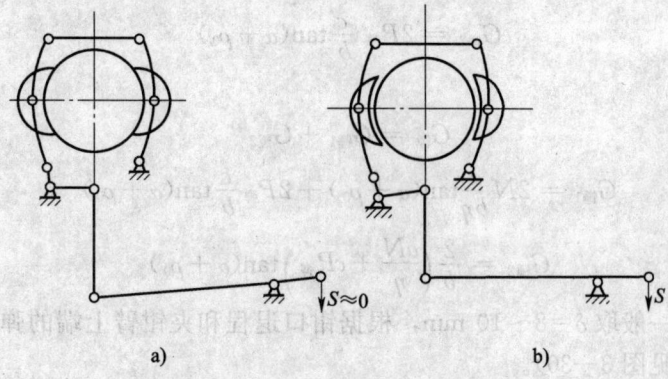

图3—28 安全制动器图

当钢丝绳一旦松弛，在杠杆系统的自重作用下，制动器上闸，卷筒停止放出钢丝绳；而当钢丝绳拉紧时，通过杠杆系统，制动器又松闸。

对于楔形重锤式夹轨器，当不考虑弹簧力时，产生压紧力 N，所需要重锤的自重为：

$$G_{锤1} = 2T\tan(\alpha+\rho_0)$$
$$= 2N\frac{a}{b\eta}\tan(\alpha+\rho_0)$$

式中　T——滚轮对楔形重锤的压力；

$$T = \frac{a}{b\eta}N$$

α——楔形重锤的倾斜角，一般取 $\alpha=4°\sim8°$；
ρ_0——滚轮对楔形锤面的摩擦角。

$$\tan\rho_0 = 1.25\left(f\frac{d}{D}+\frac{2\mu}{D}\right)$$

式中　f——滚轮心轴上的滑动摩擦系数，$f=0.11\sim0.14$；
　　　μ——滚轮沿楔面的滚动摩擦系数，$\mu=0.06$；
　　　d——滚轮心轴直径；
　　　D——滚轮直径；
　　　η——夹轨器铰轴处效率，滑动轴承取 $\eta=0.9$，滚动轴承取 $\eta=0.96$。

当重锤上升时，钳臂在弹簧力的作用下使夹轨器钳口离开钢轨，此时所需要的弹簧力见图3—29：

$$P_{弹} = G_{钳}\frac{e}{c}\cdot K$$

式中　$G_{钳}$——一根钳臂的重力，N；
　　　e——重锤在最低位置时，钳臂重心到铰轴中心的水平距离，cm；
　　　c——弹簧到铰轴中心的距离，cm；
　　　K——安全系数，一般取 $K=1.5\sim2$。

在选择弹簧刚度时,应使两个滚轮紧贴在重锤的楔形表面上。

克服弹簧力 $P_弹$ 所需要增加重锤的附加重量为:

$$G_{锤2} = 2P_弹 \frac{c}{b} \tan(\alpha + \rho_0)$$

重锤的总重量为:

$$G_锤 = G_{锤1} + G_{锤2}$$

$$G_{锤1} = 2N \frac{a}{b\eta} \tan(\alpha + \rho_0) + 2P_弹 \frac{c}{b} \tan(\alpha + \rho_0)$$

$$G_{锤2} = \frac{2}{b}\left(\frac{aN}{\eta} + cP_弹\right)\tan(\alpha + \rho_0)$$

钳口退程(单侧)一般取 $\delta = 8 \sim 10$ mm,根据钳口退程和夹钳臂上端的弹性变形,就可以确定重锤的行程(见图 3—30)。

$$L_0 = l_\Delta + l_y$$

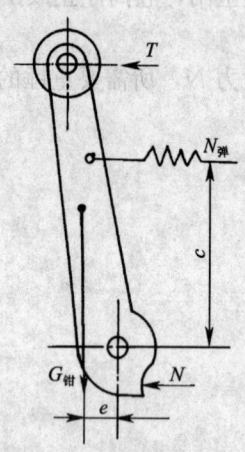

图 3—29 弹簧受力简图

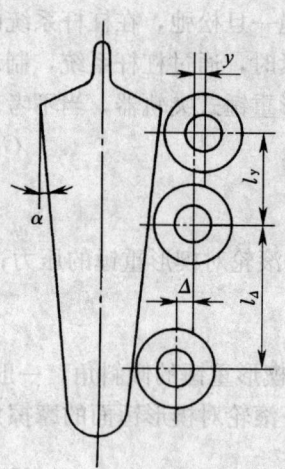

图 3—30 重锤行程简图

式中 $l_\Delta = \Delta/\tan\alpha$

$$\Delta = \frac{b}{a}\delta = i\delta$$

$$l_y = \frac{y}{\tan\alpha}$$

$$y = \frac{Tb^3}{3EJ} \text{(悬臂梁端变形)}$$

式中 EJ——钳臂在铰轴处的抗弯刚度。

经整理:

$$L_0 = \frac{1}{\tan\alpha}(i\delta + y)$$

考虑到钳口的磨损及制造安装等误差而加大重锤的行程,使总行程为 $L = 1.5L_0$。

重锤提升机构的功率为:

$$N = \frac{Gv}{60 \times 1\,000\eta}$$

式中 G——重锤自重，N；
　　　v——提升速度，m/min；
　　　η——效率，$\eta=0.85$。

起重机工作时，常开式制动器支持着夹轨器的重锤。由于工作中的电磁铁始终通电，所以应选择长期工作制度的电磁铁。

夹轨器的联锁装置

夹轨器常常同风速计相联锁。对于非动力驱动的夹轨器，风速计与起重机运行机构联锁，当风速超过 16 m/s 时，风速计通过电气联锁切断电源使起重机停止运行，夹轨器动作。也有采用动力驱动的夹轨器，如夹轨器的夹紧力是由液压缸筒产生的。当风速超过规定值时，风速计带动的发电机电压升高，并打开控制油缸的开关，油缸开始工作，夹轨器把钢轨夹住。

当风速超过规定标准时，风速计通过继电器发生警报，还可以同时与电动防风夹轨器联锁，使夹轨器动作。

四、自动卡板式夹轨器

1. 结构

自动卡板式夹轨器依靠两块卡板自锁来实现防风夹轨作用。夹轨器结构见图 3—31。

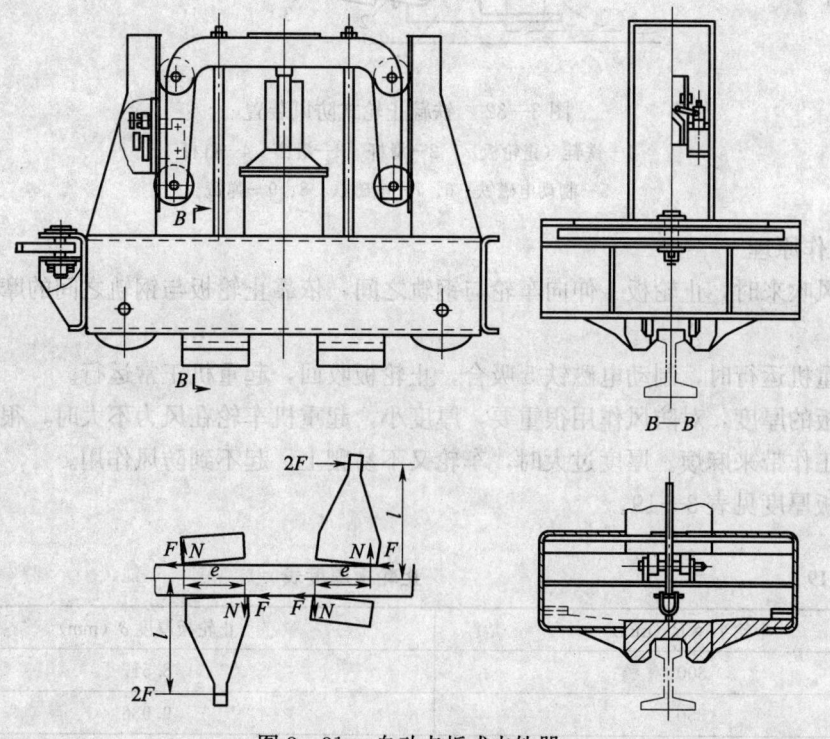

图 3—31　自动卡板式夹轨器

2. 工作原理

起重机在工作时，由液压缸把卡板提升。当风速超过规定值时，液压缸把卡板放下，由于车体运动牵拉卡板使其偏斜并紧卡在轨道上。其受力分析如图 3—31 所示。这种夹轨钳不需要外力，依靠自锁就能防止起重机被风吹跑。

五、铁鞋止轮式防风装置

1. 结构

铁鞋止轮式防风装置包括：铁鞋（止轮板）、滑杆、弹簧、电磁铁、制动电磁铁等构成（见图 3—32）。

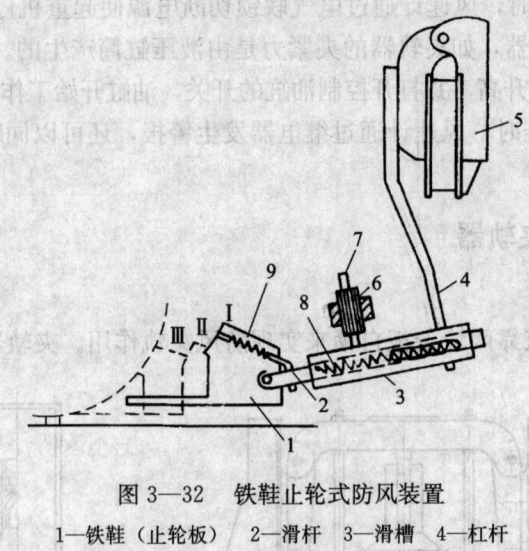

图 3—32　铁鞋止轮式防风装置
1—铁鞋（止轮板）　2—滑杆　3—滑槽　4—杠杆
5—制动电磁铁　6、7—电磁铁　8、9—弹簧

2. 工作原理

当大风吹来时，止轮板 1 伸向车轮与钢轨之间，依靠止轮板与钢轨之间的摩擦起防风作用。

当起重机运行时，制动电磁铁 5 吸合，止轮板收回，起重机正常运行。

止轮板的厚度，对防风作用很重要，厚度小，起重机车轮在风力不大时，很容易爬到止轮板上给工作带来麻烦。厚度过大时，车轮又不易爬上，起不到防风作用。

止轮板厚度见表 3—19。

表 3—19　　　　　　　　　　　　　止轮板厚度表

车轮半径 R (mm)	止轮板厚度 δ (mm)
300	8.517
350	9.936
400	11.356

六、锚定装置

在露天工作的起重机，当风速超过 60 m/s（相当 10～11 级风），必须采用锚固装置。锚固装置如图 3—33 所示。当风速超过规定值时，把起重机开到设有锚固装置的地段，采用锚柱或锚杆把起重机与锚固装置固定起来。

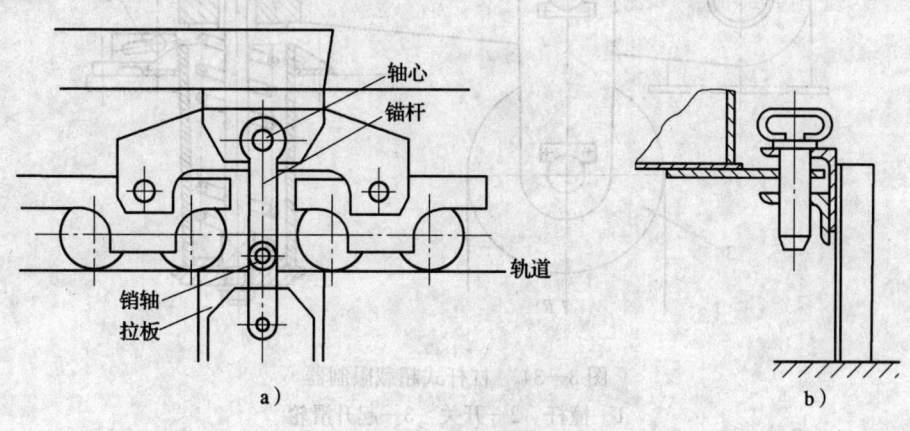

图 3—33 锚固装置
a) 锚杆式 b) 锚栓式

第六节 超载限制器

GB 6067《起重机械安全规程》规定：额定起重量大于 20 t 的桥式起重机和额定起重量大于 10 t 的门式起重机应安装超载限制器。人力驱动的起重机、额定起重量为 3～20 t 的桥式起重机、额定起重量为 5～10 t 的门式起重机宜安装超载限制器。

一、机械式超载限制器

机械式超载限制器利用杠杆、弹簧、凸轮等机构实现对超载的限制。

1. 杠杆式超载限制器

杠杆式超载限制器利用杠杆平衡原理，实现对超载的限制。当超载时，杠杆失去平衡，撞开开关切断动力源，起重机的起升机构停止起升作业。图 3—34 是杠杆式超载限制器的原理图。在正常起重作业时，钢丝绳的合力对转轴 O 的力矩为 $M_1=Ra$，与弹簧力 N 对转轴 O 的力矩 $M_2=Nb$ 相平衡。当超载时，M_1 大于 M_2，使杠杆顺时针转动，撞杆撞开限位开关，切断起升机构的电源。从而起到超载保护作用。

2. 弹簧式超载限制器

图 3—35 是弹簧式超载限制器的一种，超载限制器有三个滑轮，其中两个为导向滑轮，一个为悬浮滑轮，还有特殊开关。起升钢丝绳穿过三个滑轮，当正常作业时，悬浮滑轮在弹

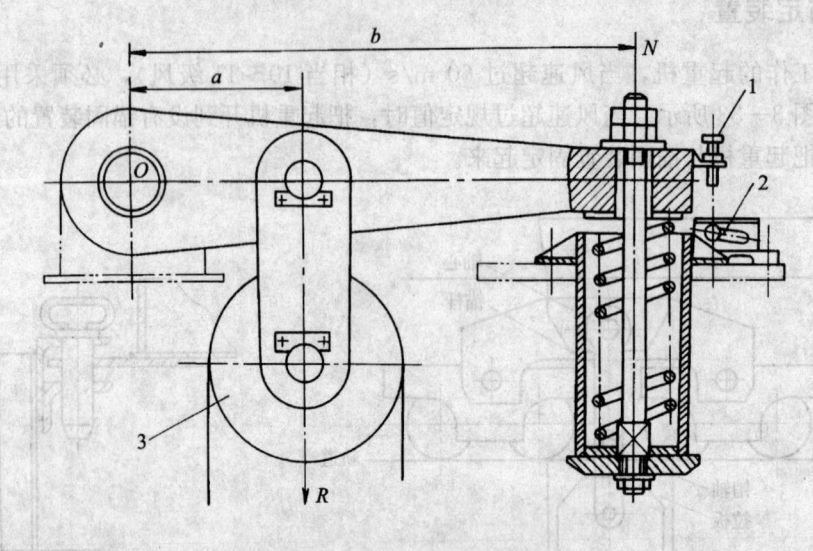

图 3—34 杠杆式超载限制器
1—撞杆 2—开关 3—起升滑轮

簧的作用下固定不动。当超载作业时,钢丝绳的张力增加,在钢丝绳合力的作用下,使悬浮滑轮克服弹簧力而上浮,随着悬浮滑轮的上升,与悬浮滑轮相连的撞杆(6、7)分别撞开限位开关(2、8)。两个限位开关可以限制两个额定起重量,例如不同的幅度,有不同的额定起重量等。

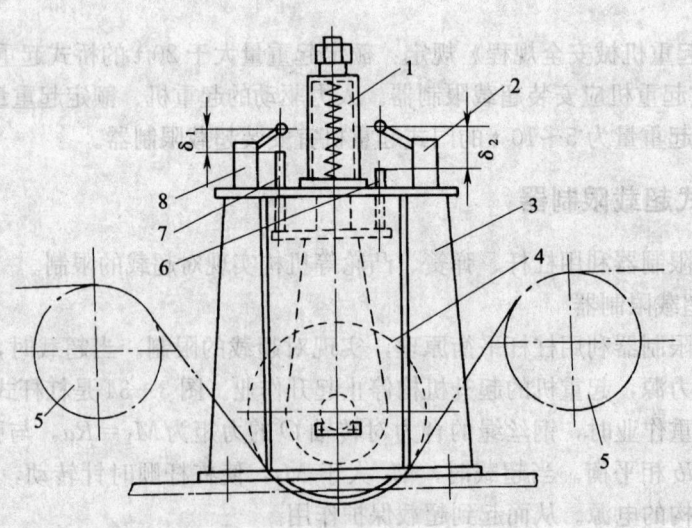

图 3—35 弹簧式超载限制器
1—弹簧罩 2、8—开关 3—支架 4—悬浮滑轮 5—导向滑轮 6、7—撞杆

图 3—36 是弹簧式超载限制器和起升高度限制器合而为一的装置。当超载时，钢丝绳 1 拉力增加，压缩弹簧 2，从而带动限位开关撞杆 3，撞开限位开关 4，起到超载保护作用。

3. 偏心滑轮（凸轮式）超载限制器

偏心滑轮式超载限制器如图 3—37 所示。钢丝绳绕过一个偏心滑轮，正常作业时，偏心滑轮产生的力矩为 $M_1=Re$，与弹簧对滑轮轴的力矩为 $M_2=Nb$ 相平衡。当超载时，偏心滑轮产生的力矩为 $M_1=Re$，大于弹簧对滑轮轴的力矩为 $M_2=Nb$，连杆带动限位开关撞杆，撞开限位开关，起到超载保护作用。

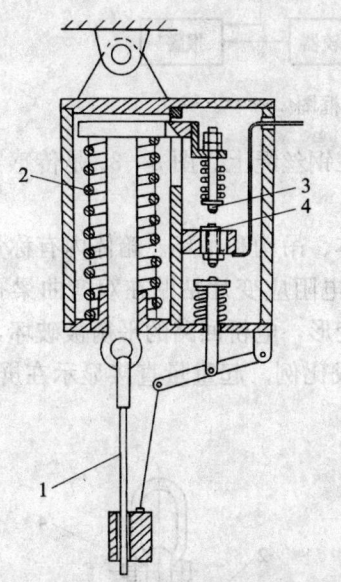

图 3—36 弹簧式超载和起升高度限制器
1—钢丝绳 2—弹簧 3—撞杆 4—限位开关

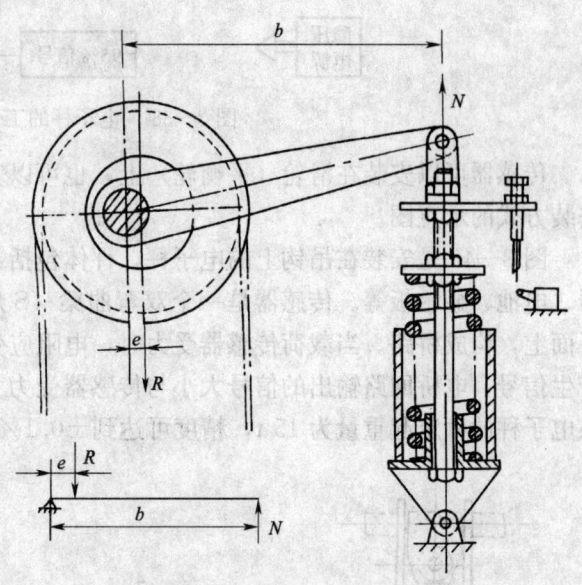

图 3—37 偏心滑轮式超载限制器

二、电子式超载限制器

电子式超载限制器，同时具有称量的功能，也可称为特殊电子秤。电子式超载限制器由载荷传感器、测量放大器、显示器等部分构成。载荷传感器通常是一个弹性很好的金属筒或金属柱体，在其表面粘贴电阻应变片，电阻应变片构成一个平衡电桥回路。当载荷传感器受力时，电阻应变片变形，电桥回路的平衡被破坏，从而产生信号，电桥回路输出的信号大小与传感器受力大小成比例。电桥输出的信号经过放大，驱动微型电动机旋转，通过旋转角度反映出载荷的大小。当超载时，可通过电路切断电源，停止起升机构的上升运动。

图 3—38 是电子秤的工作原理框图。这种电子秤就是采用应变电桥作为传感器的。当负载时，在电桥回路产生一个电压信号，经过测量放大，A/D（模/数）转换后，在电子显示器（LED）上正确地显示出载荷的数量。超载控制和报警的原理是，通过载荷测量放大器输出的电压与设定电压相比较，当载荷达到额定载荷（设定载荷）的 90% 时，比较器通过控制继电器发出预警信号。当载荷超过额定载荷（但小于额定载荷的 105%）时，比较器控制继电器发出报警信号，并且切断上升方向的电路，起超载保护限制作用。

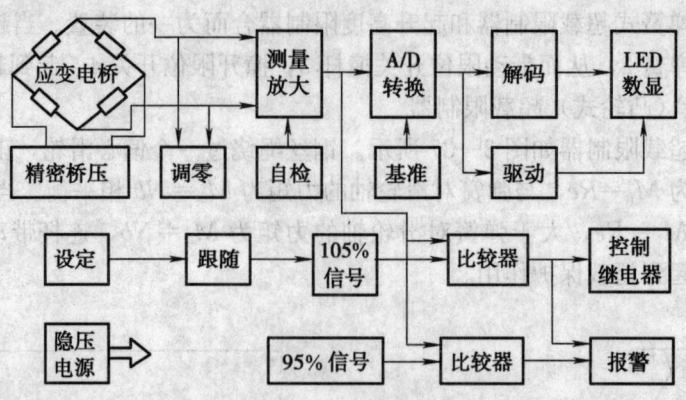

图 3—38　电子秤的工作原理框图

传感器可以安装在滑轮（平衡轮）上，也可以安装在钢丝绳上。图 3—39 是传感器两种安装方式的示意图。

图 3—40 是安装在吊钩上的电子秤，秤体包括：箱体、吊钩和吊环。箱体内有称量传感器、电池、显示板等。传感器是一个双弯曲梁（S形），电阻应变片粘贴在双弯曲梁孔内的平面上，构成桥路。当载荷传感器受力时，电阻应变片变形，电桥回路的平衡被破坏，从而产生信号，电桥回路输出的信号大小与传感器受力大小成比例。起重量直接显示在屏幕上。该电子秤的额定起重量为 15 t，精度可达到 $\pm 0.1\%$。

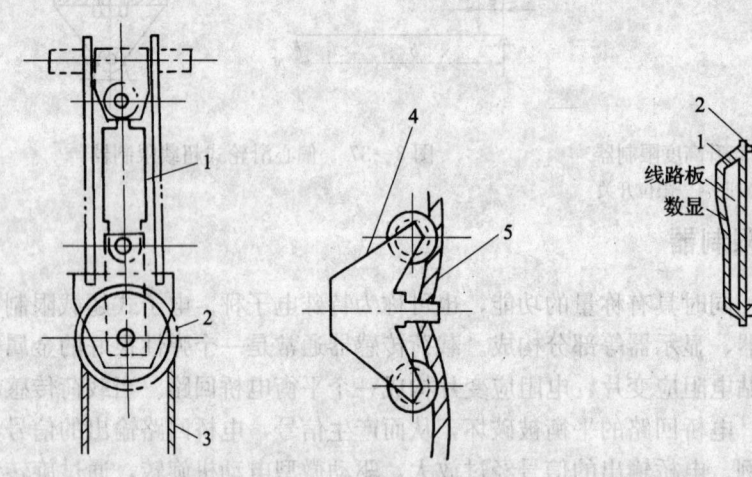

图 3—39　传感器两种安装方式示意图
1、4—载荷传感器　2—滑轮　3、5—钢丝绳

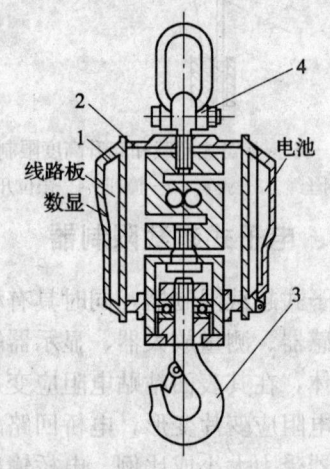

图 3—40　安装在吊钩上的电子秤
1—秤体　2—称量传感器　3—吊钩　4—吊环

三、压磁式超载限制器

压磁式超载限制器由特制的压磁测力传感器和显示器构成。压磁测力传感器采用合金材料加工而成，具有坚固耐用、受温度影响小等优点。压磁测力传感器的外形结构可分五种：轴装结构、托架结构、轴承座结构、滑轮结构和垫块结构，可用于 5～50 t 桥门式起重机。

传感器的技术参数：误差可达到±5%；过载能力可达3倍；疲劳寿命大于10^5次；环境温度要求-25～+90℃；湿度95%。

压磁式超载限制器的技术参数：工作制度：长期连续；工作环境：-20～+60℃；湿度：90%；电源：220 V，50 Hz；功率：15 W；报警点精度：±1%。

四、液压超载限制器

图3—41所示为一种液压称量装置，由油缸、导管、布顿管和表盘等构成。当起吊载荷时，压力油使布顿管变形运动，从而带动扇齿轮，进而驱动小齿轮转动。由于指针与小齿轮同轴，这样就能在刻度盘上显示出起吊载荷的数值。

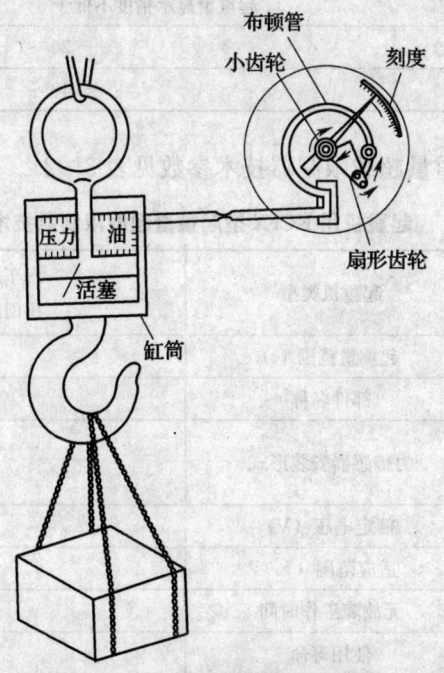

图3—41 液压称量装置原理图

起重机用QX02型起重量超载限制器技术参数见表3—20。

表3—20　　　　　　　起重机用QX02型起重量超载限制器技术参数表

适用的起重机	起重机类型	汽车起重机　轮胎起重机　塔式起重机			
	起重量范围（t）	8～40			
系统配套部件	部件名称	本体	力传感器	前端处理器	卷线盒
	外形尺寸（mm）	188×214×72	φ84×276	144×100×45	φ211×66
	重量（kg）	1.5	3.1	0.7	2.9
	力传感器安装形式	卷扬绳前端			
电　源	额定电压（V）	直流12，34			
	适应范围（%）	-15～+35			

续表

适用的起重机	起重机类型	汽车起重机　轮胎起重机　塔式起重机
	起重量范围（t）	8～40
具备功能		开机自检　手动检查　倍率设置 倍率显示　过卷报警　最大起重量报警 故障报警
可靠性	无故障工作时间	不少于 12 个月
	使用寿命	不少于 3.5 年
显示精度		起重量显示精度不低于 5%
温度	工作温度（℃）	－20～＋60
	储运温度（℃）	－40～＋80

起重机用 KCFX 型起重量超载限制器技术参数见表 3—21。

表 3—21　　　　起重机用 KCFX 型起重量超载限制器技术参数表

适用的起重机	起重机类型	汽车起重机　轮胎起重机 桥门式起重机
	起重量范围（t）	0.5～500
系统配套部件	部件名称	本体
	力传感器安装形式	卷扬绳前端 轴承座传感器
电源	额定电压（V）	直流 220
	适应范围（%）	－15～＋15
可靠性	无故障工作时间	不少于 12 个月
	使用寿命	不少于 3.5 年
显示精度		起重量显示精度不低于 5%
温度	工作温度（℃）	－20～＋65
	储运温度（℃）	－30～＋80

第七节　起重力矩限制器

一、起重力矩限制器的工作原理

《起重机安全规程》规定，起重量等于大于 16t 的汽车起重机、轮胎式起重机都应安装起重力矩限制器。起重能力等于大于 25t 的塔式起重机也应安装起重力矩限制器。

起重力矩限制器目前主要采用电子式力矩限制器,也有机械式和液压式,但由于体积比较大,所以用得比较少。

电子式力矩限制器由力的检测器、臂长检测器、臂角检测器、工况选择器和微型计算机组成。

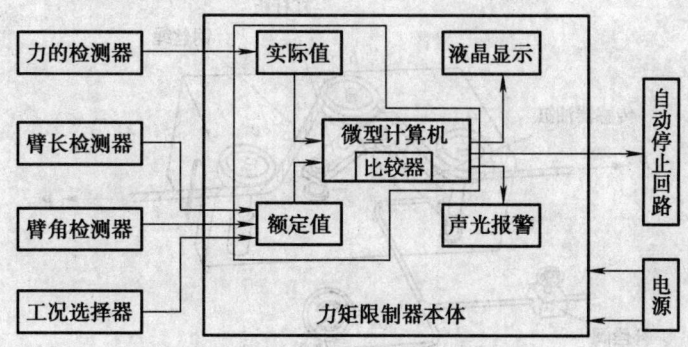

图 3—42 电子式力矩限制器框图

图 3—42 是电子式力矩限制器框图。臂长检测器、臂角检测器及工况选择器检测出的信号经过数据采集电路进入微型计算机,微型计算机计算出该工况下的额定起重量。而力的检测器检测的信号,经过数据采集电路进入微型计算机,微型计算机计算出该工况下的实际起重量。并将额定起重量和实际起重量进行比较。当实际起重量达到额定起重量的 90%~100%时,发出预警信号,通常黄色信号灯闪亮,蜂鸣器响;当实际起重量达到额定起重量的 100%~110%,但小于 110%时,发出预警报信号,通常红色信号灯闪亮,蜂鸣器响,并且切断起升方向的动力。

1. 力的检测器

力的检测器的传感器可安装在变幅油缸端部,也可安装在钢丝绳经过的位置。图 3—43 所示的是安装在变幅油缸活塞杆端部的力的检测器。起重机起吊的载荷以及起重臂自重经过

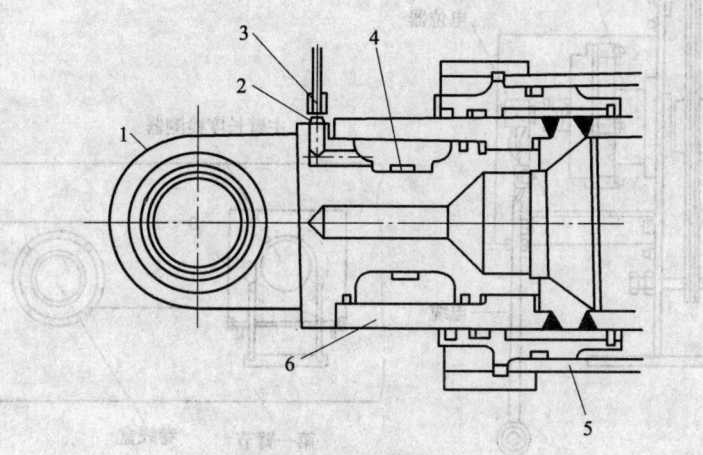

图 3—43 力的检测器
1—力的检测器 2—防水插座 3—防水插销
4—应变仪(片) 5—油缸 6—活塞杆

力的检测器的应变片变形而反映出一个电信号，并送入计算机。这种安装方式的力的检测器，优点是精度高、寿命长、稳定性好。另外一种是安装在起重臂上钢丝绳通过的位置，图3—44是三滑轮式力（矩）检测器示意图，它是通过钢丝绳张力来检测起重量的。

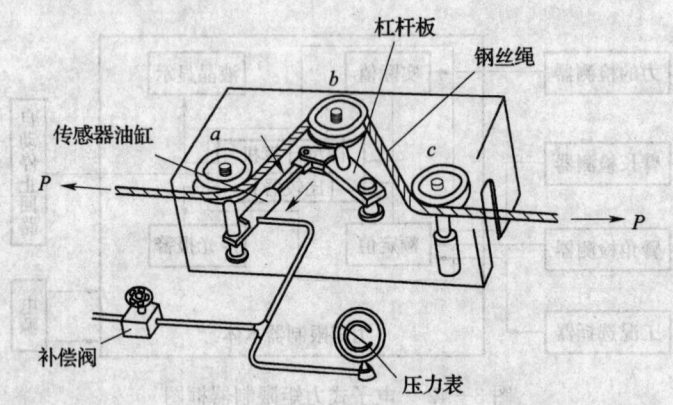

图 3—44　三滑轮式力（矩）检测器

2. 臂长检测器

臂长检测器由电位器、微型减速机构、滑轮（卷线盒）及线丝（细钢丝）组成，图3—45为臂长检测器示意图。线丝的一端安装在起重臂的侧面，滑轮上的线丝另一端安装在起重臂的端头。当起重臂伸出时，通过线丝带动滑轮转动，滑轮经过减速机构带动电位器运动，这样即可检测出起重臂的长度。当起重机臂回缩时，卷线盒由于盘形弹簧的作用把线丝卷在滑轮上。同样，电位器会产生电信号，输入计算机可检测出起重臂的长度。

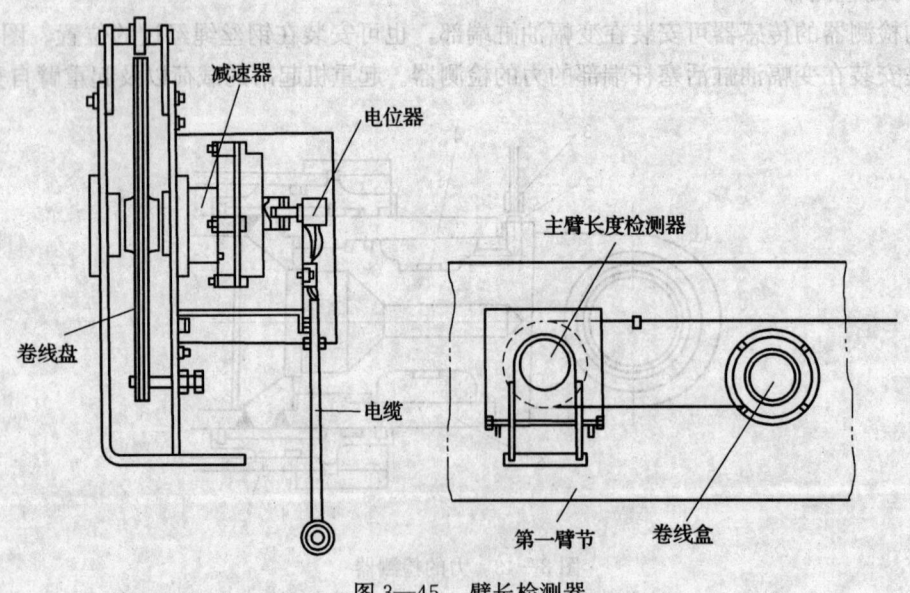

图 3—45　臂长检测器

3. 臂角检测器

由电位器、重力摆锤和盛有硅油的箱体等构成。臂角检测器的箱体安装在起重臂的侧壁上,当起重臂变幅时,箱体随之运动,电位器固定在箱体上,所以电位器外壳随起重臂运动。电位器的转动部分与摆锤连接在一起,而重力摆锤却始终指向地心(铅垂)。这样,起重臂变幅时电位器就会产生电的信号,并输入计算机。图3—46是臂角检测器图。

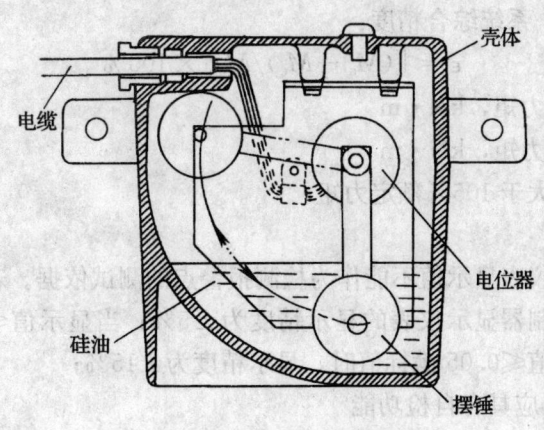

图3—46 臂角检测器

4. 工况选择器

工况选择器有支腿选择开关和起重臂选择开关两种。根据需要,可把支腿选择开关扳到使用支腿或不使用支腿的工况。根据需要,可把起重臂选择开关扳到使用副臂或是不使用副臂的工况。

5. 力矩限制器的自检功能

要求力矩限制器具有故障自动诊断功能,并且在窗口以故障编码的形式显示出来。表3—22是故障代码表。

表3—22　　　　　　　　　　　故障代码表

故障代码	故　　障
1	数字电路板故障
2	模拟电路板的电压超出阈值
3	压力传感器故障
4	角度传感器故障
5	长度传感器故障
6	臂长和支腿选择开关位置组合不当
7	作业状态设置不当
8	倍率选择开关设置不当

二、起重力矩限制器的安全技术要求

1. 系统综合精度

根据 GB 7950《臂架型起重机起重力矩限制器通用技术条件》的要求，起重力矩限制器的系统综合精度为±5%，在任何情况下，报警点的实测起重力矩不得大于起重机相应工况额定起重力矩的 110%。系统综合精度：

$$\varepsilon = [(M_a - M_e)/M_e] \times 100\%$$

式中　M_a——实测起重力矩，kN·m

　　　M_e——额定起重力矩，kN·m

设定起重力矩不得大于 105% 额定力矩。

2. 显示精度

力矩限制器本身的仪表显示值不能作为检测报警点的测试依据。若按规定作检测报警点的测试依据，则力矩限制器显示仪表的显示精度为±5%；当显示值≤0.1满标值时，显示精度为±10%；当显示值≤0.05满标值时，显示精度为±15%；

3. 起重力矩限制器应具有自检功能

若力矩限制器自身出现故障，系统能自我检测并能显示。

4. 系统工作能力

起重力矩限制器应能满足起重机的全部使用工况，包括起重机最大额定起重量工作点；起重机在超载 25% 的试验后，力矩限制器不得有任何损坏，系统应能正常工作；额定电压在 -15%～+35% 范围变化的情况下能正常工作。

5. 绝缘电阻

起重力矩限制器的强电电路之间或与不带电的金属部分的绝缘电阻不得小于 1 MΩ。

6. 耐压要求

起重力矩限制器的强电电路应满足相应试验电压的耐压要求，试验电压应按表 3—23 规定选择。

表 3—23　　耐压试验电压　　V

被试部分额定电压（U_e）	试验电压
$U_e \leq 60$	≥500
$60 < U_e \leq 125$	≥1 000
$125 < U_e \leq 250$	≥1 500
$250 < U_e \leq 500$	≥2 000

7. 抗冲击能力

起重力矩限制器的外壳应能承受重量为 0.5 kg 的钢球从高度 300 mm 落下的冲击。

起重力矩限制器仪器应具有耐冲击的性能，在加速度为 200 m/s² 时，应能正常工作。

8. 起重力矩限制器可靠性的数量指标

(1) 首次故障前平均工作时间 500 h。
(2) 可靠性试验时间 3 000 h。
(3) 可靠度：应大于 0.9。
(4) 使用寿命应不少于 7 500 h。

9. 预警信号

起重机的起重力矩达到相应工况额定起重力矩的 90%～100%时，应能发出声或光的持续预警信号，预警信号可采用黄色可视信号。

10. 报警信号

起重机的起重力矩达到相应工况额定起重力矩的 100%～110%时，应能发出声或光的持续报警信号，报警信号可采用红色可视信号，在司机室内能听到不低于 80 dB（A）声级的报警信号。

11. 环境条件的要求

(1) 力矩限制器的电压波动：对于外接电网供电，电压波动范围为－15%～＋10%；对于蓄电池供电，电压波动要求，额定电压在－15%～＋35%范围变化能正常工作。
(2) 力矩限制器应能承受加速度 40 m/s² 与频率 10～60 Hz 的扫描与耐振试验。
(3) 温度在－20～＋60℃范围内变化要求力矩的限制器工作正常。
(4) 湿度要求：不应大于 95%（25℃时）。
(5) 海拔高度不高于 1 000 m。
(6) 工作方式：连续型。

三、起重力矩限制器的型式试验

1. 绝缘电阻试验

试验仅限强电电路，其中包括，相互绝缘的不同电路之间的绝缘电阻；带电部分和不带电的金属部分之间的绝缘电阻。

2. 耐压试验

试验电压按表 3—23 的规定，施加电压时间为 1 min。

表 3—24　　　　　　　　　　　　共振试验表

振动频率（Hz）	扫描周期（min）	加速度（m/s²）	共振振幅（mm）
10～60	15	10～20	0.4

注：扫描周期是指从最大到最小振动频率往复一次所需的时间。

3. 高低温湿热试验

将力矩限制器按下列程序进行三个试验循环。升温 1 h 到最高环境温度保温 2 h，再冷却 1 h 至室温。在非工作状态下降温 1 h 到最低环境温度保温 2 h，然后令力矩限制器动作，用 1 h 恢复到室温。试验后力矩限制器应保持规定的功能和精度。

将力矩限制器置于调温调湿箱中经过 24 h 湿度为 95%、温度为 25℃的试验，试验后力矩限制器应保持规定的功能和精度。

4. 耐振试验

将力矩限制器固定在试验台上，按表 3—24 规定要求，使力矩限制器承受垂直于安装平面的正弦振动，连续增加或减小频率以寻找共振点。

（1）若无共振，按表 3—25 规定进行耐振试验。

表 3—25　　　　　　　　　　　　无共振耐振试验表

振动频率	加速度	振动时间 (h)		
(Hz)	(m/s^2)	上　下	左　右	前　后
30	40	4	2	2

（2）若有共振时，首先进行 0.5 h 耐振试验；当共振频率不超过 30 Hz 时，按频率为 30 Hz 加速度为 40 m/s^2 确定振幅值；当共振频率超过 30 Hz 时，以共振频率和加速度 40 m/s^2 确定振幅值。然后按表 3—26 规定的要求进行振动试验。试验后力矩限制器应保持规定的功能和精度。

表 3—26　　　　　　　　　　　　有共振耐振试验表

振动频率	加速度	振动时间 (h)		
(Hz)	(m/s^2)	上　下	左　右	前　后
30	40	3	1.5	1.5

5. 耐冲击试验

在三个不同的方向对力矩限制器施加冲击，冲击量按表 3—27 规定。试验后力矩限制器应保持规定的功能和精度。

表 3—27　　　　　　　　　　　　冲击量表

冲击加速度	冲击时间	振动时间 (h)		
(m/s^2)	(ms)	上　下	左　右	前　后
200	<20	3	3	3

6. 淋雨试验

淋雨方向从垂直到水平任意变化，喷头离力矩限制器的距离为 1.3 m，试验时间 30 min，淋雨量为 10～20 L。试验后立即进行模拟报警试验。

7. 模拟报警试验

在实验室内按装机要求，组成完整的力矩限制器系统，模拟起重机的各种工况进行试验。

(1) 力矩限制器在起重机超载 25％的静载试验后，恢复正常使用时，力矩限制器的精度不应降低。

(2) 模拟试验的选点不少于 5 个点，其中包括大、中、小三点。所有的模拟报警试验点均应在起重特性曲线范围内。

(3) 每个测试点要重复试验三次，以均方差计算出的精度应符合系统综合精度的要求。

8. 钢球冲击试验

9. 抗干扰度试验（GB/T 998）

10. 电压波动试验

电网供电时，施加 110％电网额定电压 60 min，85％电网额定电压 10 min，力矩限制器应保持规定的性能；蓄电池供电时，施加 135％的公称额定电压 60 min，85％的公称额定电压 10 min，力矩限制器应保持规定的性能。

11. 外观检查

力矩限制器结构牢固，外观整洁，涂漆漆面均匀，装配件无松动。

12. 装机试验

(1) 试验场地风速不大于 8.3 m/s 以及其他必要环境条件。

(2) 空载试验　在空载状态下，以正常速度检验起重机各机构的工作状态，检验力矩限制器工作是否正常。

(3) 报警试验（系统综合精度的试验）　对于允许带载变幅的起重机，可以采用定码变幅的试验方法，以最低的变幅速度变幅直至报警。根据实测工作幅度和起重特性曲线，可以查得该工状的额定起重量，再根据额定起重量和砝码的重量计算出系统综合精度；对于不允许带载变幅的起重机，可以采用定幅变码的试验方法，同理可计算出系统综合精度。试验用小砝码的质量不应大于额定起重量的 1％。每一种工状都需要重复三次。

(4) 超载试验　起吊相当 110％额定总起重量的砝码，离地 25 mm 瞬间，力矩限制器必须发出警报信号，并且自动停止起升动作。

(5) 可靠性试验　可通过工业性试验或模拟试验进行。

起重机用 WLX 型力矩限制器技术参数见表 3—28。

表 3—28　　　　　　　　起重机用 WLX 型力矩限制器技术参数表

适用的起重机	起重机类型	汽车起重机　塔式起重机　轮胎起重机				
	起重量范围（t）	8～00				
系统配套部件	部件名称	本体	力矩检测器	臂角检测器	臂长检测器	工况指示器
	外形尺寸（mm）	150×250×225	φ168×400	208×166×87	φ360×165 φ360×160	150×76×25
	重量（kg）	2.7		2.7	17	0.3
力或力矩检测方式		变幅油缸活塞杆头				

续表

适用的起重机	起重机类型	汽车起重机　塔式起重机　轮胎起重机
	起重量范围（t）	8～00
电源	额定电压（V）	直流 24
	适应范围（%）	－10～＋35
具备功能		开机自检　手动检查　预报警 故障报警　自动停止　自动诊断 超载报警
仪表显示内容		安全力矩　吊臂长度　吊臂角度 起升高度　实际起重量　工作幅度 额定起重量
可靠性	无故障工作时间	不少于12个月
	使用寿命	不少于3.5年
显示精度	系统综合精度	不低于±5%
	仪表显示精度	不低于±2%FS
温度	工作温度（℃）	－20～＋60
	储运温度（℃）	－40～＋80

起重机用 BQL 型力矩限制器技术参数见表 3—29。

表 3—29　　　　起重机用 BQL 型力矩限制器技术参数表

适用的起重机	起重机类型	汽车起重机　履带式起重机　轮胎起重机				
	起重量范围（t）	16～120				
系统配套部件	部件名称	本体	臂角检测器	臂长检测器	工况指示器	力矩检测器
	外形尺寸（mm）	150×250×225	208×166×87	ϕ360×165 ϕ360×160	150×76×25	
	重量（kg）	2.7	2.7	17	0.3	
力或力矩检测方式		变幅油缸活塞杆头 起升钢丝绳 变幅油缸油压				

续表

适用的起重机	起重机类型	汽车起重机　履带式起重机　轮胎起重机
	起重量范围（t）	16～120
电源	额定电压（V）	直流24
	适应范围（%）	−10～+35
具备功能		开机自检　手动检查　预报警 故障报警　自动停止　自动诊断 超载报警
仪表显示内容		安全力矩　吊臂长度　吊臂角度 起升高度　实际起重量　额定起重量 工作幅度
可靠性	无故障工作时间	不少于12个月
	使用寿命	不少于3.5年
精度	系统综合精度	不低于±5%
	仪表显示精度	不低于±5%FS
温度	工作温度（℃）	−20～+60
	储运温度（℃）	−40～+80

第八节　防止起重臂触电和支腿自动调平装置

一、防止起重臂触电装置

该装置采用电磁感应的原理，由发射机和接受机两部分组成，发射机安装在起重臂端，而接受机安装在司机室内。发射机的电源是自动控制，当起重机臂抬起10°角时，电源自动接通，发射机处于工作状态。接受机的电源采用车体电源，只要司机接通动力，接受机即处于工作状态，同时与限位电磁阀连接。当起重机臂距离电力线1.5 m（220～380 V）则能发出警报。并且能切断继续向危险方向运动的动力源。

QA−1型起升设备多功能监控装置的主要技术参数：

(1) 高度限位感应距离：吊钩距离主设备1.5 m时，报警并制动。

(2) 接近电力线感应距离：220～380 V，1.5 m时报警；10 kV，5～8 m时报警。

(3) 工作电压：发射机7～24 V；接受机12～36 V。

(4) 信号传输距离：50 m。

(5) 环境温度：-20～+50℃。

(6) 报警并制动反应时间小于 1 s。

二、支腿自动调平装置

汽车起重机在作业时，必须打支腿并且要保证四个支腿在一个水平面上，否则就有可能发生翻车事故。如果有自动调平支腿的装置，就可避免这类事故的发生。

支腿的自动调平装置由水平检测器、PC 控制器、换向阀、开关阀等组成。图 3—47 是汽车起重机支腿自动调平装置图。

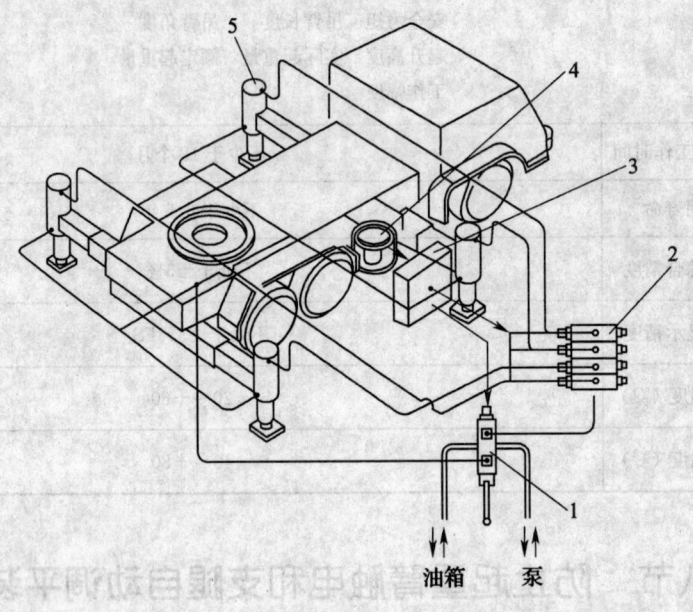

图 3—47 汽车起重机支腿自动调平装置图
1、2—换向阀 3—PC 控制器 4—水平检测器 5—支腿油缸

水平检测器（见图 3—48）有两种类型：一种是光敏式水平检测器，另一种是重力摆式水平检测器。

1. 光敏式水平检测器

光敏式水平检测器的核心元件是光敏晶体管。光敏晶体管由在 N 型半导体表面形成 P 型半导体薄层组成，见图 3—48a，故当光能照射于半导体表面时就产生电压（或电流）。摆子由二轴自由轴承来支承，能检测任何角度的倾斜。

光敏晶体管的四个收光部元件都能屏蔽光线。当起重机水平架设时，少量光线照射在收光侧。如此，则四个半导体产生电压，而各千斤顶油缸因四个断流阀都在"开"（接通）位置而继续伸出。

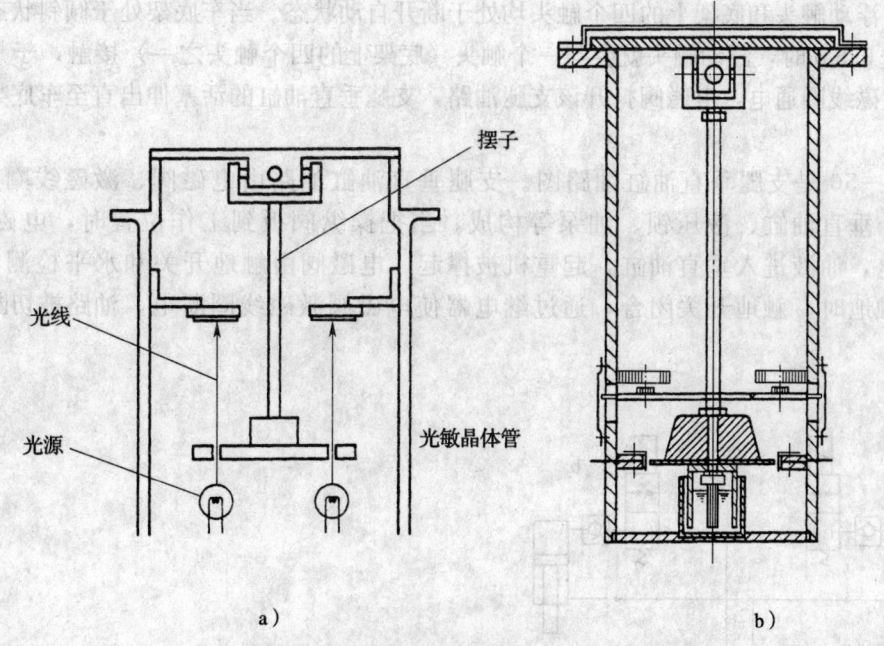

图 3—48 水平检测器
a) 光敏式水平检测器 b) 重力摆式水平检测器

若汽车底盘右侧较低,则左侧的光敏晶体管不产生电压。故只有右侧千斤顶油缸伸出并使起重机达到水平状态。起重机处于水平状态时,限位开关就起作用并停止所有电路的操作,四个螺线管阀都闭塞。

2. 重力摆式水平检测器

图 3—48b 是重力摆式水平检测器的原理图。由重力摆和金属桶体构成,金属桶体安装在上回转支承平面上。当车体(支腿)处于水平时,重力摆铅锤和各触头无接触,支腿油缸停止工作。当车体(支腿)处于倾斜时,重力摆会与支腿比较低一侧的触头接触,于是产生一个电信号,并且输入 PC 控制器,自动驱动电磁阀,使低位的支腿油缸的活塞伸出。油缸动作保持延时 0.5 s,经过几次调整,车体将处于水平状态,重力摆与 8 个方向的触头均脱离接触,并且发出信号,起重机可以正常作业。重力摆放在硅油池中,是为增加阻尼,缩短重力摆的衰减时间。

图 3—49 是重力摆式水平检测器与支腿关

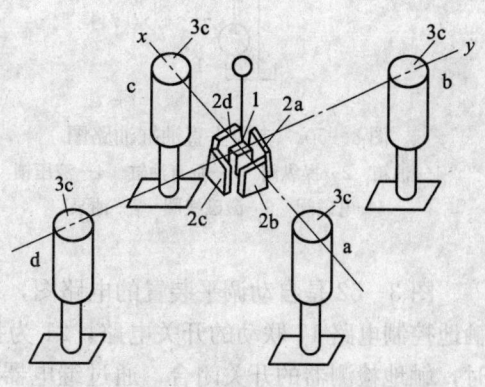

图 3—49 水平检测器与支腿关系示意图
1—重力摆 2a、2b、2c、2d—触头 a、b、c、d—油缸
3a、3b、3c、3d—电磁阀

系示意图。它由四个固定在车底架上的触头和一个浮动的板形触头构成。当车底架处于水平状态时,浮动触头和底架上的四个触头均处于断开自动状态。当车底架处于倾斜状态时,倾斜度超过0.5%时,浮动触头就会与一个触头(底架上的四个触头之一)接触,于是对应的电磁阀激磁线圈通电,电磁阀打开该支腿油路,支腿垂直油缸的活塞伸出直至车底架调平为止。

图3—50是支腿垂直油缸油路图。支腿垂直油缸油路由电磁阀、激磁线圈、油箱、操纵阀、垂直油缸、液压锁、油泵等构成。当把操纵阀扳到工作位置时,电磁阀激磁线圈通电,油液进入垂直油缸,起重机被撑起。电磁阀由触地开关和水平检测器控制。当支腿触地时,触地开关闭合,通过继电器使电磁阀激磁线圈断电,油路被切断(见图3—51)。

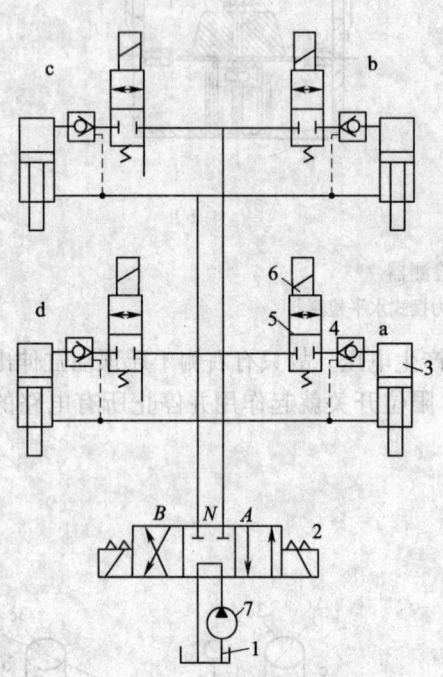

图3—50 支腿垂直油缸油路图
1—油箱 2—操纵阀 3—垂直油缸 4—液压锁
5—电磁阀 6—激磁线圈 7—油泵

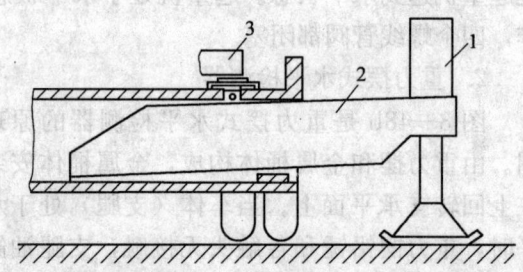

图3—51 触地检测器
1—垂直油缸 2—支腿横梁 3—触地开关

图3—52是自动调平装置的电路图,18为水平控制电路,19为调整控制电路,20是与触地控制电路17联动的开关电路,21为指示器,22为电源,23为操纵开关。当支腿触地时,触地检测器的开关闭合,通过继电器打开常闭节点17a～17d,电路断开,电磁阀激磁线圈6a～6d得不到供电,电磁阀关闭,垂直油缸停止工作。

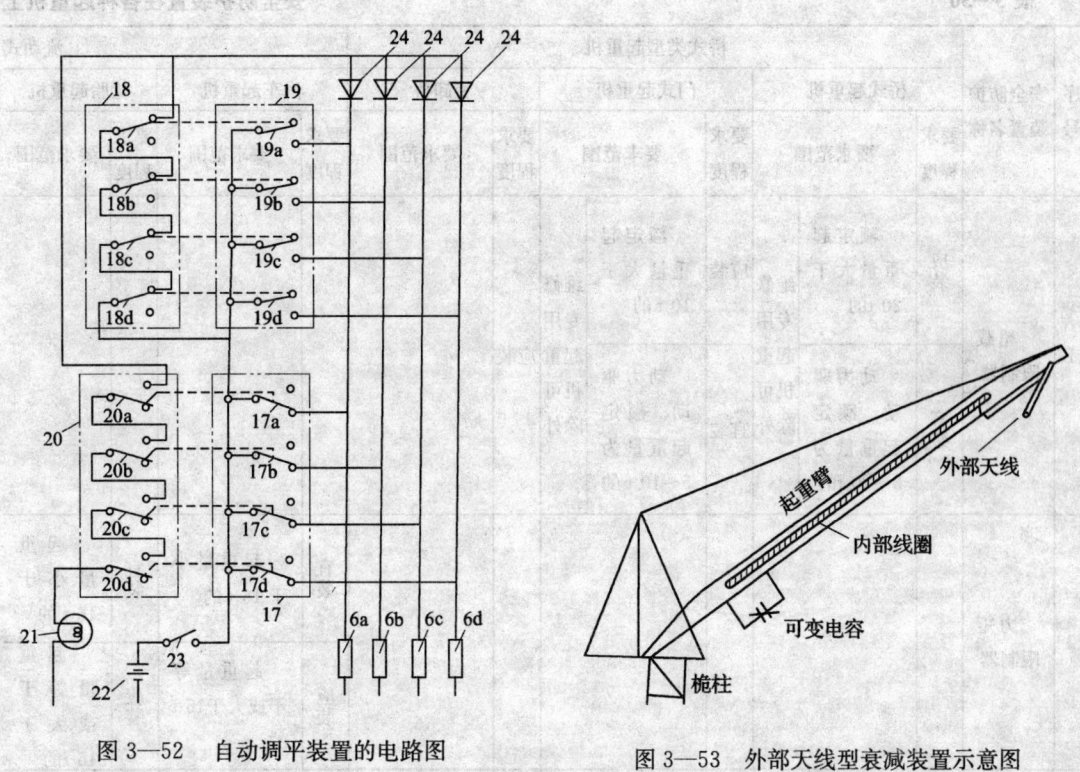

图 3—52　自动调平装置的电路图

图 3—53　外部天线型衰减装置示意图

第九节　防止起重机吊钩带异常电压的装置

当臂架型起重机在无线电发射台附近作业时，起重机本身相当于一个大的天线，这时在吊钩上常会出现高频率的异常高电压。当人手接触到这样的吊钩时，会灼伤手掌，如果工人在高处作业，由于突然触电还可能发生坠落事故。国内外都发生过这类事故。这种现象并不是所有在电台附近作业的起重机都会发生，只有当起重机的高度、尺寸达到某一界限时，才会产生比平时高出数倍或数十倍的高电压。

为了解决这个问题，可以把起重机视为一种谐振回路。在起重机上再加装一个灵敏度比较高的谐振回路（见图 3—53），由于与起重机本身的谐振回路是接通的，当其谐振频率一致时，则电能将向灵敏度高的回路流动，因此起重机吊钩的电压被衰减，避免发生上述事故。实验证明，电压衰减比与起重机的工作状态（起重臂的角度和长度）和衰减装置的线圈匝数有关。通过实验，发现起重机在 29 MHz 附近会发生谐振。

GB 6067《起重机械安全规程》规定的各类型起重机械应安装的安全装置见表 3—30。

表 3—30　　　　　　　　　　　　　　　　　　　　　　　　　　　　　　　安全防护装置在各种起重机上

序号	安全防护装置名称	桥式类型起重机					流动式			
		桥式起重机		门式起重机		装卸桥		汽车起重机		轮胎起重机	
		要求程度	要求范围	要求程度	要求范围	要求程度	要求范围	要求程度	要求范围	要求程度	要求范围
1	超载限制器	应装	额定起重量大于20 t的	应装	额定起重量大于10 t的	应装					
		宜装	动力驱动、额定起重量为3～20 t的	宜装	动力驱动、额定起重量为5～10 t的		维修专用起重机可除外				
2	力矩限制器							宜装	起重量小于16 t的	宜装	起重量小于16 t的
								应装	起重量等于或大于16 t的	应装	起重量等于或大于16 t的
3	上升极限位置限制器	应装	动力驱动的	应装	动力驱动的	应装		应装		应装	
4	下降极限位置限制器										
5	运行极限位置限制器	应装	动力驱动的并且在大车和小车运行的极限位置（单梁吊的小车可除外）	应装	动车驱动的并且在大车和小车运行的极限位置	应装	动力驱动的并且在大车和小车运行的极限位置				
6	偏斜调整和显示装置			宜装	跨度等于或大于40 m时	应装	跨度等于或大于40 m时				

设置的要求（GB/T 6067）

起重机											
履带起重机		铁路起重机		塔式起重机		门座起重机		升降机		电芦葫	
要求程度	要求范围	要求程度	要求范围	要求程度	要求范围	要求程度	要求范围	要求程度	要求范围	要求程度	要求范围
		应装		宜装	起重能力小于 25 t·m 的	应装		宜装		宜装	动力驱动的
应装		宜装		应装	起重能力等于或大于 25 t·m 的						
应装		应装		应装		应装		应装		应装	
						应装	在吊臂幅度的极限位置	应装	在上下极限位置		

序号	安全防护装置名称	桥式类型起重机						流动式		
		桥式起重机		门式起重机		装卸桥		汽车起重机		轮胎起重机	
		要求程度	要求范围	要求程度	要求范围	要求程度	要求范围	要求程度	要求范围	要求程度	要求范围
7	幅度指示器							应装		应装	
8	联锁保护装置	应装	由建筑物登上起重机的门与大车运行机构之间；由司机室登上桥架的舱口门与小车运行机构之间；设在运动部分的司机室在进入司机室的通路口与小车运行机构之间			应装	设在运动部分的司机室在进入司机室的通道口与小车运行机构之间				
9	水平仪							应装	起重量等于或大于16 t的	应装	起重量等于或大于16 t的
10	防止吊臂后倾装置							应装		应装	
11	极限力矩限制装置										
12	缓冲器	应装	在大车、小车运行机构或轨道端部	应装	在大车、小车运行机构或轨道端部	应装	在大车、小车运行机构或轨道端部				
13	夹轨钳和锚定装置或铁鞋	宜装	露天工作的	应装	露天工作的	应装	露天工作的				
14	风速风级报警器										
15	支腿回缩锁定装置							应装		应装	

续表

起重机				塔式起重机		门座起重机		升降机		电芦葫	
履带起重机		铁路起重机									
要求程度	要求范围	要求程度	要求范围	要求程度	要求范围	要求程度	要求范围	要求程度	要求范围	要求程度	要求范围
应装		应装		应装		应装					
				应装	在动臂变幅机构与吊臂的支持停止器之间			应装	在各卸料口的门与吊篮的升降机构之间		
应装		应装		应装	动臂变幅的						
					有可能自锁的旋车机构	应装	有可能自锁的旋转机构				
						应装	在变幅机构	应装			
				应装		应装					
				应装	臂架铰点高度大于50 m时	应装	金属结构高度等于或大于30 m时				
应装		应装									

序号	安全防护装置名称	桥式类型起重机						流动式	
		桥式起重机		门式起重机		装卸桥	汽车起重机		轮胎起重机
		要求程度	要求范围	要求程度	要求范围	要求程度	要求范围	要求程度	要求范围	要求程度	要求范围
16	回转定位装置							应装		应装	
17	登机信号按钮	宜装	具有司机室的			应装		司机室设于运动部分的			
18	防倾翻安全钩	应装	单主梁起重机在主梁一侧落钩的小车架上	应装	单主梁龙门起重机在主梁一侧落钩的小车架上						
19	检修吊笼	应装	在司机室对面靠近滑线一端								
20	扫轨板和支承架	应装	动力驱动在大车运行机构上	应装	在大车运行机构	应装	在大车运行机构				
21	轨道端部止挡	应装		应装		应装					
22	导电滑线防护板	应装									
23	倒退报警装置							应装		应装	
24	暴露的活动零部件的防护罩	宜装		宜装		应装		应装		应装	
25	电气设备的防雨罩	应装	露天工作的	应装	露天工作的	应装		应装		应装	

第三章 安全装置

续表

起重机											
履带起重机		铁路起重机		塔式起重机		门座起重机		升降机		电芦葫	
要求程度	要求范围	要求程度	要求范围	要求程度	要求范围	要求程度	要求范围	要求程度	要求范围	要求程度	要求范围
应装		应装									
				宜装	司机室在上部并且设在运动部分的	宜装	司机室设于运动部分的				
				应装		应装					
				应装		应装					
						应装	采用滑线导电结构的				
应装											
应装		应装		应装		应装					
应装				应装		应装		应装	露天工作的		

· 213 ·

第十节　起重机危险部位与标志

一、类别和要求

1. 标志类别

起重机械危险部位标志类别规定如下：

（1）黄色和黑色相间隔的条纹标志（以下简称"黄黑相间标志"）。
（2）红色和白色相间隔的条纹标志（以下简称"红白相间标志"）。
（3）红色标志。
（4）红色灯光标志。
（5）文字标志。

2. 标志要求

（1）标志应清晰、醒目、耐久、完整、正确。
（2）标志颜色应符合 GB 6527.1《安全色卡》中规定的相应色样。
（3）黄黑相间标志和红白相间标志的条纹宽度比例为 1∶1，条纹宽度为 50～100 mm，每种颜色应不少于两道，斜度宜与水平呈 45°角，倾斜方向宜以设备部位中心线为轴呈对称形。

在使用黄黑相间标志时，如果标志背景使标志的效果减弱，允许使用红白相间标志。

（4）灯光标志颜色应符合 GB 8417《灯光信号颜色》中规定的红色色品范围。
（5）文字标志的字体应使用黑体，字体颜色应使用黑色，背景颜色应使用黄色。
（6）对有特殊要求的起重机械由供需双方确定标志要求。
（7）在公路、铁路或水上使用的起重机械，除应符合 GB 15052《起重机械危险部位与标志》的规定外，还应符合国家有关管理规定的标志要求。

二、危险部位与标志方法

1. 应在适当位置使用黄黑相间标志的部位

（1）吊钩滑轮组侧板。
（2）取物装置和起重横梁。
（3）臂架型起重机回转尾部和平衡重。
（4）动臂式臂架型起重机的臂架头部。
（5）起重机外伸支腿和排障器。
（6）除流动式起重机和铁路起重机外，与地面距离小于 2 m 的司机室和检修吊笼的底边，应涂装危险标志。标志宽度不小于 120 mm。
（7）与地面距离小于 2 m 的台车均衡梁和下横梁两侧。
（8）桥式起重机的端梁外侧（有人行通道时）和两端面；移动式司机室的走台与梯子接

口处的防护栏杆。

2. 安全装置的标志

起重机危险部位的标志见表3—31、表3—32。

表3—31　　　　　　　　　起重机危险部位与标志（GB 15052）

安 全 装 置	标 志 类 别	标 志 部 位
夹轨器	黄黑相间标志	在适当位置
大车滑线防护板		底边宽度不小于100 mm
缓冲器（橡胶缓冲器除外）	红色标志	端部
扫轨板		整体
轨道端部止挡		止挡整体
紧急开关		按钮、把柄
过卷扬限制器		重锤

表3—32　　　　　　　　　　　电气设备危险标志

电 气 设 备	标 志 类 别	标 志 部 位
大小车滑线	红色灯光标志	滑线两端、通道上方
大车裸滑线	红色标志	非导电面
电缆卷筒		电缆卷筒的护圈

第四章 桥式起重机安全技术

第一节 桥式起重机的用途和分类

一、桥式起重机的用途

桥式起重机由机械、金属结构、电气设备等部分构成。机械部分包括起升机构、小车运行机构、大车运行机构；金属结构包括主梁、端梁、司机室等；电气设备包括电动机、控制电器等，如图 4—1 所示。也可以把桥式起重机分为大车、小车等部分。大车包括金属结构、大车运行机构和司机室。小车包括起升机构、小车运行机构和小车架。

通用桥式起重机的用途见表 4—1。

表 4—1　　　　　　　　　　通用桥式起重机的用途表

分　类	特　点	用　途
吊钩桥式起重机	取物装置是吊钩或吊环。起升机构的工作速度根据需要可用机械或电气方法调整	适用于机械加工、修理、装配车间或仓库、料场作一般装卸吊运工作。可调速的起重机用于机修、装配车间的精密安装或铸造车间的慢速合箱等场合
抓斗桥式起重机	取物装置是双绳抓斗（常为四绳抓斗）。小车上有两套卷筒装置，可同时或分别动作以实现抓斗的升降和开闭，以及在起升高度范围内任意高度上开斗、卸料	适用于仓库、料场、车间等地对矿石、石灰石、砂、焦炭等散粒物料的装卸吊运工作
电磁桥式起重机[①]	取物装置是电磁盘。装卸时间短，辅助人员少，但电磁盘的自重消耗功率，吊运的能力随物品性质、形状块度大小等而变化	适用于机械、冶金工厂及料场吊运、具有导磁性的金属及其制品，一般只用于吸取 500℃ 以下的黑色金属物料

续表

分 类	特 点	用 途
抓斗—电磁桥式起重机及抓斗—吊钩桥式起重机[①]	取物装置是双绳抓斗和电磁盘（或少数情况是双绳抓斗或吊钩）。抓斗与电磁盘（或吊钩）不能同时工作	适用于抓取及吊运散粒物料（用抓斗时），或吸取导磁物料（用电磁盘时），或作大件吊运（用吊钩时）工作
三用桥式起重机	在桥式吊钩起重机上，备有一个可卸的马达抓斗和一个可卸的电磁盘。根据工作对象可更换取物装置	适用于吊运种类经常变化的物料，且生产率要求不很高的场合
大起升高度桥式起重机	起升高度超过国标 GB 790《电动桥式起重机跨度和起升高度系列》的规定值（有时起升高度可达40 m以上），其钢丝绳卷绕系统较特殊，有多种方案	多用于冶金、化工、电力等部门的检修、安装工作
水电站双小车桥式起重机	有两台完全相同的小车，可同时或单独使用。起升机构能变速，吊运安装机组转子时，速度低，电机持续运转时间长；吊运一般物品时速度较高。经常吊运的重量与额定起重量相差很大，一年甚至几年才有1~2次满载起吊机会	适用在水电站安装、检修发电机和吊运一般物件

注：①凡带有电磁盘或马达抓斗的起升机构都装有电缆卷筒，以使在电磁盘或马达抓斗升降时，对其供电和操纵的电线能随之收进或放出。

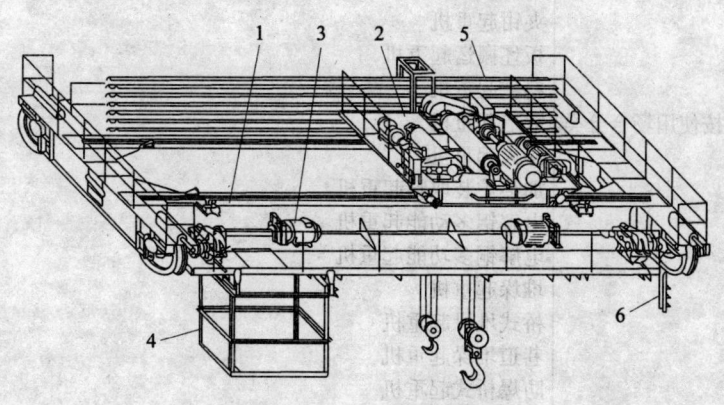

图4—1 桥式起重机图

1—桥架 2—小车 3—大车运行机构 4—司机室
5—小车导电装置 6—起重机总电源导电装置

二、桥式起重机的分类

桥式起重机
- 按结构分类
  - 单主梁桥式起重机
  - 双梁桥式起重机
  - 多梁桥式起重机
  - 挂梁桥式起重机
  - 带回转臂架桥式起重机
  - 双小车桥式起重机
  - 多小车桥式起重机
  - 带回转小车桥式起重机
  - 带导向架桥式起重机
  - 柔性吊挂桥式起重机
  - 电动葫芦桥式起重机
- 按取物装置分类
  - 吊钩桥式起重机
  - 抓斗桥式起重机
  - 电磁桥式起重机
  - 抓斗、电磁桥式起重机
  - 电磁、吊钩桥式起重机
  - 抓斗、吊钩桥式起重机
  - 吊钩、抓斗、电磁桥式起重机
  - 料箱—电磁桥式起重机
  - 料箱—抓斗桥式起重机
  - 夹钳桥式起重机
  - 集装箱桥式起重机
- 按使用场合分类
  - 冶金起重机
  - 地面加料起重机
  - 料箱起重机
  - 铸造起重机
  - 脱锭起重机
  - 揭盖起重机
  - 夹钳起重机
  - 板坯搬运起重机
  - 料耙起重机
  - 锻造起重机
  - 淬火起重机
  - 加热炉装取料起重机
  - 电解铝多动能起重机
  - 电解铜多功能起重机
  - 堆垛起重机
  - 桥式堆垛起重机
  - 巷道堆垛起重机
  - 防爆桥式起重机
  - 绝缘桥式起重机

三、桥式起重机的技术参数和工作级别选择

1. 桥式起重机参数

桥式起重机参数有：起重量、起升高度、机构工作速度、起重机高度 H、跨度 S、起重机的宽度 B、小车轨距 K、起重机基距 W、小车基距 W_c、缓冲器高度 H_1、主梁底面位置 H_2、司机室底面位置 H_3、主钩上极限位置 H_4、副钩上极限位置 H_5、主钩左极限位置 C_1、主钩右极限位置 C_2、副钩左极限位置 C_3、副钩右极限位置 C_4、起重机轨道中心至起重机外缘距离 b、上方间隙 C_h、侧方间隙 C_b，见图 4—2。图 4—2 中标出起重机的主要尺寸或符号，在起重机参数表中会查出相应的尺寸（见表 4—2～表 4—7）。同时给出起重机与建筑物的安全界限尺寸。

表 4—2　　　　　　　　　桥式起重机起重量表（GB/T 14405）

取物装置		起重量系列（t）	工作级别
吊钩	单小车	3.2；4；5；6.3；8；10；12.5；16；20；25；32；40；50；63；80；100；125；160；200；250	A1～A6
	双小车	2.5+2.5；3.2+3.2；4+4；5+5；6.3+6.3；8+8；10+10；12.5+12.5；16+16；20+20；25+25；32+32；40+40；50+50；63+63；80+80；100+100；125+125	A4～A6
抓斗		3.2；4；5；6.3；8；10；12.5；16；20；25；32；40；50	A5～A7
电磁吸盘		5；6.3；8；10；12.5；16；20；25；32；40；50	

表 4—3　　　　　　　　　厂房跨度与起重机跨度表（GB/T 790）　　　　　　　　　mm

额定起重量 G_n（t）	b
≤50	1 500（无通道） 2 000（有通道）
63～125	2 000
160～250	2 500

注：有无通道，系指建筑物上沿着起重机运行线路是否留有人行安全通道。

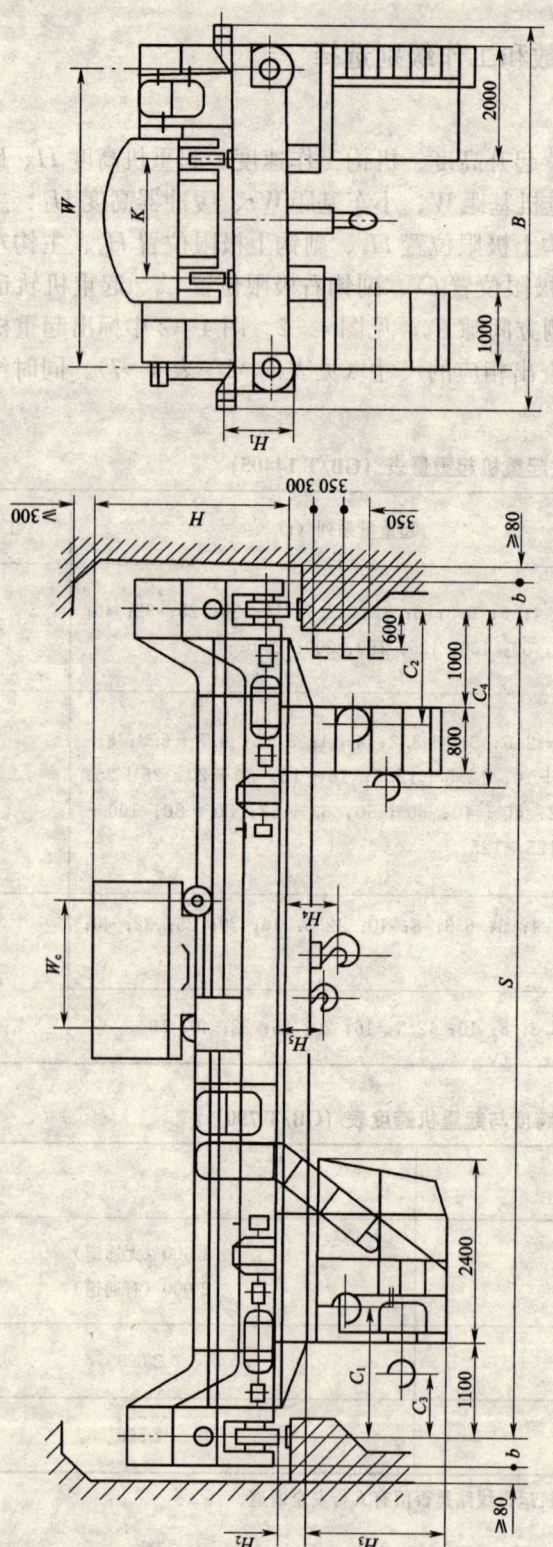

图 4-2 吊钩桥式起重机的外形尺寸图

表 4—4　　　　　　　　　　　　桥式起重机跨度表　　　　　　　　　　　　　　m

额定起重量 G_n (t)		厂房跨度 L									
		9	12	15	18	21	24	27	30	33	36
		起重机跨度 S									
≤50	无通道	7.5	10.5	13.5	16.5	19.5	22.5	25.5	28.5	31.5	34.5
	有通道	7	10	13	16	19	22	25	28	31	34
63～125		—	—	—	16	19	22	25	28	31	34
160～250		—	—	15.5	18.5	21.5	24.5	27.5	30.5	33.5	

注：1. 在同一轨道上同时装设额定起重量为50 t以下和63 t以上的两种起重机时，起重机的跨度值应按63 t以上的起重机选取。
2. 同一跨间内装设两层起重机时，表内的起重机跨度值只适用于上层起重机。
3. 沿起重机轨道的两侧必须设有通道。

表 4—5　通用桥式起重机、慢速桥式起重机、防爆桥式起重机和绝缘桥式起重机的起重高度表　m

额定起重量 G_n (t)	吊钩				抓斗		电动吸盘
	一般起升高度		加大起升高度		起升高度		一般起升高度
	主钩	副钩	主钩	副钩	一般	加大	
≤50	16	18	24	36	18～26	30	16
63～125	20	32	30	32	—	—	
160～250	22	24	30	32	—	—	

注：1. 表中有范围的起升高度，具体值视使用场合而定。
2. 表中所列的起升高度均为最大起升高度，必要时，经供需双方协商，也可超出此限。用户在订货时应提出实际需要的起升高度，实际值应从6 m始，每2 m为一档。

表 4—6　　　　　　　　　　吊钩桥式起重机速度表　　　　　　　　　　m/min

起重量 (t)	类别	工作级别	主钩起升速度	副钩起升速度	小车运行速度	起重机运行速度
≤50	高速	M6	6.3～16	10～20	40～63	80～125
	中速	M4～M5	5～12.5	8～16	32～50	63～100
	低速	M1～M3	1.6～5	6.3～12.5	10～25	20～50
63～125	高速	M6	5～10	8～16	32～40	63～100
	中速	M4～M5	2.5～5	6.3～12.5	25～32	50～80
	低速	M1～M3	1～2	5～10	10～20	20～40
160 160～250	高速	M6	3.2～4	6.3～8	32～40	50～80
	中速	M4～M5	1.6～2.5	5～8	20～25	40～63
	低速	M1～M3	0.63～1	4～6.3	10～16	20～32

注：在同一范围内的各种速度，具体值的大小，应与起重量成反比，与工作级别成正比。地面操纵的运行速度应按低速级考虑。

表 4—7　　　　　　　　　抓斗和电磁起重机速度表　　　　　　　　m/min

抓斗起升速度	电磁吸盘起升速度	小车运行速度	起重机运行速度
25～50	16～32	40～50	80～125

2. 桥式起重机工作级别选择

应根据起重机的使用环境和使用的频繁程度选择起重机的工作级别。起重机金属结构的工作级别和起重机工作级别相同；运行机构的工作级别一般与起重机相同；小车运行机构的工作级别一般应比起重机工作级别低一级；副起升机构一般和主起升机构的工作级别相同。

表 4—8 是桥式起重机工作级别选择表。

表 4—8　　　　　　桥式起重机工作级别选择表（GB/T 14405）

取物装置	使 用 场 地	使用程度	起重机工作级别
吊钩	电站、动力房、泵房、仓库、修理车间、装配车间	极少使用	A1
		很少使用	A2
		轻度使用	A3
	企业的生产车间货场	中等使用	A4
		较重使用	A5
		繁重使用	A6
抓斗电磁吸盘	仓库、料场、车间	较重使用	A5
		繁重使用	A6
		极重使用	A7

四、桥式起重机的型号表示方法

根据起重机的吊具和小车结构的不同，把桥式起重机分为八种型式代号。表 4—9 为桥式起重机型式代号表。

表 4—9　　　　　　　桥式起重机型式代号表（GB/T 14405）

序 号	名 称	小 车	代 号
1	吊钩桥式起重机	单小车	QD
2		双小车	QE
3	抓斗桥式起重机	单小车	QZ
4	电磁桥式起重机	单小车	QC
5	抓斗吊钩桥式起重机	单小车	QN
6	电磁吊钩桥式起重机	单小车	QA
7	抓斗电磁桥式起重机	单小车	QP
8	三用桥式起重机	单小车	QS

注：序号 5～7 的名称，也可称二用桥式起重机。

型号表示方法

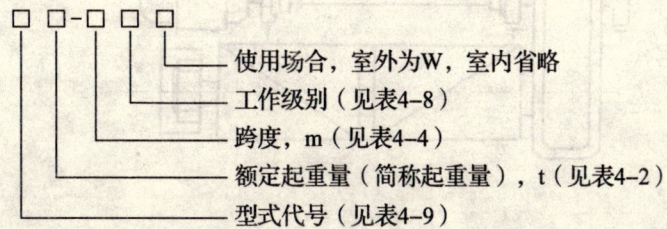

标记示例

a. 起升机构具有主、副钩的起重量 20/5 t，跨度 19.5 m，工作级别 A5，室内用吊钩桥式起重机，应标为：

起重机　QD 20/5－19.5A5　GB/T 14405

b. 起重量 10 t，跨度 22.5 m，工作级别 A6，室外用抓斗桥式起重机，应标为：

起重机　QZ 10－22.5A6W　GB/T 14405

c. 起重量 10 t，跨度 25.5 m，工作级别 A7，室内用抓斗吊钩桥式起重机，应标为：

起重机　QN 10－25.5A7　GB/T 14405

d. 起重量 5 t，跨度 16.5 m，工作级别 A6，室外用三用桥式起重机，应标为：

起重机　QS 5－16.5A6W　GB/T 14405

e. 起重量 50/10＋50/10 t，跨度 28.5 m，工作级别 A5，室内用双小车吊钩桥式起重机，应标为：

起重机　QE 50/10＋50/10－28.5A5　GB/T 14405

第二节　桥式起重机起升机构的安全技术

一、起升机构

起升机构包括：电动机、联轴器、传动轴、制动器、减速器、卷筒、钢丝绳、滑轮组、取物装置（吊钩及其他吊具）。

起升机构根据工作需要不同，有各种不同的形式。图 4—3 是一般的起升机构布置图。

二、起升机构的安全设计

1. 吊钩组件及滑轮组的选择

吊钩组件可以根据起重量选用。滑轮组倍率也要根据起重量选择。滑轮组倍率、效率见表 4—10。

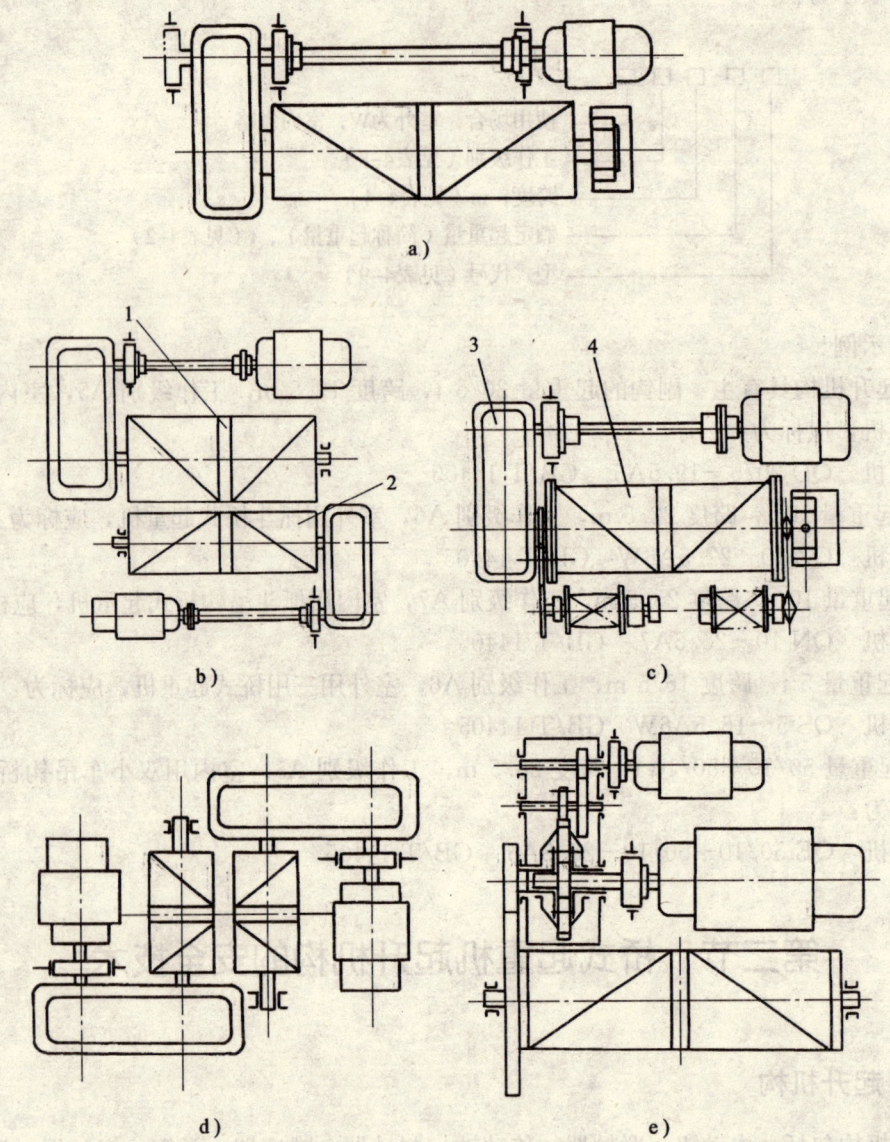

图 4—3 起升机构布置图
a) 单吊钩起升机构布置图　b) 双吊钩（主、副钩）起升机构布置图　c) 带电缆卷筒起升机构布置图
d) 抓斗用起升机构布置图　e) 带行星减速器的起升机构布置图
1—主起升机构　2—副起升机构　3—减速器　4—钢丝绳卷筒

表 4—10　　滑轮组倍率、效率表

起重量 Q (t)	3	5	8	12.5	16	20	32	50	80	100	125	160	200	250
倍率 m	1	2	2	3	3	4	4	5	5	6	6	6	8	8
滑轮组效率 η	0.99			0.985		0.98		0.97		0.96			0.95	

2. 钢丝绳的选择

确定滑轮组倍率之后，就要选择钢丝绳规格和绳径。

(1) 钢丝绳最大静拉力：

单联滑轮组：$S_{max} = \dfrac{Q + G_{吊}}{m\eta_{滑}}$

双联滑轮组：$S_{max} = \dfrac{Q + G_{吊}}{2m\eta_{滑}}$

式中　Q——起重量；

$G_{吊}$——吊具重量；

m——倍率；

$\eta_{滑}$——滑轮组倍率。

(2) 钢丝绳最小破断拉力：

$$KS_{max} \leqslant F$$

式中　F——钢丝绳最小破断拉力（见第二章钢丝绳部分）；

K——安全系数；

根据钢丝绳破断拉力总和，从钢丝绳表中选择一条合适的钢丝绳，标出钢丝绳规格和绳径。

3. 电动机静功率计算

电动机静功率：

$$N_{静} = \dfrac{(Q + G_{吊})v}{60 \times 1\,000\eta}$$

或

$$N_{静} = \dfrac{(Q + G_{吊})v}{6\,120\eta}$$

式中　$(Q + G_{吊})$——起重量和吊具的重量，kg；

v——起升速度，m/min；

η——起升机构效率，$\eta = 0.85 \sim 0.9$。

在初选电动机时，考虑到各种不同工作环境和工作繁忙程度、各种电动机过载能力的不同，可采取下式进行初选

$$N_{额} \geqslant K_{电} N_{静}$$

式中　$K_{电}$——考虑空钩升降和起动对电动机发热的影响系数，见表 4—11。

最后确定电动机的额定功率 $N_{额}$。

4. 减速器

减速器的选择要根据机构的传动比 i、静功率 $N_{静}$ 和输入轴转速 n 来进行。

(1) 传动比

$$i = n_{电} / n_{卷}$$

$$n_{卷} = \dfrac{mv}{\pi D_0}$$

则

$$i = \dfrac{\pi D_0 n_{电}}{mv}$$

表 4—11　　　　　　　　　　　　$K_电$ 系数表

电机型号	机构级别	$K_电$
JZR	M1～M4	0.72～0.75
JZRH	M5～M6	0.72～0.75
JZRH	M7	0.75～0.80
JZRH	M8	0.8～1.0
JZ		0.9
JO		1.0

式中　D_0——卷筒直径；

　　　$n_电$——电动机转速；

　　　$n_卷$——卷筒转率；

　　　m——起升机构倍率；

　　　v——起升速度。

（2）要求减速器许用功率大于电动机的额定功率

$$[P] \geqslant KN_额$$

式中　K——系数；

　　　$[P]$——减速器许用功率；

　　　$N_额$——电动机额定功率。

（3）减速器输出轴最大径向力

减速器输出轴最大径向力的计算：

$$R_{max} = S_{max} + G_卷/2 \leqslant [R]$$

式中　S_{max}——钢丝绳最大拉力；

　　　$G_卷$——卷筒重量；

　　　$[R]$——减速器输出轴容许最大径向力。

5. 静力矩和制动力矩

在起吊额定载荷时，卷筒上的静力矩为：

$$M_卷 = \frac{(Q+G_吊)D_0}{2m\eta_滑 \eta_卷}$$

作用在电动机轴上的静力矩：

$$M_电 = \frac{(Q+G_吊)D_0}{2mi\eta}$$

式中　$(Q+G_吊)$——额定起重量和吊具重量；

　　　i——传动比；

　　　η——机构效率；

　　　$\eta_滑$——滑轮组效率；

$\eta_{卷}$——卷筒效率。

制动力矩：

$$M_{制} = K \frac{(Q+G_{吊})D_0}{2mi}\eta$$

式中 K——制动安全系数。

6. 起动时间、起动平均加速度

(1) 起动时间

机构在起动时，电动机发出的转矩，一部分克服静阻力矩，另一部分使运动系统加速，也就是克服惯性力矩，即

$$M_{起} = M_{静} + M_{惯}(t)$$

$$M_{惯}(t) = [J]\varepsilon = [J]\frac{\omega}{t_{起}}$$

$$[J]\frac{\omega}{t_{起}} = \frac{\pi[J]n_{电}}{30t_{起}} = \frac{[J]n_{电}}{9.55t_{起}}$$

则

$$t_{起} = \frac{[J]n_{电}}{9.55(M_{起}-M_{静})}$$

式中 $M_{起}$——电动机起动力矩，对三相交流绕线式电动机，

$M_{起} = (1.6 \sim 1.8)M_{额}$，对笼型电动机，$M_{起} = (0.8 \sim 0.9)M_{max}$；

$M_{静}$——电动机轴上静力矩，N·m；

$[J]$——起升时，换算到电动机轴上的总转动惯量，

$$[J] = 1.15J_{电} + \frac{(Q+G_{吊})D_0^2}{4gm^2i^2\eta}$$

式中 $J_{电}$——电动机轴上的转动惯量。

对于一般的起升机构，起动时间应在 0.5~2 s。

(2) 起动平均加速度

起动时平均加速度的验算：

$$a_{平} = \frac{v}{60t_{起}} \leqslant [a_{平}]$$

式中 $[a_{平}]$——平均加速度，见表 4—12。

表 4—12　　　　　　　　起动平均加速度表　　　　　　　　m/s²

用途	$[a_{平}]$	用途	$[a_{平}]$
精密安装用	≤0.1	冶金起重机	≤0.5
吊运熔化金属	≤0.1	抓斗起重机	≤0.8
一般车间和仓库	≤0.2	繁忙起吊	0.6~0.8

第三节 小车运行机构的安全技术

一、小车构造与工作原理

小车包括小车架、小车运行机构及其上的起升机构、电气设备等。

图 4—4 是小车运行机构示意图。由电动机 1,通过减速器 3 和传动轴 4 驱动车轮 7 运动。可以将立式减速器固定在小车架中间,也可以将立式减速器固定在小车架某一侧。系统中有多个联轴器,在电动机另一侧装有制动器 2。

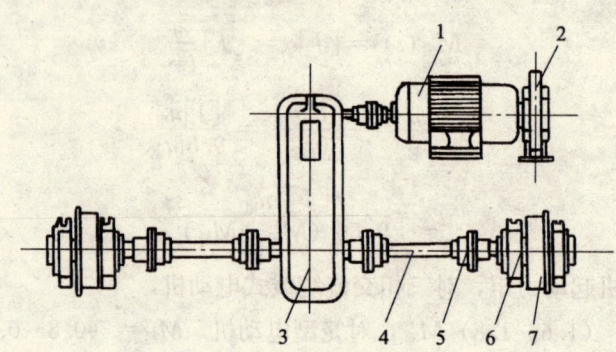

图 4—4 小车运行机构
1—电动机 2—制动器 3—减速器 4—传动轴
5—联轴器 6—角轴承架 7—车轮

二、小车"三条腿"故障

小车"三条腿"是指小车在运行中,四个车轮中只有三个车轮着轨,一个悬空。小车"三条腿"会引起小车运行中振动、走斜(偏)等故障。小车"三条腿"常有如下的表现形式。

(1) 某一车轮在整个运行过程中,始终处于悬空状态。造成这种"三条腿"的原因可能有两个。其一,是四个车轮的轴线不在同一个平面内,即使车轮直径完全相等,也总会有一轮悬空;其二,即使四个车轮的轴线在一个平面内,若有一个车轮的直径与其他车轮有明显偏差,或者对角线两个车轮直径太小,也会造成小车"三条腿"。

(2) 起重小车在轨道全长中,只在局部地段出现小车"三条腿"。产生局部地段"三条腿"的原因,首先要检查轨道的平直性。如果某些地段轨道凹凸不平,小车进入这一地段就会出现三个车轮着轨,一个车轮悬空。

三、小车"三条腿"的检查

1. 小车轮的检查

车轮直径的偏差可根据车轮直径的公差进行检查，同时要求所有的车轮滚动面必须在同一平面上，偏差不应大于 0.3 mm。

2. 轨道的检查

为了消除小车"三条腿"，检查轨道的重点应是轨道的高低偏差。当小车跨距≤2.5 m 时，轨道高度允许偏差（在同一截面内）≤3 mm；当小车跨距≥2.5 m 时，允许偏差≤5 mm。

小车轨道高度偏差的检查方法，可用水准仪和经纬仪来找平，也可用桥尺和水平尺找平。桥尺就是一个金属构架，但其下弦面必须加工得比较平，整个架子刚性要强，这样才能保证准确性。把桥尺横放在小车的两条轨道上（图 4—5），桥尺上安放水平尺。用观察水平尺水珠移动的方法来检查起重小车轨道高度差。也可以采用其他的方法，如用连通器法来检查同一截面两条轨道的高度偏差。检查同一轨道的平直性，可采用拉钢丝的方法，根据钢丝来找平轨道。

3. 小车"三条腿"的综合检查

在实际工作中，所遇到的问题多数是几种因素交织在一起，有车轮的原因，也有轨道的原因。这时只能推动小车，逐段分析，找出造成"三条腿"的原因。

检查时，可准备一套塞尺或厚度各不相同的铁片，将小车慢慢地推动，逐段检查。如果在检查过程中发现，小车在整个行程始终有一个车轮悬空，而车轮直径又在公差范围内，那么就可以断定那个车轮的轴线偏高。在推动过程中，若在局部地段出现"三条腿"现象，如图 4—6 所示，车轮 A 在 a 处出现间隙 Δ，那么选择一个合适的塞尺或铁片塞进去，然后再推动起重小车，如果当 C 轮进入 a 点不再有间隙，则说明轨道在 a 处是偏低。如果 A 轮在 a 点没有间隙，C 轮进入 a 点出现间隙，那就可以判断为车轮的偏差所造成的。当然可能出现更加错综复杂的情况，那就要进行综合分析，找出原因，进行修理。

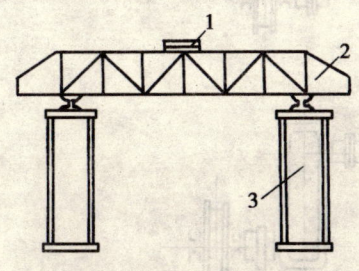

图 4—5 桥尺测量法
1—水平仪 2—桥尺 3—支柱

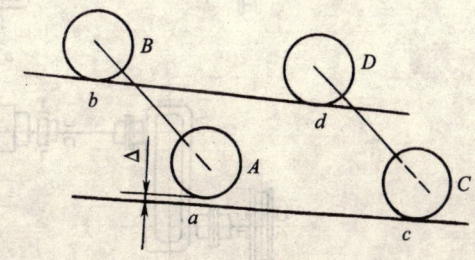

图 4—6 检查小车三条腿

第四节 大车运行机构的安全技术

一、大车运行机构

大车运行机构由电动机、制动器、减速器、传动轴、联轴节、车轮等组成。大车运行机构可分为集中驱动和分别驱动两种。

1. 集中驱动

大车运行机构常见的集中驱动的布置方案有以下三种：

(1) 低速集中驱动

图 4—7a 为低速集中驱动机构布置示意图，它由电动机、联轴器、制动器、减速器、低速传动轴和车轮等组成。

这种传动方式的优点是传动轴转速低，一般是 50～100 r/min。由于传动轴转速低，所以较安全。缺点是传动轴转矩大，因而轴、轴承、联轴器和轴承座的尺寸较大，使整个机构较重。一般用在 5～10 t 的小起重量的起重机上。

(2) 高速集中驱动

高速集中驱动的大车运行机构（见图 4—7b)，由电动机经高速传动轴与减速器相连，车轮通过联轴器与减速器连接在一起。制动器安装在电动轴上。

这种运行机构的传动轴转速较高 (700～1 500 r/min)，传递转矩小，而传动轴和轴系零件尺寸也较小，传动机构的重量也较轻。缺点是加工装配精度要求较高。

(3) 中速集中驱动

图 4—7c 是中速集中驱动机构布置图。电动机通过减速器和中速传动轴，带动开式齿轮，开式齿轮转动的大齿轮与车轮固定在一起，这样就驱动了车轮运动。这种传动方式多用在小起重量的起重机上。整个系统是经过减速器减速和开式齿轮两级减速完成的。

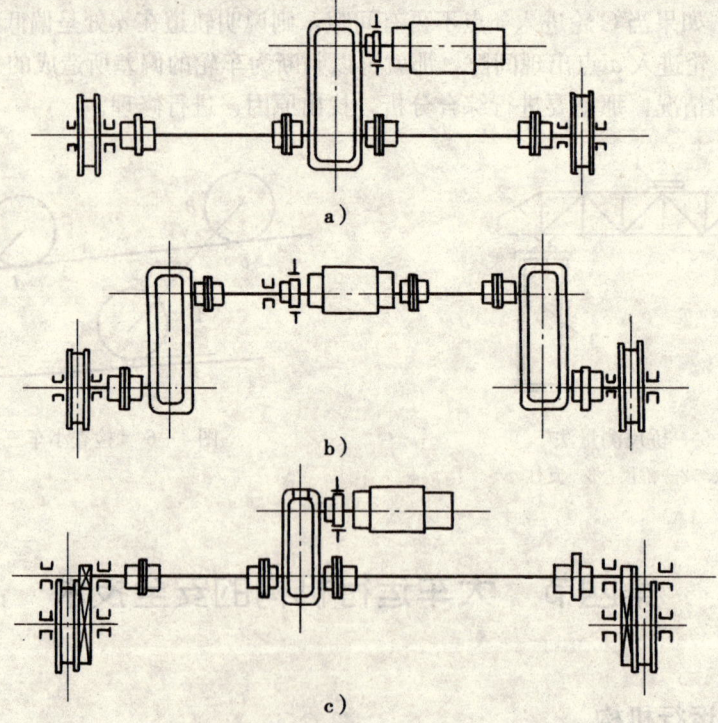

图 4—7 大车运行机构的集中驱动机构布置图
a) 低速集中驱动 b) 高速集中驱动 c) 中速集中驱动

2. 分别驱动

分别驱动就是桥式起重机上装两套相同的，但又互不联系的驱动装置。每套装置都包括有相同的电动机、制动器、减速器、车轮等。图4—8是大车分别驱动机构布置示意图。

分别驱动的优点：由于省去传动轴，运行机构自重大为减轻。由于分组性好，使得安装和维护保养也很方便。

在桥式起重机上也采用同轴线的运行机构，即电动机、制动器与车轮装在同一轴线上。这种装置的电动机采用带制动器的电动机，电动机的轴直接与减速器的高速轴用键连接，车轮轴与减速器的从动轴也用键套装，省去联轴器。

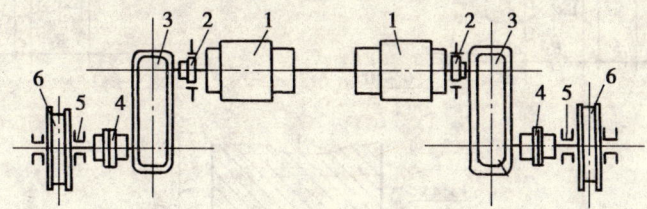

图4—8　大车分别驱动机构布置图
1—电动机　2—制动器　3—减速器　4—联动轴　5—轴承箱　6—车轮

采用二级返回式减速器和摆线针轮减速器以及行星减速器都可以实现同轴线布置。

分别驱动的桥式起重机，两套驱动装置虽然没有联系，但只要保证轮距与跨度的比在 1/4～1/6 的范围内，起重机就不会走偏。

二、车轮与轨道的安全检查

1. 车轮

车轮有单轮缘、双轮缘和无轮缘车轮之分。车轮滚动面又可分为圆柱形和圆锥形。桥式起重机多采用双轮缘圆柱形踏面的车轮。图4—9所示为单轮缘和双轮缘车轮示意图。

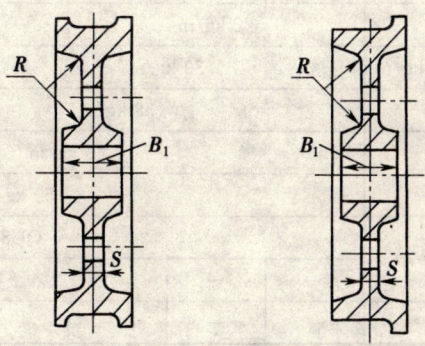

图4—9　单轮缘和双轮缘车轮示意图

根据 JB/T 6392《起重机车轮技术条件》规定，轧制车轮材料的力学性能应不低于 GB 699《优质碳素结构钢技术条件》中规定的60钢；锻造车轮材料的力学性能应不低于45钢（车轮直径 $D<400$ mm）和55钢（车轮直径 $D>400$ mm）；铸造车轮材料的力学性能应不低于 GB 11352 中规定的 ZG340—640。踏面硬度为 300～380 HB，淬硬层深度为距踏面

20 mm 处要达到 260 HB。

车轮通常是根据最大轮压选择的，车轮与轨道的匹配关系见表 4—13。

表 4—13　　　　　车轮与轨道的匹配关系 (JB/T 6392.1)

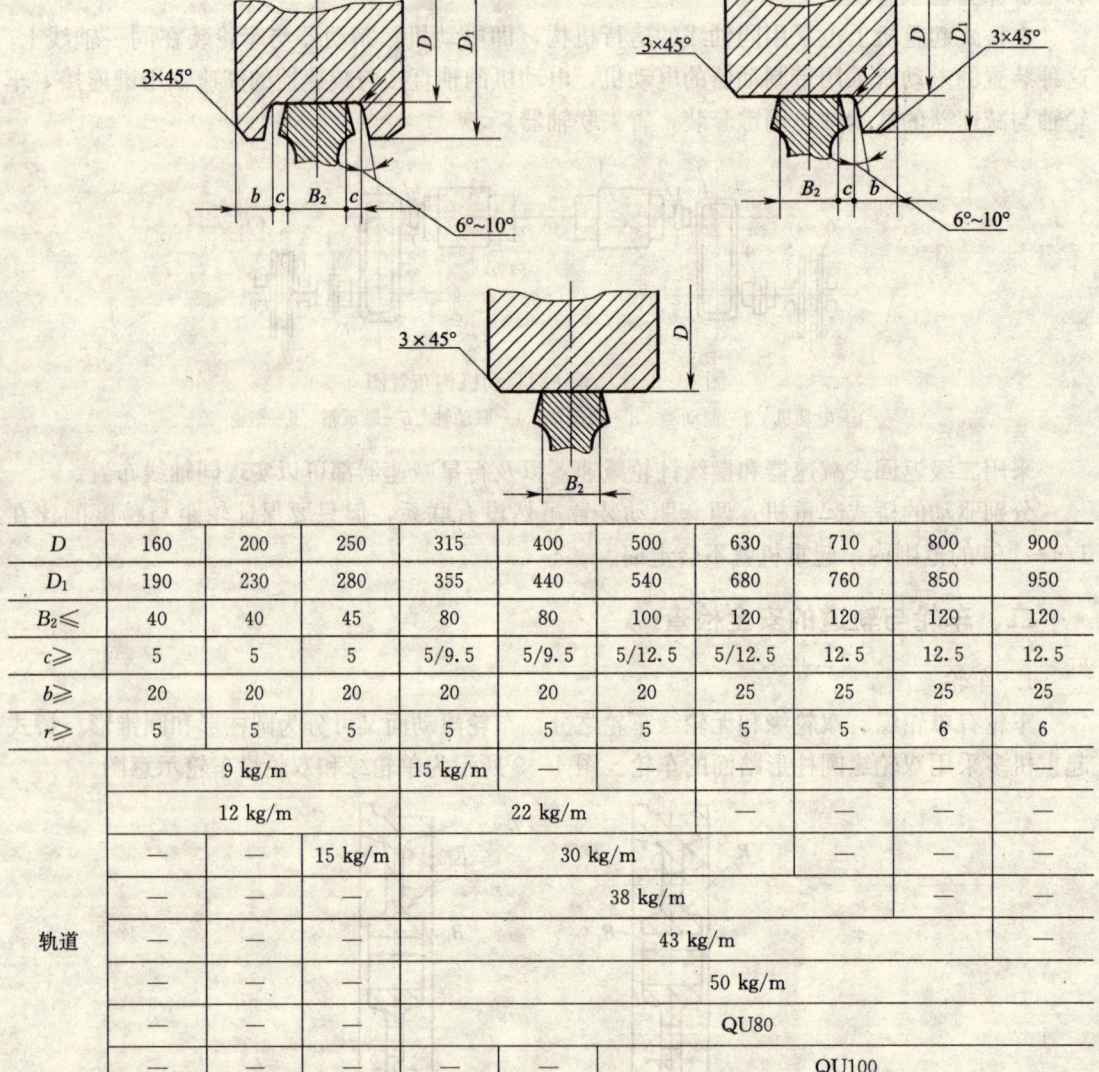

D	160	200	250	315	400	500	630	710	800	900
D_1	190	230	280	355	440	540	680	760	850	950
$B_2 \leqslant$	40	40	45	80	80	100	120	120	120	120
$c \geqslant$	5	5	5	5/9.5	5/9.5	5/12.5	5/12.5	12.5	12.5	12.5
$b \geqslant$	20	20	20	20	20	20	25	25	25	25
$r \geqslant$	5	5	5	5	5	5	5	5	6	6
轨道	—	9 kg/m	9 kg/m	—	15 kg/m	—	—	—	—	—
	—	12 kg/m	12 kg/m	12 kg/m	22 kg/m	22 kg/m	—	—	—	—
	—	—	15 kg/m	—	30 kg/m	30 kg/m	—	—	—	—
	—	—	—	—	38 kg/m	38 kg/m	38 kg/m	—	—	—
	—	—	—	—	43 kg/m	43 kg/m	43 kg/m	43 kg/m	—	—
	—	—	—	—	50 kg/m	50 kg/m	50 kg/m	50 kg/m	50 kg/m	50 kg/m
	—	—	—	—	—	QU80	QU80	QU80	QU80	QU80
	—	—	—	—	—	—	QU100	QU100	QU100	QU100
	—	—	—	—	—	—	—	QU120	QU120	QU120

注：表中 c 值中分子用于小车车轮，分母用于大车车轮。

2. 车轮的安全检查

(1) 车轮踏面

车轮踏面直径的尺寸偏差应不低于 GB 1801、GB 1802 中规定的 h9。

车轮踏面的径向跳动不应大于直径的公差。踏面允许有如下缺陷：直径（缺陷当量直径）$d \leqslant 1$ mm（$D \leqslant 500$ mm）或 $d \leqslant 1.5$ mm（$D > 500$ mm），深度 $h \leqslant 3$ mm，缺陷数量不超过 3 处，间距不大于 50 mm。表面不得有裂纹，不允许有其他缺陷，也不允许焊补。车轮在下列情况下应进行修理：

1）圆柱形踏面的两主动轮

①直径为 250～500 mm，车轮直径偏差为 0.125～0.25 mm。

②直径为 600～900 mm，车轮直径偏差为 0.30～0.45 mm。

2）圆柱形踏面的两被动轮

①直径为 250～500 mm，车轮直径偏差为 0.66～0.76 mm。

②直径为 600～900 mm，车轮直径偏差为 0.90～1.10 mm。

3）圆锥形踏面两主动轮直径偏差大于名义直径的 1/1 000 时，应重新加工修理。

4）在使用过程中，踏面剥离，擦伤面的面积大于 2 cm^2、深度大于 3 mm，应重新加工。车轮由于磨损或由于其他缺陷重新加工后，轮圈厚度减小不应超过 15%。

（2）轮缘

1）车轮轮缘的正常磨损可以不修理，当磨损量超过轮缘的名义厚度的 50% 时，应更换新车轮。

2）在使用过程中，轮缘折断或其他缺陷的面积不应超过 3 cm^2，深度不应超过壁厚的 30%，且在同一加工面上不应多于 3 处。在这个范围内的缺陷可以焊补，然后磨光。

（3）装配后的检验

车轮装配后，基准端面的摆幅不得大于 0.1 mm，径向跳动在车轮直径公差的范围内，轮缘或轮毂的壁厚偏差不应大于 3 mm（轮径 $D \leqslant 500$ mm）或 5 mm（$D > 500$ mm）。

装配好的车轮组应能用手灵活转动。当车轮装于圆锥滚子轴承时，轴承内外圈间允许有 0.03～0.18 mm 的轴向间隙，当采用其他轴承时，则不允许有轴向间隙。

3. 轨道的安全检查

桥式起重机的钢轨多采用 38 kg/m，43 kg/m，50 kg/m 钢轨和 QU 型钢轨。

（1）一般检查

1）检查钢轨、螺栓、夹板有无裂纹、松脱和腐蚀。如发现裂纹应及时更换新件，如有其他缺陷应及时修理。

钢轨上的裂纹可用线路轨道探伤器检查。裂纹分为垂直于轨道的横裂纹、顺着轨道的纵向裂纹和斜向裂纹。如果产生较小的横向裂纹，可采用鱼尾板连接；斜向或纵向裂纹则要去掉有裂纹的部分，换上新轨道。

2）钢轨顶面若有较小的疤痕或损伤时，可用电焊补平，再用砂轮修光。轨顶面和侧面磨损（单侧）都不应超过 3 mm。

3）鱼尾板的连接螺栓不得少于 4 个，一般应有 6 个。

4）小车轨道每组垫铁不应超过两块，长度不应小于 100 mm，宽度应比钢轨底面宽 10～20 mm。两组垫铁间距不应小于 200 mm。垫铁与轨道底面实际接触面积不应小于名义接触面积的 60%，局部间隙不应大于 1 mm（用塞尺检查）。

（2）轨道的测量与调整

1) 轨道的直线性偏差可用拉钢丝的方法进行检查，即在轨道的两端车挡上拉一根直径 0.5 mm 的钢丝，然后用吊线锤的方法来逐点测量，测点间隔可在 2 m 左右。

2) 轨道的标高可用水平仪测量。

3) 轨道的跨度可用钢卷尺来检查，尺的一端用卡板紧固，另一端拴一弹簧秤，其拉力约为 150 N，每隔 5 m 测量一次。测量前应先在钢轨的中间打上样冲眼，各测量点弹簧秤拉力应一致。

4) 桥式起重机轨距允许偏差为 ±5 mm，轨道纵向倾斜度为 1/1 500，两根轨道相对标高允许偏差为 10 mm。

5) 钢轨接头可以作成直接头，也可以作成 45° 角的斜接头，图 4—10 所示为轨道铺设图。斜接头可以使车轮在接头处平稳过渡。一般接头的缝隙为 1～2 mm，在寒冷地区冬季施工或安装时，气温低于常年使用时的气温，且相差在 20℃ 以上时，应考虑温度缝隙，一般为 4～6 mm。接头处两根钢轨的横向位移或高低不平偏差均不得大于 1 mm。两条钢轨的接头应错开 500 mm 以上。

6) 钢轨的实际中心线与轨道的几何中心线的偏差不应大于 3 mm。

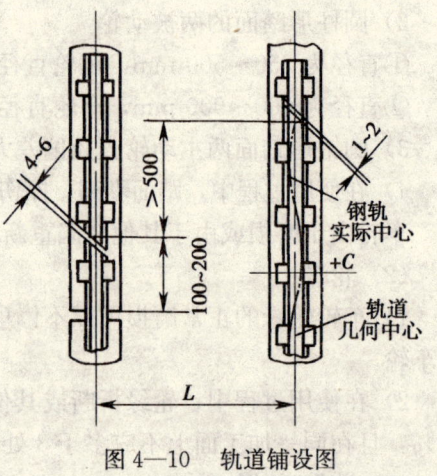

图 4—10　轨道铺设图

第五节　通用桥式起重机大车"啃道"的安全检查

一、"啃道"的迹象

1. "啃道"危害

桥式或门式起重机正常行驶时，车轮轮缘与轨道应保持有一定的间隙（20～30 mm）。但是，当起重机在运行中由于某种原因使车轮与轨道产生横向滑动时，车轮轮缘会与轨道挤紧，增大了它们之间了的摩擦力，致使轮缘和钢轨磨损，这种现象就叫"啃道"，也称为"咬道"。

起重机"啃道"是车轮轮缘与轨道摩擦力增大的过程，也是车体走斜的过程。

"啃道"会使车轮和钢轨很快就磨损报废，如图 4—11 所示。图 4—11a 为车轮轮缘被啃变薄，图 4—11b 为钢轨被啃变形。

"啃道"严重时还会使起重机脱轨，并由此引起种种的设备和人身事故。"啃道"使起重机走斜，对轨道的固定和路基都有不同程度的破坏。

2. "啃道"判断

检查起重机是否"啃道"，可以根据下列迹象来判断：

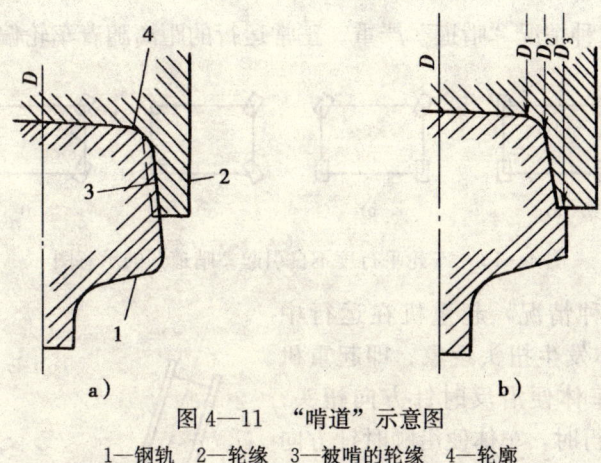

图 4—11 "啃道"示意图
1—钢轨 2—轮缘 3—被啃的轮缘 4—轮廓

（1）钢轨侧面有一条明亮的痕迹，严重时痕迹上带有毛刺。
（2）车轮轮缘内侧有亮斑。
（3）钢轨顶面有亮斑。
（4）起重机行驶时，在短距离内轮缘与钢轨的间隙有明显的改变。
（5）起重机在运行中，特别是在起动、制动时，车体会走偏、扭摆。

如有以上迹象可以判断起重机在运行中"啃道"。

二、车轮"啃道"的特征及原因分析

1. 由车轮的加工或安装偏差引起的"啃道"

（1）车轮的平行度偏差过大，是桥式起重机"啃道"的常见原因之一。平行度偏差过大，就是车轮踏面中心线 AA 与轨道中心线 OO 形成一个夹角 α（见图4—12）。一般情况，当 α>0.5°时，车轮就发生"啃道"现象。

由车轮平行度偏差过大所引起的"啃道"，其特点是：起重机往一个方向行驶时，车轮轮缘啃轨道的一侧；当起重机反向行驶时，同一轮子又啃轨道的另一侧。"啃道"的位置不固定。

如图 4—13a 所示的情况，桥式起重机四个轮子中，只有一个车轮偏斜。在运行中会有轻度的"啃道"。

图 4—13b 所示的情况是两个车轮偏斜，而且是朝同一方向偏斜。在这种情况下，不论偏斜的是主动轮还是被动轮，在起重机运行中都会引起比较严重的"啃道"。如果是主动轮，那么"啃道"更为严重。

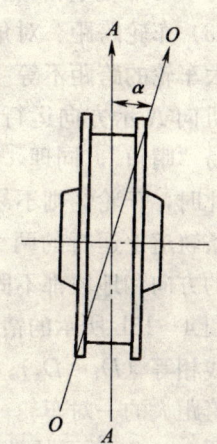

图 4—12 车轮平行度偏差图

图 4—13c 所示的情况是四个车轮都偏斜，但偏斜的方向相反。如果四个车轮偏斜量大致相等，一般不会"啃道"。但是这种偏斜对传动机构很不利，运行阻力会增大。

图 4—13d 所示的情况是四个车轮都朝同一方向偏斜。这种情况，当起重机运行一段距离之后，车体便会很快靠向一边，发生"啃道"现象；当反向运行时，车体又会很快地向另

一边走斜"啃道"。这种情况"啃道"严重。正常运行的距离随着车轮偏斜度的增加而减小。

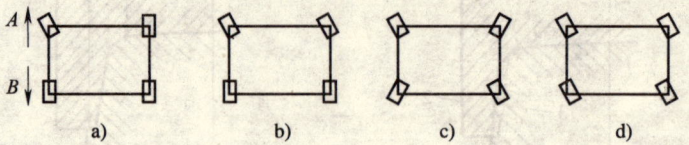

图 4—13　车轮平行度不良引起"啃道"的示意图

图 4—13a、b 两种情况，起重机在运行中"啃道"的特征是车体发生扭头现象。即起重机向 A 方向运行时，车体便沿反时针方向扭头；当起重机向 B 方向运行时，车体便沿顺时针方向扭头。

（2）车轮的垂直度不好，就是车轮对轨道的垂直方向偏斜过大，车轮端面垂直偏差不应大于 $D/400$（D 为车轮直径）。图 4—14 是车轮垂直度偏差过大的示意图。这种情况下，车轮的踏面与钢轨踏面的接触面积变小，而单位面积的压力（比压）就会增大。所以车轮踏面磨损也就会不

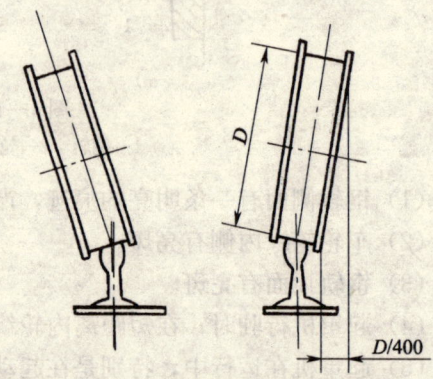

图 4—14　车轮垂直度偏差过大的示意图

均匀，严重时，在车轮的踏面上会形成环形磨损沟。车轮轮缘总是啃钢轨同一侧的起重机，在运行中常常发生嘶嘶声。

（3）车轮跨距、对角线不等和两车轮的直线度偏差过大。图 4—15a 所示的情况是，起重机大车轮的跨距不等（$L_1 < L_2$），对角线不等（$D_1 < D_2$），右侧车轮直线性偏差为 e。当起重机向 A 示方向运行时，由车轮 3 的外缘定位，而车轮 3 的轮缘啃轨道的外侧，车轮 4 则不易"啃道"。同理，当起重机向 B 示方向运行时，由车轮 4 的内缘定位，并啃轨道的内侧，此时，车轮 3 则不易"啃道"。所以这种情况"啃道"的特征是一条钢轨的两侧都被啃，同一条轨道上运行的两个轮子，一个轮子啃钢轨的内侧，一个轮子啃钢轨的外侧。而"啃道"的方向和地段都不固定。

图 4—15b 所示的情况是，起重机大车轮相对位置呈梯形，车轮跨距不等（$L_1 < L_2$），对角线相等（$D_1 = D_2$）。起重机在运行过程中，跨距小的那一对（组）车轮"啃道"的外侧，跨距大的一对车轮"啃道"的内侧。

图 14—5c 所示的情况是，起重机大车轮的相对位置呈平行四边形，车轮对角线不等（$D_1 > D_2$）。这种情况下，起重机"啃道"的车轮有以下特点：对角线短的一对车轮"啃道"的外侧；对角线长的一对车轮"啃道"的内侧。

在图 4—15b、c 所示的情况下，起重机"啃道"的特征是：两条轨道内侧或外侧同时被啃。除了车轮跨距偏差之外，两条轨道的跨距偏差过大也可能使起重机"啃道"，所以对这类"啃道"现象，应首先对在同一轨道上运行的几台起重机都进行车轮跨距的检验。如果各台起重机车轮跨距偏差都在允许范围之内，那么"啃道"的原因则是轨道的偏差过大。

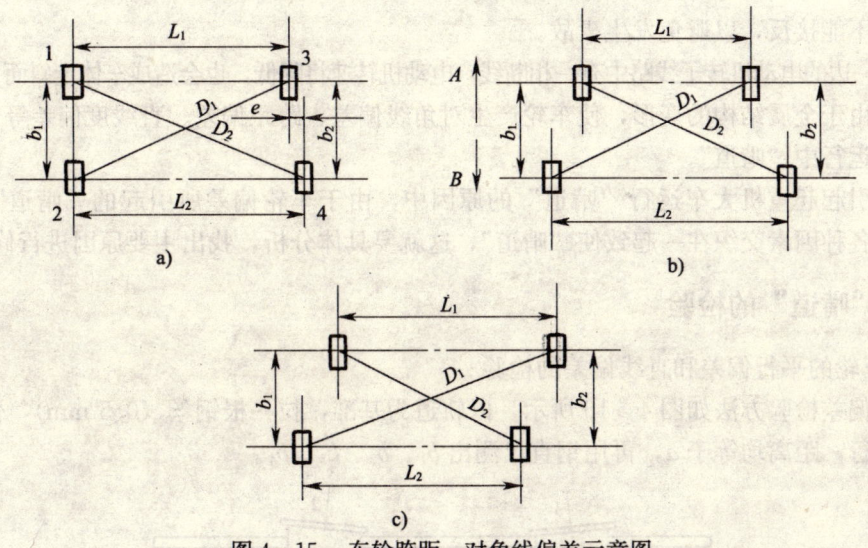

图 4—15　车轮跨距、对角线偏差示意图

（4）车轮直径不等（主要指主动轮），就会使左右两侧车轮的运行速度产生偏差，车体走斜，因而造成"啃道"。这种原因的"啃道"，对于集中驱动的机构尤其明显。对于分别驱动的运行机构，只要车轮直径偏差在公差范围内，就不会"啃道"。

2. 由轨道安装偏差过大而造成的"啃道"

（1）两条轨道相对标高偏差过大，使起重机在运行过程中容易产生横向移动，这样轨道标高较高的一侧，车轮轮缘与轨道外侧相挤而"啃道"；标高低的一侧车轮轮缘啃轨道的内侧。

（2）同一侧两根相邻的钢轨顶面（踏面）不在同一水平面内。如两钢轨的顶面倾斜方向相反，当起重机运行到钢轨的接头处，车体产生横向移动并且"啃道"。这种"啃道"表现为车轮在轨道接头处常常发出金属的撞击声。

（3）钢轨顶面上有油、水和冰霜等，都可能使车轮打滑，车体走斜而产生"啃道"。有时会发生这样的情况，冬季两条钢轨在夜里结上冰霜，由于建筑物的遮掩，某一侧轨道先受日光照射冰霜熔化，而另一侧轨道还残留有冰霜。这样，车轮在有冰霜的一侧打滑，使车体走斜而"啃道"。这种"啃道"并不是设备的故障。

3. 由于传动系统偏差而引起的"啃道"

由于分别驱动的两套传动机构不同，而使车体走斜产生"啃道"。这种"啃道"的特征是：起重机在起动、制动时，车体扭摆而"啃道"。

（1）齿轮间隙不等，轴键松动而造成的"啃道"，分别驱动的两套传动机构中，有一套的齿轮间隙较另一套的齿轮间隙大；或者某一套传动机构的轴键松动，都会使车轮产生速度差，引起车体走斜而"啃道"。这种情况"啃道"常发生在起动阶段。

（2）两套驱动机构的制动器调整的松紧程度不同，也能引起车体走斜而"啃道"。在起动、制动时，由于一侧制动器松，一侧制动器紧，也会使车体走斜而发生"啃道"现象。

（3）电动机转速差过大而引起"啃道"。分别驱动的两套机构间一般没有联系，所以，若两个驱动电动机转速差超过规定值，这样车体就会走斜而"啃道"。在检修时还要特别注意电动机不能接反，以避免发生事故。

当某一边的电动机转子线路中有一相断线，电动机转速将降低，也会造成车体走斜而"啃道"。

（4）由于金属结构的变形，使车轮产生对角线偏差、跨距偏差、直线度偏差等也都会使起重机在运行中"啃道"。

上述引起起重机大车运行"啃道"的原因中，由于车轮偏差所引起的"啃道"较为普遍。有时各种因素交织在一起致使"啃道"，这就要具体分析，找出主要原因进行修理。

三、"啃道"的检验

1. 车轮的平行偏差和直线偏差的检验

车轮偏差检验方法如图 4—16 所示，以轨道为基准，拉一根钢丝（0.5 mm），使其与轨道外侧平行，距离均等于 a，再用钢直尺测出 b_1、b_2、b_3、b_4。

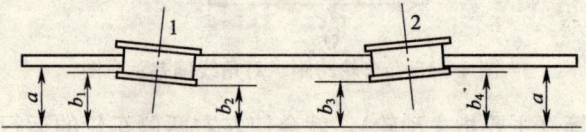

图 4—16 车轮偏差检验图

（1）用下式求出车轮 1 及 2 的平行度偏差

车轮 1：$\dfrac{b_1 - b_2}{2}$

车轮 2：$\dfrac{b_4 - b_3}{2}$

（2）车轮直线性偏差

$$\delta = \left| \frac{b_1 + b_2}{2} - \frac{b_4 + b_3}{2} \right|$$

因为是以轨道作为基准的，所以需要选择一段直线性较好的轨道进行这项检验。

2. 大车车轮对角线的检验

选择一段直线性较好的轨道，将起重机开进这段轨道内，用游标卡尺找出车轮滚动中心并画一条线，沿线挂一个线锤，然后找出锤尖在轨道的指点，在这一点上打一个冲眼。以同样的方法找出其余三个车轮的中心点，这就是车轮对角线的测量点，而后将起重机开走。

用钢卷尺测量对角线车轮中心的距离，这段距离就是车轮的对角线。车轮对角线的检验如图 4—17 所示。

为了减小测量误差，钢直尺一端用卡板固定，另一端用弹簧秤拉紧，拉力以每米跨距 7～8 N 为宜。

车轮跨距、轮距都可以用这个方法检验。

在测量上述各项时，是在车轮垂直度、平行度和直线性检验的基础上进行的，在分析测量时，要考虑上述各项因素的影响。

3. 轨道的检验

轨道标高可用水平仪检验；轨道的跨距可用拉钢卷尺的办法测量；轨道的直线度可用拉

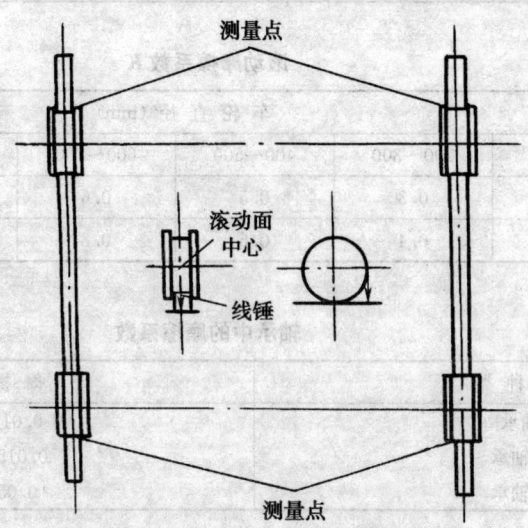

图 4—17 车轮对角线的检验图

钢丝的方法检验。根据检验的结果,多用描绘曲线的方法显示轨道的标高、直线度等。测量用钢丝的直径可根据轨道长度,在 0.5～2.5 mm 范围内选取。

此外,还应检验固定轨道用的压板、垫板以及轨道接头等项。

第六节 运行机构的安全设计

一、运行阻力计算

1. 摩擦阻力

摩擦阻力包括车轮沿轨道的滚动的摩擦阻力、车轮轴承中的摩擦阻力以及起重机走斜时所产生的阻力。

(1) 滚动摩擦阻力

车轮受力如图 4—18 所示。当车轮在驱动力矩 $M_{驱}$ 的作用下,向前滚动时,作用在车轮上的支反力的作用线向前移动一段距离,这样就形成一个阻止车轮向前滚动的阻力矩。

$$M_{滚} = K(Q+G)$$

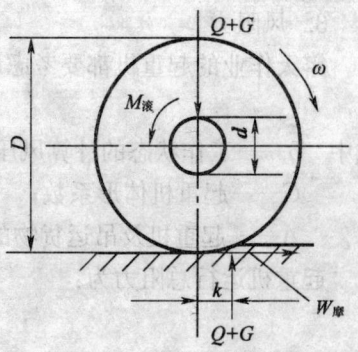

图 4—18 车轮受力图

式中 K——滚动摩擦系数,见表 4—14;

$(Q+G)$——吊重和起重机自重。

(2) 车轮轴承中的摩擦阻力矩

$$M_{轴} = (Q+G)\mu \frac{d}{2}$$

式中 μ——轴承中的摩擦系数,见表 4—15;

d——轴径。

表 4—14　　　　　　　　　　　　　　　滚动摩擦系数 K

车轮 轨道	车轮直径（mm）					
	100～150	200～300	400～500	600～700	800	900～1 000
平顶钢轨	0.25	0.3	0.5	0.6	0.7	0.8
圆顶钢轨	0.3	0.4	0.6	0.8	1.0	1.20

表 4—15　　　　　　　　　　　　　　　轴承中的摩擦系数

轴承种类	摩擦系数
球轴承	0.01～0.015
滚子轴承	0.015～0.020
滚针轴承	0.05～0.07

总摩擦阻力：

$$W_{摩} = (Q+G) \times \frac{2K+\mu d}{D} \times \beta$$

式中　D——车轮直径；

β——考虑轮缘的附加阻力系数，小车运行机构取 $\beta=2.0$；大车运行机构取 $\beta=1.5$。

2. 坡度阻力

$$W_{坡} = (Q+G) \sin \alpha$$

式中　α——轨道坡角。

因为轨道坡角比较小，则：$\sin \alpha \approx \tan \alpha$，对于桥式起重机大车 $\tan \alpha = 0.001\,5$；小车 $\tan \alpha = 0.002$，门式起重机 $\tan \alpha = 0.002$。

3. 风阻力

露天作业的起重机都要考虑风阻力，风阻力按下式计算：

$$W_{风} = qCA$$

式中　q——工作状态的计算风压，N/m^2；

C——起重机体形系数；

A——起重机及吊运货物的迎风面积，m^2。

起重机运行总阻力为：

$$W = W_{摩} + W_{坡} + W_{风}$$

二、电动机的选择

为了选择电动机功率，首先要计算静功率。

电动机的静功率按下式计算：

$$N_{静} = \frac{Wv}{1\,000\eta} \cdot \frac{1}{m_0}$$

式中　W——起重机运行阻力，N；

v——起重机运行速度,m/s;
η——运行机构效率,$\eta=0.85\sim0.9$;
m_0——运行机构电动机台数。

电动机功率为:

$$N = K_电 N_静$$

式中 $K_电$——考虑电动机起动过程的系数,见表4—16。

表4—16　　　　　　　　　　　　　　$K_电$ 系数

运行速度（m/min）	30	90	120	190
起动时间（s）	5	6.5	8	9
$K_电$	1.2	2.0	2.2	2.6

三、减速器的选择

选择减速器要确定机构传动比,传动比可按下式计算:

$$i = n_电/n_轮$$

而

$$n_轮 = \frac{60v}{\pi D_轮}$$

则

$$i = \frac{\pi D_轮 n}{60v}$$

式中 $D_轮$——车轮直径,m;
　　 v——运行速度,m/s;
　　 $n_电$——电动机转速,r/min。

根据传动比 i、传递的功率 N 和减速器输入轴转速 n,则可以选择减速器。

四、起动时间的验算

和起升机构一样,电动机发出的转矩,一部分克服静阻力矩,一部分克服惯性力矩。从惯性力矩中可求出起动时间:

$$t_起 = \frac{[J]n_电}{9.55(M_起 - M_静)}$$

式中 $[J]$——换算转动惯量;

$$[J] = 1.15 J_电 + \frac{(Q+G)D_轮^2}{4gi^2\eta}$$

$M_起$——起动力矩,$M_起 = m_0 \varphi M_额$,
　式中 $M_额 = 9\,550\,N/n$;

$M_静$——静力矩,$M_静 = \frac{WD_轮}{2i\eta}$。

五、平均加速度的验算

起动时间是否合理，还要验算平均加速度是否满足要求。其验算公式为：

$$a = \frac{v}{60 t_{起}} \leqslant [a]$$

对于吊运熔化金属及危险品的起重机 $[a] = 0.1 \sim 0.2 \text{m/s}^2$，一般桥式起重机 $[a] = 0.4 \sim 0.7 \text{m/s}^2$。

六、制动器的选择

制动器发出的制动力矩，应足以抵抗起重机在工作中受到的风阻力（在附着力足够的条件下）。

$$M_{制} = \frac{[J]' n_{电}}{9.55 t_{制}} + (W_{风II} + W_{坡} - W_{摩}) \frac{D_{轮}}{2i} \eta'$$

式中 $[J]'$——制动时转换到电动机轴上的转动惯量；

$$[J]' = 1.15 \, m_0 J_{电} + \frac{(Q + G_{吊}) D_{轮}^2}{4 g i^2} \eta'$$

式中 η'——制动时机构效率，一般情况下，$\eta' = \eta$；

$W_{风II}$——工作状态最大风阻力，N。

其他符号同前。

制动时间的验算：

$$t_{制} = \frac{[J]'' n_{电}}{9.55 (M_{制} - M'_{静})}$$

式中 $[J]''$——空载转换到电动机轴上的转动惯量，

$$[J]'' = 1.15 \, m_0 J_{电} + \frac{G D_{轮}^2}{4 g i^2} \cdot \eta;$$

$M'_{静}$——空载时静力矩。

七、主动车轮打滑的验算

为了保证主动车轮不打滑，必须保证通过车轮和轨道传递的力小于二者之间的最大摩擦力（在有足够附着力的情况下）。

1. 起动时的打滑验算

为保证驱动轮不打滑，每组驱动装置必须满足下式：

$$\left(\frac{\varphi}{K} + \frac{\mu d}{D_{轮}} \right) R_{min} \geqslant M_{max} \frac{2i}{D_{轮}} \eta - 1.15 \frac{4 J_{电} i^2 a_{max}}{D_{轮}^2} \eta$$

式中 φ——附着系数，室内 $\varphi = 0.2$；露天 $\varphi = 0.12$；

K——安全系数，$K = 1 \sim 1.05$；

R_{min}——最小轮压（当一台电机驱动几个主动轮时，应为轮压之和）；

$J_电$——电动机转子转动惯量；

a_{max}——运行机构的最大加速度，其计算公式为：

$a_{max} \approx a_起 M_{max}/M_起$，而 $a_起 = \dfrac{v}{60t_起}$。

2. 制动时的打滑验算

为保证制动过程中主动轮不打滑，则应满足下式：

$$\left(\dfrac{\varphi}{K_1} - \dfrac{\mu d}{D_轮}\right) R_{min} \geqslant M_制 \dfrac{2i}{D_轮 \eta} - 1.15 \dfrac{4J_电 i^2}{D_轮 \eta} a_制$$

式中 K_1——安全系数，在制动时的打滑验算中，安全系数取 $K_1=1.2$；

$M_制$——制动器的制动力矩；

$a_制$——制动减速度，

$a_制 = \dfrac{v}{60t_制}$。

第七节 电气设备的安全技术

一、对电气设备的基本要求

1. 风险评价

要对起重机进行风险评价，其中电气设备是一个重要部分，可以首先找出风险源在哪里，人员可能遭到哪些危险，并对这些危险加以防范，采取必要措施，控制在可接受的水平。

危险可能由下列原因引起：

(1) 电气设备的失效或故障，导致电击或电火花的可能性。

(2) 控制电路失效或故障，导致起重机误动作。

(3) 电源干扰或故障，以及动力电路失效或故障造成起重机误动作。

(4) 靠滑动或滚动接触保持电路连续性的消失，导致起重机突然停止工作以及由此引起的一些意外事故。

(5) 电气干扰，如电磁干扰、静电干扰、射频干扰。来自外部电气设备所产生的干扰尤为复杂，如吊钩高频异常高电压等。

(6) 危害人员健康和影响操作情绪的噪声。

(7) 蓄积动能和势能的突然释放。

为使这些危险不致造成人身事故，必须从设计阶段到操作、管理、维护都采取有效的措施。

2. 电击的防护

直接接触的保护，其中包括外壳保护，采用带电部分绝缘层保护，对剩余电压的保护，采用隔板保护或采用置于伸臂范围以外的防护或阻挡物防护。具体可参见

GB 14821.1《建筑物的电气装置 电击防护》

间接接触防护：防止产生危险接触电压措施，在接触电压产生前自动切断电源，采用PELV（保安特低电压）的防护。

3. 电气设备的保护

电气设备的保护包括过电流保护、电动机过载保护、异常温度保护、对电源中断或电压下降随后复原保护、电动机超速保护、接地故障/剩余电流保护、相序保护、雷电和开关浪涌引起的过电压的保护。

GB 5226.2《机械安全 机械电气设备第32部分：起重机械技术条件》中为防止误操作，对按钮的颜色和标志、指示灯和显示器都做出规定。

按钮操作件的颜色代码及其含义见表4—17，按钮标记见表4—18，指示灯的颜色及其相对于起重机械状态的含义见表4—19。

表4—17　　　　　　　　按钮操作的颜色代码及其含义（GB 5226.2）

颜色	含义	说　明	应 用 示 例
红	紧急	危险或紧急情况时操作	紧急停止应急功能启动
黄	异常	异常情况时操作	干预制止异常情况 干预重新启动中断了的自动循环
绿	正常	正常情况时操作	正常功能
蓝	强制	要求强制性动作的情况时操作	复位功能
白	未赋予特定含义	除急停以外的一般功能的启动（见注）	启动/接通（优先）　停止/断开
灰			启动/接通　停止/断开
黑			启动/接通　停止/断开（优先）

注：如果按钮操作件的识别同时还采用了其他代码手段（如形状、位置、结构），则白、灰或黑同一种颜色可用于各种不同功能（如白色用于启动/接通和停止/断开操作件）。

表4—18　　　　　　　　　　　　按 钮 标 记

启动或接通	停止或断开	启动或停止和接通或断开交替动作的按钮	按住即运转而松开则停止运转的按钮（如"保持—运转"）
IEC 60417—2：1998中5007	IEC 60417—2：1998中5008	IEC 60417—2：1998中5010	IEC 60417—2：1998中5011
I	O	⏽	⏻

表 4—19　　　　　指示灯的颜色及其相对于起重机械状态的含义（GB 5226.2）

颜色	含义	说　　明	操作者的动作
红	紧急	危险情况	立即动作去处理危险情况（如操作急停）
黄	异常	异常情况；紧急临界情况	监视和/或干预（如重建需要的功能）
绿	正常	正常情况	任选
蓝	强制	指示操作者需要动作	强制性动作
白	不确定	其他情况，可用于红、黄、绿、蓝色的应用有疑问时	监视

二、动力电路

动力电路包括电动机绕组和外接电路。外接电路又可分为定子电路和转子电路。

1. 定子电路

定子电路就是电动机定子与电源间的电路。当合上保护柜刀开关，按下启动按钮时，保护柜主接触头闭合。控制器手柄扳到正转方向，电动机正转；扳到反转方向，则电动机反转。

定子电路的故障主要是断路和短路两种情况。一根电源线断路会造成单相接电。短路故障都伴有"放炮"现象，所以比较容易发现。

(1) 断路故障　三相电路中有一根断路，电动机就处于单相接电状态。在这种情况下，电动机不能起动，并发出嗡嗡的响声。如果电动机在运行过程中发生单相接电故障，当控制器停在最后一挡时电动机还能继续转动，但输出力矩减小。单相接电时间一长就会烧毁电动机。所以电动机过热时必须注意检修。由于接头松动而逐渐导致的单相接电，在断路后的短时间内，断路部位的温度通常高于另外两根相线的温度。常见故障及原因如下：

1) 四台电动机都不动
①没有电。
②主滑线接触不良。
③保护柜刀开关接触不良或接触器触头接触不良。

2) 大车开不动，其他正常，故障一定在大车电路中。大车只能向一个方向开动，不能向另一个方向开动，故障在控制器。

3) 小车开不动，其他正常，故障在小车电路中。
由于小车滑线接触不良，其单相接电的故障比大车多。

4) 副钩发生故障，其他正常，则故障在副钩电路中。必须注意控制器下降触头接触不良的故障，由于货物的拖动吊钩也能下降，所以不易及时发现。时间拖长就有可能烧毁电动机。

5) 主钩能正常运转，大、小车和副钩都为单相接电状态。在这种情况下，故障可能发生在保护柜的接触器部分或公用过电流继电器断路。这种故障的特征是：开动主钩的同时大、小车和副钩也能开动。但当主钩停止工作时，大、小车和副钩就都不能开动。出现这种现象的原因是主钩接触器闭合后使公用滑线带电，大、小车和副钩从此得电。

主钩电路单相接电，其他机构正常。故障在保护柜刀开关以后的主钩电路中。

如果主钩接触器接到公用滑线的连接导线断路，主钩仍能工作。这时主钩电动机经公用滑线从保护柜得到供电，但是由于这一段导线截面较小，容易发热。这时主钩电动机定子三相电流极不平衡，电动机转矩降低，下降速度也极快，容易烧毁电动机。

(2) 短路故障　短路故障有相间短路、接地短路和电弧短路。相间短路和接地短路主要是由于导线磨漏造成的。可逆接触器的联锁装置失去作用，在接触器没有断开的情况下，打反车也会造成相间短路。

电弧短路伴有强烈的"放炮"现象，主要发生在控制屏上，其原因是可逆接触器中先闭合的接触器释放动作慢，电弧没有熄灭，后闭合的接触器已经接通，这样就造成其相间短路。

2. 转子电路

转子电路包括附加电阻元件与控制器相连接的线路，当控制器扳到不同挡位时，附加电阻分段被切除。转子电路常见故障：

(1) 断路故障　转子电路发生断路故障的主要部位有电动机转子的滑环部分、滑线部分、电阻器（或接触器）触头。

转子电路有一相断路后，转矩只有额定值的 10%～20%。转子电路接触不良时，电动机产生激烈的振动。

(2) 短路故障　转子电路接地或线间短路时，一般不易发觉，因此，要定期检修电动机并检查其电路绝缘情况。

电动机转子电路接触不良和电动机、减速器、固定螺钉松动都可能引起电动机振动，并且很难区别。为此可用钳式电流表检查定子电流（当然也可以首先排除机械故障），如果定子电流不平衡或波动很大，便可确定转子电路接触不良；如果三相电流平衡，则故障可肯定在机械部分。当定子三相电流不平衡时，可进一步把滑环短接进行二次测量。如果电流仍不平衡，则故障发生在电动机内部；如果二次测量时三相电流平衡，则故障发生在电动机转子电路的外电路上。用这种方法，可把故障逐步缩小在某些部分或电器元件上。

第八节　桥式起重机金属结构的安全技术

一、金属结构的形式

桥式起重机金属结构包括：主梁、端梁、小车架和司机室等。从结构形式可分为箱形结构、桁架结构和管形结构等。也可根据主梁的数量分为单主梁和双主梁。根据小车轨道在主梁的位置可分为以下结构。

1. 正轨箱形双梁

主梁有两条箱形梁，小车轨道置于箱形主梁（上翼缘板）的中心线上，所以称为正轨箱形双梁。优点是：零件部件数量少，制造简单，通用性强等。应用比较广泛。结构形式如图4—19a所示。

2. 偏轨箱形双梁

小车轨道铺设在箱形梁主腹板上方的上翼缘板上。主梁内可省去加筋板，但主腹板外侧要加设小三角加筋板，以支撑小车轨道。主梁采用宽形结构，则可省去走台，为主梁的运输带来方便。结构形式如图4—19b所示。

3. 偏轨箱形单主梁

有垂直反滚轮单主梁Ⅰ和水平反滚轮单主梁Ⅱ两种。垂直反滚轮起重小车是两支点，所以垂直轮压力大，适宜小起重量起重机。优点是，制造简单，便于维修。水平反滚轮起重小车是三支点，可用于大起重量起重机，小车结构复杂，维修比较困难。偏轨箱形单主梁结构形式如图4—19c所示。

4. 桁架结构梁

这类结构自重轻、刚度大。但不便于批量生产，只用于单件大跨度的结构生产。结构形式如图4—19d所示。

5. 半偏轨箱形双梁

小车轨道铺设在箱形梁中心线和主腹板之间的上翼缘板上，轨道中心线距箱形梁中心线约是上翼缘板宽度的1/4，或用$a/4$表示，其中a是上翼缘板的宽度。可省去小三角加筋板，焊接工艺得到改善。结构形式如图4—19e所示。

6. 偏轨空腹箱形双梁

在偏轨箱形双梁的副腹板上（无轨道侧），开一些孔洞，并且允许人员出入。一方面可以减轻主梁重量，另一方面还可以将起重机的电气设备运行机构置于箱形主梁内。多用于大起重量的起重机。结构形式如图4—19f所示。

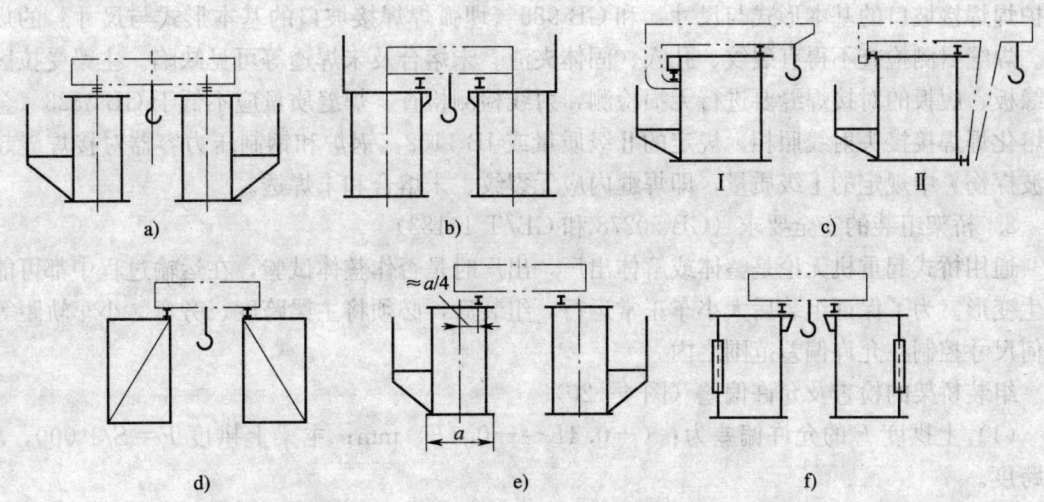

图4—19 主梁结构示意图

a）正轨箱形双梁 b）偏轨箱形双梁 c）偏轨箱形单主梁
d）桁架结构梁 e）半偏轨箱形双梁 f）偏轨空腹箱形双梁

二、金属结构的安全技术要求

1. 材料安全技术要求

(1) 桥式起重机金属结构材质 根据构件的重要程度、环境条件和工作级别采用不同的钢材。碳素结构钢、低合金钢的牌号应不得低于表 4—20 的规定。

表中所指重要构件包括：主梁、端梁、平衡梁及小车架。制造重要构件的钢材在涂装前应进行表面喷（抛）丸处理。

表 4—20　　桥式起重机金属结构材质（GB 14405）

构件类别		重要构件[1]		其余构件
工作环境温度		不低于-20℃	-20~25℃	不低于-25℃
工作级别		A1~A5	A6、A7	A1~A7	A1~A7
钢材牌号	$\delta \leqslant 20$ mm	Q235-BF	Q235-B	Q235-D	Q235-AF
	$\delta > 20$ mm	Q235-B	Q235-C	16Mn[2]	

注：1) 重要构件，指主梁、端梁、平衡梁、（支腿）及小车架。
　　2) 要求-20℃时冲击功不小于 27 J，在钢材订货时提出或补做试验。

(2) 焊接要求 碳钢、低合金钢的焊缝坡口应符合 GB 985《气焊、手工电弧焊、气体保护焊焊接坡口的基本形式与尺寸》和 GB 986《埋弧焊焊接坡口的基本形式与尺寸》的规定。焊缝目测检查不得有裂纹、孔穴、固体夹渣、未熔合及未焊透等可见缺陷。主梁受拉区翼缘板、腹板的对接焊缝要进行无损检测，射线检测检查。焊缝质量应不低于 GB 3323《金属熔化焊焊接接头射线照相》规定的 Ⅱ 级质量或 JB 1152《锅炉和钢制压力容器对接焊缝超声波探伤》中规定的 Ⅰ 级质量，即焊缝内应无裂纹、未熔合和未焊透。

2. 桥架组装的安全要求（GB 50278 和 GB/T 10183）

通用桥式起重机无论是整体或解体出厂，出厂时是否作整体试验，在运输过程中都可能产生变形。为了保证组装后大小车正常运行，组装后，必须将主梁跨度、旁弯、小车轨距等几何尺寸控制在允许偏差范围之内。

组装桥架的检查及允许偏差（图 4—20）

(1) 上拱度 F 的允许偏差为：$(+0.4F \sim -0.1F)$ mm；主梁上拱度 $F = S/1\,000$，S 为跨度。

(2) 对角线 L_1 和 L_2 的相对差 $|L_1 - L_2|$ 的允许偏差：对于正轨箱形梁为 5 mm；对于偏轨箱形梁；单腹板和桁架梁为 10 mm。

(3) 小车轨距 K 允许偏差，对于正轨箱形梁在跨端处为 ±2 mm；在跨中处，当 $S \leqslant$

19.5 m 时，为（+5~+1）mm；当 $S>$19.5 m 时，为（+7~+1）mm；对于偏轨箱形梁、单腹板梁、桁架梁小车轨距 K 的允许偏差均为±3 mm。

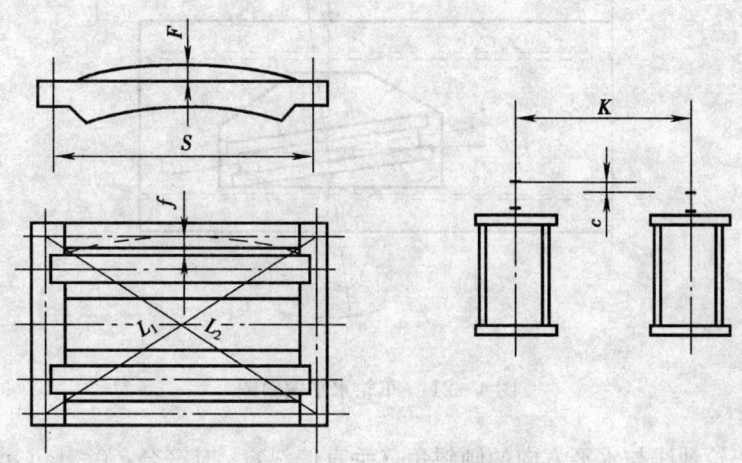

图 4—20　桥式起重机桥梁组装检查图

（4）同一截面上小车轨道高低差　当轨距 $K\leqslant2.0$ m 时，允许偏差为 3 mm；当 $K<6.6$ m 时，允许偏差为 0.001 5K；当 $K\geqslant6.6$ m 时，允许偏差为 10 mm。

（5）主梁旁弯度 f 对于正轨箱形梁和半偏轨箱形双梁，为 $S_Z/2\,000$。主梁旁弯应向外侧凸曲，在离上翼缘板 100 mm 的腹板上测量；S_Z 为两端第一块大筋板之间的实测距离。

对于偏轨箱形梁、单腹板梁和桁架梁，当 $S\leqslant19.5$ m 时，偏差为 5 mm；当 $S>19.5$ m 时，偏差为 8 mm。

3．大车运行机构的检查（GB/T 10183）

（1）起重机跨度 S　当 $S\leqslant10$ m 时，跨度允许偏差为 $\Delta S=\pm2$ mm；当 $S>10$ m 时，允许偏差为 $\Delta S=\pm[2+0.1(S-10)]$ mm，但最大不能超过±10 mm。

（2）起重机跨度 S_1、S_2 的相对差 $|S_1-S_2|\leqslant5$ mm。

（3）大车车轮轴线在水平面内的角度偏差（水平偏斜）φ，应不超过表 4—21 的规定值，见图 4—21。

表 4—21　车轮水平偏差

机构工作级别	$\tan\varphi$
M1	0.000 8
M2~M4	0.000 6
M5~M8	0.000 4

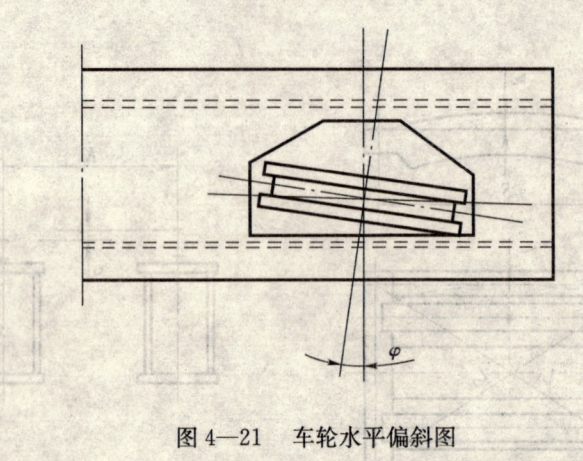

图 4—21 车轮水平偏斜图

(4) 大车车轮轴线与水平方向的倾斜角（垂直偏斜）α 应符合：$0 \leqslant \tan \alpha \leqslant 0.0025$，见图 4—22。

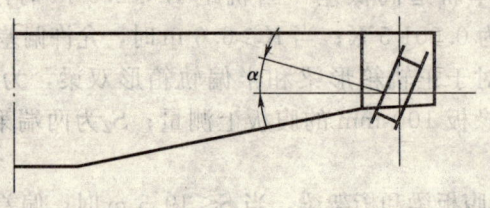

图 4—22 车轮垂直偏斜图

(5) 同一端梁下的两个车轮，每个车轮中心线距轨道中心线的偏差不大于 1 mm（图 4—23），对于某些大吨位起重机车轮的同位差的规定见 GB/T 14405《通用桥式起重机》。

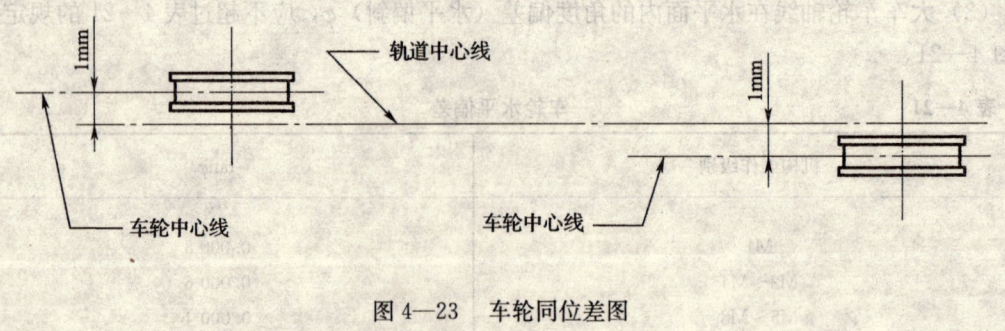

图 4—23 车轮同位差图

第九节 通用桥式起重机司机室、梯子、栏杆的安全技术

一、司机室的安全要求

起重机根据工作条件的不同,可采用敞开式司机室、封闭式司机室和特殊司机室。敞开式司机室也称为开式司机室,用于车间、仓库、电站等场所,工作环境温度在10～30℃。封闭式司机室也称为闭式司机室,用途比较广泛,如车间、仓库、电站、料场、货场等,工作环境温度应尽可能保持在15～30℃。特殊司机室,用于高温、低温以及有害气体和粉尘危害的工作环境,工作环境温度一般在-25～+40℃。

1. 安全技术要求

(1) 视野与安装要求

司机室的安装要满足两个要求,一是安全;二是良好的视野。双梁桥式起重机司机室应安装在大车导电装置的对端及小车导电装置的对侧主梁的下方,安装必须牢固(图4—24)。此外,为避免起重机在作业时,取物装置对司机室的碰撞,要求司机室与取物装置(极限位置的边缘)之间保持有个安全距离。对于额定起重量不大于20 t的起重机,应不小于300 mm;其他起重量的起重机安全距离不小于400 mm。

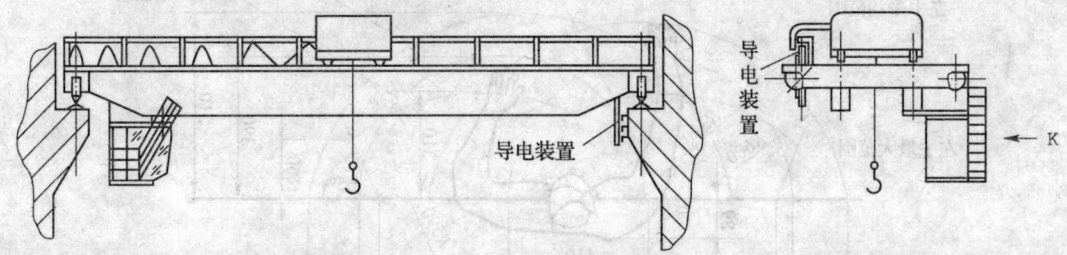

图4—24 双梁桥式起重机司机室安装图

双梁桥式起重机司机室的工作座椅与司机室三侧面的透视窗户的夹角应不小于230°(图4—25)。司机室总容积应不小于3 m³。通过座椅标点(SIP)(见图4—28),其净高度应不小于1 600 mm,净宽度应不小于900 mm,净深度应不小于1 300 mm。

(2) 工作座椅和操纵器显示器要求

1) 工作座椅 应符合人机工程学的要求,椅背和坐垫曲线轮廓应与人体坐姿曲线轮廓相适应,这样操作者就不易疲劳。座椅尺寸应符合图4—26的要求。座椅位置应是可以调整的,在水平方向可移动±80 mm;在垂直方向可升降±50 mm。并且要求调整后能锁紧。座椅能整体后倾3°～7°。

根据人机工程学原理,人体两手臂的工作范围,可分为最大工作范围、理想工作范围等。应把最重要、使用频率高的操纵器安置在理想的工作范围内,也就是人手活动最灵敏的范围。

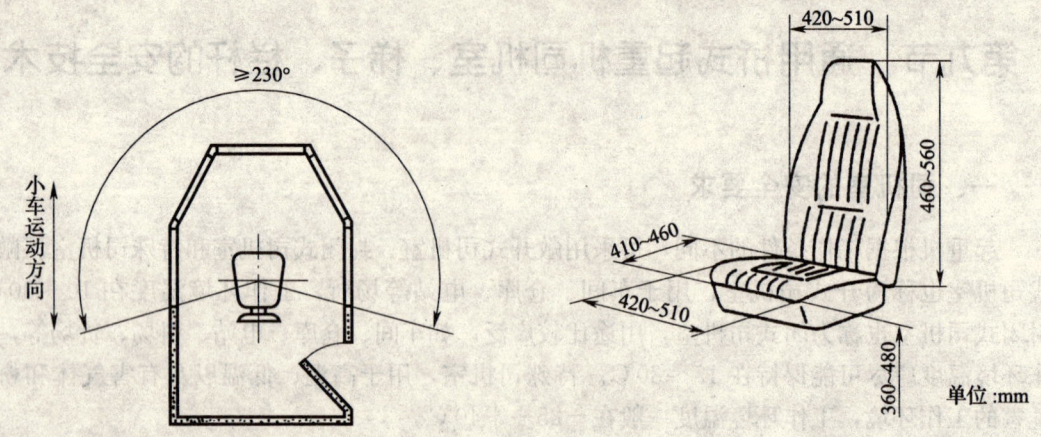

图 4—25　司机室三侧面的透视窗户的夹角图　　　　图 4—26　座椅尺寸图

图 4—27 所示为人手水平工作范围图。操纵件的运动应与人的直观感觉一致，以减少操纵错误。如操纵手柄向前推，起重机向前运动；操纵手柄向后拉，起重机向后运动。表 4—22 是操纵件运动方向表。

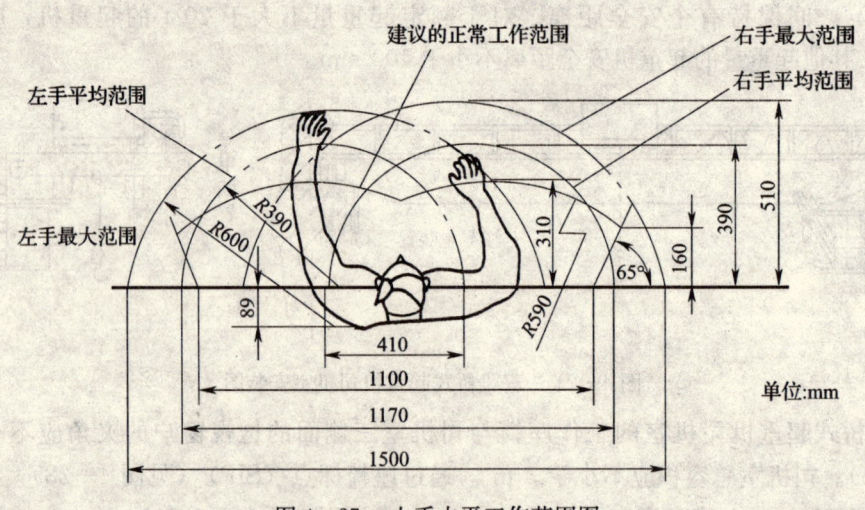

图 4—27　人手水平工作范围图

表 4—22　　　　　　　　　　　　操纵件运动方向

设备或机构的运动方向		操纵件及其方向			
		操纵杆	手轮	手柄	按钮
上升	主起升	趋向人体 ⊙	顺时针方向		● ○
	副起升	趋向人体或向左扳动 ←			

第四章 桥式起重机安全技术

续表

设备或机构的运动方向		操纵件及其方向			
		操纵杆	手轮	手柄	按钮
下降	主下降	离开人体 ⊕	逆时针方向 ↶		○●（上白下黑）
	副下降	离开人体 ⊕ 或向右 →			
向前		离开人体 ⊕	↑		●○（上黑下白）
向后		趋向人体 ⊙	↓		○●（上白下黑）
向左		向左扳动 ←	←		●○（左黑右白）
向右		向右扳动 →	→		○●（左白右黑）
关闭（抓斗）		趋向人体 ⊙	顺时针方向 ↷		●○（上黑下白）
松开（抓斗）		离开人体 ⊕	逆时针方向 ↶		○●（上白下黑）

注：1. 控制器的手柄或有标记的手轮在控制器"0"位的位置。
2. 有黑色点的是应按的按钮。

图4—28是桥式起重机司机室最小尺寸图（GB/T 20303.5）

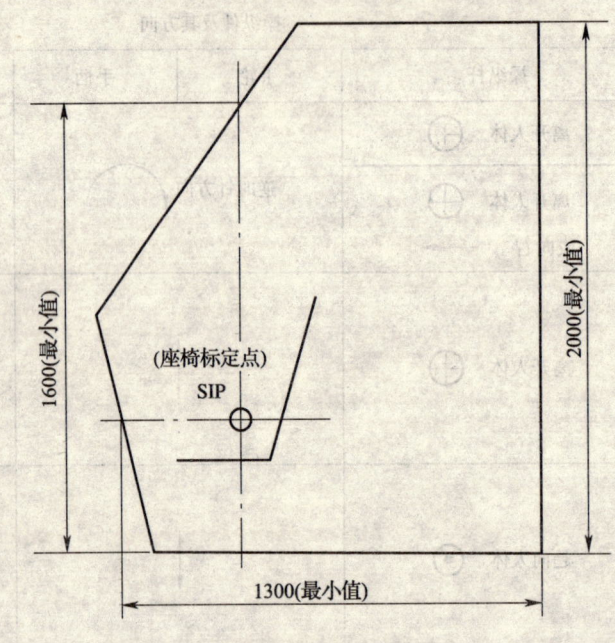

图4—28　司机室最小尺寸（单位：mm）

2）报警灯　报警灯应具有适合的颜色，危险显示应用红灯。

3）照明　控制面板和指示器如装有照明灯，应无眩光，必要处应能呈暗光。

4）显示器　显示器是指各种表盘。显示器与操纵器一样重要，要根据显示器的数据不断调整操作动作。显示器有表盘的数据显示，也有彩色符号、声音显示。显示器的设计和布置要根据人机工程学的要求，使操作者随时正确无误掌握机器动态。

(3) 结构要求　司机室结构必须具有足够的强度、刚度，与起重机的连接必须安全可靠。当司机室顶部承受 2.5 kN/m² 的静载荷时，不应有明显的变形。门外有走台的司机室，走台宽度应不小于 600 mm，栏杆高度不低于 1 050 mm，并应设有间距不低于 350 mm 的水平栏杆。底部应设高度不低于 70 mm 的维护板（踢脚板）。栏杆的任何位置均能承受来自任何方向的作用力 1 kN 而不产生塑性变形。

闭式司机室和特殊司机室要求密封良好，在露天工作的起重机，要求司机室不漏水、不积水、并应有防晒层。特殊司机室还应有防尘、防毒措施以及隔音降噪的措施。

(4) 材料要求　司机室骨架必须采用金属材料，板材厚度不应小于 3 mm。司机室外壁墙应采用不低于 Q235 的材质，厚度不小于 1.5 mm。焊缝不得有裂纹、未熔合等缺陷。司机室窗玻璃应采用钢化玻璃、夹层玻璃等安全玻璃，厚度不低于 5 mm，透光度不低于 70%。司机室底板上要求铺设绝缘、防滑和导热系数小的阻燃材料地板。有保温层和覆盖层的司机室，要求保温层和覆盖层应采用无毒、无臭的阻燃材料。司机室设有底窗时，要求有安全可靠的防护措施。

(5) 电气设备

①导线　司机室内导线必须采用铜芯、多股、绝缘软导线。单芯导线截面积不小于

1.5 mm^2，多芯导线截面积不小于 1 mm^2。导线应有线号和端子号，两连接点之间的导线不准有接头。导线应铺设在线槽内或金属管中。

②保护开关　司机室内应设通断起重机总接触器或总断路器的紧急开关。

③可携式照明电压不超过 36 V。工作台面的照度应不低于 30 lx。照明应设专用电路。

④信号　司机室内要设有电源指示灯、起重机总电源的通断状态信号和超载报警信号、起重机音响信号等。

(6) 安全卫生要求

1) 降温、采暖要求　司机室内温度高于 35℃并长期在高温环境下工作的司机室，应装设起重机专用的降温设备；温度在 30~35℃范围内工作的司机室应装固定电扇，应尽可能保持在 15~30℃。

2) 司机室内应配备灭火器、二氧化碳干粉灭火器或同性质的手提式灭火器。不得使用四氯化碳灭火器。

3) 噪声要求　当起重机组装后在正常工作条件下运行时，在司机耳旁按 ISO6081 确定的等效连续 A 声级测量，在 8 h 的一个工作日内不应超过 85 dB（A）。应根据每种类型起重机确定"正常工作条件"。

(7) 外观要求

司机室的造型涂装应与起重机机体相协调，司机室内壁色调要与环境协调，有舒适感。要求涂装完好，面漆应光亮、完整、色泽一致、表面平滑。油漆漆膜厚度，每层为 25~35 μm，总厚度为 75~140 μm。漆膜附着力应达 GB 9286 规定的一级质量。

2. 司机室的型式检验

型式检验的内容包括：GB/T 14407《通用桥式和门式起重机司机室技术条件》和产品图样规定的全部内容。

(1) 目测检验　检验司机室的视野、控制器的布置、操纵件手动方向、座椅安装、玻璃安装、外观要求、装配质量及不同配套电器的合格证书等。

(2) 司机室顶部承载能力的检验。

(3) 照明系统及照明度的检验。

(4) 降温、采暖系统及温度波动的检验。

(5) 闭式司机室和特殊司机室隔音性能的检验。

(6) 露天工作起重机司机室的防雨性能的检验。

(7) 涂装质量检验。

二、梯子、栏杆、走台的安全要求

1. 直梯梯级间距宜为 300 mm，所有梯级间距应相等；踏杆与前方立面不应小于 150 mm，梯宽不小于 300 mm。

当高度大于 10 m 时，应每隔 6~8 m 设休息平台；当高度大于 5 m 时，应从 2 m 起装设直径为 650~800 mm 的安全圈，相邻两圈间距为 500 mm。安全圈之间，应用 5 根均匀分布的纵向连杆连接。安全圈的任何位置都应能承受 1 kN（100 kgf）的力而不破断。

直立梯通向边缘敞开的上层平台时，梯两侧扶手顶端比最高一级踏板应高出 1 050 mm，扶手顶端应向平台弯曲。

2. 斜梯角度和尺寸（表 4—23）

表 4—23　　　　　　　　　　斜梯角度和尺寸（GB 6067）　　　　　　　　　　　mm

与水平面夹角	30	35	40	45	50	55	60	65
梯级间距	160	175	185	200	210	225	235	245
踏板宽度	310	280	249	226	208	180	160	145

3. 走台

宽度不应小于 500 mm，对于人力驱动的起重机走台宽度不应小于 400 mm。走台应能承受 3 kN（300 kgf）集中移动载荷，而无塑性变形。走台上方净空不小于 1 800 mm。走台和端梁上的栏杆高度应为 1 080 mm，并设有两道横杆，横杆与顶杆的间距 350 mm。底部设有高度为 70 mm 的维护板。栏杆上任何一处均应能承受来至任何方向的 1 kN（100 kgf）的载荷，而不产生永久变形。

4. 梯子踏板、走台平面应具有防滑性能。

第十节　性能要求和型式试验

一、参数和技术资料的检查

1. 起重机的起重能力应达到额定起重量。
2. 起重机的参数应符合标准和设计规定。
3. 对吊钩起重机，当起升机构的工作级别为 M4、M5、M6，并且额定起升速度 ≥5 m/min 时，要求制动平稳，应采用电气制动方法，保证在 $0.2G_n \sim 1.0G_n$（G_n 为额定起重量）范围内下降时，制动前的电动机转速降至同步转速的 1/3 以下，该速度应能稳定运行。
4. 起重机的静刚度规定（GB 50278）：满载起重小车在主梁跨中引起的垂直静挠度应控制在下列数值：

起重机工作级别为 A1～A3，不大于 $S/700$（S 为跨度）。

起重机工作级别为 A4～A6，不大于 $S/800$（S 为跨度）。

起重机工作级别为 A7，不大于 $S/1\,000$（S 为跨度）。

5. 起重机的动刚度规定：小车置于主梁的跨中，主梁的满载自振频率应不小于 2 Hz。

二、安全装置和电气设备的性能要求

1. 安全装置

根据 GB 6067《起重机械安全规程》的规定，通用桥式起重机应安装下列安全装置。

(1) 超载限制器（起重量限制器） 当额定起重量大于 20 t 时应安装超载限制器。
(2) 上升极限位置限制器（起升高度限制器）。
(3) 下降极限位置限制器。
(4) 运行极限位置限制器。
(5) 联锁保护装置。
(6) 缓冲器。
(7) 防倾翻的安全钩（单主梁桥式起重机）。
(8) 检修吊笼。
(9) 扫轨板和支承架。
(10) 轨道端部上挡。
(11) 导电滑线防护板。
(12) 电气设备的防雨罩。

2. 电气设备的要求

(1) 电气设备一般采用交流传动交流控制系统，使用频繁或工作条件恶劣的情况，则宜采用交流传动直流控制系统。通常电动机应采用起重及冶金用电动机，其他电器尽可能采用标准产品。

(2) 电气设备安装必须牢固，在主机工作时，不应产生水平和垂直位移。垂直安装的控制屏，垂直度不大于 12‰，安装部位最高振动条件：5～13 Hz 时，位移不大于 1.5 mm；13～150 Hz 时，振动加速度不超过 10 m/s²。

(3) 电气设备前应留有宽度不小于 600 mm 的走道。室内用的起重机，安装在桥架上的电气设备不应有裸露的带电部分，最低防护等级为 IP10。室外用的起重机，其电气设备如安装在无遮蔽防护的场所时，其外壳的最低防护等级为 IP33。起重机的大小车馈电装置的裸露带电部分与金属结构的安全距离应不小于 30 mm。

(4) 起重机必须采用铜芯、多股、有护套的绝缘导线，多股单芯导线截面积应不小于 1.5 mm²，多股多芯导线的截面积应不小于 1 mm²。

(5) 导线应铺设在线槽内或金属管中。在不便铺设时，也可穿金属软管铺设。扁形移动电缆的弯曲半径不得小于电缆厚度的 10 倍；圆形移动电缆的弯曲半径不得小于电缆外径的 8 倍。

(6) 起重机的照明。固定式照明电压不得超过 220 V，可携带式照明电压不得超过 36 V。照明、信号应设专用电路。当主断路器断电时，照明、信号电路工作应不受影响，并设有短路保护装置。

(7) 起重机应有可靠的接地。起重机进线处设隔离开关或其他隔离措施，必须装有总断路器作断路保护。起重机必须设有失压保护和零位保护。起重机电控设备电路的对地绝缘电阻，在一般环境中应不小于 0.8 MΩ；在潮湿的环境中应不小于 0.4 MΩ。

三、型式检验

1. 目测检验

(1) 检验所有重要部分的规格和状态。包括：起重机的起升机构、大小车运行机构及电气设备。

（2）检验金属结构、司机室及梯子、栏杆等。

（3）检验安全装置和防护设施。

（4）检验吊钩或其他取物装置、钢丝绳及滑轮组的状态。

2. 安全技术及性能检验

安全技术及性能检验包括以下 10 项内容：

基本参数；限界尺寸；环境条件；使用性能；材料及热处理；重要零件部件；桥架及焊接质量；装配质量；电气设备；安全卫生均应达到标准规定。

3. 合格试验

按表 4—24 所列项目和要求进行。

表 4—24　　　　　　　　　合格试验表（GB/T 14405）

序号	项目名称	计量单位	要求值	极限偏差
1	试验载荷	t	额定起重量	±1%
2	载荷起升高度（或载荷起升范围）	m		±1.5%
3	取物装置极限位置			±2%
4	载荷起升速度		见设计图样	+10% −5%
5	载荷下降速度	m/min		+25% −5%
6	起重机及小车运行速度			+10% −5%
7	载荷下降的制动距离	m	应不大于 1 min 内稳定起升距离的 1/65	—
8	载荷下降制动前，电动机转速降	r/min		—
9	起重机的静态刚性，测主梁跨中静挠度	mm		
10	起重机的动态刚性，测额载下降制动时主梁跨中的自振频率	Hz	不小于 2 Hz	
11	电控设备中各电路的对地绝缘电阻	MΩ	一般环境≥0.8 MΩ 潮湿环境≥0.4 MΩ	—
12	起重机的噪声	dB（A）		
13	限位器的可靠性	—	能准确停车	—

4. 载荷起升能力试验

(1) 静载试验

1) 目的　检验起重机及其部件的承载能力。

2) 试验载荷　起重机构按 1.25 G_n 加载,吊离地面 100～200 mm,悬吊时间不小于 10 min。

3) 合格标准　重复三次,检验主梁不得有永久变形;检验主梁上拱度应不小于 0.7 S/1 000;起重机及各连接处不应出现损坏。

(2) 动载试验

1) 目的　检验起重机及其部件的承载能力。

2) 试验载荷　起重机构按 1.1G_n 加载。反复起动、制动,按工作循环,试验时间应不少于 1 h。

3) 合格标准　各机构完成规定的功能、制动器性能良好;各连接处无松动和损坏。

第十一节　桥式起重机故障模式与分类

一、故障模式分类与判据

1. 故障分类

(1) 致命故障　危及或导致人身伤亡、设备严重损坏和造成重大经济损失的故障。

(2) 严重故障　起重机整机或主要部件严重损坏,导致起重机功能丧失、维修费用高或短时间无法修复的故障。

(3) 一般故障　一般零件、部件损坏,导致起重机部分功能丧失,维修费用中等,短时间内可修复的故障。

(4) 轻微故障　对于起重机完成规定功能有轻微的影响,起重机尚可维持正常工作,维修费用比较低,故障可在维修保养时间内排除。

(5) 关联故障　起重机在规定的条件下使用,由于本身固有的缺陷而引起的故障。

(6) 非关联故障　起重机由于误操作、维修错误或由外界因素引发的故障。

2. 故障统计

在统计起重机故障时,只统计关联故障的次数和类别。致命故障、严重故障、一般故障、轻微故障在统计时,进行加权处理。一般故障加权系数为 1;致命故障的加权系数为 2;严重故障的加权系数为 4;轻微故障的加权系数为 0.5。

3. 通用桥式起重机可靠性指标规定值(见表 4—25)

(1) 平均首次无故障工作时间 MTTFF (MEAN TIME TO FIRST FAILURE):

$$\text{MTTFF} = \frac{n}{r}\Big[\sum_{i=1}^{r} t_i + \sum_{j=1}^{n-r} t_j\Big]$$

表 4—25　通用桥式起重机可靠性指标规定值（JB/T 50103）

指 标 名 称	指标规定值
平均首次无故障工作时间	MTTFF≥250 h
当量平均无故障工作时间	MTBF≥320 h
平均修复时间	MTTR≤2 h
起重机使用可用度	A_0≥0.98

式中　n——投入试验的起重机台数；

　　　r——发生首次故障的起重机台数；

　　　t_i——在第 i 台样机发生首次故障时，各机构的累积工作时间；

　　　t_j——在试验截止时，未发生故障的第 j 台样机各机构的累积工作时间。

（2）当量平均无故障工作时间 MTBF（NEAN TIME BETWEEN FAILURE）：

$$\text{MTBF} = \frac{1}{N}\sum_{i=1}^{n} t_{ci}$$

式中　N——在试验截止时间内起重机发生故障的总数，按规定加权处理；

　　　t_{ci}——第 i 台样机各机构累积工作时间。

（3）平均修复时间 MTTR（MEAN TIME TO RESTORE）：

$$\text{MTTR} = \frac{1}{N_0}\sum_{i=1}^{N_0} t_{ri}$$

式中　N_0——在试验截止时间内起重机发生故障的总数，不需要加权处理；

　　　t_{ri}——第 i 次故障所需的修复时间，包括故障诊断、修理和调试时间；

（4）起重机使用可用度 A_0（AVAILABILITY）：

$$A_0 = 工作时间/[工作时间+不可工作时间] = \frac{\sum_{i=1}^{n} t_{ci}}{\sum_{i=1}^{n}(t_{ci}+t_{si})}$$

式中　t_{si}——第 i 台起重机不可工作时间，包括故障修复时间、维修时间、保障时间。其余符号同前。

以上各项可靠性指标计算结果必须满足规定值的要求。

二、通用桥式起重机故障模式与分类

通用桥式起重机故障模式与分类见表 4—26。

吊钩桥式起重机性能参数见表 4—27。

抓斗桥式起重机性能参数见表 4—28。

表 4—26　　通用桥式起重机故障模式与分类（JB/T 50103）

序号	类别	故障模式	情况说明	故障分类
1	基本参数	起重量达不到订货合同要求	影响正常使用	严重
2		起升或运行速度不稳定，不符合订货合同要求	影响生产率	严重
3		起升高度小于订货合同要求	影响正常使用	严重
4		起重机噪声超标	—	一般
5	金属结构	主梁腹板或盖板发生裂纹	—	严重
6		主梁各主要焊缝发生脱焊或开裂	—	严重
7		主梁腹板波浪度超标	—	严重
8		主梁永久性下挠	影响正常使用	严重
9		主梁旁弯变形超标	—	严重
10		端梁变形	影响正常使用	严重
11		端梁开焊或腹板撕裂	—	严重
12		主、端梁连接处高强度螺栓断裂	—	严重
13		主、端梁连接处焊缝开裂	—	严重
14		小车轨道松动	影响正常使用	严重
15		小车架主要受力焊缝开焊	—	严重
16		两主梁高低差超标	影响正常使用	一般
17		主梁动刚度超标	—	一般
18		小车轨道直线度超标	影响正常使用	一般
19		结构产生局部变形	未造成严重后果	一般
20		小车架变形大，形成三支点运行	—	一般
21		走台振动过大	可在保养时修理	轻微
22		走台、栏杆开焊	未造成后果	轻微
23	起升机构	调速失效	—	严重
24		空吊钩不能下降	可调整	一般
25		起质量限制器失效	未造成后果	一般
26		下降制动距离超标	可调整	一般
27		高度限位器失效	未造成后果	一般

续表

序号	类别	故障模式	情况说明	故障分类
28	小车运行机构	起重小车脱轨	要分析原因	严重
29		打滑	—	一般
30		小车歪斜运行、啃轨	—	一般
31		行程限位失灵	未造成后果	一般
32		运行制动距离超标	—	一般
33		碰撞安全尺损坏	未造成后果	一般
34	大车运行机构	起重机脱轨	要分析原因	严重
35		防风抗滑装置能力不足	—	严重
36		防风抗滑装置失效	后果严重	严重
37		桥架歪斜运行、啃轨	影响使用	一般
38		打滑	—	一般
39		扫轨板损坏	未造成后果	一般
40		运行制动距离超标	—	一般
41		行程限位失灵	未造成后果	一般
42	吊钩	吊钩钩柄断裂	未造成后果	严重
43		吊钩表面有裂纹	需更换	严重
44		吊钩开口度超标	需更换	严重
45		吊钩横梁开裂	—	严重
46		吊钩侧板开裂	—	严重
47		钩头不能自由转动	—	轻微
48	抓斗	动作失调不能抓取物料	正常操作情况	严重
49		钢丝绳脱槽	—	一般
50		抓斗结构件开裂	—	一般
51		斗部刃口板或齿极易磨损	不符寿命保证	一般
52		铰点轴断裂	—	一般
53		电动抓斗电缆卷筒损坏	—	一般

第四章 桥式起重机安全技术

续表

序号	类别	故障模式	情况说明	故障分类
54	电磁吸盘	吸力长期严重不足	物料符合要求	严重
55		漏电	—	严重
56		电缆卷筒损坏	—	一般
57		电缆拉断	—	一般
58		剩磁过大	影响操作	一般
59	滑轮组	滑轮碎裂	需更换	严重
60		焊接滑轮焊缝开裂	—	严重
61		心轴断裂	—	严重
62		滑轮转不动	—	一般
63		滑轮倾斜、松动	可调整	一般
64		滑轮轴向窜动	—	一般
65		钢丝绳跳槽	未造成严重后果	一般
66		滑轮绳槽磨损不均		轻微
67	钢丝绳	断绳		严重
68		断股		严重
69		断丝超标		一般
70		扭结、弯折、严重变形	因质量问题	一般
71		绳股或钢丝挤出		一般
72		绳径局部增大或减小		一般
73		过量磨损		一般
74		过量腐蚀		一般
75	卷绕系统	钢丝绳平衡臂开裂	—	严重
76		钢丝绳楔形接头损坏	—	严重
77		钢丝绳夹松脱	—	严重
78		钢丝绳产生干涉	—	严重
79		钢丝绳平衡装置失灵	—	一般
80	联轴器	联轴器半体产生裂纹	—	严重
81		齿形联轴器齿轮过度磨损或折断	—	严重
82		联结螺栓切断	—	严重
83		联结螺栓及销轴孔磨损	—	一般
84		键槽压溃与变形	未造成后果	一般
85		销轴、柱销、橡皮圈等磨损	—	一般
86		安装同心度超标	影响正常使用	一般

续表

序号	类别	故障模式	情况说明	故障分类	
				起升机构	运行机构
87		杠杆系统被卡住		严重	一般
88		制动力矩不够		严重	一般
89		制动臂或拉杆断裂、主弹簧损坏、销轴断裂		严重	一般
90		推动器停电后推杆不及时缩回或动铁芯不释放		严重	一般
91		制动衬垫铆钉全被剪断或卡装衬垫挡板脱落		严重	一般
92		制动轮碎裂		严重	一般
93		制动轮和制动衬垫上有油垢	造成制动器不能有效制动，未造成严重后果	一般	轻微
94		制动衬垫过度磨损		一般	轻微
95		弹簧塑性变形		一般	轻微
96		制动杠杆锁紧螺母松开		一般	轻微
97		制动衬垫与闸瓦相对滑动		一般	轻微
98		退距均衡装置失效		一般	轻微
99	制动器	瓦块销轴螺母松动		一般	轻微
100		拉杆螺杆螺纹脱扣		一般	轻微
101		制动衬垫退距过大		一般	轻微
102		杠杆系统铰点被卡住		严重	一般
103		控制、供电线路故障		一般	一般
104		推动器失灵不能推出	造成制动器不能有效打开，未造成后果	一般	一般
105		推动器推力不够或行程不足		一般	一般
106		电磁铁线圈烧毁		一般	一般
107		弹簧张力太大		一般	一般
108		长行程制动器重锤过分拉紧		一般	一般
109		推动器严重漏油	需停机修复	一般	一般
110		制动轮产生裂纹或极易磨损	—	一般	一般
111		销轴孔过度磨损	—	轻微	轻微
112		制动轮与铆钉摩擦	—	轻微	轻微

续表

序号	类 别	故障模式	情况说明	故障分类
113	减速器	齿轮断齿	—	严重
114		齿面胶合	—	严重
115		减速器断轴	—	严重
116		减速器轴承损坏	—	严重
117		减速器高速出轴键槽损坏	—	严重
118		齿面点蚀	超标	一般
119		周期性齿轮颤振	—	一般
120		齿面塑性变形	—	一般
121		剧烈金属摩擦声，机壳振响	—	一般
122		齿轮啮合有不均匀敲击声	—	一般
123		减速器整体发热，尤其轴承安装处发热	—	一般
124		减速器在底座上振动	—	一般
125		漏油	可在保养时修理	轻微
126	车轮	踏面和轮辐等处有裂纹	—	严重
127		断轴	—	严重
128		轴承损坏	—	一般
129		车轮轮缘变形、破断	—	一般
130		车轮踏面剥落	—	一般
131		车轮过度磨损	可在保养时更换	轻微
132		主动车轮踏面磨损不均匀	—	轻微
133	卷筒	卷筒出现裂纹	—	严重
134		卷筒破损	—	严重
135		钢丝绳固定螺栓松脱	—	严重
136		卷筒轴、键损坏	—	严重
137		卷筒联轴器损坏	—	严重
138		卷筒绳槽磨损和绳跳槽	未造成后果	一般
139		钢丝绳排列不齐	可调整	一般
140		卷筒沿轴向窜动	—	一般
141		轴承损坏	—	一般

续表

序号	类别	故障模式	情况说明	故障分类
142	缓冲器	缓冲容量不足	未造成后果	一般
143		弹簧、橡胶、聚氨酯出现裂纹	影响使用	一般
144		液压缓冲器漏油	—	一般
145		连接装置松脱	—	一般
146		缓冲体出现永久变形	超标	一般
147		撞头损坏	—	一般
148	司机室	与桥架连接处出现裂纹		严重
149		设计不周，严重影响操作视野	设计原因	严重
150		漏电		严重
151		窗玻璃固定不牢	未造成后果	一般
152		振动过大	可调整	一般
153		顶部漏水，密封不严	未造成后果	一般
154		空调或取暖器损坏	—	轻微
155		照明损坏	可在保养时更换	轻微
156	电动机	电动机烧坏	—	严重
157		断轴		严重
158		在额定负荷时达不到额定速度	影响使用	严重
159		工作时发出不正常声响		一般
160		电刷冒火花或滑环被烧焦		一般
161		滑环开路		一般
162		接线处松脱		一般
163		绕组过热		轻微
164		工作时振动、噪声大	可调整	轻微
165	接触器	线圈烧毁		一般
166		吸合、释放动作迟缓		一般
167		触点过热或烧坏		一般
168		正反接触器相间产生放电现象		一般

续表

序号	类别	故障模式	情况说明	故障分类
169	接触器	触片脱落	—	一般
170		触头接触不良、触头熔焊	未造成后果	一般
171		机械故障、动作失灵	—	一般
172		电磁铁噪声严重	可调整	轻微
173		线圈过热	—	轻微
174		触头电磨损严重	可在保养时更换	轻微
175	继电器	动作不正常	未造成后果	一般
176		调整量不准确，不好调	—	一般
177		控制灵敏度差	—	一般
178		零件断裂、失效	—	一般
179		触头卡死或不接触	—	一般
180		接触失效	—	一般
181	限位开关	动作后不起保护作用	未造成后果	一般
182		触头接触不良	—	一般
183		误动作	未造成后果	一般
184		烧坏或撞坏	—	一般
185	电阻器	损坏	—	一般
186		接线松动、接触不良	—	一般
187		过热	—	轻微
188	供电装置	滑环与滑线脱离	—	一般
189		接触不良、断相或相同绝缘击穿	—	一般
190		滑线对地短路	未造成后果	一般
191		小车电缆被刮断	—	一般
192		供电失效	—	一般
193		电缆外皮严重龟裂	因质量原因	轻微
194		电缆滑车运行不灵活	—	轻微
195	控制装置	控制器卡住，无法操作	—	一般
196		控制器操作失灵	未造成后果	一般
197		被控电动机不工作	—	一般
198		熔断器烧毁	要分析原因	一般
199		被控电动机仅能单向转动	—	一般
200		发电机不激磁	—	一般
201		电源切断后，保护箱接触器不掉闸	未造成后果	一般
202		控制线断路	—	一般

表 4—27 吊钩桥式

起重量（t）	型号	工作级别	跨度S（m）	起升高度（m）主钩	起升高度（m）副钩	速度（m/min）主起升	速度（m/min）副起升	速度（m/min）小车	速度（m/min）大车	电动机型号/功率（kW）主起升	电动机型号/功率（kW）副起升	电动机型号/功率（kW）小车	电动机型号/功率（kW）大车
5	QD	A6	10.5/13.5/16.5/19.5/22.5/25.5/28.5/31.5	16	—	15.4	—	38.3	115.6 / 116.8	YZR180L-6/15	—	YZR112M-6/1.8	2-YZR160M₁-6/2×5.5 / 2-YZR160M₂-6/2×7.5
5	QD	A5	10.5/13.5/16.5/19.5/22.5/25.5/28.5/31.5	16	—	12	—	39.5	70	YZR160L-6/13	—	YZR132M₁-6/2.5	2-YZR132M₂-6/2×4
5	QD	A6	10.5/13.5/16.5/19.5/22.5/25.5/28.5/31.5	16	—	14	—	43	94	YZR180L-6/15	—	YZR132M₁-6/2.5	2-YZR160M₁-6/2×5.5
5	QD	A5	10.5/13.5/16.5/19.5/22.5/25.5/28.5/31.5	16	—	11.6	—	43.3	69.2	YZR160L-6/11	—	YZR132M₁-6/2.2	2-YZR132M₂-6/2×3.7
5	QD	A6	10.5/13.5/16.5/19.5/22.5/25.5/28.5/31.5	16	—	19	—	43.7	87	YZR200L-8/15	—	YZR132M₁-6/2.2	2-YZR160M₁-6/2×5.5

注：① 用于室外时表中 H 值为表中数值加 200 mm。
② 推荐钢轨（　）单位为 mm。

起重机性能参数表

重量（t）		最大轮压（kN）	推荐钢轨（kg/m）	主要尺寸（mm）								吊钩极限尺寸（mm）					
总重量	小车重量			K	W_C	W	B	b	H	H_1	H_2	H_3	H_4	H_5	C_1	C_2	C_3	C_4
14		85									−24	2 550						
15		91				3 400	5 190				126	2 420						
17		92									226	2 370						
20	2.329	104	38	1 400	1 100			230	1 764	985	376		31	—	80	1 250	—	
22		111				3 550	5 340				526							
27		125									676	2 380						
31		133				5 000	6 100				826							
34		138									976							
13.4		71									26	2 400						
14.5		75									176		96					
15.8		80	38			3 500	5 100		1 738		246							
18.4	2.192	88	(50×	1 400				244	1 741	725	326			—	752	1 162	—	
21.7		92	50)						1 746		476	2 250						
25.7		101							1 749		676		94					
28.7		106				4 100	5 700		1 752		776							
31.7		110							1 755		926							
13.5		73							1 732		26	2 400						
14.7		77							1 735		176		96					
16.6		83	38			3 500	5 100		1 738		246				752	1 162		
19.3	2.399	90	(50×	1 400				244	1 741	765	326			—			—	
21.9		98	50)						1 746		476	2 250			852	1 242		
27		105							1 749		676				(室外)|(室外)		
30.2		110				4 100	5 700		1 752		776		94					
33.3		119							1 755		926							
13.4		62									26	2 326						
14.5		68									176	2 346						
15.8		74				3 400	4 534				246	2 396						
18.4	1.81	79	38	1 400	1 100			230	1 755	725	326	2 546	44.5	—	1 100	1 162	—	
21.7		85									476	2 696						
25.7		98									676	2 686						
28.7		105				4 100	5 234				776	2 836						
31.7		113									926	2 986						
13.5		65									26	2 326						
14.7		70									176	2 346						
16.6		76				3 400	4 534				246	2 396						
19.3	2.17	82	38	1 400	1 100			230	1 755	725	326	2 546	44.5	—	1 100	1 162	—	
21.9		89									476	2 696						
27.0		98									676	2 686						
30.2		110				4 100	5 234				776	2 836						
33.3		118									926	2 986						

起重量 (t)	型号	工作级别	跨度 S (m)	起升高度 (m) 主钩	起升高度 (m) 副钩	速度 (m/min) 主起升	速度 (m/min) 副起升	速度 (m/min) 小车	速度 (m/min) 大车	电动机型号/功率 (kW) 主起升	电动机型号/功率 (kW) 副起升	电动机型号/功率 (kW) 小车	电动机型号/功率 (kW) 大车
10	QD	A5	10.5	16	—	9.8	—	43	69	YZR180L-6/17	—	YZR132 M_1-6/2.5	2-YZR132 M_2-6/2×4
			13.5										
			16.5										
			19.5										
			22.5										
			25.5						71				2-YZR160 M_1-6/2×6.3
			28.5										
			31.5										
		A6	10.5	16	—	12.6	—	43	93	YZR200L-6/22	—	YZR132 M_1-6/2.5	2-YZR160 M_1-6/2×5.5
			13.5										
			16.5										
			19.5										
			22.5										
			25.5						94				2-YZR160 M_2-6/2×7.5
			28.5										
			31.5										
10	QD	A5	10.5	16	—	8.57	—	40.9	91.3	YZR/15	—	YZR/2.2	2-YZR/2×3.7
			13.5										
			16.5										
			19.5						92.5				2-YZR/2×5.5
			22.5										
			25.5										
			28.5						90.8				2-YZR/2×7.5
			31.5										
		A6	10.5	16	—	14.9	—	40.9	116	YZR/30	—	YZR/2.2	2-YZR/2×5.5
			13.5										
			16.5										
			19.5						117				2-YZR/2×7.5
			22.5										
			25.5										
			28.5						120.26				2-YZR/2×11
			31.5										

续表

重量（t）		最大轮压（kN）	推荐钢轨（kg/m）	主要尺寸（mm）									吊钩极限尺寸（mm）					
总重量	小车重量			K	W_C	W	B	b	H	H_1	H_2	H_3	H_4	H_5	C_1	C_2	C_3	C_4
12.8		96	38						1 743		26	2 400	323					
14.4		99	38						1 746		176		323					
16.2		108				4 100	5 700		1 749		246		323					
18.3	2.983	110	43	2 000				244	1 754	725	326		321	—	990	1 154	—	—
21.3		120							1 757		478	2 250	321					
24.5		130							1 760		678		321					
27.5		138	50			4 600	6 200		1 763		778		321					
31.1		150							1 766		928		321					
13.2		99	38						1 743		26	2 400	323					
14.7		103	38						1 746		176		323					
16.6		110				4 100	5 700		1 749		246		323					
18.7	3.177	119	43	2 000				244	1 754	725	326		321	—	990	1 154	—	—
21.6		127							1 757		478	2 250	321					
24.7		132							1 760		678		321					
27.7		141	50			4 600	6 200		1 763		778		321					
31.3		152							1 766		928		321					
13.335		96									−24	2 560						
15.026		102				4 100	5 964				126	2 399						
16.893		107							1 867	725	226	2 310	542					
19.546	3.463	115	43	2 000	1 400	4 300	6 244	230			376	2 310		—	1 050	1 320	—	—
22.582		123									526							
26.493		134									613							
29.824		143				5 000	6 818		1 932	775	763	2 320	477					
32.798		151									913							
13.798		98									−24	2 560						
15.529		104				4 100	5 968				126	2 399						
17.368		110							1 867	725	226	2 310	542					
20.145	—	118	43	2 000	1 400	4 300	6 248	230			376	2 310		—	1 050	1 320	—	—
23.128		126									526							
26.947		137									613							
30.258		145				5 000	7 008		1 932	775	763	2 320	477					
33.232		53									913							

起重量(t)	型号	工作级别	跨度S(m)	起升高度(m)		速度(m/min)				电动机型号/功率(kW)			
				主钩	副钩	主起升	副起升	小车	大车	主起升	副起升	小车	大车
20/5	QD	A5	10.5 13.5 16.5 19.5 22.5 25.5 28.5 31.5	16	18	9.2	18.7	44.2	75	YZR250 M_1−8/35	YZR180 L−6/17	YZR132 M_2−6/4	2−YZR160 M_2−6/2× 8.5
		A6	10.5 13.5 16.5 19.5 22.5 25.5 28.5 31.5	16	18	12.4	18.7	44.2	87	YZR250 M_2−6/45	YZR180 L−6/17	YZR132 M_2−6/4	2−YZR160 M_2−6/2× 7.5 2−YZR160L −6/2× 11
20/5	QD	A5	10.5 13.5 16.5 19.5 22.5 25.5 28.5 31.5	12	14	7.9	15.4	41.5	89.5 83.8	YZR/30	YZR/15	YZR/3.7	2−YZR/2× 5.5 2−YZR/2× 7.5
		A6	10.5 13.5 16.5 19.5 22.5 25.5 28.5 31.5	12	14	13	18.4	41.5	120.3 104	YZR/55	YZR/15	YZR/3.7	2−YZR/2× 11

续表

重量（t）		最大轮压(kN)	推荐钢轨(kg/m)	主要尺寸（mm）									吊钩极限尺寸（mm）					
总重量	小车重量			K	W_C	W	B	b	H	H_1	H_2	H_3	H_4	H_5	C_1	C_2	C_3	C_4
19.2	7.042	160	38	2 000	—	4 200	5 860	274	2 060	2 400	30	2 250	501	−320	1 949	1 419	1 113	2 327
21.2		171							2 063		150							
23.9		182							2 066		280							
26.8		192	43						2 069		430							
29.2		201							2 072	821	580							
32.7		211							2 075		730							
36.2		221	50			4 600	6 260		2 078		830							
39.6		231							2 081		980							
20.0	7.275	166	38	2 000	—	4 200	5 860	274	2 060	2 400	30	2 250	501	−320	1 949	1 419	1 113	2 327
22.1		177							2 063		150							
24.7		188							2 066		280							
27.7		198	43						2 069		430							
30.2		208							2 072	821	580							
34.0		218							2 075		730							
37.4		229	50			4 600	6 260		2 078		830							
40.8		239							2 081		980							
19.6	7.17	156				4 100	6 014	230	2 116	775	65	2 445	536	126				
21.5		166									69							
23.8		175									169	2 343						
27.5		187	QU70 或43	2 000	2 450	4 200	6 218				239	2 310			1 900	1 500	1 075	2 325
29.8		185									387							
33.9		206						250	2 196	865	537		456	46				
37.4		216				5 000	6 998				687	2 320						
40.7		219									837							
21.0	7.88	159				4 100	6 098	230	2 116	775	65	2 445	536	126				
22.9		169									69							
25.2		179									169	2 343						
29.7		194	QU70 或43	2 000	2 450	4 400	6 398				239	2 310			1 900	1 500	1 075	2 325
32.5		203									387							
36.5		214						250	2 196	865	537		456	46				
40.4		225				5 000	7 008				687	2 320						
43.8		235									837							

起重量（t）	型号	工作级别	跨度S（m）	起升高度（m） 主钩	起升高度（m） 副钩	速度（m/min）主起升	速度（m/min）副起升	速度（m/min）小车	速度（m/min）大车	电动机型号/功率（kw）主起升	电动机型号/功率（kw）副起升	电动机型号/功率（kw）小车	电动机型号/功率（kw）大车
32/5	QD	A5	10.5	18	20	9.3	19	38.2		YZR280S−8/52	YZR100L−6/17	YZR160M$_1$−6/6.3	
			13.5										2−YZR160M$_2$−6/2×8.5
			16.5						58				
			19.5										
			22.5										
			25.5										2−YZR160L−6/2×13
			28.5						59				
			31.5										
		A6	10.5	18	20	12	19	38.2		YZR315S−8/75	YZR180L−6/17	YZR160M$_1$−6/6.3	
			13.5										2−YZR160L−6/2×11
			16.5						76				
			19.5										
			22.5										
			25.5										2−YZR180L−6.2×15
			28.5						77				
			31.5										
32/5	QD	A5	10.5	18	20	7.49	15.4	38.15		YZR280S−8/25	YZR180L−6/17	YZR160M$_1$−6/6.3	
			13.5										2−YZR160M$_2$−6/2×8.5
			16.5						74.2				
			19.5										
			22.5										
			25.5										2−YZR160L−6/2×13
			28.5						72.7				
			31.5										
		A6	10.5	18	20	10.21	15.4	38.15		YZR280M−6/75	YZR180L−6/17	YZR160M$_1$−6/6.3	
			13.5										2−YZR160L−6/2×11
			16.5						75.4				
			19.5										
			22.5										
			25.5										2−YZR180L−6/2×15
			28.5						76.7				
			31.5										

续表

重量（t）		最大轮压(kN)	推荐钢轨(kg/m)	主要尺寸（mm）									吊钩极限尺寸（mm）					
总重量	小车重量			K	W_C	W	B	b	H	H_1	H_2	H_3	H_4	H_5	C_1	C_2	C_3	C_4
28.5		244	38						2 686		42	2 400						
30.6		259	43						2 689		100							
33.4		262	50						2 692		340		430	−409				
36.5		285	(70×70)						2 695		490							
39.7	11.01	296	(80×80)	2 000	—	5 200	7 060	344	2 698	1 011	690	2 250			2 106	1 654	1 106	2 654
44.2		310	(90×90)						2 703		792							
47.9		320	(100×100)						2 706		792		428	−411				
52.4		335	(110×110)						2 713		794		426	−413				
28.8		249	38						2 686		42	2 400						
31.0		265	43						2 689		98							
34.3		278	50						2 692		338		430	−409				
37.4		291	(70×70)						2 695		488							
40.5	11.598	301	(80×80)	2 000	—	5 200	7 060	344	2 698	1 011	688	2 250			2 106	1 654	1 106	2 654
45.2		318	(90×90)						2 703		790							
49.0		328	(100×100)						2 706		790		428	−411				
53.4		343	(110×110)						2 713		794		426	−413				
27.5		231									42							
29.9		249									98							
32.6		266							2 681		338		424	−415				
35.7		276	QU70								488							
38.8	10.93	287	(90×90)	2 500	2 700	5 200	6 720	344		1 011	688	2 290			1 906	1 554	918	2 542
43.3		296							2 683		790		422	−417				
46.6		307									790							
51.4		322							2 685		794		420	−419				
28.1		243									42							
30.5		257									98							
33.3		271							2 681		338		424	−415				
36.4		288	QU70								488							
39.5	11.157	296	(90×90)	2 500	2 700	5 200	6 720	344		1 011	688	2 290			1 906	1 554	918	2 542
44.2		207							2 683		790		422	−417				
47.4		312									790							
52.3		331							2 685		794		420	−419				

起重量 (t)	型号	工作级别	跨度 S (m)	起升高度 (m)		速度 (m/min)				电动机型号/功率 (kW)			
				主钩	副钩	主起升	副起升	小车	大车	主起升	副起升	小车	大车
50/10	QD	A5	10.5	12	14	6.2	12.5	38.5	59	YZR280S–8/52	YZR200L–6/26	YZR160M$_2$–6/8.5	2–YZR160L–6/2×13
			13.5										
			16.5										
			19.5										
			22.5										
			25.5										
			28.5										
			31.5										
		A6	10.5	12	14	7.6	12.5	38.5	77	YZR315S–8/75	YZR200L–6/26	YZR160M$_2$–6/8.5	2–YZR180L–6/2×15
			13.5										
			16.5										
			19.5										
			22.5										
			25.5										
			28.5										
			31.5										
50/10	QD	A5	10.5	12	14	6.2	14.8	37.7	75.8	YZR/55	YZR/30	YZR/7.5	2–YZR/2×11
			13.5										
			16.5										
			19.5						71.4				
			22.5										
			25.5						71.6				2–YZR/2×15
			28.5										
			31.5										
		A6	10.5	12	14	7.5	14.8	37.7	87.9	YZR/75	YZR/30	YZR/7.5	2–YZR/2×11
			13.5										
			16.5										
			19.5										
			22.5										
			25.5						88.1				2–YZR/2×15
			28.5										
			31.5										

续表

重量（t）		最大轮压（kN）	推荐钢轨（kg/m）	主要尺寸（mm）										吊钩极限尺寸（mm）					
总重量	小车重量			K	W_C	W	B	b	H	H_1	H_2	H_3	H_4	H_5	C_1	C_2	C_3	C_4
30.5		347	43						2 720		90							
32.7		368	50						2 723		340		911	−4				
35.8		384							2 726		490							
38.7	11.921	400	(70×70)	2 500	—	5 200	7 060	344	2 729	1 011	690	2 250			2 017	1 613	946	2 684
43.0		415	(80×80)						2 734		792		909	−6				
47.4		432	(90×90)						2 739		794		907	−8				
53.6		450	(100×100)						2 746		798		903	−12				
59.8		470	(110×110)						2 753		802		899	−16				
31.5		354	38						2 720		90							
33.8		375	43						2 732		340		911	−4				
36.9		393	50						2 726		490							
40.3	12.517	409	(70×70)	2 500	—	5200	7 060	344	2 729	1 011	690	2 250			2 017	1 613	946	2 684
44.0		423	(80×80)						2 734		792		909	−6				
48.6		440	(90×90)						2 739		794		907	−8				
54.8		459	(100×100)						2 746		798		903	−12				
61.0		478	(110×110)						2 753		802		899	−16				
34.526		318							2 840		−59	2 560	1 070	50				
36.97		339				4700	6 748		2 840		116	2 359	1 070	50				
41.341		360							2 848		122	2 353	1 062	42				
45.32		377	QU80或50	2 500	3 580	4 800	6 958	300	2 846	1 000	272		1 064	44	2 200	1 950	1 025	3 125
49.422	15.172	391							2 848		422		1 062	42				
54.717		410									572	2 310						
58.619		423				5 000	7 058		2 846		722		1 064	44				
61.777		438									822							
34.988		319							2 840		−59	2 560	1 070	50				
37.79		342				4 700	6 748		2 842		118	2 357	1 068	48				
42.284		363									124	2 351						
46.598	15.311	381	QU80或50	2 500	3 580	4 800	6 958	300		1 000	274				2 200	1 950	1 025	3 125
50.454		396							2 848		424		1 062	42				
56.431		415									574	2 310						
60.054		427				5 000	7 058				724							
65.466		445									824							

表 4—28　抓斗桥式

起重量 (t)	型号	工作级别	跨度 S (m)	起升高度 (m)	速度 (m/min) 起升、开闭	速度 (m/min) 小车	速度 (m/min) 大车	电动机型号/功率 (kW) 起升、开闭	电动机型号/功率 (kW) 小车	电动机型号/功率 (kW) 大车	重量 (t) 总重量	重量 (t) 小车重量	最大轮压 (kN)	推荐钢轨 (kg/m)
5	DQ QE	A6	20	40.1	44.6		93.7	2—YZR 225M —8/2× 22	YZR132 M2— 6/3.7	2—YZR 160M2 —6/2× 7.5	20.7	5.2	86	43 QU70
											22.3		94	
											24.7		101	
											27.3		109	
											30.3		117	
							113			2—YZR 160L— 6/2× 11	35		128	
											38.8		138	
											42.1		148	
5		A6	32	37.4	44.3		93	2—YZR 250M1 —8/2× 30	YZR132 M1— 6/2.2	2—YZR 160M1 —6/2× 5.5	18.8	4.445	83.1	38 QU100
											20.2		88.6	
											22.1		94.6	
											24.3		100.3	
											27.3		109.4	
							94			2—YZR 160M2 —6/2× 7.5	30.4		124.2	
											33.4		126.3	
											37.0		136.0	
5	QZ	A6	20	40.1	44.6		93.7	2—YZR 225M —8/2× 22	YZR132 M2— 6/3.7	2—YZR 160M2 —6/2 ×7.5	20.7	5.2	86	43 QU70
											22.3		94	
											24.7		101	
											27.3		109	
											30.3		117	
							113			YZR 160L— 6/2× 11	35		128	
											38.8		138	
											42.1		148	
5	QZ	A6	20	40.1	44.5		112.3	2—YZR 225M —8/2× 22	YZR132 M2— 6/3.7	2—YZR 160M1 —6/2× 5.55	18.07	—	79	38 50
											19.803		87	
											21.638		93	
							113.5				24.344		101	
										2—YZR 160M2 —6/2× 7.5	26.823		109	
											31.082		119	
							109				34.368		129	
											37.687		137	

起重机性能参数表

主要尺寸（mm）													抓斗特征						抓斗尺寸						技术特点
K	W_C	W	B	b	H	H_1	H_2	H_3	H_4	C_1	C_2	型号	容量 (m^3)	容重 (t/m^3)	抓斗自重 (kg)	闭合时间 (S)	滑轮组倍率	b_1	b_2	b_3	h_1	h_2	h_3	
2 000	2 300	4 000	6 355	230	1 893	735	128	2 420	—	1 600	1 600	轻U113	2.5	≤1	2 632			2 425	3 120	1 634				
							228					中型 U109	1.5	>1 ~ 1.7	2 549			2 175	2 740	1 444				
							328					U110			—				2 900					
		4 100	6 485				478					重型 U105	1	>1.7 ~ 2.5	2 615			2 025	2 530	1 238	—	—	—	
							628	2 380				U106			2 568				2 690					
							728					超重 U101	0.75	72.5 ~ 3.3	2 479			1 875	2 340	1 160				
		5 000	7 090		1 943	785	878					U102			2 546				2 500					
							1 028																	
2 000	—	4 100	5 910	244	1 753	721	26	2 425	400	1 587	1 764	轻型 U_3	2.5	0.5 ~ 1	2 388	8	3	2 510	3 227	1 570	3 080	3 539	1 730	
					1 756		176																	
					1 759		246																	
					1 764		326					中型 U_2	1.5	1 ~ 1.8	2 257	12.5	5	2 310	2 798	1 324	2 860	3 375	1 420	
					1 767		476	2 275																
					1 770		678							1.8										
		4 600			1 773		778					重型 U_1	1	~ 2.9	2 031	11	5	2 010	2 544	1 224	2 730	3 160	1 430	
					1 776		928																	
2 000	2 300	4 000	6 335	230	1 893	735	128	2 420	—	1 600	1 600	轻型 U113	2.5	<1	2 633			2 425	3 120	1 643				抓斗开闭方向可为平行主梁和垂直于主梁
							228					中型 U109	1.5	<1 ~ 1.7	2 549			2 175	2 740	1 444				
							328					U110			2 615				2 900					
		4 100	6 485				478					重型 U105	1	>1.7 ~ 2.5	2 506			2 025	2 530	1 238	—	—	—	
							628	2 380				U106			2 568				2 690					
							728					超重 U101	0.75	>2.5 ~ 3.3	2 479			1 875	2 340	1 160				
		5 000	7 090		1 943	785	878					U102			2 546				2 500					
							1028																	
2 000		4 050	5 394	230	2 716	755	—24		482	—	2 170	轻型 U47	3	<1	2 242			2 470	3 000	1 852	2 926	3 426		抓斗开闭方向可为平行主梁和垂直于主梁
							126																	
							226																	
		4 050	5 544				376					中型 U45	1.5	1 ~ 1.9	2 515			2 376	2 600	1 452	2 867	3 452	—	
							526																	
							628		432			重型 U44（带齿）	1	2 ~ 3	2 193			2 370	2 750	1 152	2 667	3 462		
		5 000	6 074		2 766	805	778													2 600					
							928					U43			2 318					2 867	3 450			

第五章 门式起重机安全技术

第一节 门式起重机的分类和技术参数

一、门式起重机的分类

1. 分类及代号

门式起重机按主梁结构形式可分为：双主梁和单主梁；按取物装置分类可分为：吊钩门式起重机、抓斗门式起重机、电磁吸盘门式起重机；还可以根据小车配置分类，分为单小车和双小车门式起重机。图5—1是根据起重机的结构形式和用途的门式起重机类型外形图。使用比较多是双梁箱形八字支腿门式起重机、单主梁L形支腿门式起重机、单主梁C形支腿门式起重机、桁架门式起重机等。门式起重机分类见图5—2。

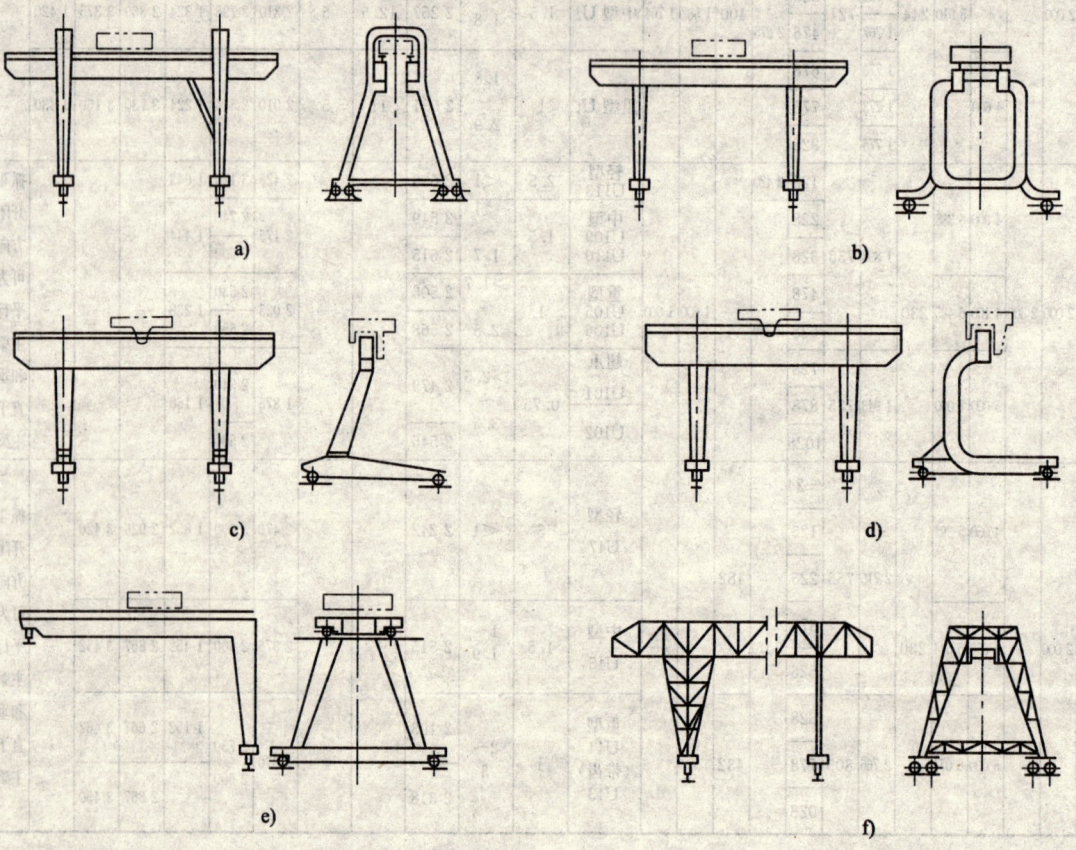

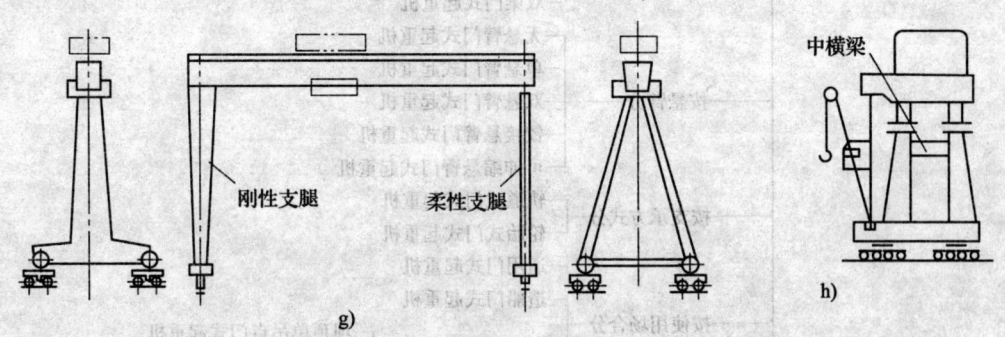

图 5—1 门式起重机类型图

a) 双梁箱型八字支腿门式起重机 b) 双梁 U 形支腿门式起重机 c) 单主梁 L 形支腿门式起重机
d) 单主梁 C 形支腿门式起重机 e) 半门式起重机 f) 桁架门式起重机
g) 造船门式起重机 h) 水电站门式起重机

表 5—1 是通用门式起重机分类和代号表。

按 GB/T 20776《起重机械分类》，门式起重机可按如下分类。

表 5—1　　　　　　　通用门式起重机分类和代号表（GB/T 14406）

序号	主梁型式	名称	小车特征	代号
1	双梁	吊钩门式起重机	单小车	MG
2			双小车	ME
3		抓斗门式起重机	单小车	MZ
4		电磁吸盘门式起重机		MC
5		抓斗吊钩门式起重机		MN
6		抓斗电磁吸盘门式起重机		MP
7		三用门式起重机		MS
8	单主梁	吊钩门式起重机	单小车	MDG
9			双小车	MDE
10		抓斗门式起重机	单小车	MDZ
11		电磁吸盘门式起重机		MDC
12		抓斗吊钩门式起重机		MDN
13		抓斗电磁吸盘门式起重机		MDP
14		三用门式起重机		MDS

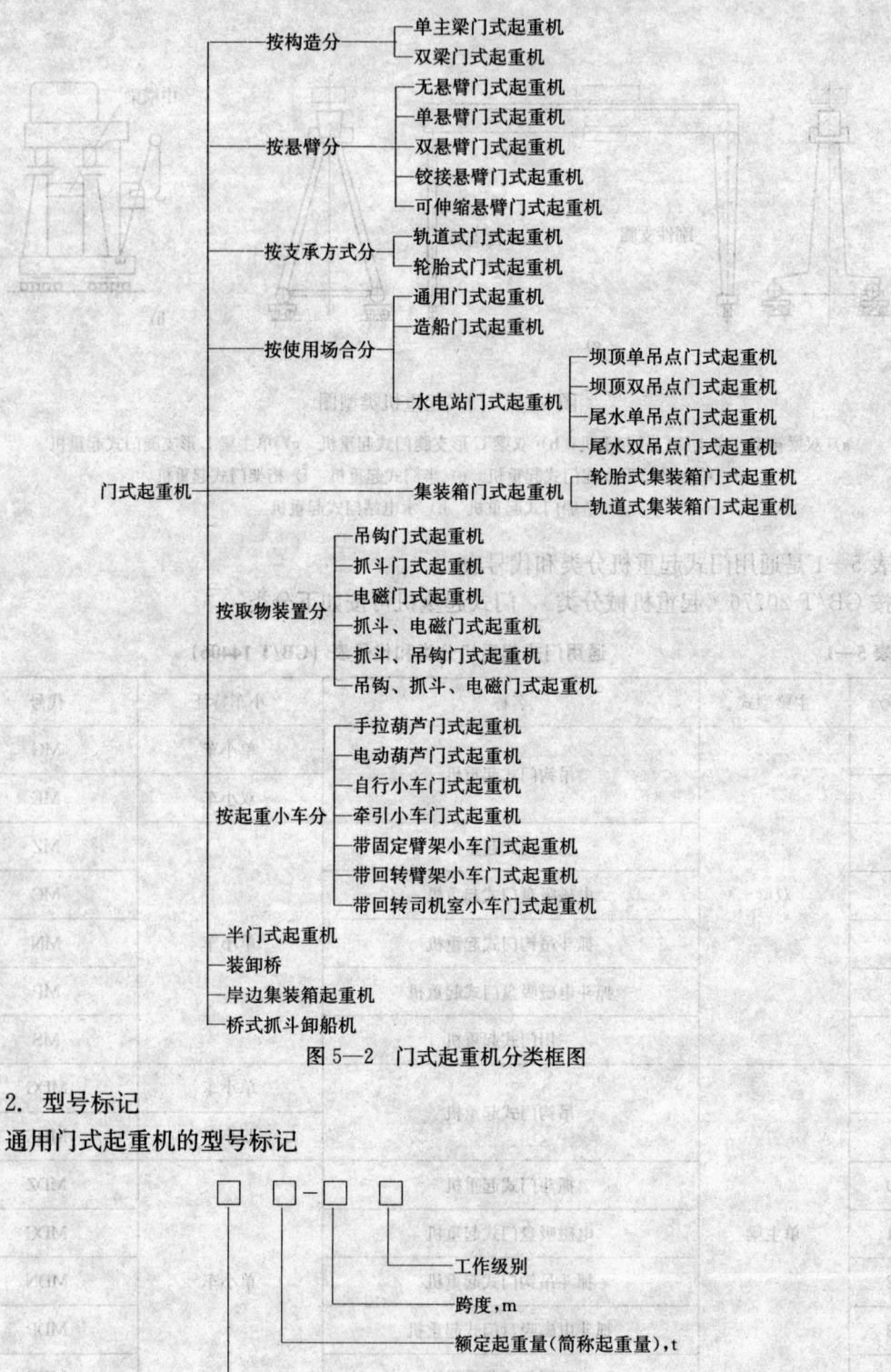

图 5—2 门式起重机分类框图

2. 型号标记

通用门式起重机的型号标记

- 工作级别
- 跨度,m
- 额定起重量(简称起重量),t
- 代号,见表 5—1

标记示例

(1) 具有主、副钩的起重量为 20/5 t，跨度 22 m，工作级别 A4 的单主梁吊钩门式起重机，标记为：起重机 MDG20/5－22A4　GB/T 14406

(2) 起重量为 5 t，跨度 18 m，工作级别 A6 的单主梁抓斗门式起重机，标记为：起重机 MDZ5－18A6　GB/T 14406

(3) 起重量为 16 t，跨度 30 m，工作级别 A5 的单主梁电磁门式起重机，标记为：起重机 MDC16－30A5　GB/T 14406

(4) 起重量为 5 t，跨度 26 m，工作级别 A5 的双梁三用门式起重机，标记为：起重机 MS5－26A5　GB/T 14406

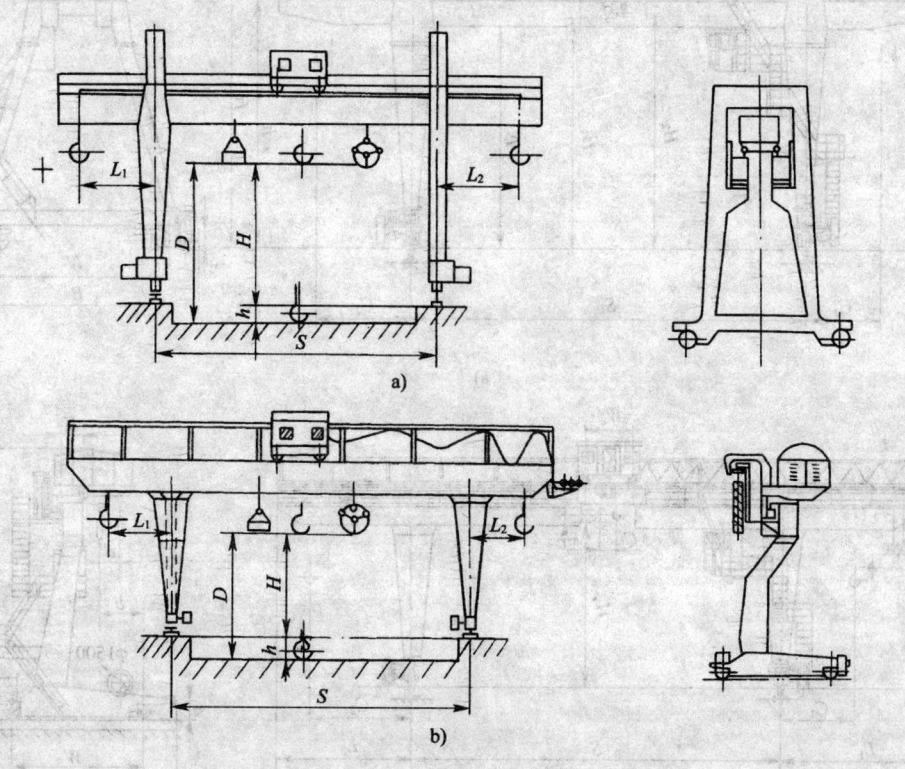

图 5—3　通用门式起重机结构型式外形尺寸图
a) 双主梁通用门式起重机　b) 单主梁通用门式起重机

图 5—3 是通用门式起重机结构型式外形尺寸图，双主梁通用门式起重机可分为吊钩门式起重机、抓斗门式起重机、电磁吸盘门式起重机，也可分为两用（两种吊具）和三用（三种吊具）门式起重机；单主梁通用门式起重机，有 L 形支腿和 C 形支腿两种形式。

二、门式起重机的参数及工作级别

1. 门式起重机参数

门式起重机的主要参数有：起重量、起升高度、机构工作速度、起重机高度 H、跨度

S、起重机的宽度 B、小车轨距 K、起重机基距 W、小车基距 W_C、缓冲器高度 A_1、主梁底面位置 F、主钩上极限位置 H_1、副钩上极限位置 H_2、主钩左极限位置 C_1、主钩右极限位置 C_2、单主梁通用门式起重机主钩与副钩之间的最小距离 d、左悬臂长度 L_1、右悬臂长度 L_2。从图 5—3 和图 5—4 可看出尺寸参数代号的意义。

图 5—4 是吊钩门式起重机的外形尺寸图。图中为箱形结构吊钩门式起重机。图中标出起重机的主要尺寸或符号,在起重机参数表中会查出相应的尺寸。

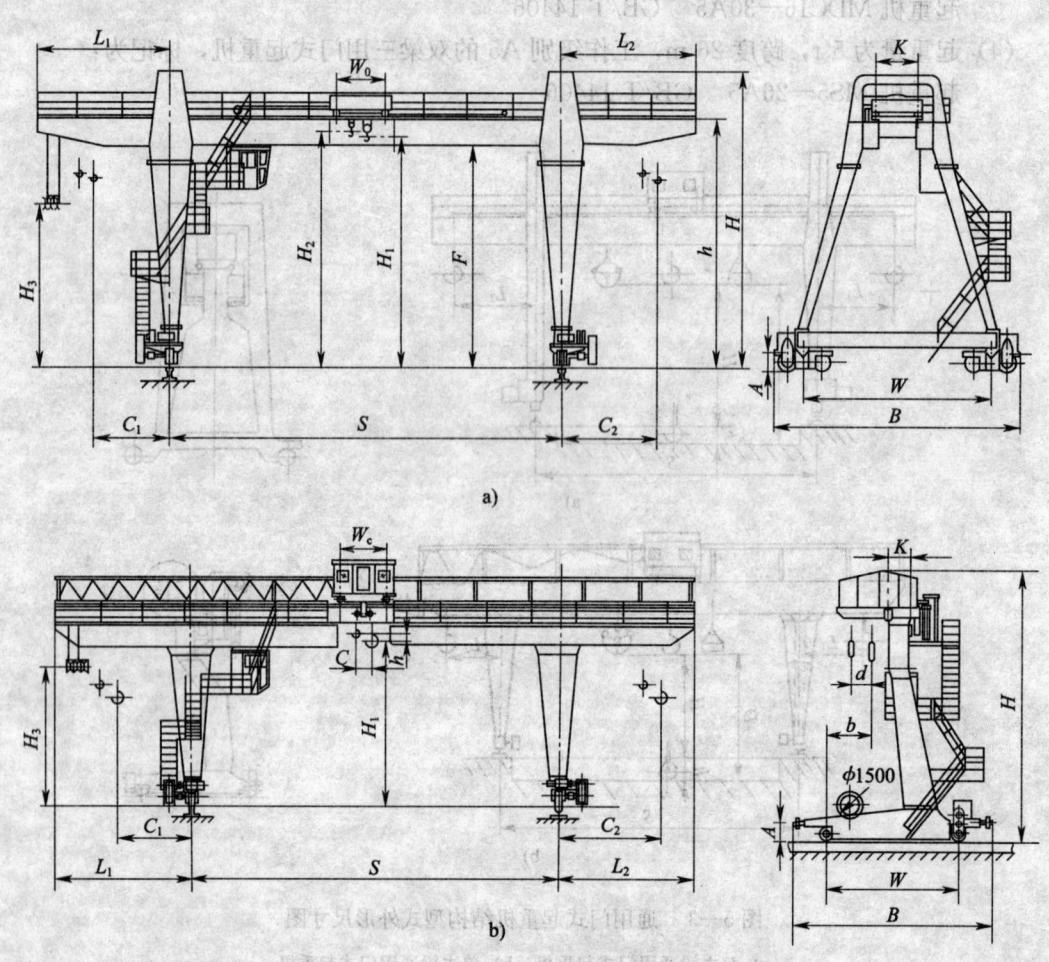

图 5—4 吊钩门式起重机的外形尺寸图
a) 双主梁通用门式起重机的外形尺寸图　b) 单主梁通用门式起重机的外形尺寸图

表 5—2 是门式起重机起重量工作级别表(GB/T 14406)。
表 5—3 是门式起重机跨度表(GB/T 14406)。
表 5—4 是门式起重机悬臂长度表(GB/T 14406)。
表 5—5 是门式起重机起升高度表(GB/T 14406)。
表 5—6 是吊钩门式起重机工作速度表(GB/T 14406)。

表 5—7 是抓斗和电磁吸盘门式起重机工作速度表（GB/T 14406）。

表 5—8 是门式起重机工作级别选择表（GB/T 14406）。

表 5—2　　　　　门式起重机起重量工作级别表（GB/T 14406）

取物装置		起重量系列，（t）										工作级别
吊钩	双梁	5	6.3	8	10	12.5	16	20	25	32	40	50	—	A2～A6
		—	63	80	100	125	160	200	250				
	单主梁	5	6.3	8	10	12.5	16	20	25	32	40	50	—	
	双小车		5+5		6.3+6.3		8+8		10+10		12.5+12.5		16+16	A2～A5
		20+20		25+25		32+32		40+40		50+50		63+63		
		80+80		100+100		125+125								
抓斗		3.2	5	6.3	8	10	12.5	16	20	25	32	40	50	A4～A7
电磁吸盘		5	6.3	8	10	12.5	16	20	25	32	40	50	—	

表 5—3　　　　　门式起重机跨度表（GB/T 14406）　　　　　　　　　　m

起重量 G_n（t）	跨度 S								
5～50	10	14	18	22	26	30	35	40	50
63～125	—	—	18	22	26	30	35	40	50
160～250	—	—	18	22	26	30	35	40	50

表 5—4　　　　　门式起重机悬臂长度表（GB/T 14406）　　　　　　　　m

跨度 S	有效悬臂长度 L_1 或 L_2
10～14	3.5
18～26	3～6
30～35	5～10
40～50	6～15

表 5—5　　　　　门式起重机起升高度表（GB/T 14406）　　　　　　　　m

起重量 G_n（t）	跨度 S	吊钩起重机起升高度 H	起升范围 D			
			抓斗起重机		电磁起重机	
			起升高度 H	下降深度 h	起升高度 H	下降深度 h
5～50	10～26	12	8	4	10	2
	30～50		10	2		
63～125	18～50	14	—	—		
160～250	18～50	16				

注：表中所列为最大起升范围，用户在订货时应提出实际需要的起升高度和下降深度，实际值应以 6 m 始每增加 2 m 为一挡，取偶数。

表 5—6　吊钩门式起重机工作速度表（GB/T 14406）　m/min

起重量（t）	类别	工作级别	主钩起升速度	副钩起升速度	小车运行速度	起重机运行速度
≤50	高速	M6	6.3~16	10~20	40~63	50~63
	中速	M4, M5	5~12.5	8~16	32~50	32~50
	低速	M2, M	31.6~5	6.3~12.5	10~25	10~20
63~125	高速	M6	5~10	8~16	32~40	32~50
	中速	M4, M5	2.5~5	6.3~12.5	25~32	16~25
	低速	M2, M3	1~2	5~10	10~16	10~16
160~250	中速	M4, M5	1.6~2.5	5~8	20~25	10~20
	低速	M2, M3	0.63~1	4.0~6.3	10~16	6~12

注：在同一范围内的各种速度，具体值的大小，应与起重量成反比；与工作级别成正比。

表 5—7　抓斗和电磁吸盘门式起重机工作速度表（GB/T 14406）　m/min

抓斗起升速度	电磁吸盘起升速度	小车运行速度	起重机运行速度
25~50	16~32	40~50	32~50

表 5—8　门式起重机工作级别选择表（GB/T 14406）

取物装置	使用场地	使用程度	起重机工作级别
吊钩	电站、仓库	很少使用	A2
		轻度使用	A3
	车站、码头、货场 企业生产工场	中等使用	A4
		较重使用	A5
		繁重使用	A6
抓斗电磁吸盘	散料货场装卸车皮	较重使用	A5
	废钢铁场	繁重使用	A6
	电站料场、碱厂	极重使用	A7

2．工作级别的选择

金属结构、主起升机构、小车运行机构一般与起重机同级别。副起升机构与主起升机构同级别，也可比主起升机构低一级。起重机运行机构一般比起重机低一级。通用门式起重机的工作级别可根据使用场地和使用程度从表 5—8 中选择。

第二节　门式起重机安全技术

门式起重机与桥式起重机的结构基本相同，结构不同之处就是有支腿和悬臂。所以安全技术要求也有很多相同之处。

一、材料要求

1．门式起重机金属结构材质

门式起重机金属结构材质,根据构件的重要程度、环境条件和工作级别采用不同的钢材。材质和热处理的要求与桥式起重机金属结构材质和热处理要求一样。

2. 焊接要求

(1) 碳钢、低合金钢的焊缝坡口应符合 GB 985《气焊、手工电弧焊、气体保护焊焊接坡口的基本型式与尺寸》和 GB 986《埋弧焊焊接坡口的基本型式与尺寸》的规定。

(2) 焊缝目测检查不得有裂纹、孔穴、固体夹渣、未熔合及未焊透等可见缺陷。

(3) 主梁受拉区翼缘板、腹板的对接焊缝要进行无损探伤、射线探伤检查。

(4) 焊缝质量应不低于 GB 3323《金属熔化焊焊接接头射线照相》规定的Ⅱ级质量或 JB 1152《锅炉和钢制压力容器对接焊缝超声波探伤》中规定的Ⅰ级质量。即焊缝内应无裂纹、未熔合和未焊透等。

二、桥架的安全技术

1. 主梁和支腿偏差(见图 5—5)

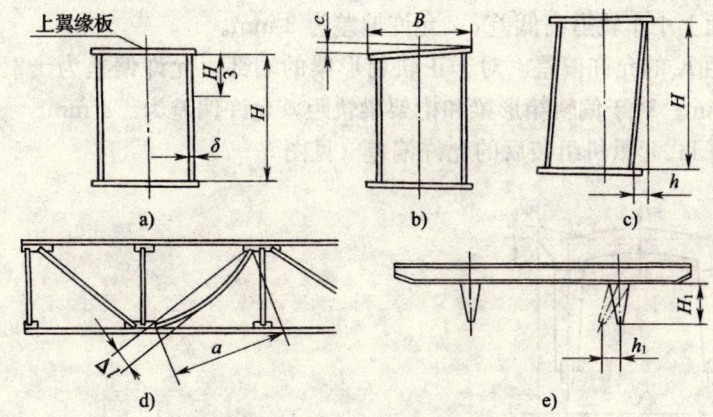

图 5—5 主梁支腿偏差图

(1) 主梁上拱:跨中上拱应控制在 $F \leqslant (0.9/1\,000—1.4/1\,000)S$,且最大拱度应控制在跨中 $S/10$ 的范围内。未组装支腿前,双梁门架对角线差 $|D_1-D_2| \leqslant 5$ mm(见图 5—6)。

(2) 悬臂端上翘度控制在 $F_0 \leqslant (0.9/350—1.4/350)L_1$(或 L_2),L_1 为悬臂长度(见图 5—7)。

(3) 主梁旁弯度 f 控制在对于正轨或半偏轨箱形梁,应不大于 $S_z/2\,000$,且不得大于 20 mm;对于偏轨箱形梁、单腹板梁及桁架梁不得超过 $S_z/2\,000$,且不得大于 15 mm。其中 S_z 为主梁两端始于第一块大筋板之间的距离,并且要求离开上翼缘板 100 mm 的筋板处测量。

(4) 主梁腹板的局部平面度(腹板波浪)在受压区(离上翼缘板 $H/3$ 以内的区域)不大于 0.7δ,其余部分不大于 1.2δ,δ 为腹板厚度,见图 5—5a。

(5) 上翼缘板的水平偏差 $c \leqslant B/200$,其中 B 为上翼缘板宽度,见图 5—5b。

(6) 上翼缘板的垂直偏差,对于箱形梁 $h \leqslant H/200$;对于单腹板梁及桁架梁 $h \leqslant H/300$,其中 H 为主梁高度,见图 5—5c。

(7) 桁架梁杆件的直线度偏差 $\Delta l \leqslant 0.0015a$,其中 a 为杆件的长度,见图 5—5d。

(8) 刚性支腿与主梁在跨度方向的垂直度 $h_1 \leqslant H_1/2\,000$。H_1 为支腿长度，见图 5—5e。

2. 通用门式起重机的组装检查

(1) 双主梁门式起重机桥架组装后允许跨度偏差，控制在允许范围内（图 5—6）。

1) 起重机跨度 S　当 $S \leqslant 26$ m 时，跨度允许偏差为 ± 8 mm；当 $S > 26$ m 时，允许偏差为 ± 10 mm。

2) 起重机跨度 S_1、S_2 的绝对差 $|S_1-S_2|$　当 $S \leqslant 26$ m 时，$|S_1-S_2| < 8$ mm；当 $S > 26$ m 时，$|S_1-S_2| < 10$ mm。

3) 主梁上拱度 F 的允许偏差为 $(0.4F \sim -0.1F)$，其中 $F=S/1\,000$。

4) 悬臂端上翘度 F_0 的允许偏差为 $(+0.4F_0 \sim -0.1F_0)$，其中 $F_0 = L_0/350$，L_0 为悬臂长度。

5) 对角线 D_1、D_2 的绝对差 $|D_1-D_2|$　当 $S \leqslant 26$ m 时，$|D_1-D_2|$ 允许偏差为 5 mm；当 $S > 26$ m 时，$|D_1-D_2|$ 允许偏差为 10 mm。

6) 主梁旁弯度 f　对于正轨箱形梁 f 允许偏差为 $S_z/2\,000$，且 $\leqslant 20$ mm。

7) 同一截面上小车轨道高低差 c　允许偏差为 3 mm。

8) 小车轨距 K 的允许偏差　对于正轨箱形梁的端部，允许偏差为 ± 2 mm，跨中的允许偏差为 $1 \sim 7$ mm；对于偏轨箱形梁和桁架梁轨距，允许偏差为 ± 3 mm。

(2) 单主梁门式起重机组装后的允许偏差（见图 5—7）

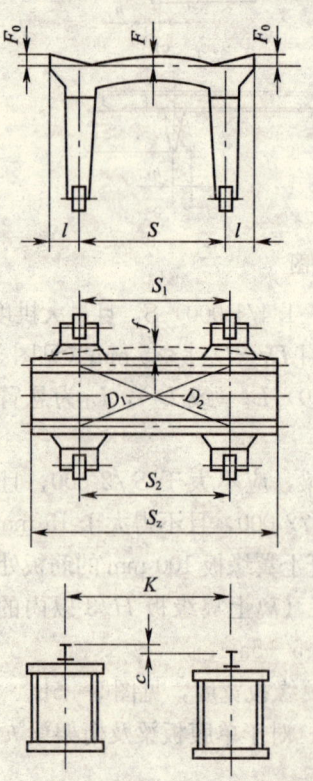

图 5—6　双主梁门式起重机桥架组装检查图

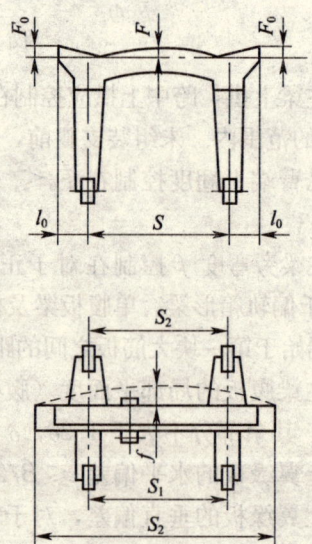

图 5—7　单主梁门式起重机桥架组装检查图

1) 跨度允许偏差，同双主梁门式起重机。
2) 跨度 S_1、S_2 的绝对值允许偏差 $|S_1-S_2|$ 同双主梁门式起重机。
3) 主梁上拱度的允许偏差为 $(+0.4F \sim -0.1F)$。
4) 悬臂端上翘度 F_0 的允许偏差 $(+0.4F_0 \sim -0.1F_0)$。
5) 主梁旁弯度 f 的允许偏差 $S_z/2\,000$，且 $\leqslant 15$ mm。

(3) 单主梁门式起重机小车的组装允许偏差（见图5—8）。
1) 主车轮与反滚轮的中心距离的允许偏差。
垂直反滚轮式小车：
水平距离 K 的允许偏差为 ± 3 mm；
垂直轨距 K_1 的允许偏差为 -3 mm。
水平反滚轮式小车：
吊钩侧 K_2 的允许偏差为 -3 mm；
走台侧 K_1 的允许偏差为 $+3$ mm。

2) 水平导轮轴线对主车轮中心距离 L_1-L_2 的对称度的允许偏差为 1 mm。

此外，小车运行时，要检查防止脱轨倾翻的安全保护装置（安全钩）。安全保护装置不得与钢轨发生摩擦现象。安装偏差应符合运行要求。

带铰接缓冲装置的装卸桥运行机构的小车架无负荷时，其端部上平面对车架平面应向下倾斜，其倾斜量不应大于 5 mm。

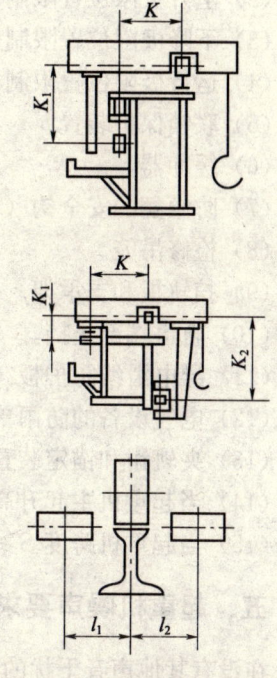

图5—8 单主梁门式起重机小车组装检查图

通用门式起重机和装卸桥安装后，应立即装上夹轨器，并进行试验。试验时，夹轨器应符合下列要求：

①夹轨器各节点应能灵活转动，夹钳、连杆、弹簧、螺杆和闸瓦等不应有裂纹和变形。

②夹轨器工作时，闸瓦应在钢轨的两侧夹紧；钳口的开度应符合设备技术文件的规定，张开时不应与钢轨相摩擦。

三、电气设备的安全技术

电气设备的安全技术要求与桥式起重机相同。

四、安全装置

安全装置

根据 GB 6067《起重机械安全规程》的规定，通用门式起重机应安装下列安全装置。

(1) 超载限制器（起重量限制器） 当额定起重量大于 20 t 时，应安装超载限制器。为保证起重机能起吊额定起重量，要求超载限制器动作点的最大值：当 $G_n \leqslant 50$ t 时，应不大于 $1.05G_n$；当 $G_n > 50$ t 时，应不大于 $1.08\,G_n$。当载荷达到额定起重量时，应能发出黄色报警信号；当载荷达到超载限制器动作点的最大值时，应能切断起升机构的动力源，并发出红色禁止信号。

(2) 上升极限位置限制器（起升高度限制器）。

(3) 下降极限位置限制器。

(4) 运行极限位置限制器。

(5) 联锁保护装置。

(6) 缓冲器。

(7) 防倾翻的安全钩（单主梁门式起重机）。

(8) 检修吊笼。

(9) 扫轨板和支承架。

(10) 轨道端部止挡。

(11) 导电滑线防护板。

(12) 电气设备的防雨罩。

(13) 夹轨钳和锚定装置或铁鞋。

(14) 当起重机主起升高度 $H \geqslant 12$ m 时，宜装风速、风级报警器。

(15) 当起重机跨度 $S \geqslant 40$ m 时，宜装偏斜指示和调整装置。

五、起重机噪声要求

在没有其他声音干扰的情况下，起重机产生的噪声，在司机室座位测量，当额定起重量 $G_n \leqslant 100$ t，工作级别为 A2~A5 时，噪声应不大于 84 dB（A）；工作级别为 A6~A7 时，噪声应不大于 80 dB（A）。

当额定起重量 $G_n > 100$ t，在闭式司机室内测量，噪声应不大于 85 dB（A）。

六、司机室、梯子、走台的安全要求

1. 司机室

门式起重机的司机室的安全技术要求和桥式起重机司机室要求是一样的，都要满足 (GB/T 14407—93) 的要求。图 5—9 是门式起重机的司机室的安装位置图。图 5—9a 是单主梁起重机司机室安装位置图，图 5—9b 是双主梁起重机司机室安装位置图。门式起重机的司机室一般是安装在左侧。司机室的座椅中心与司机室四侧面（前面、后面、左侧、右侧）的透视窗的夹角不小于 270°。由于门式起重机在露天环境作业，所以要考虑遮光设施和刮水装置。此外，在任何情况下，司机室与取物装置之间的距离都不应小于 0.4 m。

2. 梯子

门式起重机的司机室离地面较高，梯子、栏杆必须安全牢固可靠。直梯梯级间距宜为 300 mm，所有梯级间距应相等；踏杆与前方立面不应小于 150 mm，梯宽不小于 300 mm。当梯子高度大于 10 m 时，应每隔 6~8 m 设一个休息平台；当高度大于 5 m 时，应从 2 m 起装设直径为 500~800 mm 的安全护圈。安全护圈之间用 5 根均匀分布的纵向拉杆连接。安全护圈的任何位置均能承受 1 kN（100 kg）而不产生塑性变形。梯子通向边缘敞开平台时，梯子扶手顶端比最高一级踏杆，应高出 1 050 mm，扶手顶端应向平台弯曲。梯子踏板应具有防滑性能。

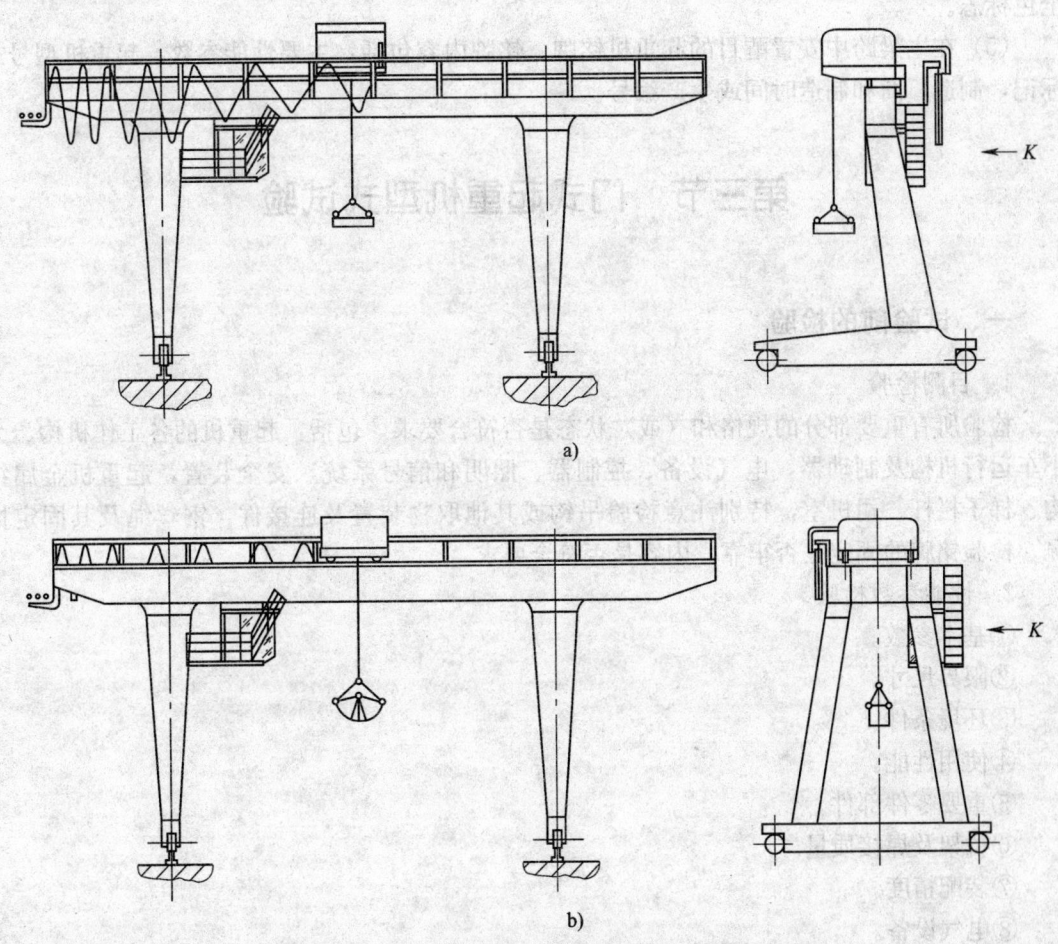

图 5—9 门式起重机的司机室的安装位置图

斜梯高度大于 10 m 时，应在 7.5 m 处设休息平台，以后每隔 6~10 m 设休息平台，梯子两侧面应设扶手。

3. 走台

宽度（由栏杆到移动部分的最大界限之间的距离）对电动起重机不应小于 500 mm，对于人力驱动的起重机走台宽度不应小于 400 mm。走台应能承受 3 kN（300 kgf）移动的集中载荷，而无塑性变形。走台平面应具有防滑性能。上空有相对移动构件或物体的走台，其净空高度不应小于 1 800 mm。

七、外观要求

(1) 起重机面漆应均匀、细致、光亮、完整和色泽一致。
(2) 油漆漆膜厚度，每层为 25~35 μm，总厚度为 75~140 μm。

（3）漆膜附着力应达 GB 9286 规定的一级质量。
（4）在起重机吊具（滑轮侧面板、平衡梁）和运行台车侧面涂有黄色和黑色相间隔的安全色标志。
（5）在主梁跨中安置醒目的起重机铭牌。铭牌内容包括：主要性能参数，起重机型号或标记，制造厂商和制造时间或生产编号。

第三节 门式起重机型式试验

一、试验前的检验

1. 目测检验

检验所有重要部分的规格和（或）状态是否符合要求。包括：起重机的各工作机构、大小车运行机构及制动器，电气设备、控制器、照明和信号系统，安全装置，起重机金属结构、梯子栏杆、司机室，特别注意检验吊钩或其他取物装置及连接件，钢丝绳及其固定情况。检验铭牌的固定是否牢靠，内容是否符合要求。

2. 性能参数检验

①基本参数。
②限界尺寸。
③环境条件。
④使用性能。
⑤重要零件部件。
⑥桥架及焊接质量。
⑦装配精度。
⑧电气设备。
⑨安全卫生。
⑩有关材料、工艺热处理的技术资料。
⑪贯彻标准的技术资料。

二、型式试验

1. 空运转试验

分别开动各机构，正反向运转，试验的累计时间应不少于 5 min。

2. 合格试验

按表 5—9 所列项目和要求进行。

3. 抓斗抓满率试验

在试验时，要求被抓取物料的粒度：小于 30 mm^3 的颗粒占 90％，最大颗粒不超过 100 mm^3。抓取 5 次，要求平均抓满率应大于 90％。

表 5—9　　　　　　　　　合格试验表（GB/T 14406）

序号	项目名称	计量单位	要　求　值	极限偏差
1	试验载荷	t	额定起重量	±1%
2	载荷起升范围（或载荷起升高度）	m	见设计图样	±1.5%
3	取物装置左右极限位置	m		±2%
4	载荷起升速度			+10% −5
5	载荷下降速度	m/min		+25% −5%
6	起重机及小车运行速度			+10% −5%
7	载荷下降的制动距离	m	见 GB/T 14406 标准	—
8	载荷下降制动前电动机转速降	m/min	见 GB/T 14406 标准	—
9	测主梁跨中静挠度　起重机的静态刚性 测有效悬臂静挠度	mm	见 GB/T 14406 标准	—
10	起重机的动态刚性测额载下降时， 主梁的自振频率	Hz	见 GB/T 14406 标准	—
11	电控设备中各电路的对地绝缘电阻	MΩ	见 GB/T 14406 标准	—
12	起重机的噪声	dB（A）	见 GB/T 14406 标准	—
13	限位器的可靠性	—	能准确停车	

4. 电磁吸盘吸重能力

试验时，要求试块必须连接在一起，试块的吸磁面积应为电磁吸盘面积的 1.6 倍，试块吸持面的不平度小于 3 mm，吸持结果不小于额定值。在吸持时，切断起重机内部电源，验证电磁吸盘是否断电，即被吸物应能保持至规定的时间。

5. 载荷起升能力试验

(1) 静载试验

1) 目的　检验起重机及其部件的承载能力。有双小车的门式起重机，双小车应同时进行试验，以验证门架的承载能力。试验时小车应停在门架跨中或有效悬臂处，定出基准点。

2) 试验载荷　按 $1.25 G_n$ 加载，吊离地面 100~200 mm，悬吊时间不少于 10 min。

3) 合格标准　重复三次后，检验主梁和悬臂基准点不得有永久变形，检验主梁上拱度应不小于 $0.7S/1\,000$，悬臂上翘度应不小于 $0.7L_1$（或 L_2）/350。

4) 合格标准　无永久变形，无裂纹，无油漆脱落，无影响起重机性能和安全的缺陷。各连接处未出现松动或损坏。

(2) 动载试验

1) 目的　检验起重机各机构和制动器的功能。

2) 试验载荷　起重机按 $1.1\,G_n$ 加载，在试验中每种动作要在全程反复启动、制动。按工作循环，试验时间应不少于 1 h。

3) 合格标准　各机构完成功能试验，制动器性能良好；各连接处无松动和损坏。

第四节　门式起重机安全检查

门式起重机安全技术检测项目、检查方法、检查标准与要求见表5—10。

表5—10　　　　　　　　　门式起重机安全技术检查表

	安全技术检查项目	检 查 方 法	标准与要求
外观	标牌	目测	在起重机主梁跨中应装设显示起重量、工作级别、生产厂家、生产日期的标牌
	涂装	用钢卷尺测量	涂装色彩应与工作环境相协调，油漆脱落面积不应超过总面积的10%
	危险部位标志 吊钩滑轮组 安全装置 大车裸滑线 端梁 司机室梯子栏杆	用钢板尺测量，黄黑相间条纹宽度比例为1∶1 条纹宽度为50~100 mm，每种颜色不少于两条，斜度45°	吊钩、滑轮组侧板使用黄黑相间标志，门式起重机夹轨器 大车滑线防护板使用黄黑相间标志 缓冲器头，终端止挡限位开关，起重量限制器等安全装置采用红色标志 大车裸滑线用红指示灯标志 桥式起重机端梁外侧，移动式司机室的防护栏杆，梯子扶手使用黄黑相间标志
金属结构检查			
	安全技术检查项目	检 查 方 法	标准与要求
金属结构及司机室	主要受力构件焊缝检查	外表用目测或放大镜，内部内射线探伤或超声波探伤	不得有裂纹或开焊等缺陷
	主要受力构件腐蚀 连接螺栓 拱度检测	用测厚仪或卡尺 锤击或扭矩扳手 拉钢丝法或水准仪	断面腐蚀量不应超过原厚度的10% 不应松动，不应锈蚀 新安装或大修后的起重机主梁跨中$S/10$范围内上拱度为 $F=(0.9\sim1.4)S/1\,000$，S 为跨度，门式起重机悬臂上翘度为 $F_1=(0.9\sim1.4)l_0/350$，l_0 为悬臂长度

续表

安全技术检查项目		检查方法	标准与要求
金属结构及司机室	下挠度		正常工作时,在额定载荷作用下,主梁跨中弹性下挠(静刚度)不应超过 $S/700 \sim S/1\,000$
	金属结构及司机室		当起重机小车在主梁跨中起吊额定载荷,主梁跨中下挠值从水平线计算超过 $S/700$ 时,则应修理,如不能修复则应报废
	水平旁弯值 f	拉钢丝法 拉钢尺测量	主梁旁弯度 f 为:正轨箱形梁为 $S_z/2\,000$ 且小于 20 mm,其他梁为 $S_z/2\,000$ 且小于 15 mm 只允许向外弯曲 S_z 两端始于第一块筋板的实测距离
	跨度偏差(组装大车运行机构时)		对桥式起重机: $S \leqslant 10\,m,\ \Delta S \leqslant \pm 2\,mm$ $S > 10\,m,\ \Delta S_{max} \leqslant \pm [2+0.1(S-10)]$ 相对差不大于 5 mm 对门式起重机: $S \leqslant 26\,m,\ \Delta S \leqslant \pm 8\,mm$ 相对差不大于 8 mm $S > 26\,m,\ \Delta S \leqslant \pm 10\,mm$ 相对差不大于 10 mm
	主梁腹板局部翘曲	用 1 m 的平尺和钢板尺测量	受压区波峰值不应超过 0.7δ,受拉区波峰值不应超过 1.2δ,δ 为腹板厚度
	桁架主要受力杆件	拉钢丝和钢板尺测量	主要受压杆件的弯曲度 $f \leqslant l_0/1\,000$ l_0 为杆件长度
	司机室安全性 司机室作业环境		司机室与悬挂或支撑部分的连接必须牢固,连接部位不得松动或开焊,在高温、有尘毒危害的环境下作业的起重机应采用闭式司机室。露天作业的起重机司机室应有防风、防雨、防晒的措施;司机室内应有电铃、灭火器、绝缘地板;遇有紧急情况,司机室要有安全撤离设施,司机室门上应安装联锁开关
	噪声检测	声级计测量	开式司机室不超过 84 dB(A) 闭式司机室不超过 82 dB(A)

续表

	安全技术检查项目	检 查 方 法	标准与要求
金属结构及司机室	司机室结构、梯子、栏杆、走台	目测 目测 栏杆规格用钢卷尺测量 走台规格用钢卷尺测量	不得有明显的扭曲变形,不得有裂纹、开焊等缺陷 应符合《GB 40531—85 固定式钢直梯》和《GB 4053.2—83 固定式钢斜梯》的规定 高度应为 1 050 mm,并设有间距 350 mm 的水平横杆,底部应设有高度不低于 70 mm 的围护板 走台宽度,对于电动桥式起重机、门式起重机走台宽度不应小于 500 mm,对于人力驱动的起重机不应小于 400 mm 走台应能承受 3 kN 的集中载荷而无塑性变形且安全可靠。梯子、栏杆、走台的所有构件表面应光滑、无毛刺,安装后不应歪斜、扭曲
轨道	轨道安装固定情况 轨道安装偏差	用小锤敲打,观察固定情况,用尺测量磨损情况 检验,用拉钢尺方法检测 跨度检测用拉钢尺 相对标高水准仪 检查侧向偏差用拉钢尺 检查水平面内弯曲	固定螺栓、压板不得松动、开焊;钢轨面不得有裂纹、疤痕和影响运行的缺陷。顶面和侧面磨损量不得超过原尺寸的 10% 起重机轨道跨度(S)的极限偏差值 ΔS 不得超过下列规定: $S \leqslant 10$ m,$\Delta S = \pm 3$ mm $S > 10$ m,$\Delta S = \pm [3 + 0.25 \times (S-10)]$ mm 但最大不超过 ±15 mm 对于在用的起重机,可以不超出上述规定的 20% 范围内使用 如果运行情况显著恶化,即使未超过允许公差的 20%,也要及时矫正 轨道顶面基准点的标高相对于设计标高允许偏差为 ±10 mm 两条轨道的标高相对差为 10 mm($K>6$ m),3 mm($K=3$ m) 轨道在总长度内,侧向极限偏差不超过 ±10 mm 每 2 m 测量长度内不超过 ±1 mm

续表

起 升 机 构

	安全技术检查项目	检查方法	标准与要求
电动机	地脚检查	目测地脚位有无裂纹 检验地脚螺栓、螺母有无松动	不应有裂纹 不应脱落,不应松动
	检查运转声	用旋具接触机座用耳听声音	区别电磁声、通风声、机械摩擦声,不应有异常声、不应有火花
	集电环检查	观察集电环或换向器表面接触情况	电刷接触良好,不应有严重磨损,不应松动
	绝缘电阻和接地检查	用兆欧表检测	新安装电动机定子绝缘电阻应大于 2 MΩ,转子绝缘电阻应大于 0.8 MΩ;使用中电动机定子绝缘电阻应大于 0.5 MΩ,转电绝缘电阻应大于 0.15 MΩ。接地电阻应小于 4 Ω
联轴器	键的检查 齿形联轴器	目测键的工作状态 目测键槽的工作状态 目测和测量齿的磨损	不应松脱、变形 不应有裂纹和变形 不应超过原齿厚的 15%,不应有断齿和裂纹
制动器	松闸上闸 电磁铁 液压松闸器 摩擦衬片 制动轮 制动弹簧 小轴及轴孔 安装	观察松闸上闸状态 观察电磁铁工作状态 检测油量,有无漏油,推杆工作状态 用尺检测摩擦衬片厚度 检查制动轮表面情况 检测弹簧工作状态 用卡尺测量轴、孔磨损 检查制动器固定状况	动作灵活,间隙均匀 不应有卡塞,不应有异臭 油量要适中,不应漏油,推杆不能变形弯曲 磨损量不应超过原厚的 50% 不应有油污,凹凸不平度不超过 1.5 mm 不应有塑性变形,不应有断裂 直径方向磨损量不应超过原直径的 5% 地脚螺钉应坚固,不应松动
减速器	传动情况	用旋具接触壳体听声	不应有异常噪声、冲击声、振动声、锉擦声;中心距≤280 mm,噪声不应超过 80 dB (A);中心距>280 mm,应不超过 85 dB (A)
	壳体密封 润滑 齿轮	目测壳体的密封情况 检测箱体内油量 目测齿轮啮合情况	不应漏油 符合说明书要求,每年换一次油 轮齿表面无严重损坏,如点蚀、胶合 第一级轮齿齿厚磨损不应超过原齿厚的 10%
	键 轴承	检查键的变形损伤情况 检查轴承体及润滑情况	不应有裂纹、明显的变形 不应有裂纹、滚动体压碎等,润滑状态良好

续表

安全技术检查项目		检查方法	标准与要求
卷筒	卷筒体	目测检查是否有裂纹、变形及严重磨损	不应有裂纹和显著的变形,绳槽底径磨损减小量不应超过与之相匹配钢丝绳直径的50%
	轴及轴承	检查轴的磨损及轴承的工作状态	轴不应有裂纹和严重磨损 轴承应润滑良好,不发热
滑轮	滑轮体	目测检查裂纹并用样板检查轮槽磨损情况	轮槽应光洁平滑,不应有损伤钢丝绳的缺陷 不应有裂纹 轮槽壁磨损量不应超过原厚度的20% 轮槽底径减小量不应超过匹配钢丝绳直径的50%
	轴及轴承	检查防止钢丝绳跳槽装置 检查裂纹及磨损情况 润滑状态 检查滑轮运动状态	防跳槽装置工作状态良好,滑轮上无跳槽痕迹 不应有裂纹及显著的磨损 润滑状态良好 滑轮运动不应偏摆和振动
	滑轮组	检查下滑轮组防护罩	防护罩应完好,并不妨碍钢丝绳运动
钢丝绳	钢丝绳结构	检查钢丝绳的结构形式及直径是否与卷筒相匹配,用卡尺检查绳径 目测检查钢丝绳在卷筒上的固定情况 目测检查钢丝绳的磨损和断丝情况 目测检查钢丝绳的润滑情况及表面损伤情况 用绳卡连接的钢丝绳	应与设计要求相一致,保证应有的安全系数 应固定牢固,压板不准松脱,取物装置下降到极限位置,卷筒上应保持不少于2圈的安全圈 钢丝绳径向磨损超过原直径的40%报废;断丝数超过总丝数的10%,应报废 应有良好的润滑,表面不应干燥,或变成暗红色 绳卡数量不应少于3个(绳径大则多)
吊钩	钩体	用放大镜或探伤仪检查钩体裂纹 用卡尺检查磨损量,吊钩的回转性能	不准有裂纹 危险断面磨损量不应超过原高度的5%,吊钩应灵活转动
	防脱钩装置	检查防脱钩装置	吊钩应安装防脱钩装置
	开口度	用卡尺检查吊钩的开口度	开口度增加量不应超过原尺寸的15%
	轴承、键、螺栓等	轴承、键、螺栓等工作状态的检查	轴承不得有裂纹 滚动体损坏 键不得有裂纹 螺栓不应松脱
	板钩衬套及芯轴	用卡尺检查磨损情况	衬套磨损量不应超过原尺寸的5% 芯轴磨损量不应超过原直径的5%

续表

运行机构			
安全技术检查项目		检 查 方 法	标准与要求
电动机	同起升机构	同起升机构	同起升机构
联轴器	同起升机构	同起升机构	同起升机构
制动器	制动效果	用钢尺检测制动距离	$S_{溜车}v_{运}^2/4\,000$ 速度以 m/min 计（参考）
	电磁上闸器	观察电磁铁动作	动作圆滑，无异常声响，不发异臭味
	液压上闸器	检查油量，推杆动作	油量适中，不漏油，推杆动作灵活，不应弯曲
	制动轮及制动衬瓦	目测制动轮的安装情况 制动衬、制动瓦情况	制动轮应安装牢靠 制动衬不应脱落，不应有严重的磨损 制动轮、瓦块不应有裂纹 销轴、键不应松动
	地脚安装	检查地脚螺钉	不得松动、脱落
减速器	齿厚磨损	检测齿厚度，其他检查同起升机构	第一级传动齿轮齿厚磨损量不应超过原齿厚的15%，开式齿轮磨损量不超过30%
传动轴	轴体	检测有无裂纹、弯曲	轴不得有裂纹 每米长度弯曲不应超过 0.5 mm，磨损量不应超过原直径的 5%
	运动状态	检测运动状态的振动	不应有明显的振动
	防护罩	检查传动轴的防护罩	防护罩应完整、牢固
轴承	同起升机构	同起升机构	同起升机构
车轮	车轮体	目测检查裂纹及磨损情况	不得有裂纹 轮缘磨损不应超过原厚度的50% 踏面磨损不超过原厚度的15%
	轴承	检查动转情况	空负荷和满负荷均不应发热，有异常声响 应有良好的润滑条件
运行状态	"啃道"	使起重机缓慢运行，观察车轮轮缘与钢轨间隙	运行 10 m，轮缘与钢轨间隙不应有明显改变则不会"啃道"。"啃道"的车轮、轨道会出现异常亮班，甚至影响厂房结构
	小车三条腿	观察起重机启动、制动是否有扭摆 开动小车运行机构 观察车轮与轨道的接触状态	启动或制动时不应有明显的摆动 在全部车轮与轨道接触

续表

安全装置的检查			
安全技术检查项目		检 查 方 法	标准与要求
起重量限制器	自检功能	根据各种机型设计的自检功能进行检查	接通电源应显示"零点"。依次显示 90%、105%、110%值,然后清零 检查延时、声光报警和继电器动作
	综合误差	用载荷检查其综合误差	综合误差应不大于 5%
起升高度限位器		将吊具提升到极限高度	自动切断起升机构动力源
行程限制器		分别将大、小车开至极限位置并撞开限位开关	大、小车运行机构动力源被切断 这些开关处于断开状态,不能起动;或运动状态中断
联锁保护装置		分别试验舱门开关、栏杆开关、司机门开关的可靠性能	开关可靠
缓冲器	安装状态	徐徐开动大、小车,使缓冲头与终端止挡相接触	两个缓冲头应同时与止挡中心接触
	强度检验	按技术条件规定的载荷、规定的速度碰撞	碰撞后零件应完好,固定件无松动,无开焊等缺陷
终端止挡		按技术条件碰撞	不得开焊或变形
扫轨板		用钢板尺检测与钢轨间距	不应大于 10 mm
夹轨器或铁鞋	夹轨器 铁鞋	开动夹轨器 目测动作的准确性	应动作灵活,松开状态,钳口与钢轨脱开、夹紧状态,钳口应牢固夹持在钢轨上 钳臂、铰轴、螺杆、楔锤不应有损坏 动作灵活,与运行制动器动作配合协调
防倾翻安全钩	安装精度	开动单主梁门式起重机小车往返多次	安全钩不卡轨,不能产生摩擦。紧固零部不得松动
电气设备防雨罩		观察、目测	固定牢靠、完整
导电滑线防护板		观察、目测	牢靠、完好

第五章 门式起重机安全技术

续表

电气设备检查		
安全技术检查项目	检 查 方 法	标准与要求
电气设备及元件的外观检查	目测检查设备、元件上的铭牌和标志	应完整、清晰 固定牢靠
绝缘电阻 接地	目测元器件的固定情况、传动情况、接触情况、绝缘情况 经合理处置后，用兆欧表测量绝缘电阻 用接地电阻测量仪或其他办法测量	传动灵活 接触良好 绝缘材料良好 额定电压不大于 500 V 时，电气线路对地的绝缘电阻冷态时，不低于 0.5 MΩ，潮湿环境不低于 0.25 MΩ 供电源中性点直接接地的低压系统，零线引入起重机处，零线与轨道均应重复接地，重复接地电阻不大于 10 Ω；供电源中性点不接地时，起重机金属结构就用接地保护，接地电阻不大于 4 Ω
零位保护	采用断、通电源的办法检查零位保护 关断总电源，把控制器手柄（轮）扳离零位，再接通总电源，主接触器不吸合，则证明零位保护完好 断开总电源，然后恢复供电	断电后，重新启动，所有控制器必须在零位才能启动
失压保护 过电流保护	采用非正常操作或改变切换电阻顺序的方法获得较大的电动机电流	不经手动操作，总电源回路不能自行接通，验证过电流继电器能在规定的电流下动作
紧急开关、行程开关、通道口开关	用直接操纵的方法验证上述开关的可靠性能	这些开关断开时，主接触器或自动开关动作

第六章 葫芦式起重机安全技术

第一节 起重葫芦及葫芦式起重机的分类

用起重葫芦构成的起重机称为葫芦式起重机,可分为葫芦梁式起重机、葫芦门式起重机、臂架型起重机等。

起重葫芦及葫芦式起重机的分类见表6—1。

表6—1　　　　　　　　起重葫芦及葫芦式起重机分类表

类	组	型号
起重葫芦	手动葫芦	1. HS 手拉葫芦（JB/T 7334） 2. HSS 钢丝绳手扳葫芦（JB/T 3682） 3. HSH 环链手扳葫芦（JB/T 7335） 4. HSB 板链手扳葫芦
	电动葫芦	5. HC 常速钢丝绳电动葫芦（JB 2393） 6. HM 常慢速钢丝绳电动葫芦（JB 2394） 7. HZ 重级工作制电动葫芦 8. HT 双卷筒电动葫芦 9. HB 防爆钢丝绳电动葫芦（JB/T 10222） 10. HF 防腐电动葫芦 11. HH 环链电动葫芦（JB/T 5317.1） 12. HL 板链电动葫芦
单轨起重机	手动单轨起重机	1. GS 手动单轨起重机 2. GD 吊钩单轨起重机 3. GZ 抓斗单轨起重机 4. GC 电磁吸盘单轨起重机
梁式起重机	手动梁式起重机	1. LS 手动单梁起重机（JB/T 1114） 2. LSX 手动单梁悬挂式起重机 3. LSS 手动双梁起重机
	电动梁式起重机	4. LD 电动单梁起重机（JB/T 1306） 5. LX 电动单梁悬挂起重机（JB/T 2603） 6. LZ 抓斗电动单梁起重机 7. LL 吊钩抓斗电动单梁起重机 8. LB 防爆电动梁式起重机（JB/T 10219） 9. LXB 防爆电动单梁悬挂起重机 10. LF 防腐电动梁式起重机

续表

类	组	型 号
梁式起重机	电动梁式起重机	11. LC 电磁吸盘电动梁式起重机 12. LY 冶金电动梁式起重机 13. LH 电动葫芦桥式起重机（JB/T 3695）
门式起重机	门式起重机	MH 电动葫芦门式起重机
臂架型起重机	臂架型起重机	1. BZ 定柱式旋臂起重机 2. BB 壁行式起重机 3. BX 壁上旋臂起重机

第二节 起重葫芦安全技术

起重葫芦可分为手动葫芦、电动葫芦和气动葫芦。在国内，目前以手动葫芦和电动葫芦使用的最多。按 GB/T 26776《起重机械分类》，起重葫芦可分为手拉葫芦、手扳葫芦、电动葫芦、气动葫芦和液动葫芦。

一、手动葫芦安全技术

1. 结构与工作原理

(1) 手动葫芦的结构 手动葫芦的结构如图 6—1 所示。

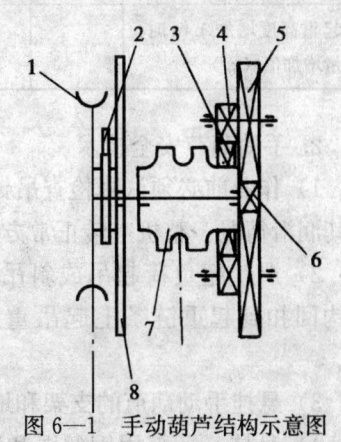

图 6—1 手动葫芦结构示意图
1—手链轮 2—棘爪（轮）
3—花键孔齿轮 4—四齿短轴
5—片齿轮 6—五齿长轴
7—起重链轮 8—墙板

(2) 工作原理

1) 起升 用力拉手链轮 1，通过五齿长轴 6，带动片齿轮 5、四齿短轴 4、花键孔齿轮 3，驱动起重链轮 7，使起重链条卷上，吊钩上升。在起升过程中，棘轮制动器的棘爪在轮上滑过，发出"嗒嗒"声。

2) 制动 当停止拉动手链轮时，起升链轮在重力的作用下，有反转的趋势，从而上述传动齿轮和轴有逆转趋势，并且发生微量逆向转动。于是就使摩擦片、制动器座、棘轮压成一体，而棘轮与固定在左墙板上的棘爪阻止了逆转运动，起制动作用。

3) 下降 拉手链轮反向转动，使棘轮与制动器座脱开，棘轮放松，传动机构反转，吊钩下降。

(3) 性能参数 HS 型手动葫芦的性能参数见表 6—2。

表 6—2　　　　　　　　　HS 型手动葫芦性能参数表

型　号		HS$\frac{1}{2}$	HS1	HS1$\frac{1}{2}$	HS2	HS2$\frac{1}{2}$	HS3	HS5	HS10	HS20
起重量（t）		0.5	1	1.5	2	2.5	3	5	10	20
标准起重高度（m）		2.5	2.5	2.5	2.5	2.5	3	3	3	3
试验载荷（t）		0.625	1.25	1.88	2.5	3.13	3.75	6.25	12.5	25
两钩间最小距离（mm）		280	300	360	380	420	470	600	730	1 000
满载时手链拉力（N）		160	320	360	320	390	360	390	400	400
起重链条行数（行）		1	1	1	2	1	2	2	4	8
起重链条圆钢直径（mm）		6	6	8	6	10	8	10	10	10
主要尺寸（mm）（参看外形结构图）	A	142	142	178	142	210	178	210	358	580
	B	122	122	139	122	162	139	162	162	189
	C	24	28	32	34	36	38	48	64	82
	D	142	142	178	142	210	178	210	210	210
净重（kg）		9.5	10	15	14	28	24	36	68	150
装箱毛重（kg）		13.5	14	20	18	36	30	45	81	185
装箱尺寸（长×宽×高）（cm）		35×25×19	35×25×19	39×28×27	35×25×19	46×35×24	42×29×22	46×31×24	56×43×26	70×46×72
起重高度增加 1 m 时，重量增加值（kg）		1.7	1.7	2.3	2.5	3.1	3.7	5.3	9.7	19.4

2．手动葫芦安全技术

1）作业前必须认真检查吊钩、链条、制动器墙板、三角架（或上钩的固定），传动部分及其润滑情况。整机空转正常方能作业。

2）严禁超负荷起吊或斜吊。起重链条要垂直悬挂，不应有错扭的链环。严禁将下吊钩回扣到起重链条上起吊重物。吊物时不可硬拉，如果发现拉不动，应立即停止作业。

3）悬挂手动葫芦的支架和地基，必须能承受额定载荷，保证有足够的稳定性。

4）吊挂、捆绑用钢丝绳和链条的选用必须符合《起重机械安全规程》的规定。如用链条作捆绑物品，安全系数不应小于 6，并且两条链条吊物品时，其夹角不应超过 120°。

5）不得用手动以外的任何驱动方式起吊重物。拉不动时，不得猛拉或增加人员牵拉，并应立即停止作业，进行检修。

6）不准超限提升或下降起重链条，以防止拉断插销。

7）链条出现下列情况应报废：

①裂纹。

②链条发生塑性变形，伸长达原长的 5%。

③链条直径磨损达原直径的 10%。

8) 应定期检修，检查项目见表 6—3。

表 6—3　　　　　　　　　　　　手动葫芦检查表 (JB 9010)

检查种类		检查部位	检查项目	检查方法	检查要求
日常	定期				
○	○	标牌	有无铭牌	目测	有铭牌，标志清晰
○	○	整机	无负荷动作	无负荷运转（上升、下降）	1. 上升时有棘爪的响声； 2. 下降时制动器无异常
—	○	吊钩	扭转变形	测量	不超过 10°
○	○		断面磨损	测量	不超过 10%
○	○		钩口变形	目测、测量	钩口尺寸增大，不超过名义尺寸的 15%
○	○		翘曲变形	目测	无明显翘曲
○	○		裂纹或其他有害缺陷	目测、探伤	无裂纹及其他有害缺陷
—	○	起重链条	节距伸长	测量	不超过 3%
○	○		链环直径磨损	测量	不超过 10%
○	○		变形	目测	无明显变形
○	○		裂纹腐蚀或其他有害缺陷	目测	无裂纹及其他有害缺陷
—	○	齿轮	齿厚磨损	测量	齿厚磨损不超过名义尺寸的 10%
—	○		裂纹	目测	无裂纹
○	○		断齿	目测	无断齿
—	○	摩擦片	磨损	测量	磨损量不超过名义尺寸的 25%
—	○	起重链轮	裂纹、磨损或腐蚀	目测	无裂纹、无严重磨损或腐蚀
—	○	游轮	裂纹、磨损或腐蚀	目测	无裂纹、无严重磨损或腐蚀
—	○	制动器座	变形、磨损或腐蚀	目测	无变形、无严重磨损或腐蚀
—	○	棘轮	变形、磨损或腐蚀	目测	无变形、无严重磨损或腐蚀
—	○	棘爪	变形、磨损或腐蚀	目测	无变形、无严重磨损或腐蚀
—	○	弹簧	变形、裂纹或腐蚀	目测	无变形、无严重磨损或腐蚀
—	○	手链轮	裂纹、破损或腐蚀	目测	无裂纹、破损及腐蚀
○	○	转动件	是否转动灵活	目测	转动灵活
○	○	手拉链条	有无变形	目测	无明显的节距伸长及变形
○	○	螺钉、螺母、开口销、垫圈、挡圈	紧固状态	目测或手感	日常检查无松动、无脱落，定期检查无异常

注：检查种类的日常和定期栏中有"○"系要检查的项目。

二、电动葫芦安全技术

电动葫芦有钢丝绳葫芦、环链葫芦等。目前以钢丝绳电动葫芦应用得最广。在用的电动葫芦中,TD 型、CD 型比较多,也有 AS 型电动葫芦。

1. 电动葫芦结构与工作原理

(1) 结构　电动葫芦由电动机(制动器)、减速器、卷筒等构成。CD 型电动葫芦的结构如图 6—2 所示。

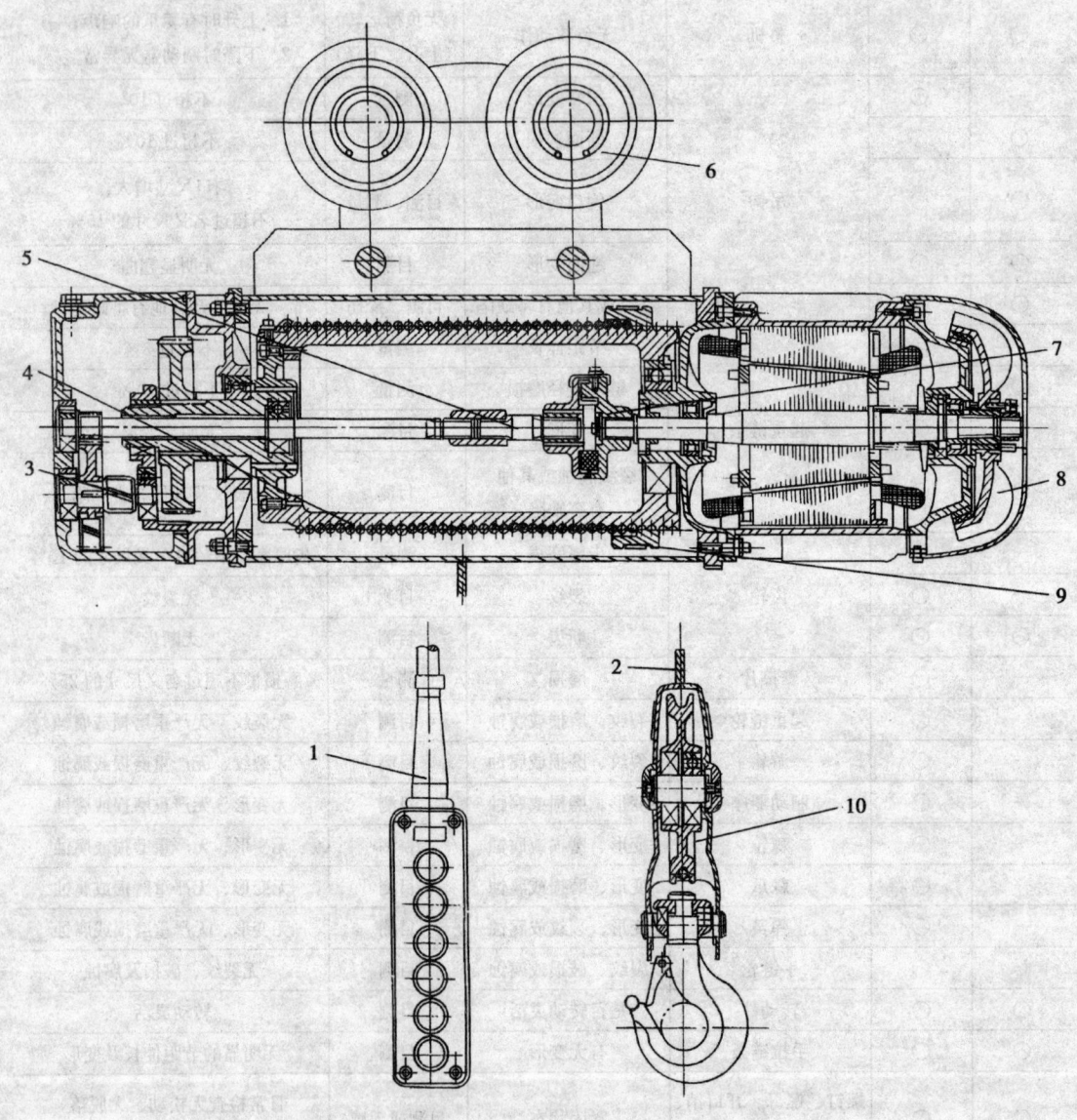

图 6—2　CD 型电动葫芦

1—电器装置　2—钢线绳　3—减速器　4—卷筒　5—中间轴　6—电动小车　7—弹性联轴器　8—锥形转子电动机(制动器)　9—导绳器　10—吊钩

(2) 工作原理　电动机 8 转动时，通过弹性联轴器 7 将动力传给三级齿轮减速器 3，最后一级减速齿轮带动卷筒 4 回转，实现钢丝绳的卷绕，使吊钩向上运动。当电动机反向转动时，吊钩下降运动。

减速器是三级齿轮结构。以 5 t 电动葫芦为例，齿数为 68/12，42/12，45/11，总传动比为 81.2。第三级大齿轮安装在空心轴上，主传动轴由此通过。经减速后，第三级大齿轮通过花键轴带动卷筒回转。

制动器采用锥形转子电动机的特点，在接电时，转子在磁拉力作用下，有轴向移动，利用弹簧和风扇轮构成制动器。可参阅本手册第二章图 2—68。

2. 电动葫芦安全技术

(1) 有下述情况之一者，不应操作

1) 超载，斜拉斜吊，吊拔埋置物，或起吊重量不清的货物。

2) 电动葫芦有影响安全作业的缺陷或损伤，例如制动器、限位装置失灵，吊钩螺母防松装置损坏，钢丝绳损伤达报废标准。

3) 捆绑吊挂不牢或不平衡而可能滑动，重物棱角与钢丝绳间未加衬垫。

4) 工作场地昏暗，无法看清场地及被吊物的情况。

(2) 操作安全

1) 班前应进行日常检查。

2) 不准用限位器停车。

3) 不准在吊载情况下调整制动器。

4) 吊运时，不得从人员头上方通过。

5) 电动葫芦作业时，不准检查和维修。

6) 起吊接近额定起重量时，应首先试吊，没有异常现象时再起吊。

7) 电动葫芦无下降限位装置时，钢丝绳在卷筒上必须留有安全圈（2～3 圈）。

3. 电动葫芦性能参数

以 CD 型葫芦为例，电动葫芦性能参数见表 6—4。

表 6—4　　　　　　　　　　　　CD 型葫芦性能表

型　号	CD_1D 0.5—6	CD_1D 0.5—9	CD_1D 1—6	CD_1D 1—9	CD_1D 2—6	CD_1D 2—9	CD_1D 3—6	CD_1D 3—9	CD_1D 5—6	CD_1D 5—9
起重量（kg）	500		1 000		2 000		3 000		5 000	
起升高度（m）	6	9	6	9	6	9	6	9	6	9
起升速度（m/min）	8		8		8		8		8	
运行速度（m/min）	20（30）		20（30）		20（30）		20（30）		20（30）	
工字钢轨道型号（GB 706）	16～28b		16～28b		20a～45c		20a～45c		28a～63c	

续表

型号	CD₁D 0.5-6	CD₁D 0.5-9	CD₁D 1-6	CD₁D 1-9	CD₁D 2-6	CD₁D 2-9	CD₁D 3-6	CD₁D 3-9	CD₁D 5-6	CD₁D 5-9
环形轨道最小半径（m）	1		1		1.2		1.5		1.8	
钢丝绳直径（mm）	5.1		7.6		11		13		15.5	
起升电动机 型号	ZD₁21-4		ZD₁22-4		ZD₁31-4		ZD₁32-4		ZD₁41-4	
起升电动机 容量（kW）	0.8		1.5		3		4.5		7.5	
起升电动机 转速（r/min）	1 380		1 380		1 380		1 380		1 400	
起升电动机 电流（A）	2.4		4.3		7.6		11		18	
运行电动机 型号	ZD₁Y11-4		ZD₁Y11-4		ZD₁Y12-4		ZD₁Y12-4		ZD₁Y12-4	
运行电动机 容量（kW）	0.2		0.2		0.4		0.4		0.8	
运行电动机 转速（r/min）	1 380		1 380		1 380		1 380		1 380	
运行电动机 电流（A）	0.72		0.72		1.25		1.25		2.4	
重量（kg）	125	130	150	160	230	245	300	320	510	540

第三节 电动梁式起重机安全技术

一、梁式起重机分类和参数

1. 分类
2. 型式和基本参数

（1）型式

1）电动单梁起重机的基本型式按起升机构的位置及运行方式分为以下 3 种。

①电动葫芦小车在主梁下翼缘运行，电动葫芦布置在主梁下方的起重机（图 6—3），其产品代号为 LD。

②电动葫芦安装在角形小车上的起重机（图 6—4），其产品代号为 LDP。

③电动葫芦小车在主梁下翼缘运行，电动葫芦布置在主梁侧面的起重机（图 6—5），其产品代号为 LDC。

2）电动单梁起重机的基本型式 按操纵方式，可分为司机室操纵的电动单梁起重机和地面操纵的电动单梁起重机。

电动单梁起重机主梁一般采用工字形、箱形或组合结构。

第六章 葫芦式起重机安全技术

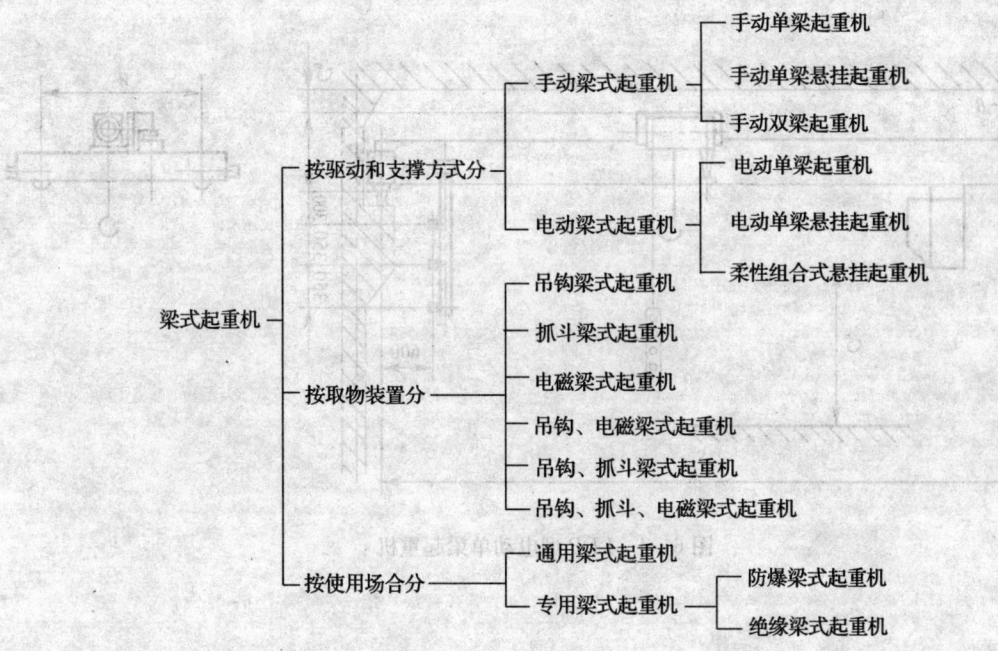

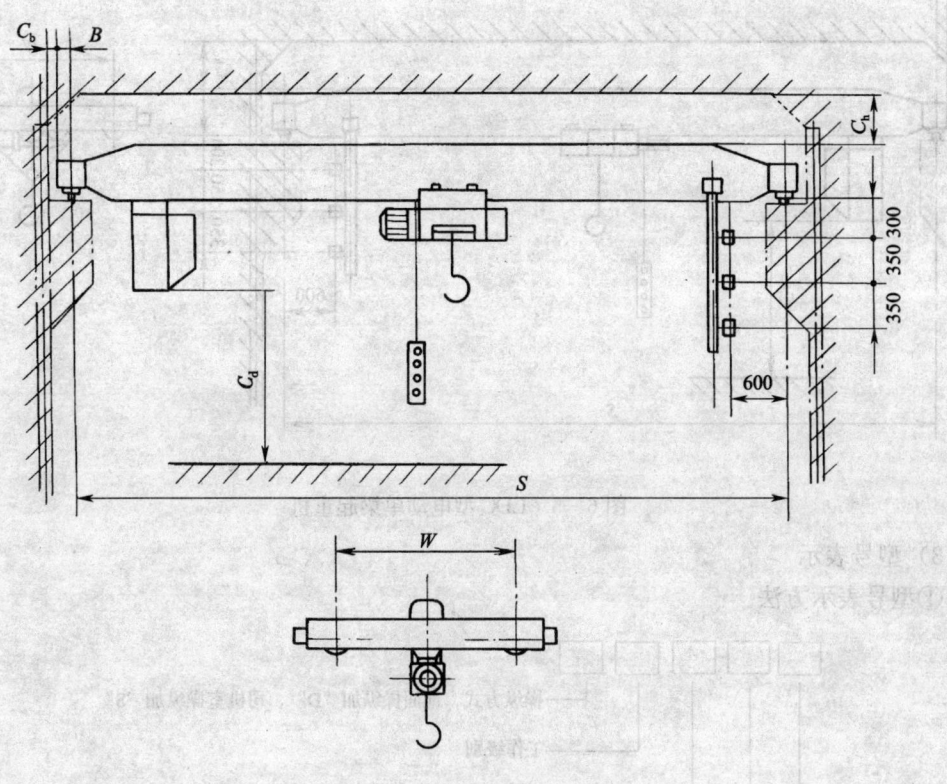

图6—3 LD型电动单梁起重机

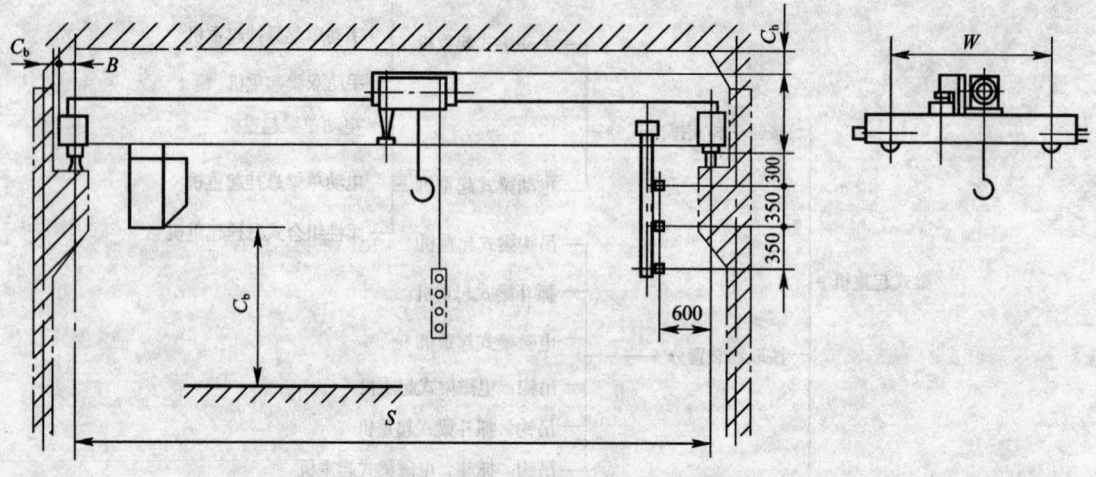

图 6—4　LDP 型电动单梁起重机

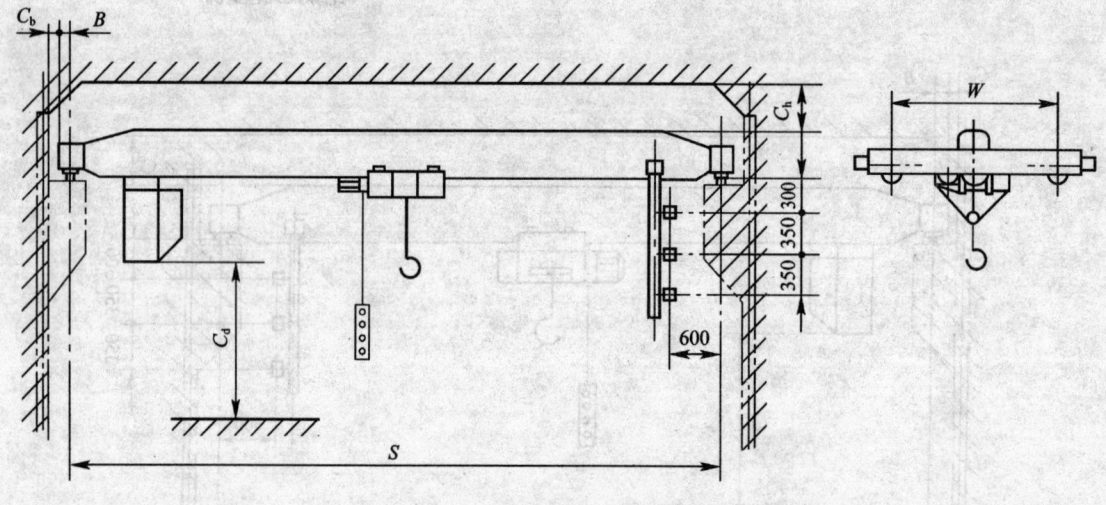

图 6—5　LDC 型电动单梁起重机

3）型号表示

①型号表示方法

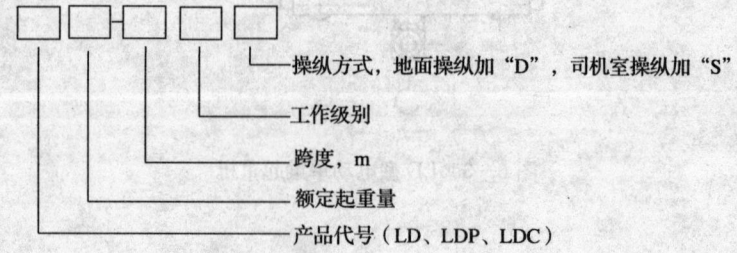

操纵方式，地面操纵加"D"，司机室操纵加"S"
工作级别
跨度，m
额定起重量
产品代号（LD、LDP、LDC）

②标记示例

a. 额定起重量 8 t，跨度 25.5 m，工作级别 A5，司机室操纵的 LCP 型电动单梁起重机的标记为：

起重机　LDP8－25.5A5S　JB/T 1306

b. 额定起重量为 5 t，跨度 16.5 m，工作级别 A4，地面操纵的 LD 型电动单梁起重机的标记为：

起重机　LD5－16.5A4D　JB/T 1306

c. 额定起重量 10 t，跨度 13.5 m 工作级别 A5，地面操纵的 LDC 型电动单梁起重机的标记为：

起重机　LDC10－13.5A5D　JB/T 1306

(2) 基本参数

1) 起重机的额定起重量（代号：G_n，单位：t）系列规定如下：

1，1.6，2，2.5，3.2，4，5，6.3，8，10，12.5，16。

2) 起重机的跨度（代号：S，单位：m）规定如下：

7.5，8，10.5，11，13.5，14，16.5，17，19.5，22.5，25.5，28.5，31.5。

3) 起重机的起升高度（单位：m）规定如下：

5，6.3，8，10，12.5，16，20。

4) 起重机各机构工作速度按表 6—5 选取。

表 6—5　　　　　　　　　　　工作速度表　　　　　　　　　　　(m/min)

机构类别	操纵方式	
	司机室操纵	地面操纵
起重机运行机构	40～80	8～40
小车运行机构	8～40	8～40
起升机构	0.5～12.5	0.5～12.5

5) 限界尺寸

起重机的限界尺寸应符合表 6—6 的规定。

表 6—6　　　　　　　　　　　起重机限界尺寸表　　　　　　　　　　　(mm)

额定起重量 (t)	侧方宽度 B	司机室距地面距离 C_d	上方间隙 C_h	侧方间隙 C_b
1，1.6，2，2.5，3.2，4	≤180	≥2 000	≥200	≥100
5，6.3，8	≤200			
10，12.5，16	≤250			

注：C_d、C_h、C_b 见图 6—3、图 6—4、图 6—5。

二、安全技术要求

1. 材料

起重机金属结构件的材质，碳素结构钢按 GB 700《碳素结构钢》，低合金结构钢按 GB/T 1591《低合金高强度结构钢》，牌号的选用应符合或不低于表 6—7 的规定。

表6—7　　　　　　　　　　电动单梁起重机金属结构材料表

构件类别		重要构件[1]		其余构件
工作环境温度		不低于-20℃	-20～-25℃	-25～+40℃
钢材牌号	δ≤20	Q235-B·F	Q235-D	Q235-A·F
	δ>20	Q235-B	16 Mn[2]	

注：1. 重要构件指主梁、端梁，小车架。
　　2. 要求-20℃时冲击功不小于27J，订货时提出或补做试验。

2. 焊接

(1) 主梁及小车架的受拉区的对接焊缝应进行无损探伤，射线探伤时应不低于GB 3323《金属熔化焊焊接接头射线照相》中规定的Ⅱ级，超声波探伤时应符合GB 11345《钢焊缝和超声波探伤方法和探伤结果分级》中的Ⅰ级。

(2) 焊缝外部不得有裂纹、孔穴、固体类夹渣、未熔合、未焊透等目测可见的明显缺陷，焊缝质量评定级别应符合JB/ZQ 4000.3的规定，对接焊缝为BS级，角焊缝为BK级。

(3) 焊接用的焊条，焊丝与焊剂应与被焊接件材料相适应。

3. 桥架（起重机运行机构组装完成以后）

(1) 主梁腹板的局部平面度　腹板高度不大于700 mm时，以500 mm平尺检查，腹板的受压区应不大于3.5 mm，腹板的受拉区应不大于5.5 mm；腹板高度大于700 mm时，以1 000 mm平尺检查，腹板的受压区应不大于5.5 mm，腹板的受拉区应不大于8 mm。

(2) 主梁上拱度F应为$(1/1\,000 \sim 1.4/1\,000)S$，最大上拱度应位于跨度中部$S/10$范围内。图6—6为主梁偏差图。

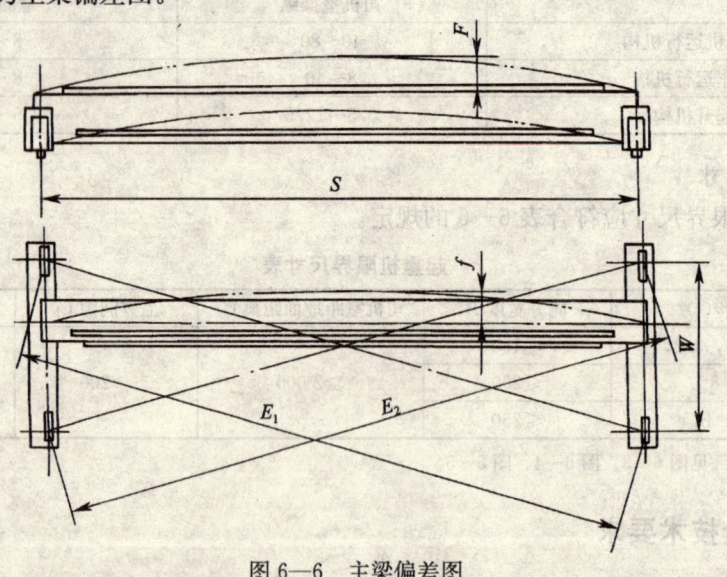

图6—6　主梁偏差图

(3) 主梁的水平弯曲值$f \leqslant S_z/2\,000$，此值在腹板上离主梁顶面100 mm处测量。对LDP型起重机，只允许向主轨道侧凹曲。

(4) 起重机跨度偏差 ΔS：当 $S \leqslant 10$ m 时，为 ± 2 mm；当 $S > 10$ m 时，$\Delta S = \pm [2 + 0.1(S-10)]$ mm。跨度偏差见表 6—8。

表 6—8　　　　　　　　　　　跨度偏差表

S (m)	7.5～10	>10～15	>15～20	>20～25	>25～30	>30～31.5
ΔS (mm)	±2	±2.5	±3	±3.5	±4	±4.5

(5) 以装车轮的基准点测得的对角线差 $|E_1 - E_2| \leqslant 5$ mm（图 6—6），此值允许在运行机构组装前控制。

(6) 基距 W 为 $(1/8 \sim 1/5)S$，但一般不小于 $S/6$。

(7) 基距偏差 ΔW，当 $W \leqslant 3$ m 时，ΔW 为 ± 3 mm；当 $W > 3$ m 时，ΔW 为 $\pm W/1\,000$（见图 6—6）。

4. 装配

(1) 起重机总装后，车轮垂直偏斜 $\tan \alpha = 0.000\,5 \sim 0.003\,0$（图 6—7）。

图 6—7　车轮垂直偏斜图

(2) 起重机总装后，车轮轴线水平偏斜 $\tan \varphi = -0.001\,5 \sim +0.001\,5$（图 6—8）。

图 6—8　车轮水平偏斜图

(3) 起重机总装后，四个车轮着力点高度差 Δh（图 6—9）应符合表 6—9 的规定。

5. 安全、卫生

(1) 司机室必须安全可靠，司机室与悬挂或支撑部分的连接必须牢固。

(2) 司机室的顶部应能承受 2.5 kN/m² 的静载荷。

(3) 司机室内净空高度应不小于 1.8 m，司机室的围栏高度应不小于 1 050 mm。

图 6—9　车轮着力点偏差图

表 6—9　　　　　　　　　　着力点高度差表　　　　　　　　　　　（mm）

跨度 S (m)	公差 Δh (mm)
≤10	±2
>10～15	±3
>15～20	±4
>20～25	±5
>25～31.5	±6

（4）在高温、有尘环境下工作的起重机，应设封闭式司机室。

（5）司机室的门一般应向里开或采用滑动式拉门，司机室外面有走台时，允许门向外开。

（6）司机室应有良好的视野及适度的空间，力求使司机感觉舒适，操纵方便。

（7）司机室应设有舒适可调的座椅、门锁、灭火器和电铃或警报器，必要时还应设置通信联系装置。

（8）司机应能方便可靠地接通和断开起重机总电源（照明信号除外）。

（9）起重机应采用低压（36 V 或 42 V）操纵。

（10）进入起重机的门和司机室到桥架上的门必须设有电气联锁保护装置，当任何一个门开时，起重机所有机构应均不能工作。

（11）采用联动控制台时，零位挡应明显或备有零位自锁，其手柄的操纵方向应与起重机和小车运行机构的运行方向一致。

（12）起重机在非密闭性厂房内，无其他外声干扰和起升高度不小于 5 m 的情况下，在地面上测量其整机噪声，不得大于 85 dB（A）。

三、电动梁式起重机试验方法

1. 目测检查

目测检查应包括所有重要部件的规格或状态是否符合要求。

（1）要检查各机构电气设备，安全装置，控制器，照明和信号系统。

（2）要检查起重机金属结构及其连接件、梯子、通道、司机室；所有的防护装置；吊钩；钢丝绳及其固定件；滑轮组及其轴向固定件。

（3）检查时，不必拆开任何部件，但应打开在正常维护和检查时应打开的盖子，如限位开关盖。

（4）目测检查还应包括检查必备的证书是否已提出并经过审核。

2．合格试验

（1）接通电源，开动各机构，使小车沿主梁全长往返运行一次，无任何卡阻现象，开动并检查其他机构，均应运转正常，控制系统和安全装置应灵敏准确。

（2）经过2～3次的逐渐加载直至额定起重量，做各方向的动作试验，应达到表6—10所列项目的要求。

表6—10　　　　　　　　电动单梁起重机合格试验表（JB/T 1306）

序号	项目	计量单位	要求值	极限偏差	备注
1	载荷起升高度	m	名义值（按设计图样）	−5%	
2	吊钩极限位置	m		±2%	
3	载荷起升速度	m/min		±5%	双速时对慢速不考核
4	起重机及小车运行速度			±15%	
5	额定载荷下降制动时的制动下滑量	m	≤S/100	—	S为1 min内稳定起升的距离
6	起重机的静态刚性测主梁跨中静挠度	mm	见JB/T 1306	—	
7	起重机的水平刚性测主梁的水平弯曲值		见JB/T 1306	—	
8	起重机的动态刚性测满载下降制动时主梁跨中的自振频率	Hz	见JB/T 1306	—	
9	起重机的噪声	dB（A）	见JB/T 1306	—	
10	电控设备中各电路的对地绝缘电阻	MΩ	见JB/T 1306	—	
11	限位器的可靠性	—	能准确停车		
12	主要受力构件漆膜附着力		见JB/T 1306		

3．载荷起升能力试验

（1）静载试验

试验前，应将空载小车停放在主梁端部极限位置，在跨中定出测量主梁挠度的基准点。

将小车开至主梁跨中，起升 $1.25\,G_n$ 的试验载荷，距地面 $100\sim200\,mm$ 高度处，悬空时间不少于 10 min，卸载后将小车开至主梁端部后再检查有无永久变形。如此重复三次，第一、二次允许主梁有少许变形，第三次主梁不得再产生永久变形。将小车开至主梁端部，检查主梁实有上拱度应不小于 $0.8\,S/1\,000$。

静载试验结束后，起重机各部分均不应有永久变形、裂纹、油漆剥落、连接处松动或损坏等质量问题。

(2) 动载试验

起重机各机构的动载试验应先分别进行，而后做联合动作的试验，同时开动两个机构。

试验载荷为 $1.1\,G_n$，按起重机相应的工作级别，对每种动作应在整个运动范围内做反复起动和制动，对悬挂着的试验载荷做空中起动时，试验载荷不应出现反向运动。按其工作循环，试验时间应延续 1 h。

如果各部件能完成其功能试验，并在随后进行的目测检查中没有发现松动和损坏，则认为这项试验合格。

四、电动梁式起重机型式试验

1. 型式试验规定

定型产品每年都应做型式检验，检验台数不少于 2 台。出现下列情况之一时也应做型式检验：
(1) 转厂生产的试制、定型鉴定。
(2) 正式生产后，如结构、材料、工艺有较大改变，可能影响产品性能时。
(3) 产品停产两年以上恢复生产时。
(4) 出厂检验结果与上次型式检验有较大差异时。
(5) 国家质量监督机构提出型式检验的要求时。

2. 型式检验内容

型式检验是在出厂检验的基础上，进行下列试验：
(1) 空载试验，分别开动各机构做正反向运转，试验累积时间不少于 5 min。
(2) 合格试验。
(3) 载荷能力试验。

第四节　LX/LXC 型电动单梁悬挂起重机安全技术

一、分类及型号表示

1. 分类

电动单梁悬挂起重机是把起重电动葫芦悬挂安装在主梁（工字钢）下翼缘下，并且沿其运行。

电动单梁悬挂起重机结构如图 6—10 所示。

当把起重电动葫芦安装在主梁（工字钢）下方时，这类的电动单梁悬挂起重机称为 LX 型电动单梁悬挂起重机（图 6—11a）。

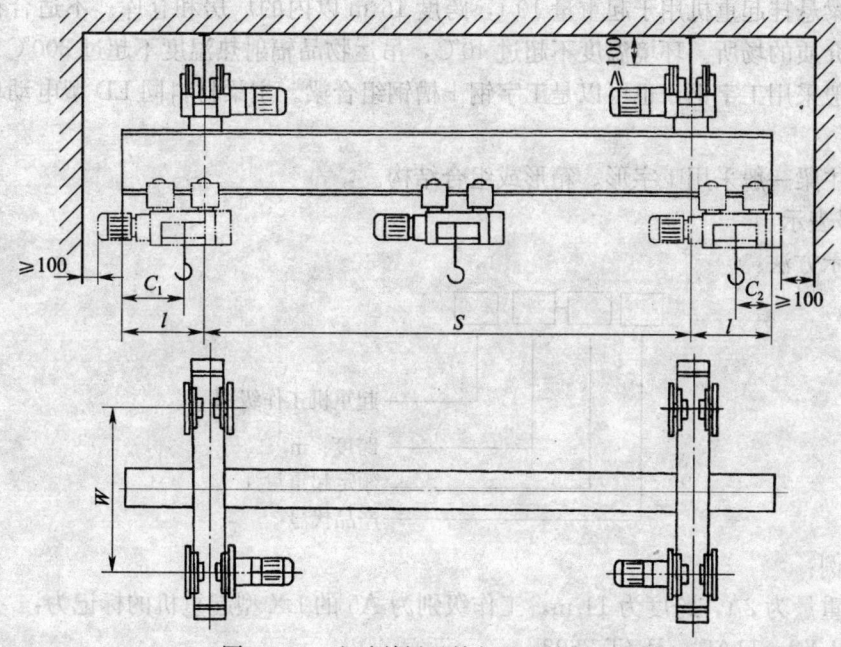

图 6—10 电动单梁悬挂起重机结构示意图

当把起重电动葫芦悬挂安装在主梁（工字钢）侧面，这样的电动单梁悬挂起重机称为 LXC 型电动单梁悬挂起重机（图 6—11b）。

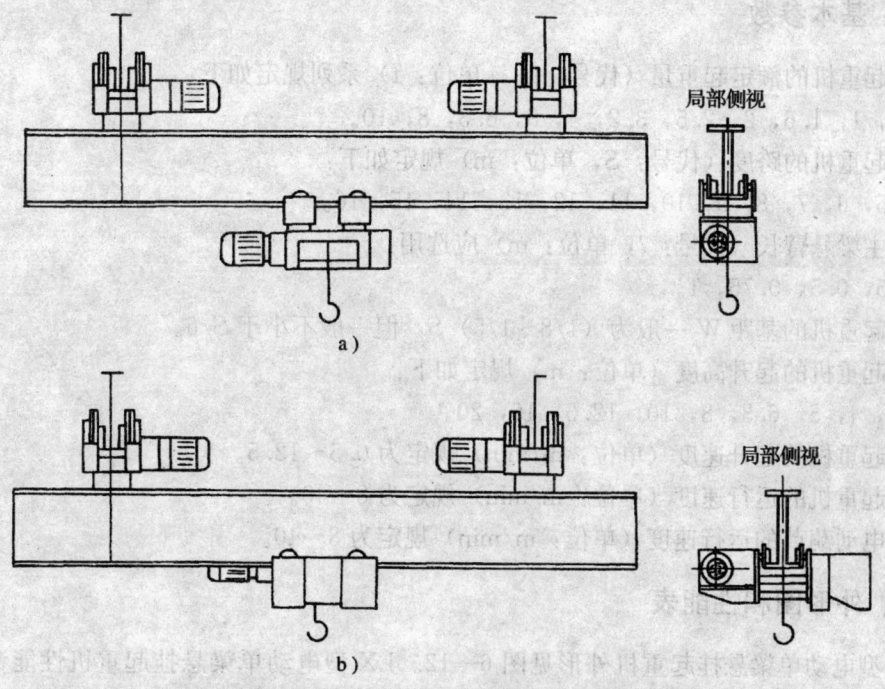

图 6—11 电动单梁悬挂起重机分类图
a) LX 型电动单梁悬挂起重机 b) LXC 型电动单梁悬挂起重机

电动单梁悬挂起重机用于起重量 10 t，跨度 16 m 以内的厂房和仓库。不适合在有爆炸危险腐蚀性介质的场所。环境温度不超过 40℃，吊运物品辐射热温度不超过 300℃。

主梁一般采用工字钢，也可以是工字钢＋槽钢组合梁。主梁材料同 LD 型电动单梁起重机。

起重机主梁一般采用工字形、箱形或组合结构。

2. 型号表示

型号表示方法：

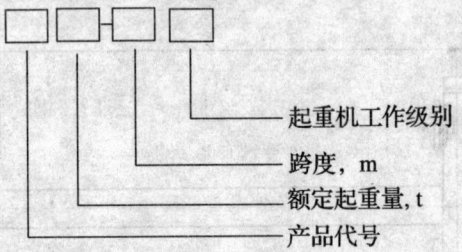

标记示例：

额定起重量为 2 t，跨度为 11 m，工作级别为 A5 的 LX 型起重机的标记为：

起重机 LX2—11A5　JB/T 2603

额定起重量为 5 t，跨度为 9 m，工作级别为 A4 的 LXC 型起重机的标记为：

起重机 LXC5—9A4　JB/T 2603

二、基本参数

1. 起重机的额定起重量（代号：G_n，单位：t）系列规定如下：

0.5，1，1.6，2，2.5，3.2，4，5，6.3，8，10。

2. 起重机的跨度（代号：S，单位：m）规定如下：

4，5，6，7，8，9，10，11，12，13，14，15，16。

3. 主梁悬臂长（代号：l，单位：m）应选用：

0.25，0.5，0.75，1。

4. 起重机的基距 W 一般为 $(1/8\sim1/5)S$，但一般不小于 $S/6$。

5. 起重机的起升高度（单位：m）规定如下：

3.2，4，5，6.3，8，10，12.5，16，20。

6. 起重机的起升速度（单位：m/min）规定为 0.5～12.5。

7. 起重机的运行速度（单位：m/min）规定为 8～40。

8. 电动葫芦的运行速度（单位：m/min）规定为 8～40。

三、外形图和性能表

LX 型电动单梁悬挂起重机外形见图 6—12。LX 型电动单梁悬挂起重机性能参数见表 6—11。

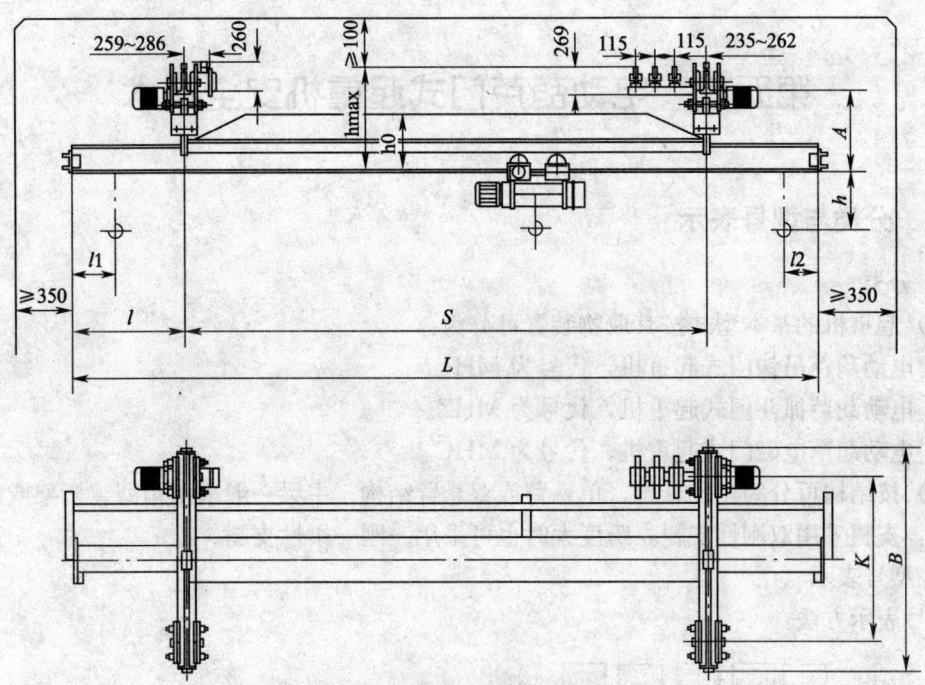

图 6—12　LX 型电动单梁悬挂起重机外形图

表 6—11　　　　　　　　　　LX 型电动单梁悬挂起重机性能参数表

起升重量 G_n (t)			0.5；1；2；3；5			
跨度 S (m)			3～16			
起重机运行机构	运行速度 v (m/min)		20		30	
	减速比 i		0.5～2 t	3～5 t	0.5～2 t	3～5 t
			28.2	30.5	20	23.65
	电动机	0.5～2 t	ZDY12-4；$N=2\times0.4$ kW；$n=1\,380$ r/min			
		3～5 t	ZDY21-4；$N=2\times0.8$ kW；$n=1\,380$ r/min			
起升机构	电动葫芦	型式	CD1　MD1　0.5—5			
		起升速度 (m/min)	8；8/0.8			
		起升高度 (m)	6；9；12；18；24；30			
	运行机构	运行速度 (m/min)	20；30			
		电动机	锥型转子电动机			
工作制度			中级 JC=25%			
电源			3 相；～380 V，50 Hz (60)			
车轮直径 (mm)	0.5～2 t		ϕ130			
	3～5 t		ϕ150			
适用轨道工字钢	0.5～2 t		120a～145c			
	3～5 t		125a～145c			

第五节 电动葫芦门式起重机安全技术

一、分类与型号表示

1. 分类

（1）起重机的基本型式按其取物装置可分为：

1）电动葫芦吊钩门式起重机，代号为 MH。

2）电动葫芦抓斗门式起重机，代号为 MHZ。

3）电动葫芦电磁门式起重机，代号为 MHC。

（2）按结构可分为：无悬臂、单悬臂或双悬臂结构；主梁一般采用箱型、桁架或组合主梁结构，支腿采用双刚性支腿，跨度大时也可采用一刚一柔性支腿。

2. 型号表示

型号表示方法：

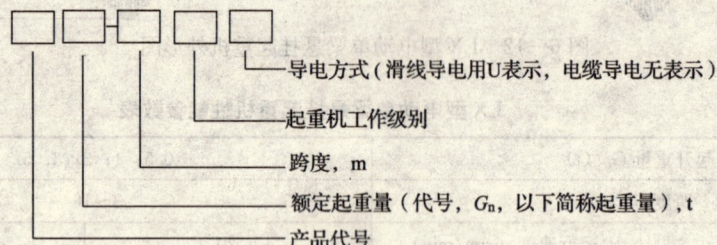

导电方式（滑线导电用U表示，电缆导电无表示）
起重机工作级别
跨度，m
额定起重量（代号，G_n，以下简称起重量），t
产品代号

标记示例：

起重量为 3.2 t，跨度为 14 m，工作级别为 A5，采用电缆导电的吊钩门式起重机：

起重机　MH 3.2—14 A5　JB/T 5663.1

起重量为 8 t，跨度为 40 m，工作级别为 A4，采用滑线导电的抓斗门式起重机：

起重机　MHZ 8—40 A4U　JB/T 5663.1

起重量为 10 t，跨度为 22 m，工作级别为 A5，采用滑线导电的电磁门式起重机：

起重机 MHC 10—22 A5U　JB/T 5663.1

二、基本参数

1. 起重量

起重机的起重量规定如下：

2，3，2，5，8，10，12.5，16 t。

抓斗和电磁起重机的起重量包括其取物装置的自身重量。

2. 起升高度

起重机起升高度参照表 6—12 选取。

表 6—12　　葫芦门式起重机起升高度表　　　　　　　　　　　　m

取物装置	起升高度 H
吊钩	6.3，8，10，12.5
抓斗；电磁吸盘	6.3，8，10

3. 跨度

起重机跨度（代号：S）规定如下：

6，10，14，18，22，26，30，35，40 m。

4. 悬臂有效长度

起重机有悬臂时，其悬臂的有效长度参照表 6—13 选取。

表 6—13　　葫芦门式起重机跨度和悬臂有效长度表　　　　　　m

跨度 S	悬臂有效长度 L_1、L_2
10，14	3～5
18～26	5～7
30～40	7～10

5. 工作速度

起重机各机构工作速度参照表 6—14 选取。

表 6—14　　葫芦门式起重机工作速度表　　　　　　　　（m/min）

起重量（t）	2～5	8～16
起重机运行机构	20～63	20～50
小车运行机构	10～40	
起升机构	4～12.5	

6. 工作级别

起重机工作级别为 A2～A5。可以按不同的使用情况参照表 6—15 选取。

表 6—15　　　　　　　葫芦门式起重机工作级别表

取物装置	使用场地	使用程度	起重机工作级别
吊钩	电站、仓库	不经常使用	A2～A3
	车站、码头、货场	不经常使用	A3～A4
	生产车间	较频繁使用	A5
抓斗 电磁吸盘	散料货场 装卸车皮	不经常使用	A3～A4
	废钢铁料场	较频繁使用	A5

葫芦门式起重机的技术要求，与 LD 型单梁起重机相同，支腿的技术要求可参考本手册第五章门式起重机。

第六节　葫芦式起重机安全操作与安全检查

一、安全操作

1. 葫芦式起重机操作特点

葫芦式起重机的操作多为地面操作，其次是操纵室操纵，并有少量采用遥控操作、无线电操作及自动程序控制等。通常人的正常步行速度为 4 km/h，即 66.6 m/min，一般地面操纵的葫芦式起重机运行最大速度取人的正常步行速度的 70% 左右，即以 45 m/min，当起重机运行速度≤45 m/min 时采用地面操纵，>45 m/min 时应采用操纵室操纵。

（1）地面操纵

地面操纵的葫芦式起重机是通过手动按钮开关，又称为手电门进行操纵。手电门通过软电缆及加强钢丝悬挂在起重机下。距地面 1 m 至 1.2 m。手电门通过电磁开关的闭合与切断，来控制电动机的正反转，以达到吊载起升、下降、左右及前后运行的目的。

当操纵固定电动葫芦作业时，手电门上有两个按钮，常称为"二豆"手电门，只能操纵吊载起升与下降；当操纵悬挂轨道电动葫芦作业时，手电门上有四个按钮，常称为"四豆"手电门，则能操纵吊载起升下降和左右横行；当操纵电动单梁起重机作业时，手电门上应有六个按钮，常称为"六豆"手电门，可以操纵吊载起升下降，左右横行和前后运行。手电门上设有机械联锁保护装置，新型手电门还设有总电源开关或电钥匙，还有低压（36 V 或 42 V）手电门和双速手电门。

手电门按钮标记常为"上""下""左""右""前""后"或↑、↓、←、→、×、·两种标记形式，其按钮标记必须与起重机动作相一致，否则很容易出现操作事故。

按手电门安装部位和安装方式的不同，常见的地面操纵形式有如下几种：

①固定式手电门操纵　悬吊手电门的橡胶软电缆被固定在起重机主梁某一固定位置上，或固定在一固定悬臂上。这是一种旧式的操纵形式，现已不多见，只有在跨度小，或地面上有长期固定的障碍物，操作人员的横向位移被限定在某一个范围内时，才采取这种操纵形式。

②跟随式手电门操纵　手电门通过橡胶软电缆悬吊在电动葫芦的电磁开关之下，操作人员操纵时必须跟随吊载横向或纵向运动而移动，这种操纵形式是目前地面操纵普遍采用的形式，其优点是操作人员距离吊载近，观看清楚，排除干扰及排除故障快。其缺点是操作人员被限定在吊载近处，又容易造成吊载碰撞冲击、砸伤等人身事故。

③滑道式手电门操纵　如图 6—13 所示，由起重机桥架固定支撑着滑道，滑道由异型轧制开口槽钢构成，槽内装有数个滚动小跑车，小跑车下悬挂着扁电缆，扁电缆一端与电磁开关箱相接，另一端悬垂下挂手电门。操作人员按动手电门，通过小跑车在滑槽内横向移动，就像拉窗帘一样能自由横向伸缩，操作起来十分灵活方便。要观察吊载状态时，操作人员可以随时靠近吊载，考虑安全时又可以随时远离吊载操纵，这种操纵方式可以根据操作人员的实际需要，自由地掌握与吊载的远近，既安全又方便，是较好的地面操作方式之一。

(2) 操纵室操纵

操纵室操纵也是葫芦式起重机操纵方式之一。为防止触电，操纵室应安装架设在非电源滑线侧，当起重机运行速度要求在 $v>45$ m/min 时，应安装操纵室进行操作，根据需要操纵室有开式、闭式之分，开门方向有侧面开门和端面开门之分。

(3) 遥控操纵

当操作现场环境条件不允许操作者直接

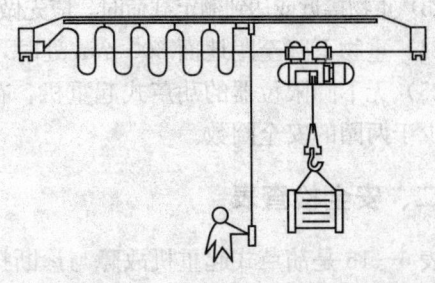

图 6—13 滑道式手电门操纵

按动由起重机悬吊的手电门按钮时，而采取操作者应与葫芦式起重机分别在不同的场所，一边监视起重机的动作，一边操纵按钮使起重机作业，这种形式的操纵称为遥控操纵。此外，还可以采用无线电操纵和程序控制等。

2. 葫芦式起重机安全操作规程

1) 不得超载进行吊载作业。
2) 不得将吊载在任何人员上方通过。
3) 不得侧向斜吊。
4) 不得利用起升限位器作起升停车使用。
5) 不得在正常作业中使用缓冲器达到停车的目的。
6) 不得在吊载中调整制动器。
7) 不得在作业中进行检修与维护。
8) 不得在吊载有剧烈振动时进行起吊、运动等作业。
9) 不得在吊载重量不明的情况下进行作业，如吊拔埋置物及斜拉作业。
10) 不得随意拆改葫芦式起重机上任何安全装置。
11) 不得在下列有影响安全的缺陷及损伤下作业：制动器失灵、限位器失灵、吊钩螺母防松装置损坏、吊装钢丝绳损伤已达到报废标准等。
12) 不得在捆绑吊挂不牢、吊载不平衡易滑动、易倾翻状态下作业；重物棱角处与吊装钢丝绳之间未加衬垫时，不得进行吊装作业。
13) 不得在工作场地昏暗、无法看清场地与被吊物情况下作业。
14) 注意作业中吊载附近是否有其他人员，以防出现撞冲事故。
15) 注意吊钩是否在吊载的重心上方。
16) 注意吊载处在狭窄的场所、易倾倒的位置时不宜盲目操作。
17) 注意作业中应随时观察前后左右各方位的安全性。
18) 确认操作处于易见方位再进行操作。
19) 确认手电门按钮标记后再动作。
20) 确认吊具或吊装绳真正处于正确吊装状态，没有挂扯其他物体时，再按动起升按钮。
21) 发现故障时应及时与安全维护人员联系，及时排除故障与隐患。
22) 发现故障时应立即切断总电源。

23) 重物接近或达到额定载荷时,应先做小高度、短行程试吊后,再平稳地进行起升与吊运。

24) 重物下降至距地面 300 mm 处时,应停车观察是否安全再下降。

25) 无下降限位器的葫芦式起重机,在吊钩处于最低位置时,卷筒上的钢丝绳必须保证有不少于两圈的安全圈数。

二、安全检查表

表 6—16 是葫芦式起重机故障与诊断排除表。

表 6—17 是葫芦式起重机月检表。

表 6—18 是葫芦式起重机年检表。

表 6—16　　　　　　　　葫芦式起重机故障与诊断排除表

序号	项目	常见故障	故障诊断	排除方法
1	电动机	空载时：电动机不能起动	①电源未接通 ②按钮失灵，接触不良 ③电磁开关箱中的熔断器接触器等元件失效 ④限位器未复位 ⑤按钮接线折断	①接通电源 ②整修有关的电器元件 ③调整或重接按钮线
		空载旋转；有载不转	①转子断条，转子铸铝铝条粗细不均匀 ②电动机单相运转	①更换电动机 ②重新接线
		电动机起重勉强，噪声大或有异常声响	①超载过多 ②电源电压过低 ③制动器未完全脱开 ④接线，电磁线圈等有断裂等	①按规定吊载 ②调整电源电压 ③调整制动器间隙 ④重新接线
		烧包（定子绕组烧毁）	绝缘等级低，多为漆包线有外伤	更换电动机
		过热	①超载过多 ②电压波动（降压）太大 ③起制动过于频繁 ④制动器间隙太小	①按规定吊载 ②调整电源电压 ③应适当减少起制动次数 ④重新调整制动器间隙
2	减速器	减速器噪声大（超过标准）	①缺油，润滑不良 ②零件有磕碰，制造装配精度低 ③齿轮、轴承等零部件磨损严重	①加足润滑油 ②修整齿轮齿面的磕碰，改进装配质量 ③更换齿轮、轴承
		减速器箱体碎裂	多因起升限位器失灵，吊钩滑轮外壳直接撞击卷筒外壳，造成吊钩偏摆打裂箱体	更换或修理起升限位器
3	制动器	制动失灵	①电动机轴断裂 ②锥形制动环装配不当，出现磨损台阶	①更换电动机轴 ②更换制动环，并正确装配

续表

序号	项目	常见故障	故障诊断	排除方法
3	制动器	重物下滑或运行明显刹不住车	①制动间隙太大 ②制动环磨损严重超过规定值未更换 ③电动机轴或齿轮轴轴端紧固螺钉松动（CD型葫芦常见）	①调整制动间隙 ②更换制动环 ③将电动机卸下，拧紧松动的紧固螺钉
		制动时发出刺耳声音	制动轮与制动环间有相对摩擦，接触不良	重新调整制动器或车削一下制动环，使锥度相符（对于锥形制动器而言）
4	卷筒装置	导绳器破裂	斜吊	按安全规程操作
		外壳带电	轨道未接地或接地线失效	加装或接通接地线
5	钢丝绳	拉断	①起升限位器失灵被拉断 ②超载过多 ③已达到报废程度仍使用	①修理或更换限位器 ②按规定吊载 ③更换钢丝绳
		变形	①无导绳器，造成钢丝绳被挤压变形 ②斜吊造成乱绳而变形	①应装导绳器 ②按安全规程操作
		磨损	①斜吊造成钢丝绳与外壳磨损 ②滑轮绳槽、卷筒绳槽与钢丝绳不相匹配	①不要斜吊 ②合理选择钢丝绳
		空中扭转	在地面缠绳时，未将钢丝绳放松	让钢丝绳在放松状态下缠绳
6	手电门	按钮动作失灵按下不能复位	①按钮弹簧疲劳破坏 ②灰尘污物过多 ③悬挂电缆断线或接线松落	①更换弹簧 ②保持清洁 ③更换电缆或重接线
		动作与按钮标志不符	电源相序接错	把三根导线中未接地的两根对调
		触电	①采用铁壳手电门 ②非低压手电门	①采用塑料手电门 ②采用低压（36 V 或 42 V）手电门
7	交流接触器	线圈断裂	疲劳破坏	更换接触器
		触点粘连	未能清除，磁铁接触面上的防锈油或凡士林，特别在冬天低温下更易造成触点粘连	清除磁铁接触面上的防锈油或凡士林
		触点烧毁	触点接触面质量太差	选择接触面质量好的接触器

续表

序号	项目	常见故障	故障诊断	排除方法
8	起升限位器	负荷升降时不能限位	①电源相序接错,接线不牢 ②限位杆的停止块松脱	①重新接线,修整 ②紧固停止块于需要的位置上
9	葫芦运行小车	车轮打滑	工字钢轨道面或车轮踏面上有油、水等污物	清除轨道或车轮上的污物
		小车三条腿	①工字钢下翼缘不规整 ②运行小车制造装配精度低,三条腿现象严重	①进行火焰修整 ②按制造装配精度要求进行检查并修整
		轮缘爬轨,咬道	①阻进器或缓冲器不对称 ②运行小车主被动侧重量不平衡,造成被动侧车轮翘起易爬轨	①重新调整缓冲器和阻进器为对称结构 ②在被动侧加配重
10	起重机运行机构	起动时: 主动车轮打滑	①轨道面或车轮踏面有油、水污物 ②车轮装配精度差,出现三条腿、主动车轮压太小或悬空	①清除污物,必要时在轨顶面撒砂子 ②改进车轮装配质量,或火焰矫正桥架
		起动、制动时: 有明显的不同步、扭动、侧向滑移	①因磨损造成车轮踏面直径尺寸相差较大 ②分别驱动的制动电动机制动间隙相差较大	①更换车轮 ②同一个人调整两侧驱动电动机的制动间隙
		制动时刹不住车	①制动器间隙太大 ②制动环磨损已达到极限而未更换	①调整制动器间隙 ②更换制动环
		运行中: 出现歪斜—跑偏—"啃道"—磨损	①轨道架设质量差 ②起重机桥架几何精度差 ③车轮槽宽与轨顶面宽间隙配合不当 ④车轮直径尺寸相差较大	①检查轨道跨度、标高差等,并进行修整 ②检查起重机跨度、跨度差、对角线差,并修整 ③调整车轮与轨道侧隙 ④检查车轮直径,必要时更换车轮
		运行中: 出现卡轨、爬轨、掉道或正常的蛇行、扭摆、冲击、振动	①轨道与桥架跨度配合不当 ②轮槽与轨道顶面配合不当 ③起重机三条腿现象严重 ④起重机跑偏现象严重 ⑤轨道接缝质量差	①检查起重机和轨道几何精度,并修复 ②调整车轮与轨道侧隙 ③必要时进行起重机大修 ④修整轨道接缝

续表

序号	项目	常见故障	故障诊断	排除方法
11	主梁	主梁上拱度消失,甚至出现下挠	①超载起吊 ②疲劳过度	①按规定吊载 ②火焰烘烤修复
		主梁工字钢下翼缘下塌	①超载起吊 ②工字钢下翼缘磨损过度而变薄,局部弯曲强度减弱	①在工字钢下翼缘下表面贴板补强 ②下塌超过一定极限,无法修复时应报废
12	操纵室	震动与摇晃	①操纵室本身刚性差 ②起重机主梁刚性差 ③起重机运行振动冲击大	①加强操纵室刚性 ②增加减震装置 ③适当提高主梁刚性 ④对轨道缺陷进行修复
13	电气	起重机行程开关失灵	①短路 ②接线不对	重新接线
		电源引入装置滑轮滑脱	①塑料滑轮磨损严重 ②滑线架设支承不当	①换成耐磨塑料滑轮 ②修整滑线支承装置
14	减速器的密封	渗、漏油	①油封疲劳破坏、失效 ②减速器加油过多 ③装配时连接螺栓未拧紧	①更换新油封 ②将油全部放掉,重新按规定的油量加油 ③紧固螺钉
15	锈蚀	零部件裸露表面锈蚀严重	①裸露的机械零件未进行镀锌或煮黑处理,或未涂防锈漆或漆层剥落严重 ②金属结构件涂漆质量太差、剥落严重	①更换经过镀锌、煮黑等处理的零件 ②除锈 ③重新涂防锈性能好的漆层
16	操作	误操作	①操作者技术素质差 ②操作者精神不集中	加强安全管理,教育与培训

表 6—17　　　　　　　　　　葫芦式起重机月检表

序号	月检项目		月检内容与要求
1	整机性能	整机噪声检测	用声级计（分贝仪）检测起升、下降、运行时的噪声，声级计相当于听诊器，可通过测量噪声的大小来察看和分析各机构是否有异常
2		满载起升时机构检查	在满载起升时目测主梁或吊载是否有异常振动，倾听各机构是否有异常声响，在可能的条件下手触各齿轮箱、电机是否有异常发热，分析这些异常的原因，并排除这些异常现象
3		满载下降下滑检查	满载下降中停车，观察下滑量是否太大，如果下滑太大，应及时调整起升制动器间隙，直到刹车正常为止
4		葫芦小车运行检查	观察葫芦运行小车在横行中是否有爬坡吃力、运行打滑、车轮悬空、啃轨，甚至有轮缘爬轨等现象。如果有上述现象，应检查主梁是否刚性太差，轨道面上是否有油污，运行小车制造装配精度是否太差等
5		起重机（大车）起制动检查	检查起重机在起动和制动时，是否有明显的不同步现象，如果有应及时调整大车运行制动器间隙，最好由同一个人调整，分别驱动的两个制动器，因手感一样
6		起重机运行中的检查	察看起重机在运行中是否有异常蛇行、扭动、侧向滑移、歪斜跑偏、"啃道"、异常声响等现象，做好记录，查找原因
7		起重机运行中的刹车检查	检查运行制动器刹车动作是否灵敏，是否有刹不住车滑行距离太大的现象
8		检查起重机车轮的着力点（三条腿现象）	观察起重机的四个车轮中是否有悬空现象，运行中是否有个别车轮似转非转，出现三条腿现象
9		渗漏检查	观看起升减速器，大小车运行减速器是否有渗、漏油现象
10		整机绝缘性能检查	用 500 V 兆欧表分别测量各机构主回路，控制回路（低压控制除外）对地的绝缘电阻均应≥0.5 MΩ
11		表面涂装检查	察看起重机各部分表面是否有锈蚀、脱漆、损伤等缺陷
12	起重机运行轨道	运行范围内的通过性检查	检查起重机整个运行范围是否有障碍物起重机与土建侧面和顶面的间隙是否太小，与电灯、配线管及其他土建上物品是否有接触的危险，起重机与带电电源裸线是否靠得太近
13		运行止挡（阻进器）检查	阻进器是否有变形、损伤、脱落的危险，采用螺栓固定时，螺栓是否有松动，采用焊接固定时，焊缝是否有龟裂
14		轨道变形检查	从上下、左右方向检查整根轨道是否有异常弯曲变形已超过轨道安装技术要求
15		轨道安装检查	检查轨道接缝处是否有变形，固定螺栓是否有松动，轨道是否有侧向移动；焊缝是否有龟裂；垫板、连接板是否有松动
16		轨道磨损检查	运行轨道路面和侧面，工字钢轨道翼缘踏面和翼缘端部是否有局部严重磨损部分或出现剥落和变形等现象

第六章 葫芦式起重机安全技术

续表

序号	月检项目		月检内容与要求
17	主梁与端梁	主、端梁焊缝检查	察看主梁、端梁上的焊缝是否有裂纹
18		主梁磨损与变形检查	检查主梁工字钢轨道翼缘踏面和侧端是否有严重磨损部分,翼缘是否有塑性变形(翼缘下塌现象)
19		主、端梁连接检查	主、端梁之间采用螺栓连接时,检查螺栓是否有松动
20		主梁上轨道检查	对于主梁上采用支承型轨道时,要检查轨道是否有异常弯曲变形;检查轨道压板连接螺栓是否有松动;检查焊缝是否有裂纹
21		检查主梁上的运行止挡	检查主梁上的小车运行止挡是否出现变形、损伤、脱落危险;连接螺栓是否有松动;焊缝是否有裂纹
22		检查主、端梁上的缓冲器	安装在主梁止挡上和端梁端部上的抗撞击的缓冲器及连接螺栓不得有松动,缓冲器不得有龟裂、破损、裂纹等缺陷
23	电动机制动器	电动机发热检查	检查起升、运行电动机是否过热现象,如果有,应分析原因是超载过多还是电压波动(压降)太大,或者是起制动过于频繁,制动器间隙太小,制动轮与制动环(片或块)之间有摩擦等
24		电动机结构性检查	检查起升、运行电动机是否起动勉强、噪声太大或有异常声响。此时应分析是否超载过多,电源电压过低。制动器未完全脱开或接线等有虚接、断裂等原因
25		磨损状态检查	对于锥形制动电动机,应打开电机罩观察,锥形制动环或平面制动环的磨损状态,可以用手轴向推动风扇轮看窜动量是否太大,窜动量大证明磨损严重,窜动量不得大于 4 mm,应能调整到窜动量为 1.5 mm;否则应报废更换制动环;对于平面制动器、瓦块制动器的材料,当磨损量达到原始厚度的 50% 时应报废更换
26		刹车性能检查	检查起升机构中制动器在重物下降时是否刹不住车下滑太大;检查运行机构制动器在运行中刹车制动不住滑行是否太大,有上述现象时,应及时调整制动器的制动性能
27		制动器电动机结构性检查	检查各制动器锁紧螺母(锥形制动器)是否松动;电磁瓦块制动器连杆机构各铰接部分磨损状态,弹簧是否有松动;是否有制动时发出尖叫声,如果有尖叫声应检查制动轮与制动环(片或块)之间是否有相对摩擦或接触不良等缺陷,弹簧是否有塑性变形
28	减速器	检查齿轮传动的声响	检查各机构传动齿轮的声响是否有异常,异常声响是由缺油润滑不良、齿轮轴承磨损严重、齿面有磕碰外伤、齿轮加工和装配精度造成的
29		电动机结构性检查	检查各减速器连接或固定螺栓是否有松动,是否有漏油现象;起升减速器箱体是否有被吊钩偏摆砸裂现象(起升限位器失灵造成)

续表

序号	月检项目		月检内容与要求
30	卷筒装置	磨损状态检查	查看卷筒绳槽磨损状态，是否有异常磨损
31		卷筒外壳检查	察看卷筒外壳是否有外伤（当起升限位器失灵最容易造成吊钩滑轮顶伤外壳）
32		导绳器检查	检查导绳器是否有破裂；空钩下降时钢丝绳能否顺利地从导绳器出绳口排出
33		结构性检查	检查卷筒上压绳板是否有松动，卷筒连接螺栓是否有松动，导绳器连接螺栓是否有松动，导绳器的导向滑块移动是否顺利
34	钢丝绳	断丝检查	观察钢丝绳是否有断丝现象，当断丝在一个导程之内断丝数超过钢丝总数10%应报废
35		磨损状态检查	钢丝绳磨损后的直径减小量不得超过公称直径的7%，否则应报废
36		变形检查	因斜吊造成的挤伤变形或出现扭结的钢丝绳应报废
37		腐蚀检查	检查钢丝绳外表不得有锈蚀现象，钢丝径向磨损量达原直径的40%应报废。外表应持有一定量的润滑油。但不得有过多的污物
38		空中扭转故障检查	察看钢丝绳在空中（特别是四绳以上者）是否有打花扭转现象，这是由于缠绕时钢丝绳未能在放松状态进行造成的
39		结构性检查	对钢丝绳工作的重要部位和安全环节必须做到经常检查，如钢丝绳的各固定部位是否有松动的危险，与滑轮、平衡滑轮接触部位不得有缺油、啃绳等故障
40	承载链条	裂纹检查	应检查链环不得有裂纹，有裂纹应报废
41		磨损状态检查	链环直径磨损达原直径的10%应报废
42		变形检查	链条发生塑性变形伸长达原长度的5%应报废
43	吊钩与滑轮	裂纹检查	吊钩、滑轮和滑轮外壳均不得有有害的裂纹
44		磨损状态检查	吊钩钩口及滑轮槽均不得有异常的磨损，钩口磨损量超过原高5%应报废
45		结构性检查	察看滑轮是否有破损，吊钩螺母是否有未锁紧的危险，外壳连接螺栓和挡轴板固定螺栓是否有松动危险，均衡滑轮固定螺栓是否有松动等
46		变形检查	吊钩钩口不得有异常变形
47		回转检查	检查链轮、滑轮能否灵活回转
48	车轮	磨损检查	车轮踏面及轮缘内侧表面均不得有异常磨损
49		裂纹检查	车轮表面不得出现异常裂纹
50	传动轴与联轴器	变形检查	检查传动轴是否有变形、震动等现象
51		支撑检查	检查传动轴支座螺栓是否有松动，供油情况等
52		检查联轴器的工作状态	察看联轴器的磨损状态、固定状态、运转状态是否有异常

续表

序号	月检项目		月检内容与要求
53	司机室	固定状态检查	检查司机室固定连接螺栓是否有松动，采用焊接连接时焊缝是否有裂纹
54		工作状态检查	通风、取暖、照明等是否正常合理，司机室是否摇晃严重
55	标牌	检查醒目度、项目	观察标牌位置是否合理、清晰醒目，项目是否齐全
56		检查固定状态	吨位牌、铭牌固定螺栓或铆钉是否有松动
57	电源引入装置	馈电裸滑线安全检查	检查起重机馈电裸滑线与周围设备的安全距离是否符合有关规定要求，是否有相应的安全保护措施
58		滑触面检查	察看滑线的滑触面是否有腐蚀、锈蚀缺陷，如有应及时用钢刷、砂纸打磨，以保证导电性能
59		绝缘装置检查	检查滑线的支撑绝缘子不得有破损，连接部位不得有松动
60		软缆引入装置检查	当电源采用软缆引入时，应检查支撑软缆的拉紧钢丝（或钢丝绳）的磨损状态和张紧状态
61		滑触线安全标志检查	检查供电主滑线（电源滑线）在非导电接触间是否涂有红色油漆安全标记，在适当的位置是否装置有安全标志，或是否有表示带电的指示灯
62	集电器	磨损状态检查	检查集电器滑轮、销轴或吊线环的磨损状态，不得有异常磨损
63		固定状态检查	集电器与电缆的连接螺栓不得有松动，集电器的绝缘体，固定应安全可靠
64		集电器滑轮回转状态检查	集电器滑轮应能灵活而平稳地回转，如有摩擦声响或回转困难应及时供油润滑
65		集电器弹簧检查	集电器的弹簧不得因生锈或疲劳而丧失弹力
66	机内接线	机内接线外表检查	从集电器至电动机和各电器的配线称为机内接线。机内接线包括橡胶软缆配线，所有的配线不得有外伤
67		固定连接检查	所有的电器固定连接螺栓不得有松动，所有的机内配线固定连接螺栓不得有松动，配线管在机体上的固定要牢固
68		软缆移动检查	检查作为电源引入的软缆在移动中是否有异常弯曲和扭转
69		扁电缆伸缩性能检查	检查扁电缆是否因材质或老化伸张收缩困难、柔软性是否变差
70	电磁接触器	触点及铁芯检查	打开电磁开关箱，查看触点和铁芯是否有异常磨损损伤，铁芯端面是否平整清洁
71		配线固定检查	检查各配线固定螺钉是否有松动
72		接触器动作检查	动作应灵敏可靠、触点接触紧密，无粘连、卡阻故障

续表

序号	月检项目		月检内容与要求
73	手电门	外观检查	按钮标志应明显,手电门开关盒无外伤
74		结构性检查	手电门悬挂软缆上下端连接部位附近不得出现破损,联锁应无故障,内部绝缘要完好可靠,不得有断线等故障
75	起升限位开关	动作检查	检查起升限位开关动作是否灵敏安全可靠
76		触点检查	检查开关的触点是否有损伤和磨损状况。损伤严重、磨损严重时应及时更换,以保证安全使用
77		配线固定检查	检查接线固定连接螺钉是否有松动
78		限位位置检查	吊钩滑轮组起升至上极限位置,起升限位开关应能立即动作,此时吊钩滑轮组最高点距卷筒最低点距离应保证有 50 mm 以上的距离

表 6—18　　　　　　　　葫芦式起重机年检表

			检查项目	检修标准
运行轨道	起重机运行轨道状态	1	轨道踏面清洁状态	不得集聚灰尘、铁屑,也不得附有油污和污水
		2	轨道跨度检测	支承型轨道: $S \leq 10$ m: $\Delta S = \pm 2$ mm $S > 10$ m: $\Delta S = \pm [3 + 0.25(S-10)]$ mm;梁式悬挂起重机轨道 $\Delta S = \pm 3$ mm S 为跨度 (m),ΔS 为跨度偏差
		3	轨道倾斜度	$\leq 1/1\,000$
		4	同一截面两轨道标高差	3～5 mm
		5	同一侧轨道支撑点标高差	$\leq L/1\,000$（L 为支撑点间距）
		6	轨道接缝间距	接缝间距 ≤ 2 mm
		7	轨道裂纹与变形检查	轨道不得有裂纹和变形（塑性）
		8	轨道接缝错位	踏面上下、左右相错 ≤ 1 mm
		9	轨道踏面疲劳检查	轨道踏面不得有剥落疲劳破坏
		10	轨道磨损	支承型轨道:磨损量 $\leq$ 原尺寸的 10%;悬挂形轨道:踏面 ≤ 10%;宽度 ≤ 5%
		11	轨道固定安装检查	螺栓不得有松动;焊缝不得有裂纹
起重机桥架	主梁	12	主梁外观安全技术检查	不得有外伤和异常变形;锈蚀量 $\leq$ 原板材厚度的 10%;漆层不得有剥落
		13	焊缝安全技术检查	焊缝不得有裂纹
		14	主梁跨中上拱度检查	上拱度 $F = \left(\dfrac{1}{1\,000} \sim \dfrac{1.14}{1\,000}\right) S$
		15	主梁旁弯检查	旁弯值 $f \leq S/2\,000$

续表

	检查项目		检修标准
起重机桥架	主梁	16 主梁葫芦运行轨道的磨损状态检查	对于主梁工字钢轨道，踏面磨损量≤原尺寸的10%；宽度磨损量≤原尺寸的5%；对于葫芦双梁小车轨道用轻轨或方钢轨道时，踏面和侧面磨损量≤原尺寸的10%
		17 主梁工字钢轨道翼缘局部弯曲变形	工字钢主梁其承载翼缘不得有明显的下塌变形（塑性变形）
		18 葫芦双梁小车轨距检查	小车轨距为±3 mm
		19 起重机运行轨道固定安装检查	采用螺栓固定连接轨道时，螺栓不得有松动；采用焊接固定轨道时，焊缝不得有裂纹
	端梁	20 端梁外观安全技术检查	不得有外伤和异常变形；锈蚀量≤原材料厚度的10%；漆层不得有剥落
		21 焊缝安全技术检查	焊缝不得有裂纹
		22 轮距偏差	$K \leqslant 2.5$ m：$\Delta K = \pm 3$ mm $K > 2.5$ m：$\Delta K = 5$ mm （K 为轮距；ΔK 为轮距偏差）
	起重机运行机构	23 运行电动机异常检查	电动机不得有起动吃力勉强，噪声太大或有异常声影响
		24 运行制动器检查	制动应安全可靠灵敏； 当制动器零部件出现下列情况应报废更换：裂纹；制动环或制动片等衬料磨损量达原厚度的50%；弹簧出现塑性变形；小轴或轴孔直径磨损达原直径的5% 制动轮的制动摩擦面，不应有妨碍制动性能的缺陷或沾染油污 当制动轮轮缘厚度磨损达原尺寸厚度的50%；轮面凹凸不平达1.5 mm时应报废
		25 运行减速器安装状态	固定连接螺栓不得有松动
		26 运行减速器外观检查	外壳不得有外伤、破损
		27 运行传动齿轮安全技术检查	齿轮出现下列情况之一应报废： 齿轮出现裂纹 齿轮出现断齿 齿面点蚀损坏达啮合面的30%，且深度达原齿厚的10% 第一级啮合齿轮磨损达原齿厚的15%，其他级啮合齿轮齿厚磨损达原齿厚的25%，开式齿轮达原齿厚的30%
		28 运行减速器密封检查	不得有渗、漏油现象
		29 键联接检查	键及键槽不得有松动、变形
		30 轴的磨损状态	磨损量≤原轴径的2%
		31 轴承的检查	是否涂有油脂；不得有破损；安装不得有松动
		32 油封的检查	不得有老化变质 与轴或孔的接触面不得有损伤

续表

		检查项目	检修标准
起重机桥架	起重机运行机构	33 齿轮联轴器检查	出现下列情况之一应报废： 裂纹 断齿 齿厚的磨损达原齿厚的 20%
		34 车轮表面安全技术检查	出现下列情况之一应报废：裂纹 轮缘厚度磨损达原厚度的 50% 轮缘厚度弯曲变形达原厚度的 20% 踏面厚度磨损达原厚度的 15% 当运行速度≤50 m/min 时，圆度达 1 mm 当运行速度>50 m/min 时，圆度达 0.5 mm
		35 两侧车轮直径差	踏面直径差≤1%
		36 车轮轴的磨损状态	磨损量≤原轴径的 2%
		37 轴承检查	不得有破损或裂纹
	桥架	38 跨度偏差 ΔS	$S \leq 10$ m：$\Delta S = \pm 2$ mm $S > 10$ m：$\Delta S = \pm [2+0.1(S-10)]$ mm 且 $\Delta S_{max} = \pm 10$ mm
		39 桥架对角线差	$W \leq 3$ m：$\|E_1 - E_2\| \leq 5$ mm $W > 3$ m：$\|E_1 - E_2\| \leq 6$ mm （E_1，E_2 为对角车轮距离）
		40 车轮着力点高度差 Δh	$S \leq 10$ m：$\Delta h = \pm 2.5$ mm $10 < S \leq 15$ m：$\Delta h = \pm 3.5$ mm $15 < S \leq 20$ m：$\Delta h = \pm 4.5$ mm $20 < S \leq 25$ m：$\Delta h = \pm 5.5$ mm
电动葫芦	电动机	41 电动机温升检查	对于 E 级绝缘的电动机温升不得超过 115℃
		42 电动机异常检查	检查电动机是否有起动勉强或有异常声响
	制动器	43 制动性能检查	制动性能应安全可靠，刹车灵敏
		44 制动器零件安全技术检查	出现下列情况之一应报废： 裂纹 制动衬料（平面制动环、锥形制动环或瓦块式制动片）厚度磨损达原厚度的 50% 弹簧（螺旋式、碟形弹簧等）出现塑性变形 销轴或轴孔直径磨损达原直径的 5%

续表

	检 查 项 目		检 修 标 准
电动葫芦	制动器	45 制动轮安全技术检查	制动轮的制动摩擦面，不应有妨碍制动性能的缺陷或沾染油污 出现下列情况之一应报废： 裂纹 起升制动轮轮缘厚度磨损达原厚度的40%，运行制动轮达原厚度的50% 轮面凹凸不平达1.5 mm
	减速器	46 安装状态检查	连接螺栓不得有松动
		47 减速器外观检查	不得有破损缺陷
		48 密封质量检查	不得有渗漏油现象
		49 异常检查	不得有异常声响，异常发热
		50 齿轮安全技术检查	出现下列情况应报废： 裂纹； 断齿 齿面疲劳点蚀损坏达啮合面30%，深度达原齿厚的10% 齿轮齿厚磨损达原齿厚的： 第一级齿轮起升齿轮为10%，运行齿轮为15%，其他级齿轮起升为20%，运行为25%，开式齿轮为30%
		51 减速器其他零件检查	键连接不得有松动，变形 齿轮轴的磨损量≤原轴径1% 其他轴的磨损量≤原轴径2% 轴承不得有裂纹和破损 油封不得老化变质，与轴孔的接触面不得有损伤
	卷筒装置	52 钢丝绳尾端固定状态检查	卷筒上钢丝绳尾端压板螺栓不得有松动和异常
		53 导绳器工作状态检查	当空钩下降时，钢丝绳应能自由地从导绳器的出绳口排出
		54 卷筒检查	出现下列情况之一应报废： 裂纹 筒壁磨损达原壁厚的20%
	滑轮	55 滑轮槽外观检查	滑轮槽应光洁平整，不得有损伤钢丝绳的缺陷
		56 铸造滑轮安全技术检查	出现下列情况之一应报废： 裂纹 轮槽不均匀磨损达3 mm 轮槽壁厚磨损达原壁厚的20% 因磨损使轮槽底部直径减小量达钢丝绳直径的50% 其他损害钢丝绳的缺陷

续表

检查项目				检修标准
电动葫芦	钢丝绳	57	钢丝绳润滑状态检查	钢丝绳应保持良好的润滑状态
		58	钢丝绳安全技术检查	钢丝绳报废的具体要求可参看 GB 5972《起重机械用钢丝绳检验和报废实用规范》，钢丝绳的安全程序检查与报废内容主要有以下几个方面： 断丝的性质与数量；绳端断丝；断丝的局部聚集；断丝的增加率；绳股断裂；绳股损坏引起的绳径减小；弹性减小；外部和内部磨损；外部和内部腐蚀；变形；由于热或电弧造成的损坏
	承载链条	59	链条外观检查	不得有明显的腐蚀
		60	链条安全技术检查	出现下列情况之一应报废： 裂纹 发生塑性变形，伸长达原长度的 5% 链环直径磨损达原直径的 10%
	吊钩	61	吊钩安全技术检查	出现下列情况之一应报废： 裂纹 危险断面磨损达原尺寸的 5% 开口度比原尺寸增加 15% 扭转变形超过 10° 危险断面或吊钩顶部产生塑性变形
	葫芦运行车轮	62	车轮安全技术检查	出现下列情况之一应报废： 裂纹 轮缘厚度磨损达原厚度的 50% 踏面磨损达原踏面最大直径的 5%
		63	轮缘与工字钢翼缘的间隙极限	最大间隙不得大于车轮踏面宽度的 50%
电气部分	电源引入装置	64	馈电裸滑线安全检查	年检要求同月检的第 57、58、59、60、61 项
		65	滑触面检查	
		66	绝缘装置检查	
		67	软缆引入装置检查	
		68	滑触线安全标志检查	
	集电器	69	磨损状态	年检要求同月检的第 62、63、64、65 项
		70	固定状态	
		71	集电滑轮回转状态	
		72	集电器弹簧检查	

第六章　葫芦式起重机安全技术

续表

检查项目			检修标准
电气部分	机内接线	73 接线外表检查	年检要求同月检的第 66、67、68、69 项
		74 固定状态	
		75 软缆移动检查	
		76 扁电缆伸缩性能检查	
	电磁接触器	77 触点和铁芯检查	年检要求同月检的第 70、71、72 项
		78 配线固定状态	
		79 接触器动作检查	
	手电门	80 外观检查	年检要求同月检的第 73、74 项
		81 故障与异常检查	
	起升限位开关	82 动作检查	年检要求同月检的第 75、76、77 项
		83 触电检查	
		84 配线固定状态	
		85 限位位置检查	
试车	空载试运转	86 空载试运转	作大车前后运行，小车左右横行，葫芦起升、下降动作，检查是否有异常，动作是否符合按钮标志
		87 安全装置检查	检查起升限位开关，运行行程开关等安全装置动作是否灵敏、安全可靠
	负载试验	88 额定负荷试验	主梁垂直下挠不得超过各种葫芦式起重机相应标准中的规定值
		89 超载试验	超载 25% 起吊载荷，卸载后主梁不得有永久变形、裂纹、油漆剥落、松动、损坏等现象
		90 动载试验	起吊 1.1 倍额定载荷于跨中，只作起升、下降和大车运行，在规定时间内各机构动作应灵活、平稳可靠无异常

第七章　流动式起重机安全技术

第一节　流动式起重机分类及参数

一、流动式起重机分类

流动式起重机是可以配备立柱或塔架，能在带载或空载情况下，沿无轨路面，依靠自身保持稳定的臂架起重机，如图7—1所示。

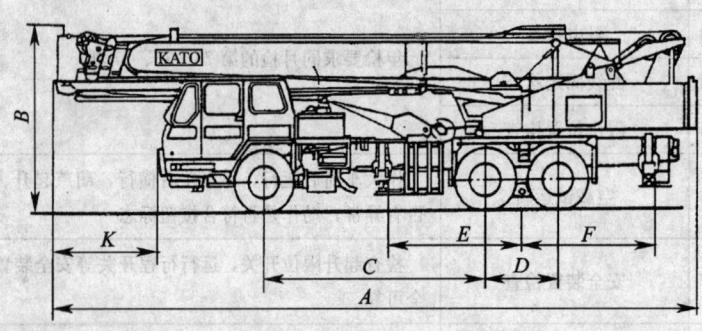

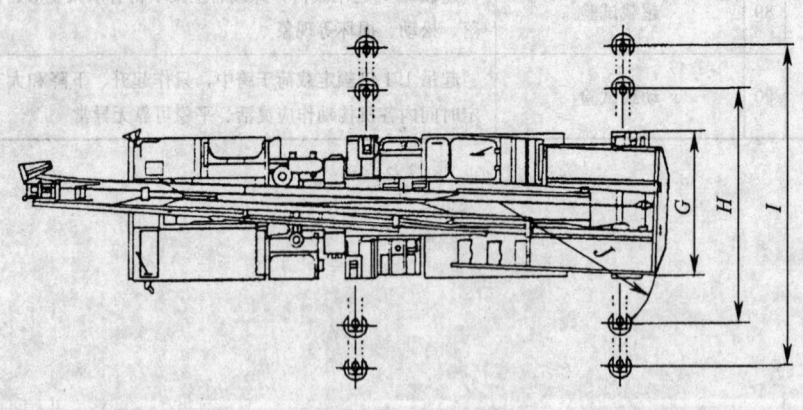

a)

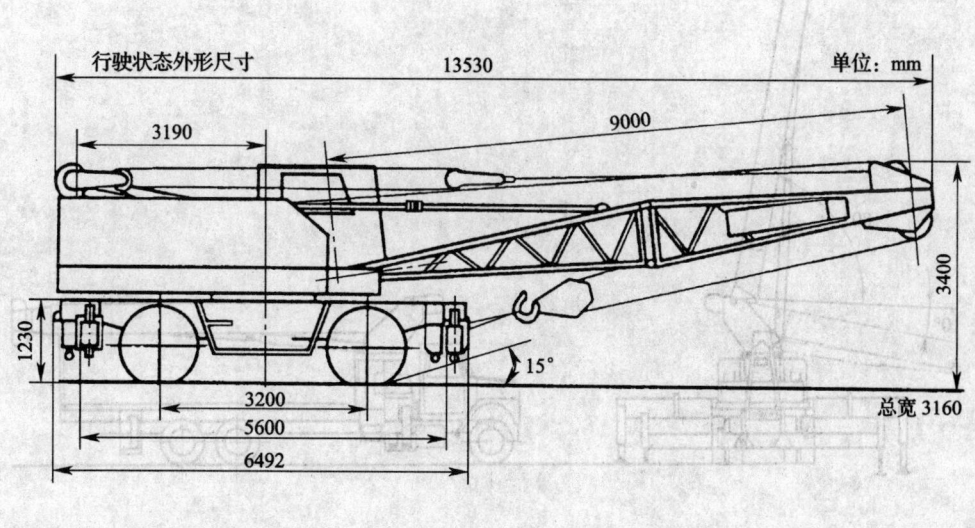

b)

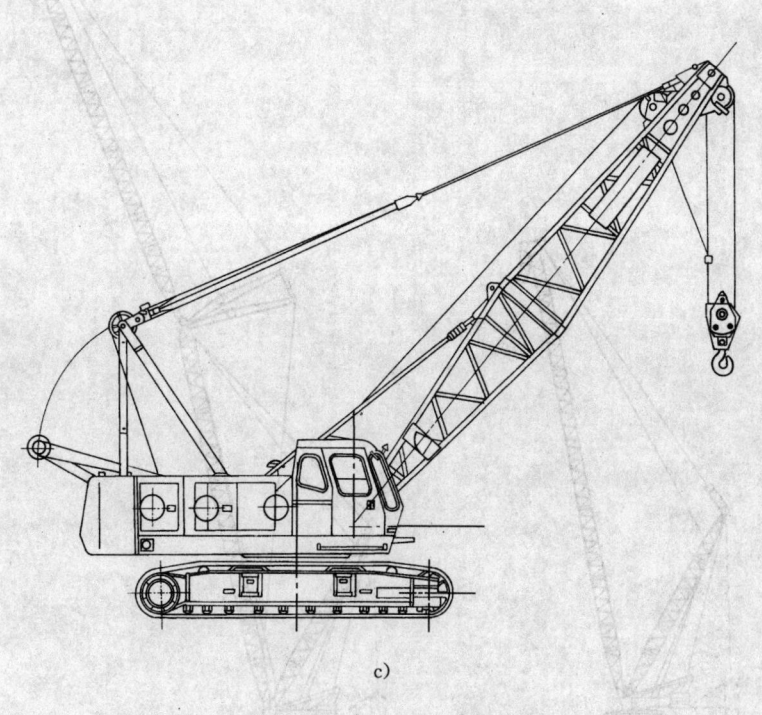

c)

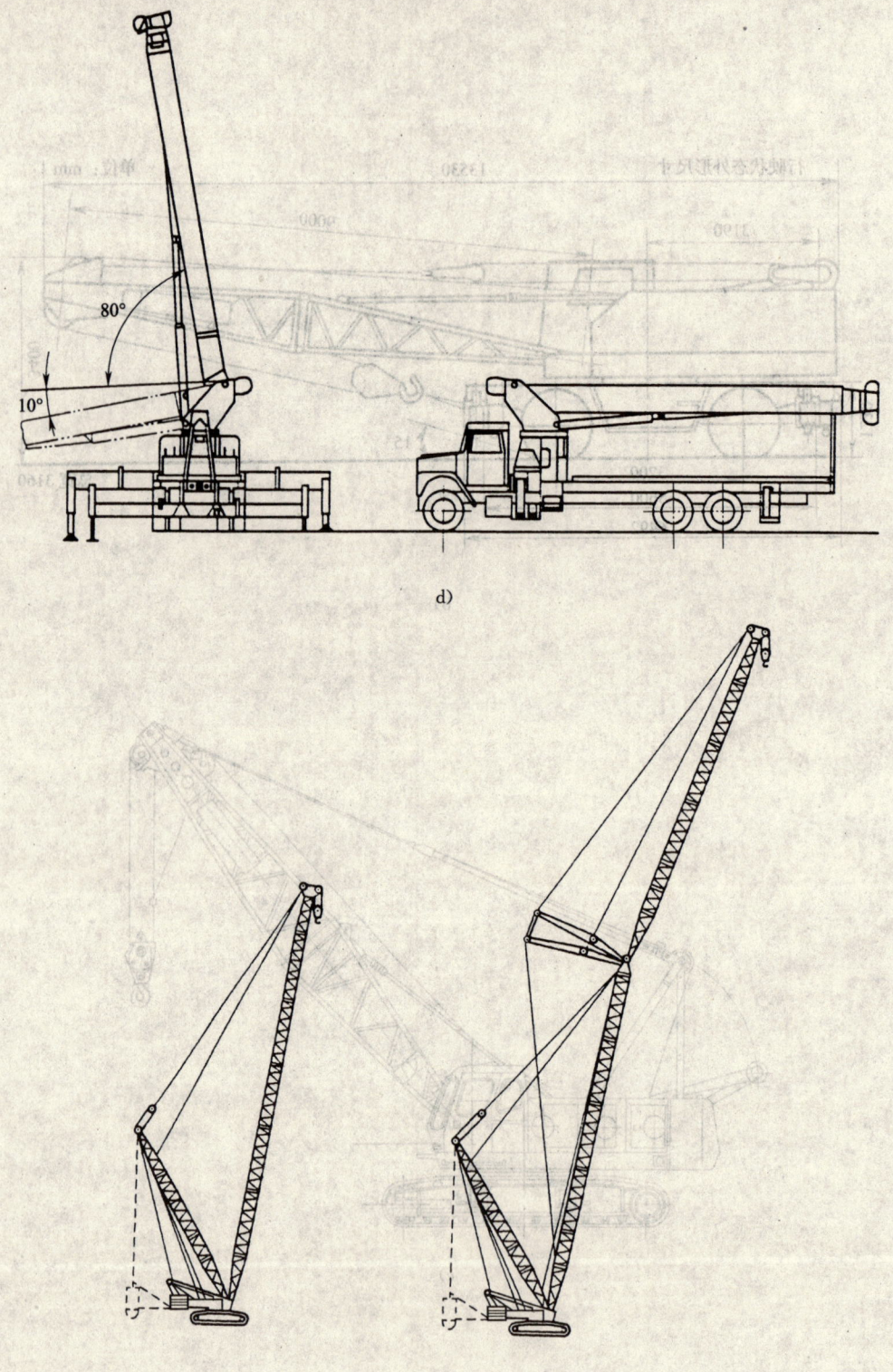

d)

e)

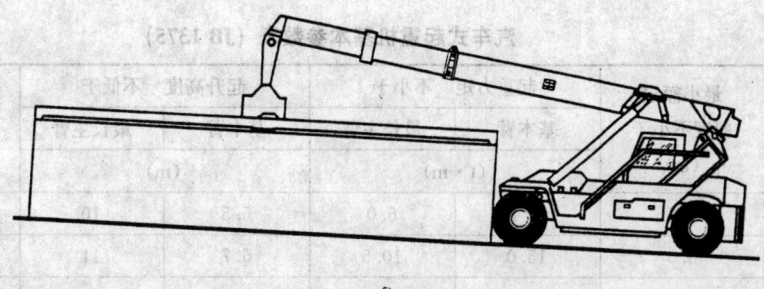

f)

图7—1 流动式起重机

a) 汽车式起重机 b) 轮胎式起重机 c) 履带式起重机 d) 铰接臂流动式起重机
e) 特殊流动式起重机 f) 专用流动式起重机

根据 GB/T 20776，流动式起重机分类如下。

1. 按底盘分类

分为汽车式起重机、轮胎式起重机、履带式起重机、全地面起重机和随车起重机。

汽车式起重机是以通用或专用的汽车底盘为运行装置的流动式起重机。

轮胎式起重机是以装有充气轮胎的特制底盘为运行装置的流动式起重机。

2. 按回转方式分类

分为回转式流动式起重机和非回转式流动式起重机。

3. 按臂架型式分类

分为桁架臂流动式起重机和箱形臂流动式起重机、铰接臂流动式起重机等。

4. 按使用场合分类

分为通用流动式起重机、越野流动式起重机和专用或特殊用途的流动式起重机（如集装箱用等）。

（1）通用流动式起重机就是用于港口、货场、车站、工厂、建筑工地进行货物装卸和建筑安装的流动式起重机。

（2）越野流动式起重机具有良好的越野性能，可在泥泞或崎岖不平的场地进行作业的流动式起重机。

（3）特殊用途流动式起重机是从事某种专门作业或备有其他设施进行特殊作业的流动式起重机。

如专门用于大型设备及构件安装的重型及超重型桁架臂汽车起重机、集装箱轮胎起重机及抢险救援起重机。

二、流动式起重机技术参数

1. 汽车式起重机基本参数

汽车式起重机基本参数见表7—1。

2. 轮胎式起重机基本参数

轮胎式起重机基本参数见表7—2。

表 7—1　　　　　　　　　　汽车式起重机基本参数表（JB 1375）

最大额定总起重量 (t)	最小额定幅度不小于 (m)	起重力矩 不小于		起升高度 不低于		作业状态整机自重不大于 (t)
		基本臂	最长主臂	基本臂	最长主臂	
		(t·m)		(m)		
3	2.8	8.4	6.0	5.5	10	4.5
5	3.0	15.0	10.5	6.7	11	8.0
8	3.0	24.0	15.0	7.5	12	13.5
10	3.0	30.0	22.0	8.0	13	15.0
12	3.0	36.0	24.0	8.5	14	17.0
16	3.0	48.0	28.0	9.0	22	23.0
20	3.0	60.0	38.0	9.5	23	25.0
25	3.0	75.0	48.0	9.5	24	30.0
32	3.0	96.0	60.0	10.0	25	35.0
40	3.0	120.0	75.0	11.0	29	40.0
50	3.0	150.0	85.0	11.0	32	48.0
63	3.0	189.0	95.0	11.5	35	60.0
80	3.0	240.0	105.0	12.0	38	72.0
100	3.0	300.0	115.0	12.5	40	85.0
125	3.0	375.0	125.0	13.0	42	100.0

表 7—2　　　　　　　　　　轮胎式起重机基本参数表（JB 1375）

最大额定总起重量		最小额定幅度不小于 (m)	起重力矩 不小于 (t·m)	起升高度 不低于		作业状态整机自重不大于 (t)
用支腿	不用支腿			基本臂	最长主臂	
(t)				(m)		
8	3.0	3	24	5.0	9	15
10	4.0	3	30	6.0	10	17
12	4.5	3	36	6.5	11	20
16	5.0	3	48	7.0	17	23
20	5.5	3	60	7.5	18	25
25	7.0	3	75	8.0	20	28
32	8.0	3	96	9.0	24	35
40	10.0	3	120	9.0	24	40
50	12.0	3	150	9.5	26	48
63	15.0	3	189	10.0	28	55
80	20.0	3	240	11.0	32	70

注：不用支腿时，最大额定总起重量，指在不用支腿起重作业状态下起重机在各作业方位区的起重量及前方吊重行驶的起重量。

3. 流动式起重机的性能参数、行驶参数和重量参数

(1) 轴荷　起重机总重量（作业时包括起升载荷）分配在底盘轮轴上的载荷。

(2) 轮压　由一个车轮传递到路面上的垂直载荷。

(3) 支腿最大压力　以支腿全伸进行起重作业时，支腿座承受的最大法向反作用力。

(4) 作业时最大路面载荷　起重机起吊额定起重量作全回转运动，支承点作用于路面的最大载荷。

(5) 接地压力（地面压强）起重机总重量对接地面积之比。

(6) 起重机设计质量　没有压重、平衡量、燃料、工作油及润滑剂、水、工具备件和乘员时的起重机重量。对于臂架型起重机应包括主臂架及其平衡重量。

(7) 作业状态整机重量　处于作业状态的起重机，装有完整的工作装置，随机工具备件，平衡量、燃料、油、润滑剂、水等，包括乘员在内的总重量。

(8) 幅度、起升高度、起重臂倾角。

(9) 轮廓尺寸　包括整机全长、整机全宽、整机全高。

(10) 支承轮廓　起重机支承件（车轮或支腿）各连接线的水平投影所形成的轮廓。对于汽车式起重机就是支腿的连接线形成的轮廓。这些连接线就是起重机的倾翻线。

(11) 最小转弯半径　汽车式起重机或轮胎式起重机，在转弯行驶时，转向器（方向盘）处于极限位置，前轮外侧所描述的圆弧半径。

(12) 接近角 α　通过机身前端突出的最低点向前轮所引切面与水平路面的夹角。

(13) 离去角 β　通过机身后端突出的最低点向后轮所引切面与水平路面的夹角。

(14) 最小离地间隙 h　除与地面相接触部分外，固定在底盘下部的刚性部件的最低点与支承地面的距离。

(15) 纵向通过半径 ρ　沿起重机纵向，前、后车轮及两轴间最低点相切的圆弧半径。这些参数与行驶状态的安全有密切关系。

通过性几何参数见表7—3。

表7—3　　　　　　　　　　通过性几何参数表

参数 起重机种类	接近角 α	离去角 β	纵向通过半径 ρ (m)	最小离地间隙 h (mm)
轮胎式起重机	15°～40°	15°～30°	2.7～7	220～300
公路型汽车起重机	25°～30°	25°～45°	2.7～7	220～300
越野汽车起重机	36°～60°	30°～48°	1.9～3.6	260～310

(16) 爬坡能力　无载起重机以稳定行驶速度爬行的最大坡度。汽车式起重机的最大爬坡度在12°～18°。轮胎式起重机的最大爬坡度为8°～14°，越野型轮胎式起重机的最大爬坡度可达20°～30°。

三、底盘轮轴布置标记

汽车式起重机轮轴总数取决于整机重量和道路桥梁标准的许用承载能力。驱动桥数决定

于所需牵引力。

我国公路工程技术标准规定，公路车辆的单后桥轴荷最大为 13 t，而双后桥为 2×12 t。将起重机总重除以许用轴荷可得到最小的轮轴数。

轮轴的表示方法是：2 轴数×2 驱动桥数－前桥数＋后桥数（驱动桥加括号）。

常见的汽车式起重机轮轴布置见表 7—4。

表 7—4　　　　　　　　　　　　　　轮轴布置表

序号	表示法	示意图
1	4×2－1＋(1)	$Q=3\sim16$ t
2	4×4－(1)＋(1)	$Q=5\sim16$ t
3	6×4－(1)＋(2)	$Q=12\sim25$ t
4	6×4－(1)＋2	$Q=12\sim25$ t
5	6×4－2＋(1)	$Q=12\sim25$ t
6	8×4－2＋(2)	$Q=25\sim65$ t

四、型号标记

1. 型式

起重机按结构和性能分为汽车式起重机、通用轮胎式起重机、越野轮胎起重机和全地面起重机。

2. 型号编制

(1) 型号编制如下所示：

第七章 流动式起重机安全技术

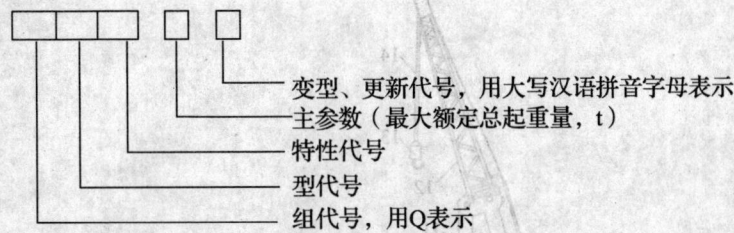

其中型代号：汽车起重机——无代号，通用轮胎起重机——L，越野轮胎起重机——R，全地面起重机——A；

特性代号：机械——无代号；液压——Y；电动——D。

（2）需要在公路上行驶的起重机还要求按 GB/T 9417《汽车产品型号编制规则》编制如下型号。

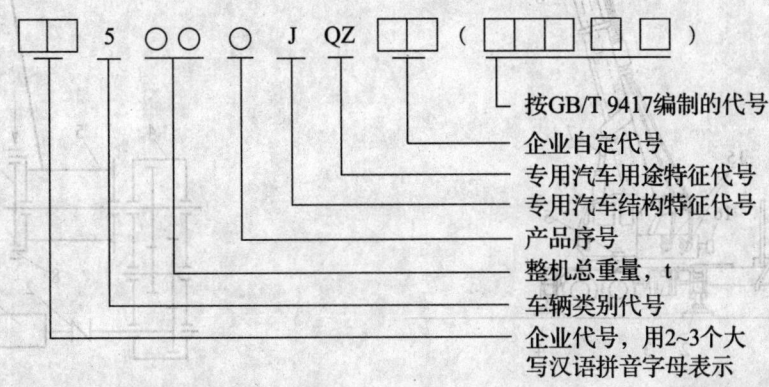

第二节　流动式起重机工作机构

一、汽车起重机工作机构

汽车起重机工作机构有起升机构、变幅机构、回转机构、行走机构。有的汽车起重机还有伸缩臂机构。

这些工作机构的驱动装置一般是柴油机或汽油机。传动方式有机械传动、液压传动等。液压式汽车起重机结构见图7—2。

1. 起升结构

汽车起重机起升机构包括原动机（电动机或油泵）、制动装置、减速装置和卷绕系统。起升机构示意图见图7—3。

对于液压起重机原动机则由油泵驱动机构工作。图7—4是起升机构的油路图。

当把操纵手柄向后拉时，油泵将压力油通过平衡阀3的下方油路进入油马达4，使油泵正向旋转，起升卷筒正转，吊钩上升。

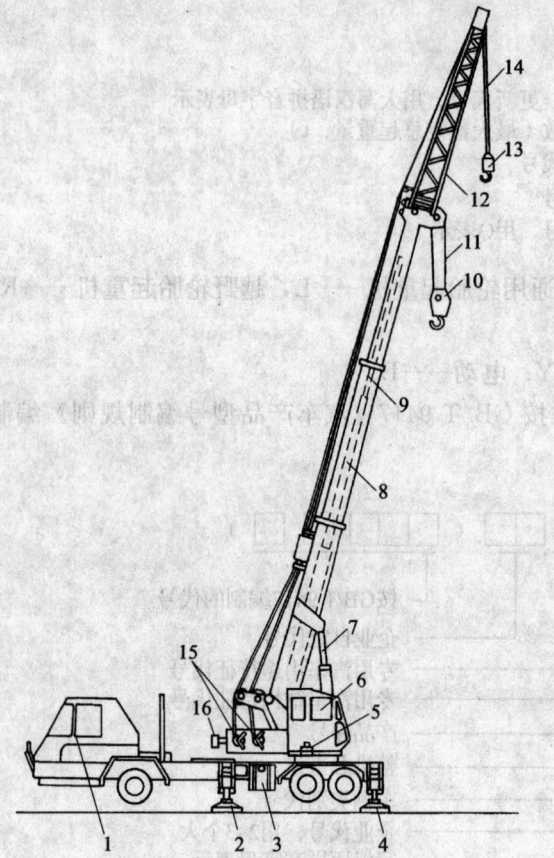

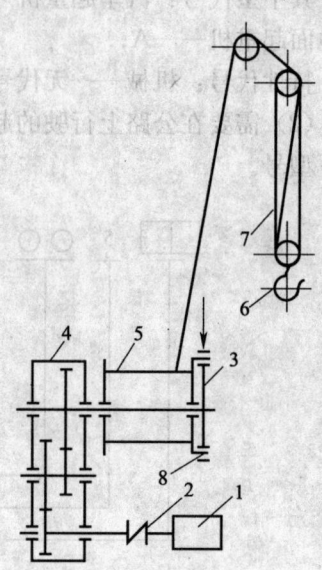

图 7—2　液压式汽车起重机
1—汽车驾驶室　2—前支腿　3—油箱
4—后支腿　5—回转减速器　6—起重机驾驶室
7—变幅油缸　8—伸缩油缸　9—起重臂
10—主钩　11—主钩钢丝绳　12—副臂
13—副钩　14—副钩钢丝绳
15—起升、变幅卷筒　16—平衡重

图 7—3　起升机构图
1—原动机　2—联轴器　3—制动器
4—减速器　5—卷筒　6—吊钩
7—滑轮组　8—离合器

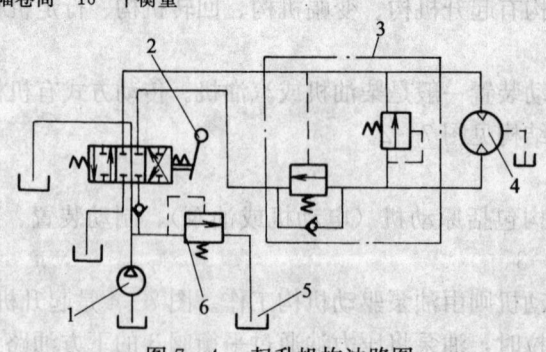

图 7—4　起升机构油路图
1—油泵　2—操纵阀　3—平衡阀　4—油马达　5—油箱　6—溢流阀

当操纵阀的手柄向前推时，压力油通过平衡阀3的上方油路进入油马达4，使油马达反转。

平衡阀的作用是防止在吊物的作用下产生越速下降，所以平衡阀也称限速阀。当机构停止工作时，平衡阀闭锁，油泵不能回油，使重物保持不动。溢流阀6的作用是防止由于压力过高使元件过载。也称安全阀。

2. 变幅机构

流动式起重机变幅可分为挠性变幅（钢丝绳滑轮组）和刚性变幅（油缸变幅）。图7—5为变幅机构示意图。

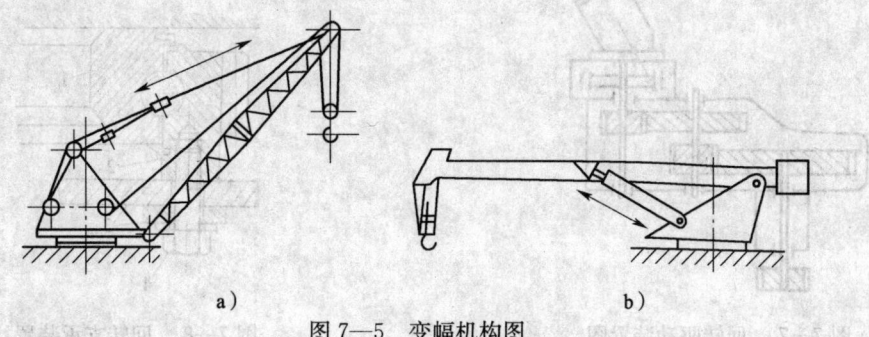

图7—5 变幅机构图
a) 挠性变幅 b) 刚性变幅

图7—6是刚性变幅机构的油路图。

当操纵阀5的手柄向后拉时，压力油通过平衡阀4中右侧油路，进入油缸3的底部，通过活塞使起重臂2抬起。油缸上部可以回油。

当操纵手柄向前推时，压力油通过左侧油路进入变幅油缸3顶部，活塞收缩，起重臂2落下。

当油压达到一定压力时，油缸底部的油液可通过平衡阀4回油。

起升机构的典型事故是断绳或制动器失灵。除超载、钢丝绳强度不够，制动器本身的缺陷之外，液压系统的故障也会导致一些事故，如平衡阀渗漏或失灵，都会造成重物坠落。

对于挠性变幅的机构，要经常检查变幅钢丝绳，按标准报废。变幅钢丝绳与起重臂端部连接处的钢丝绳曾多次发生过断绳事故（俗称千斤绳被拉断）。

变幅油路中，平衡阀失灵造成坠臂事故也曾发生过。也发生过平衡阀渗漏，使起重臂发生"点头"事故（起重臂慢慢地下降）。从而造成斜吊，当起重机起升时，被吊物体就会发生摆动。由此导致事故发生。

3. 回转机构

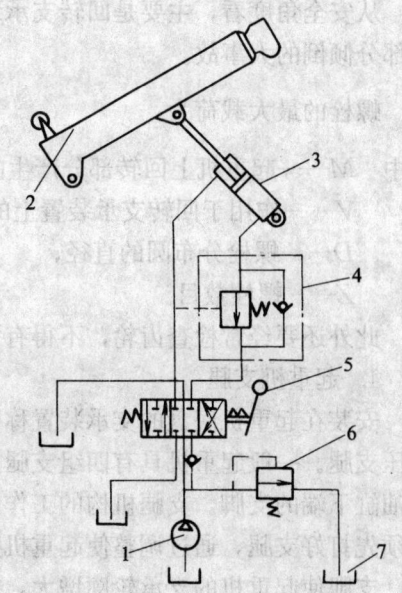

图7—6 刚性变幅机构油路图
1—油泵 2—起重臂 3—变幅油缸 4—平衡阀
5—操纵阀 6—溢流阀 7—油箱

回转机构分为回转驱动装置和回转支承装置。

回转驱动装置如图7—7所示，它包括原动机（电动机或油泵）、制动器、回转减速器、输出小齿轮。小齿轮与大齿圈相啮合，大齿圈与底盘连接。当起重机开动回转操纵手柄时，小齿轮在自转的同时公转，通过大齿圈带动起重机上车绕回转中心实现回转作业。

回转机构的小齿轮与大齿圈的啮合方式，有内啮合和外啮合两种。

回转支承装置如图7—8所示。由内圈1、外圈2、螺栓4和底盘板等构成。

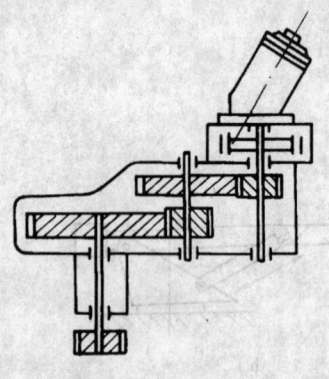

图7—7 回转驱动装置图

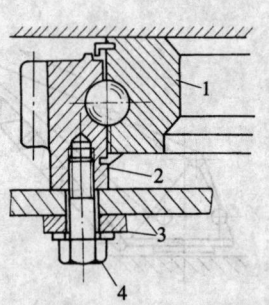

图7—8 回转支承装置
1—内圈 2—外圈 3—底盘板 4—螺栓

从安全角度看，主要是回转支承装置的安全检查。曾经发生过连接螺栓拉断、整个上回转部分倾倒的大事故。

螺栓的最大载荷为：

$$P = \frac{4M}{DZ} - \frac{V}{Z}$$

式中 M——起重机上回转部分产生的力矩；
V——作用于回转支承装置上的垂直载荷；
D——螺栓分布圆的直径；
Z——螺栓数目。

此外还要经常检查齿轮，不得有裂纹，也不得有严重磨损。

4. 起重机支腿

安装在起重机底盘的支承装置称为支腿机构。支腿机构有机械式和液压式，目前多采用液压支腿。一般起重机具有四组支腿。每组液压支腿包括一个水平油缸和垂直油缸，以及垂直油缸下端的支脚。支腿机构的工作由起重机下车的液压系统控制。在起重机进行作业前，必须先打好支腿，通过调整使起重机处于水平状态。保证起重机的作业稳定性。

支腿使起重机的支承轮廓增大，提高起重机作业稳定性，在作业中，如果支腿失灵，则会发生倾覆事故。所以支腿机构的工作可靠性是非常重要的。在运行中支腿必须收紧，否则无法在道路上行驶。

图7—9是支腿的常见形式。W形支腿是当支腿收起时，从起重机后方看呈W形。H形支腿和X形支腿是当支腿全部伸出后，从起重机后方看呈H形和X形。辐射形支腿可根据作业的需要改变支腿伸出形式。H形支腿应用较广，辐射形支腿多用于特大型起重机。

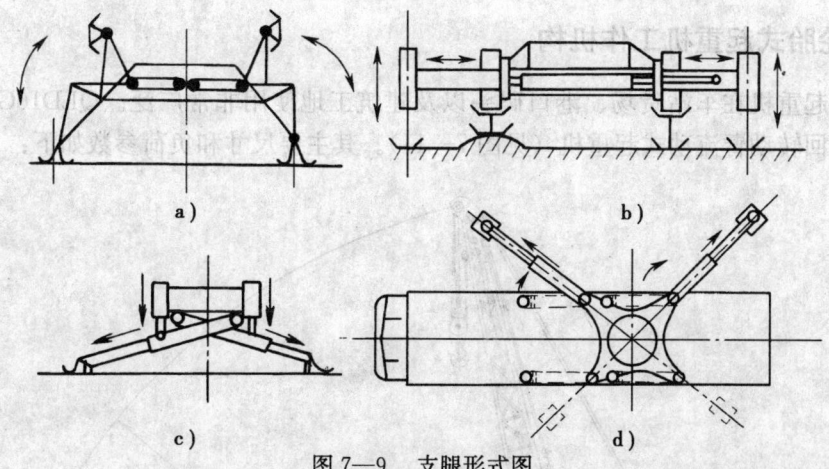

图 7—9 支腿形式图
a) W 形支腿 b) H 形支腿 c) X 形支腿 d) 辐射形支腿

液压起重机支腿油路中的每个油缸都由一个电磁阀控制，每个垂直油缸安装一个液压锁，液压锁的功能是当起重机作业时，防止油缸自行回缩，造成起重机翻车事故，也防止起重机在行驶途中支腿外伸。液压锁结构见图 7—10。

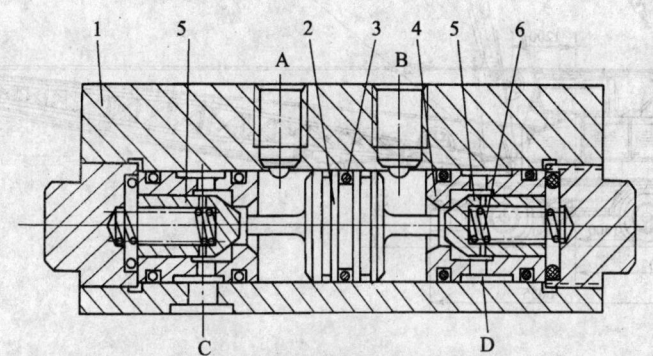

图 7—10 液压锁结构图
1—阀体 2—活塞（柱塞） 3—O 形密封圈 4—阀座 5—阀芯 6—弹簧

液压锁有四个油口，A、C 接支腿油缸上腔；B、D 接支腿油缸下腔。当压力油从 A 口进入时，压力油推动左阀芯 5（克服弹簧 6 的压力），使 A—C 接通，压力油进入油缸上腔，支腿伸出。当停止进油时，由于弹簧力的作用使左阀芯 5 右移，C—A 油口截断，这样支腿油缸上腔不能回油。保持支腿稳定工作。

当支腿需要收回时，压力油从 B 口进入，右阀芯右移，B—D 接通，压力油进入支腿油缸下腔。同时，压力油推动活塞（柱塞）2 左移，进而推动左阀芯左移，支腿油缸上腔的油通过 C—A 口回油，支腿回收。当 B 口停止进油时，左右阀芯在各自弹簧的作用下，A、C 和 B、D 都截断。

当液压锁漏油时，起重机支腿则不能稳定可靠地工作，甚至使起重机整体失稳，起重机倾翻。所以要重视起重机支腿油路和液压锁的安全检查。

二、轮胎式起重机工作机构

轮胎式起重机在车站货场、港口码头以及建筑工地使用非常广泛。QLD16G 型轮胎式起重机为全回转动臂流动式起重机（见图 7—11）。其主要尺寸和负荷参数如下：

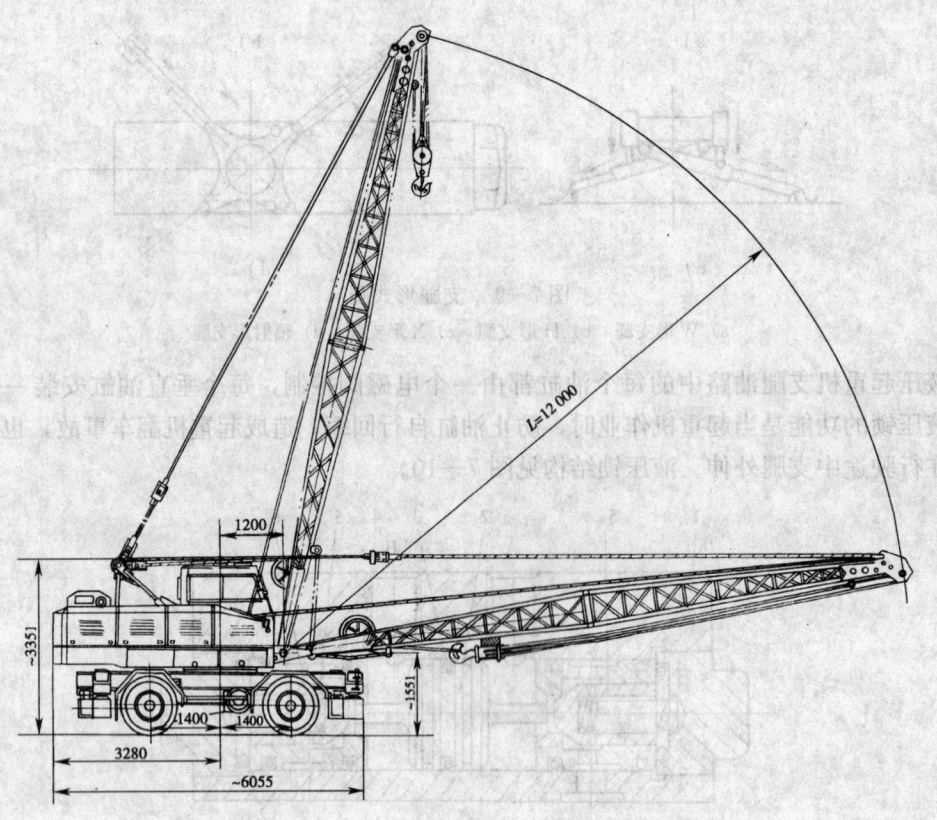

图 7—11 QLD16G 型轮胎式起重机示意图

外形尺寸：6 055 mm×2 990 mm×3 351 mm

轴距：2 800 mm

轮距：前轮 2 295 mm；后轮 2 378 mm

支腿距：纵向 4 910 mm；横向 4 600 mm

吊重时，一个支腿盘上最大负荷：225 kN

空车行驶的轴负荷：前轴 95 kN；后轴 96.5 kN。

QLD16G 型起重机，是由柴油机、发电机、多电机驱动的起重机械。最大起重量为 16 t。起重机用 4135AK—2 型柴油机带动 ZQFL—45 型直流发电机，再利用多台电动机分别驱动起升、变幅、回转、行驶各工作机构。电气部分采用直流 24 V 低压控制系统操纵，行驶制动系统采用气动操纵，行驶转向系统采用液压操纵。

QLD16G 型轮胎式起重机的性能见表 7—5。

表 7—5　　QLD16G 型轮胎式起重机性能表

幅度 (m)	臂长 12 m 起重量(t) 用支腿	不用支腿	起升高度 (m)	臂长 15 m 起重量(t) 用支腿	不用支腿	起升高度 (m)	臂长 18 m 起重量(t) 用支腿	不用支腿	起升高度 (m)	臂长 21 m 起重量(t) 用支腿	起升高度 (m)	臂长 24 m 起重量(t) 用支腿	起升高度 (m)
3.5		6.5	10.7										
4	16	5.7	10.6		5.5	13.9							
4.5	14	5	10.5	13.8	4.9	13.7		4.9	16.5				
5	11.2	4.3	10.4	11	4.1	13.6	11	4.1	16.4	10.5	19.7		
5.5	9.4	3.7	10.3	9.2	3.5	13.5	9.2	3.5	16.3	9	19.6	8	22.4
6.5	7	2.9	9.7	6.8	2.7	13.2	6.8	2.7	16.1	6.7	19.4	6.7	22.3
8	5	2	9	4.8	1.9	12.5	4.8	1.9	15.6	4.7	19	4.7	22
9.5	3.8	1.5	8.1	3.6			3.6		15	3.5	18.4	3.5	21.5
11	3		6.6	2.9	1.1		2.9	1.1	14.2	2.7	17.7	2.7	20.9
12.5				2.3		9	2.3		13.3	2.2	16.8	2.2	20.2
14							1.9		11.6	1.8	15.7	1.8	19.4
15.5							1.6		10.2	1.5	14.5	1.5	18.4
17										1.2			17.2

注：1. 起升钢丝绳，最大许用拉力为 22.5 kN（起重 16 t 时，倍率为 7）。
　　2. 当臂长 12 m 时，允许在平坦路面上按不用支腿的额定起重 75% 吊重行驶，其行驶速度不得超过 3 km/h。

QLD16G 型轮胎式起重机动力传动系统图见图 7—12。

柴油机功率为 73.5 kW，额定转速为 1 500 r/min，直流发电机功率为 45 kW；起升机构电动机（ZZKL—32 型）功率为 20 kW，变幅机构电动机功率为 20 kW，回转机构电动机功率为 7 kW，行驶电动机功率为 20 kW。行驶转向系统用液压传动方式。行驶转向系统原理图见图 7—13。

当分配阀处于如图 7—13 所示位置时，油泵 1 排出的压力油经滤油器 2 回到油箱。

当起重机需要向右转向时，司机转动方向盘 5 向右转某一角度，这时齿条箱 6 中的齿条带动杠杆 AOB，由于随动缸 9 内有油液，所以铰点 A 不能动，于是就形成杠杆 AOB 以 A 为中心的逆时针转动。因此分配阀 4 的阀杆被拉出，压力油经分配阀 4、管道、中心回转接头 8 进入作用缸 7 的前腔，压力油迫使作用缸活塞内移，活塞杆拉动车轮右转。

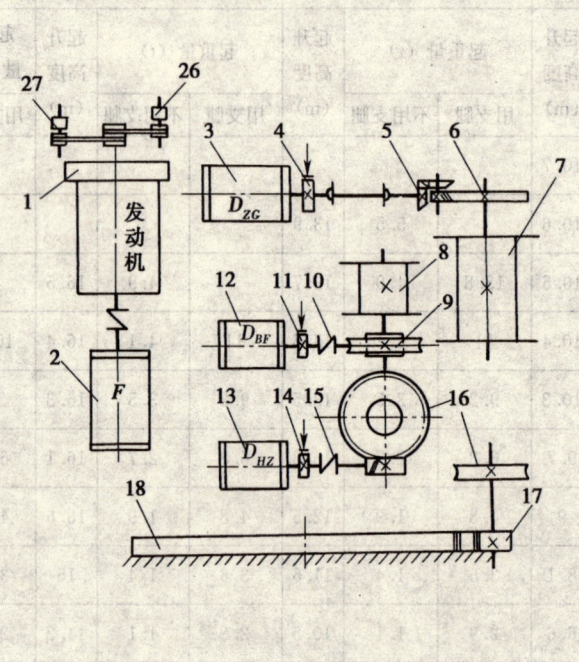
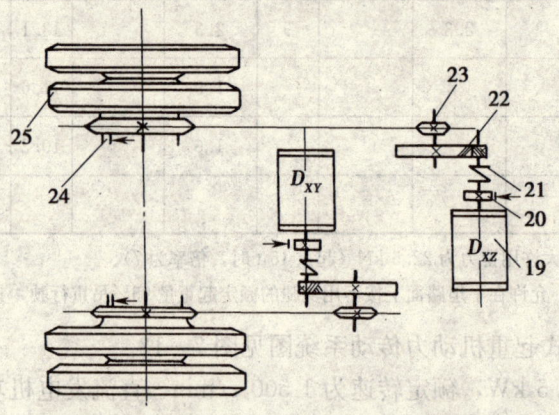

图 7—12 QLD16G 型轮胎式起重机动力传动系统图
1—柴油机 2—发电机 3—起升电动机 4、11、14—制动器 5—伞齿轮
6、22—圆柱齿轮 7—起升卷筒 8—变幅卷筒 9、16—减速装置
10、15、21—联轴器 12—变幅电动机 13—回转电动机 17—小齿轮
18—大齿圈 19—行驶电动机 20—中央制动器 23—链传动
24—轮边制动器 25—轮胎 26—气泵 27—油泵

第七章 流动式起重机安全技术

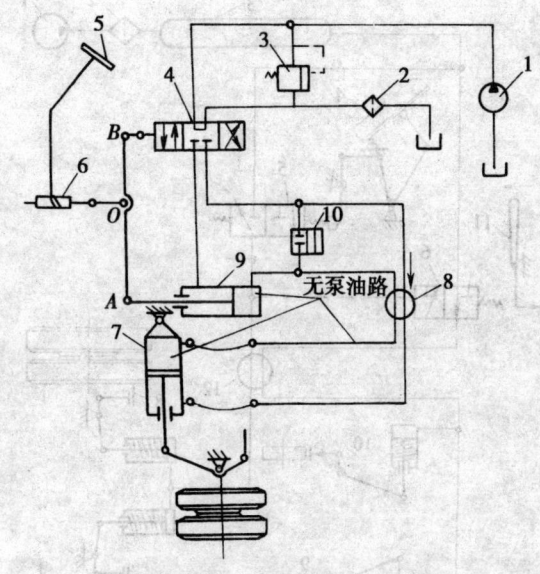

图7—13　行驶转向系统原理图
1—油泵　2—滤油器　3—溢流阀　4—分配阀　5—方向盘　6—齿条箱　7—作用缸
8—中心回转接头　9—随动缸　10—旁通充油装置（球阀）

当起重机需要向左转时，司机可将方向盘向左转动，分配阀4阀杆向内推入，从油泵1来的压力油进入随动缸9的前腔。于是无泵油路中的油液进入工作缸7的后腔，而前腔油通过中心回转接头8回油。这样工作缸的活塞杆向外推出，迫使轮胎左转，起重机行驶也就完成了向左转的动作。

在方向盘转动停止的瞬间，分配阀4在随动缸9的活塞杆及杠杆的作用下仍复位到中间位置，保证车轮停止转向。

旁通充油装置10是一个二位二通球阀。当无泵油路缺油时，打开球阀，将方向盘右转，油泵排出的压力油经分配阀、球阀进入无泵油路充油。充油结束后即关闭球阀。

球阀还起排除油路中气体的作用。当油路中存有气体时，可将球阀打开，把方向盘左右转动几次，可将气体由油液带回油箱中排掉。

球阀的另一个作用是旁通调位。当左转角不够时，打开球阀，把方向盘向右转至适当位置后，关闭球阀；当右转角不足时，打开球阀，把方向盘左转至适当位置，调位后关闭球阀。行驶转向系统采用液压传动方式。

行驶转向系统采用气动操纵、气路控制两个制动器，即中央制动器和车轮制动器。

行驶制动系统原理图见图7—14。

当制动踏板4放松时，贮气缸3中的压缩空气通过气压替续器6、中心回转接头12进入中央制动器作用缸筒10，使中央制动器9松闸。此时，制动阀5也处于非工作位置，贮气缸3中的压缩空气也不能进入车轮制动器作用缸筒8中，车轮的制动器在弹簧作用下处于非制动状态。

当踏下制动器踏板4时，压缩空气经制动阀5、中心回转接头12、进入车轮制动器的作

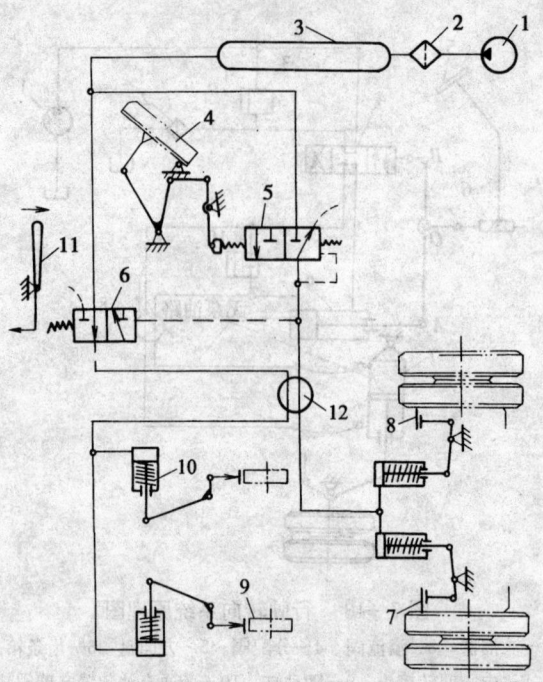

图 7—14 行驶制动系统原理图

1—气泵 2—油水分离器 3—贮气缸 4—制动器踏板 5—制动阀
6—气压替续器 7—车轮制动器 8—车轮制动器作用缸筒 9—中央制动器
10—中央制动器作用缸筒 11—制动手柄 12—中心回转接头

用缸筒 8 中，克服弹簧作用，使车轮制动器 7 上闸。同时从制动阀 5 分出另一路压缩空气进入气压替续器 6，当压力达 0.05～0.06 MPa 时，气压替续器 6 的阀芯左移，这样中央制动器作用缸筒 10 中的压缩空气通过气压替续器放出，在弹簧的作用下，中央制动器上闸。

制动手柄 11 用于手刹车。当起重机停止行驶后，可把手柄扳到"制动"位置，气压替续器的阀芯拉出，于是中央制动器作用缸筒中的压缩空气就放到大气中去。在弹簧的作用下，中央制动器进入制动状态，保持起重机停止不动。

三、履带式起重机工作机构

履带式起重机的特点是适用于地面崎岖、土质松软泥泞的场所。由于履带支承面积大，起重机的稳定性较好，可以不用支腿作业。

履带式起重机有机械传动和液压传动两种形式。更换工作装置后，能够作挖掘机使用。

履带式起重机，可使用吊钩或抓斗。用作挖掘机时，可装正铲或拉铲。

1. 履带式起重机的分类和技术参数

（1）履带起重机的分类

1）按传动方式分类：分为机械传动履带起重机；液压传动履带起重机等。

2）按结构分类：分为标准履带起重机；塔式履带起重机；桅杆履带起重机；超级履带起重机。图 7—15 是履带起重机外形图。

(2) 技术参数

履带起重机性能参数与其他流动式起重机基本相同。除一般流动起重机的参数外，还有以下专用参数，例如：履带宽度、履带接地长度、履带接地面积、履带底盘基距等。尺寸参数如下：

1) 机体上部宽度（B_3）；
2) 停机面至操作室顶端距离（H）；
3) 回转中心至转台后端距离（L_2）；
4) 运输状态回转中心至尾部后端最大距离（L_3）；
5) 主臂下铰点水平安装位置（L_4）；
6) 主臂下铰点垂直安装位置（H_1）；
7) A型架高度（H_{max}/H_{min}）；
8) 转台后部下端距地面高度（H_2）；
9) 履带长度（L_1）；
10) 履带宽度（B_1）；
11) 最小离地间隙（H_3）；
12) 两履带总宽（伸/缩）（B'_2/B_2）；
13) 主、从动轮中心距（L）。

履带式起重机尺寸见图7—15。

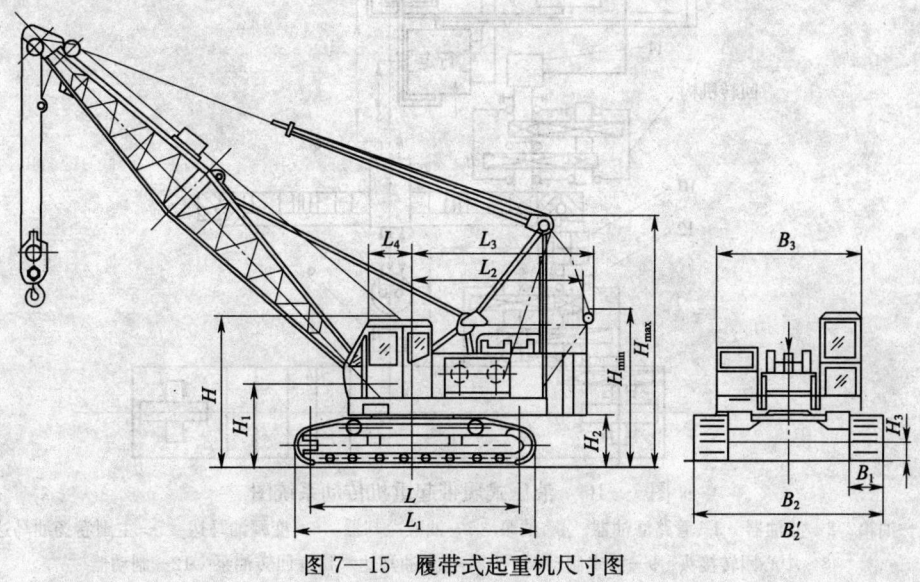

图7—15 履带式起重机尺寸图

2. 工作机构

(1) 机械传动履带式起重机的工作机构

1) 起升机构：原动机的动力通过离合器（或联轴器）、行星减速器传递给起升卷筒轴。当离合器闭合时，卷筒转动，货物上升。脱开离合器，货物在自重作用下下降，司机用制动器控制下降速度。

2）变幅机构：原动机的动力通过齿轮传动，再通过离合器、换向器、齿轮传动，驱动变幅卷筒转动，吊臂起升。通过换向机构也可使吊臂下降。

3）回转机构：原动机的动力通过离合器、换向器、齿轮传动、小齿轮和回转齿圈，实现回转运动。通过换向器可以改变回转方向。

4）行走机构：原动机的动力通过换向器、齿轮传动、锥齿轮、链传动，传到履带驱动装置，实现起重机的行走运动。通过换向器使起重机反向行走。

(2) 液压式履带起重机的传动机构（图7—16）

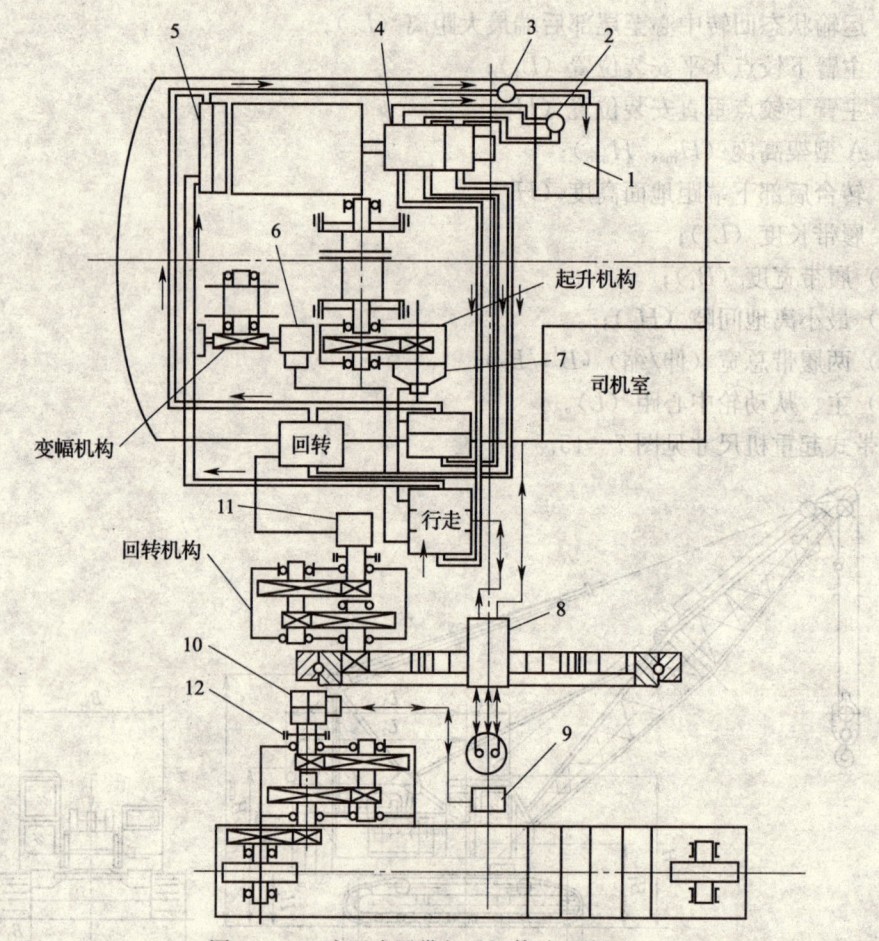

图7—16 液压式履带起重机传动系统图
1—油箱 2—滤油器 3—管路滤油器 4—油泵 5—油液冷却器 6—变幅油马达 7—主副卷扬油马达
8—中心回转接头 9—行走制动阀 10—行走油马达 11—回转油泵 12—制动器

由发动机带动油泵，油泵带动油缸，实现各机构的工作。

1）起升机构：原动机→回转接头→操纵阀→油马达→减速器→卷筒；

2）变幅机构：原动机→变幅油缸→操纵阀→油马达→减速器（蜗轮蜗杆减速器）→变幅油缸；

3）回转机构：原动机→二位三通阀→操纵阀→回转油泵→减速装置→小齿轮→齿圈；

4）行走机构：原动机→回转接头→行走油马达→减速装置→链传动→履带。

第三节　流动式起重机安全装置

一、力矩限制器

起重量等于或大于 16 t 的流动式起重机应安装力矩限制器，其可靠寿命应不小于 7 500 h。起重量小于 16 t 的起重机宜装。力矩限制器工作原理见本手册第三章。

二、上升极限位置限制器

流动式起重机都应安装上升极限位置限制器，并保证其动作灵敏可靠，否则会出现过卷扬拉断钢丝绳，重物坠落的事故。流动式起重机还有一个更大的危险，那就是吊钩滑轮组超限起升碰到起重臂端部。继续卷扬的结果是起升钢丝绳起变幅绳的作用，使起重臂向后背，造成翻车事故。

重锤式上升极限位置限制器示意图见图 7—17。

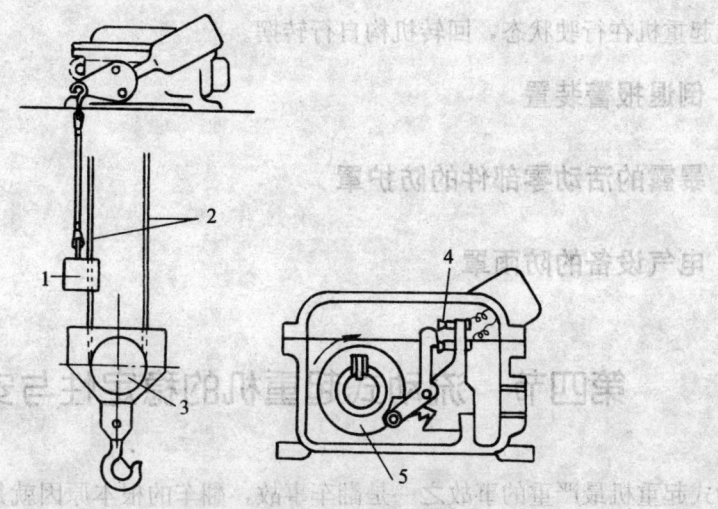

图 7—17　重锤式上升极限位置限制器示意图
1—重锤　2—钢丝绳　3—滑轮　4—接点　5—凸轮

重锤式上升极限位置限制器的工作原理是：当吊钩滑轮组碰到重锤时，重锤被托起，使限位器动作，切断动力，起升机构停止工作，制动器上闸。并发生报警声。

正常工作时，在重锤的作用下，压缩接头弹簧，使接点脱开。当过卷扬时，接点闭合，蜂鸣器电路接通，发出警报，提醒司机应停止继续起升作业。

三、幅度指示器

幅度指示器有两种形式，一种是有电子力矩限制器的起重机，可以同时显示多种参数，随时显示幅度。另一种形式是采用一个重力摆,当起重臂改变角度时,重力摆相对起重臂的夹角在变化,通过起重臂的仰角换算成幅度。

四、水平仪

对于汽车式、轮胎式起重机,应装(起重量大于等于16 t)水平仪,以保证起重机作业时处于水平状态。

一般的起重机上只装一个普通水平仪,也有的起重机上装有自动调平装置。

五、防止吊臂后倾装置

防止吊臂后倾装置是一个无压油缸,支承在起重臂后方,当起重臂后倾时,起支承作用。

六、支腿回缩锁定装置

防止支腿意外的伸出。

七、回转定位装置

防止起重机在行驶状态,回转机构自行转摆。

八、倒退报警装置

九、暴露的活动零部件的防护罩

十、电气设备的防雨罩

第四节 流动式起重机的稳定性与安全

流动式起重机最严重的事故之一是翻车事故,翻车的根本原因就是丧失稳定性。所以流动式起重机的稳定与安全关系十分密切。

流动式起重机的稳定性可分为行驶状态的稳定性和工作状态的稳定性。

一、行驶状态的稳定性

行驶状态的稳定性可分为纵向行驶稳定性和横向行驶稳定性。

1. 纵向行驶稳定性

纵向行驶稳定性,就是流动式起重机在爬坡行走时,不要强行爬坡。坡度超过允许的爬坡能力,就有可能使流动式起重机失去控制,如前轮轮压接近零时,方向盘则失去控制。坡度过大又会产生下滑力。这些都是造成失稳的原因。

2. 横向行驶稳定性

汽车式、轮胎式起重机在转弯时，车体会产生离心力，速度愈大，离心力愈大。离心力 $P_{离}=\dfrac{Gv^2}{gR}$，也就是离心力与车体行驶速度平方成正比。在车速比较高，转弯半径又小的情况下，加之起重机重心比较高，很容易造成向外翻车，或者侧向滑动。因此在行驶中要控制速度不能过快，防止翻车。

二、工作状态的稳定性

工作状态稳定性可分为静态稳定性和动态稳定性。

1. 静态稳定性

静态稳定性就是起重机在自身重力和起吊载荷的作用下的稳定性。静态稳定性通常用静态稳定性安全系数 K_1 表示（见图 7—18）。

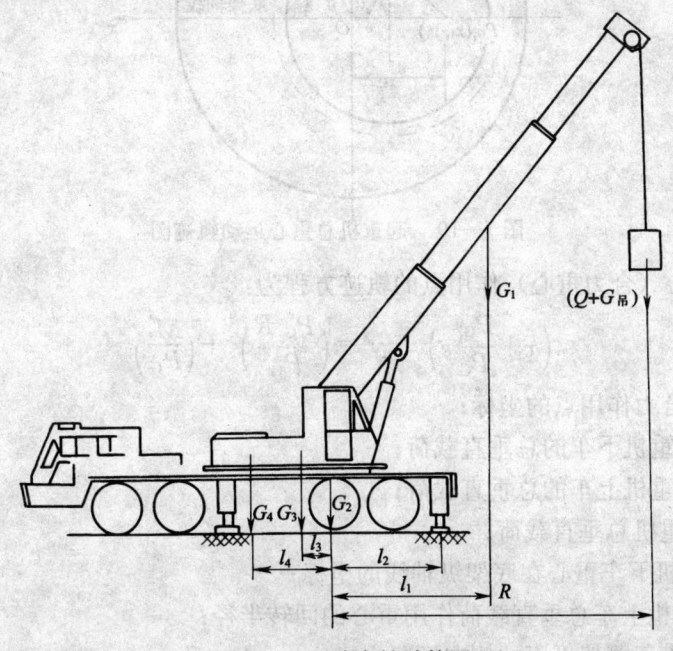

图 7—18 稳定性计算图

$$K_1=M_稳/M_倾=\frac{G_2 l_2+G_3\,(l_2+l_3)\,+G_4\,(l_4+l_2)\,-G_1\,(l_1-l_2)}{(Q+G_吊)\,(R-l_2)}\geqslant 1.4$$

式中 G_1——起重臂重量；

G_2——下车重量；

G_3——上车重量；

G_4——平衡量；

$(Q+G_吊)$——起重量加吊具重量；

其他尺寸见图 7—18。

对于臂长小于或等于 22 m 的起重机，$K_1\geqslant 1.33$；对于臂长大于 22 m 的起重机，起重

量 $Q>16\sim25$ t，$K_1\geqslant1.33$；起重量 $Q>25$ t，$K_1>1.27$。

国际标准（ISO 4306）规定，静稳定性计算中，规定载荷为 1.25 倍的额定起重量＋0.1 倍起重臂自重折算至臂头的重力。

除按力矩比来衡量起重机稳定程度外，还可以按起重机总重心轨迹校验稳定性（合力圆法）。在回转过程中，如果起重机总合力轨迹位于起重机的支承轮廓之内，则起重机稳定。

图 7—19 是起重机总重心运动轨迹图。

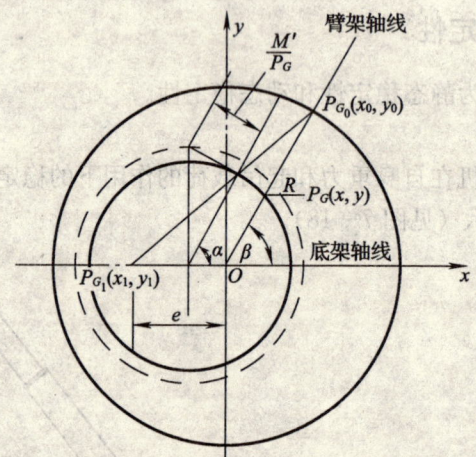

图 7—19　起重机总重心运动轨迹图

起重机总重心（合力重心）作用点的轨迹方程为：

$$\left(x+\frac{P_{G_1}}{P_G}e\right)^2+y^2=\left(\frac{P_{G_0}R}{P_G}\right)^2+\left(\frac{M'}{P_G}\right)^2$$

式中　x，y——合力作用点的坐标；

P_{G_1}——起重机下车的总垂直载荷；

P_{G_0}——起重机上车的总垂直载荷；

P_G——起重机总垂直载荷；

e——起重机下车重心在底架纵轴线的坐标；

R——起重机上车总垂直载荷作用重心的回转半径；

M'——垂直于臂架平面的侧向倾覆力矩。

2. 动态稳定性（图 7—20）

动态稳定性就是除起重机自重和吊载之外，还要考虑风力、惯性力、离心力和坡度的影响。

（1）风力是考虑不利于稳定性的工作风力，与起重臂长度有直接关系，例如以 10 m/s 的风速为例，起重臂长为 10 m，产生的倾翻力矩为 1 800 N·m；臂长为 20 m，产生的倾翻力矩为 8 000 N·m；臂长为 30 m，倾翻力矩为 20 000 N·m。

（2）坡度的影响也是不可忽视的。经计算，当起重机倾斜角 1°时，起重能力要下降 7.4%；2°角时，降低 14.3%；倾斜 3°角时，降低 19.8%。

（3）惯性力，主要是指物品突然起吊、下放和突然刹车时，产生的不利于稳定的惯性力。相当于增加了起吊重力。

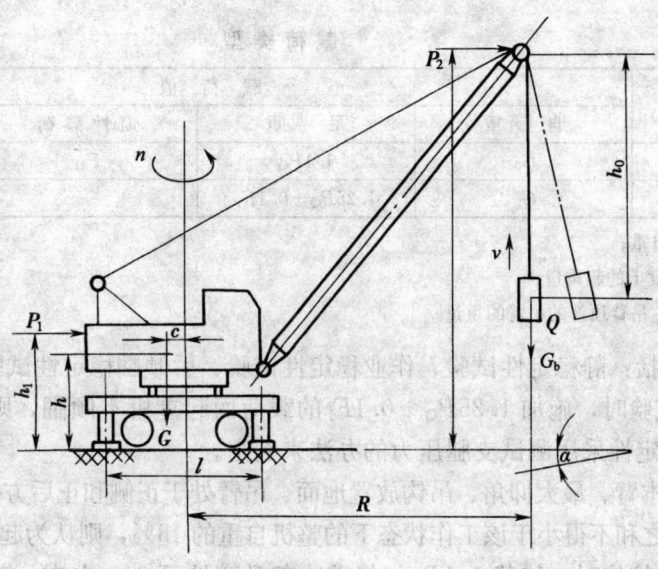

图 7—20　起重机动态稳定计算图

（4）离心力是指起重机回转时，起重臂、吊物所产生的离心力。特别是吊物的离心力，通过钢丝绳直接作用在起重臂端部，增加起重机的倾翻力矩。

起重机动态稳定性安全系数为：

$$K_2 = \frac{G(0.5l+c) - \dfrac{Qv^2}{gt_1}(R-0.5l) - \left[P_1h_1 + P_2h_2 + \dfrac{Qn^2Rh_2}{900 - n^2h_0} + \dfrac{Q+G_b}{gt_2}vh_2 + (Qh_2 + Gh)\sin\alpha\right]}{Q(R-0.5l)}$$

式中　Q——起吊载荷；

G——起重机自重；

G_b——折算到臂头的起重臂自重；

R——幅度；

P_1——作用在起重机上的工作状态最大风力；

P_2——作用在起吊物品上的工作状态最大风力；

h_1，h_2——与 P_1，P_2 相对应的高度；

h_0——起吊物品至吊臂顶端的高度；

t_1——起升机构起升、制动时间；

t_2——变幅机构起升、制动时间；

v——起升速度；

n——回转速度；

α——起重机支承面倾角；

l，c——如图 7—20 所示。

三、汽车起重机和轮胎起重机稳定性校核

稳定性校核可以通过试验完成。载荷类型见表 7—6。

表7—6　　　　　　　　　　　载荷类型

校核内容	载荷值			
	自重	吊重	惯性载荷	风载荷
作业稳定性校核	G_0	$1.1P_Q$	P_H	P_W
静稳定性校核	G_0	$1.25P_Q+0.1F_1$	—	—

注：G_0——起重机自重；

　　P_Q——计算幅度上的起重量；

　　F_1——折算到主吊臂顶部的吊臂的重量。

稳定性试验包括：静稳定性试验、作业稳定性试验、后倾翻稳定性试验。

1. 静稳定性试验时，施加 $1.25P_Q+0.1F_1$ 的载荷而起重机不倾翻，则认为起重机稳定性良好。无倾翻稳定性采用测试支腿压力的办法来判定。

测试工况为基本臂、最大仰角、吊钩放置地面、吊臂处于正侧和正后方时，吊臂一侧的所有支腿或轮胎压力之和不得小于该工作状态下的整机自重的15%，则认为起重机是稳定的。

2. 作业稳定性校核时，加载 $1.1P_Q$，将重物起升离地面 2 m 左右，起臂到最小幅度后再落臂到原位，在作业区全程左右回转；起升到最大高度，再下降到地面，一般循环 5 次。起重机工作正常，则认为作业稳定性校核通过。

3. 汽车轮胎起重机试验规范中还包括：行驶可靠性试验；结构试验等。

通过这些试验可以保证投入使用的起重机性能满足设计要求，作业安全可靠。

表7—6是稳定性校核的载荷类型表

第五节　履带式起重机安全技术

一、大型履带式起重机的型式试验

大型履带式起重机是指起重量在 140～300 t，以内燃机为动力的液压式履带起重机。起重机工作级别为 A1～A3，机构工作级别分别为：起升、变幅机构为 M3，回转机构为 M2；运行机构为 M1。根据 JB/T 5318，大型履带式起重机要进行以下型式试验。

1. 零部件的检验和试验

（1）履带架承重轮、驱动轮、从动轮的纵向对称中心线应在同一铅垂直面内，偏差不大于 2 mm。检测方法是拉钢丝，钢丝的直径 0.49～0.52 mm，拉力为 147 N（图7—21）。

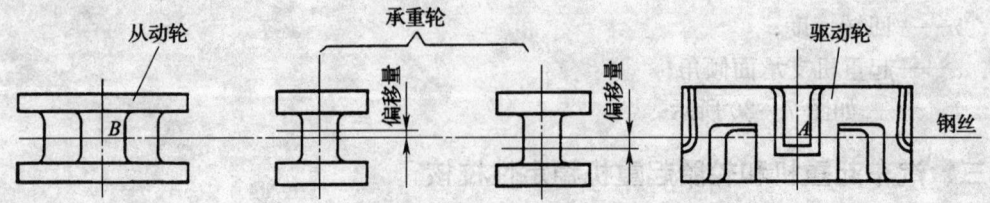

图7—21　测量轮子的纵向对称中心线示意图

(2) 臂节弦管直线度的检验

1) 弦管局部直线度 用 1 m 直尺检验臂节,直尺与管臂之间的最大间隙与最小间隙之差不应超过 2 mm(见图 7—22a)。

2) 弦管全长直线度 检测方法是拉钢丝,在距管端 30 mm 拉一根直径为 0.49~0.52 mm 的钢丝,拉力为 147 N。要求钢丝到弦管的水平距离最大值与最小值的差值应符合表 7—7 的规定,臂节腹管每米长度的直线度公差应不大于 1.5 mm(见图 7—22b)。

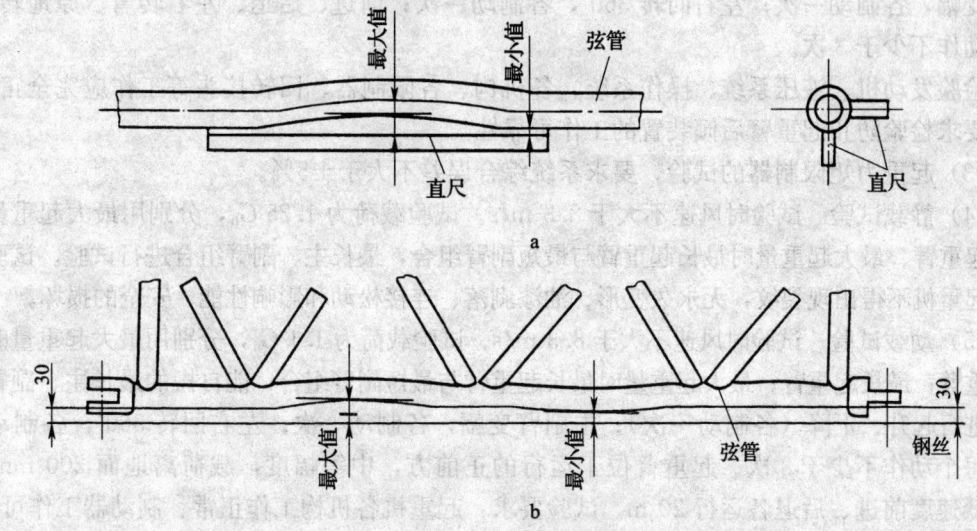

图 7—22 直线度的检验图

表 7—7　　　　臂节主弦管的直线度公差表　　　　mm

臂节长度	≤3 000	>3 000~6 000	>6 000
局部直线度公差	每米长度为 2		
全长直线度公差	3	4	6

(3) 臂架直线度和自由下挠度

1) 臂架直线度 分别组装好最长主臂和副臂,自由地平放于平坦的地面上,标定各臂节连接点的中心,离臂架纵向中心线 200 mm 处拉直径为 0.8~1.2 mm 的钢丝,拉力为 295~490 N,测量每个中心点于钢丝的距离(图 7—23)。要求最长主臂和副臂的直线度公差,在上下方桁架和侧面桁架的平面内,应不大于臂长的 1/1 000。

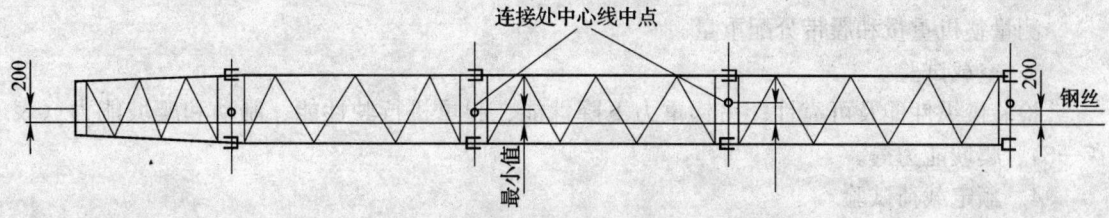

图 7—23 自由下挠度检测图

2) 自由下挠度 将主臂和副臂支承成水平状态，用水准仪测量主臂和副臂的自由下挠度，要求最长主臂和最长副臂自由下挠度不大于臂架长度的 12/1 000。

2. 整机试验

(1) 试验条件 试验场地倾斜度不大于 5/1 000，工作环境温度 $-20 \sim +40$℃，试验重块的重量误差不大于 1%。进行试验前的臂长检测和整体外观检查。

(2) 空载试验 空载运转 20 min，然后进行主、副钩全程起升、下降（各制动一次）；全程变幅，各制动一次；左右回转 360°，各制动一次；前进、后退、左右转弯、原地转弯，每个动作不少于 3 次。

检验发动机、液压系统、操作系统、各机构、各限制器、回转接头等工作应完全正常。特别要求检验防止起重臂后倾装置的工作可靠性。

(3) 起重力矩限制器的试验，要求系统综合误差不大于 ±5%。

(4) 静载试验 试验时风速不大于 8.3 m/s。试验载荷为 1.25 G_n，分别用最大起重量时最长起重臂、最大起重量时最长起重臂与最短副臂组合，最长主、副臂组合进行试验。试验要求：起重机不得出现裂纹，无永久变形、油漆剥落、连接松动和影响性能、安全的损坏。

(5) 动载试验 试验时风速不大于 8.3 m/s。试验载荷为 1.1 G_n，分别用最大起重量时最长起重臂；最长起重臂；最大起重量时最长起重臂与最短副臂组合；能自搬的最长主、副臂组合。进行起升、下降（各制动一次）；主副臂变幅，各制动一次；左右回转 360°，各制动一次，每个动作不少于 3 次。起重臂位于运行的正前方，中等幅度，载荷离地面 200 mm 左右，低速度前进、后退各运行 20 m。试验要求：起重机各机构工作正常、制动器工作可靠。

(6) 稳定性试验 与其他流动式起重机要求相同。

(7) 噪声测定

1) 司机室内噪声测定 要求所用声级计，仪器精度为 0.5 dB（A）；环境噪声应比被测定场所的噪声低 6 dB（A）以上，否则无效。要求标准同其他流动式起重机。

2) 起重机辐射噪声声功率级测定见 JB/T 5318。

二、150 t 以下履带式起重机的型式试验

根据 GB/T 14560，160 t 以下履带式起重机的型式试验包括：性能试验；空载试验；额定载荷试验；动载荷试验等。

1. 发动机性能试验

在最高转速及额定转速下的额定效率测定，记录油温、水温。

2. 主要参数的测量

测量整机重量和履带分配重量。

3. 空载试验

检验操纵性能及可靠性；吊钩重力下降性能、起重机行驶性能、制动和爬坡能力（表 7—8）、爬坡能力等。

4. 额定载荷试验

测试技术性能参数，在额定载荷下检验吊钩重力下降性能、起重机行驶性能、制动和安

全装置性能。测试力矩限制器的综合精度。

表 7—8　　　　　　　　　　　　　爬坡能力

起重机驱动方式		爬坡能力
机械式		30%
液压式	最大起重量≤50 t	40%
	最大起重量＞50 t	30%

履带起重机额定载荷试验工况见表 7—9。

表 7—9　　　　　　　　　履带起重机额定载荷试验工况表

序号	试验工况	一次循环内容
1	基本臂，最大额定起重量相应的工作幅度，吊臂在正侧方	重物由地面起升到最大高度（中间制动一次）——下降到某一高度——在作业区范围内左右回转 360°（中间制动 1～2 次）——重物下降到地面
2	最长主臂，最长主臂时最大额定起重量，相应的工作幅度，吊臂在正侧方	重物起升到离地面 200 mm 左右——起臂到最小工作幅度后再落臂到原位——在作业区范围内左右回转 360°（中间各制动一次）——起升到最大高度后再下降到地面（中间各制动一次）
3	最长主臂加最长副臂时最大额定起重量，相应的工作幅度，吊臂在正侧方	重物从地面起升到最大高度再下降到地面，起升、下降过程中各制动一次

5. 动载试验

验证起重机各机构的运转状态和制动器的可靠性。

(1) 超载 10%的起重量按表 7—10 动载试验工况表进行。表中序号 1～2 中的 28 个循环应连续进行。

表 7—10　　　　　　　　　　　动载试验工况表

序号	试验工况	一次循环内容	循环次数
1	基本臂最大额定起重量的 1.1 倍，相应的工作幅度，吊臂在正侧方	重物由地面起升到最大高度——（中间制动 1～2 次）——下降到某一高度——在作业区范围内左右回转 360°——重物下降到地面（中间制动一次）	17
2	最长主臂，最长主臂时最大额定起重量的 1.1 倍，相应的工作幅度，吊臂在正侧方	重物起升到离地面 200 mm 左右——起臂到最小工作幅度后，再落臂到原位——在作业区范围内左右回转 360°——起升到最大高度再下降到地面（中间各制动一次）	11
3	最长主臂加最长副臂时最大额定起重量的 1.1 倍，相应的工作幅度，吊臂在正侧方	重物从地面起升到最大高度再下降到地面（中间各制动一次）	2

(2) 带载行驶试验　在基本臂和中等臂长度情况下，以允许带载行驶的额定载荷的 1.1 倍，进行带载行驶试验。带载行驶时，起重量不超过相应工况额定起重量的 70%，起重臂位于行走方向的正前方，以最低速度前后行走各 15 m，载荷吊离地面不超过 50 cm。

第六节　流动式起重机常见事故分析

流动式起重机常见事故有翻车，折臂、触电等。

一、翻车事故分析

1. 超载

一般情况下，司机在起吊时，首先把物品吊离地面 100 mm 左右，检查起重臂对方的支腿是否活动。如果支腿压地很牢则不会由于超载倾翻。

2. 支腿下陷

(1) 支腿必须支承在平坦而坚实的地面上，一般应使用垫板。
(2) 支腿不能支承在地基挖方附近，防止滑坡。
(3) 支腿不能支承在各种埋设物（地下管道，地下工程的出入口处）上，防止塌陷。

3. 回转速度过快

起重机在起吊物品之初，一般不会翻车，翻车常发生在回转过程中。这是因为回转会产生离心力，同时有可能转到顺风、下坡等不利于稳定的方位上，这些因素叠加在一起就会造成翻车事故。因此要注意回转速度不应过快。

4. 变幅，伸缩臂操作程序错误

在起吊满负荷时，只能收回起重臂（由大幅度变小幅度，由长起重臂变短起重臂），不能伸臂或落臂，否则会翻车。

5. 危险角度

对某些起重机有一个危险角度，当起重臂很长时，即使不吊物品，起重臂自身的重量也会造成翻车（图 7—24）。

6. 斜吊

斜吊相当在起重臂端作用一个水平力，增加倾翻力矩，同时也使钢丝绳拉力增加。因此应禁止歪拉斜拽。

二、折臂、损臂事故分析

折臂、损臂多发生在小幅度、大仰角的工况。

1. 不准突然松钩

小幅度时，要注意防止起重机后折臂，特别是满负荷松钩时，首先把物品放在地上，放些钢丝绳再松钩，不准突然松钩。否则起重臂会发生反弹后折臂。

2. 防止碰撞

第七章 流动式起重机安全技术

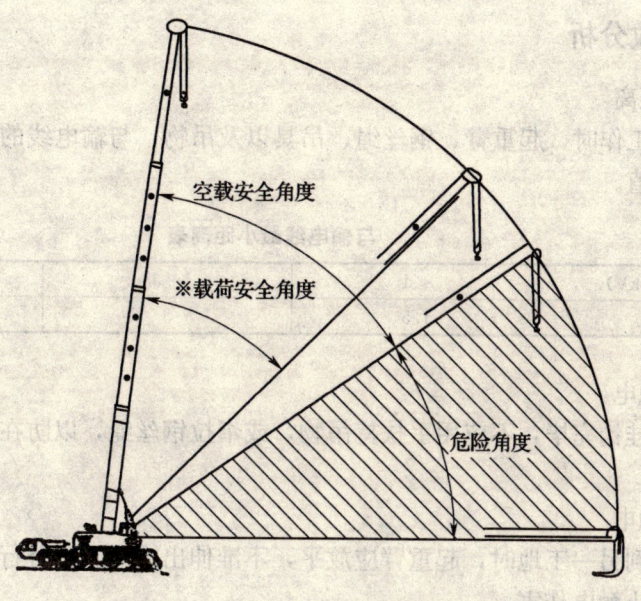

图 7—24 危险角度图

(1) 当起吊体积较大的物品时,要注意物品与起重臂相碰撞,要留有一定的余量(见图 7—25)。同时,要防止物品摆动与起重臂相碰。

(2) 防止起重臂与建筑物相碰。在建筑工地作业的起重机要特别注意起重臂的活动范围,防止起重机变幅或回转时与建筑物相撞,损坏起重臂。

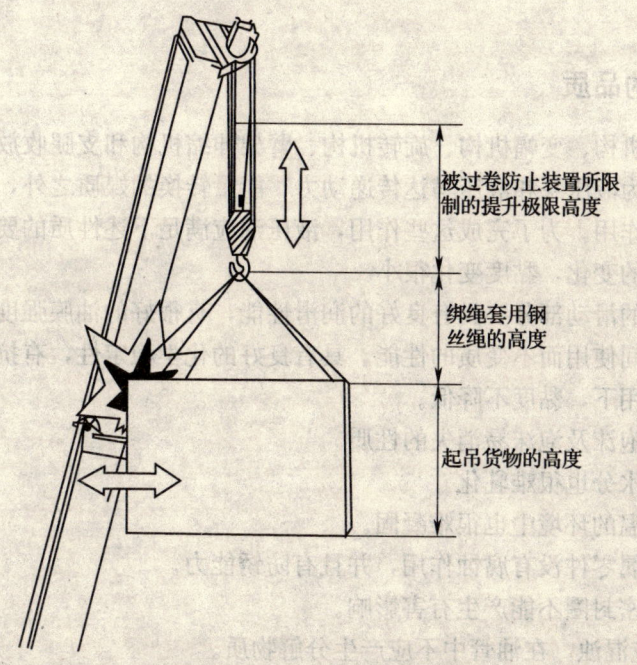

图 7—25 物品与起重臂相碰撞

三、触电事故分析

1. 保持安全距离

流动式起重机工作时,起重臂、钢丝绳、吊具以及吊物,与输电线的最小距离不应小于表 7—11 中的规定值。

表 7—11　　　　　　　　　与输电线最小距离表

输电线路电压 V (kV)	<1	1~35	≥60
最小距离 (m)	1.5	3	0.01 (V−50) +3

2. 起吊时防触电

起吊时,捆绑挂钩完毕,不应用手扶持吊物,或牵拉钢丝绳,以防在触电时挂钩工人被伤害。

3. 转场时防触电

从一个工地转到另一工地时,起重臂应放平,不准伸出或仰起吊臂行走,更不能用人手牵钢丝绳行走,防止触电伤害。

4. 野外作业防触电

在野外空旷场地作业时,遇有雷雨应将起重臂收回放平,防止雷击。

第七节　液压油的管理

一、液压油的品质

起重机的起升机构、变幅机构、旋转机构、臂架伸缩机构和支腿收放机构均采用液压传动,液压油除了作为液压泵和液压马达传递动力、能量转换的媒质之外,对于机器零件还有润滑、冷却及密封作用。为了完成这些作用,液压油应满足下述性质的要求。

(1) 随着温度的变化,黏度变化很小。

(2) 对于机器的滑动部分要具有良好的润滑性能,有很好的油膜强度。

(3) 具有长时间使用而不变质的性能。具有良好的化学稳定性,有抗氧化的化学性能。

(4) 在剪切作用下,黏度不降低。

(5) 具有少起泡沫及泡沫易消失的性质。

(6) 即使混入水分也很难乳化。

(7) 即使在低温的环境中也很难凝固。

(8) 对各种金属零件没有腐蚀作用,并且有防锈能力。

(9) 对填料和密封圈不能产生有害影响。

(10) 外观不应混浊,在油管中不应产生分解物质。

(11) 油中不应有对液压件有害异物,不应混入有毒物质。

(12) 满足防火、安全要求，油的闪点要高。

一般液压油采用矿物油，相对密度为 0.85～0.95，闪点为 180～240℃，为使其具有氧化安全性和耐磨耗性能，通常要加多种添加料剂。

(13) 液压油的选择　根据起重机工作环境温度和液压系统中液压泵的型式，按表 7—12 选择黏度适宜的液压油。

表 7—12　　　　　　　　　　黏度选择（JB/T 9737.3）

泵的型式		环境温度	
		≤40℃	>40℃
		运动黏度（40℃）mm²/s	运动黏度（40℃）mm²/s
叶片泵	6.3 MPa 以下	15～44	40～70
	6.3 MPa 以上	27～70	58～85
齿轮泵		15～70	98～137
柱塞泵		15～70	98～195

起重机应选用 GB 11118.1《矿物油型和合成烃型液压油》所属产品中抗磨性、黏温性好的液压油。一般应选用 L-HV 品种。对于长江以南地区使用的起重机也可选用 L-HM 品种；对于在严寒地区使用的起重机应选用 L-HS 品种。

加入油箱的液压油固体颗粒污染等级应符合 JB/T 9737.1《汽车起重机和轮胎起重机液压油固体颗粒污染等级》的规定。

二、液压油的管理

液压系统的故障，多数与液压油中混入杂质异物以及管路漏油有关。如果液压油中混入水分或金属粉末，油温就会上升并且很容易发生化学反应而变质。所以应对液压油及管路进行重点管理。

1. 对液压油质量的判断

(1) 从运转中的液压油箱中取样，与同牌号的新油作比较。

(2) 从油箱中取的油，如果颜色变白，并且起泡，那是由于油箱构造不良或者管理不善而使油变质造成的。正常的油，通常含 0.05% 的水分，若是冷却器漏水，这些水进入油箱后，油就会变成乳白色；再者润滑脂进入油中，也会使液压油起泡。这种变质的油如果继续使用，油泵等液压元件就会失去润滑性，油封就会遭受破坏。

2. 液压油的管理

通常采取性能试验的方法来确定油的颜色、黏度、水分含量、沉淀物的含量、相对密度、闪点、酸值等项目。根据这些项目和表 7—13 的指标决定是否要更换。

表 7—13　　　　　　　液压油理化性质变化极限指标表（JB/T 9737.3）

化验项目	液压油理化性质变化极限指标		
	L-HS	L-HV	L-HM
运动黏度（40℃）(mm²/s)	±10%	±10%	±10%～±15%
酸值增加（mgKOH/g）	0.3	0.3	0.3

化验项目	液压油理化性质变化极限指标		
	L-HS	L-HV	L-HM
水分（%）	0.1	0.1	0.1
闪点变化（开口）（℃）	−60	−60	−60
固体颗粒污染等级	20/16	20/16	20/16

液压油混入异物，或者由于安装松懈，造成油封破损，其结果是发生漏油、压力下降、动作不准确等故障。对于不合要求的油封要及时更新。

(1) 管道系统每天要检查一次，看是否漏油。特别是连接部分不得松动，坚决不使用受污染的液压油。

异物混入液压油中，随油流入滑动部位和缝中，齿轮箱或阀芯中就会发生异常的摩擦从而产生金属粉末。这些金属粉末或其他异物再进入油马达、油缸、阀中，就会使磨损面扩大。由于液压式起重机的工作机构都是由较高精度的零部件构成的。所以一旦发生上述故障，在现场分解检修是不可能的，这时就应该到修理工厂进行全面清洗检修。

(2) 过滤器要定期检查。过滤器的过滤元件滤芯必须定期检查或更新。一般应3个月检查一次，检修时最好把过滤器元件摘下来清扫。由于液压油的劣化，产生不溶性异物，从而黏着细小的尘埃，这些异物进入过滤元件的缝隙中是很难清洗的，最好在换油时，同时更换过滤元件。

清洗或更换滤芯的时间，可根据压力损失值来确定。当压力损失（或压力差）达到一定值时，必须停止工作，进行清洗或更换滤芯。

清洗的方法是把滤芯放到溶剂（汽油、三氯乙烯）长时间浸泡，然后刷洗，再用压缩空气从滤芯的内侧向外侧吹去污物。

(3) 不同品种、不同黏度等级的液压油不能混合使用。

第八节　流动式起重机故障和对策

流动式起重机，是用于露天场合的一种机械，经常受到风、雨、雪、尘埃的侵袭，有时还要在泥泞的环境中作业。由于起重机的工作条件恶劣，所以操作者要很好地了解液压装置，努力使机械在最佳状态下工作。

在日常的检修和操作中，要注意观察液压装置故障的征兆，及早发现，防患于未然，或者把故障限制在最小的范围内。

当机器发生故障时，首先要查清原因，然后采取正确的对策处理故障。对于机器的故障，有时一种原因造成的故障会表现出多种现象，也有多种原因综合作用表现为一种故障现象。所以必须准确地查出故障的原因。

下面以液压汽车式起重机为例，对液压元件以及操作上出现的故障，分析其原因，提出采取的对策。

一、液压元件的故障及对策

1. 油泵

故障	原因	对策
油泵不排油	吸油管气密不良（透气）	检查，增强气密性能
	油量不足	补油
	过滤网眼堵塞	清洗
	泵的驱动系统不良	修理
噪声大	过滤网眼堵塞	清洗网眼
	从吸入管吸入空气	密封进气孔或修理
	管接头不良	修理或更换
	泵的内部损坏	更换或清除杂质
	混入水分过量	清净或更换新油
排量不足	内部磨耗	修理或更换
	稳定性不良	修理柱塞泵稳定器
轴油封漏油	轴的油封不良	更换油封，同时检查轴心
	泄油量大	修理油泵
	泄油管堵塞	清洗管道
	轴心不良	修理轴承，或修理驱动系统的同心度

2. 溢流阀

故障	原因	对策
压力过高或过低	调整不良	调节或更换弹簧
	锥阀不良	更换
	阀动作不良	清除灰尘或异物
	流量过大，过小	测定流量，进行调整
	压力计失灵	更新或检修压力计
压力不稳定	锥阀接触不良	清除（灰尘）或更新
	锥阀动作不良	清除异物，检查主锥阀动作
	主阀磨损	更新锥阀芯　检查材质　检查液压油

3. 顺序阀

故障	原因	对策
一次侧得不到高压	弹簧疲劳	更换弹簧
二次侧得不到高压	二次侧油路漏油	检查二次侧配管
	设定压力值不合适	重新标定，检查压力计
	或压力计失灵	
压力激烈变动	有气泡混入液压油中	消除空气，使用消泡性好的液压油
	阀芯动作不良	清理阀芯油孔

4. 流量控制阀

故障	原因	对策
压力补偿阀芯不动作	补偿阀芯被污染	分解、清洗
	灰尘堵塞	清洗
	壳体小孔堵塞	分解、清洗

| 节流阀
调整困难 | 节流阀轴周围灰尘多
灰尘堵塞或锈死或弹簧生锈
一次侧压力高 | 分解、清洗
先调整溢流阀，回路压力降
下来，再调整节流阀 |

5. 换向阀

| 电磁阀换向不良 | 电磁线圈绝缘不良
电磁铁铁心接触不良
使用压力较高
换向流量超过阀的能力
油箱口有背压 | 更换电磁铁线圈
更换电磁铁
检查油路和压力计
更换适当的阀
消除背压 |
| 手动换向阀的
滑阀部分漏油 | 油封破损
油箱口有背压 | 除去破损油封
除去产生背压的原因 |

6. 液压马达

马达不转	马达烧结 供油压力不足 马达超负荷	分解修理或更换 调整溢流阀的设定值 消除超负荷
马达转速偏低	马达供油量不足 马达内部磨损	调整节流阀、溢流阀、 换向阀的设定值 修理或更换马达
噪声大	联轴器破损 轴心不良 轴承破损	更换联轴器 调整轴的同心度 更换轴承
马达从油封漏油	油封损坏 排量过大 泄油管堵塞 轴振动	更换油封 修理马达，更换油封 清扫管道 更换轴承，调整轴心

7. 油缸

| 起重臂支持不住 | 油缸活塞油封不良
平衡阀漏油
溢流阀压力低 | 更换油封
修理阀
调整溢流阀 |
| 活塞杆漏油 | 油缸头密封不良
活塞杆有划伤 | 更换密封
修理或更换活塞杆 |

二、操作故障和对策

| 1. 不能操作 | 油泵不动
溢流阀开放 | 检修油泵联轴器
检修溢流阀或更新 |
| 2. 卸载安全阀
动作快 | 蓄能器充气压力低或气囊损坏
从操作油路漏油 | 充气或更换蓄能器
修理漏油处 |

故障	原因	处理方法
3. 旋回不动	操作油泵不动 旋转制动器不松闸	修理联轴器 检查操作回路压力或 检查电磁阀操作
4. 旋回运动不均匀	旋转制动器没完全松开 旋转压力低	检修松闸油缸或松闸压力 旋回溢流阀压力
5. 起重臂变幅失灵或不协调	限位器未复位 变幅制动器未松闸或半松闸状态 平衡阀动作失灵	使限位器复位，或修理 起重臂限位器的电磁阀 松开制动器 检修平衡阀
6. 起升机构失灵或不协调	起升限位器未复位 离合器控制阀失灵 起升离合器滑转 操作压力不足 主溢流阀压力低 离合器油缸动作不良 平衡阀的滑阀烧结	检修限位器并复位 检修离合器控制阀 调整离合器 消除原因、调整压力 消除原因、调整压力 修理油缸 检修阀，更换
7. 吊物支持不住	摩擦离合器滑转 平衡阀失灵 起升马达磨损	调整离合器 检查平衡阀裂纹 检查阀座面磨损 修理马达或者更新
8. 起升吊钩或臂架过卷扬限位不良	自动停止用电磁阀失灵或电路有问题 自动停止溢流阀没动作	检修电磁阀或电动元件 检修溢流阀
9. 力矩限制器	电磁阀失灵或电磁阀有问题 自动停止用溢流阀失灵	检修电磁阀或电路 检修溢流阀或更新

第九节　流动式起重机操作安全要求

一、作业前的安全要求

(1) 作业前，现场指挥人员、司机、司索工应将作业的步骤以及注意事项做充分的研究，以提高效率，保证安全。

(2) 作业前必须做安全检查，做无负荷运转，检查安全装置、警报装置、制动器等，这些装置必须灵敏可靠，方可作业。

(3) 从上班接下的作业任务，必须注意交接时的安全事项和措施，经过慎重的试运行，没有异常情况才能作业。

（4）作业场地以及起重臂回转范围不应有障碍物，划定危险区域，不准闲人进入，并派人看护。回转警报器、后视镜、侧视镜都应完好。转台防护栏杆应完好。

（5）作业场地尽可能选在地面坚实的地方，在松软地面上作业时，应在支腿下垫上木板或枕木，履带式起重机应垫枕木防止下沉。

（6）支腿完全伸出后，起重机应保持水平。在支腿不能完全伸出的场合，要注意起重量和起重量指示计，绝对不能超载。

对履带可伸张式起重机，作业应将履带伸张开。

（7）机械式起重臂在安装和摘下时，应注意防止起重臂坠落事故。

（8）起重机作业时，对变幅式起重机要特别注意起重臂的运动。

（9）流动式起重机吊装位置和作业半径，在作业中最好不变动。

（10）最好不用两台起重机共同起吊一个物品，必须时，应注意下列各项。

1）事前做充分研究，制订方案，注意配合。
2）尽可能使用同机种，同起重能力的两台起重机。
3）统一指挥信号。
4）起重机的配置要适当。
5）捆绑钢丝绳的选择和捆绑方法要适当。
6）作业时，只准起升，或下降载荷。

二、作业中的安全要求

（1）由专人指挥，要注意起重臂端部的运动及载荷的状态。

（2）吊点必须选在吊运物品重心上方。

（3）司机在起吊作业中不准离开司机室，如果作业需停止一段时间时，必须将物品放在地上。

（4）不准超载，目测物品要准确。

（5）变幅不准超过规定的倾角；起升不准过卷扬。

（6）流动式起重机司机座椅侧面应装有起重特性曲线或起重性能表的标牌。根据标牌可以知道多大的作业半径应起吊多少重量。

（7）不准蛮干，蛮干会引起事故或损伤机械。

（8）在运转中不准进行清扫、润滑、修理等工作。

（9）起吊时要徐徐地升起，要注意机械的稳定性，捆绑钢丝绳必须牢固可靠才准起升。

（10）下降时，物品下降速度不要过快，物品着地前要降低速度，然后慢慢落地。

（11）物品上不准站人，起吊物品下方也不准站人。

（12）歪拉斜吊是危险的，要注意下列要求：

1）车体倾斜时，不准起吊。
2）吊钩不在物品重心上方不准起吊。
3）装卸长大物时不准拉出（斜拉吊物）。
4）从房屋内往外卸货时，不准拉卸。

5) 在输电线下不准拉拽货物。

(13) 当物品下降时,突然制动会使起重机失去稳定,所以不要在下降物品时突然刹车。制动器闭合状态,必须注意检查制动器的可靠性,否则有可能使物坠落。

(14) 必须把起吊物品提升到安全高度(一般从地面到物品底端 2 m)才能做水平运动。

(15) 起重机旋转时,必须注意观察机器周围不能有人,即使没人也要鸣笛示警。

(16) 吊重旋回时,速度要低,由于快速回转时载荷在离心力的作用下向外摆动,相当于作业半径加大,有倾翻的可能性,所以要注意。

(17) 流动式起重机侧方的起重能力比后方的起吊能力小,如果在后方起吊的载荷,回转到侧方,一定要注意不要发生倾翻事故。

(18) 在大风下作业要注意安全,特别是起重臂较长的起重机,在有风的环境下作业,回转时一定要注意风向。允许工作风力一般在 5 级以下,风压小于 150 Pa。当起升高度超过 30 m 时,风压应小于 60 Pa。

(19) 起重机作业不准突然变幅或快速回转,因为这样会使吊物偏摆发生危险。

(20) 架空线下作业,特别是高压线下作业,要注意检查是否停电,是否有防止触电措施,是否已派人看守。

(21) 作业场合在架空电线附近,必须事前与电管单位取得联系,研究安全对策,必要时可安装防护管。

(22) 当起重机起重臂触电时,要注意起重臂是否与导线脱离接触或者断电。如果想从起重机上下来,不得步行必须双脚跳出。

(23) 起重机作业现场地面不坚固时,吊重时可能发生倾斜失稳。

(24) 切换离合器(传动系统,回转和行走机构离合器)时,发动机要放慢速度。

(25) 对于汽车式起重机或轮胎式起重机,在起重作业时,下车行走机构要打中位挡。停车制动器要上闸。

(26) 汽车式起重机或轮胎式起重机,停车时,停车制动器必须上闸,要注意车轮"打眼"。

(27) 上车没有发动机的液压式汽车起重机,必须挂上取力器(或者脱开行走机构)。

(28) 起重机在作业过程中,要注意各部位有无异常声响,有无振动、发热、嗅味等现象,如果发生上述现象,应立即停止作业,并报告有关方面。

(29) 起重机行走时,回转机构必须锁紧。

(30) 吊载行走是危险的,不得已时,要注意下列事项:

1) 注意选择良好地面,避免凸凹不平地面。

2) 载荷吊离地面要低,防止振动。

3) 回转机构要锁紧,低速行走,速度不应超过 5 km/h。

4) 支腿伸出,与地面有一定的距离以便运行。

(31) 起重机在场内行走时,要注意选择平坦地面,把支腿伸出并与地面保持一定距离、回转机构要锁紧。

(32) 主起升和副起升不能同时操作,主起升作业时,副起升要上闸。

(33) 抓斗提升时,要注意抓斗闭合后再提升。

(34) 用抓斗抓取物品时,要根据物品性质决定滑轮组倍率。难抓的物品用倍率大的滑轮组，易抓的物品可用倍率小的滑轮组。

（35）当从深处吊取物品时，要设专人指挥，注意起升过程。要注意卷筒上的安全圈。

三、移动时的安全要求

（1）起重机从一个场地向另一个场地移动时，必须将回转机构锁紧，把起重臂固定在支架上，防止振动。支腿不能随意伸出。流动式起重机用其他车辆牵引时，要摘下驱动或摘下传动轴的离合器。

（2）架空电线下，特别是高压线下移动时，要留有足够的安全距离，按指挥者的信号行走。

（3）当流动式起重机在泥水中或洼地中陷下去时，如果用低速也不能爬上时，不要强行开动发动机，应求援于其他车辆。在 $6°\sim12°$ 的坡道上行驶，为防止打滑，在爬坡时，主动轮位于前方行驶；下坡时，主动轮应位于后方行驶。

四、作业完毕的安全要求

（1）如果作业完毕，注意把空钩升起。

（2）在作业中如果发生不正常的情况，必须停车检修并找出原因。

（3）各操作手柄及液压控制手柄都要复位（零位），制动器应上闸，棘爪要顶住棘轮，回转机构要锁紧。

（4）有台风预报时，要注意有关上级的指示。把起重机锚定固牢。

（5）作业如有他人接替的场合，应将机械状态、有无异常等事项告诉接替人。必要的应记入作业日志。

（6）上述各项是对汽车式起重机、轮胎起重机和履带式起重机而言。对于铁道式起重机和浮式起重机除上述各项外，还要注意下列各项。

1）铁路式起重机作业时，如果有支腿则应伸出。

2）铁路式起重机移动时，应注意不超过车辆通过界限。

3）浮式起重机作业或移动时，应尽可能注意避开风浪。

五、作业前的检修

1. 整机检查

（1）各部分的螺栓、螺母、键、弹性挡环、楔等不得松动、脱落、损伤。

（2）零件不得有裂纹和明显的变形。

（3）是否有显著的污染。

（4）液压油是否充足。

2. 上车回转部分检查

（1）发动机检查

①燃料是否充足。

②发动机油是否适中，有无污染。

③散热器内水是否充足。

④燃料、油、水是否有滴漏。

⑤发动机工作是否正常，有无异常响声。
⑥油压、水温是否在正常范围内。
⑦排气无色或微青色。
(2) 发动机离合器
①离合器动作是否良好。
②是否漏油。
③液压装置动作是否良好。
(3) 动力传动装置
①链箱、齿轮箱、润滑油是否适中。
②滚道（或者滚动轴承支座）内是否有尘埃沙土污染。
③液力变扭器，液体联轴器是否漏油，油量是否适中。
④离合器，制动器动作是否良好。
(4) 操纵装置
①离合器、制动器的操纵手柄、踏板动作是否良好。
②液压油是否泄漏。
③油量是否适中。
④油压表是否准确。
⑤是否漏气。
⑥贮气罐的排水管是否拔出。
⑦气压表是否准确。

3. 下车部分检查
(1) 汽车式起重机或轮胎起重机的下车机构
①动力输出端或取力器是否漏油，有无异常声响。
②离合器、制动器动作是否良好。
③转向装置手轮动作是否良好。
④轮胎气压是否饱满。
⑤信号灯是否正常。
⑥警报器、方向指示器是否正常。
⑦反射镜（前、后）、车牌是否脏污、损伤。
⑧各种指示仪表是否准确灵敏。
⑨是否漏油。
⑩是否漏气。
(2) 支腿
①是否漏油。
②支腿动作是否良好。
(3) 履带
①履带、链子是否张紧。
②滑履键（锁）、链条是否脱落。

③是否漏油。

4. 臂架、吊具、钢丝绳、安全装置

(1) 起重臂及支承装置

①结构件有无裂纹或变形。

②根部销轴是否安装完好。

(2) 吊具

①吊钩是否能自由转动。

②轴枢是否动作良好。

③防脱钩装置是否完好。

(3) 钢丝绳

①钢丝绳的连接部位是否正常。

②钢丝绳端的紧固是否正常。

③钢丝绳有无乱卷现象。

④钢丝绳有无磨损，断丝现象。

(4) 安全装置

①上升极限位置限制器和警报器动作是否良好。

②起重臂幅度限制器动作是否良好。

③角度指示器，止倒挡（后折臂）动作是否良好。

④起重臂变幅锁紧装置、卷筒、制动器踏板锁紧装置；回转、行走、支腿的锁紧装置，各种锁紧装置是否牢固。

⑤起升、变幅、回转机构制动器动作是否良好。

⑥超负荷限制装置和警报装置动作是否准确。

⑦油压表指示是否准确。

5. 道路行走姿态

①吊钩支持方式是否妥善。

②是否遵守车辆通行的法规。

③支承架的上面及侧面与起重臂间是否留有适当的间隙。

④变幅用卷筒是否锁紧，制动器是否上闸。

⑤起升机构用制动器是否锁紧。

⑥回转机构的锁紧装置或制动器的锁紧装置是否锁紧。特别是履带式起重机上车回转部分与支承装置必须锁紧。

⑦支腿在行走过程中，一定不能随意伸出，检查是否锁牢。

⑧备用轮胎是否正常。

⑨上车回转装置的门是否锁上，附件、工具在车辆行走时不能散乱和摇动。

表 7—14 是汽车起重机参数表。

表 7—15 是国产履带起重机参数表。

表 7—16 是国外产履带起重机参数表。

表 7-14 汽车起重机参数表

主要性能参数		产品型号	BCW5162JQZQY16B 汽车起重机	BCW5193JQZQY16E 汽车起重机	BCW5224JQZQY16G 汽车起重机
最大工作力矩		(kN·m)	598.2	490.3	588.4
最大起重能力		(kN)	160	160	160
工作臂型式/节数			四边箱形/3节臂	六边箱形/3节臂	六边箱形/3+1节臂
吊臂长度		(m)	9.5~23.5	9.95~24.55	9.95~24.55/8
工作幅度（最小至最大工作幅度）		(m)	3~24	3~22	3.75~12/9~12
最大起升高度		(mm)	23 000	24 600	24 500/32 400
主卷扬单绳起升速度（空载）		(m/min)	100	72	97
副卷扬单绳起升速度（空载）		(m/min)			
回转速度		(r/min)	0~3	0~2.6	0~2.6
变幅时间（起/落臂）		(s)	32/26	35/35	35/35
伸缩臂时间（空载）（伸/缩臂）		(s)	60/40	51/22	51/22
支腿收放时间	（水平）	(s)	20/12	22/19	22/19
	（垂直）	(s)	30/34	39/19	19/25
发动机型号	（上车）		X6130	WD615.61、WD615.61A	X6130Q
	（下车）				
发动机型式	（上车）		直列六缸四冲程直喷式柴油机	直列六缸四冲程增压水冷柴油机	直列六缸四冲程直喷式柴油机
	（下车）				
发动机最大功率	（上车）	(kW/r/min)	154.5/2 100	191/2 600	154.5/2 100
	（下车）	(kW/r/min)			
发动机最大扭矩	（上车）	(N·m/r/min)	784.5/1 200~1 400	830/1 600~1 700	784.5/1 200~1 400
	（下车）	(N·m/r/min)			
底盘型号及类别			BCW5160JQZD16型汽车起重机底盘	BCW5191JQZD16E型汽车起重机底盘	TAZ5241J型汽车起重机底盘
驱动形式			4×2	4×2	6×4
轴距（D=F+P+G+T）		(mm)	4 600	4 600	4 075+1 350
轮距（前/后）(Q/S)		(mm)	1 964/1 824	1 939/1 800	1 964/1 836
前悬/后悬（V/N）		(mm)	1 974/1 982	2 103/1 945	1 831/2 529
最小离地间隙		(mm)	245	314	270
接近角/离去角（α/β）		(°)	21/10	21/13	20/12
最大爬坡度		(%)	25	43	22
最大制动距离		(m)	9	10	9
最小转弯直径（2R）		(mm)	18 400	18 600	20 000
纵向通过半径		(mm)			
最高车速		(km/h)	70	72	70
燃油消耗量		(L/100 km)	26.5	29.2	28
支腿形式			H	H	H
支腿跨距（横×纵向）(L×Z)		(mm)	5 000×4 050	5 200×4 050	5 400×4 700
几何外形尺寸（长×宽×高）(A×J×B)			11 250×2 500×3 200	11 280×2 490×3 320	11 280×2 490×3 320
轮胎型号		(mm)	6×11.00-20	6×12.00-20	6×11.00-20-16PR
汽油车双急速污染物排放值					
CO（工况法）		(g/kW·h)			
HC+NOx（工况法）		(s/kW·h)			
CO（急速/高急速）		(%)			
HC（急速/高急速）		(ppm)			
柴油机自由加速烟度排放值		(FSN/r/min)	1.3	0.7 (Rb)	1.3
柴油机全负荷烟度排放值		(FSN/r/min)	1.8	1.6 (Rb)	1.8
专用装置工作噪声（车内/车外）		[dB (A)]		87.9/84.9	87/88.7
汽车起重机底盘整备质量		(kg)	8 180	8 280	10 350
汽车起重机最大总质量		(kg)	17 500	19 000	22 256
前/后轴质量		(kg)	6 000/11 500	6 200/12 800	6 175/16 081
生产厂商			北京起重机器厂		

续表

主要性能参数	产品型号	QY16C 汽车起重机	QY16 汽车起重机	QY16 汽车起重机
最大工作力矩	(kN·m)	453	588	582
最大起重能力	(kN)	160	160	160
工作臂型式/节数		六边箱形/3+1节臂	六边箱形/3+1节臂	六边箱形/3+1节臂
吊臂长度	(m)	9.5~23.5/7.5	9.8~23.5/7	9.07~22.71/7
工作幅度（最小至最大工作幅度）	(m)	3~21/7~26	3.75~20/9~24	3~20/7~28
最大起升高度	(mm)	23 000/30 900	23 000/29 700	23 000/30 000
主卷扬单绳起升速度（空载）	(m/min)	130	100	75
副卷扬单绳起升速度（空载）	(m/min)			
回转速度	(r/min)	0~2	0~2.5	0~2.2
变幅时间（起/落臂）	(s)	58/72	60/30	
伸缩臂时间（空载）（伸/缩臂）	(s)	81/40	75/50	
支腿收放时间（水平）	(s)		15/15	
（垂直）	(s)	30/34	15/15	
发动机型号（上车）				
（下车）		6135Q-2d	X6130、6135Q-9A	6 135Q
发动机型式（上车）				
（下车）		六缸四冲程水冷直列柴油机	六缸四冲程水冷直列柴油机	六缸四冲程水冷直列柴油机
发动机最大功率（上车）	(kW/r/min)			
（下车）	(kw/r/min)	161/2 200	132（163）/2 200	118/1 800
发动机最大扭矩（上车）	(N·m/r/min)			
（下车）	(N·m/r/min)	784/1 200~1 400	700（784）/1 200	686/1 800
底盘型号及类别		QY16C专用	自制 QY16A	
驱动形式		6×6	6×4	4×2
轴距（$D=F+P+G+T$）	(mm)	3 525+1 350	4 050+1 300	4 500
轮距（前/后）（Q/S）	(mm)	2 060/2 060	2 150/1 944	
前悬/后悬（V/N）	(mm)			
最小离地间隙	(mm)		273	
接近角/离去角（$α/β$）	(°)		21/18	25/10.5
最大爬坡度	(%)	36	22	23
最大制动距离	(m)		9.5	
最小转弯直径（$2R$）	(mm)	21 000	20 000	
纵向通过半径	(mm)	70	68	65
最高车速	(km/h)			
燃油消耗量	(L/100km)	H	H	H
支腿形式				
支腿跨距（横×纵向）（$L×Z$）	(mm)	5 000×4 600	4 800×4 400	5 200×4 200
几何外形尺寸（长×宽×高）（$A×J×B$）	(mm)	10 690×2 500×3 465	12 090×2 500×3 480	11 900×2 500×3 370
轮胎型号		6×13.00-20-16PR	10×	6×
汽油车双急速污染物排放值				
CO（工况法）	(g/kW·h)			
HC+NO$_x$（工况法）	(g/kw·h)			
CO（急速/高急速）	(%)			
HC（急速/高急速）	(ppm)			
柴油机自由加速烟度排放值	(FSN/r/min)			
柴油机全负荷烟度排放值	(FSN/r/min)			
专用装置工作噪声（车内/车外）	[dB（A）]			
汽车起重机底盘整备质量	(kg)			
汽车起重机最大总质量	(kg)	21 610	24 300	16 780
前/后轴质量	(kg)		6 200/18 100	
生产厂商		四川长江工程机械集团有限公司	徐州重型机械厂	浦沅工程机械总厂

续表

主要性能参数	产品型号		BCW5274JQZQY25D 汽车起重机	BCW5275JQZQY25F 汽车起重机	QY25 汽车起重机
最大工作力矩		(kN·m)	735.45	735.45	765
最大起重能力		(kN)	250	250	250
工作臂型式/节数			六边箱形/4+1节臂	四边箱形/4+1节臂	四边箱形/4+1节臂
吊臂长度		(m)	9.87～30.13/7.5	9.87～30.13/7.5	10.2～25.2/8
工作幅度（最小至最大工作幅度）		(m)	2.5～20/11～28	2.5～20/11～28	3～21/9～26
最大起升高度		(mm)	29 300/36 730	29 300/36 730	24 400/32 400
主卷扬单绳起升速度（空载）		(m/min)	83	83	130
副卷扬单绳起升速度（空载）		(m/min)	83	83	130
回转速度		(r/min)	0～2.5	0～2.5	0～2
变幅时间（起/落臂）		(s)	60/40	60/40	96/56
伸缩臂时间（空载）（伸/缩臂）		(s)	90/110	90/110	88/65
支腿收放时间（水平）		(s)	17/26	17/26	
（垂直）		(s)	30/25	30/25	
发动机型号（上车）			WD615.61、	X6130QT6	
（下车）			WD615.61A		6135Q-2d
发动机型式（上车）			六缸四冲程水冷增压	六缸四冲程水冷全程	
（下车）			全程调速柴油机	调速柴油机	
发动机最大功率（上车）		(kW/r/min)	191/2 600	154/2 100	161/2 200
（下车）		(kW/r/min)			
发动机最大扭矩（上车）		(N·m/r/min)	830/1 600～1 700	784/1 400	800/1 200～1 400
（下车）		(N·m/r/min)			
底盘型号及类别			BCW5272JQZD252	TAZ5281J型汽车 起重机底盘	QY25专用
驱动形式			6×4	6×4	6×4
轴距（D=F+P+G+T）		(mm)	4 100+1 350	4 075+1 350	3 925+1 350
轮距（前/后）（Q/S）		(mm)	2 065/1 810	1 964/1 834	2 088/1 820
前悬/后悬（V/N）		(mm)	2 125/2 500	1 831/2 824	
最小离地间隙		(mm)	330	270	
接近角/离去角（α/β）		(°)	20/11	20/11	
最大爬坡度		(%)	26.8	24	23
最大制动距离		(m)	9.5	9.5	
最小转弯直径（2R）		(mm)	20 000	20 000	20 000
纵向通过半径		(mm)	6 335		
最高车速		(km/h)	70	70	66
燃油消耗量		(L/100km)	38.8	35	
支腿形式			H	H	H
支腿跨距（横×纵向）（L×Z）		(m)	5 600×4 600	5 600×4 720	5 600×4 780
几何外形尺寸(长×宽×高)(A×J×B)		(mm)	11 990×2 500×3 279	11 990×2 500×3 670	11 370×2 500×3 300
轮胎型号			10×12.00—20—18PR	10×11.00-20-16PR	10×12.00—20—18PR
汽油车双急速污染物排放值					
CO （工况法）		(g/kW·h)			
HC+NO$_x$ （工况法）		(g/kW·h)			
CO （急速/高急速）		(%)			
HC （急速/高急速）		(ppm)			
柴油机自由加速烟度排放值		(FSN/r/min)	0.7	≤4	
柴油机全负荷烟度排放值		(FSN/r/min)	1.4 (Rb)		
专用装置工作噪声（车内/车外）		[dB(A)]	85.2/85.4	/≤89	
汽车起重机底盘整备质量		(kg)	11 540	11 000	
汽车起重机最大总质量		(kg)	27 230	26 360	25 800
前/后轴质量		(kg)	6 966/20 264	6 400/19 960	
生产厂商			北京起重机器厂		四川长江工程机械 集团有限公司

续表

主要性能参数	产品型号	QY25C 汽车起重机	QY25A 汽车起重机	QY25E 汽车起重机
最大工作力矩	(kN·m)	822.5	931.95	735
最大起重能力	(kN)	250	250	250
工作臂型式/节数		六边箱形/5+1节臂	四边箱形/3+1节臂	四边箱形/4+1节臂
吊臂长度	(m)	10～31/8	10.2～25/7.5	10.2～31.5/7.5
工作幅度（最小至最大工作幅度）	(m)	3～28/10～30	3.2～22/	3～29/
最大起升高度	(mm)	30 700/38 600	24 800/30 000	31 000/39 000
主卷扬单绳起升速度（空载）	(m/min)	114	120	120
副卷扬单绳起升速度（空载）	(m/min)	53	76.5	120
回转速度	(r/min)	0～1.5	0～3	0～3
变幅时间（起/落臂）	(s)	98/55	72/0	60/45
伸缩臂时间（空载）（伸/缩臂）	(s)	160/152	115/50	96/140
支腿收放时间（水平）	(s)			20/30
支腿收放时间（垂直）	(s)			20/27
发动机型号（上车）（下车）		NTC-216 (WD615.61)	6135Q-9A	6135Q-9A
发动机型式（上车）（下车）		六缸四冲程水冷增压全程调速柴油机	柴油机	柴油机
发动机最大功率（上车）	(kW/r/min)	216/2 100	163/2 200	163/2 200
发动机最大功率（下车）	(kW/r/min)	(190/2 600)		
发动机最大扭矩（上车）	(N·m/r/min)	1 280/1 300	784/1 200	784/1 200
发动机最大扭矩（下车）	(N·m/r/min)	(830/1 600)		
底盘型号及类别		QY25C专用底盘	自制QY25专用底盘	自制XZ25A专用底盘
驱动形式		8×4	6×4	6×4
轴距（$D=F+P+G+T$）	(mm)	1 450+3 600+1 350	4 325+1 350	4 025+1 350
轮距（前/后）（Q/S）		2 088/1 810	2 090/1 865	2 090/1 865
前悬/后悬（V/N）				
最小离地间隙	(mm)		273	273
接近角/离去角（α/β）	(°)	20/15	21/11	21/10.5
最大爬坡度	(%)	45	23	23
最大制动距离	(m)		12	9.5
最小转弯直径（$2R$）	(mm)	23 000	21 000	19 000
纵向通过半径	(mm)			
最高车速	(km/h)	70	70	63
燃油消耗量	(L/100 km)			
支腿形式		H	H	H
支腿跨距（横×纵向）（$L×Z$）	(mm)	5 700×5 060	5 400×5 070	6 000×4 800
几何外形尺寸（长×宽×高）（$A×J×B$）	(mm)	11 990×2 500×3 380	12 250×2 500×3 500	12 380×2 500×3 500
轮胎型号		12×11.00-20-18PR	10×	10×
汽油车双怠速污染物排放值				
CO （工况法）	(g/kW·h)			
HC+NO$_x$ （工况法）	(g/kW·h)			
CO （怠速/高怠速）	(%)			
HC （怠速/高怠速）	(ppm)			
柴油机自由加速度烟度排放值	(FSN/r/min)			
柴油机全负荷烟度排放值	(FSN/r/min)			
专用装置工作噪声（车内/车外）	[dB(A)]			
汽车起重机底盘整备质量	(kg)			
汽车起重机最大总质量	(kg)	29 900	29 090	26 400
前/后轴质量	(kg)		6 980/22 110	6 350/20 050
生产厂商		四川长江工程机械集团有限公司	徐州重型机器厂	

表 7—15　　国产履带起重机的参数表

主要性能参数	产品型号	QUY50 履带起重机	QUY50C 履带起重机	QUY50 履带起重机
最大工作力矩	(kN·m)	1 500	1 995.5	1 815
最大起重能力	(kN)	500	500	500
工作臂型式/节数		桁架臂/9	桁架臂	桁架臂
吊臂长度（主臂/副臂）	(m)	13～43/15.25	13～52/6～15	13～52/9.15～15.25
工作幅度（最小至最大工作幅度）	(m)	13～52/3～34		
最大起升高度	(mm)	53 000/56 000		
主卷扬单绳起升速度	(m/min)	0～70	0～72	0～68
副卷扬单绳起升速度	(m/min)		54	0～68
回转速度	(r/min)	0～2.7	3.3	0～2
变幅时间（起/落臂）	(s)	45/45 (m/min)	60 (m/min)	0～52 (m/min)
伸缩臂时间（空载）（伸/缩臂）	(s)			
支腿收放时间（伸/缩）	(s)			
发动机型号			6CT8.3	
发动机型式				
发动机最大功率	(kW/r/min)	128/2 000	135/2 500	117.6
发动机最大扭矩	(N·m/r/min)			
底盘型号及类别			T55	
驱动形式				
轴距	(mm)			
轮距（前/后）	(mm)			
前悬/后悬	(mm)			
最小离地间隙	(mm)	360	400	
接近角/离去角	(°)			
最大爬坡度	(%)	36.4	40	32.5
最大制动距离	(m)			
最小转弯直径（前轮/全轮）	(mm)			
最高车速（公路/越野）	(km/h)	1.1	1.2	1.1
燃油消耗量	(L/100km)			
接地压力	(MPa)	6.9		6.9
几何外形尺寸（长×宽×高）[A×J (J')×B]	(mm)	7 085×3 300 (4 300)×3 200	6 717.5×3 300 ×3 140	
履带轮轮距（伸/缩）(Q')	(mm)	3 540/2 540	3 640/2 540	
履带宽 (K')	(mm)	760	760	
履带接地压力	(MPa)			
柴油机自由加速度烟度排放值	(FSN/r/min)			
柴油机全负荷烟度排放值	(FSN/r/min)			
专用装置工作噪声（车内/车外）	[dB (A)]			
整车最大总质量	(kg)	50 000	49 000	
生产厂商		抚顺挖掘机制造厂	哈尔滨四海工程机械制造公司	徐州重型机械厂

续表

主要性能参数	产品型号	QUY35 履带起重机	QU-32 履带起重机
最大工作力矩	(kN·m)	1294.92	320
最大起重能力	(kN)	350	桁架臂/7+1
工作臂型式/节数		桁架臂	
吊臂长度（主臂/副臂）	(m)	10～40/9.15～15.25	
工作幅度（最小至最大工作幅度）	(m)		
最大起升高度	(mm)		26 000/32 000
主卷扬单绳起升速度（空载）	(m/min)	0～110	
副卷扬单绳起升速度（空载）	(m/min)	0～110	
回转速度（空载）	(r/min)	0～2.3	0～4.6
变幅时间（起/落臂）	(s)	0～55 (m/min)	
伸缩臂时间（空载）（伸/缩臂）	(s)		
支腿收放时间（伸/缩）	(s)		
发动机型号			6135AK-1
发动机型式			
发动机最大功率	(kW/r/min)	117.6	110.3/1 500
发动机最大扭矩	(N·m/r/min)		
底盘型号及类别			
驱动形式			
轴距	(mm)		
轮距（前/后）	(mm)		
前悬/后悬	(mm)		
最小离地间隙	(mm)		
接近角/离去角	(°)		
最大爬坡度	(%)	32.5	32.5
最大制动距离	(m)		
最小转弯直径（前轮/全轮）	(mm)		
最高车速（公路/越野）	(km/h)	1.34	
燃油消耗量	(L/100km)		
接地压力	(MPa)	5.8	
几何外形尺寸（长×宽×高）[A×J(J')×B]	(mm)		6 042×3 500×3 675
履带轮轮距（伸/缩）(Q')	(mm)		
履带宽（K'）	(mm)		
履带接地压力	(MPa)		
柴油机自由加速烟度排放值	(FSN/r/min)		
柴油机全负荷烟度排放值	(FSN/r/min)		
专用装置工作噪声（车内/车外）	[dB(A)]		
整车最大总质量	(kg)		43 000/45 000
生产厂商		徐州重型机械厂	上海建筑机械制造厂

表 7—16　　　　　　　　　　　　　国外产履带起重机参数表

主要性能参数		产品型号	KH55 履带起重机	KH55L 履带起重机	KH100D 履带起重机	HS833 履带起重机
最大工作力矩	(kN·m)		416	504	900	1 260
最大起重能力	(kN)		160	180	300	350
工作臂型式/节数			桁架臂	桁架臂	桁架臂	桁架臂/7
吊臂长度（主臂/副臂）	(m)		10～23.6/12.19	10～18.3	10～34	8～38
工作幅度（最小至最大工作幅度）	(m)					3～34
最大起升高度	(mm)					34 600
主卷扬单绳起升速度（空载）	(m/min)		48	48	70	0～138（112）
副卷扬单绳起升速度（空载）	(m/min)					
回转速度（空载）	(r/min)		0～4.6	0～4.6	0.4	0～4.2
变幅时间（起/落臂）	(s)					67/67（m/min）
伸缩臂时间（空载）（伸/缩臂）	(s)					
支腿收放时间（伸/缩）	(s)					
发动机型号						D926T-E
发动机型式			柴油机	柴油机	柴油机	水冷、六缸、四冲程柴油机
发动机最大功率	(kW/r/min)		68	74	110	220/1 800
发动机最大扭矩	(N·m/r/min)					
发动机生产厂						德国利勃海尔
底盘型号及类别						
底盘生产厂						德国利勃海尔
驱动形式						
轴距	(mm)					
轮距（前/后）	(mm)					
前悬/后悬	(mm)					
最小离地间隙	(mm)		430	430	350	
接近角/离去角	(°)					
最大爬坡度	(%)					
最小制动距离	(m)					
最小转弯直径（前轮/全轮）	(mm)					
最高车速（公路/越野）	(km/h)		2	2	1.8	1.7
燃油消耗量	(L/100km)					
接地压力	(MPa)					
几何外形尺寸（长×宽×高）[A×J(J')×B]	(mm)		4 945×3 000×2 910	5 375×3 200×2 910	6 195×3 300×3 175	8 570×2 900×3 250
履带轮轮距（伸/缩）(Q')	(mm)					3500/2 300
履带宽（K'）	(mm)		610	760	760	600
履带接地压力	(NPa)		0.057	0.04	0.055	0.069
柴油机自由加速度烟度排放值	(FSN/r/min)					
柴油机全负荷烟度排放值	(FSN/r/min)					
专用装置工作噪声（车内/车外）[dB(A)]						73/
整车最大总质量	(kg)		21500	22 900	33 100	3 470
生产厂商			日本日立（HITACHI）			德国利勃海尔（LIEBHERR）

续表

主要性能参数	产品型号	7035 履带起重机	KH125-3 履带起重机	PD80 履带起重机	KH150-3 履带起重机
最大工作力矩	(kN·m)	1 360	1 260	1 280	1 480
最大起重能力	(kN)	350	350	400	400
工作臂型式/节数		桁架臂	桁架臂	桁架臂	桁架臂
吊臂长度（主臂/副臂）	(m)	9.14～39.62/12.19	10～40/15.25	10～40/12.2	10～46/15.25
工作幅度（最小至最大工作幅度）	(m)				
最大起升高度	(mm)				
主卷扬单绳起升速度（空载）	(m/min)	70	70	54	70
副卷扬单绳起升速度（空载）	(m/min)	70			
回转速度（空载）	(r/min)	0～3.7	0～4	0～3.3	0～3.3
变幅时间（起/落臂）	(s)	68/68 (m/min)			
伸缩臂时间（空载）（伸/缩臂）	(s)				
支腿收放时间（伸/缩）	(s)				
发动机型号		6D15-T			
发动机型式		水冷、直喷式涡轮增压柴油机	柴油机	柴油机	柴油机
发动机最大功率	(kW/r/min)	113.97/2 150	110	90	110
发动机最大扭矩	(N·m/r/min)				
发动机生产厂		日本三菱			
底盘型号及类别					
驱动形式					
轴距	(mm)				
轮距（前/后）	(mm)				
前悬/后悬	(mm)				
最小离地间隙	(mm)	370	350	370	400
接近角/离去角	(°)				
最大爬坡度	(%)	40			
最大制动距离	(m)				
最小转弯直径（前轮/全轮）	(mm)				
最高车速（公路/越野）	(km/h)	1.6	1.8	1	1.5
燃油消耗量	(L/100km)				
接地压力	(MPa)				
几何外形尺寸（长×宽×高）[A×J (J')×B]	(mm)	6 315×3 300×3 075	6 468×3 350×3 175	6 415×3 300×3 270	6 715×3 300×3 200
履带轮轮距（伸/缩）(Q')	(mm)	4 180/3 300	4 010/3 350	4 010/3 300	4 060/3 300
履带宽（K'）	(mm)	760	760	760	760
履带接地压力	(MPa)	0.054	0.053	0.055	0.058
柴油机自由加速烟度排放值	(FSN/r/min)				
柴油机全负荷烟度排放值	(FSN/r/min)				
专用装置工作噪声（车内/车外）	[dB (A)]				
整车最大总质量	(kg)	38 000	36 600	38 000	41 000
生产厂商		日本神户制钢所（KOBELCO）		日本日立（HITACHI）	

第七章 流动式起重机安全技术

续表

主要性能参数 \ 产品型号		PD90 履带起重机	7045 履带起重机	KH180-3 履带起重机	PD100 履带起重机
最大工作力矩	(kN·m)	1 575	1 480	1 850	1 850
最大起重能力	(kN)	450	450	500	500
工作臂型式/节数		桁架臂	桁架臂	桁架臂	桁架臂
吊臂长度（主臂/副臂）	(m)	10～46/15.25	9.14～48.77/15.24	13～52/15.25	13～52/15.25
工作幅度（最小至最大工作幅度）	(m)				
最大起升高度	(mm)				
主卷扬单绳起升速度（空载）	(m/min)	52	70	70	60
副卷扬单绳起升速度（空载）	(m/min)		70		
回转速度（空载）	(r/min)	0～3.1	0～3.5	0～3.5	0～2.7
变幅时间（起/落臂）	(s)		68/68 (m/min)		
伸缩臂时间（空载）（伸/缩臂）	(s)				
支腿收放时间（伸/缩）	(s)				
发动机型号			6D15-T		
发动机型式		柴油机	水冷、直喷式涡轮增压柴油机	柴油机	柴油机
发动机最大功率	(kW/r/min)	97	113.97/2 150	110	112
发动机最大扭矩	(N·m/r/min)				
底盘型号及类别			日本三菱		
发动机生产厂					
驱动形式					
轴距	(mm)				
轮距（前/后）	(mm)				
前悬/后悬					
最小离地间隙	(mm)	365	380	360	360
接近角/离去角	(°)				
最大爬坡度	(%)		40		
最大制动距离	(m)				
最小转弯直径（前轮/全轮）	(mm)				
最高车速（公路/越野）	(km/h)	1	1.4	1.5	0.8
燃油消耗量	(L/100km)				
接地压力	(MPa)				
几何外形尺寸（长×宽×高）[A×J(J')×B]		6 840×3 300 ×3 270	7 015×3 300 ×3 075	7 000×3 300 ×3 280	7 195×3 300 ×3 300
履带轮轮距（伸/缩）(Q')	(mm)	4 010/3 300	4 300/3 300	4 300/3 300	4 300/3 300
履带宽 (K')	(mm)	760	760	760	760
履带接地压力	(MPa)	0.060	0.061	0.061	0.065
柴油机自由加速度烟度排放值	(FSN/r/min)				
柴油机全负荷烟度排放值	(FSN/r/min)				
专用装置工作噪声（车内/车外）[dB (A)]					
整车最大总质量	(kg)	42 000	45 000	46 900	48 800
生产厂商		日本日立（HITACHI）	日本神户制钢所（KOBELCO）	日本日立（HITACHI）	

第八章 塔式起重机安全技术

第一节 塔式起重机的分类和基本参数

一、塔式起重机的分类

根据 JG/T 5037,塔式起重机可按如下方式分类。

1. 按支承方式分类

(1) 固定式:用连接件将塔身固定在地基上。

(2) 移动式

1) 轨道式:起重机通过车轮在轨道上运行。

2) 轮胎式:采用专门的轮胎底盘,作为运行底盘。只有在使用支腿时,才能进行起重作业。不能吊重行驶。

3) 汽车式:以汽车底盘作为运行底盘。不能带载行驶。

4) 履带式:以履带盘作为运行底盘,通常由履带式起重机改装。

(3) 按爬升方式分

1) 附着式:通过附着装置将塔身与建筑物连接起来,提高起重机的承载能力;

2) 内爬式:将塔式起重机安装在建筑物的电梯井内,通过爬升装置使起重机随着建筑物的升高而爬升。

2. 按回转方式分类(图 8—1)

(1) 上回转式:

1) 塔帽回转式(图 8—1a)。

2) 塔顶回转式(图 8—1b)。

3) 转柱回转式(图 8—1c)。

4) 上回转平台式(图 8—1d)。

(2) 下回转式(图 8—1e)

3. 按变幅方式分类

(1) 小车水平变幅式(图 8—1f)。

(2) 动臂变幅式(图 8—1g)。

(3) 折臂式(图 8—1h)。

4. 按安装方式分类

(1) 非快装式:借助其他起重设备进行安装架设的塔式起重机。

第八章 塔式起重机安全技术

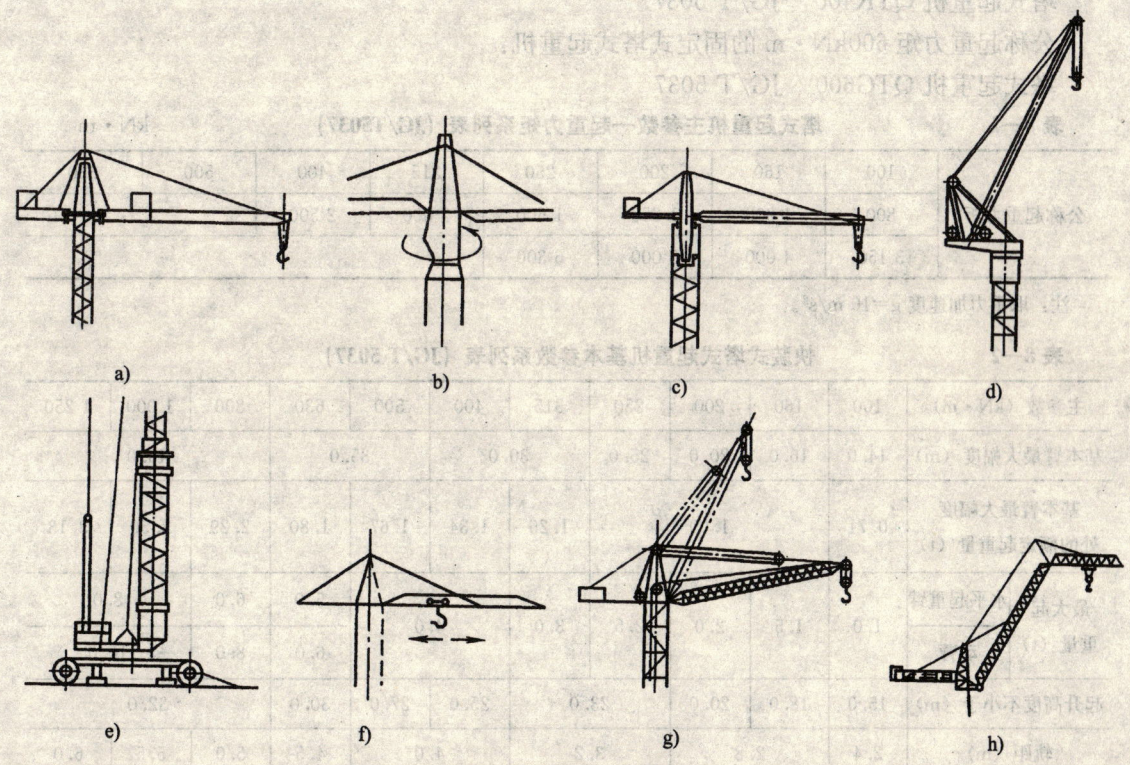

图 8—1　塔式起重机分类图
a) 塔帽回转式　b) 塔顶回转式　c) 转柱回转式　d) 上回转平台式
e) 下回转式　f) 小车水平变幅式　g) 动臂变幅式　h) 折臂式

（2）快装式：可利用起重机自身的动力装置实现整体拖运和安装。

二、塔式起重机基本参数和型号标记

1. 基本参数

表 8—1 是塔式起重机主参数——起重力矩系列表

表 8—2 是快装式塔式起重机基本参数系列表

表 8—3 是非快装式塔式起重机基本参数系列表

2. 型号标记

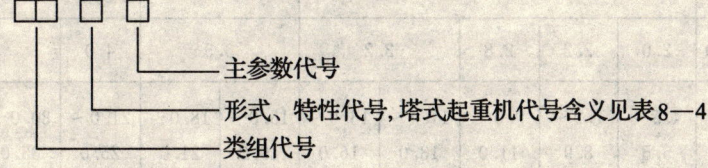

标记示例：

公称起重力矩 400 kN·m 的快装式塔式起重机：

塔式起重机 QTK400　JG/T 5037

公称起重力矩 600kN·m 的固定式塔式起重机：

塔式起重机 QTG600　JG/T 5037

表 8—1　　　　塔式起重机主参数—起重力矩系列表（JG/T5037）　　　　kN·m

公称起重力矩	100	160	200	250	315	400	500	630
	800	1 000	1 250	1 600	2 000	2 500		
	3 150	4 000	5 000	6 300				

注：取重力加速度 g=10 m/s²。

表 8—2　　　　快装式塔式起重机基本参数系列表（JG/T 5037）

主参数（kN·m）	100	160	200	250	315	400	500	630	800	1 000	1 250
基本臂最大幅度（m）	14.0	16.0	20.0	25.0	30.0		35.0		40.0		
基本臂最大幅度处的额定起重量（t）	0.71	1.00			1.26	1.34	1.67	1.80	2.29	2.50	3.13
最大起重量（t） 水平起重臂	1.0	1.5	2.0	2.5	3.0	4.0		5.0	6.0	8.0	
最大起重量（t） 动臂								6.0	8.0	10.0	
起升高度不小于（m）	15.0	18.0	20.0	23.0		25.0	27.0	30.0	32.0		
轨距（m）	2.4	2.8		3.2		4.0	4.5	5.0	5.5	6.0	
最大起升速度不小于（m/min）	15.0	20.0		25.0	30.0	40.0		50.0			
最低稳定下降速度不大于（m/min）	7.0										
小车变幅速度不小于（m/min）	10.0	15.0		20.0		30.0		35.0		40.0	
整机运行速度不小于（m/min）	20.0										
回转速度不小于（r/min）	0.80					0.70			0.60		
尾部半径不大于（m）	2.0	2.2	2.8		3.2		3.5	4.0		4.5	
设计重量（t）	4.5~5.5	7.2~8.9	9.0~11.0	11.4~13.0	13.0~16.0	16.0~19.0	18.0~21.0	21.0~25.0	80.0~35.0	37.0~43.0	41.5~48.0

注：1. 取重力加速度 g=10 m/s²；
　　2. 设计重量不包括压重、平衡重和整体拖运装置的重量。

表 8—3 非快装式塔式起重机基本参数系列表（JG/T 5037）

主参数 (kN·m)	160	200	250	315	400	500	630	800	1 000	1 250	1 600	2 000	2 500	3 150	4 000	5 000	6 300
基本臂最大幅度 (m)	16.0	20.0	25.0	25.0	30.0	30.0	35.0	35.0	40.0	40.0	45.0	45.0	45.0	50.0	50.0	50.0	55.0
基本臂最大幅度处的额定起重量 (t)		1.00	1.00	1.26	1.34	1.67	1.80	2.29	2.50	3.13	3.56	4.40	5.60	6.30	8.00	10.00	11.46
最大起重量 (t) 水平起重臂	1.5	2.0	2.5	3.0	4.0	4.0	5.0	6.0	8.0	8.0	10.0	12.0	12.0	16.0	20.0	20.0	25.0
最大起重量 (t) 动臂							6.0	8.0	10.0	10.0	12.0	16.0	16.0	20.0	25.0	25.0	32.0
起升高度不小于 (m)	20.0	22.0	25.0	27.0	30.0	35.0	40.0	45.0	50.0	50.0	55.0	55.0	55.0	60.0	65.0	70.0	80.0
轨距 (m)	2.8	2.8	2.8	3.2	4.0	4.0	4.5	4.5	5.0	5.0	5.0	6.0	6.0	6.5	8.0	8.0	10.0
起升速度不小于 (m/min)	20.0	20.0	50.0	50.0	60.0	60.0	80.0	80.0	100.0	100.0	100.0	120.0	120.0	120.0	120.0	120.0	120.0
最低稳定下降速度不大于 (m/min)	7.0	7.0	7.0	7.0	7.0	7.0	7.0	7.0	5.0	5.0	5.0	5.0	5.0	3.0	3.0	3.0	3.0
小车变幅速度不小于 (m/min)	15.0	20.0	30.0	30.0	40.0	40.0	40.0	40.0	50.0	50.0	50.0	50.0	50.0	60.0	60.0	60.0	70.0
整机运行速度不小于 (m/min)	20.0	20.0	20.0	20.0	20.0	20.0	20.0	20.0	20.0	20.0	20.0	15.0	15.0	15.0	15.0	15.0	15.0
回转速度不小于 (r/min)	0.70	0.70	0.70	0.70	0.70	0.70	0.70	0.70	0.60	0.60	0.60	0.60	0.60	0.50	0.50	0.50	0.50
设计重量 (t)	7.0~9.0	8.0~10.0	12.0~15.0	13.0~17.0	18.0~25.0	23.0~30.0	30.0~37.0	36.0~45.0	45.0~55.0	50.0~60.0	58.0~70.0	71.0~83.0	80.0~95.0				

表 8—4　　塔式起重机代号含义

组		型		特性代号	产品		主参数代号		
名称	代号	名称	代号		名称	代号	名称	单位	表示法
塔式起重机	QT（起塔）	轨道式（固定式）	—	—	上回转塔式起重机	QT	额定起重力矩	kN·m	主参数乘 10^{-1}
				Z（自）	上回转自升塔式起重机	QTZ			
				A（下）	下回转塔式起重机	QTA			
				K（快）	快装塔式起重机	QTK			
		汽车式	Q（汽）	—	汽车塔式起重机	QTQ			
		轮胎式	L（轮）	—	轮胎塔式起重机	QTL			
		履带式	U（履）	—	履带塔式起重机	QTU			
		组合式	H（合）	—	组合塔式起重机	QTH			

第二节　塔式起重机工作机构

一、QT60/80 型塔式起重机工作机构

QT60/80 型塔式起重机是上旋式结构动臂变幅的塔式起重机。根据需要可以安装成高塔（塔高 50 m）、中塔（塔高 40 m）和低塔（塔高 30 m）三种形式。高塔起重能力为 60 t·m；中塔起重能力为 70 t·m；低塔起重能力为 80 t·m。图 8—2 是 QT60/80 型塔式起重机外形尺寸及特性曲线图。

表 8—5 是 QT60/80 型塔式起重机技术性能表。

起升机构由电动机、制动器、减速器、开式齿轮、卷筒等构成，见图 8—3。

1. 开式齿轮

从图 8—4 中可以看出，起升机构有两副开式齿轮传动：z_3，z_5；z'_3，z'_5，所以同一倍率下，可以获得两种速度。在双绳时，可获得起升速度为 $v_1=21.5$ m/min，$v_2=16.4$ m/min；在三绳时，$v_1=14.3$ m/min，$v_2=11$ m/min。

2. 起升电动机

起升电动机型号为 JZR51-8，功率为 22 kW，转速 $n=732$ r/min，减速器传动比 $i=\frac{110}{21}=5.24$，开式齿轮传动比 $i_1=\frac{85}{16}=5.31$，$i_2=\frac{81}{20}=4.05$，卷筒直径 $D=400$ mm。

3. 变幅机构

QT60/80 型塔式起重机变幅机构属于挠性变幅机构。图 8—4 是钢丝绳穿绕图。倍率为 $m=6$。

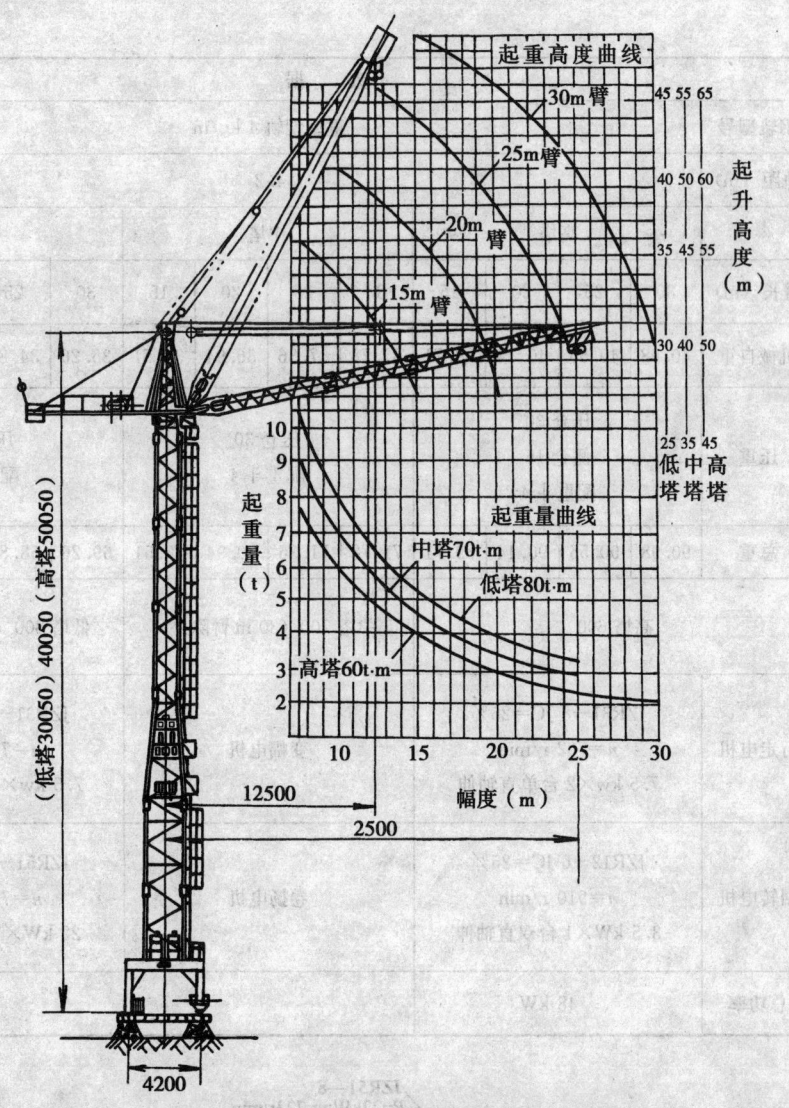

图 8—2 QT60/80 型塔式起重机外形尺寸及特性曲线图

表 8—5　　　　　　　　　　QT60/80 型塔式起重机技术参数

项目		数　据	
回转角度		360°	
速度	行走速度 (m/min)	17.5	
	回转速度 (r/min)	0.6	
	变幅速度 (m/min)	8.58（卷筒线速度）	
	提升速度 (m/min)	双钢丝绳 $\begin{cases} v_1=21.5 \\ v_2=16.4 \end{cases}$	三钢丝绳 $\begin{cases} v_1=14.3 \\ v_2=11 \end{cases}$

续表

项目		数据											
钢轨	钢轨型号	重型钢轨 4 kg/m											
	轨距（m）	4.2											
重量（t）		高塔				中塔				低塔			
	臂长（m）	30	25	20	15	30	25	20	15	30	25	20	15
	机械自重	40.98	40.56	40.14	39.71	37.78	37.36	36.94	36.51	35.26	34.84	34.42	33.99
	压重	压仓 30 侧仓 16 配重斗 4				压仓 30 配重斗 4				压仓 30 配重斗 4			
	总重	90.98	90.56	90.14	89.71	71.78	71.36	70.94	70.51	69.26	68.84	68.42	67.99
起重力矩（kN·m）		高塔 600				中塔 700（30 m 臂除外）				低塔 800（30 m 臂除外）			
电动机	行走电机	JZR31-8 JC=25% n=702 r/min 7.5 kw×2 台单直轴伸				变幅电机				JZR31-8 JC=25% n=702 r/min 7.5 kw×1 台单直轴伸			
	回转电机	JZR12-6 JC=25% n=910 r/min 3.5 kW×1 台双直轴伸				卷扬电机				JZR51-8 JC=25% n=723 r/min 22 kW×1 台单锥轴伸			
	总功率	48 kW											

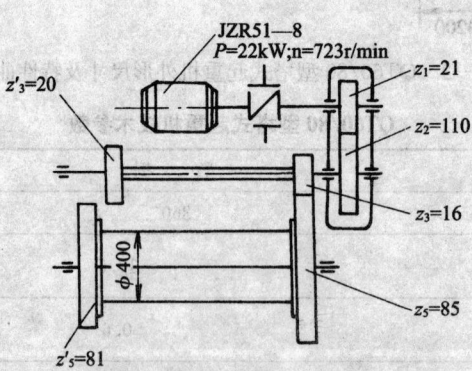

图 8-3 QT60/80 型塔式起重机起升机构图

变幅机构电动机型号为 JZR31-8，功率为=7.5 kW，转速 n=702 r/min，减速器传动比 i=38.5，开式齿轮传动比 i=2.4，卷筒直径 D=360 mm。

为确保安全,在减速器内装有载荷自制式制动器(见图 8—5)。

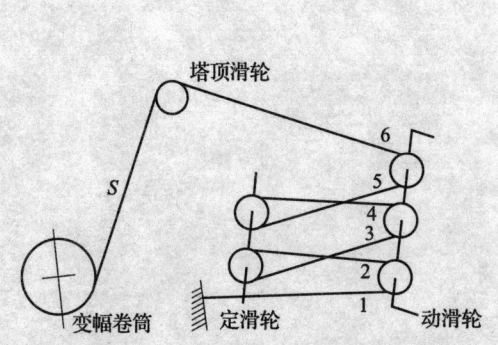

图 8—4　QT60/80 型起重机变幅钢丝绳穿绕图

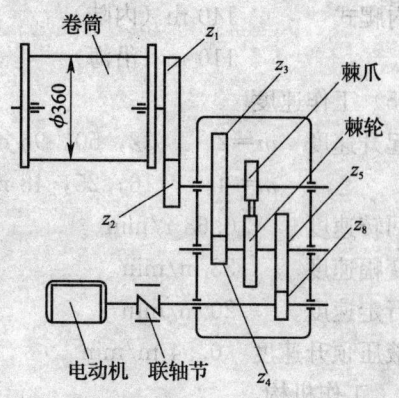

图 8—5　QT60/80 型塔式起重机变幅机构图

4. 回轮机构

回转机构由小齿轮、内齿圈、开式齿轮、蜗轮蜗杆减速器构成。在蜗轮蜗杆传动中,蜗杆采用双头蜗杆,目的是避免在蜗轮传动中产生自锁,使之成为可逆传动。当大风吹击时,起重臂可以转向顺风方向,减小起重臂的迎风面积。避免由于风力引发的事故。

5. 行走机构

行走机构,由电动机、制动器、减速器、轮边开式齿轮和车轮等构成。

QT60/80 型起重机发生"倒塔"事故是比较多的,在操作中要严格遵守操作规程,不准超载,回转动作要慢。在装、拆塔中要注意安全操作。

二、QT80A/B/C 型塔式起重机工作机构

QT80A 型塔式起重机是适应高中层建筑和大跨度工业厂房施工的多用途塔式起重机。QT80A 塔式起重机采用水平臂架,小车变幅,底架台车行走的结构形式。塔身采用液压顶升,可随建筑物的升高而增高,这就是自升式塔式起重机。该种塔式起重机可以改装成轨道行走式、附着式、内爬式等不同形式。后来又改进成 QT80B 和 QT80C 形式。

1. 主要技术参数

主要技术参数如下:

(1) 最大起重力矩　　800 kN·m

(2) 最大起重量　　8 t

(3) 最大工作幅度　　35 m (QT80A)

　　　　　　　　　　40 m (QT80B)

　　　　　　　　　　40 m (QT80C)

(4) 最大起升高度

轨道行走式　　43.5 m (QT80A/B/C)

附着式　　　　70 m (QT80B)

内爬式　　　100 m（QT80C）
　　　　　　140 m（内陆）
　　　　　　110 m（沿海）

（5）工作速度

起升速度　$m=2$　　32，50，96 m/min
　　　　　$m=4$　　16，25，48 m/min
回转速度　0.63 r/min
变幅速度　33 m/min
行走速度　20 m/min
液压顶升速度　0.54 m/min

2. 工作机构

（1）起升机械　起升机构由电动机、涡流制动器、减速器、液压推杆制动器、上升极限位置限制器、卷筒等构成（见图8—6）。

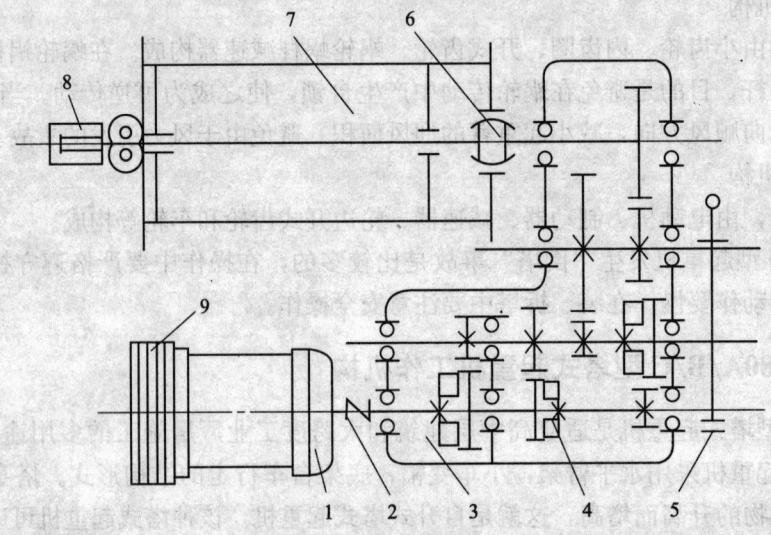

图8—6　QT80型塔式起重机起升机构图
1—电动机　2—弹性联轴器　3—减速器　4—电磁离合器　5—制动器　6—浮动铰链及齿形接盘
7—卷筒　8—上升极限位置限制器　9—涡流制动器

起升机构采用减速器及其内的电磁离合器换挡齿轮调速，机械速比为3∶1；绕线电动机与涡流制动器速比为7∶1。整机速比为21∶1。这样可以实现轻载高速，重载低速。轻载速度为96 m/min，重载速度为16 m/min。塔吊每日起吊次数可达120～140次。

（2）回转机构　回转机构由电动机、带传动、摆线针轮减速器、小齿轮和大齿圈构成。

回转机构采用绕线式电动机、液力耦合器、摆线针轮减速器相配合的"电—液—机"结构形式，使塔式起重机回转工作平稳，就位方便。两套回转机构对称地分布在大齿圈的两侧。转速可达$n=0.63$ r/min。在35 m幅度时，回转线速度达138 m/min；在40 m幅度时，回转线速度可达158 m/min。图8—7是回转机构图。

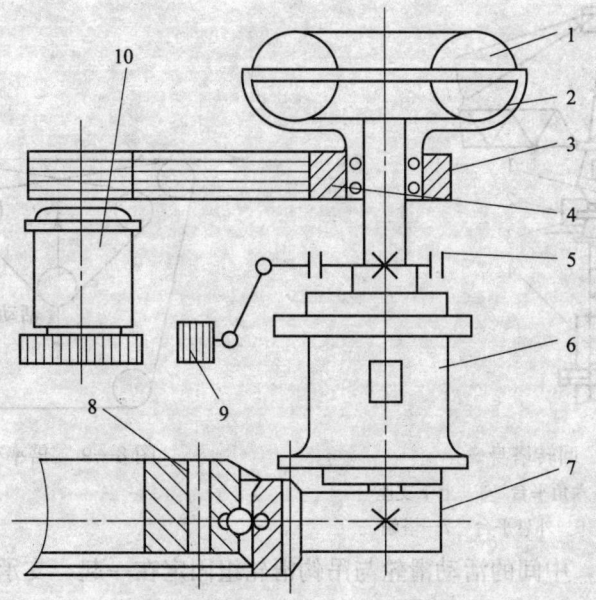

图 8—7　QT80 型塔式起重机回转机构
1—液力耦合器　2—泵轮　3、4—皮带轮　5—制动器　6—摆线针轮减速器
7—齿轮　8—回转支承　9—电磁铁　10—电动机及涡流制动器

(3) 金属结构　底架采用 X 形交叉大梁结构，大梁结构为箱形断面形式，全部采用低合金钢焊接而成。X 形交叉底架具有构造简单、制造方便、易于运输等优点。

塔身由标准节和下塔身构成。标准节由角钢对焊成正方形截面筒形结构。主弦杆连接套焊缝要求作射线探伤检查。

塔身标准节高度为 2.5 m，中心截面尺寸为 1.5 m×1.5 m。

(4) 回转塔身　回转塔身由上支座、回转机构、司机室及框架构成（见图 8—8）。

回转塔身与塔帽用螺栓固接，下部通过回转轴承与塔身支座连接。

(5) 起重臂　起重臂为正置三角形断面及平行弦杆结构。下弦杆由槽钢加封板焊成，槽钢上平面兼作载重小车运行轨道，封板则作导向滚轮的导向面。A 型、B 型的上弦杆由低合金钢板压成槽形并合焊成矩形断面，C 型的上弦杆由无缝钢管构成台阶式变载面结构。起重臂由根部节、吊点节、臂头和标准节组成，可分别组成 25、30、35、40 m 的长度。

起重臂吊点为上支承式，即吊点放置在上弦杆节点处。QT80B 型塔式起重机采用"双点双拉杆"方式，由于增加一个弹性支座，吊臂成为超静定结构。

(6) 司机室　司机室置于六角平台上，操作方便，视野良好。室内铺设隔热材料，操纵器和显示器采用联动控制台。还安装了 TDLX1 型电子式和 MML—1 型微电脑式力矩限制器。重量检测装置安装在司机室顶部，通过起升绳取得信号。幅度检测装置安装在起重臂根部，从安装在减速器外伸轴上的多圈电位器取得信号。

(7) 倍率变换机构　这种自升式起重机采用自动更换倍率的装置。图 8—9 是这种装置的结构图。

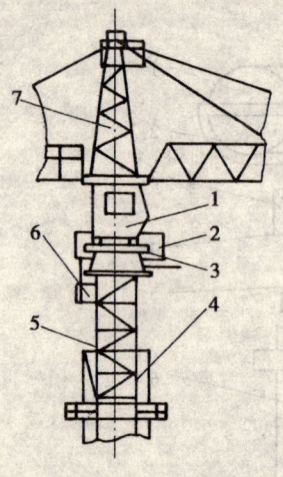

图 8—8 回转塔身

1—司机室及主架　2—六角平台　3—上下支座
4—爬升架　5—塔身　6—外悬平台　7—塔帽

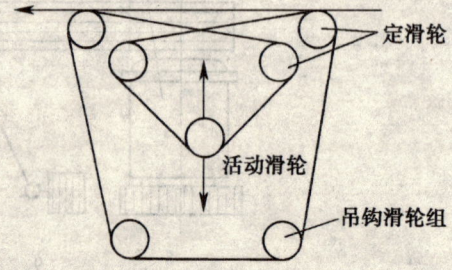

图 8—9　倍率变换机构图

当起重量很大时，中间的活动滑轮与吊钩滑轮组固定在一起，支承绳数为 4。当起重量比较小时，中间活动滑轮脱开吊钩滑轮组与小车滑轮组固定在一起，支承绳数为 2。

三、其他类型塔式起重机

1. HK40/21B 型塔式起重机

HK40/21B 型塔式起重机最大起重力矩为 2 944 kN·m，起重臂长度达 70 m，可起重 2.1 t。幅度为 18.4 m 时，可起重 16 t。附着式起升高度可达 153.7 m。轨道行走式起升高度可达 50.6 m。图 8—10 是 HK40/21B 型塔式起重机性能参数图。起升速度分别为：8 t 时，30 m/min；4 t 时，60 m/min；16 t 时，15 m/min；变幅速度：6、23、45 m/min；回转速度：0.8 r/min；行走速度：15～30 m/min。起升机构电动机功率：51.5 kW；变幅机构功率：4.4 kW；回转机构功率：2×9 kW；行走机构功率：4×3.7 kW。

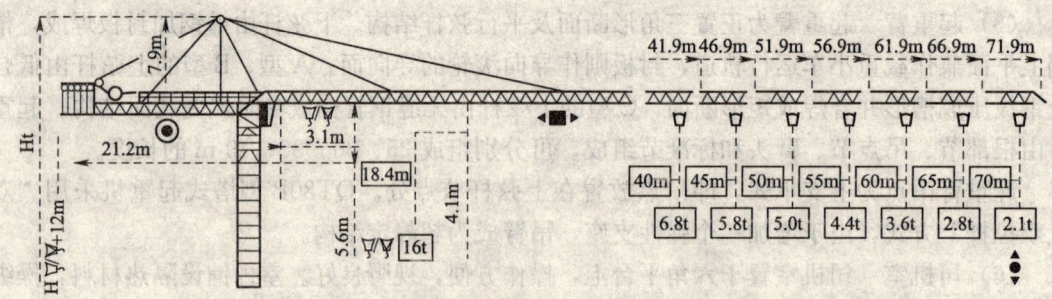

图 8—10　HK40/21B 型塔式起重机性能参数图

2. QTZ 型塔式起重机

QTZ50 型塔式起重机，最长起重臂为 40 m，起重量为 1.2 t。可满足高层建筑物施工要求。可作行走式，固定式，附着式和内爬式使用。表 8—6 是 QTZ50 型塔式起重机性能参数表。表 8—7 是 QTZ50 型塔式起重机工作机构性能参数表。图 8—11 是 QTZ 型塔式起重机外形图。

表 8—6　　QTZ50 型塔式起重机性能参数表

公称起重力矩		500 kN·m
最大起重力矩		572 kN·m
最大工作幅度		40 m
最小工作幅度		2.5 m
最大起重量		4 t
最大工作幅度起重量		1.2 t
最大起升高度	行走式	36 m
	固定式	32.2 m
	附着式	100 m
	爬升式	100 m

表 8—7　　QTZ50 型塔式起重机工作机构性能参数表

机构	工作速度				电动机	
					功率	JC%
起升	2绳	70	35	6	15/15/3.5 kW	40%
	4绳	35	17.5	3		
回转	0.76/0.38			r/min	4.5/3 kW	40%
行走	16			m/min	2×4 kW	25%
小车牵引	37.0/18.5			m/min	2.4/1.5 kW	40%
爬升	0.49			m/min	4 kW	25%

(起升行对应单位为 m/min)

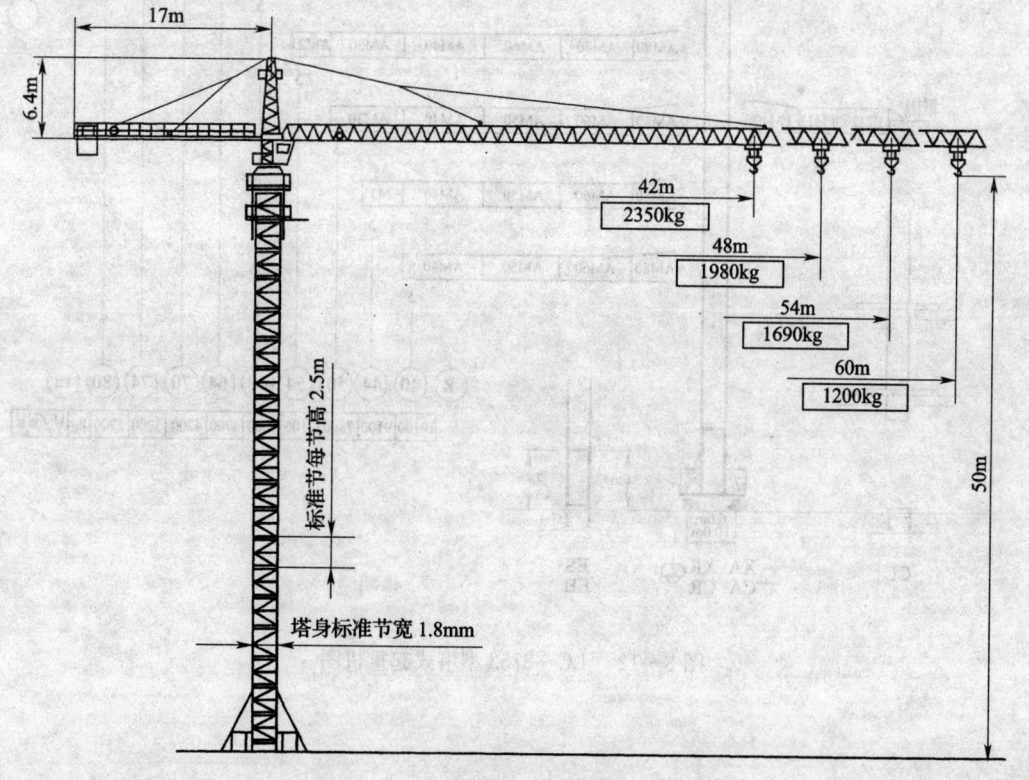

图 8—11　QTZ 型塔式起重机外形图

3. LC—8752 型塔式起重机

LC—8752 型塔式起重机。起重臂长度达 81.6 m，可起重 2.1 t。起重机最大起重量 18 t (18.6 m)。幅度 80 m 时，可起重 2.9 t。起重机构功率为 90 kW；小车运行机构功率为 7.5 kW。起升速度为 3.2~192 m/min；行走速度为 20 m/min；回转速度为 0.7 r/min；小车运行速度为 20 m/min。图 8—12 是 LC—8752 型塔式起重机图。

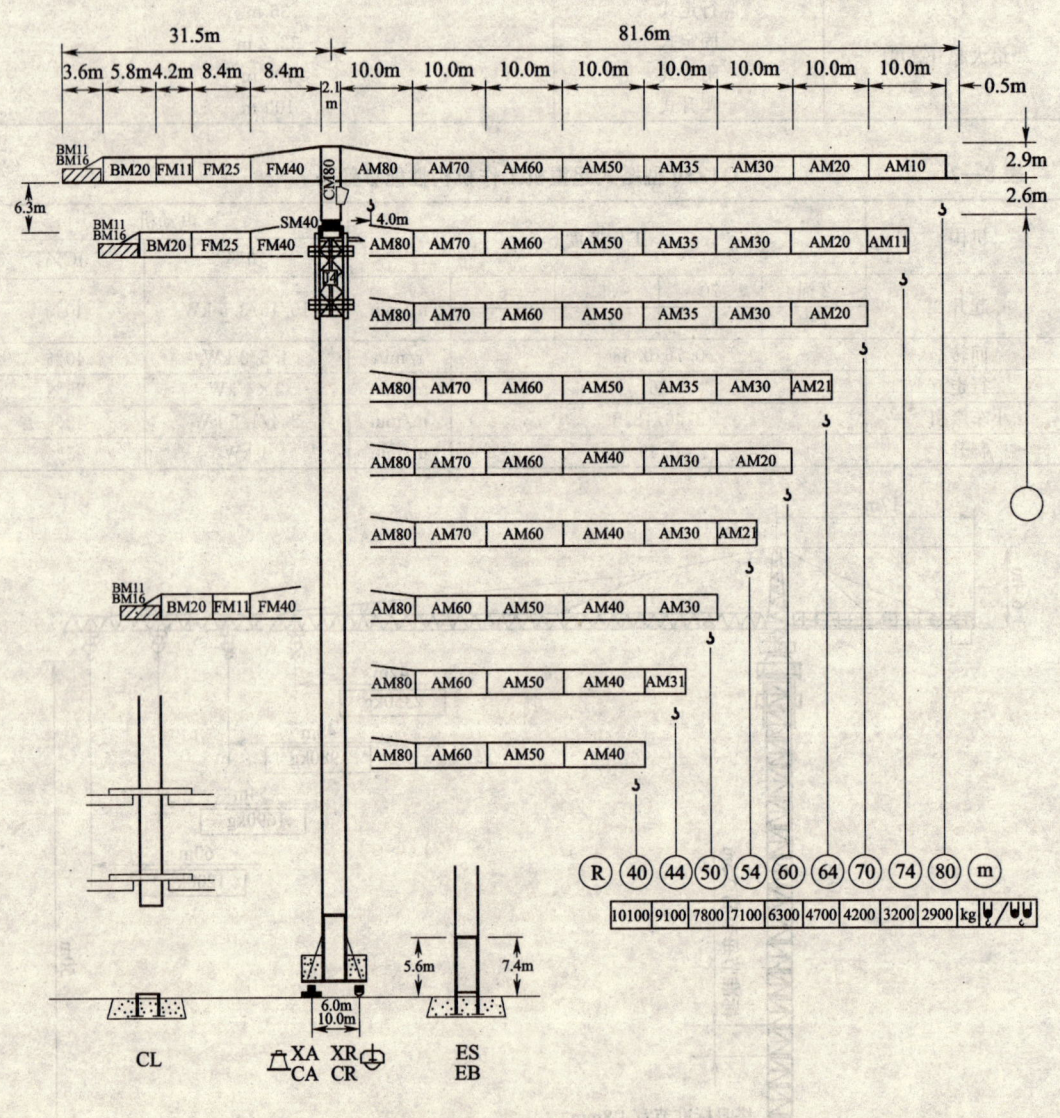

图 8—12　LC—8752 型塔式起重机图

第三节　塔式起重机安全技术

一、机构安全技术

1. 起升机构安全技术

塔式起重机的起升机构的特点是起升钢丝绳比较长，有时可达 200～600 m，所以卷筒为多层卷绕。此外，塔式起重机的起升机构要求调速性能高，重载慢速、轻载快速，而且要求有良好的微动性能，以满足工程安装的要求。有的采用涡流制动器、电磁离合器调速；也有的采用闭环电磁联轴器调速系统；双电动机、能耗制动调速系统；变极多速电机调速等方案进行调速，以满足各种速度需要。

在选择电动机容量和控制系统时，应控制物品的起升加速度不超过 0.8 m/s^2。起升机构的驱动装置至少要安装一个常闭式支持制动器，并且安装在刚性联结轴上。制动器安全系数应不小于 1.5，制动引起的加（减）速度不宜大于 0.8 m/s^2。推荐采用支持制动和控制制动并用。控制制动可用电气方式的再生制动、反接制动、耗能制动，以及涡流制动等。

吊钩、钢丝绳、滑轮和卷筒的一般安全技术要求见本手册第二章。此外塔式起重机对钢丝绳的偏角也有要求，其允许值为：钢丝绳绕出或绕入滑轮的最大偏角不大于 4°；钢丝绳绕出或绕入卷筒时，钢丝绳偏离螺旋槽两侧的角度应不大于 3.5°；对于光卷筒和多层缠绕卷筒，钢丝绳偏离与卷筒轴垂直的平面的角度应不大于 1.5°，当大于该值时，应设导绳器。

多层缠绕卷筒两侧凸缘的高度，应超过钢丝绳最外层再加上 2 倍钢丝绳直径的高度。小车变幅的塔式起重机变幅机构，允许采用无凸缘卷筒，但卷筒两侧边缘应比缠绕最外侧钢丝绳再空出 2 倍钢丝绳直径的宽度。

滑轮应安装钢丝绳防脱槽装置，防脱槽装置与滑轮外缘的间隙不得超过钢丝绳直径的 20%。

2. 变幅机构安全技术

塔式起重机变幅机构有动臂变幅和小车变幅两种变幅机构。

（1）动臂变幅机构　包括电动机、制动器、减速器和卷筒等。起重臂是由变幅钢丝绳支承，所以要特别注意变幅钢丝绳的质量检验。在选择电动机容量和控制系统时，要求变幅时起重臂头部水平移动的最大加（减）速度不超过 0.6 m/s^2。

制动器应采用常闭式制动器。对于平衡变幅机构，工作状态制动安全系数取 1.25；非工作状态制动安全系数取 1.15。对于非平衡变幅机构应安装一个支持制动器和一个停止器，或两个支持制动器。当选择一个支持制动器时，制动安全系数为 1.5；当选择 2 个支持制动器时，每个制动器的制动安全系数不小于 1.25。

停止器应能保证在制动器失灵时，可靠地支持住起重臂和起升载荷，而不发生坠臂事故。停止器与变幅机构之间应有联锁保护装置。动臂变幅的塔式起重机，对于可带载变幅的变幅机构，要求变幅过程平稳，并应设有防止吊臂坠落的安全装置。

（2）小车变幅机构　自升式塔式起重机变幅机构多采用小车变幅，变幅机构的驱动方式有：普通的牵引装置，由电动机、减速器（蜗杆减速器）卷筒等组成。也有采用卷筒内行星减速器—电动机装置作为驱动机构。

这种塔式起重机在空载时，小车任意一个滚轮与轨道的支承点对其他 3 个滚轮的支承点所构成的平面的偏移不得超过轴距的 1/1 000。

在选择电动机容量和控制系统时，应使变幅小车最大加（减）速度 $\leqslant 0.5$ m/s^2。制动器应能保证变幅小车在规定的时间内平衡停车。

3. 回转机构安全技术

回转驱动机构包括：电动机、减速器（摆线针轮减速器）、回转齿轮机构等。

在选择电动机容量和控制系统时，应使起重机臂端切向加（减）速度不大于下列规定数值：对于回转速度低的建筑施工塔式起重机，根据起重量控制在 0.1~0.3 m/s^2；对于回转速度高的安装塔式起重机，根据起重量控制在 0.4~0.8 m/s^2。起重量大者取小值。

回转机构宜采用可操纵的常开式制动器。制动器产生的制动力矩应能确保在最不利的工况和最大臂长时，平稳停止回转。如果采用闭式制动器，则应先减速后制动，并且确保当风速大于 20 m/s 时，回转部分能在风力作用下自由回转。

极限转矩联轴器是起安全保护作用的装置，功能是保证起重机回转时，正常起动、制动不打滑；而在阻力过大或风力过大时，极限转矩联轴器打滑，起到安全保护作用。

回转支承安装螺栓及螺母应采用 8.8 级以上的高强度螺栓、螺母。螺栓在上下支座上的最小拧入螺纹深度要满足表 8—8 的规定。

4. 运行机构安全技术

在选择电动机容量和控制系统时应注意，不要使起重机的平均线加（减）速度超过 0.05~0.07 m/s^2，制动器的选择应能使处于满载、顺风和下坡的起重机按要求的时间停住。

在所有工况下按规定工作级别运行时，应保证起动、制动平稳；在未装配回转平台或塔身及压重时，运行机构任意一个车轮与轨道的支承点与其他支承点构成的平面，要求该平面偏移不得超过轴距的 1/1000；下回转塔式起重机车轮与轨道的支承点构成的平面，对于运行底架安装回转支承平面的平行度应不大于回转支承滚道（中心圆）直径的 1/1 000。

表 8—8　　　　回转支承安装螺栓在上下支座上的最小拧入螺纹深度

螺栓性能等级		8.8	8.8	10.9	10.9	12.9	12.9
螺纹直径与螺距之比 d/p		<9	≥9	<9	≥9	<9	≥9
上下支座材料屈服点 σ_s（MPa）	≥280	1.0d	1.25d	1.25d	1.4d	1.4d	1.6d
	≥500	0.9d	1.0d	1.0d	1.2d	1.2d	1.4d
	≥900	0.8d	0.9d	0.9d	1.0d	1.0d	1.1d

注：1. 螺纹直径与螺距单位为：mm。
　　2. 当螺纹规格不大于 M30 时，取 d/p 小于 9，当螺纹规格大于或等于 M33 时，取 d/p 大于或等于 9。

5. 自升式塔式起重机的顶升

图 8—13 是顶升机构图,自升式塔式起重机顶升见图 8—14。

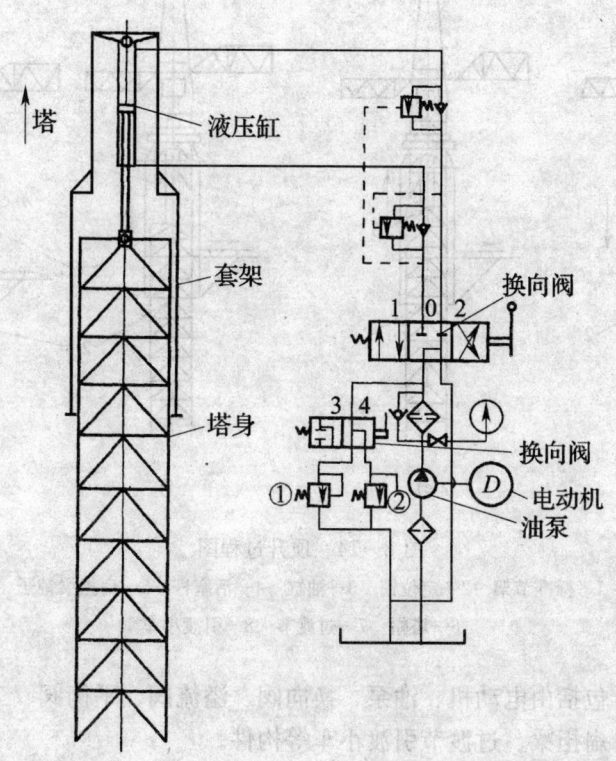

图 8—13 顶升机构

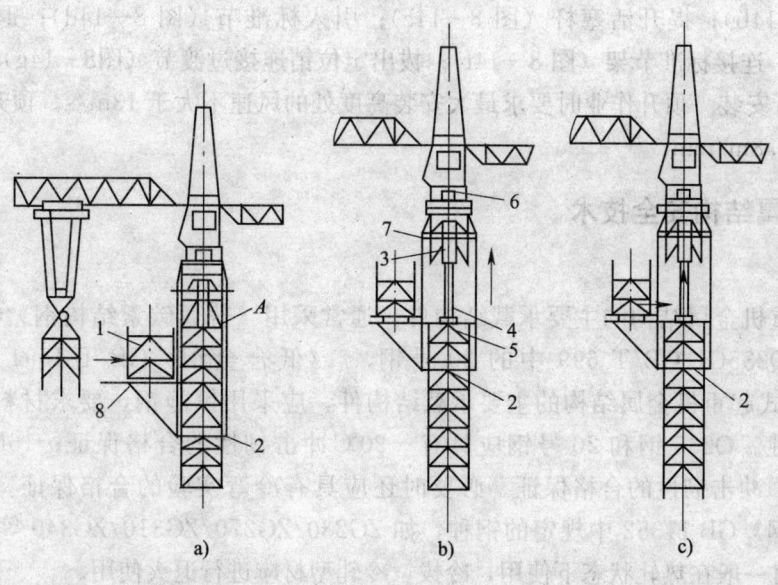

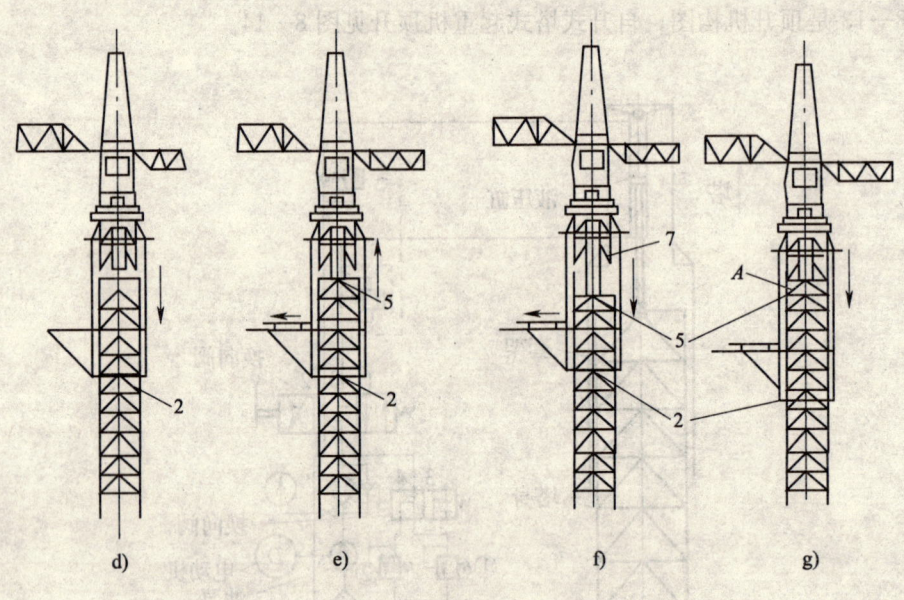

图 8—14 顶升过程图
1—标准节架 2—定位销 3—油缸 4—活塞杆 5—扁担梁销子
6—塔帽 7—过渡节 8—引渡小车

(1) 顶升机构　包括由电动机、油泵、换向阀、溢流阀、平衡阀、工作油缸等构成的液压系统，还有套架、扁担梁、过渡节引渡小车等构件。

(2) 顶升工作程序　首先把标准节架安置在引渡小车上（图 8—14a）；然后顶升套架并锁紧（图 8—14b）；提升活塞杆（图 8—14c）；引入标准节（图 8—14d）；退出引渡小车（图 8—14e）；连接标准节架（图 8—14f）；拔出定位销连接过渡节（图 8—14g）。

(3) 进行安装　顶升作业时要求最大安装高度处的风速不大于 13m/s，顶升套架升降速度不得大于 0.8m/min。

二、金属结构安全技术

1. 材料

塔式起重机金属结构的主要承载结构件，通常采用《普通碳素结构钢》GB/T 700 中的 Q235B、Q235C，GB/T 699 中的 20 号钢，《低合金钢》GB/T 1591 中的 16Mn、15MnTi。塔式起重机金属结构的主要承载结构件，应采用镇静钢，要求材料具有良好的常温冲击韧性。Q235 钢和 20 号钢应具有－20℃冲击韧性的合格保证；16Mn、15MnTi 应具有－40℃冲击韧性的合格保证。必要时还应具有冷弯实验的合格保证。铸钢件应采用《碳素铸钢》GB 11352 中规定的钢种，如 ZG230/ZG270/ZG310/ZG340 等。

轧制型材一般在热轧状态下使用，冷拔、冷轧型材应进行退火使用。

2. 焊缝的要求

塔式起重机主要结构件禁止使用下列焊缝接头：
(1) 横断面不完全焊透的对接接头；
(2) 未加任何垫板的单面施焊的坡口焊缝；
(3) 未经评定合格的非钢质垫板的单面坡口焊缝；
(4) 断续的坡口焊缝；
(5) 断续的角焊缝（构造焊缝除外）。

3. 钢材与焊接材料的选配

常用钢材与焊条的选配见表8—9（JG/T 5112）

表8—9　　　　　　　　　　常用钢材与焊条的选配表

钢材	焊条	备注
Q235	E4301	重要构件
	E4303	重要构件
	E4315	
	E4316	
Q295	E4303	重要构件
	E4315	重要构件
	E4316	
Q345	E5003	重要构件
	E5015	重要构件
	E5016	
Q390	E5503	重要构件
	E5515	重要构件
	E5516	

4. 结构尺寸偏差及焊缝的检验

(1) 结构件尺寸偏差　结构件的长度尺寸偏差，如果图样无规定时，应按表8—10规定的偏差来检验。结构件角度偏差，如果图样无规定时，可按表8—11规定的偏差来检验。结构件直线度、平面度、平行度的偏差图样无规定时，可按表8—12规定的偏差来检验。

表8—10　　　　　　　焊接结构件长度尺寸偏差表（JG/T 5112）　　　　　　　mm

尺寸范围	≤30~120	>120~400	>400~1 000	>1000~2 000	>2 000~4 000	>4 000~8 000	>8 000~1 2000	>12 000~16 000	>16 000~20 000	>2 000
偏差	±1	±2	±3	±4	±6	±8	±10	±12	±14	±16

表 8—11　　　　　　　　　结构件角度偏差表（JG/T 5112）

边长的尺寸范围（mm）	≤400	400～1 000	>1 000
偏差 Δα	±20′	±15′	±10′
偏差值（mm/m）	±6	±4.5	±3

表 8—12　　　　　结构件直线度、平面度、平行度的偏差表（JG/T 5112）　　　mm

尺寸范围	≤30～120	>120～400	>400～1 000	>1 000～2 000	>2 000～4 000	>4 000～8 000	>8 000～12 000	>12 000～16 000	>16 000～20 000	>20 000
偏差	±1	±1.5	±3	±4.5	±6	±8	±10	±12	±14	±16

（2）焊缝的检验：

1）外观检验　焊缝的外观质量应符号表 8—13 规定的要求。

表 8—13　　　　　　　　焊缝的外观质量要求表（JG/T 5112）　　　　　　　　mm

项目	缺陷名称	图示及说明	关键焊缝	重要焊缝	一般焊缝
焊缝外形尺寸	—	—	应符合 JB/T 7949 的规定要求		
外部缺陷	裂纹		不允许	不允许	不允许
	表面气孔		不允许	不允许	每 50 焊缝长度内允许一个气孔，其直径 $d \leq 2$
	表面夹渣		不允许	不允许	每 100 内允许一处夹渣，长度≤4
	咬边		不允许	允许局部咬边深度 $e \leq 0.5$，长度≤0.1L	允许局部咬边深度 $e \leq 0.5$，长度≤0.2L
	未焊满或塌焊		不允许	$e \leq 0.5$	允许局部 $e \leq 1$

续表

项目	缺陷名称	图示及说明	关键焊缝	重要焊缝	一般焊缝
外部缺陷	焊角不对称		$\Delta k \leqslant 1.5 + 0.15 s$	$\Delta k \leqslant 2 + 0.15 s$	$\Delta k \leqslant 2 + 0.2 s$
	飞溅	熔化的金属颗粒和熔渣存在于母材金属表面上或焊缝上	不允许	不允许	不易清除处允许少量
	敞开的尾部弧坑		不允许	不允许	允许 $e \leqslant 1$ 的弧坑

2)焊缝的检验项目 焊缝检验项目按表 8—14 的规定进行。

表 8—14　　　　　　　焊缝检验项目表 (JG/T5112)

项目	检验项目	关键焊缝	重要焊缝	一般焊缝
1	焊缝外形尺寸	全检	全检	抽检
2	焊缝外部质量			
3	焊缝内部质量	抽检	抽检	不检

碳素钢应在焊接完成后,工件冷却到环境温度即可进行检验;低合金钢应在焊接完成后 24 h 检验。检验方法通常用肉眼观察,对于未熔合、裂纹等严重缺陷必要时也可采用放大镜或表面探伤的办法进行判断。对接焊缝和角焊缝外形尺寸的检验可按表 8—15 的允许偏差进行检验。角焊缝外形尺寸可按表 8—16 的允许偏差进行检验。

表 8—15　　　　　对接焊缝外形尺寸的允许值 (JG/T 5112)　　　　　mm

序号	项目	接头形式		关键焊缝	重要焊缝	一般焊缝
1	焊缝余高		$\delta < 20$	0.5～2.0	0.5～2.0	0.5～3.5
			$\delta \geqslant 20$	0.5～3.0	0.5～3.0	0～3.5
2	错边量			$e < 0.1\delta$ 且 $\leqslant 2$	$e < 0.1\delta$ 且 $\leqslant 2$	$e < 0.15\delta$ 且 $\leqslant 3$

表 8—16　角焊缝外形尺寸的允许值（JG/T 5112）　　mm

序号	项目	接头形式	设计尺寸≤6	设计尺寸>6
1	焊脚尺寸 k		0～+1.5	0～+3.0
2	焊缝余高 h		0～+1.5	0～+30

3) 无损探伤　对接坡口焊缝和角焊缝内部的无损探伤可按表 8—17 和表 8—18 的规定进行。

表 8—17　对接坡口焊缝检测方法和要求

项目	关键焊缝		重要焊缝	
检测方法	RT	UT	RT	UT
质量要求	Ⅱ级	Ⅱ级	Ⅲ级	Ⅲ级
执行标准	GB/T 3323	GB/T 11345	GB/T 3323	GB/T 11345
检测比例*)	≥20%	≥50%	≥20%	≥20%

注：*) 可检测焊缝的比例。

表 8—18　角焊缝检测方法和要求

焊缝类别	关键焊接	重要焊缝
检测方法	UT	
质量要求	Ⅲ级	
执行标准	GB/T 11345	
检测比例*)	≥50%	≥20%

注：*) 可检测焊缝的比例。

如果发现探伤检验不合格，则应加倍扩大检验范围。经过反修后的焊缝仍然需要重新进行探伤检验，直至合格。

5. 高强度螺栓连接的检验

(1) 高强度螺栓孔应采用钻制成孔，孔直径应比高强度螺栓公称直径 d 大 1.5～2.0 mm。

(2) 普通螺栓只允许使用在次要结构件的连接中。

(3) 采用铰制孔螺栓连接时，如果结构件承受脉动载荷，则孔直径不得大于螺栓配合杆直径加 0.2～0.3 mm。

若结构件承受交变载荷，要求孔和螺栓的配合不低于 H11/h9。

(4) 螺栓布置的极限尺寸按表 8—19 规定进行。

表 8—19　　　　　　　　螺栓布置的极限尺寸表（GB/T 13752）

名称	布置与方向			最大允许距离 （取以下两者之中的较小值）	最小允许距离
中心间距	外排			$8d_0$ 或 12δ	$3d_0$
	中间排	受压结构件		$12d_0$ 或 18δ	
		受拉结构件		$16d_0$ 或 24δ	
中心到结构件 边缘的距离	顺内力方向			$4d_0$ 或 8δ	$2d_0$
	垂直于 内力方向	切割边			$1.5d_0$
		轧制边	高强度螺栓		
			其他螺栓		$1.2d_0$

注：表中 d_0 为螺栓孔径，mm；δ 为外层较薄板件的厚度，mm。

三、梯子、护圈、平台、走台和栏杆的安全要求

1. 梯子、护圈

（1）梯子

1）斜梯（与水平面夹角成 65°），踏板横向宽度不小于 300 mm，梯级间距不大于 300 mm。斜梯两侧应设高度不低于 1 m 的扶手，两扶手间距（宽度）不小于 600 mm。

2）直梯（与水平面夹角在 75°～90°），梯级间距 250～300 mm，两撑杆间宽度不小于 300 mm，踏杆与主结构的腹杆的间距不小于 160 mm，踏杆直径不小于 16 mm。踏板、踏杆应采用金属材料制造，并且应具有防滑性能。

（2）护圈　高出地面 2 m 以上的直梯应设护圈，护圈的最小直径为 650 mm，护圈间距为 700 mm±50 mm。护圈之间侧向应均匀布置连接板条，连接板条的数量应为 3～5 条。护圈的任何一点均可承受 1 kN 的集中载荷，而无塑性变形。当梯子设于起重机结构内部时，梯子与结构的间距不小于 1.2 m，可不设护圈。

2. 平台、走台、栏杆

在有维修、操作的位置均应设置平台、走台、栏杆和挡板。

（1）平台和走台

1）离地高度 2 m 以上的平台和走台应采用金属材料制造，并且应具有防滑性能。当采用带圆孔或其他形状孔洞的材料制造时，圆孔或其他洞孔的面积应小于 400 mm²，同时不能使直径为 20 mm 的球体通过。平台和走台的宽度应不小于 500 mm，并且在边缘处设高度不低于 150 mm 的挡板。平台和走台应能承受 3 kN 的集中载荷，而无塑性变形。

2）臂架走台　对于小车变幅的臂架，走台设在臂架内部为宜。臂架断面高度≤1 800 mm 时，走台设在臂架的一侧；当臂架断面高度＞1 800 mm 时，走台可设在臂架的中间。

当梯子高度超过 10 m 时，应在 10 m 处设休息小平台，以后每隔 6～8 m 设置小平台。

（2）栏杆　离地高度 2 m 以上的梯子、平台和走台应设防护栏杆，栏杆高度按 GB 6067 规定为 1 050 mm。

四、安全装置

1. 起重量限制器

对于起重量大于 6 t 的起重机应设起重量限制器。

2. 起重力矩限制器

根据 GB 6067 的规定，起重力矩大于或等于 250 kN·m 的塔式起重机应安装起重力矩限制器。

3. 行程极限位置限制器

（1）行走限制器　轨道行走式塔式起重机，在两个方向均应安装行走限制器。应保证起重机在距离终端止挡不小于 0.5 m 或与其他起重机相距在不小于 0.5 m 的范围内自动停止运动。

（2）幅度限制器　对于小车变幅的起重机，最大变幅速度超过 40 m/min 的起重机，小车向外运行时，当起重力矩达到额定值的 80% 时，应能自动切换到低速挡运行；对于动臂变幅的起重机，应设起重臂最低极限位置和最高极限位置的幅度限位器（开关）。并且应安装幅度指示器（GB 6067）。

（3）上升极限位置限制器　起重机应安装吊钩上极限位置限位器。对于臂架变幅的起重机，当吊钩装置上部至起重臂下端的最小距离为 800 mm 时，吊钩上极限位置限位器应立即停止起升机构的上升运动，但允许下降运动。对于小车变幅的起重机，吊钩装置上部与小车架下端的安全距离分别为：上回转塔式起重机 2 倍倍率时为 1 000 mm；4 倍倍率时为 700 mm。下回转塔式起重机 2 倍倍率时为 800 mm；4 倍倍率时为 400 mm。当吊钩装置上升到安全距离时，极限位置限位器应立即停止起升机构的上升运动，但允许下降运动。

（4）回转限制器　对于回转部分不设集电器的起重机，有特殊使用需要的塔式起重机，应设回转限位器。对于有自锁作用的回转机构，应设安全极限力矩联轴器。

4. 小车断绳保护装置

小车变幅起重机，应设小车断绳保护装置。

5. 风速仪

臂架根部铰点高度大于 50 m 的起重机，应安装风速仪。当风速大于工作极限风速时，应发出停止作业警报。

6. 夹轨器

轨道式起重机必须安装夹轨器。

7. 缓冲器

轨道式起重机大小车要安装缓冲器。

8. 挡板

轨道式起重机，要在台车架上安装挡板，以排除轨道上障碍。挡板与轨道的间隙不大于 5 mm。

9. 滑轮组的防护装置

避免手指绞入滑轮和钢丝绳之间；对于能变换倍率的滑轮组，应配置一个装置，保证手不接触钢丝绳即可变换倍率。

10. 其他安全装置

根据 GB 6067 的要求还应具有下列安全设置：

(1) 轨道终端止挡。

(2) 暴露零部件的防护罩。

(3) 电气设备的防雨罩。

五、电气安全技术要求

1. 接地

起重机金属结构、轨道及所有电气设备的外壳，金属管线、安全照明的变压器低压侧等均需可靠的接地。

2. 短路和过流保护

总电源电路必须设置自动空气开关，作为短路保护。对于起重力矩 800 kN·m 以上的塔式起重机，各机构应单独设置自动空气开关，作为短路保护。自动空气开关的每一相都要有瞬时动作过电流脱扣器。整定值应大于控制对象的尖峰电压。

3. 欠压、过压及失压保护

应设欠压、过压报警装置。当电压低于 0.85 Ve 和高于 1.1 Ve（Ve 为额定电压）时，应报警或切断电源。电源电路还必须设置失压保护装置，当供电状态中断时，可自动断开总电路。

4. 电源错相和断相保护装置。

5. 零位保护

当供电状态中断时，必须把所有控制器的操纵手柄（轮）打到零位，方可启动。

6. 联锁保护装置（司机室门开关、紧急开关、联锁保护开关等）。

7. 照明、信号和通信

必须保证司机室、塔身等处的照明。固定照明的电源电压不超过220 V，严禁用金属结构作为照明线路的回路。可携式照明装置的电源电压不超过 48 V。交流供电严禁使用自耦变压器降压。采用其他变压器降压时，变压器的初级线圈应由双极开关或自动空气开关控制。司机室内的照度应不低于 30 lx，电气室和电梯的照度不低于 5 lx。夜间作业的起重机还应安装聚光灯。司机室应有总电源状态信号指示灯、起重量或起重力矩的指示信号的灯光和音响信号。塔顶高度超过 30 m 的起重机应在塔顶和起重臂（包括平衡臂）端部安装红色障碍信号灯。通信设备可采用对讲机、电话或扩音器。

8. 导线及其敷设

起重机必须采用多股铜芯导线。起重机移动的电源电缆应采用重型橡套电缆，其他连接电力电缆可采用中型橡套电缆。并且应备有专用芯线或金属外皮做的保护接地线。控制电缆宜采用电梯电缆。照明、取暖导线宜单独敷设。

配电箱及司机室的连接线截面积在 4 mm^2 以下，可选用塑料绝缘导线，其余可用橡胶绝缘导线。

配电箱内的连接线可敷设在线槽内或采用盘后型布线,导线两端应有编号标记。外部连接导线可敷设在线槽内、金属管中。电缆可直接敷设。电缆固定敷设的弯曲半径不得小于电缆外径的 5 倍;移动电缆的弯曲半径不得小于电缆外径的 8 倍(电缆卷筒除外)。塔身悬挂电缆的固定,可每隔 20 m 设置一个电缆网套。

9. 电缆卷筒

轨道式塔式起重机供电电缆应配备张紧装置,以防电缆被搅乱或落于轨道上。电缆收放速度应与起重机同步。

10. 集电器

集电滑环应满足相应的电压等级和电流容量的要求。每个滑环必须有一对碳刷,碳刷与滑环的接触面积应不小于理论面积的 80%,并且接触稳定。滑环之间的绝缘电阻不小于 1 MΩ。滑环之间的最小间隔不小于 6 mm,并经过耐压试验,无击穿、闪络现象。

六、司机室安全技术要求

根据 GB/T 20303,对司机室有以下安全技术要求。

1. 安全技术要求

(1) 基本要求　工作环境温度为 −20~40℃;司机室应通风、保暖、防雨。当温度低于 5℃时,应安装取暖装置(非明火式);温度高于 35℃时,应有防暑通风装置。其他同桥式起重机司机室。

(2) 结构　自装式塔式起重机司机室内部尺寸,长度不小于 0.8 m,宽度不小于 0.8 m,高度不小于 2 m。组装式塔式起重机司机室最小内部尺寸为:长 1.2 m;宽 1 m;高 2 m。司机室外面有走台,司机室门应向外开。通过地板进入司机室时,地板门必须向内开。顶棚上的活动门只能向上开,所有的门均需安置联锁装置。最小尺寸应为 0.5 m×0.6 m。司机室顶棚在长宽各 0.3 m 的面积上,应能承受 100 kg 的静载荷。

(3) 其他要求　有上下司机室或机外操作台的起重机,电气系统必须联锁。其他各项,同桥式起重机司机室的要求。

2. 试验

(1) 防水试验　在正常温度下,将司机室的门窗关闭。使用带喷头的水管,与铅垂线成 30°角向顶面和四周喷水。各处喷水时间不少于 5 mim。要求司机室无渗水。

(2) 载荷试验　将 102 kg 的试块置司机室顶棚薄弱处,长宽各 25 cm 的底面上,时间不少于 10 min。卸载后,检查顶棚不得有任何变形,所有焊缝不得出现裂纹。

第四节　塔式起重机检验判定规则

一、检验项目

表 8—20 是检验项目表,表中给出了检验类别(出厂检验,常规检验,型式检验)、缺

陷等级、检验项目和要求等。

表 8—20　　　　　　　　　检验项目表

序号	检验项目		要求	缺陷等级			检验类别			备注
				致命	严重	一般	出厂	型式	常规	
1	重量、尺寸参数	起重机重量允差	±2%		△		√			
		平衡重、压重重量允差	±2%		△		√			
		最大工作幅度允差	±2%			△	√			空载
		最小工作幅度允差	±10%			△	√			空载
		最大幅度时起升高度	不小于公称值			△	√			空载
		轮距允差	±B/1 000			△	√			B 为轮距,最大允差±6 mm
		塔身轴线对支承面的侧向垂直度	4/1 000		△		√	√		支承面至起重臂铰点高度
2	空载试验	运转情况	正常		△		√	√	√	
		操纵情况	灵活、可靠		△		√	√	√	
3	载荷试验	运转情况	正常		△		√	√		
		操纵情况	灵活、可靠		△		√	√		
		起升速度允差	±5%			△	√	√		
		回转速度允差	±5%			△	√	√		
		变幅速度允差	±5%			△	√	√		
		运行速度允差	±5%			△	√	√		
		最低稳定下降速度允差	±10%			△	√	√	√	
		关键零、部件损坏*	无	△			√	√		
4	超载25%静载试验	受力杆件永久变形	无		△		√	√		
		焊缝裂纹	无		△		√	√		
		关键零、部件损坏	无		△		√	√		
		吊钩下滑	无			△	√	√		
5	超载10%静载试验	运转情况	正常			△	√	√		
		操纵情况	灵活、可靠			△	√	√		
		关键零、部件损坏*	无	△			√	√		
		司机室噪声 dB（A）	≤80			△	√			
		起升机构噪声 dB（A）	≤90			△	√			

续表

序号	检验项目		要求	缺陷等级			检验类别			备注
				致命	严重	一般	出厂	型式	常规	
6	外观要求	焊缝	表面光整无缺陷		△		√	√		
		紧固件表面处理	防锈处理			△	√	√		
		漆膜表面质量	无脱皮、无气泡无皱皮、无漏涂			△	√	√		
		铸锻件表面质量	无结疤、无夹渣无夹层、无裂纹			△	√	√		
7	连续作业试验	紧固件	无松动		△		√	√		
		齿轮减速器温升	≤35℃			△	√	√		
		蜗杆减速器温升	≤60℃			△	√	√		
		箱体渗油	≤15 cm³			△	√	√		
		关键零、部件损坏	无	△			√	√		
8	安全装置检验	绝缘检查	≥0.5 MΩ	△			√	√	√	主、控制电路
		各行程限位器	灵敏、可靠		△		√	√	√	检测3次，均应达到
		力矩限制器	按 GB/T 9462	△			√	√	√	检测3次，均应达到
		起重量限制器	按 GB/T 9462	△			√	√	√	检测3次，均应到
		夹轨钳	具备、完好		△		√	√	√	
		缓冲器及车挡	具备、完好			△	√	√	√	
		电器短路、缺相、过流保护	具备、完好			△	√	√	√	

注：* 包括：起重臂、塔顶、平衡臂、小车、塔身及其连接，钢丝绳，起升和变幅机构的齿轮、轴、制动器。

△——指明不合格项目所属缺陷等级；

√——指明应在哪些检验类别中进行该检验项目。

二、样机检验判定

表 8—21 是样机检验判定表，根据故障组合可以判定样机是否合格。

表 8—21　　　　　　　　　　样机检验判定规定表

故障等级	故障数量及组合			
	1	2	3	4
致命	1	0	0	0
严重	0	2	1	0
一般	0	0	3	6

注：1. 在 4 种组合中，任一组合的数被达到，样机即为不合格。
　　2. 重复的检验项目其故障数只计算一次。

第五节　塔式起重机的型式试验

塔式起重机的型式检验应按下列项目和顺序进行。稳定性校核；性能试验和安全装置检验；连续作业试验；结构试验；可靠性试验；工业性试验。

一、稳定性校核

稳定性（包括抗倾翻稳定性校核和防风抗滑安全性校核）。

通过计算进行校核，计算方法按 GB/T 9462 附录 A 进行。

1. 抗倾翻稳定性校核

表 8—22 是验算工况表。表 8—23 是载荷及载荷系数表。要求稳定力矩之和大于倾翻力矩。

2. 防风抗滑安全性校核

工作状态时，制动器折算到车轮踏面的制动力要大于风载荷、惯性载荷、运行摩擦阻力之和；非工作状态时，制动器折算到车轮踏面的制动力与夹轨器的制动力之和要大于风载荷与非工作状态运行摩擦阻力的和。可用下式表达：

表 8—22　　　　　　　　　　　验算工况表

序号	工　况	说　明
1	基本稳定性	工作状态，静态，无风
2	动态稳定性	工作状态，动态，有风
3	暴风侵袭	非工作状态
4	突然卸载	工作状态，料斗卸料，有风
5	安装、拆卸	—

工作状态：$F_{bi} > 1.2F_{w2} + F_D - F_{\mu i}$

非工作状态：$F_{bo} > 1.2F_{w3} - F_{\mu o}$

式中　F_{bi}——制动器折算到车轮踏面上的制动力；

　　　F_{bo}——制动器折算到车轮踏面上的制动力和夹轨钳的制动力；

　　　$F_{\mu i}$——工况 2 时（表 8—22），塔机运行摩擦阻力；

　　　$F_{\mu o}$——工况 3 时，塔机运行摩擦阻力；

　　　F_{w2}——工作状态风载荷；

　　　F_{w3}——非工作状态风载荷；

　　　F_D——惯性载荷；

表 8—24 是运行摩擦阻力和摩擦系数表。

表 8—23　　　　　　　　　　　载荷及载荷系数表

工况	自重载荷	起升载荷	风载荷	惯性载荷	说　明
1		$1.6F_Q$	—	—	—
2		$1.35F_Q$	$1.0F_{w2}$	$1.0F_D$	风压 P_{w2}
3	$1.0F_g$	$1.0F_{Qg}$	$1.2F_{w3}$	—	风压 P_{w3}
4		$-0.2F_Q$	$1.0F_{w2}$	—	风压 P_{w2}
5		$1.25F_{ge}$	$1.0F_{we}$	$1.0F_D$	风压 P_{we}

注：1. 计算各载荷时不考虑 GB/T 13752 规定的系数 $\phi_1 \sim \phi_7$。

2. 表中符号

F_g—塔机各部件的重力，N；

F_Q—起升载荷（吊重加 F_{Qg}），N；

F_{Qg}—吊钩、下滑轮组、50%悬吊钢丝绳的重力，N；

F_{ge}—塔机安装时，被吊装部件的重力，N；

F_{w2}—工作状态风载荷，按 GB/T 13752 执行，N；（工作状态沿轨道方向最大风力）

F_{w3}—非工作状态风载荷，按 GB/T 13752 执行，N；（非工作状态沿轨道方向最大风力）

F_{we}—塔机安装时的风载荷，按 GB/T 13752 执行，N；

F_D—惯性载荷，按刚体动力学方法计算，N。

表 8—24　　　　　　　　　　运行摩擦阻力和摩擦系数表

运行摩擦阻力 轮压		摩擦系数	
普通（滑动）轴承	减摩轴承	轨道与制动轮之间	轨道与夹轨钳之间
0.02	0.005	0.14	0.25

二、性能试验和安全装置检验

根据 GB/T 5031，对塔式起重机的性能试验有以下要求。

1. 试验条件

试验场地应坚实平整。轨道和基础等应符合 GB 5144《塔式起重机安全规程》中的有关规定。即轨道顶面纵向、横行的倾斜度不大于 1/1 000；轨距偏差不大于公称值的 1/1 000，绝对值不大于 6 mm；轨道接头间隙不超过 6 mm，两条轨道的接头要错开，错开距离不小于 1.5 m；接头处轨道顶面偏差不大于 2 mm。

固定式基础，要求混凝土基础应满足抗倾翻稳定性和强度的要求。

试验的环境温度－15～35℃，风速不大于 8.3 m/s。

试验载荷的重量与其标准值的误差不大于 1%。

电源电压的误差为额定电压值的±5%。

2. 性能试验项目和要求

试验内容包括：安装、拆卸试验；绝缘试验；空载试验；载荷试验和整体拖运试验

(1) 空载试验　在空载状态下，检查各机构的状态和运动情况，并且测量各项参数值。

1) 检查下列零部件和设施

①电气设备、安全装置、控制器、照明、信号系统；

②金属结构、司机室、连接件、梯子、栏杆、通道和走台；

③安全装置；

④传动机构；

⑤制动器；

⑥卷绕系统及其固定件。

2) 测量参数和尺寸

①最大工作幅度值、最小工作幅度值；

②最大工作幅度值时的起升高度，最小工作幅度值时的起升高度（动臂式起重机）；

③塔身轴心线对支承面的侧向垂直度；

④司机室内部尺寸；

⑤起重机重量；

⑥轨距、轴距；

⑦尾部回转半径；

⑧整体拖运的最小转动半径、离地间隙及外形尺寸。

3) 操作试验：在空载状态进行操作试验。

①检查操作系统、控制系统、联锁装置动作的准确性、灵活性；

②起升、回转、变幅、行走各机构的灵活性及其限位器的准确性；

③要求各机构运动平稳，无爬行、无冲击、无振颤、无过热、无渗漏、无异常噪声等。

4) 速度测量：测量起升、回转、变幅、行走及微动下降速度。

(2) 额定载荷试验　起重机在正常工作时按表 8—25 工况进行试验，每一工况的试验不得少于 3 次，取得试验数据后，计算平均值。

试验目的：要求检查各机构运行是否正常，测量起升、回转、变幅、行走的速度，检测司机室的噪声。试验时要检测力矩限制器、起重量限制器的精度和灵敏度。

(3) 超载 25% 静载试验　载荷取额定起升载荷的 125%。检查起重机及其部件的结构承载能力。

试验方法：取额定起升载荷的125%进行静载试验，试验按表8—26工况进行，使起升载荷处于不利的工况，即塔身、臂架等主要部件承受最大弯矩及最大轴向力。

试验载荷从最低速度起升至离地面100～200 mm高度处，停留时间不少于10 min。在超载25%静态试验时，允许对力矩限制器、起重量限制器、制动器进行调整。试验后重新将其调整到原规定值。

试验要求：卸载后起重机不得出现可见裂纹，永久性变形、油漆剥落、连接松动及对起重性能与安全有影响的损坏。

(4) 超载10%动载试验　载荷取额定起升载荷的110%。试验后，检查机构及结构各部件应无松动和破坏等异常现象。

试验方法：试验按表8—27工况进行，使各机构承受最大载荷。

试验要求：检查各机构运转的灵活性和制动器的可靠性；目测检查机械及结构各部件应无松动和破坏等异常现象。

表8—25　　　　　　　　　　　　　额定载荷试验表

序号	工况	试验范围					备注
		起升	动臂变幅	小车变幅	回转	行走	
1	在最大幅度下，起升相应的额定载荷	载荷在全部起升高度内，以微速下降和额定速度进行起升、下降。在起升、下降过程中进行不少于3次的正常制动	臂架在最大幅度和最小幅度之间，以额定速度俯仰变幅	载荷在最小幅度和最大幅度之间，以额定速度进行两个方向的变幅	载荷以额定速度进行左右回转	以额定速度往返行走。臂架垂直于轨道，单向行走距离不得小于20 m。吊重离地0.5 m	测量各种动作时的速度，动臂变幅测量变幅时间，测量塔身和臂架连接处的水平静位移，司机室噪声及力矩限制器精度
2	起升额定载荷在该载荷相应的最大幅度时		不试	载荷在最小幅度和相应于该载荷的最大幅度之间以额定速度进行两个方向的变幅			测定各种动作时的速度及制动时间、测定塔身与臂架连接处的水平静位移
3	对于起升机构可变速的塔式起重机，起升相应于每一种起升速度的额定载荷，在该载荷相应的最大幅度时	载荷在全部起升高度内，起升下降过程中进行不少于3次的常制动	不试	不试	不试	不试	测量每一种工作速度

表 8—26　　　　　　　　　　　　　　超载 25％静载试验

序号	工况	起升
1	在最大幅度时，吊起相应额定起升载荷的 125％	载荷以安全速度起升至离地面 100～200 mm 处，停留 10 min（加载过程应渐次进行）
2	起升最大起重量的 125％，在该载荷相应的最大幅度时	同上
3	取 1 和 2 的中间幅度之最大力矩点处，起升相应额定起升载荷的 125％	同上

表 8—27　　　　　　　　　　　　　　超载 10％动载试验

| 序号 | 工况 | 试验范围 ||||| 备注 |
		起升	动臂变幅	小车变幅	回转	行走	
1	在最大幅度时，起吊相应额定起重量的 110％	载荷在全部起升高度内，以额定速度起升、下降	臂架在最大幅度和最小幅度之间，以额定速度俯仰变幅	载荷在最小幅度和最大幅度之间，以额定速度进行两方向的变幅	载荷以额定速度进行左右回转。对不能全回转的塔式起重机，应超过最大回转角	以额定速度往返行走试验。臂架向前、向后以及垂直轨道。单向行走距离不小于 20 m，吊离地面 0.5 m	根据设计要求进行组合动作
2	起升额定起升载荷的 110％，在该载荷相应的最大幅度时		不试	载荷在最小幅度和相应于该载荷的最大幅度之间，以额定速度，进行两个方向的变幅			
3	在 1 和 2 中间幅度起升相应额定起升载荷的 110％		不试				
4	对于起升机构可变速的塔式起重机，起升相应于每一起升速度的额定起升载荷的 110％，在该载荷相应的最大幅度时		不试				

3. 安全装置检验 (GB/T 9462)
(1) 力矩限制器试验 按定幅变码和定码变幅各进行 3 次。
(2) 起重量限制器试验 最大额定起重量试验和速度限制试验。各项试验重复 3 次。
(3) 行程限制器试验 在空载状态以正常工作速度进行。各限制器试验重复 3 次。

三、连续作业试验

根据 GB/T 9462 的要求，连续作业试验次数不少于 30 次。试验中因故停止作业时，再次试验时应重新计算总循环次数。每一作业循环包括：首先将塔式起重机按设计基本型装配，吊重为最大起重量的 70%，在相应幅度下，起升高度不小于 10 m，回转 180°，再回转到原来位置，在吊重相应的幅度范围内往返变幅 1 次，然后将吊重下放到地面。对于轨道式塔式起重机，作业循环还包括往返运行 10 m 以上的距离。试验结束后，检查各部件不得损坏及有其他异常现象。

四、结构试验

根据 GB/T 17807 的要求，应测试塔式起重机主要结构件的应力、位移和动特性。
1. 结构件的应力测试
(1) 结构件应力测试的工况和载荷，表 8—28 是结构件应力测试的工况和载荷表。
(2) 测试应力值的安全判别方法
①测量各危险应力区的最大应力，计算安全系数满足表 8—29。
②超载试验卸载后，要求不得有可见裂纹、永久变形，油漆剥落，连接松动等。

表 8—28　　　　　　　结构应力测试的工况和载荷表

序号	测试工况	载荷	试验目的	被测结构	测试项目
1	最大起重量允许的最大幅度、起重臂与轨道方向垂直	Q_H 及 1.25 Q_H	验证主要结构件的强度和刚度	起重臂、拉杆、塔身、上下支座底架、支腿	结构件的静应力及起重臂根部水平变位
2	最大起重量允许的最大幅度、起重臂与轨道成 45°夹角	Q_H 及 1.25 Q_H	验证主要结构件的强度和刚度	塔身、上下支座、底架支腿	结构件的静应力及起重臂根部水平变位
3	小车位于吊点跨中，起重臂与轨道方向垂直	Q_H 及 1.25 Q_H	验证起重臂的强度和刚度	起重臂、拉杆	起重臂及起重臂拉杆的静应力
4	最大幅度、起重臂与轨道方向垂直	Q_H 及 1.25 Q_H	验证主要结构件的强度和刚度	起重臂、拉杆、塔身、上下支座、底架、支腿	结构件的静应力及起重臂根部水平变位

续表

序号	测试工况	载荷	试验目的	被测结构	测试项目
5	最大幅度、起重臂与轨道成45°夹角	Q_H及1.25Q_H	验证主要结构件的强度和刚度	起重臂、拉杆、塔身、上下支座、底架、支腿	结构件的静应力及起重臂根部水平变位
6	最大幅度、起重臂与轨道方向垂直	Q_H及10%Q_H（侧载）	验证主要结构件的强度和刚度	起重臂、拉杆、塔身、上下支座、底架、支腿	结构件的静应力及起重臂根部水平变位

注：1. Q_H为相应幅度下的额定起重量；
  2. 动臂式起重机无工况"3"。

表8—29　　　　结构强度安全系数（最小值）

平均应力区（$n_Ⅰ$）	应力集中区（$n_Ⅱ$）	弹性屈曲区（$n_Ⅲ$）
1.48	1.1	1.6

2. 结构位移测量

要求起重臂根部水平变位不大于$H/100$，其中H为起重臂根部到轨道顶面（或塔身固定基础平面）的垂直距离。

3. 结构动特性测试

(1) 测试项目

①危险应力区危险点的动应力；

②司机室的振动特性。

(2) 测量方法　在额定载荷下正常起升离地时和以额定速度下降制动时，测试动应力和振动特性。

①各部件的最大应力点，由振动产生的最大应力不超过许用应力。

②司机室水平振动加速度应小于0.2g。

五、可靠性试验

根据GB/T 17806，对塔式起重机要进行可靠性试验。

1. 试验方法

(1) 预备试验　在可靠性试验之前要求进行三个作业循环的预备试验。作业循环内容包括：吊钩起升到最大起升高度的位置，再下降到离地面500～1 500 mm处，上升下降过程中各制动1～2次；塔式起重机往返各运行20 m；在工作全幅度范围内往返各变幅1次；左右各转动180°以上1次。

要求试验过程中，动作平衡、灵活、无异常现象。

(2) 整机可靠性试验　表8—30是塔式起重机可靠性试验工作机构循环次数表（GB/T 17806）。

表8—31是塔式起重机可靠性试验工况表（GB/T 17806）。

表 8—32 是塔式起重机分类表（GB/T 17806）。
表 8—33 是塔式起重机故障分类表（GB/T 17806）。

表 8—30　　　　可靠性试验工作机构循环次数表 （GB/T 17806）

塔式起重机类别	工作机构	规定循环次数（M）
1，2	起升机构、回转机构	5 000
	小车变幅机构	3 000
	动臂变幅机构	500
	行走机构	1 200
3	起升机构、回转机构	11 000
	小车变幅机构	5 000
	动臂变幅机构	500
	行走机构	1 600

2. 可靠性试验要求

①可靠度 $R \geqslant 0.85$。

②平均无故障工作时间 $MTBF \geqslant 0.25 T_0$，T_0 为总的工作时间。即在可靠性试验期间内，实际作业时间之和，单位为 h。

③首次无故障工作时间不小于 150 h。

表 8—31　　　　塔式起重机可靠性试验工况表 （GB/T 17806）

序号	试验工况		一个作业循环的内容	循环次数
1	最大额定起重量，相应的最大工作幅度和额定工作速度	起升和变幅同时动作	（1）试验载荷由地面起升至最大高度，上升中进行一次至两次的正常制动；载荷下降至离地合适高度，下降中进行一次至两次的正常制动；其中载荷起升离地至合适高度时，开始在工作幅度以内往返变幅各一次，变幅动作不受起升制动的影响； （2）向左右各转 180°； （3）起重机往返运行各 20 m； （4）载荷下降放在地面上	$M \times 15\%$
2	最大工作幅度相应的额定起重量和额定工作速度	起升和回转同时动作	（1）试验载荷由地面起升至最大高度，上升中进行一次至两次的正常制动；载荷下降至离地合适高度，下降中进行一次至两次的正常制动；其中载荷起升离地至合适高度时，开始向左右各回转 180°，回转动作不受起升制动的影响； （2）在工作幅度以内往返变幅各一次； （3）起重机往返运行各 20 m； （4）载荷下降放在地面上	$M \times 17.5\%$

续表

序号	试验工况	一个作业循环的内容		循环次数
2	最大工作幅度相应的额定起重量和额定工作速度	起升和变幅同时动作	(1) 试验载荷由地面起升至最大高度，上升中进行一次至两次的正常制动；载荷下降至离地合适高度，下降中进行一次至两次的正常制动；其中载荷起升离地至合适高度时，开始在工作幅度以内往返变幅各一次，变幅动作不受起升制动的影响； (2) 向左右各转 180°； (3) 起重机往返运行各 20 m； (4) 载荷下降放在地面上	$M\times17.5\%$
3	中间工作幅度，相应的额定起重量和额定工作速度	起升和回转同时动作	(1) 试验载荷由地面起升至最大高度，上升中进行一次至两次的正常制动；载荷下降至离地合适高度，下降中进行一次至两次的正常制动；其中载荷起升离地至合适高度时，开始向左右各回转 180°，回转动作不受起升制动的影响； (2) 在工作幅度以内往返变幅各一次； (3) 起重机往返运行各 20 m； (4) 载荷下降放在地面上	$M\times35\%$
		起升和变幅同时动作	(1) 试验载荷由地面起升至最大高度，上升中进行一次至两次的正常制动；载荷下降至离地合适高度，下降中进行一次至两次的正常制动；其中载荷起升离地至合适高度时，开始在工作幅度以内往返变幅各一次，变幅动作不受起升制动的影响； (2) 向左右各转 180°； (3) 起重机往返运行各 20 m； (4) 载荷下降放在地面上	

注：M 为规定循环次数。

表 8—32　　　　　　　　　塔式起重机分类表（GB/T 17806）

类型	使用情况	利用等级	载荷状态	工作级别
1	不经常使用	U_1	Q_2	A1
	储料场用	U_3	Q_1	A2
	钻井平台维修用	U_3	Q_2	A3
	船舶修理船坞用	U_4	Q_2	A4
2	快装式建筑用	U_3	Q_2	A3
	非快装式建筑用	U_4	Q_2	A4
3	造船厂用	U_4	Q_2	A4
	集装箱港口用	U_4	Q_2	A4
	用料斗浇灌混凝土	U_5	Q_2, Q_3	A5, A6
	使用抓斗工作	U_5	Q_3	A6

表 8—33　　　　　　　　　　塔式起重机故障分类表（GB/T 17806）

故障级别	故障分类	分类原则	故 障 举 例	当量故障系数 ε
1	致命故障	导致或可能导致人身伤亡，产品严重损坏造成重大经济损失或对周围环境造成严重损害	（1）电器绝缘不良，电气设备漏电； （2）安全装置失效引起的主要零部件破坏或倒塔； （3）构件损坏导致物品脱落； （4）起重臂拉杆（拉索）或平衡臂拉杆（拉索）拉断； （5）非明显的外界原因或其他不可抗拒的原因引起的倒塔	10
2	严重故障	导致样机主要零部件损坏或基本性能显著下降，不能用随车工具和备用易损件排除	（1）重量限制器、力矩限制器和各种限位开关失灵； （2）大车行走轮、水平导轮或轮缘破坏； （3）主要结构件焊缝开裂或结构产生永久变形； （4）机构驱动电机烧坏； （5）机构传动件破坏，减速器壳体开裂； （6）回转支承卡阻； （7）塔身、回转支承、塔顶、回转塔身等主要结构件连接件破坏； （8）起升绳或变幅绳断股； （9）机构制动系统失灵； （10）变幅小车脱离运行轨道； （11）漏油严重，影响工作	2.5
3	一般故障	造成停车或作业能力下降，用随车工具和易损备件能现场修复	（1）机构变速箱或支架紧固螺栓松动； （2）传动带或链条损坏，但不引起重物跌落； （3）非主要受力销轴、键破坏； （4）报警信号失灵； （5）接触器、继电器、碳刷、集电环等电器元件接触不良或粘连； （6）回转支承、各机构减速箱有异常的响声； （7）轴承、轴承壳或其他机构过热	0.8
4	轻微故障	对产品性能稍有影响或几乎没有影响的，不需更换零件，并用随机工具能轻易（40 min）排除	（1）电气系统中的熔断器烧断或脱落； （2）障碍灯、探照灯、风速仪信号损坏； （3）工作电笛不响； （4）操作机构费力； （5）箱体渗油>15 cm²	0.1

3. 工业性试验（GB/T 9462）

应选择具有相应作业条件的用户进行工业性试验。记录样机实际运转时间。要求记录作业条件、工作循环次数、作业时间、载荷重量、故障等级和次数等情况。试验后编制试验报告，由用户提出评价意见。

六、型式试验判定规则

型式检验时，下列项目有一项不合格，则视为不合格。
(1) 稳定性校核。
(2) 性能试验和安全装置检验。
(3) 连续作业试验。
(4) 钢结构试验。
(5) 可靠性试验。

第六节　塔式起重机安全技术检查表

塔式起重机安全技术要求见表 8—34 塔式起重机安全技术检查表。

表 8—34　　　　　　　　　　塔式起重机安全技术检查表

安全技术检测项目		标准和要求
外观	标牌	在起重臂的醒目位置应有标牌，标明型号、起重能力、生产厂家
	涂装	涂装完好，油漆脱落面积不超过总面积的 10%
	危险部位标志	吊钩、滑轮组侧板等部位应使用黄黑相间条纹标志，黄黑相间条纹宽度比例为 1∶1，条纹宽度为 50～100 mm，每种颜色不少于两条，斜度 45°
	梯子、平台及扶手栏杆	连接件齐全，无损伤，连接紧固可靠；焊缝无开裂，杆件无永久变形；扶梯踏板宽度不得小于 300 mm，梯级高度不得大于 300 mm，平台板及平台扶手栏杆高度不得小于 1 m。梯子护圈直径为 0.65～0.8 m，两护圈间距为 0.5～0.7 m，护圈间应用 3～5 根板条连固
	结构外观检查	结构不得有裂纹、焊缝开焊、连接松动等缺陷 空载无风塔身轴线对支承水平面的垂直度偏差不应超过 4/1 000
	司机室	司机室安装牢固可靠，顶棚任何地方应能承受分布在 25 cm×25 cm 面积上的 1 000 N 的载荷，司机室的长、宽、高不应小于 0.8 m×0.8 m×2.0 m

续表

安全技术检测项目		标准和要求
起升机构	电动机、联轴器、减速器、制动器、卷筒、排绳架、机架、地脚螺栓、吊钩上升极限位器	机构完整，附件齐全，地脚螺栓固定可靠，机构运转正常，无异常声响，制动器动作灵敏可靠。吊钩上、下限位开关工作正常，动作及时。联轴器组装良好，同心度在允许范围内，橡皮圈无异常磨损。电动机、换挡装置、排绳架等工作正常
小车牵引机构	电动机、联轴器、减速器、卷筒、制动器、机架、地脚螺栓、小车行程限位、牵引绳张紧装置、断绳保护器	机构完整，附件齐全，地脚螺栓固定可靠，机构运转正常，无异常声响，制动器动作灵敏可靠，行程限位及断绳保护装置工作正常
变幅机构	电动机、联轴器、减速器、制动器、卷筒、机架、地脚螺栓、幅度指示及限位开关	机构完整，附件齐全，地脚螺栓固定牢靠，整机运转正常，无异常声响，幅度限位开关工作正常，动作及时，幅度限位挡块牢固、有效，制动器动作灵敏可靠
回转机构	电动机、液力耦合器、电磁联轴器、减速器、制动器、极限力矩联轴器（随风转装置）、机架、弹性橡胶缓冲装置	机构完整，附件齐全，连接牢固，固定可靠，机构运转正常，无异常声响，行星齿轮啮合良好，制动可靠。滚压回转装置上、下座圈间隙合适，连接螺栓完好、紧固可靠，随风转装置工作正常
大车行车机构	电动机、减速器、制动器、开式齿轮传动、行走轮、夹轨器、大车行程限位开关、缓冲器、扫轨板	机构完整，附件齐全，连接牢固，固定可靠，机构运行正常，前后行走自如，无异常声响，开式齿轮啮合良好，润滑饱满，安全装置齐全可靠，大车行程限位开关工作正常，动作及时，缓冲器工作可靠
液压顶升系统	顶升套架、引渡轨道、引渡小车、扁担梁、定位销块、导轮、电动机、液压机组、液压管路、液压缸	套架结构杆件无扭曲变形，主弦杆及腹杆焊缝无裂纹，引进轨道固定可靠，扁担梁无变形，焊缝无开裂，引渡小车运行自如，定位销块牢固，连接件齐全无松动，导轮与导轨的径向间隙为 2～4 mm。液压机组及液压缸紧固件齐全、可靠，钢管与高压软管安装位置正确，连接密封完好，液压回路压力符合设计要求，液压缸无振颤，活塞杆无下滑现象。顶升作业风速不超过 13 m/s
吊钩、滑轮、卷筒、钢丝绳	磨损、裂纹、断丝	参照桥式起重机安全技术检测

第八章 塔式起重机安全技术

续表

安全技术检测项目		标准和要求
安全装置	起重量限制器	误差不大于额定值的5%，当起重量达到额定值时，应有灯光或音响报警，当起重量超过额定载荷的5%时，但小于额定载荷的110%应切断上升方向电源，机构可做下降方向运动
	起重力矩限制器	综合误差不大于额定值的8%，当起重力矩超过额定值的8%时，但小于额定起重力矩的110%，力矩限制器应切断上升和幅度增大方向的电源，机构可做下降和减小幅度方向的运动
	行程限位装置	起升高度限位器应能保证动力切断后吊钩架与定滑轮的距离至少有两倍制动行程，且不小于200 mm 大车行程限位挡铁的安装距离应不大于电缆的长度。动臂式塔式起重机，应装臂架低位置和臂架高位置的幅度限位开关和防止臂架反弹后翻的装置
	防风夹轨器及锚定装置	保证起重机在非工作风力作用下保持不动
	缓冲器	保证起重机与轨道末端挡架相撞击时能比较平稳的停车而不致产生猛烈的冲击
	风向风速仪	塔式起重机臂架铰点高度大于50 m应安装
电气系统 基础与轨道	电缆卷筒、布线及插座连接、集电环、电阻箱、控制柜电源开关、照明系统、音响报警系统、控制系统 固定式基础的混凝土基础几何尺寸、混凝土标号、配筋、预埋件、接地设施、排水设施 轨道式基础碎石层的厚度、铺筑宽度、轨枕的规格和材质、钢轨型号及规格、钢轨连接附件，大车行程限位开关坡道碰杆，轨道端头止挡缓冲装置，接地设施、排水设施	电缆卷筒固定牢固。连接件无短缺松动，电源电缆无损坏，卷筒转动灵活，集电环完好，电缆卷筒工作正常，电缆无搅乱拖地现象且规格符合要求。电气布线整齐，连接可靠。集电环炭刷与滑环接触妥当，滑环与引线之间、引线与接地间的绝缘电阻不得小于1 MΩ。电柜柜内整洁，各种触头无严重烧焦现象，接线可靠，线端子齐全标志清楚。照明设备、音响报警设备齐全，工作正常。电气系统主副（控制）回路对地绝缘电阻不小于0.5 MΩ。塔吊主体结构、电机座及所有电气设备金属外壳、导线金属护管等接地可靠，接地电阻不大于4 Ω 基础能够承受工作状态和非工作状态下的最大载荷，并满足起重机稳定性的要求。混凝土标号不低于350，混凝土基础表面倾斜度不得超过1‰，不浇注基础的固定起重机工作场地倾斜度不得超过2.5‰ 轨道不得敷设在地下建筑物的上面。敷设碎石前的路面必须按设计要求压实，碎石基础必须整平捣实，道木之间应添满碎石。钢轨接头处必须有道木支撑，不得悬空。路基两侧或中间应设排水沟，保证路基没有积水 轨道应可靠地通过垫块与道木连接，每间隔6 m设轨距拉杆一个。轨道纵向和横向的坡度均不大于1/1 000，轨距的误差不大于名义值的1/1 000，绝对值不大于6 mm，钢轨接头间隙不大于4 mm，接头处两轨顶高度差不大于2 mm

续表

安全技术检测项目		标准和要求
试验	空载状态下检查起升、回转、变幅、行走机构运转情况额定载荷下制动距离	无爬行、振动、过热、"啃道"等异常现象，各控制器、接触器、继电器的操作灵敏、可靠，准确起升、回转、运行、变幅机构起、制动平稳，满载下滑时的制动距离为50～200 mm
安全间距	塔式起重机安装后，任何部位与架空输电线安全距离的检查	电压（kV）　　距离/m 　　　　　垂直方向　水平方向 ＜1　　　　1.5　　　　1 2～15　　　3　　　　　1.5 2～40　　　4　　　　　2 60～110　　5　　　　　4 220　　　　6　　　　　6
	两台塔式起重机之间最小架设安全距离	处于低位的塔式起重机的臂端与另一台起重机的塔身之间至少应保持2 m的距离；处于高位的起重机（吊钩升至最高点）与低位起重机之间，在任何情况下，其垂直间隙不得小于2 m
	塔式起重机运动部分与建筑物及施工设施之间的安全距离	不小于0.5 m

第七节　塔式起重机的检测验收

一、新产品鉴定的检测验收

1. 应具备的技术资料

①鉴定大纲；②设计任务书；③设计报告；④设计计算书；⑤试制总结报告；⑥工艺总结报告；⑦质量检查报告；⑧结构应力测试报告；⑨整机性能测试报告；⑩工业性使用考核报告；⑪可靠性试验报告；⑫用户意见书及使用说明书

2. 设计资料审查

应按 GB 3811《起重机设计规范》和 GB/T 13752《塔式起重机设计规范》的规定，审查结构件、机构零部件及其连接件的强度、刚度、稳定性。并重点审查整机抗倾覆稳定性的计算。

3. 结构检验

检验结构件的工艺规程，重要结构件的无损检测图片和数据。质量检验部门出具的检验单以及焊工的特种作业合格证书等。

4. 验收试验

按 GB 9462《塔式起重机技术条件》的规定进行验收试验，其中包括抗倾覆稳定性校核（载荷试验）、性能试验（GB 5031）、结构试验（GB/T 17807）、可靠性试验（GB/T 17806）。在试验中应根据 GB 5144《塔式起重机安全规程》认真检查安全装置，要求配置齐全，动作灵敏可靠。

二、产品出厂检测验收或用户对产品的检测验收

1. 应具备的技术资料
(1) 产品合格证书；
(2) 使用说明书；
(3) 电气原理图、电气布线图；
(4) 液压传动原理图。
2. 整机外观检查
重点检查焊缝外观质量和涂漆质量。
3. 验收试验
包括载荷试验和安全装置有效性的检查。

三、在用起重机的检测验收

1. 应具备的技术资料（与新产品相同）。
2. 一般性安全技术检查
(1) 元器件、零部件、结构件的损伤、磨损、腐蚀、变形的检查，根据 GB 6067《起重机安全规程》和 GB 5144《塔式起重机安全规程》的规定更换、报废。
(2) 对安全装置和制动器的完整性和有效性进行检查。
(3) 载荷试验。

四、塔式起重机主要性能参数举例

1. 神鹰牌塔式起重机参数（见表 8—35）。

表 8—35　　　　　　　　神鹰牌塔式起重机参数表

性能参数	型号	K40/26	K50/50	L50/40	FL25/30
结构形式		自升式	自升式	自升式	动臂自升式
最大起重力矩	(t·m)	224	450	450	200
最大幅度/起重量	(m/t)	70/2.6	70/5.0	75/4.0	50/3.0
额定起重量/幅度	(t/m)	16/14	20/22.4	20/22.4	10/20
起重臂可组合长度	(m)	70、65、60、55、50	70～40	75～40	50～30
起升高度/最大起升高度	(m)	53.2/155.2	78.9/120	78.9/120	55.15/93.3

续表

性能参数		型号	K40/26	K50/50	L50/40	FL25/30
速度	起升 (m/mim)	二绳	0→30/0→60	0→25/0→50		0→42/0→84
		四绳	0→15/0→30	0→12.5/0→25		0→21/0→42
	回转 (r/min)		0→0.8	0→0.6		0→0.8
	大车 (m/mim)		15→30		16→32	15→30
	小车（变幅）(m/min)		7.6/28.5/57	13.5/42/84	13.5/42/84	拉臂 3.02
电动机功率 (kW)	起升		51.5			
	回转		2×9		2×8.8	
	大车		4×3.7	6×5.2		4×3.7
	小车（变幅）		—	3/7.5/7.5		拉臂 51.5
	总计		91.3	108.2		123.9
重量 (t)	自重		91/93	117/137	130/148	62/75
	平衡重		19.8	26	27.5	15
	中心压重		63.6	60		116.6
轨距×轴距 (m)			6×6	8×8		6×6
拖运尺寸（长×高×宽）(m)			—	—	—	—
平台尾部回转半径 (m)						
回转机构型式			OMD			
安全装置			机械式			电子式
吊点数			双			单
备注			塔身截面：2.0×2.0 (m) 及 1.6×1.6 (m)，表中为 2.0×2.0 (m)			

2. 燕工（YANGONG）牌塔式起重机参数（见表 8—36）

表 8—36　　　　　　　YANGONG 牌塔式起重机参数表

性能参数	型号	F0/23B	H3/36B	HK40/21B	TC100
结构形式		自升式、上回转、水平臂架			
最大起重力矩 (t·m)		145	295		114
最大幅度/起重量 (m/t)		50/2.3	60/3.6	70/2.1	50/1.6
额定起重量/幅度 (t/m)		10/14.5	12/23.2	16/13.2	8/13.6
起重臂可组合长度 (m)		50、45、40、35、30	60、55、50、45、40	70、65、60、55、50、45、40	50、45、40、35、30
起升高度/最大起升高度 (m)		61.6（行走式）280（内爬式）	56.6（行走式）220（内爬式）	50.6（行走式）153.7（内爬式）	47（行走式）140（内爬式）

续表

性能参数		型号	F0/23B	H3/36B	HK40/21B	TC100
速度	起升 (m/mim)	二绳	0→100	0→80	0→60	30/50/74/100
		四绳	0→50	0→40	0→30	15/25/37/50
	回转（r/min）		0.8	0.8	0.8	0.7
	大车（m/mim）		12.5/25	12.5/25	20	20
	小车（变幅）(m/mim)		7.5/30/60	7.5/30/60	6/23/45	7.5/30/60
电动机功率（kW）	起升		51.5	51.5	51.5	30
	回转		4.4×2	9×2	9×2	3.7×2
	大车		3.7×4	3.7×4	3.7×4	7.5×2
	小车（变幅）		4.4	4.4	4.4	4.4
	总计		75.1	88.7	88.7	56.8
重量(t)	自重		69	93	93	49.5
	平衡重		16.1/14.8/13.6/10.5/9.3	18.6/17.3/16/13.4/11.1	19.8/17.3/16/13.4/11.1	10.4/18.6/9.4/8.2/6.4/5.2
	中心压重		116.6	63.6	—	56
轨距×轴距 (m)			6×6	6×6	6×6	5×5
拖运尺寸（长×高×宽）(m)			—	—	—	—
平台尾部回转半径 (m)			11.9	21.2	21.2	15.7
回转机构型式			行星减速器加电磁联轴节 OMD 控制			
安全装置			力矩限制器、重量限制器、限位器、断绳保护器			
吊点数			双			

第九章 港口起重机安全技术

第一节 门座式起重机分类和技术参数

一、门座式起重机的分类

1. 港口门座起重机

用于港口码头装卸作业的起重机,具有比较高的工作速度。

(1) 港口通用门座起重机(图9—1a) 可以更换吊具(吊钩、抓斗、集装箱吊具等)的起重机,适用于装卸不同种类的货物,例如,散货、成件货物和集装箱等。

(2) 带斗门座起重机(图9—1b) 门座起重机上有抓斗,还有漏斗和带式输送机,用于卸船等作业。

(3) 集装箱门座起重机(图9—1c) 指集装箱码头上的集装箱专用门座起重机。

(4) 船厂门座起重机(图9—1d) 具有比较高大的门座,有比较大的起升高度和起重能力,用于船厂的吊装作业。

(5) 电站门座起重机(图9—1e) 用于电站建设的门座起重机,具有起重能力大、工作幅度大等特点。

2. 其他港口起重机

岸边抓斗船机、岸边集装箱起重机(集装箱装卸桥)、港口轮胎起重机、港口浮式起重机等。

集装箱起重机又可分为:H形门架岸边集装箱起重机、A形门架岸边集装箱起重机、集装箱门式起重机、轮胎式集装箱门式起重机等。

二、港口门座式起重机的基本技术参数系列

根据JT/T 81的规定,港口门座式起重机有以下基本参数。

(1) 额定起重量,单位t,参数系列:3,5,8,16,20,25,32,40,63,80,100,125,160。

(2) 最大幅度,单位m,参数系列:16,20,25,30,35,45,50,60。

(3) 最小幅度,单位m,参数系列:6,7,8,9,11,16。

(4) 起升高度,单位m,参数系列:12,13,15,16,18,19,20,22,25,28,30,40,60。

(5) 下降深度,单位m,参数系列:8,10,12,15,18,20。

(6) 起升速度,单位m/min,参数系列:10,20,30,40,50,60,70。

第九章 港口起重机安全技术

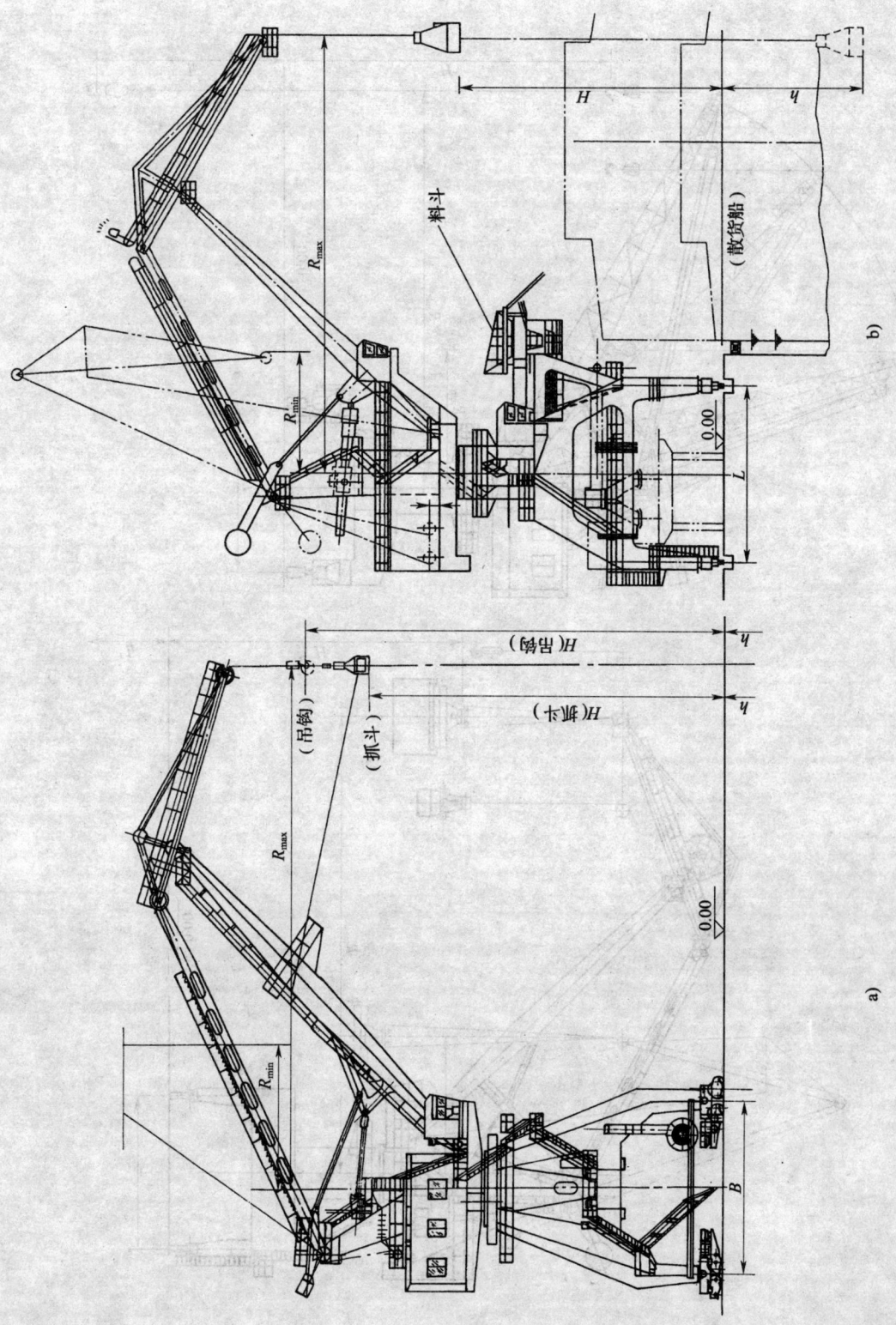

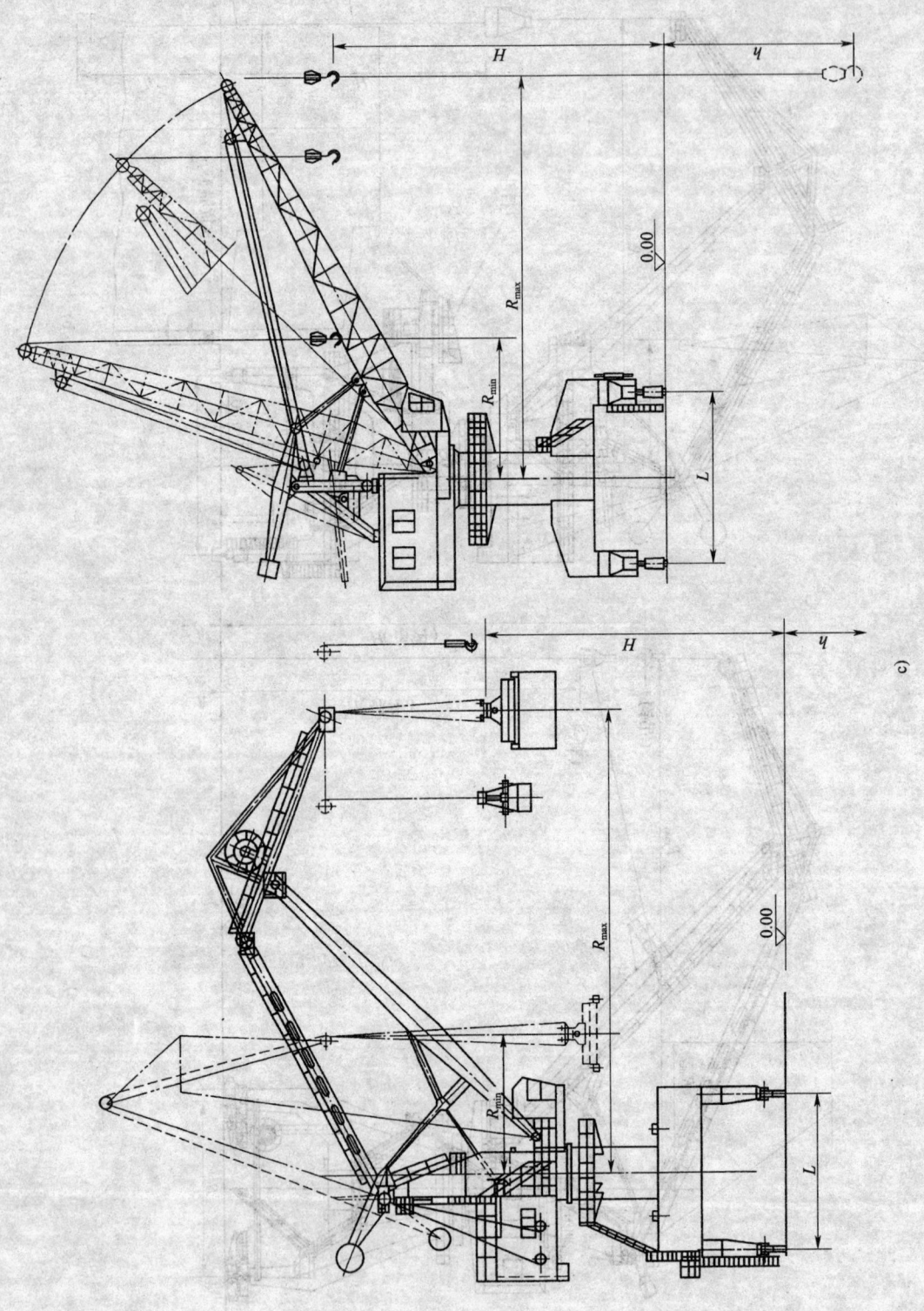

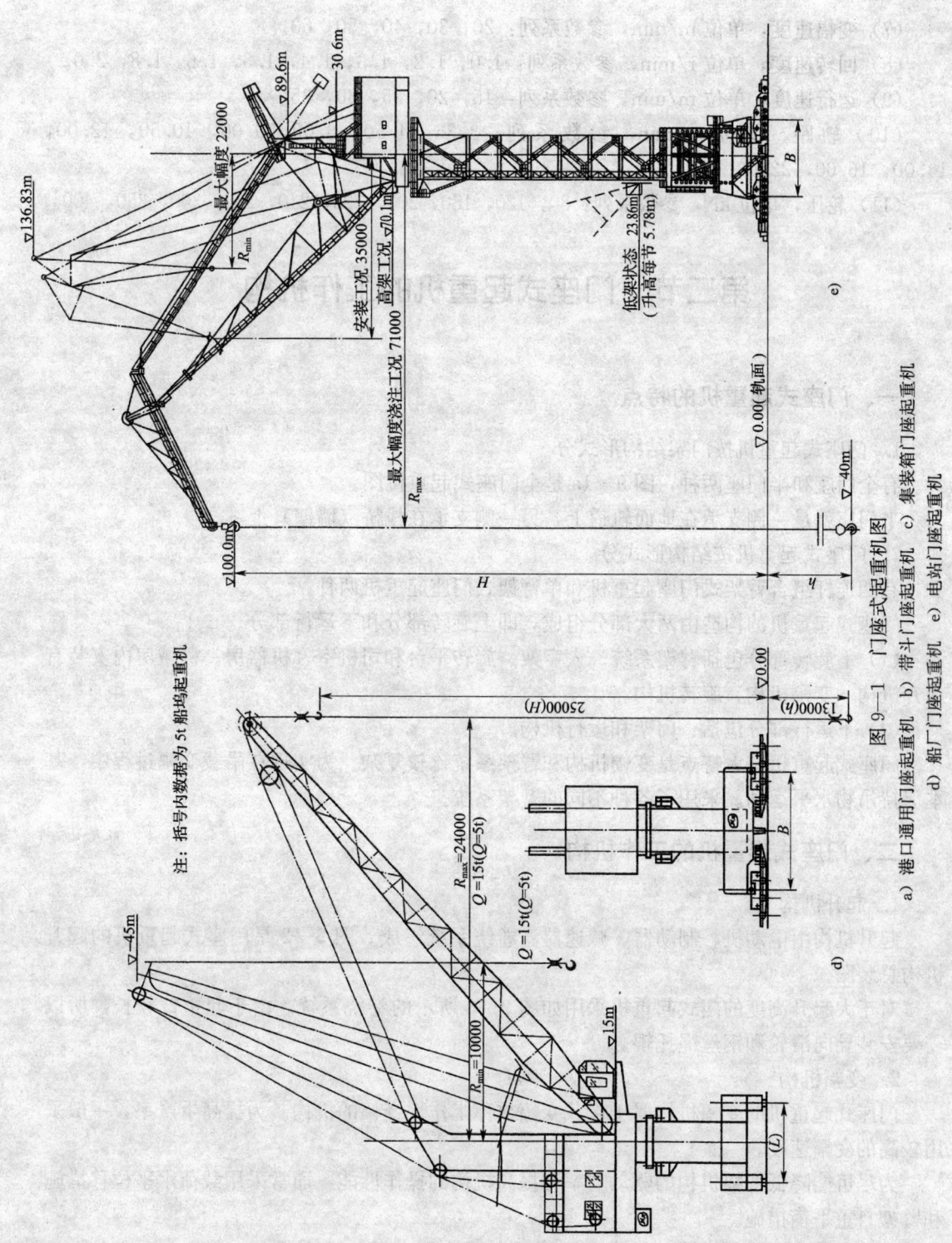

图 9—1 门座式起重机图
a) 港口通用门座起重机 b) 抓斗门座起重机 c) 集装箱门座起重机
d) 船厂门座起重机 e) 电站门座起重机

(7) 变幅速度，单位 m/min，参数系列：20，30，40，50，60。

(8) 回转速度，单位 r/min，参数系列：1.0，1.2，1.3，1.4，1.5，1.6，1.8，2.0。

(9) 运行速度，单位 m/min，参数系列：15，20，25，30，35。

(10) 轨距，单位 m/min，参数系列：3.36，4.50，6.09，9.00，10.50，12.00，14.00，16.00，22.00。

(11) 轮压，单位 kN，参数系列：80，120，180，200，220，240，250，300，350，400。

第二节　门座式起重机的工作机构

一、门座式起重机的特点

1. 门座式起重机按门架结构形式分

有全门座和半门座两种，图9—1a 是全门座式起重机图。

半门座就是一侧支承在地面轨道上，另一侧支承在栈桥（墙壁）上。

2. 门座式起重机按结构形式分

有四连杆组合臂架式门座起重机和单臂架式门座起重机两种。

门座式起重机的构造由两大部分组成，即上旋转部分和下运行部分。

(1) 上旋转部分包括臂架系统、人字架、旋转平台和司机室、机器房。机械房内安装有起升机构、变幅机构、旋转机构。

(2) 下运行部分包括：门架和运行机构。

门座式起重机最大特点是变幅机构和臂架系统比较复杂。为实现在吊载变幅过程中，基本保持吊物水平运动。采用了各种不同的臂架系统。

二、门座式起重机的工作机构

1. 起升机构

起升机构由电动机、制动器、减速器、卷绕系统组成。图9—2 是门座式起重机的起升机构总装图。

对于大起升高度的门式起重机采用如图9—3 所示的卷绕系统。由于起重臂较长，所以需要安装导向滑轮和钢丝绳托辊。

2. 变幅机构

门座式起重机的变幅机构属于带载变幅或称工作性变幅的机构。为提高生产率，一般采用较高的变幅速度。

为尽可能降低变幅机构的驱动功率和提高机构的操作性能，通常采用载荷水平位移措施和臂架自重平衡措施。

(1) 载荷水平位移措施

载荷水平位移就是使吊物在变幅过程中沿水平线或接近水平线的轨迹运动。为达到这一

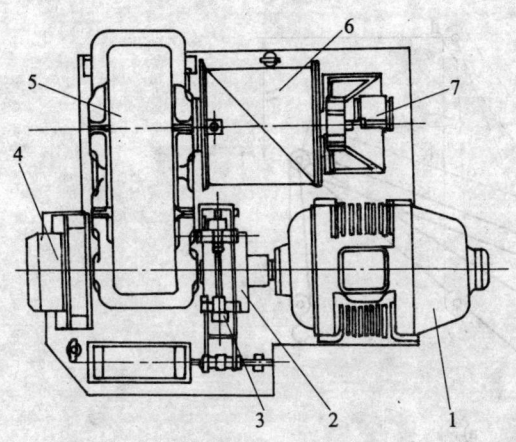
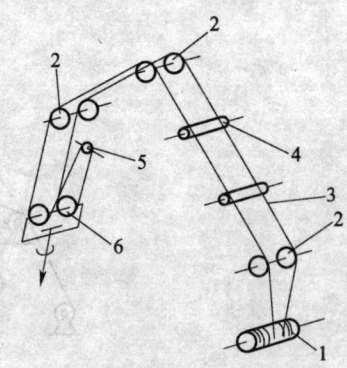

图9—2 起升机构总装图
1—电动机 2—联轴器制动轮 3—制动器 4—限速器
5—减速器 6—卷筒 7—上升限位置

图9—3 起升卷绕系统图
1—卷筒 2—导向滑轮 3—钢丝绳
4—托辊 5—平衡轮 6—动滑轮

目的,多采用绳索补偿法和组合臂架法。

1) 绳索补偿法 这种方法的特点是在变幅过程中,起升钢丝绳卷绕系统及时放出或收入一定长度的钢丝绳,以补偿由于起重臂变幅时吊物产生的垂直运动距离。绳索补偿法有滑轮组补偿法、导向滑轮补偿法和卷筒补偿法等。

① 图9—4a是滑轮组补偿法的工作原理图。当起重臂从Ⅰ位置变幅到Ⅱ位置时,臂端抬高,如果没有补偿滑轮组,吊钩也会升高。但由于起升卷绕系统增加一个补偿滑轮组,在臂架抬高的过程中,放出一定量的钢丝绳,这样就能使吊钩(或吊物)仍处于原来的高度上。这样就满足了在变幅过程中,被吊物作水平位移的要求。

为使被吊物作水平位移,补偿滑轮组必须满足下述条件:

$$H_m = (l_1 - l_2) m_F$$

式中 m——起升滑轮组倍率(通常$m \leqslant 2$);
m_F——补偿滑轮组倍率;
l_1, l_2——见图9—4a。

补偿滑轮组法的优点是结构简单,臂架受力好,容易获得较小的幅度;缺点是起升钢丝绳比较长,由于穿绕滑轮多,钢丝绳易磨损。而且在整个变幅过程中并不能严格保证被吊物作水平移动,因此这种方法多用于小起重量的起重机中。

② 图9—4b是导向滑轮补偿法,它是通过摆动杠杆上的导向滑轮实现绳索补偿作用的。在变幅过程中,当起重臂端从A移动到A'时,补偿导向滑轮从B移动到B'。此时起重臂升高,但由于导向滑轮处放出的钢丝绳能补偿这一变化,于是吊钩或被吊物品处于同一水平面。即$AB + BC - A'B' - B'C = H$。

这种方法可用在吊钩起重机、抓斗起重机上。在大起重量的起重机上也有应用。

2) 组合臂架法 依靠臂架的结构和外形设计,实现在变幅过程中臂端移动轨迹为水平线或接近水平线,以满足在变幅过程中吊钩或被吊物作水平位移的要求。组合臂架法有四连杆组合臂架法、曲线象鼻梁组合臂架法等,见图9—5。

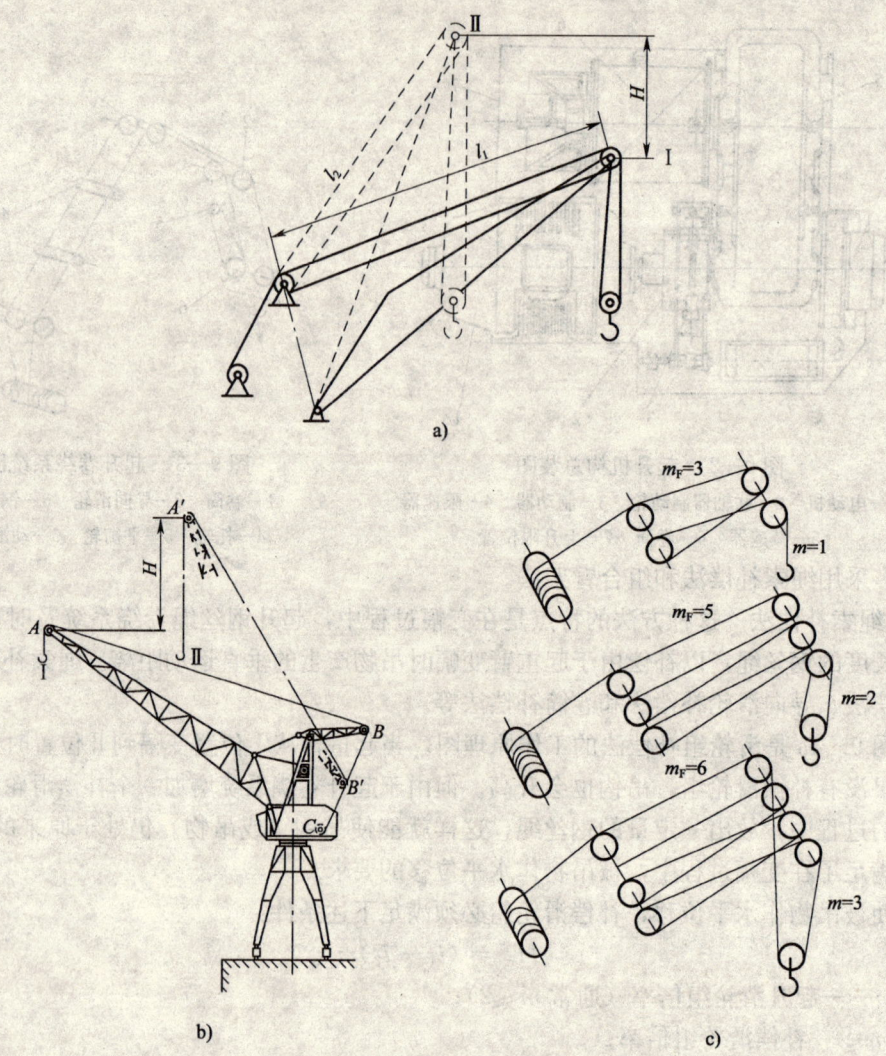

图 9—4　绳索补偿法工作原理图
a）滑轮组补偿法　b）导向滑轮补偿法　c）卷筒补偿法

①图 9—5a 是四连杆式组合臂架图。它由起重臂、象鼻梁和刚性拉杆三部分组成。在变幅过程中，象鼻梁下端点将沿着接近于水平线的轨迹移动。这样在起升钢丝绳不动的情况下，能保持吊钩或被吊物实现水平移动。

②图 9—5b 是曲线象鼻梁式组合臂架图。这种方法是在四连杆系统基础上演变而来的。将刚性拉杆改成挠性拉索，把象鼻梁设计成曲线形状，实现臂端水平移动。

这种方法的优点是自重轻。缺点是在侧向水平力的作用下，起重臂承受扭矩作用。

（2）变幅驱动机构

变幅驱动机构有推杆式（螺杆式、齿条式、液压推杆式）、扇形齿轮式和曲柄连杆式。图 9—6 是螺杆式变幅机构。

1）螺杆式变幅驱动机构　这种机构是由螺母 2 驱动螺杆 1，螺杆推动臂架实现变幅的。

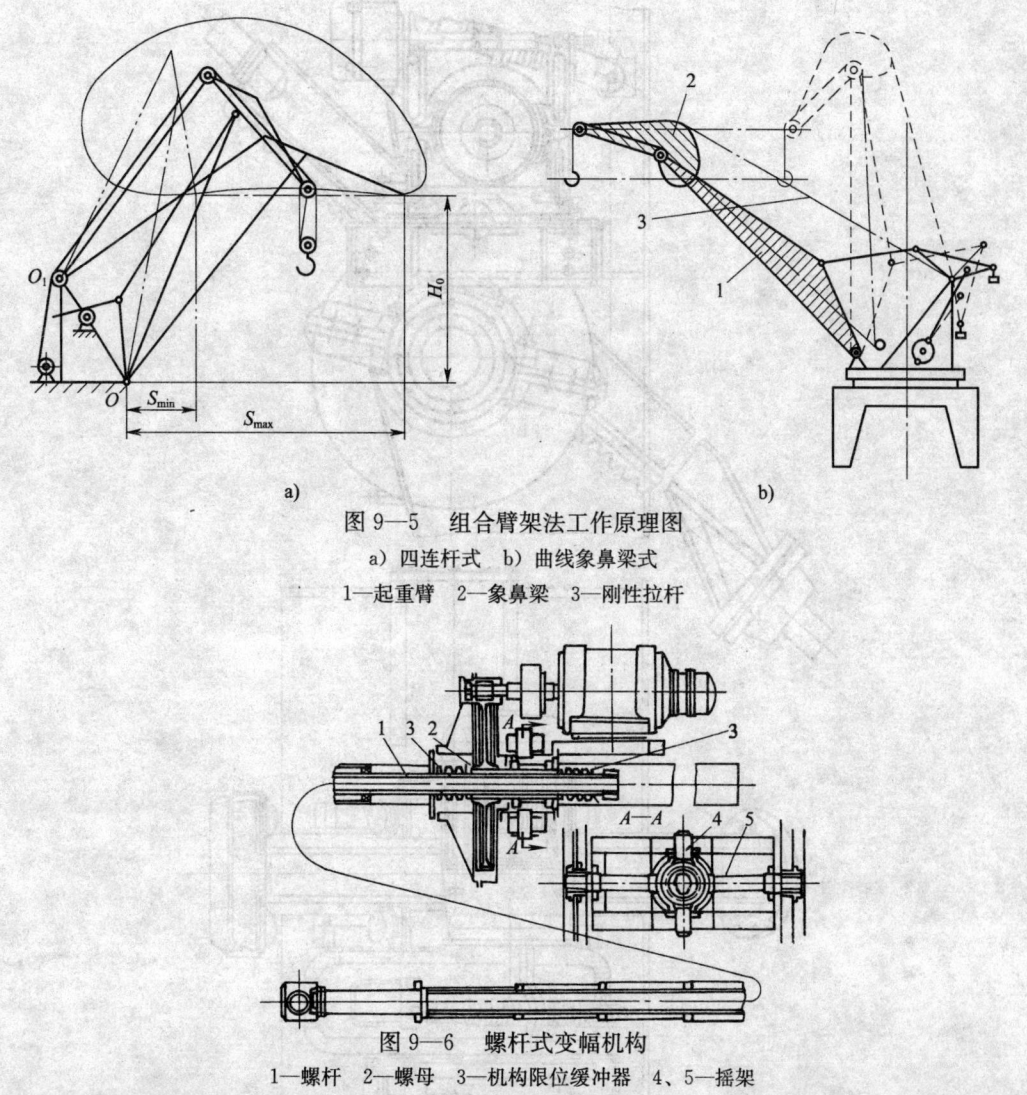

图9—5 组合臂架法工作原理图
a) 四连杆式 b) 曲线象鼻梁式
1—起重臂 2—象鼻梁 3—刚性拉杆

图9—6 螺杆式变幅机构
1—螺杆 2—螺母 3—机构限位缓冲器 4、5—摇架

螺母连同其传动装置均安装在能绕水平轴线摆动的摇架5上。螺杆多采用双头或多头的螺纹。优点是传动比大,传动平稳无噪声。但要特别注意螺杆密封和润滑。为提高传动效率,也有采用滚珠螺杆代替普通传动螺杆。

2) 齿条变幅驱动机构 图9—7是齿条变幅驱动机构示意图。这种形式由齿条推动臂架,电动机通过减速,带动小齿轮,小齿轮与齿条相啮合。整个驱动机构安装在机器房顶上。对于大型起重机,齿条常制成针齿的形式,可简化制造和维修工作。这种变幅驱动机构由于结构紧凑,应用较广。

3) 液压缸变幅机构 它有一个摆动油缸,其活塞杆的端部与臂架连接。通过活塞杆的运动实现变幅。

4) 扇形齿轮变幅驱动机构 通常由电动机带动蜗杆减速器、开式齿轮,再驱动扇形齿轮。扇形齿轮安装在变幅平衡系统的变幅平衡梁上。由于机构笨重,所以应用较少。

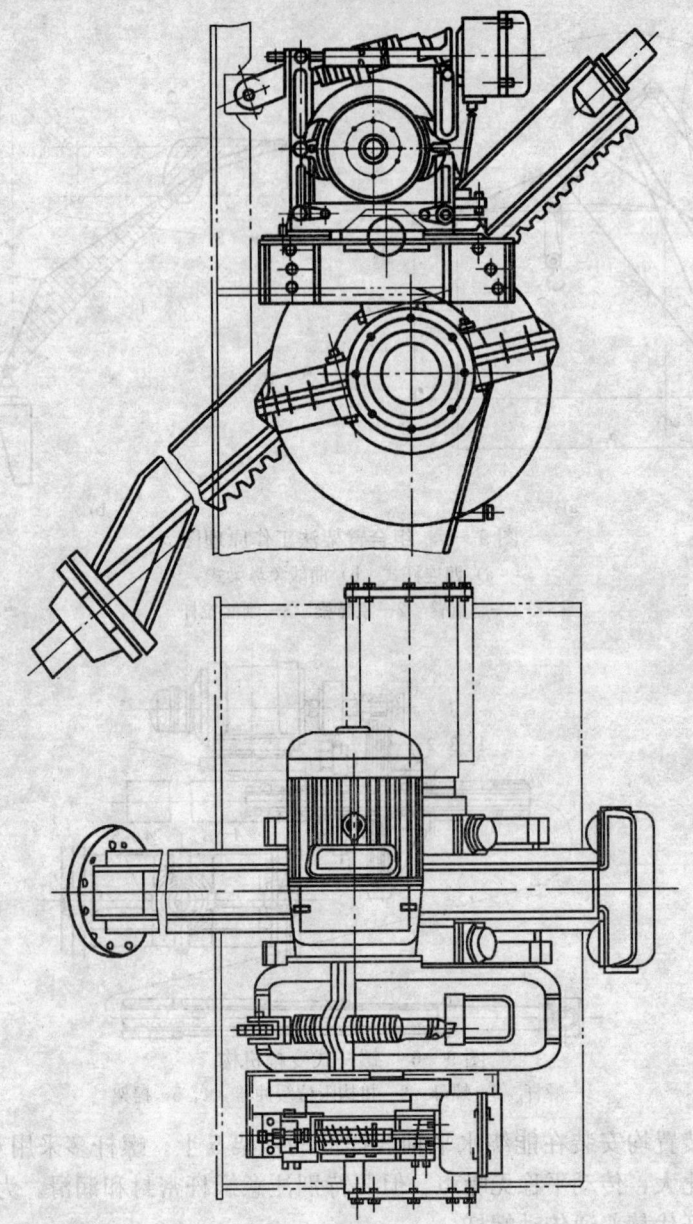

图 9—7　齿条变幅驱动机构图

5）曲柄连杆式变幅驱动机构　通过曲柄连杆机构使臂架摆动，以实现变幅动作。由于电动机与曲柄连杆机构之间需要传动比较大的减速装置，所以这种驱动机构比较笨重。

为减缓变幅起动和制动时的冲击，并消除振动，在机构与臂架之间要安装缓冲器，有橡胶缓冲器和液压弹簧缓冲器两种。

为限制臂架的变幅行程，应装设限位开关。

3. 回转机构

门座起重机一般都采用齿圈式回转传动机构，通常驱动装置安装在起重机的回转部分上，驱动机构的小齿轮与固定在门架上的大齿圈相啮合。小齿轮绕齿圈转动，实现起重机上回转部分的回转运动。

图 9—8 是采用立式电动机的竖轴式圆柱齿轮传动的回转驱动机构图。

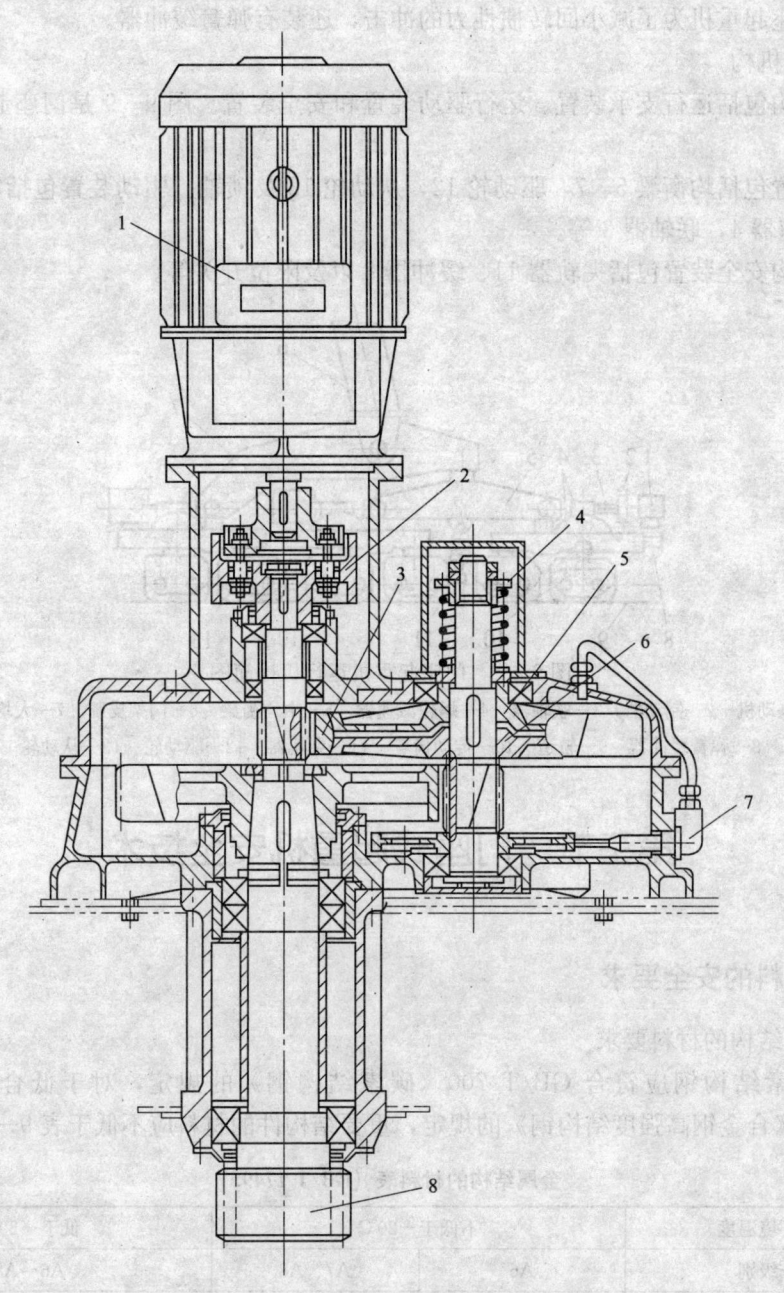

图 9—8　采用立式电动机的回转驱动机构
1—立式电动机　2—带制动轮的联轴器　3—极限力矩联轴器的齿圈　4—压紧弹簧
5、6—极限力矩联轴器的上、下摩擦锥形盘　7—柱塞式润滑油泵　8—与大齿圈啮合的小齿轮

图9—8中的极限力矩联轴器起保护作用。当阻力过大时,上下摩擦锥形盘5、6打滑。弹簧4压紧时所能传递的摩擦力矩为额定力矩的110%。

为保护摩擦面,使摩擦系数保持稳定,最好将摩擦面浸在油里,或者放一个油泵进行润滑。

有的门座起重机为了减小回转惯性力的冲击,还装有弹簧缓冲器。

4. 运行机构

运行机构包括运行支承装置、运行驱动装置和安全装置。图9—9是门座起重机运行机构图。

支承装置包括均衡梁5、7,驱动轮12,从动轮13及锁轴。驱动装置包括电动机1、制动器2、减速器4、联轴器3等。

运行机构安全装置包括夹轨器11、缓冲器8以及限位开关等。

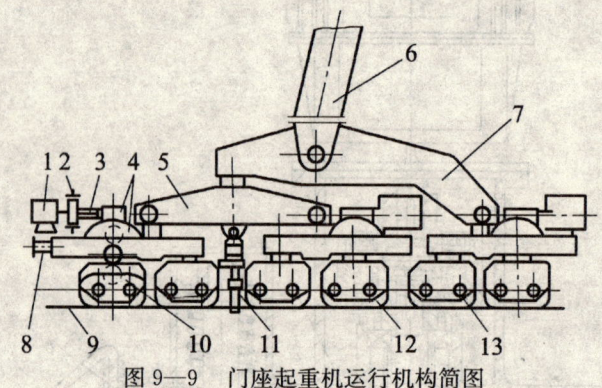

图9—9 门座起重机运行机构简图

1—电动机 2—制动器 3—联轴器 4—蜗轮减速器 5—中均衡梁 6—门架支腿 7—大均衡梁
8—弹簧缓冲器 9—轨道 10—传动齿轮 11—夹轨器 12—驱动轮 13—从动轮

第三节 门座式起重机安全技术

一、材料的安全要求

1. 金属结构的材料要求

对于碳素结构钢应符合 GB/T 700《碳素结构钢》的规定,对于低合金钢应符合 GB/T 1591《合金钢高强度结构钢》的规定,重要结构件的材料应不低于表9—1的规定。

表9—1 金属结构的材料表(GB/T 17495)

工作环境温度		不低于-20℃		低于-20℃
工作级别		A6	A7、A8	A6~A8
钢材牌号	$\delta \leqslant 20$	Q235—B	Q235—B	Q235—D、Q345
	$\delta > 20$	Q235—B	Q235—C	Q235—D、Q345

注:在低于-20℃环境中材料的冲击功 A_k 不得低于27J。

2. 卷筒材料

(1) 对于焊接卷筒应不低于 GB/T 700《碳素结构钢》中的 Q235—B。

(2) 对于铸钢卷筒应不低于 GB/T 11352《一般工程用铸造碳钢件》中的 ZG230—450。

(3) 对于铸铁卷筒应不低于 GB/T 9439《一般工程用铸造碳钢件》中的 HT250。

3. 集装箱吊具转锁材料

不低于 GB/T 3077《合金结构钢技术条件》中的 40 Cr。

4. 车轮材料

(1) 轧制的大型车轮轮箍,应采用不低于 GB 699《优质中碳素结构钢 技术条件》中规定的 60 钢。

(2) 锻造车轮,应采用不低于 GB 699《优质中碳素结构钢 技术条件》中规定的 45 钢。

(3) 铸造车轮,应采用不低于 GB/T 11352《一般工程用铸造碳钢件》中的 ZG340—640。

5. 螺旋副

(1) 滑动螺旋副 螺杆的材料宜选用 50Mn 或 38CrMoAlA;螺母材料宜选用 ZCuAl10Fe3。

(2) 滚动螺旋副 滚动螺旋副丝杆材料宜选用 38CrMoAlA,工作表面硬度不低于 56 HRC;螺母材料宜选用 GCr15 或 9Cr18,工作表面硬度应为 60 HRC。

二、零件尺寸公差要求

1. 车轮

(1) 车轮尺寸公差带应不低于 GB/T 1801《公差与配合 尺寸至 500 mm 孔、轴公差带与配合》GB/T 1802《公差与配合 尺寸大于 500 mm 至 3 150 mm 常用孔、轴公差带》中规定的 h9。

(2) 车轮踏面和基准端面对孔轴线的径向及端面圆跳动不低于 GB/T 1184《形状和位置公差 未注公差的规定》中规定的 9 级。

(3) 车轮热处理后,踏面和轮缘内侧面的硬度应为 300~380 HB,淬火层深度为 15 mm 处的硬度应不低于 260 HB。

(4) 车轮不应有裂纹,并且不得补焊。

2. 销齿

(1) 销齿传动的公差配合应符合表 9—2 的规定。

(2) 齿面硬度不低于 50 HRC,销轮工作表面硬度不低于 40 HR;齿面和销轮的有效硬化深度均不小于 2 mm。

3. 滑动螺旋副

(1) 滑动螺旋副应符合 GB/T 5796.1—4《梯形螺纹》的规定。螺杆与螺母贴合面处的粗糙度不低于 GB/T 1031《表面粗糙度 参数及其数值》中的 $Ra6.3\ \mu m$。

(2) 滑动螺旋副梯形螺纹的直径公差带推荐采用 7H/7e。

4. 滚动螺旋副

(1) 滚动螺旋副应满足 JB/T 3162.2《滚珠丝杆副验收技术条件》的规定。

(2) 滚动螺旋副的精度可采用 4 级或 5 级。

表 9—2　　　　　　　　　　销齿传动的公差配合　　　　　　　　　　mm

项目	公差或配合 齿距 p				备注
	$<10\pi$	$<20\pi$	$<30\pi$	$<50\pi$	
齿轮的制造公差与配合					
两相邻齿同侧面间齿矩 p 的偏差	±0.05	±0.10	±0.15	±0.20	
齿顶圆直径 d_1 的公差带	h8				
齿顶圆周对轴孔中心的圆跳动量	≤0.10~0.15				齿距 p 小时，可取该项的小值；如果 p 大则取大值
齿面与轴孔轴线平行度公差值	0.05~0.10				齿距 p 小时，可取该项的小值；如果 p 大则取大值
销轮的制造公差与配合					
销齿孔中心距（齿距）的偏差	±0.15	±0.25	±0.40	±0.55	
销齿与夹板孔的配合	H7/h6				
节圆直径 d_2 的公差带	h9~h10				d_2 小用 h10，d_2 大用 h9
节圆周对轴孔中心的圆跳动量	≤0.50~1.50				p 小取小值，p 大取大值

注：销齿传动中心距 a 的偏差，按一般齿轮的中心距偏差 $\frac{1}{2}$ IT9 确定。

三、金属结构件安全技术

1. 焊缝

(1) 焊缝坡口应符合 GB/T 985《气焊、手工电弧焊及气体保护焊焊缝坡口的基本形式与尺寸》和 GB/T 986《埋弧焊焊缝坡口的基本形式与尺寸》的要求，特殊焊缝要注明。

(2) 所有焊缝均应保证焊接质量，不得有影响性能和外观质量的缺陷。如漏焊、烧穿、裂纹缺陷等。

(3) 受力结构件的焊缝质量应达到 GB/T 12469《焊接质量保证　钢熔化焊接头的要求和缺陷分级》中规定的缺陷分级Ⅱ级标准。

(4) 未注明焊缝高度的角焊缝，其焊缝高度不得小于较薄被焊件厚度的 80%。

2. 连接结构件的高强度螺栓

（1）连接结构件的高强度大六角螺栓、螺母，必须符合 GB/T 1228《钢结构用高强度大六角头螺栓》和 GB 1229《钢结构用高强度大六角螺母》等技术标准的规定。

（2）连接结构件铰制孔螺栓副，螺栓的机械性能不低于 8.8 级，螺母的机械性能不低于 8 级。

3．结构件制造的允许偏差，焊接成形后的结构件，其形状和位置偏差应符合表 9—3 的规定。表 9—4 是结构件形位公差。表 9—5 是焊接成形的结构件线性尺寸偏差。

表 9—3　　　　　　　　结构件制造允许偏差（GB/T 17495）　　　　　　　　mm

序号	简　图	检查项目	允许偏差
1		构件直线度　垂直方向	$f \leqslant \dfrac{1}{1\,500}L$
		构件直线度　水平方向	$f \leqslant \dfrac{1}{2\,000}L$
2		梁上拱偏差	$\Delta F = \begin{array}{l}+0.30F\\-0.05F\end{array}$ F 为图样规定拱度
3		箱形梁、工字梁扭曲度	构件长 $L \leqslant 5\,000$ 　 $c \leqslant 4$ $5\,000 < L \leqslant 10\,000$ 　 $c \leqslant 6$ $10\,000 < L \leqslant 20\,000$ 　 $c \leqslant 8$ $20\,000 < L \leqslant 30\,000$ 　 $c \leqslant 10$ $30\,000 < L \leqslant 50\,000$ 　 $c \leqslant 15$
4		箱形梁、工字梁腹板垂直度	$h \leqslant \dfrac{1}{300}H$，在筋板或节点处测量
5		工字梁翼缘板翘曲度	$f \leqslant \dfrac{1}{100}A$，在筋板处测量 $\geqslant 6$
		箱形梁上翼缘水平翘曲度	$f \leqslant \dfrac{1}{300}B$，在肋板处测量

续表

序号	简　图	检查项目	允许偏差
6		筋板相对错位量	$e \leqslant 0.3\delta$
7		相配梁高度差	$\Delta H \leqslant \dfrac{1}{1\,000}B$，$\Delta H \neq 0$ 在筋板处测量
8		构件尺寸偏差	$L \leqslant 7\,000$　$\Delta L \leqslant 3$ $L > 7\,000$　$\Delta L \leqslant 5$
8		两对角线长度之差	$L \leqslant 7\,000$　$\lvert A-B \rvert \leqslant 4$ $L > 7\,000$　$\lvert A-B \rvert \leqslant 7$ 关联：$\lvert A-A' \rvert \leqslant 1$，$\lvert B-B' \rvert \leqslant 1$
9		筒体对接厚度错位	$e \leqslant 0.2\delta$，$e \not> 2.5$
9		筒体对接中心偏差	$c \leqslant 0.2\delta$ δ 为圆筒壁厚
10		翘曲变形量	$L \leqslant 2\,000$　$e \leqslant \dfrac{1}{1\,000}L+2$ $2\,000 < L \leqslant 5\,000$　$e \leqslant \dfrac{1}{1\,000}L+4$ $5\,000 < L \leqslant 15\,000$　$e \leqslant \dfrac{1}{1\,000}L+7$
11		箱形梁、工字梁腹板平面度	用 1 m 直尺检查：在受压 $\dfrac{1}{3}H$ 区域内，且相邻筋板间凹凸不超过一处，$f \leqslant 0.6\delta$ 在其余区域内 $f \leqslant \dfrac{\delta}{2} + \dfrac{H}{500}$，$f \not> 15$

续表

序号	简 图	检查项目	允 许 偏 差	
12	(整体L, 1000, f_{max}, f, f', 加筋板, b)	箱形梁、工字梁翼缘板平面度1 m内 整体 加筋板之间	用1 m直尺检查 $f \leqslant 3$ 整体 $f_{max} \leqslant \dfrac{1.5}{1\,000}L$	
			加筋板之间	$b \leqslant 500$ $f \leqslant 2$
				$500 < b \leqslant 2\,000$ $f \leqslant \dfrac{1}{250}b$
				$b > 2\,000$ $f \leqslant 8$
13	(1000, 平尺, f)	司机室围壁平面度	用1 m直尺检查	$f \leqslant 5$
		机器房围壁平面度		$f \leqslant 5$
		棚顶平面度		$f \leqslant 8$
		平台平面度		$f \leqslant 6$
14	(ΔL, L_1, L_2, f_2, f_1)	桁架腹杆轴线对理论轴线的偏差	$f_1 \leqslant 5$	
		腹杆的直线度	$f_2 \leqslant \dfrac{1.5}{1\,000}L_2$	
		桁架节距偏差	$\Delta L \leqslant \dfrac{3}{1\,000}L_1$	
15	(f, H, B±ΔB)	支座耳板垂直度	$f \leqslant \dfrac{1}{200}H$	
		支座开挡尺寸偏差	$\Delta B \leqslant \dfrac{1}{250}B$	
16	(f, b)	法兰面角变形	$b < 100$ $f < \dfrac{1}{50}b$ $b \geqslant 100$ $f \leqslant 1 + \dfrac{1}{100}b$	

续表

序号	简图	检查项目	允许偏差	
17	加强板，孔φ，c，外侧 内侧	加强板偏心度	$\phi \geqslant 100$	内侧 $c \leqslant 10$
				外侧 $c \leqslant 5$
			$\phi < 100$	内侧 $c \leqslant 5$
				外侧 $c \leqslant 3$
18	（δ，e 示图）	筋板（隔板）相对位置偏差	$e \leqslant \dfrac{1}{2}\delta$	
	（H，f，B，f' 示图）	筋板（隔板）对箱形梁（工字梁）腹板或翼缘板的垂直度	$f \leqslant \dfrac{3}{1\,000}H$	
			$f' \leqslant \dfrac{3}{1\,000}B$	

表 9—4   结构件形位公差   mm

公称尺寸	>30~120	>120~400	>400~1 000	>1 000~2 000	>2 000~4 000	>4 000~8 000	>8 000~12 000	>12 000~16 000	>16 000~20 000	>20 000
形位公差	1	1.5	3	4.5	6	8	10	12	14	16

表 9—5   焊接成型的结构件线性尺寸偏差   mm

公称尺寸	>30~120	>120~315	>315~1 000	>1 000~2 000	>2 000~4 000	>4 000~8 000	>8 000~12 000	>12 000~16 000	>16 000~20 000	>20 000
外形	±2	±2	±3	±6	±8	±10	±12	±14	±16	
相关	±1	±1	±1.5	±3	±4	±5	±7	±8	±9	±10

注：相关——销孔相对位置、各杆件或各板相对位置。

4. 臂架、象鼻梁、大拉杆、转柱、转台等制造完工后应达到的标准：

(1) 整体结构轴线在给定平面内的直线度不得大于被测量长度的 1/1 500，并且不超过 20 mm；

(2) 几何铰点轴线对全结构纵向对称平面的垂直度不大于被测量件长度的 1/1 500；

(3) 同一铰点两轴孔的同轴度应不大于 GB/T 1184《形状和位置公差 未注公差值》中的 10 级。

5. 圆桶形门架的几何轴线对水平面的垂直度不大于 $h/1\,500$，水平偏斜应控制在 $a \leqslant D/1\,500$ 范围内。图 9—10 是圆桶形门架的垂直度和水平偏斜图。

6. 交叉式门架与支承式门架的上支承环水平轮轨道中心和下支承座中心偏差应符合 $e \leqslant h/1\,500$，并且 $e \geqslant 4$ mm，下支承座圈的水平偏斜应控制在 $f \leqslant 0.3D/1\,000$，图 9—11 是上下支承中心偏差图。

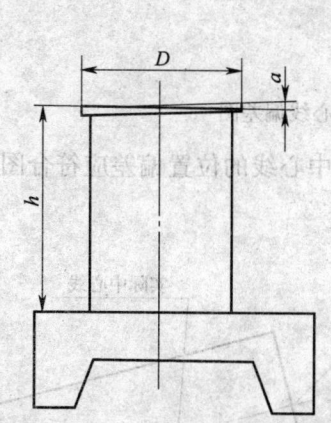

图 9—10　圆桶形门架的垂直度和水平偏斜图

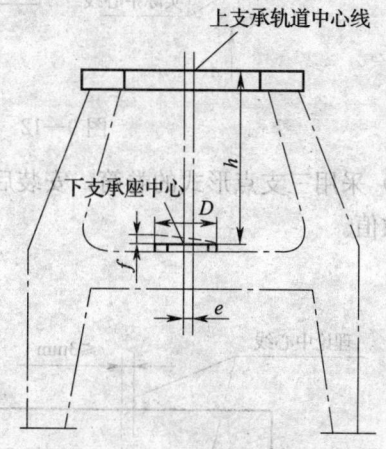

图 9—11　上下支承中心偏差图

7. 门座制作完工后应达到的要求

(1) 门座支腿轨距的偏差为：($-5 \sim -10$) mm；

(2) 门座支腿底部对角线偏差：($-5 \sim +5$) mm；

(3) 门座各支腿底平面的垂直高低差 3 mm，水平偏斜不大于被测量长度的 1/1 000。

四、机构安全技术

1. 起升机构

(1) 起升机构　起升机构由电动机、制动器、减速器、卷筒、滑轮组、钢丝绳及吊钩等组成。还应安装标准规定的安全装置。港口门座起重机的起升机构的运行速度比较快，船厂用的门座起重机通常都有主副钩，并且要求有微动速度。门座起重机的起升机构采用双联滑轮组，由于起重臂的特点，钢丝绳比较长，所以中间应安装带导向滑轮和托辊。

(2) 对于起升机构的技术要求

1) 具有机械换挡有级变速的起升机构，要求安装防止在载荷起落时换挡的安全装置。

2) 起升额定载荷在空中停留时，起升机构起动，载荷不应出现瞬时下滑现象。

3) 机构安装后，减速器的实际中心线与转台上机座安装基准线允许偏差应符合图 9—12 中所示的数值。

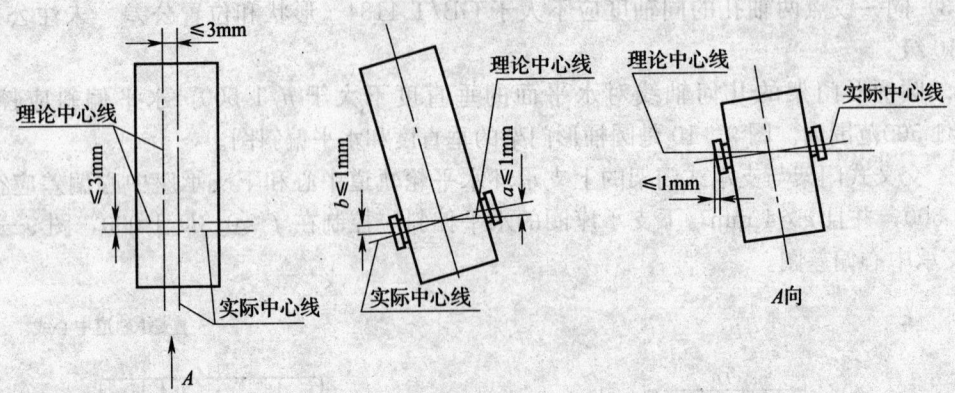

图 9—12 减速器安装中心线偏差图

4) 采用三支点形式的卷筒，安装后，卷筒实际中心线的位置偏差应符合图 9—13 所规定的数值。

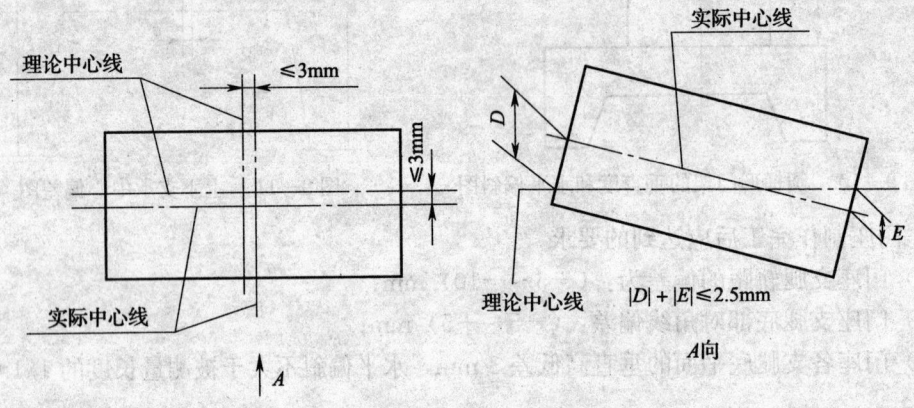

图 9—13 卷筒实际中心线的位置偏差图

2. 变幅机构

对于变幅机构的安全技术要求：

(1) 螺杆变幅机构的螺杆、螺母跑合后接触面积应不小于 75%，伸缩灵活，不得漏油。

(2) 齿条变幅机构的齿条和小齿轮啮合侧间隙宜为 0.3～0.7 mm，啮合正确，无咬齿现象。

(3) 液压变幅驱动装置的油缸对臂架中心线的位置允许偏差应≤10 mm。

(4) 绳索变幅的驱动装置和其他流动起重机变幅机构的要求相同。

3. 回转机构的安全要求

(1) 安装后，转柱回转支承应达到表 9—6 中规定的要求。图 9—14 是水平轮在 X、Y 方向安装偏差图。

表 9—6　　　　　　　　　　水平轮与转柱的安装允许偏差表

项　目	允　许　偏　差
水平轴线与转柱轴线距离 OA、OB、OC、OD、OE、OF 相互之差（图9—15）	±3 mm
水平轴线在 Y 方向的平行度 $|r_1-r_2|$（图9—14）	1 mm
水平轮端面在 X 方向的平行度 $a+b$（图9—14）	1 mm

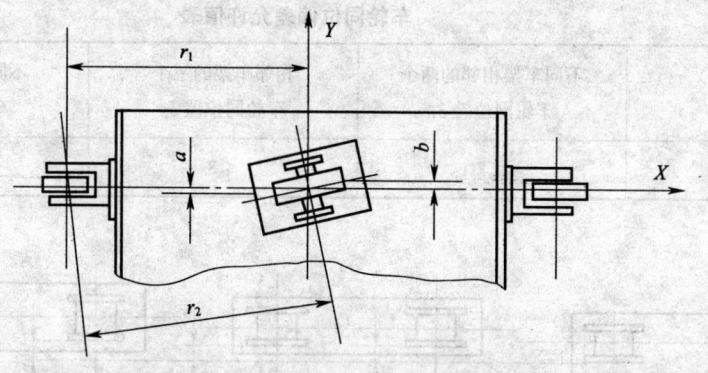

图 9—14　水平轮在 X、Y 方向安装偏差图

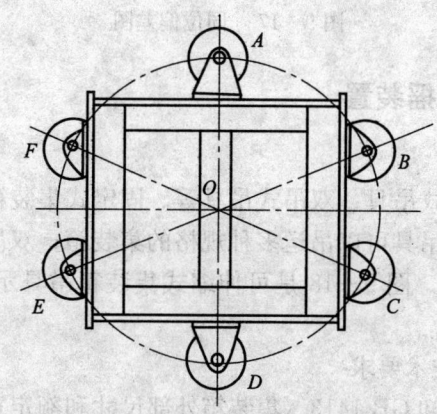

图 9—15　水平轮轴线与转柱轴线距离图

(2) 水平轮不得上下窜动，在回转时不应有敲击声。

(3) 回转支承运转时应平稳，无异常声响，小齿轮与大齿圈啮合的侧向间隙宜为 0.5～1.6 mm。

4. 行走机构的安全技术要求

(1) 同一车架上的两个车轮踏面中心线相对车架中心线偏差应不大于 1 mm（图9—16）。

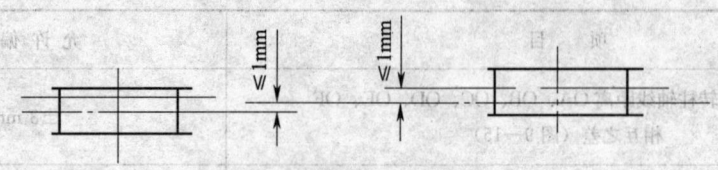

图 9—16 中心线偏差图

(2) 同一行走台车的车轮的同位偏差应不大于表 9—7 规定的数值（图 9—17）。

(3) 整机安装完成后，要求最上一层平衡梁在轨距方向的跨度偏差为 ±5 mm。

表 9—7 车轮同位偏差允许值表

同位差	不同车架相邻的两个车轮同位差 δ_1	相邻车架的三个车轮同位差 δ_2	不同车架三个以上车轮同位差 δ_3
δ	≤2	≤3	≤5

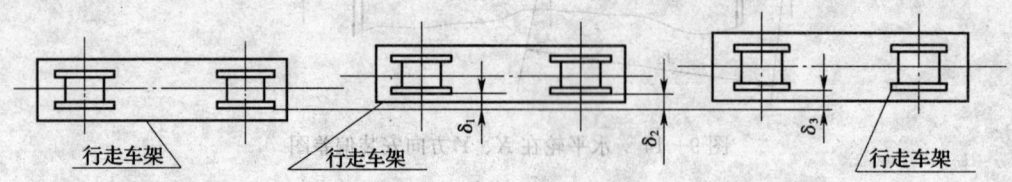

图 9—17 同位偏差图

五、集装箱吊具和减摇装置

1. 集装箱吊具

有固定式吊具、可伸缩式吊具、双吊式吊具等。固定式集装箱吊具，只能吊运一种规格的集装箱；可伸缩式集装箱吊具可以吊运多种规格的集装箱；双吊式集装箱吊具，可以同时吊运两个 20 t 规格的集装箱。图 9—18 是可伸缩式集装箱吊具示意图，具有自动对中集装箱、自动开闭转锁等功能。

2. 集装箱吊具的安全技术要求

(1) 集装箱吊具应能装卸 GB 1413《集装箱外部尺寸和额定重量》中的 A（1AA、1A、1AX）、C（1CC、1C、1CX）型国际集装箱，转锁的尺寸和公差应符合 GB/T 3220《集装箱吊具的尺寸和起重量系列》的规定。

(2) 集装箱吊具要求进行无损探伤，不得有裂纹，如果有裂纹不得修补。

(3) 集装箱吊具的转锁应按 GB 6067《起重机械安全规程》中吊钩的检验载荷进行拉伸试验。

3. 减摇装置

要求能有效地装置抑制集装箱的摇摆。

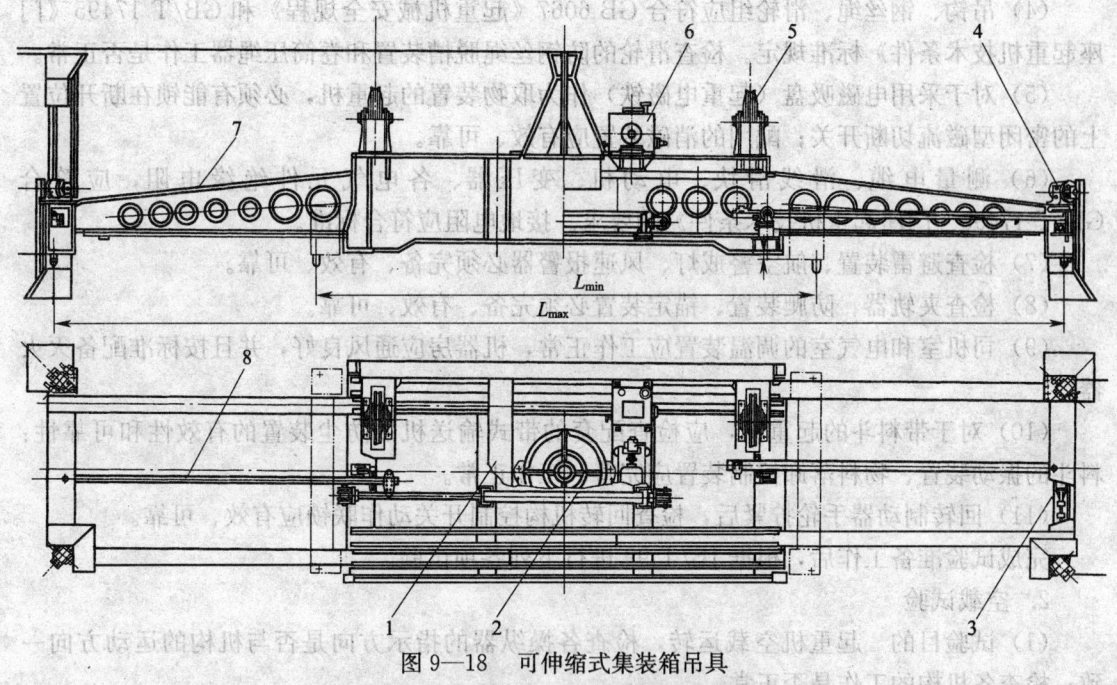

图 9—18 可伸缩式集装箱吊具
1—金属结构 2—伸缩机构 3—旋锁机构 4—导向爪装置
5—滑轮 6—油箱 7—伸缩臂 8—顶杆

第四节 门座式起重机的型式试验

根据 JT/T 99《港口起重机的试验方法》的规定，门座式起重机应进行型式试验。

一、试验目的

1. 检测起重机在试验载荷作用下其工作性能参数及强度；电气设备及布线的正确性、工作可靠性、安全性；液压系统及其元件的工作可靠性。
2. 钢结构的强度与刚度，司机室的噪声与振动；整机稳定性等。

二、试验程序

1. 试验准备

(1) 根据 GB 6067《起重机械安全规程》和 GB/T 17495《门座起重机技术条件》目测检查起重机的安全装置、标牌及性能表的内容和安装位置；经过调试后，各机构应能正常动作。起重机无异常现象。

(2) 各紧固件连接要牢靠，各传动件要运转平稳，润滑良好，润滑油品质符合设计要求。

(3) 各液压元件耐压性能良好，各管路、接头及连接状态良好，符合设计要求。

(4) 吊钩、钢丝绳、滑轮组应符合 GB 6067《起重机械安全规程》和 GB/T 17495《门座起重机技术条件》标准规定。检查滑轮的防钢丝绳脱槽装置和卷筒压绳器工作是否正常。

(5) 对于采用电磁吸盘（起重电磁铁）作为取物装置的起重机，必须有能锁在断开位置上的密闭型磁流切断开关；配用的消磁装置应有效、可靠。

(6) 测量电缆、滑线滑块、电动机、变压器、各电气元件绝缘电阻，应符合 GB/T 17495《门座起重机技术条件》的要求。接地电阻应符合标准。

(7) 检查避雷装置、航空警戒灯、风速报警器必须完备、有效、可靠。

(8) 检查夹轨器、防爬装置、锚定装置必须完备、有效、可靠。

(9) 司机室和电气室的调温装置应工作正常，机器房应通风良好，并且按标准配备灭火器。

(10) 对于带料斗的起重机，应检查配套的带式输送机的防尘装置的有效性和可靠性；料斗的振动装置、物料落卸控制装置应完善、工作正常。

(11) 回转制动器手轮拧紧后，检查回转机构控制开关动作联锁应有效、可靠。

完成试验准备工作后，根据 JB/T 99 进行下列各项试验。

2. 空载试验

(1) 试验目的　起重机空载运转，检查各操纵器的指示方向是否与机构的运动方向一致；检查各机构的工作是否正常。

(2) 试验程序和内容

1) 试验高度极限位置限制器：将取物装置从码头地面提升到最高位置，高度限制器应及时报警，并且断开上升电路。

2) 试验下降极限位置限制器：将取物装置从最高位置下降至轨道下方最低位置，限制器应及时报警，并且断开下降电路。同时在卷筒上仍然保证留有规定的安全圈（2~3圈）。

3) 试验幅度限制器、幅度指示器：将取物装置移动到最大幅度和最小幅度时，幅度限制器及时报警，并且断开向极限方向运动的电路。检查幅度指示器的准确性和可靠性。

4) 试验自动锁紧装置、防止起重臂后倾的装置：采用钢丝绳变幅的起重机。检查变幅机构卷筒自动锁紧装置的有效性，确保起重臂不能下滑。在最大幅度时，变幅卷筒上钢丝绳留有规定的安全圈。在人字架上应安装防止起重臂后倾的装置，并应有效、可靠。

5) 试验运行极限位置限制器：将起重机运行到轨道的极限位置，限制器应及时准确发出报警信号。起重机移动时应有光、声报警。防止两台起重机相撞的装置应有效、可靠。

6) 对于带料斗的起重机，平移料斗至极限位置，应有报警并且断开电源。起重机上的带式输送机和码头上的接料带式输送机的控制联锁系统应工作正常。

7) 检查整机运行与夹轨器、防爬装置、锚定装置的联锁系统应符合设计要求。

8) 试验集装箱吊具的各种动作应正常，指示灯、限位装置、联锁装置应工作有效、可靠。吊具的减摇装置有效工作。

9) 电缆卷筒终点限位开关应工作准确、可靠，并且保持电缆张力适中。

10) 以额定工作速度分别进行起升、变幅、回转、运行动作试验各三次，测量各机构电动机的最大电流值、稳态电流、励磁电流、功率、电压值、转速等，并且计算三次算术平均值。

11) 试验制动器的工作性能,并检查各铰接点的灵活性。

12) 检查司机室的视野是否符合设计要求。司机室应符合 JT 5020《港口装卸机械司机室》的要求。

3. 重量、几何参数的测定

(1) 重量测定　测量取物装置悬空时的起重机总重量。

(2) 几何参数的测定

1) 轨距、基距。

2) 门座（门腿）净空尺寸。

3) 最大尾部回转半径。

4. 技术性能参数测定

(1) 起升速度的测定　起重机以最高速度起升（下降）额定载荷,测取载荷稳定运行通过 10 m 行程所需要的时间或测取卷筒稳定运转 3 圈所需要的时间,以三次测取的算术平均值计算起升（下降）速度,速度误差不超过±5%。对于安装起重机还要测取微动速度。

(2) 回转速度的测定　起重机处于最大幅度位置,额定载荷下以最高的速度回转,测取回转圈数和所需要的时间,以三次测取的算术平均值计算回转速度,速度误差不超过±5%。

(3) 变幅速度的测定　测取额定载荷下,起重机以最高速度在最大幅度和最小幅度范围全程变幅（起臂、落臂）的时间,以三次测取的算术平均值计算平均变幅速度,速度误差不超过±5%。对于采用终点减速装置的起重机应扣除减速范围。

(4) 运行速度的测定　测取起重机空载最高速度沿轨道稳定运行 10 m 行程所用时间,以三次测取的算术平均值计算运行速度,速度误差不超过±10%。

(5) 起升范围的测定　测量取物装置从轨面上最高位置下降到轨面下最低位置的垂直距离,起升范围的误差不得超过公称值的±1%。

(6) 幅度的测定　测量起重机的最大幅度和最小幅度,幅度的误差不得超过公称值的±1%。

(7) 水平位移的测定　测取空载和额定载荷下取物装置从最大幅度至最小幅度的水平位移运动轨迹,水平位移的偏差应满足设计要求。

(8) 输送机的带速、带宽测量　对于带斗的起重机应测量与之配套的输送机的带速、带宽应符合 GB 987《带式输送机基本参数与尺寸》的要求。

5. 额定载荷试验

(1) 试验目的　检查起重机各机构、主要结构件、电气元件在额定载荷下的工作性能及承载能力。

(2) 试验前,应消除制造过程中可能产生的残余应力及安装间隙。方法是起重机在额定载荷试验前,起吊 2/3 的额定载荷作试运转。

(3) 试验内容

1) 额定载荷试验的工况　对于设计规定的在不同幅度范围起重机所承受的额定载荷,均需按表 9—8 中的全部内容进行。

表 9—8　　　　　　　　　　　额定载荷试验的工况

序号	试验工况	一次循环内容	循环次数
1	额定起重量；相应的最大幅度；重臂摆动平面垂直轨道或平行轨道	试验载荷由地面起升至最大高度（中间制动一次）——下降到地面（中间制动一次）	3
2	额定起重量；相应的最大幅度；起重臂摆动平面平行轨道	试验载荷起升离地面 1 m 左右——起臂到最小幅度（中间制动一次）——落臂到原位（中间制动一次）——下降到地面	
3	额定起重量；相应的最大幅度；起重臂摆动平面垂直轨道或平行轨道	试验载荷起升离地面 1 m 左右——在作业范围内向左回转 180°（中间制动一次）——再向右回转 180°（中间制动一次）——下降到地面	

2）测取内容

①测取电动机工作时最大电流、稳态电流、励磁电流、功率、转速、电枢电压，以 3 次测取的算术平均值作为测定值。

②测取司机室座椅处在不利的工况下，垂直方向和水平方向的加速度，垂直方向的加速度宜不大于 0.2 g，水平方向的加速度宜不大于 0.1 g。

3）联合动作试验　在进行表 9—8 的内容后，在额定载荷下，作起升、变幅联合动作试验；起升、回转联合动作试验各 3 次。试验过程中，起升、变幅制动与起升、回转制动各进行 3 次。

4）负荷运行试验　对于带斗的起重机，应进行料斗物料落卸控制与带式输送机满负荷运行试验。在试验中物料落卸控制应有效、可靠，带式输送机不得有跑偏现象。

5）工作性能和减摇装置的性能试验　对于采用集装箱吊具的起重机，在试验中还应检查集装箱吊具的工作性能和减摇装置的性能是否达到设计要求。

(4) 合格标准

1）各机构工作正常、无异常声响；各部件完好无损；连接处无松动。

2）结构件无裂纹、永久变形、表面油漆不打皱；焊缝无裂纹。

3）电气元件完好无损。

4）整机动作性能满足设计要求。

6. 动载试验

(1) 试验目的　验证起重机各机构、结构和制动器在 1.1 倍额定载荷作用下的承载能力。

(2) 试验内容和方法

1）试验时按操作规程进行控制，各机构均按中挡速度运行，试验前调整制动器以满足试验要求。

2）试验工况按表 9—9 进行。

3）联合动作试验　在进行表 9—9 的内容后，在试验载荷下，作起升、变幅联合动作试验；起升、回转联合动作试验各 2 次。试验过程中，起升、变幅制动与起升、回转制动各进行 2 次。

4) 对于设计规定的在不同幅度范围，起重机所承受的额定载荷均需按表9—9中全部内容进行。

(3) 合格标准

1) 各机构工作正常、无异常声响；各机构与结构强度应满足设计要求，无残余变形和损坏现象，连接处应无松动；

2) 电气元件完好无损；

3) 固定结合面不得渗油，运动结合面不得滴油。

表9—9　　　　　　　　　　　动载试验工况表

序号	试验工况	一次循环内容	循环次数
1	1.1倍额定起重量；相应的最大幅度；起重臂摆动平面垂直轨道或平行轨道	试验载荷由地面起升至最大高度（中间制动一次）——在作业范围内向左回转180°（中间制动一次）——再向右回转180°（中间制动一次）——下降到地面（中间制动一次）	3
2	1.1倍额定起重量；相应的最大幅度；起重臂摆动平面平行轨道	试验载荷起升离地面1 m左右——起臂到最小幅度（中间制动一次）——落臂到最大幅度（中间制动一次）——下降到地面	

7. 静载试验

(1) 试验目的　验证起重机分别承受额定载荷和1.25倍额定载荷时各零件和结构件的承载能力。

(2) 静载试验的工况　按JT 5024《港口起重机金属结构静载及动载试验方法》进行。

(3) 试验注意事项

1) 静载试验时，试验载荷离地时尽量避免冲击现象，载荷提升离地面100～200 mm，并且停留10 min。

2) 试验时允许调整起重量限制器、力矩限制器、液压系统安全溢流阀，但试验后必须调整到设计规定的数据。

(4) 合格标准

1) 各机构和结构无裂纹、无永久变形、无表面油漆打皱；焊缝无裂纹；连接处无松动；结合面不得渗油；起重机工作无异常。

2) 对于采用液压油缸变幅的起重机，静止的起重臂在任何工作位置均不得有下滑现象。

8. 结构强度和刚度试验

(1) 试验目的　验证起重机结构件在静态试验载荷、动态试验载荷作用下的强度和刚度。

(2) 试验仪器　用电阻应变仪测取试验载荷下起重机结构应变值，用经纬仪测取试验载荷下起重机结构静变位。

(3) 试验工况　按结构静应力测试工况表（见表9—10）进行。

(4) 测取应变值并计算应力值。

(5) 测取结构静变位，在进行工况表（表9—10）的序号4的试验项目时，应测取：

表 9—10　　　　　　　　结构静应力测试工况表（JT/T 99）

序号	位置状态		试验载荷		被测结构件	测试步骤
	幅度（m）	起重臂摆动平面与轨道夹角	垂直	水平		
1	相应的最大幅度	90°	额定载荷	0	起重臂、象鼻梁、大拉杆、人字架、转台、门腿、圆筒、门架	起升钢丝绳松弛时，检测仪器调零，试验载荷离地 100～200 mm，稳定 1 min 读数，载荷落地，检测仪器回零读数
2	相应的最大幅度	90°	1.25 倍额定载荷	0	起重臂、象鼻梁、大拉杆、人字架、转台、门腿、圆筒、门架	起升钢丝绳松弛时，检测仪器调零试验载荷离地 100～200 mm，稳定 1 min 读数，载荷落地，检测仪器回零读数
3	相应的最大幅度	45°	额定载荷	0	门腿、圆筒、门架	起升钢丝绳松弛时，检测仪器调零，试验载荷离地 100～200 mm，稳定 1 mm 读数，载荷落地，检测仪器回零读数
4	相应的最大幅度	0°	额定载荷	0	门腿、圆筒、门架	起升钢丝绳松弛时，检测仪器调零，试验载荷离地 100～200 mm，稳定 1 min 读数，载荷落地，检测仪器回零读数
5	相应的最大幅度	0°	额定载荷	额定载荷 $\times \tan\alpha_1$	起重臂、象鼻梁、大拉杆、人字架、转台、门腿、圆筒、门架	起升钢丝绳松弛时，检测仪器调零，试验载荷离地 100～200 mm，并偏摆 α_1（内摆、外摆、侧摆），牵引钢丝绳呈水平状态并垂直于回转中心，载荷稳定 1 min 读数，载荷落地，检测仪器回零读数

1) 门腿（或门架）的张开度，要求张开度小于车轮侧隙；

2) 试验载荷悬挂处的结构静变位（下挠度），要求符合设计要求。

(6) 动载试验　测取最大动应力、最大静应力、振动频率、衰减时间等。试验工况按额定载荷试验工况及联合动作试验进行。

(7) 动载试验的测点选择　由静载试验中测得应变值比较大的点作为选择点，一般在起重臂、象鼻梁、人字架、转台或门腿上各选一点作为测点。

9. 稳定性试验

(1) 试验目的　验证起重机抗倾覆的能力。稳定性试验包括：作业稳定性试验和静态稳定性试验。

(2) 作业稳定性试验　起重机试验载荷，根据 GB 3811《起重机设计规范》的规定，是起重机正常作业时的载荷。试验在 13.9～17.1 m/s 风速条件下进行，要求起重臂处于对于整机稳定最不利的位置，起升相应幅度下的试验载荷，作起升、回转联合动作；起升、变幅联合动作各 2 次,并且分别制动 2 次(起升、回转制动;起升、变幅制动)。要求起重机所有的车轮轮压应大于零,即车轮踏面不离轨道。

(3) 静态稳定性试验　起重机试验载荷,根据 GB 3811《起重机设计规范》的规定,应是 1.25 倍的额定载荷。要求起重臂处于对于整机稳定最不利的位置,吊起试验载荷离地 100 mm 左右并且稳定 10 min。要求起重机所有的车轮压应大于零,即车轮踏面不离轨道。

10. 工业性试验

工业性试验对于新产品,必须完成不少于 1 000 h 的起重作业工业性试验。试验期间不允许起重机同一处发生故障 3 次以上(含 3 次)。工业性试验后,应对有关部位进行拆检。拆检项目按表 9—11 进行。

表 9—11　　　　　　　　拆检项目表

总成	零件	拆检项目	合格要求
起升机构;变幅机构;回转机构;运行机构	齿轮	齿面接触痕迹、点蚀、剥落	磨损正常、无点蚀、剥落,齿面接触痕迹应满足设计要求
	箱体	箱体是否有损坏、裂纹	无异常现象
	车轮	裂纹、压痕、点蚀、剥落、表面粗糙度和损伤	无裂纹、点蚀、剥落、异常压痕,表面粗糙度不低于设计要求,表面无损伤
回转机构	内、外圈及滚动体	裂纹、压痕、点蚀、剥落、表面粗糙度和损伤	无裂纹、点蚀、剥落、异常压痕,表面粗糙度不低于设计要求,表面无损伤
液压阀	阀芯和阀座	表面粗糙度和表面损伤	表面粗糙度不低于设计要求,表面无损伤
油缸	活塞和缸筒	表面粗糙度和表面损伤	表面粗糙度不低于设计要求,表面无损伤
结构件	象鼻梁、起重臂、大拉杆、人字架、小拉杆、平衡梁、转台、圆筒、门架、门腿	裂纹、焊缝、结构变形	无裂纹、焊缝符合规定要求,结构无永久变形

第五节　门座式起重机的安全检查

一、主要零部件的安全检查

1. 吊钩

(1) 吊钩的报废标准必须符合 GB 6067《起重机安全规程》和 GB 10051.2《起重吊钩直柄吊钩技术条件》。

(2) 吊钩应安装防脱钩装置。

(3) 板钩柄部中心线与板钩各片钢板的轧制方向应与吊钩整体受力方向一致,并标明轧制方向。

(4) 板钩各钩片和板钩悬挂夹板的钢板轧制后必须正火处理。

(5) 板钩与钢丝绳接触的内边缘必须进行切削加工,加工余量不少于 3 mm。钩腔的加工应满足安装"钩鞍"的要求。

(6) 板钩各钩片和板钩悬挂夹板应无锈蚀和氧化皮,无表面裂纹和内部裂开,有缺陷的吊钩不得使用。

(7) 板钩各钩片和板钩悬挂夹板上不得焊接。

(8) 吊钩的设计应保证在装卸作业中不得发生钩挂舱口的现象。

(9) 吊钩的试验时间不少于 10 min,然后检查吊钩的开口度,要求其残余变形不得超过原尺寸的 0.25%。

(10) 如果出现下列缺陷时,吊钩应报废:裂纹、危险截面磨损量达到原尺寸的 8%、开口度增大原尺寸的 10%、产生塑性变形(危险截面、螺纹或颈部)、螺纹牙磨损达螺距的 2.5%。

2. 钢丝绳

(1) 钢丝绳的报废必须符合 GB 6067《起重机安全规程》、GB 5972《起重机械用钢丝绳检验和报废实用规范》及 JT 5027《港口起重机用钢丝绳使用技术条件》的要求。

(2) 更换的钢丝绳必须满足原设计的要求,当钢丝绳直径与设计不符时,首先满足总破断拉力的要求。直径的偏差的要求:当直径 $d<20$ mm 时,偏差为 1 mm;当直径 $d \geqslant 20$ mm 时,偏差为 1.5 mm。

(3) 钢丝绳压板和接头应满足 GB/T 17495 的要求。

3. 滑轮

(1) 滑轮槽侧槽面磨损量达 3 mm 或滑轮槽壁厚度磨损达设计壁厚度的 20% 时,必须更换。

(2) 滑轮槽底半径的磨损量超过钢丝绳直径的 15% 时,必须更换。滑轮底槽必须光滑,不应有损伤钢丝绳的缺陷。

(3) 滑轮轴出现裂纹或轴径磨损超过原直径的 1.5% 应更换。

(4) 切削加工 滑轮槽侧向圆跳动和槽底径向圆跳动量不得超过 $D/1\,000$(D 为滑轮槽底直径)。

4. 卷筒

(1) 卷筒出现裂纹应报废。

(2) 卷筒绳槽磨损后,卷筒壁厚度小于原尺寸的 85% 且不能满足强度要求时,必须更换。

5. 制动器

出现下列缺陷之一则应报废:

(1) 出现裂纹。

(2) 制动带或制动瓦摩擦垫片厚度磨损量达到原厚度的 40%（铆接）或达到原厚度的 50%（胶接）。

(3) 弹簧出现塑性变形（制动弹簧正常情况经过 3 次全压缩，应无塑料性变形）。

(4) 销轴或轴孔的磨损量达到设计直径的 1%，圆度达到 0.2 mm。

(5) 铆接制动带，铆钉头应埋入带厚的一半以上，铆钉头中心离带边不小于 15 mm。

(6) 制动瓦轴线与制动轮轴线的同轴度应小于 3 mm，平行度应小于制动轮宽度 1/1 000。

(7) 制动轮轮缘厚度磨损量达到原尺寸的 30%时，应更换。

6. 减速器、开式齿轮副、蜗轮、蜗杆副

(1) 减速器应进行空载试验　正反两个方向各 2 h 的空载试验。试验时要求运转平稳、无异常声响。在箱体剖分面上，距离减速器前、后、左、右 1 m 处测得噪声不得大于 85 dB(A)。

(2) 减速器负荷试验　正反两个方向各 1 h 的负荷试验，负荷试验时应按额定载荷的 25%、50%、75%、100%四个阶段逐步加载，试验时油池温度不得超过环境温度 35℃，轴承温度不得超过环境温度 40℃。

(3) 减速器齿轮副齿面接触斑点应符合表 9—12 的要求；齿轮副齿面硬度 54～62 HRC。

表 9—12　　　　　　　　　　　齿面接触斑点

齿面名称	齿面接触斑点（%）	
	沿齿高	沿齿长
硬齿面	60	80
中硬齿面	50	70
软齿面	40	50

(4) 减速器的齿厚磨损量　对于起升、变幅机构齿厚磨损量超过原尺寸的 15%时应更换；其他机构齿厚损量超过原尺寸的 20%时应更换。

(5) 齿轮发生裂纹或弯曲应更换。

(6) 齿面点蚀或剥落面积达到齿轮工作面积的 30%应更换。

(7) 减速器的各密封处不得渗漏。

(8) 开式齿轮副，轮齿如果有影响使用性能的缺陷，不得补焊，应更换。

(9) 开式齿轮副，齿面裂纹长度超过齿高或齿长的 1/4 应更换。

(10) 开式齿轮副，齿厚磨损量达到原齿厚的 25%应更换。

(11) 齿轮与齿条副的齿面接触斑点要求沿齿高不得低于 30%、沿齿长不得低于 40%。

(12) 蜗轮、蜗杆副的齿厚磨损量超过原尺寸的 15%时应更换；齿面点蚀或剥落面积达到齿轮工作面积的 30%应更换；蜗轮、蜗杆出现裂纹应更换。

(13) 销齿出现裂纹或者磨损量超过原尺寸的 5%时应更换。

7. 车轮

(1) 车轮不得有裂纹,其踏面及轮缘内侧不得有影响使用性能的缺陷,且不得补焊,应报废。

(2) 轮缘厚度磨损量达到原厚度的 40% 应报废。

(3) 轮缘弯曲变形达到原厚度的 20% 应报废。

(4) 踏面厚度磨损达到原厚度的 15% 应报废。

(5) 当运行速度低于 50 m/min 时,车轮椭圆度达 1 mm,当运行速度高于 50 m/min 时,椭圆度达 0.5 mm 时,应报废。

(6) 车轮热处理后,其踏面及轮缘内侧硬度应为 300~380 HB,淬火层深度 15 mm 处,硬度不小于 260 HB。

(7) 车轮踏面出现直径大于 1.5 mm,深度大于 3 mm,并且多于 5 处沙眼、气孔、夹渣、麻点时,必须更换;车轮踏面剥离、擦伤的面积大于 2 cm^2,深度大于 3 mm 应修理。

(8) 各驱动轮踏面直径差超过设计直径的 1.5/1 000,应加工修理。

(9) 各从动轮踏面直径差超过设计直径的 3/1 000,应加工修理。

二、钢结构的安全检查

1. 结构件腐蚀深度达到原尺寸的 20% 时,应更换新件。
2. 结构件所有的焊缝不允许有裂纹、未焊透、漏焊、烧穿等影响性能和外观的缺陷。
3. 结构件的焊缝质量检验可分三级,重要结构按 1 级或 2 级要求;其他结构件可按 3 级要求。检验项目数量按表 9—13 进行。

表 9—13 焊缝质量检验表

级别	检验项目	数量	说明
1	外观检查	全部	检查外观缺陷及几何尺寸
	超声波或 X 射线检查(对接焊缝)	全部	超声波检查后还需要 X 射线检查时,则抽检长度取焊缝长度的 2%,至少应有一张底片
2	外观检查	全部	检查外观缺陷及几何尺寸
	超声波(对接焊缝)	20%	如果不合格,应扩检直至全长
3	外观检查	全部	检查外观缺陷及几何尺寸

4. 重要焊缝应在焊接处打上焊接者的名字。
5. 栏杆、扶手、梯子、走台出现损坏、变形、脱焊必须及时修理。

三、液压元件的安全检查

1. 柱塞泵出现下列故障之一,应更换或修理

(1) 排油量不足,执行机构动作迟缓。

(2) 压力不足或压力脉动比较大。
(3) 噪声大。
(4) 内部泄漏达到额定流量的20%。
(5) 外部泄漏。
(6) 液压泵发热。
(7) 变量机构失灵。
(8) 液压泵不转动。

2. 液压缸出现下列故障之一，应更换或修理
(1) 工作装置出现爬行。
(2) 冲击。
(3) 推力不足，表现速度不够或逐渐下降，工作不稳定。
(4) 内部泄漏。
(5) 外部泄漏。
(6) 噪声与异常声响。

3. 液压控制阀出现下列故障之一，应更换或修理
(1) 异常振动和声响。
(2) 泄漏。
(3) 换向阀失灵。
(4) 电磁铁过热。
(5) 系统压力不正常，调整无效。
(6) 液压控制失灵。

四、电气设备的安全检查

1. 交流电动机出现下列故障之一，应更换或修理
(1) 机座、端盖出现裂纹。
(2) 电刷与刷握之间的间隙大于0.2 mm。
(3) 电刷与滑环接触不良，运转时冒火花，滑环表面有烧痕、麻点、刷痕。
(4) 滑环表面槽纹深度超过1 mm，或损伤面积超过滑环面积的30%。
(5) 电动机绝缘损坏或老化。
(6) 笼型电动机的笼条在槽内松动或断裂、端环断裂或脱焊等缺陷。
(7) 电动机振动的双倍振幅值超过表9—14的规定。
(8) 在额定负荷状态下，温升超过规定值。

表9—14　　　　　电动机振动双倍振幅值

电动机同步转速（r/min）	300	1 500	1 000	750
双倍振幅值（mm）	0.050	0.085	0.100	0.120

(9) 在额定负荷状态下，电动机达不到标准值或有异常声响。

(10) 电动机绝缘电阻小于规定值（热态定子、转子绝缘电阻小于 0.5 MΩ；修复后，定子绝缘电阻不得小于 1 MΩ、转子绝缘电阻不得小于 0.5 MΩ）。

2. 直流电动机出现下列故障之一，应更换或修理

(1) 机座、端盖有裂纹。

(2) 电动机绝缘电阻小于 0.5 MΩ。

(3) 电动机过热，风扇不能正常工作。

(4) 电动机换向器机械故障或有火花灼痕；换向器火花等级大于规定的 $1\frac{1}{2}$ 时，应检修。

(5) 在额定负荷状态下，温升超过规定值。

(6) 在额定负荷状态下，电动机转速不足或异常声响。

(7) 电动机振动的双倍振幅值超过表 9—15 的规定。

表 9—15　　　　　　　直流电动机振动双倍振幅值

电动机转速（r/min）	3 000	2 500	2 000	1 500	1 000	750	600	500
双倍振幅值（mm）	0.05	0.06	0.07	0.08	0.10	0.12	0.16	0.20

3. 干式变压器出现下列故障之一，应更换或修理

(1) 变压器内部有异常声响且有爆裂声。

(2) 在额定负荷状态下，温升异常且不断上升。

(3) 套管严重破损且放电。

(4) 变压器线圈温升超过规定值。

(5) 变压器线圈绝缘电阻低于设计值的 70% 时，应检修。

(6) 变压器铁芯等绝缘电阻低于初始值的 50%，应检修。

(7) 变压器的线圈绝缘龟裂、老化。

4. 高压开关出现下列故障之一，应更换或修理

(1) 高压断路器出现下列故障之一，应更换或修理

①主回路发热、气味异常、变色，端子腐蚀、裂纹。

②瓷套损坏、龟裂。

③构件损坏、裂纹，连接各构件的销子等折断、脱落。

④弹簧产生永久变形、折断。

⑤断路器的绝缘结构损坏。

⑥灭弧室与触头损坏、机构失灵。

⑦传动机构不灵活。

⑧高压断路器主回路导电部分绝缘电阻小于 500 MΩ；低压回路绝缘电阻小于 2 MΩ。

(2) 高压负荷开关出现下列故障之一，应更换或修理

①负荷开关绝缘损坏。

②导电触头表面粗糙、烧损。
③触头银层磨损超过规定值。
④灭弧罩龟裂、翘曲，间隙大于规定值。
⑤操作机构的管路、关闭阀、电磁阀漏气。
⑥绝缘电阻值小于 6 MΩ。

5. 低压电器

(1) 空气开关出现下列故障之一，应更换或修理

①外壳缺损。

②灭弧罩、灭弧栅破碎，烧蚀。

③触头接触面积小于原面积的 80% 或三相触头不能同时接触，且距离差大于 0.5 mm。

④触头的行程和触头开距不符合规定。

⑤自动脱扣保护失灵。

(2) 接触器出现下列故障之一，应更换或修理

①铁芯振动且噪声大，导电触头接触不良。

②主触头不能同时接触，其先后距离差大于 0.05 mm，接触后相对错位大于 1 mm；断电后，触头也不能同时脱开。主触头烧蚀，深度达到触头厚度的 1/2。

③灭弧罩、灭弧栅破碎，烧蚀，灭弧效果差。

(3) 主令开关出现下列故障之一，应更换或修理

①零位开关或复位不准、漏挡。

②操作有卡塞。

③橡胶护套损坏。

6. 电缆

(1) 高压电缆出现下列故障之一，应更换或修理

①电缆龟裂、发脆。

②电缆发软，手指可按下。

③电缆护套磨损量达到原尺寸的 1/3。

④护套有空洞或伤痕的厚度大于原尺寸的 3/5。

⑤护套裂纹深度大于原尺寸的 3/10。

⑥电缆变形部位直径与原直径差大于 20%。

(2) 低压电缆出现下列故障之一，应更换或修理

①电缆芯线间、导体与绝缘间、绝缘与护套间有变质、粘合或龟裂、软化等现象。

②绝缘电阻值小于 0.5 MΩ。

③机械损伤、护套层腐蚀，腐蚀量大于原尺寸的 3/10。

④电缆弯曲时开裂或变形，且变形部位的直径与设计直径相差大于 20%。

7. 中心集电器出现下列故障之一应更换或修理

(1) 集电环表面粗糙，并有灼伤或熔渣。

(2) 集电环厚度磨损量大于原尺寸的 30%，电刷磨损量超过原尺寸的 50%。

(3) 低压集电环的绝缘电阻值小于 0.5 MΩ；高压集电环的绝缘电阻值小于 6 MΩ。

表 9—16 是港口通用门座起重机技术参数表。

表 9—17 是港口集装箱门座起重机技术参数。

表 9—18 是船厂门座起重机技术参数。

表 9—19 是带斗门座起重机技术参数。

表 9—20 是电站门座起重机技术参数。

表 9—16　　　　　　　　港口通用门座起重机技术参数表

主要性能参数	产品型号							
	M82 40t −30 m	M13 16t −30 m	M02 10t −30 m	M1033 10t −33 m	M1633 16t −33 m	M3800 25t −33 m		
起重量（t）	40	抓斗 16（9～30 m） 吊钩 25（9～22 m）	抓斗 10（5～8.5 m） 吊钩 10（5～8.5 m）	抓斗 10（9～33 m） 吊钩 16（9～25 m）	抓斗 16（9.5～33 m） 吊钩 25（9.5～24 m）	抓斗 25 吊钩 25	吊钩 35	吊钩 10
工作幅度（R_{min}/R_{max}）(m)	12～43	9～30	8.5～30	9～33	9.5～33	9.5～33	9.5～24	9.5～33
起重高度（轨上 H/轨下 h）(m)	35（抓斗 23）/19	28（抓斗 17）/15	25（抓斗 16）/15	26（抓斗 19）/15	25（抓斗 18）/15	18/15	25/15	25/15
起升速度（m/min）	55（空载 80）	50（16 t）/25（25 t）	60（10 t）/35（最小下降速度）	60（吊钩抓斗 10 t）40（吊钩 16 t）	60（抓斗）36（吊钩）	25/40/60		
变幅速度（m/min）	45	50	52	50		45		
回转速度（r/min）	1.2	1.4	1.48	1.5	1.47	1.2		
行走速度（m/min）	26	26.5	27	26.5	25	26.5		
轨距 L（m）	12			10.5				
基距 B（m）	12			10.5				
行走轮数/驱动轮数		20	16			32		
最大轮压（kN）	≤360	≤250	≤270	≤250	≤200			
装机容量（kW）	773	338	248	298	365	404.8		
整机重量（t）	~576	~260	~198			~400		
生产厂商	上海港口机械制造厂							

第九章　港口起重机安全技术

续表

主要性能参数	产品型号							
	MQ16—33	MQ40—25	MQ4024	MQ1033	MQ1025	MQ1018	MQ1020	MQ2020
起重量（t）	25（吊钩）/16（抓斗）	吊钩40	40	10	10	10	10	20
工作幅度（R_{min}/R_{max}）(m)	9～33	8.5～25	8～24	9.5～33	8～25	6.5～18	6～20	7/20
起重高度（轨上 H/轨下 h）(m)	吊钩28/16/抓斗20/16	20/8	18/5	23（20.5）/18	15/12	18/8	15/10	16/10
起升速度（m/min）	50（吊钩）/36（抓斗）	18	15	64	35	20	36	40
变幅速度（m/min）	50	15	15	50	30		20	25
回转速度（r/min）	1.4	1.0	1.0		1.5		1.47	1.6
行走速度（m/min）	25	19.6	25	26.5	2.5	26		27
轨距 L（m）			10.5			6		10.5
基距 B（m）			10.5			6		10.5
行走轮数/驱动轮数	24/12		12/8	16/8				
最大轮压（kN）	≤250	≤24	≤250	≤257	≤220	≤120		≤180
装机容量（kW）			240	246.5	154	95	117	130
整机重量（t）	～310	～250	～250	～225	～136	～85	～95	～125
生产厂商	长航红光港机厂			广州港口机械实业总公司				

表9—17　　港口集装箱门座起重机技术参数

主要性能参数	产品型号											
	AHJ3518		AHJ3521		AHJ3524		AHJ3526			AHJ3526B		AHJ3526D
起重量（t）	35	16	35	16	35	22	35	22	10	35	22	10	35	25
工作幅度（R_{min}/R_{max}）(m)	7～18		8～21		8～20	8～24	9～20	9～26	9～26	9～20	9～26	9～26	9～20	9～26
起升高度（轨上 H/轨下 h）(m)	14/10		15.5/8		20/8		20/12					
起升速度（m/min）	14	30	30	14.5	14.3		15	15	45	15		
变幅速度（m/min）			18				19.5			18.5		19.5

续表

主要性能参数	产品型号					
	AHJ3518	AHJ3521	AHJ3524	AHJ3526	AHJ3526B	AHJ3526D
回转速度（r/min）	1.4			1.38		
行走速度（m/min）			27		27.5	27
轨距 L（m）			10.5		16	10.5
基距 B（m）				10.5		
尾部旋转半径 $R_{尾}$（m）				6.5		
最大轮压（kN）		≤250		≤270	≤260	≤270
装机容量（kW）	206	228	215	223	223	223
生产厂商	上海市港联机械有限公司					

主要性能参数	产品型号											
	AHJ3526E			AHJ4030		AHJ4035		AHJ4038		AHJ4530		AHJ5026
起重量（t）	35	25	15	40	25	40	30	40	30	45	35	50	35
工作幅度（R_{min}/R_{max}）（m）	9~20	9~26	9~26	11~22	11~30	13~25	13~35	14.5~26	14.5~38	12~24	12~30	9~20	9~26
起升高度（轨上 H/轨下 h）（m）	20/12			22/12		30/14				22/12		
起升速度（m/min）	15	15	30	15		30				15		
变幅速度（m/min）	19.5			18								
回转速度（r/min）	1.38							1.4				
行走速度（m/min）	27			27.5		27				27.5		27
轨距 L（m）	10.5							16				
基距 B（m）					10.5							
尾部旋转半径 $R_{尾}$（m）	6.5			7						7.5		
最大轮压（kN）	≤270			≤340		≤330				≤350		≤280
装机容量（kW）	223			191		339		430		275		297
生产厂商	上海市港联机械有限公司											

表 9—18　船厂门座起重机技术参数

主要性能参数	M83 BIW 300 t 主钩	辅钩	小钩	M54 100 t-600 m 主钩	辅钩	M84 BIW 100 t 主钩	主钩	辅钩	M85 BIW 15 t 主钩	主钩	辅钩	辅钩	WQ5-24	WQ15-24
卷扬机	主钩	辅钩	小钩	主钩	辅钩	主钩	主钩	辅钩	主钩	主钩	辅钩	辅钩		
起重量 (t)	272.4	136.2	22.7	100	15	100 UST	20 UST	10 UST	15	7	5	3	—	—
工作幅度 (R_{min}/R_{max}) (m)	23.5~24.38~67.98	18.5~19~44.9	20.5~22.7~26.5~73.15	25~60	25~75~80	23.5~24.38	23.5~47	26.5~51.81	13.72~24.38	13.72~38.1	16.93~45.72	16.93~48.77	5	10~24
起升高度 (轨上 H/轨下 h) (m)	65/5	60/5	90/5	65/15		60/5		75/5	22.25/16		42.06/16		25/13	25/13
起升速度 (m/min)	3	3	42	5	8	10.6		45.7	10.67		45.72		2.2~22	1.4~14
变幅速度 (m/min)	5.2			15		5.2			7.62					14
回转速度 (r/min)	0.5			0.33		0.5			0.7				0.75	
行走速度 (m/min)	30			30		45.7			21.34				26.5	
轨距 L (m)	12.8			12		12.8			5.486				4.5	
基距 B (m)	12.8			15		12.8			5.486				7.0	
行走轮数				56		48			24				8	16
最大轮压 (kN)	≤699			≤425		≤699			≤330				≤230	≤180
装机容量 (kW)	~1365			~1350		~718							~104	~201
生产厂商	上海市港联机械有限公司					上海港口机械制造厂							南京港口机械厂	

续表

主要性能参数	产品型号					
	MQ2545	MQ3060	MQ3064	MQ8064	MQ1548	MQ100
起重量 (t)	25	30/5	30/5	80/10	15	100/25
工作幅度 (R_{min}/R_{max}) (m)	15～20 (25 t) 15～45 (5 t)	22～44 (30 t) 22～60 (15 t)		24～33 (80 t) 24～64 (30 t)	23～29 (15 t) 23～48 (10 t)	14～23 (100 t) 14～38 (25 t)
起升高度 (轨上 H/轨下 h) (m)	36/10	45/13			45/13	45/5
起升速度 (m/min)	13.3	5/30t, 20/5t		5/80t, 20/10t		0.3～5
变幅速度 (m/min)	15				14	9.8
回转速度 (r/min)	0.638	0.25		0.27	0.36	0.268
行走速度 (m/min)	20	27		23.5	24	25.4
轨距 L (m)	10	10	16		10	10
基距 B (m)	10			12		12
行走轮数						
最大轮压 (kN)	≤220		≤450	≤300	≤350	
装机容量 (kW)	~200	300	320	400	290	210
整机重量 (t)	265	610	640	970	275	700
生产厂商	广州文冲船厂					

注: 1. M83、M54、M84 均为大起重量、大幅度、低速并同时设有主、辅钩卷扬机构,适用于船舶的舾装及大件的吊装作业。
2. WQ5—24、WQ15—24 两种规格主要用于船坞吊装作业。

表 9—19　　带斗门座起重机技术参数

主要性能参数		产品型号		
		M30 16 t—35 m	16 t—32 m	16 t—32 m
起重量（t）		16	16	16
工作幅度（R_{min}/R_{max}）(m)		9.5～35	7.5～32	8～32
起升高度	轨上 H (m)	20	20	21
	轨下 h (m)	15	15	
起升速度（m/min）		80	80	
变幅速度（m/min）		50	70	
回转速度（r/min）		1.3	0.8	1.0
行走速度（m/min）		25	27	27.5
轨距 L (m)		14	10.5	
基距 B (m)		10.5	10.5	
行走轮数/驱动轮数		32/16		
最大轮压（kN）		≤300	≤290	≤300
装机容量（kW）		478.8	500	800
卸船生产率（t/h）		500	600	540
整机重量（t）		～500		
生产厂商		上海港口机械制造厂	大连起重机器厂	

表 9—20　　电站门座起重机技术参数

主要性能参数		产品型号		主要性能参数		产品型号	
		K02 MQ2000 型				K02 MQ2000 型	
工况		混凝土浇筑	安装	回转速度 (r/min)	幅度(m) 22～50	0.6	0.2
起重机工作级别		A7	A3		幅度(m) 50～71	0.5	0.2
起重量（t）		20	63	大车行走速度（m/min）		12	
工作幅度（R_{min}/R_{max}）(m)		22～71	22～35	轨距 L (m)		15	
起升高度（H/h）(m)		140（轨上 100/轨下 40）		基距 B (m)		15	
回转角度（°）		360/全回转		最大轮压（kN）		≤500	
大车行走距离（m）		150		供电		600 V、三相、50 Hz	
起升速度	满载（m/min）	63	28	轨道型号		QU80	
	空载（m/min）	100	50	整机重量/t		约 1 387	
变幅速度（m/min）		35	18				
生产厂商		上海港口机械制造厂					

第十章 施工升降机安全技术

第一节 施工升降机的种类、型号及规格

一、施工升降机的种类

施工升降机（以下简称升降机）主要应用于建筑施工与维修。它还可以作为仓库、码头、船坞、高塔、高烟囱的长期使用的垂直运输机械。具体可分为以下几种。

1. 齿轮齿条传动式升降机

采用齿轮齿条啮合的传动方式（包括销齿传动与链传动），使吊笼沿导轨架作上下运动的升降机，如图10—1所示。

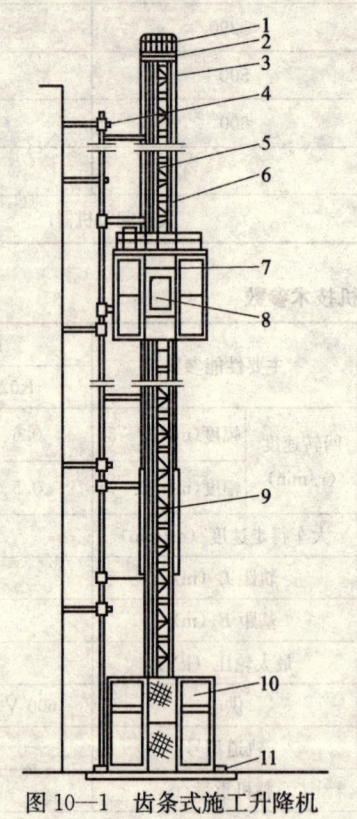
图10—1 齿条式施工升降机

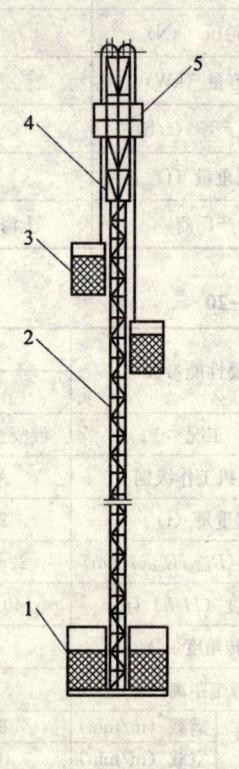
图10—2 钢丝绳式升降机

1—天轮 2—天轮架 3—钢丝绳 4—附墙架 5—齿条 6—导轨架
7—吊笼 8—司机室 9—对重 10—底笼 11—混凝土基础

1—底笼 2—导轨架 3—吊笼
4—外套架 5—工作平台

2. 钢丝绳传动式升降机

采用钢丝绳卷扬机构的提升方式，使吊笼沿导轨作上下运动的升降机，见图10—2。

3. 混合式升降机

一个吊笼由齿轮齿条驱动，另一个吊笼采用钢丝绳提升，沿导轨作上下运动的升降机。

二、型号标记

GB/T 10054 对施工升降机的型号标记做了如下规定。

1. 编制方法

(1) 施工升降机型号由组、型、特征、主参数和变型更新等代号组成。

型号说明如下：

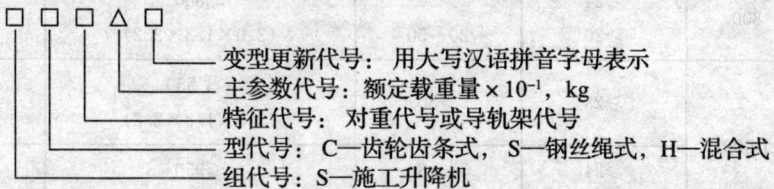

变型更新代号：用大写汉语拼音字母表示
主参数代号：额定载重量$\times 10^{-1}$，kg
特征代号：对重代号或导轨架代号
型代号：C—齿轮齿条式，S—钢丝绳式，H—混合式
组代号：S—施工升降机

(2) 主参数代号：单吊笼施工升降机只标注一个数值，双吊笼施工升降机标注两个数值，用符号"/"分开，每个数值均为一个吊笼的额定载重量代号。对于 SH 型施工升降机，前者为齿轮齿条传动吊笼的额定载重量代号，后者为钢丝绳提升吊笼的额定载重量代号。

(3) 特征代号：表示施工升降机两个主要特性的符号。

① 对重代号：有对重时标注 D，无对重时省略。

② 导轨架代号：对于 SC 型施工升降机：三角形截面标注 T，矩形或片式截面省略；倾斜式或曲线式导轨架则不论何种截面均标注 Q。对于 SS 型施工升降机：导轨架为两柱时标注 E，单柱导轨架内包容吊笼时标注 B，不包容时省略。

2. 标记示例

(1) 齿轮齿条式施工升降机，双吊笼有对重，一个吊笼的额定载重量为 2 000 kg，另一个吊笼的额定载重量为 2 500 kg，导轨架横截面为矩形，表示为：

施工升降机 SCD200/250　GB/T 10054

(2) 钢丝绳式施工升降机，单柱导轨架横截面为矩形，导轨架内包容一个吊笼，额定载重量为 3 200 kg，第一次变型更新，表示为：

施工升降机 SSB320A GB/T 10054

三、施工升降机的规格

1. SC 型升降机规格（见表10—1）。
2. SS 型升降机规格（见表10—2）。

表 10—1　　　　　　　　　　SC 型升降机规格系列表（GB 10054）

主参数		基本参数			
代号	$Q_{额}$ (kg)	$v_{额}$ (m/min)	H_{max} (m)	$M_{笼}$ (kg)（内空尺寸：长×宽×高，m）	$M_{标}$ (kg/m)
20	200	—	—	—	—
40	400	≥24 ≥18	>50 20～50	≤500	≤65 (40)
60	400	≥24 ≥20	>50 20～50	≤700 (2.0×1.3×2.2)	≤75 (45)
80	800	≥24 ≥20	>50 20～50	≤800 (2.0×1.3×2.2)	≤80 (55)
100	1 000	≥28	>80	≤1 550 (3.0×1.3×2.8)	≤115
		≥24 ≥20	50～80 20～50	≤950 (2.0×1.3×2.2)	≤ (65)
120	1 200	≥30	>80	≤1 550 (3.0×1.3×2.8)	≤115
		≥24 ≥20	50～80 20～50	≤1 000 (3.0×1.3×2.2)	≤ (70)
160	1 600	≥35 ≥30	>100 60～100	1 650 (3.0×1.3×2.8)	≤120
200	2 000	≥35 ≥30	>100 60～100	1 800 (3.0×1.3×2.8)	≤130
250	2 500	≥35 ≥30	>100 60～100	2 000 (3.2×1.5×2.8)	≤145
320	3 200	≥35 ≥30	>100 60～100	2 100 (3.2×1.5×2.3)	≤150
400	4 000	—	—	—	—

注：① $Q_{额}$<1 000 kg 的升降机，$M_{标}$ 值为带单齿条标准节的重量，括号内的 $M_{标}$ 值为带齿条的三角形标准节重量；$Q_{额}$>1 000 kg 的升降机，$M_{标}$ 值为带双齿条标准节的重量。若标准节上装有对重导轨，则每个对重的导轨重量按 8 kg/m 计入。
② $M_{笼}$ 未包括司机室重量，若有司机室，应加 180 kg。
③ 传动系统装在吊笼顶部的，吊笼内空高可以降至 2.2 m。

表 10—2　　　　　　　　　SS 型升降机规格系列表（GB 10054）

主参数		基 本 参 数				
代号	$Q_{额}$ (kg)	$v_{额}$ (m/min)	H_{max} (m)	S_{max} (m)	$M_{笼}$ (kg)（内空尺寸：长×宽×高，m）	$M_{标}$ (kg/m)
12	120	≥12	—	≥10	≤60	15
16	160	≥12	—	≥12	≤80	15
20	200	≥15	—	≥12	≤100	20
25	250	≥15	—	≥16	≤150	20
32	320	≥20	≥20	≥16	≤250	25
40	400	≥20	≥20	—	≤350	35
60	600	≥25	>40	—	≤500	50
		≥20	20～40		(2.0×1.3×2.2)	(40)
80	800	≥25	>40	—	800	55
		≥20	20～40		(2.0×1.3×2.2)	(45)
100	1 000	≥25	>50	—	950	≤65
		≥20	20～50		(3.0×1.3×2.2)	
120	1 200	≥25	>50	—	1 000	≤75
		≥20	20～50		(3.0×1.3×2.2)	
160	1 600	≥30	≥60	—	1 100	≤85
					(3.0×1.3×2.2)	
200	2 000	≥30	≥60	—	1 200	≤95
					(3.0×1.3×2.2)	
250	2 500	≥30	≥60	—	1 400	≤105
					(3.2×1.5×2.2)	
320	3 200	≥30	≥60	—	1 600	≤115
					(3.2×1.5×2.2)	
400	4 000	—	—	—	—	—

注：括号内的 $M_{标}$ 是三角形（三棱形）截面标准节的值。

第二节　施工升降机的结构及安全技术

一、施工升降机的结构

施工升降机由提升机结构、钢结构架及导轨、吊篮、对重、电气设备及安全装置等组成。提升机结构由电动机、减速器、卷筒、制动装置以及安全装置构成。也称卷扬机。

二、安全技术

1. 对提升机（卷扬机）的安全技术要求

（1）提升机的选用或制造，应满足额定起重量、提升高度、提升速度等参数的要求。

（2）提升机宜选用可逆式卷扬机，高架提升机不得选用摩擦式卷扬机。

（3）卷筒两端的凸缘至最外层钢丝绳的距离，不应小于钢丝绳直径的 2 倍。卷筒边缘必须设置防止钢丝绳脱出的防护装置。

（4）卷筒与钢丝绳直径的比值应不小于 30。

（5）滑轮组的滑轮直径与钢丝绳直径比值：低架提升机不应小于 25；高架提升机不应小于 30。

（6）滑轮应选用滚动轴承支承。滑轮组与架体（或吊篮）应采用刚性连接，严禁采用钢丝绳等柔性连接也不准使用开口拉板式滑轮。

（7）以摩擦式卷扬机为动力的提升机，其滑轮应有防脱槽装置。

提升钢丝绳的最大工作拉力应按下式确定：

$$S = \frac{P}{a\eta}$$

式中　S——钢丝绳最大工作压力，N；

　　　P——提升荷载，N；

　　　a——承载钢丝绳分支数；

　　　η——滑轮组总效率。

（8）升降机属于人和物兼运的升降机械设备，应具有较高的安全系数。对齿轮齿条传动的升降机，在设计计算时应假设每套传动系统中只一个齿参与啮合，安全系数不得小于 5，齿轮模数不得小于 7。承载部件也应有较大的安全系数。塑性材料，按材料的屈服强度计算，结构安全系数不应小于 2；非塑性材料，按材料的抗拉强度计算，结构安全系数不应小于 5。对于钢丝绳提升系统，相互独立的提升钢丝绳根数不得小于 2 根，钢丝绳安全系数不得小于 12。

（9）升降机的吊笼应设有断绳保护和限速器，升降机应设有限位开关、极限开关以及手动安全装置等。

2. 对钢结构的要求

（1）材料要求　当使用地区的计算温度高于 −20℃ 时，宜采用 Q235 钢；等于或低于 −20℃ 时，应采用 Q235 镇静钢或 16 Mn。

（2）主要承重构件除满足强度要求外，还应满足稳定性要求。

①立柱换算长细比不应大于 120，单肢长细比不应大于构件两方向长细比的较大值的 0.7 倍。

②受拉杆件的长细比不宜大于 200。

③受压杆件的长细比不宜大于 150。

④受弯构件中主梁的挠度不应大于 $l/700$（l 为主梁长度），其他受弯构件不应大于 $l/400$（l 为受弯构件计算长度）。

⑤采用螺栓连接的构件，不得采用 M10 以下的螺栓，每一杆件的节点以及接头的一边，螺栓数不得少于 2 个。

⑥格构式构件的边缀件应采用缀条式。龙门架的立柱，应每隔 4～6 m 设置横隔板，且每个标准节不得少于 2 个；横隔板可采用厚度为 6～10 mm 的钢板或截面不小于 ∟50 mm×5 mm 的角钢制作，可不验算强度。

⑦井架式提升机的架体，在与各楼层通道相接的开口处，应采取加强措施。

⑧提升机架体顶部的自由高度不得大于 6 m。

⑨提升机的天梁应使用型钢，宜选用两根槽钢，其截面高度应经计算确定，但不得少于 2 根[14（表示槽钢 14）。

⑩提升机吊笼（篮）的各杆件应选用型钢。杆件连接板的厚度不得小于 8 mm。吊笼（篮）的结构架除按设计制作外，其底板材料可采用 50 mm 厚木板，当使用钢板时，应有防滑措施。吊篮的两侧应设置高度不小于 1 m 的安全挡板或挡网。高架提升机应选用有防护顶板的吊笼，其顶板材料可采用 50 mm 厚木板。

⑪吊笼（篮）的导靴一般可用滚轮导靴或滑动导靴。但是对于采用摩擦式卷扬机为动力的提升机、架体的立柱兼作导轨的提升机、高架提升机，必须采用滚轮导靴。

提升机附设摇臂把杆时，立柱及基础需经校核计算，并应进行加固。把杆臂长一般不大于 6 m，起重量不超过 600 kg。采用角钢制作时，中间断面不小于 240 mm×240 mm，角钢不小于 ∟30 mm×4 mm；采用无缝钢管时，钢管外径不小于 121 mm。把杆支座应设置在单肢与缀件连接的节点处。

第三节　施工升降机的检验

一、出厂检验

1. 标志、附属设备、备件文件的检验

升降机的标志应齐全，其附属设备、备件及专用工具技术文件均应与制造厂的装箱单相符，并分别符合 GB 10054 的规定要求。

2. 外观检验

（1）用肉眼检查，焊缝应平整、饱满，药皮应除尽，不应有漏焊、裂缝、气孔、夹渣、咬边、弧坑及未焊透等缺陷。

（2）重要焊缝如标准节、主传动系统、吊笼（篮）立柱和上下承载梁及钢丝绳锚固点的焊缝等，焊缝的几何形状与尺寸应符合制造厂工艺图样的规定。

（3）零部件应装配良好，符合制造厂工艺图样的规定。手动操作的部件应操作灵活、平稳、无卡阻。运动副应有良好的润滑。紧固件应充分紧固并应牢固锁定。

（4）升降机表面的涂漆应均匀，无漏涂、流淌。漆层无皱皮、脱皮、气泡等缺陷。

（5）传动齿轮箱、液压装置等充油部件应无渗漏缺陷，并符合 GB 10054 中关于油渗漏等级的规定。

3. 传动系统检验

(1) 对 SC 型升降机，应检验其驱动齿轮、限速器齿轮与齿条的装配精度，用压铅法检查其侧隙，用着色法检查其接触尺寸。

(2) 对 SS 型升降机，传动系各个零部件应装配良好，导向滑轮应转动灵活并能保证钢丝绳不脱槽，钢丝绳绳头在卷筒上的固定应牢固可靠，钢丝绳卷入卷筒时应排绳整齐。

(3) 对 SH 型升降机的传动系统，还要对齿轮、齿条和钢丝绳系统进行检验。

(4) 主传动系统的制动器应有足够的制动力矩，在下述静态超载试验中，吊笼在 10 min 内，不应有任何下滑现象。

静态超载试验条件如下：升降机处于安装工况，吊笼（篮）位于导轨架底部且笼底不接触缓冲器，对吊笼（篮）平稳加载达 125％的额定载重量，且均匀布置，要求升降机工作正常。

(5) 升降机的钢丝绳、绳头锚固件及绳卡应符合 GB 10055 的规定。SS 型升降机独立起升钢丝绳不得少于 2 根，安全系数不得小于 12。

4. 导轨架标准节检验

(1) 以一台升降机的最大提升高度所需导轨架标准节数量为受检总数，抽检其中 10％，但不少于 5 节，每节均应能不用锤击等强制方法顺利装配。

(2) 各导轨架标准节组合时，每根立管接缝处的错位差，用直尺及间隙规检查，应不大于 0.5 mm。

(3) 对 SC 型升降机的导轨标准节组合，在各标准节齿条的联接处，检测相邻两齿的齿距误差不大于 0.5 mm 及齿高方向的阶差不大于 0.2 mm。

5. 电气检验

(1) 升降机主电路和控制电路的接线应符合制造厂的随机技术文件的图样。所有电气元件的动作均应符合制造厂的电气装置说明书的规定。

(2) 用 500 V 兆欧表测量，电机及电气元件（电子元气件部分除外）的对地绝缘电阻应不小于 $0.5 M\Omega$，电气线路的对地绝缘电阻应不小于 $1 M\Omega$。

6. 运行检验

(1) 升降机处于安装工况，按制造厂使用说明书的规定，依次进行不少于两节导轨架标准节的接高作业，应能顺利安装。

(2) 升降机处于工作工况，吊笼（篮）空载，第一附着高度加自由端高度之和称为"规定试验高度"。在规定试验高度全程升降运行，吊笼（篮）应起、制动正常，运行平稳，无异常声音。

(3) 升降机处于工作工况，传动机构的初始温度与环境温度相等，吊笼（篮）在 GB 10056 中额定载荷试验规定的重心位置，装载额定载重量，在规定试验高度内，按制造厂规定的接电持续率全程升降运行 1 h，吊笼（篮）应运行平稳，起、制动正常，无异常声音。驱动电动机的温升应符合电动机铭牌的规定。减速机油或液压系统油液的温升及吊笼的速度误差应分别符合 GB 10054 的规定。

（4）升降机处于工作工况，吊笼（篮）装载125%的额定载重量并在笼内均匀布置，在规定试验高度内上下运行各一次，吊笼（篮）应运行平稳，起、制动正常，无异常声音。

7. 安全装置检验

（1）吊笼围栏门机构锁钩和电气安全装置、断绳保护、上下限位和极限限位开关、急停等开关，均应动作正常。

（2）各缓冲器应配备齐全，安装位置正确，功能正常。

（3）吊笼（篮）作坠落试验时，按下列两种条件，择一种较严酷的作为试验条件：

1）升降机处于工作工况，吊笼装载100%额定载重量，且按 GB 10056 规定的重心外偏位置布置。

2）升降机处于安装工况，吊笼（篮）装载额定载重量，且均匀布置。

进行一次吊笼坠落试验，测量吊笼（篮）下滑距离或制动距离。从吊笼（篮）开始自由下落，到安全防坠装置动作使吊笼（篮）停止，坠落试验的下滑距离应符合制造厂技术文件的规定。坠落试验的制动距离应符合 GB 10056 中吊笼坠落试验的有关规定。下滑距离或制动距离二者只考核其一。

（4）坠落试验中，当安全防坠装置动作时，其电气联锁开关也应动作，使驱动电机主电路及制动器电路切断。

（5）坠落试验中，当安全防坠装置动作使吊笼（篮）停止后，升降机的结构应无任何损坏。用水平尺检查吊笼（篮）底板在各方向的水平度偏差，均应符合要求。

二、交接检验

1. 安装完的升降机，应按出厂检验的规定进行安装、使用交接检验。

2. 导轨架的安装、使用交接检验，应对安装完的导轨架全高用经纬仪、直尺及间隙规检查，导轨架各立管的管壁对底座水平基准面的垂直度偏差，应不大于表10—3的规定。各标准节接缝处的错位阶差，应符合 GB 10054 中的规定。要求平直，相互错位形成的阶差不得大于 0.5 mm。

表10—4是防坠安全器标定动作速度表。

表10—5是防坠安全器制动距离表。

表10—6是噪声限值表。

表10—3　　　　　　　　　　　安装垂直度偏差表

导轨架架设高度 h (m)	$h \leqslant 70$	$70 < h \leqslant 100$	$100 < h \leqslant 150$	$150 < h \leqslant 200$	$h > 200$
垂直度偏差 (mm)	不大于导轨架架设高度的 1/1 000	$\leqslant 70$	$\leqslant 90$	$\leqslant 110$	$\leqslant 130$

表 10—4　　　　　　　　　防坠安全器标定动作速度表　　　　　　　　　　m/s

施工升降机额定提升速度 v	防坠安全器标定动作速度 v_1
$v \leqslant 0.60$	$v_1 \leqslant 1.00$
$0.60 < v \leqslant 1.33$	$v_1 \leqslant v + 0.40$
$v > 1.33$	$v_1 \leqslant 1.3v$

注：对于额定提升速度低、额定载重量大的施工升降机，其防坠安全器可采用较低的动作速度。

表 10—5　　　　　　　　　防坠安全器制动距离表

施工升降机定提升速度 v（m/s）	防坠安全器制动距离（m）
$v \leqslant 0.65$	0.15～1.40
$0.65 < v \leqslant 1.00$	0.25～1.60
$1.00 < v \leqslant 1.33$	0.35～1.80
$v > 1.33$	0.55～2.00

表 10—6　　　　　　　　　　噪声限值表　　　　　　　　　　　　dB（A）

测量部位	单传动	并联双传动	并联三传动	液压调整
吊笼内	≤85	≤86	≤87	≤98
离传动系统 1m 处	≤88	≤90	≤92	≤110

三、型式试验

1. 型式检验规定

凡属下列情况之一者，应按 GB 10054《施工升降机技术条件》中规定的型式试验项目，用 GB 10056《施工升降机试验方法》所规定的试验条件、程序和方法，逐项进行检验。检验项目见表 10—7。

（1）新产品或老产品转厂生产的试制技术鉴定时。

（2）产品在结构、材料、工艺等方面有重大改变，可能影响产品性能时。

（3）产品经长期停产后，恢复生产时。

（4）正常生产的定期或周期性检验时。

（5）产品进行性能质量等级考核检查时。

（6）国家质量监督机构提出进行型式试验要求时。

2. 型式试验内容（GB 10054）

（1）无固定基础的升降机稳定性试验。

（2）性能试验

1) 试验前的检查与测量。
2) 绝缘试验。
3) 稳定性校核试验。
4) 安装试验。
5) 空载试验。
6) 载荷试验。
7) 导轨架结构变形测定。
8) 噪声测定。
9) 吊笼水平振动加速度测定。
10) 速度测定。
11) 吊笼起、制动加速及测定。
12) 电动机功率测定。
13) 吊笼坠落试验。
(3) 结构应力试验。
(4) 可靠性试验。
(5) 工业试验。
(6) 运行试验。

表 10—7　　　　　　　　　　检验项目表（GB/T 10054）

序号	检验项目		检验要求	出厂检验	交接检验	型式检验	备注
1	标志与成套性		附属设备、备件及工具、技术文件应齐备	△	△		
2	外观质量检查	焊缝质量	饱满、平整无缺陷清除焊渣等	△	△		
3		*重要焊缝几何形状与尺寸	应符合制造标准	△	△		
4		紧固件连接情况	充分紧固，可靠锁定	△	△		
5		涂漆质量	漆层干透，富有弹性无皱皮、脱皮等	△	△		
6		铸件质量	表面光洁，平整无缺陷	△	△		
7		密封性	15 min 无油珠滴落	△	△		

续表

序号	检验项目		检验要求	出厂检验	交接检验	型式检验	备注
8	传动系统	*齿轮齿条副啮合精度	齿条节线和齿轮节圆切线重合；保证90%计算齿宽啮合接触长度，沿齿高不小于40%，沿齿长不小于50%	△	△		
9		*钢丝绳、传动装配要求	钢丝绳不脱槽，在卷筒上牢固可靠，排列整齐	△	△		SS型施工升降机
10	导轨架标准节	互换性、立管阶差、齿条误差	阶差应限制在：吊笼导轨不大于0.8 mm，相邻齿条齿高阶差≤0.3 mm，沿齿长≤0.6 mm，标准节截面内，两对角线长度偏差≤3‰，导轨接点截面相互错位阶差≤1.5 mm	△		△	SS型施工升降机按GB/T 10054
11		标准符合性	符合国家标准	△	△	△	
12	电气	*绝缘电阻、接地电阻	电机对地绝缘电阻不应小于0.5 MΩ，线路对地绝缘电阻不应小于1 MΩ	△	△	△	

续表

序号	检验项目	检验要求	出厂检验	交接检验	型式检验	备注
13	安全装置	*机械锁止装置、机械和电气安全装置	锁止元件嵌入深度不少于7 mm,符合电气安全装置要求,电气设备不应与安全回路的触头并联;连续正常工作时,应功能正常,控制和限位装置工作正常	△	△	△	SS型施工升降机按GB/T 10054
14		缓冲器	载重量400 kg以上,应设缓冲器	△	△	△	
15		超载保护装置	载荷达额定值90%应报警;110%时中止吊笼运动	△	△	△	SS型施工升降机按GB/T 10054
16		检查与测量	应符合要求			△	
17		*稳定性试验	在最大独立高度时,抗倾覆力矩不小于最大倾覆力矩的1.5倍			△	无固定基础的施工升降机
18		*安装试验	应符合要求	△	△	△	
19		空载试验	应符合要求	△	△	△	

续表

序号	检验项目		检验要求	出厂检验	交接检验	型式检验	备注
20	载荷试验	*额定载重量试验	工作1 h，减速器温升、液压系统温升不超过40℃，蜗杆减速器油液温升不超60℃	△	△	△	
21		*超载试验	应能超载25%	△	△	△	
22		*噪声测定	吊笼内≤85~98 dB（A）卷扬机≤85dB（A）	△	△	△	SS型施工升降机按GB/T 10054
23		速度测定	误差不大于8%	△	△	△	
24		*温升测定	同20项	△	△	△	
25		*坠落试验	防坠安全器动作速度符合规定；吊笼底板水平度偏差改变值不大于30 mm/m，平均减速度0.2~1.0 g_n	△	△	△	SS型施工升降机按GB/T 10054
26		安装垂直度的测定	应符合规定导轨垂直偏差，不大于1.5‰	△	△	△	SS型施工升降机按GB/T 10054
27		拖运试验	符合标准			△	有拖运性能的施工升降机
28		结构应力测试	符合标准			△	
29		可靠性试验	$R \geq 85\%$			△	

注：1. △表示应测项目；
2. 带"*"号的为重要项目，其余为一般项目。

第四节　施工升降机的使用与安全管理

一、施工升降机的安全使用

提升机安装后，应由主管部门组织按照规范和设计规定进行检查验收，确认合格发给使用证后，方可交付使用。使用前和使用中的检查包括下列内容。

1. 使用前的检查：
(1) 金属结构不应有开焊和明显变形。
(2) 架体各节点连接螺栓齐全紧固。
(3) 附墙架、缆风绳、地锚位置和安装情况。应符合规范要求。
(4) 架体的安装精度应达到标准规定。
(5) 安全防护装置灵敏可靠。
(6) 卷扬机的安装位置合理。
(7) 电气设备及操作系统的可靠性。
(8) 信号及通信装置的使用效果良好清晰。
(9) 钢丝绳、滑轮组应完好，不应有损伤。
(10) 提升机与输电线路的安全距离及防护情况符合规定。

2. 定期检查
定期检查每月进行1次，由有关部门的人员参加，检查内容如下。
(1) 金属结构应无开焊、锈蚀、永久变形。
(2) 扣件、螺栓连接的紧固情况，良好。
(3) 提升机构磨损情况及钢丝绳的完好性，符合标准要求。
(4) 安全防护装置齐全，动作灵敏可靠。
(5) 缆风绳、地锚、附墙架等不应松动。
(6) 电气设备的接地（或接零）达到标准要求。
(7) 断绳保护装置的灵敏度试验，合格。

3. 日常检查
日常检查由作业司机在班前进行，在确认提升机正常时，方可投入作业，检查内容如下。
(1) 地锚与缆风绳的连接牢固。
(2) 空载提升吊篮做1次上下运行，验证是否正常，并同时碰撞限位器和观察安全门应灵敏完好。
(3) 在额定荷载下，将吊篮提升至离地面1～2 m停机，检查制动器的可靠性和架体的稳定性。
(4) 检查安全停靠装置和断绳保护装置的可靠性。

(5) 吊篮运行通道内无障碍物。
(6) 作业司机的视线或通信装置的使用效果良好，清晰。
4. 使用提升机时应符合下列规定
(1) 物料在吊篮内应均匀分布，不得超出吊篮。当长料在吊篮中立放时，应采取防滚散倒措施；散料应装箱或装笼。严禁超载使用。
(2) 严禁人员攀登、穿越提升机架体和乘吊笼（篮）上下。
(3) 高架提升机作业时，应使用通信装置联系。低架提升机在多工种、多楼层同时使用时，应专设指挥人员，信号不清不得起动。作业中不论任何人发出紧急停车信号，应立即执行。
(4) 闭合主电源前或作业中突然断电时，应将所有开关扳回零位。在重新恢复作业前，应在确认提升机动作正常后方可继续使有。
(5) 发现安全装置、通信装置失灵时，应立即停机修复。作业中不得随意使用极限限位装置作停车用。
(6) 要经常检查钢丝绳、滑轮工作情况。如发现磨损严重，必须按照有关规定及时更换。
(7) 采用摩擦式卷扬机为动力的提升机，吊笼（篮）下降时，应在吊笼（篮）行至离地面1～2 m处，控制缓缓落地，不允许吊笼（篮）自由落下直接降至地面。
(8) 装设摇臂把杆的提升机，作业时，吊笼（篮）与摇臂把杆不得同时使用。
(9) 作业完毕后，将吊笼（篮）降至地面，各控制开关扳至零位，切断主电源，锁好闸箱。

二、施工升降机的安全管理

1. 维修保养
提升机使用中应进行经常性的维修保养，并符合下列规定：
(1) 司机应按使用说明书的有关规定，对提升机各润滑部位，进行注油润滑；
(2) 维修保养时，应将所有控制开关扳至零位，切断主电源，并在闸箱外挂"禁止合闸"标志，必须时应设专人监护；
(3) 提升机处于工作状态时，不得进行保养、维修，排除故障应在停机后进行；
(4) 更换零部件时，零部件必须与原部件的材质性能一致，并应符合设计与制造标准；
(5) 维修主要结构所用焊条及焊缝质量，均应符合原设计要求；
(6) 维修和保养提升机架体顶部时，应搭设上人平台，并应符合高处作业要求。
2. 设备管理
(1) 提升机应由设备部门统一管理，不得对卷扬机和架体分开管理。
(2) 金属结构码放时，应放在垫木上，在室外存放，要有防雨及排水措施。电器、仪表及易损件的存放，应注意防震、防潮。
(3) 运输提升机各部件时，装车应垫平，尽量避免磕碰，同时应注意各提升机的配套性。

三、常见故障的原因及排除方法

施工升降机常见故障的原因及排除方法见表10—8。

表10—8　　　　　　施工升降机常见故障、原因分析及排除方法

序号	故障现象	故障原因	排除方法
1	电动机不起动	控制电路短路，熔断器烧毁；控制开关接触不良或折断；开关继电器线圈损坏或继电器触点接触不良；有关线路出了毛病	更换熔断器并查找短路原因；清理触点，并调整接点弹簧片，如接点折断，则更换；逐段查找线路毛病
2	吊笼运行到停层站点不减速停层	导轨架上的撞弓或感应头设置位置不正确；杠杆碰不到减速限位开关；选层继电器触点接触不良或失灵；有关线路断了或接线松开	检查撞弓和感应头安装位置是否正确，更换继电器或修复调整触点；用万用表检查线路
3	吊笼上和底笼上的所有门关闭后，吊笼不能起动运行	联锁开关接触不良；继电器出现故障或损坏，线路出现毛病	用导线短接法检查确定，然后修复；排除继电器故障或更换；用万用表检查线路是否通畅
4	吊笼在运行中突然停车	外电网停电或倒闸换相；总开关熔断器烧断或自动空气开关跳闸；限速器或断绳保护装置动作	如停电时间过长，应通知维修人员更换熔丝，重新合上空气开关；断开总电源，手动使限速器和断绳保护装置复位，然后合上电源，检查各部分有无异常
5	吊笼平层后自动溜车	制动器制动弹簧过松或制动器出现故障	调整和修复制动器弹簧和制动器
6	吊笼冲顶、撞底	选层继电器失灵；强迫减速开关、限位开关、极限开关等失灵	查明原因，酌情修复或更换元件
7	吊笼起动和运行速度有明显下降	制动器抱闸未完全打开或局部未打开；三相电源中有一相接触不良；电源电压过低	调整制动器；检查三相电线，紧固各接点。调整三相电压，使电压值不小于规定值的10%
8	吊笼在运行中抖动或晃动	减速箱蜗轮、蜗杆磨损严重，齿侧间隙过大；传动装置固定松动；吊笼导向轮与导轨架有卡阻和偏斜挤压现象；吊笼内重物偏载过大	调整减速箱中心距或更换蜗轮蜗杆，检查地脚螺栓、挡板、压板等，发现松动要拧紧，调整吊笼内载荷重心位置
9	传动装置噪声过大	齿轮齿条啮合不良，减速箱蜗轮、蜗杆磨损严重，缺润滑油，联轴器间隙过大	检查齿轮、齿条啮合状况，齿条垂直度、蜗轮、蜗杆磨损状况，必要时应修复或更换，加润滑油，调节联轴器间隙

续表

序号	故障现象	故障原因	排除方法
10	局部熔断器经常烧毁	该回路导线有接地点或电气元件有接地；有的继电器绝缘垫片击穿，熔断器容量小，且压接松，接触不良；继电器、接触器触点尘埃过多；吊笼启动制动时间过长	检查接地点，加强绝缘，加绝缘垫片或更换继电器，按额定电流更换熔丝并压接紧固，清理继电器、接触器表面尘埃，调整启动制动时间
11	吊笼运行时，吊笼内听到摩擦声	导向轮磨损严重，安全装置楔块内卡入异物；由于断绳保护装置拉杆松动等原因，使楔块与导轨发生摩擦现象	检查导向轮磨损情况，必要时应更换导向轮，清除楔块内异物。调整断绳保护装置拉杆距离，保证卡板与导轨架不发生摩擦
12	吊笼的金属结构有麻电感觉	接地线断开或接触不良；接零系统零线重复接地线断开；线路上有漏电现象	检查接地线，接地电阻不大于 4 Ω；接好重复接地线；检查线路绝缘，绝缘电阻不应低于 0.5 MΩ
13	牵引钢丝绳和对重钢丝绳磨损剧烈，断丝剧增	导向滑轮安装偏斜，平面误差大；导向滑轮有毛刺等缺陷；卷扬机卷筒无排绳装置，绳间互相挤压；钢丝绳与地面及其他物体有摩擦现象	调整导向滑轮平面度，检查导向滑轮的缺陷，必要时应更换，保证钢丝绳与其他物体不发生摩擦
14	制动轮发热	调整不当，制动瓦在松闸状态没有均匀地从制动轮上离开；制动轮表面有灰尘，线圈中有断线或烧毁；电磁力减小，造成松闸时闸带未完全脱离制动轮；电动机轴窜动量过大，使制动轮窜动且产生跳动，开车时制动轮磨损加剧	调整制动瓦块间隙，使之松闸时均匀离开制动轮，不保证间隙<0.7 mm。调整电机轴的窜动量。保证制动轮清洁
15	吊笼起动困难	载荷超载，导轨接头错位差过大，导轨架刚度不好，吊笼与导轨架有卡阻现象	保证起升额定载荷，检查导轨架的垂直度及刚度，必要时加固。用锉刀打磨接头台阶
16	导轨架垂直度超差	附墙架松动，导轨架刚度不够；导轨架架设先天缺陷	用经纬仪检查垂直度，紧固附墙架，必要时加固处理

第十一章　高空作业平台安全技术

第一节　高空作业平台工作机构和参数

高空作业平台广泛用于大型公共设施，酒店、体育场所的安装修理；厂房工地工厂内的设备检修等。高空作业平台由作业平台、支架、围栏、车架、支腿和液压系统构成。

图 11—1 是 GTJY8 型剪叉式高空作业平台图。

表 11—1 是 GTJY8 型剪叉式高空作业平台技术参数表。

图 11—2 是 GTWY14 型桅柱式高空作业平台图。

表 11—2 是 GTWY14 型桅柱式高空作业平台技术参数表。

液压系统由电动机、油泵、平衡阀、溢流阀、操纵阀、油缸、油箱等构成。电动机功率为 1.5 kW，额定转速为 1 400 r/min，液压系统工作压力为 16 MPa。通过油缸推力把作业平台升起。

车架采用钢板整体焊接，叉架采用优质矩形钢管制成。底车结构由钢板折制焊接而成。电气及液压系统固定于门上，内藏于底车下。叉架具有足够的强度和刚度。

该作业平台按国标 GB 9465.2 高空作业车技术条件制作；液压系统符合 GB 3766 液压系统通用技术条件的要求。

平台最大高度为 8 m，最大作业高度为 9.7 m；额定载荷为 250 kg。围栏有三种不同的结构形式：固定式：用料少，制作简单，通过拆装，可通过普通高度的门。

折叠式：上下两部分用铰接，可方便地折叠，不必拆装即可通过一般高度的门。

伸缩式：此围栏由固定和移动两部分组成，可轻松地将移动部分推出 0.6 m。因此可避免因建筑物或其他设施而造成车不到位而影响操作使用的问题，扩大了使用范围。

GTWY14 高空作业平台采用优质高强度铝合金套筒立柱，立柱断面为矩形，套筒之间采用高分子聚合物滑块，因而使套筒之间配合紧密，滑动灵活，大大提高了工作的平稳性。

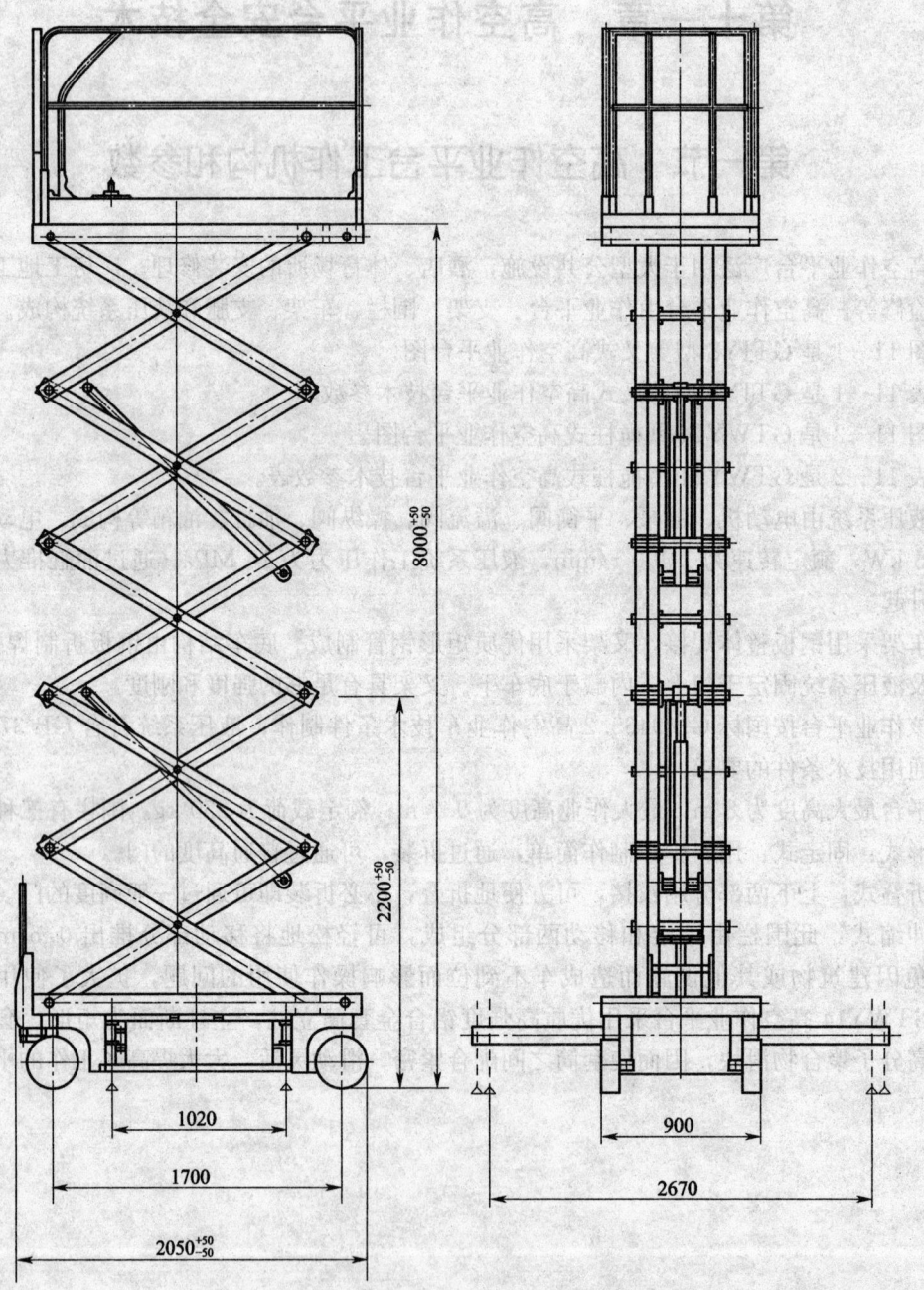

图 11—1 GTJY8 型剪叉式高空作业平台

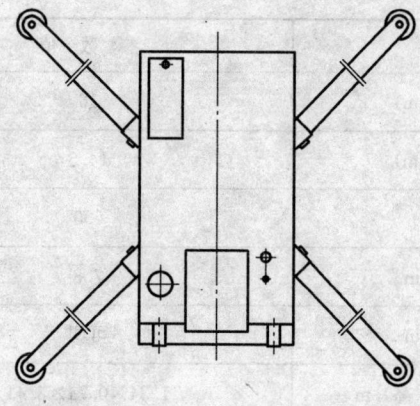

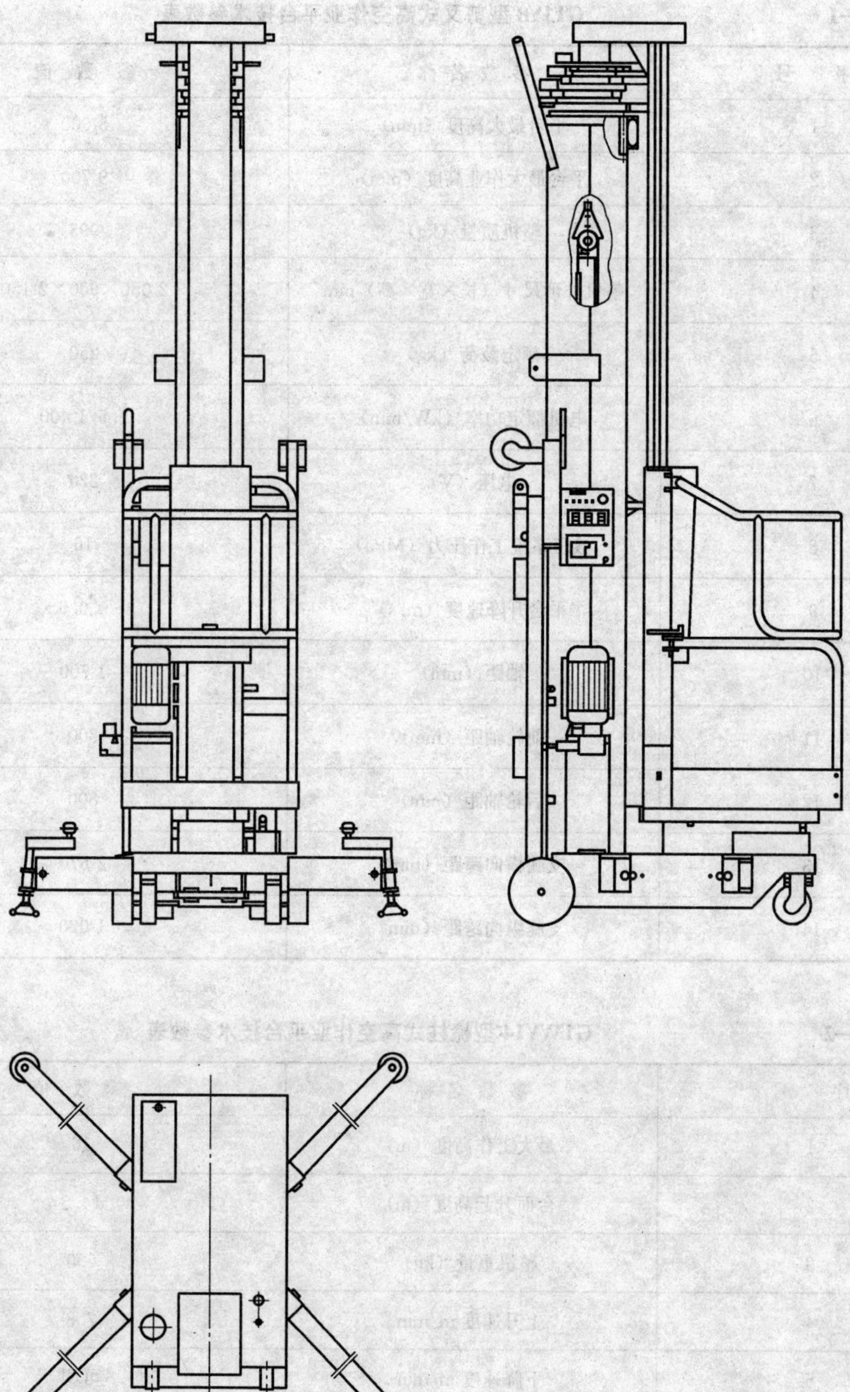

图 11—2　GTWY14 型桅柱式高空作业平台

表 11—1　　　　　　　　GTJY8 型剪叉式高空作业平台技术参数表

序号	参数名称	参数值
1	平台最大高度（mm）	8 000
2	平台最大作业高度（mm）	9 700
3	整机质量（kg）	995
4	整机外形尺寸（长×宽×高）mm	2 050×900×2 150
5	额定载荷（kg）	250
6	电机额定功率（kW/min）	1.5/1 400
7	电压（V）	220
8	液压系统工作压力（MPa）	16
9	平台升降速度（m/s）	≤0.5
10	轴距（mm）	1 700
11	前轮轴距（mm）	800
12	后轮轴距（mm）	800
13	支腿横向跨距（mm）	2 670
14	支腿纵向跨距（mm）	1 020

表 11—2　　　　　　　　GTWY14 型桅柱式高空作业平台技术参数表

序号	参数名称	参数值
1	最大工作高度（m）	16
2	台面升起高度（m）	14.5
3	整机重量（kg）	550
4	上升速度 m/min	7.8
5	下降速度 m/min	可调
6	收藏尺寸（长×宽×高）m	1.34×0.74×3.41
7	斜支承最大高度 m	1.97

续表

序号	参数名称	参数值
8	台架尺寸（长×宽）m	0.66×0.65
9	支臂尺寸 m	2.9×2.9
10	额定载荷 kg	100
11	电机功率 kW	1.5
12	电机转速 r/min	2 880
13	电压（V）	220V AC
14	操纵方式	遥控、手动

第二节　高空作业平台试验和安全规则

一、检测和试验

1. 试验前的准备工作

（1）登记产品合格证，制造厂名称，产品型号，出厂编号，出厂日期。

（2）随机应提供以下技术资料：

产品使用说明书。

高空作业平台总体、各总成、电器、液压系统等装配图样。

（3）检查调整高空作业平台，使其符合图样技术条件的规定。

2. 试验条件

（1）试验场地除特殊规定外，应平整、坚实、清洁，作业过程中不得下陷，作业平台的周围不允许有影响其回转的障碍物。

（2）试验环境温度应在-10～+32℃；风速不大于 8 m/s。

（3）试验用电源应符合作业平台对电源的要求，电源电压值允许波动为±10%。

（4）试验用的仪器、仪表、量具、传感器、工具等，使用前应进行检查和核准，试验过程中，应使用同一仪器和工具。

（5）试验载荷的偏差为±1%。

3. 噪声测量

（1）测量位置：包括操作人员耳边和距离作业平台边沿前、后、左、右各 7.5 m，离地 1.2 m 处的位置。

（2）测量工况：平台承受额定载荷的各种工况。

4. 整机结构参数的测量

高空作业平台外部尺寸的测定，测量三次取平均值。

5. 偏摆量的测量

(1) 测量工况：在室内或室外风速不大于 3 m/s 的情况下，支腿伸出并调平，作业平台自最低位置升至最高位置的过程中，平台在最大高度的：1/10，2/10，3/10，4/10，5/10，6/10，7/10，8/10，9/10 及全高 10 个高度状态。

(2) 测量器具：经纬仪、钢板尺。

(3) 测量方法：

① 空载和承受额定载荷时，分别测量不同位置时平台中心相对于起始位置中心点前、后、左、右的水平位移（偏摆量），各作三次。

② 施加最大水平侧向力，$F=250$ N，用经纬仪测量前后平台中心点水平位移，在不同测量工况下，中心点的最大相对位移为最大偏摆量。按上述测量方法，在平台空载和承受额定载荷时，各作三次。

6. 空载试验

调平支腿，作业平台在空载状态下起升、下降，分别在最大工作范围内进行 5 次（允许施加额定载荷的 10%）。测量高度、速度和发动机状态。

7. 额定载荷试验

调平支腿，平台承受额定载荷起升最大高度，再下降到原位置。测量高度、速度、制动下沉量等。

8. 承载能力的测量

(1) 试验工况：支腿伸出并调平。

(2) 将额定载荷集中放置在平台周边内距周边 300 mm 处任一地方，全行程升降 10 次，观察受力构件是否有永久变形或裂纹。

(3) 平台均匀承受 1.33 倍额定载荷，全行程升降 30 次，观察受力构件是否有永久变形或裂纹。

(4) 试验时，允许调整液压系统溢流阀的开启压力，但在试验后应重新调到规定数值。

9. 稳定性试验

(1) 试验工况：支腿伸出调平。

(2) 试验设备和仪器：角度仪，钢卷尺及安全保护绳索等。

(3) 试验项目：高空作业平台应置于坚实的水平地面上，且其稳定性应满足下列条件：

① 在额定载荷作用下，将平台举升到最大高度后，在其周边任一点施加最大规定侧向力 $F=250$ N 时应保持稳定。

② 平台承受 1.5 倍额定载荷，其重心可置于平台周边内距周边 300 mm 的任一地方，在工作范围内的各位置上应保持稳定。

10. 结构应力测量：

(1) 卸掉载荷后，各应变片读数应恢复到空载应力状态下的读数，当试验时，结构件出现屈曲、永久变形等现象时,应中止试验。

(2) 每次改变试验工况都须重复进行试验。测量应力应符合规定。

11. 液压系统试验

(1) 作业平台承受额定工作载荷状态下,测量液压系统的最大压力值。

(2) 测量溢流阀开启压力。

(3) 液压系统试验后,测量液压油的污染情况。

12. 质量参数测量

(1) 测量用地磅的磅面和地面应在同一平面内。

(2) 测量时作用平台处于无载运行状态,按规定注满油,随机工具、附件均应备齐,并按规定位置存放。

(3) 整机质量测量时,作业平台先从一个方向置于磅面上停稳,不允许用三角木顶作业平台,测量后调转一次,取两次平均值。

13. 可靠性试验

作业平台承受额定载荷进行升降动作,其每次循环的时间间隔不大于 10 min,可靠性考核为 50 个循环。一个循环即为:从起升至最大高度,再下降至原来位置。

14. 平台尺寸及护栏承载力的测量

(1) 用卷尺对平台护围、护栏的宽度、长度进行测量。

(2) 在平台栏杆二支杆间挂上 1 300 N 垂直集中载荷,保持 3 min,观察其变形,然后撤去载荷,观察栏杆不应有残余变形;

(3) 在平台栏杆二支杆间挂 1 000 N 的拉力计,水平牵拉缓缓加力至 360 N/m 后,保持 3 min,观察整个栏杆变形情况,然后去掉载荷,观察栏杆是否有残余变形。

15. 电气系统的绝缘试验

检测作业平台是否漏电。

二、安全规则

1. 只有当四个支腿正确安装,而且支承螺杆的支脚紧密地与地面接触时,才能升起平台;更不能在没有安装支腿的情况下升起平台。

2. 在输电线附近 3 m 范围内,不要操作机器以防触电。

3. 不要坐、爬或站立在平台护栏上;不要用梯子或其他设备增加平台高度或改变平台尺寸。

4. 平台不能在超过一个人或超过规定载荷时起升工作。

5. 进入平台后,一定要扣紧护栏锁。

6. 平台不能当做货机或人员电梯使用。

7. 当有人员或材料在平台上,或者平台已经升起,禁止移动作业平台。

8. 工作结束,应将电源开关钥匙转到"关"的位置并取走钥匙,以防被无关人员随意启动。

三、安全操作规则

1. 操作前

(1) 必须经培训考试合格持证上岗。
(2) 检查液压油、燃油及电气系统应符合要求。
(3) 在每次交接班前,应认真检查高空作业平台。观察有无开裂的焊缝或其他结构缺陷、液压系统的渗漏、缆索的损坏、钢丝绳接头的松脱及轮胎的损坏;通过操作各控制系统进行检验,以确保能完成各种动作。
(4) 在使用高空作业平台之前,要检查工作场地是否存在危险。例如:壕沟、陡坡、洞穴、碎石、空中障碍、高压导线,以及其他可能引起危险的地方。

2. 操作过程中

(1) 在每次工作时,操作者应做到:
1) 注意保持与高压线的安全距离。
2) 一定要在坚实而平整的地面上才能工作。
3) 必须使平台上的载荷及其分布符合生产厂的规定。
4) 应使用说明书使用支腿或稳定器。
5) 平台上的操作人员应正确系好安全带。
(2) 对允许在行驶状态下进行作业的高空作业机械,在行驶前和行驶中,操作者应做到:
1) 注视行驶路面坚实、平整。
2) 要与障碍物保持一定距离。
(3) 不允许进行特技驾驶或其他花样驾驶。
(4) 在工作过程中,平台上的工作人员要始终保持稳定。
(5) 在作业过程中,出现任何故障时应排除后,方可继续使用。
(6) 禁止变更、修改或废弃安全装置。
(7) 当平台进行上升、下降或移动时要注意防止钢丝绳、电线、软管等缠绕。

3. 其他要求

(1) 油箱
1) 不允许在发动机运转情况下添加燃油。
2) 不允许在工作状态下添加液压油。
(2) 电池充电
电池充电只能在敞开的、通风良好并且无烟雾、无明火的情况下进行。

第十二章 起重滑车安全技术

第一节 起重滑车的分类和基本参数

一、起重滑车的分类和标记

起重滑车就是滑轮组,由定滑轮和动滑轮组成。配合卷扬机、扒杆等可广泛用于各种安装、起重作业。用多部起重滑车可以解决大型设备的安装作业。

1. 分类

按滑轮数量可分为:单轮、双轮、三轮和多轮滑车。滑轮的数目也叫"门",所以也称为单门滑车、双门滑车、三门滑车和多门滑车等。

按吊挂形式可分为:吊钩式(用 G 表示)、链环式(用 L 表示)、吊环式(用 D 表示)。

2. 标记

起重滑车的型号表示方法:

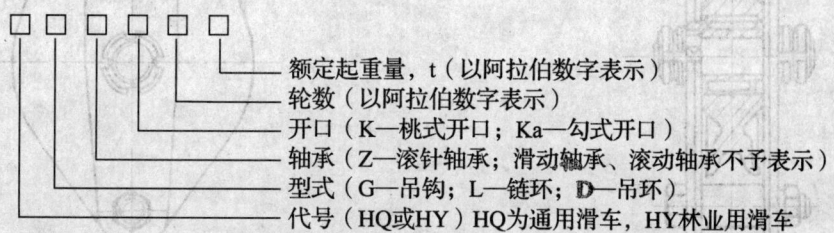

标记示例

(1) 吊钩型带滚针轴承开口式单轮,额定起重量为 2 t 的通用滑车,标记为:

通用滑车 HQGZK1—2   JB/T 9007.1—1999。

(2) 链环型带滑动轴承双开口式双轮,额定起重量为 3.2 t 的通用滑车,标记为:

通用滑车 HQLK2—3.2   JB/T 9007.1—1999。

(3) 吊环型带滑动轴承闭口式三轮,额定起重量为 5 t 的通用滑车,标记为:

通用滑车 HQD3—5   JB/T 9007.1—1999。

(4) 链环型带滚动轴承勾式开口单轮,额定起重量为 10 t 的林业滑车,标记为:

林业滑车 HYLKa1—10   JB/T 9007.1—1999。

3. 品种、型式

HQ 系列滑车的参数应符合表 12—1 的规定;HY 系列滑车的参数应符合表 12—2 的规定。

二、起重滑车系列参数

HQ 系列滑车是通用滑车,表 12—1 是 HQ 系列滑车参数表。

表 12—2 是 HY 系列滑车参数表。

图 12—1 是吊钩(链环)型带滚针轴承开口式单轮通用滑车图。

起重量为:0.32 t,0.5 t,1 t,2 t,3.2 t,5 t,8 t 和 10 t。

图 12—2 是吊环型带滑动轴承闭口式五轮通用滑车图。

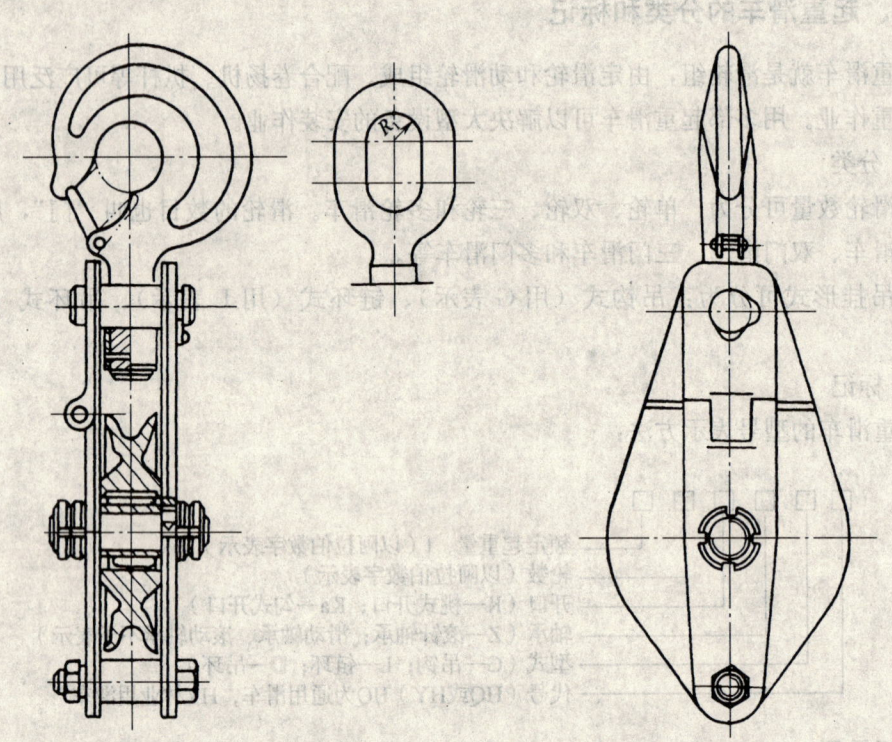

图 12—1 吊钩(链环)型带滚针轴承开口式单轮通用滑车

起重量为:20 t,32 t,50 t 和 80 t。

图 12—3 是吊环型带滑动轴承闭口式十轮通用滑车图。

起重量为:200 t,250 t 和 320 t。

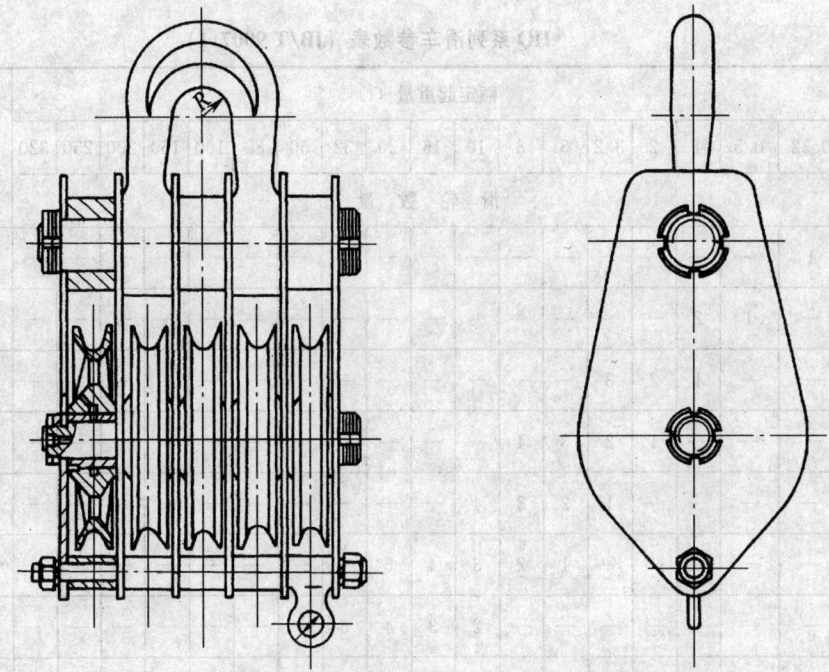

图 12—2 吊环型带滑动轴承闭口式五轮通用滑车

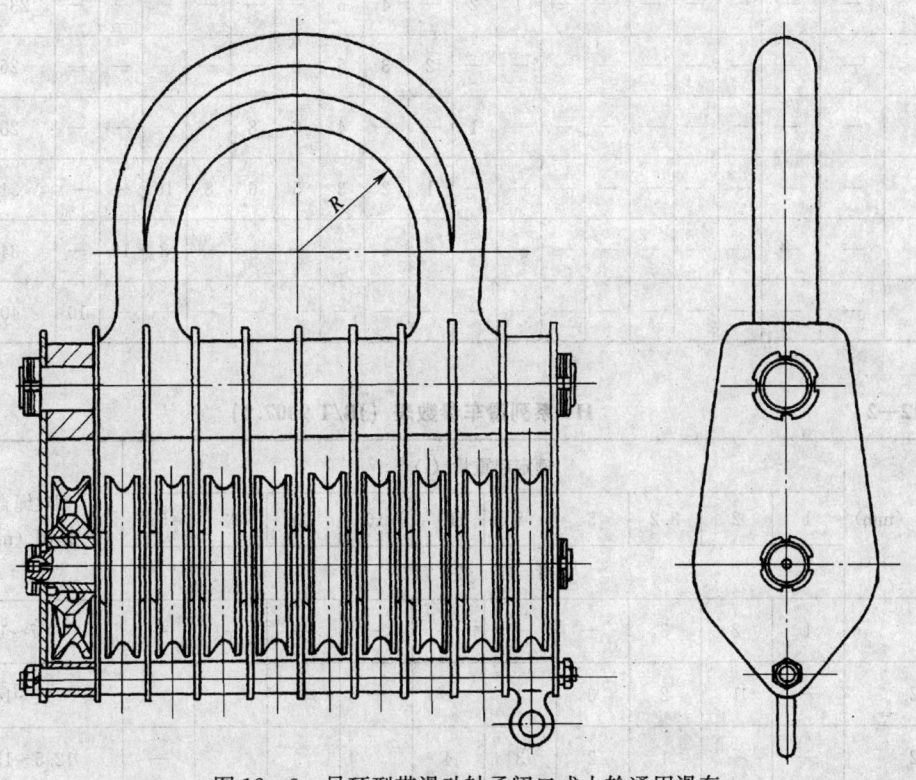

图 12—3 吊环型带滑动轴承闭口式十轮通用滑车

表 12—1　　　　　　　HQ 系列滑车参数表（JB/T 9007.1）

滑轮直径 (mm)	额定起重量（t）																		钢丝绳直径范围 (mm)
	0.32	0.5	1	2	3.2	5	8	10	16	20	32	50	80	100	160	200	250	320	
	滑轮数量																		
63	1	—	—	—	—	—	—	—	—	—	—	—	—	—	—	—	—	—	6.2
71	—	1	2	—	—	—	—	—	—	—	—	—	—	—	—	—	—	—	6.2～7.7
85	—	—	1	2	3	—	—	—	—	—	—	—	—	—	—	—	—	—	7.7～11
112	—	—	—	1	2	3	4	—	—	—	—	—	—	—	—	—	—	—	11～14
132	—	—	—	—	1	2	3	4	—	—	—	—	—	—	—	—	—	—	12.5～15.5
160	—	—	—	—	—	1	2	3	4	5	—	—	—	—	—	—	—	—	15.5～18.5
180	—	—	—	—	—	—	2	3	4	6	—	—	—	—	—	—	—	—	17～20
210	—	—	—	—	—	—	—	—	1	—	3	5	—	—	—	—	—	—	20～23
240	—	—	—	—	—	—	—	—	1	—	4	6	—	—	—	—	—	—	23～24.5
280	—	—	—	—	—	—	—	—	—	—	2	3	5	8	—	—	—	—	26～28
315	—	—	—	—	—	—	—	—	—	—	1	—	4	6	8	—	—	—	28～31
355	—	—	—	—	—	—	—	—	—	—	—	1	2	3	5	6	8	10	31～35
400	—	—	—	—	—	—	—	—	—	—	—	—	—	—	—	—	8	10	34～38
450	—	—	—	—	—	—	—	—	—	—	—	—	—	—	—	—	—	10	40～43

表 12—2　　　　　　　HY 系列滑车参数表（JB/T 9007.1）

滑轮直径（mm）	额定起重量（t）										钢丝绳直径范围（mm）
	1	2	3.2	5	8	10	16	20	32	50	
	滑轮数量										
85	1	2	3	—	—	—	—	—	—	—	7.7～11
112	—	1	2	3	4	—	—	—	—	—	11～14
132	—	—	1	2	3	4	—	—	—	—	12.5～15.5

第十二章　起重滑车安全技术

续表

滑轮直径（mm）	额定起重量（t）										钢丝绳直径范围（mm）
	1	2	3.2	5	8	10	16	20	32	50	
	滑轮数量										
160	—	—	—	1	2	3	4	5	—	—	15.5~18.5
180	—	—	—	—	—	3	4	6	—	—	17~20
210	—	—	—	1	—	—	3	5	—	—	20~23
240	—	—	—	—	1	2	—	4	6	—	23~24.5
280	—	—	—	—	—	—	—	2	3	5	26~28
315	—	—	—	—	—	—	1	—	—	4	28~31
355	—	—	—	—	—	—	—	1	2	3	31~35

第二节　起重滑车的安全技术

一、主要零部件的安全技术

1. 材料

（1）吊钩和链环螺母、中轴、吊轴、合页轴用力学性能不低于 GB/T 699《优质碳素结构钢》中的 45 钢。

（2）吊钩材料应符合 JB/T 4207.1《手动起重设备用吊钩的规定》。

（3）吊环、链环用 GB/T 699 中的 20 钢~30 钢。

（4）直径小于或等于 210 mm 的滑轮，其力学性能应不低于 GB/T 9439《灰铸铁件》中的 HT 200；直径大于或等于 240 mm 的滑轮，其力学性能应不低于 GB/T 11352《一般工程用铸造碳钢件》中的 ZG 270—500。

（5）滑动轴承采用 GB/T 1176《铸造铜合金技术条件》中的 ZCuAl10Fe3 铝青铜。

（6）滑动轴承采用粉末冶金含油轴承时应符合下列要求：

1）表面硬度为 90~130 HB；

2）径向压溃强度系数 K 大于 40；

3）磨损量小于 0.5 mg/cm^2（在比压：$p=3\,000$ N/cm^2，速度：$v=0.35$ m/s，轴承运转 1 km 长时的磨损量）；

4）含油率大于 15%（体积）。

（7）采用滚动轴承时应符合下列要求：

1) 滚动轴承均应符合 GB/T 307.3《滚动轴承通用技术规则》中 G 级的有关规定；

2) 滚针按 GB/T 309《滚动轴承滚针》的规定。

(8) 护隔板、加强板、合页板采用 GB/T 700《碳素结构钢》中的 Q235A。

(9) 进厂原材料应有合格证明。

2. 零件的安全技术要求

(1) 滑轮

1) 滑轮铸件的加工表面不准有砂眼、气孔、缩孔、裂纹和疏松等缺陷，非加工表面不允许有影响使用寿命的缺陷。

2) 滑轮径向和端面的圆跳动，均不得超过滑轮绳槽底径的 1.5/1 000。

(2) 吊钩、链环、吊环、吊架和横梁

1) 锻件表面应光整，不应有毛刺、裂纹、折叠、过热、过烧及降低强度的其他局部缺陷，且缺陷不允许焊补。锻造后的零件必须进行热处理。

2) 钩柄中心线对吊钩钩腔中心线，只允许向钩腔中心内侧偏移，其偏移量不大于钩腔直径的 3%。

3) 环柄中心线对链环环腔中心线的对称度，应不大于环腔宽的 3%。

4) 螺纹精度（包括螺母）应不低于 GB/T 197《普通螺纹公差配合》中的 6H/6g。

(3) 中轴、吊轴、合页轴

1) 不许有裂纹及影响质量的缺陷。

2) 带滑动轴承滑车的中轴须调质处理，其表面硬度为 26～32 HRC。

二、装配安全技术

1. 所有零件及组合件必须经检查合格，外购件、外协件必须有合格证明书方能进行装配。

2. 滑轮装配后应转动灵活，无卡阻和碰擦轮缘现象，轴承装入滑轮后，其滑轮径向和端面的圆跳动，均不得大于滑轮绳槽底径的 2.25/1 000。

3. 在合页开合 90°范围内，应无卡阻现象。

4. 装配后的吊钩、链环应能灵活转动 360°。螺母的穿销要铆合。

第三节 起重滑车最大牵引力的计算与起重滑车的选择

一、钢丝绳牵引端最大牵引力的计算

无导向滑车：

$$F_{\max} = \frac{K^{m-1}(K-1)}{K^m - 1} Q \times 10$$

有导向滑车：

$$F_{\max} = \frac{K^{m-1}(K-1)}{K^m - 1} Q \times 10 \cdot K_1 \cdot K_2 \cdots K_i$$

式中　$F_{\max}$——钢丝绳牵引端所需的最大牵引力，kN；

　　　K——一个滑轮的阻力系数，见表 12—3；

　　　m——钢丝绳分支数；

　　　Q——被起吊物品的重量，kg；

　　　$K_1, K_2, \cdots, K_i$——导向滑车的阻力系数，$K_1 = K$，下角标 1，2，$\cdots$，i 为导向次数。

用平均拉力（假设没有滑轮阻力）乘滑车阻力系数来计算钢丝绳牵引端最大牵引力：

无导向滑车：

$$F_{\max} = \frac{10Q}{m} K^n$$

有导向滑车：

$$F_{\max} = \frac{10Q}{m} \cdot K^n \cdot K_1 \cdot K_2 \cdots K_i$$

式中　K^n——滑车的阻力系数，见表 12—3；

　　　n——滑车中滑轮的个数。

表 12—3　　　　　　　　　　　　　滑车阻力系数表

滑轮数	n	1	2	3	4	5	6	8	10
滑动轴承	K^n	1.050	1.102	1.158	1.216	1.276	1.340	1.477	1.629
滚动轴承		1.030	1.061	1.093	1.126	1.159	1.194	1.267	1.344

二、滑车的选择

1. 滑车的额定起重量

可根据滑车的型式和额定起重量从表 12—4 中选择出滑车的型号。在选择滑车时，要考虑作业场所的特点决定开口式、闭口式；吊钩型还是吊环型。滑轮数越多，起重量也越大。

2. 计算滑车牵引端最大牵引力 $F_{\max}$

根据 $F_{\max}$ 选择配套的牵引装置（卷扬机）的额定牵引能力。

从钢丝绳牵引端最大牵引力的公式中，可以看出，滑轮多，则阻力系数大；滑动轴承阻力比滚动轴承阻力大。如果物品重量大，则要考虑滑轮多的滑车，为尽量减小牵引力，要尽量选择滚动轴承。

根据牵引力的大小，决定人力牵引，还是采用卷扬机牵引。

如果决定采用卷扬机牵引，要根据最大牵引力和绳速决定卷扬机的功率。还要注意卷扬机的固定方法和导向滑轮的安装固定的安全要求。

表 12—4　　HQ 系列滑车规格表

品种	型	式	额定起重量, t								
			0.32	0.5	1	2	3.2	5	8	10	16
			型　号								
单轮	开口	滚针轴承 吊钩型	HQGZK1-0.32	HQGZK1-0.5	HQGZK1-1	HQGZK1-2	HQGZK1-3.2	HQGZK1-5	HQGZK1-8	HQGZK1-10	—
		滚针轴承 链环型	HQLZK1-0.32	HQLZK1-0.5	HQLZK1-1	HQLZK1-2	HQLZK1-3.2	HQLZK1-5	HQLZK1-8	HQLZK1-10	—
		滑动轴承 吊钩型	HQGK1-0.32	HQGK1-0.5	HQGK1-1	HQGK1-2	HQGK1-3.2	HQGK1-5	HQGK1-8	HQGK1-10	HQGK1-16
		滑动轴承 链环型	HQLK1-0.32	HQLK1-0.5	HQLK1-1	HQLK1-2	HQLK1-3.2	HQLK1-5	HQLK1-8	HQLK1-10	HQLK1-16
	闭口	滚针轴承 吊钩型	HQGZ1-0.32	HQGZ1-0.5	HQGZ1-1	HQGZ1-2	HQGZ1-3.2	HQGZ1-5	HQGZ1-8	HQGZ1-10	—
		滚针轴承 链环型	HQLZ1-0.32	HQLZ1-0.5	HQLZ1-1	HQLZ1-2	HQLZ1-3.2	HQLZ1-5	HQLZ1-8	HQLZ1-10	—
		滑动轴承 吊钩型	HQG1-0.32	HQG1-0.5	HQG1-1	HQG1-2	HQG1-3.2	HQG1-5	HQG1-8	HQG1-10	HQG1-16
		滑动轴承 链环型	HQL1-0.32	HQL1-0.5	HQL1-1	HQL1-2	HQL1-3.2	HQL1-5	HQL1-8	HQL1-10	HQL1-16
双轮	双开口	吊钩型	—	—	HQD1-1	HQD1-2	HQD1-3.2	HQD1-5	HQD1-8	HQD1-10	—
		吊钩型	—	—	HQGK2-1	HQGK2-2	HQGK2-3.2	HQGK2-5	HQGCK2-8	HQGK2-10	HQG2-16
		链环型	—	—	HQLK2-1	HQLK2-2	HQLK2-3.2	HQLK2-5	HQLK2-8	HQLK2-10	HQL2-16
	闭口	吊钩型	—	—	HQG2-1	HQG2-2	HQG2-3.2	HQG2-5	HQG2-8	HQG2-10	HQG2-16
		链环型	—	—	HQL2-1	HQL2-2	HQL2-3.2	HQL2-5	HQL2-8	HQL2-10	HQL2-16
三轮		吊钩型	—	—	HQD2-1	HQD2-2	HQD2-3.2	HQD2-5	HQD2-8	HQD2-10	HQD2-16
	滑动轴承	吊钩型	—	—	—	—	HQG3-3.2	HQG3-5	HQG3-8	HQG3-10	HQG3-16
		链环型	—	—	—	—	HQL3-3.2	HQL3-5	HQL3-8	HQL3-10	HQL3-16
四轮		吊环型	—	—	—	—	HQD3-3.2	HQD3-5	HQD3-8	HQD3-10	HQD3-16
五轮			—	—	—	—	—	—	HQD4-8	HQD4-10	HQD4-16
六轮			—	—	—	—	—	—	—	—	—
八轮		吊环型	—	—	—	—	—	—	—	—	—
十轮			—	—	—	—	—	—	—	—	—

续表

品种		型式	额定起重量, t								
			20	32	50	80	100	160	200	250	320
							型号				
单轮	开口	滚针轴承 吊钩型	—	—	—	—	—	—	—	—	—
		链环型	—	—	—	—	—	—	—	—	—
		滑动轴承 吊钩型	HQGK1-20	—	—	—	—	—	—	—	—
		链环型	HQLK1-20	—	—	—	—	—	—	—	—
	闭口	滚针轴承 吊钩型	—	—	—	—	—	—	—	—	—
		链环型	—	—	—	—	—	—	—	—	—
		滑动轴承 吊钩型	HQG1-20	—	—	—	—	—	—	—	—
		链环型	HQL1-20	—	—	—	—	—	—	—	—
双轮	双开口	吊钩型	—	—	—	—	—	—	—	—	—
		链环型	—	—	—	—	—	—	—	—	—
		吊钩型	HQG2-20	—	—	—	—	—	—	—	—
		链环型	HQL2-20	—	—	—	—	—	—	—	—
		吊环型	HQD2-20	HQD2-32	—	—	—	—	—	—	—
三轮		吊钩型	HQG3-20	—	—	—	—	—	—	—	—
		链环型	HQL3-20	—	—	—	—	—	—	—	—
	滑动轴承	吊环型	HQD3-20	HQD3-32	HQD3-50	—	—	—	—	—	—
四轮		吊环型	HQD4-20	HQD4-32	HQD4-50	—	—	—	—	—	—
五轮		吊环型	HQD5-20	HQD5-32	HQD5-50	HQD5-80	—	—	—	—	—
六轮		吊环型	—	HQD6-32	HQD6-50	HQD6-80	HQD6-100	—	—	—	—
八轮		吊环型	—	—	—	HQD8-80	HQD8-100	HQD8-160	HQD8-200	—	—
十轮		吊环型	—	—	—	—	—	—	HQD10-200	HQD10-250	HQD10-320

第四节 起重滑车的型式试验

首批生产的产品必须进行型式检验。成批生产时为了考核设计、工艺和质量的稳定性，每年至少要对新产品进行一次型式检验。凡产品在设计、工艺及所用材料有改变时，也应做型式检验。国家质量监督机构提出进行型式检验要求时，应做型式检验。检验项目应包括：

一、无载荷试验

每台滑车均应在无载荷状态下，用手旋转滑轮、吊钩、开合合页等各转动部分时，必须灵活及无卡阻现象。

二、静载荷试验

稳定批量（材质、工艺等不变）生产的滑车按表12—5的规定进行抽验，并按表12—6的规定施加试验载荷，静置10 min后卸载。检查各主要零件时均不得有裂纹和永久变形，否则应加倍抽检。加倍抽检时如有不合格者，则须逐台地试验验收。

三、动载荷试验

稳定批量（材质、工艺等不变）生产的滑车按表12—5的规定进行抽检，按表12—7的规定缓慢、平稳加载。在规定的起升高度内（一般不小于2 m），滑车上升、下降各15次后，各部件不许有永久变形，连接处不得出现松动和损坏现象。

表12—5　　　　　　　　　　抽检数量表

额定起重量 G_n（t）	抽检数（%）	不足抽检数的最少台数
0.32～10	5	3
16～50	3	2
80～160	2	2
200～320	1	1

表12—6　　　　　　　　　　静载试验的试验载荷表

额定起重量 G_n（t）	试验载荷（kN）	说明（相当于）
0.32～10	(3.2～100)×1.6	$1.6G_n$
16～50	(160～500)×1.4	$1.4G_n$
80～160	(800～1 600)×1.3	$1.3G_n$
200～320	(2 000～3 200)×1.25	$1.25G_n$

表 12—7　　　　　　　　　　动载荷试验的试验载荷表

额定起重量 G_n（t）	试验载荷（相当于）
0.32~10	$1.25G_n$
16~50	$1.20G_n$
80~160	$1.15G_n$
200~320	$1.10G_n$

第五节　起重滑车的危险分析和安全技术检查

一、起重滑车的危险分析

根据多年的使用经验总结出 10 种危险状况，并列表 12—8 中。

表 12—8　　　　　　　　　　危险分析表

序　号	危　险
1	吊钩变形或磨损
2	吊钩（或链环）及螺母的螺纹超差、防松件损坏
3	滑轮损坏
4	中轴磨损
5	合页变形
6	轴承损坏
7	钢丝绳牵引力及钢丝绳与滑轮的倾斜
8	钢丝绳超速及损坏
9	锻件（吊钩、吊环、链环、合页板、尾环）焊接、焊补
10	超载使用

二、起重滑车的安全技术检查

1. 吊钩应设有防止起吊重物意外脱钩的钩口闭锁装置。
2. 吊钩（或链环）及其螺母的螺纹精度应符合 GB 197《普通螺纹》中的 6H/6 g 的规定。

3. 吊钩出现下述情况之一时应报废：

（1）裂纹；

（2）磨损后危险断面的实际高度小于基本尺寸的 95%；

（3）钩口变形超过使用前基本尺寸的 10%；

（4）扭转变形超过 10°；

（5）危险断面或吊钩颈部产生塑性变形。

4. 滑轮直径（槽底径）与钢丝绳直径之比应不小于 8.7，其绳直径应按 ZBJ 80008《HQHY 起重滑车基本参数和尺寸》选用。

5. 滑轮（部件）的径向和端面圆跳动，均不得超过滑轮槽底径的 2.25/1 000。

6. 滑轮出现下述情况之一时应报废：

（1）裂纹；

（2）轮槽径向磨损量达钢丝绳名义直径的 25%；

（3）轮槽壁厚磨损量达基本尺寸的 10%；

（4）轮槽不均匀磨损量达 3 mm；

（5）其他损害钢丝绳的缺陷。

7. 滑车配用的钢丝绳应符合 GB/T 8918《钢丝绳》标准，并有产品检验合格证。

8. 滑车配用的钢丝绳的安全系数应不小于 5。

9. 钢丝绳端固定连接的安全要求应符合 GB 6067《起重机械安全规程》的规定。

10. 钢丝绳的维护应符合 GB 6067 的规定，报废应符合 GB 5972《起重机械用钢丝绳检验和报废实用规范》的规定。

参考文献

1. 孙桂林. 起重安全. 北京：中国劳动社会保障出版社，2007
2. 机械工程手册编辑委员会. 机械工程手册. 北京：机械工业出版社，1997
3. 中国机械工业标准汇编. 北京：中国标准出版社，2007
4. 孙桂林. 特种设备质量监督与安全监察手册. 北京：化学工业出版社，2005
5. 成大先. 机械设计手册. 北京：化学工业出版社，2004
6. 张质文. 起重机设计手册. 北京：中国铁道出版社，1998
7. 北京物料搬运学会. 物料搬运设备手册. 北京：人民交通出版社，2002
8. 孙桂林. 机械安全手册. 北京：中国劳动出版社，1993
9. 万力. 起重机安装使用维修检验手册. 北京：冶金工业出版社，2000
10. 孙桂林. 工业生产安全技术手册. 北京：中国劳动社会保障出版社，2000
11. 王福绵. 起重机械技术检验. 北京：学苑出版社，2000
12. 孙桂林. 起重搬运安全技术. 北京：化学工业出版社，1993

参考文献

1. 韩建秋，孟春芳，宋杰. 中国植物保护信息出版社，2007.
2. 园林工程与绿地建设丛书. 园林工程手册. 北京：机械工业出版社，1997.
3. 中国风景园林学会主编. 花卉. 中国林业出版社，2007.
4. 薛迎春，等. 园林花卉装饰与盆景手册. 北京：北京工艺出版社，2002.
5. 成文武. 花木栽培手册. 北京：化学工业出版社，2001.
6. 陈俊瑜. 观赏植物学手册. 北京：中国林业出版社，1998.
7. 北京林业园林学会. 园林植物造景手册. 北京：人民文化出版社，2002.
8. 赵世林. 观赏树木学. 北京：中国林业出版社，1998.
9. 万鹏. 北方常见花卉病虫害图谱. 北京：冶金工业出版社，2000.
10. 陈耀华. 工程监理必备手册. 北京：中国建筑工业出版社，2000.
11. 王沛永. 园林景观设计手册. 沈阳：辽宁出版社，2002.
12. 苏雪痕. 植物造景. 北京：化学工业出版社，1998.